21世纪高等学校**机电类规划教材**

JIDIANLEI GUIHUA JIAOCAI

工业和信息化普通高等教育

“十三五”规划教材立项项目

工程图学

◆ 商庆清 孙青云 孙志武 主编

人民邮电出版社

北京

图书在版编目（CIP）数据

工程图学 / 商庆清，孙青云，孙志武主编. -- 北京：
人民邮电出版社，2015.9
21世纪高等学校机电类规划教材
ISBN 978-7-115-39422-4

Ⅰ. ①工… Ⅱ. ①商… ②孙… ③孙… Ⅲ. ①工程制
图－高等学校－教材 Ⅳ. ①TB23

中国版本图书馆CIP数据核字(2015)第182586号

内 容 提 要

本书是编者在多年致力于“工程图学”教学改革的基础上，按照教育部印发的《画法几何及工程制图课程教学基本要求》编写的面向21世纪的现代“工程图学”教材。内容包括画法几何、制图基本原理、轴测图、机械图样的表达、标准件、常用件、零件图、装配图、计算机绘图、展开图、焊接图、管路图、家具制图、房屋建筑图等。

本书适用于高等院校机械类和近机械类各专业制图课程的课堂教学，各章内容设置便于各专业根据学科专业要求取舍，同时也可以作为高等职业学院、成人教育学院、高等教育自学考试相关专业的参考教材及工程技术人员参考用书。本书可与《工程图学习题集》配套使用。

◆ 主　　编　商庆清　孙青云　孙志武
责任编辑　张孟玮
执行编辑　李　召
责任印制　沈　蓉　彭志环

◆ 人民邮电出版社出版发行　　北京市丰台区成寿寺路11号
邮编　100164　　电子邮件　315@ptpress.com.cn
网址　http://www.ptpress.com.cn
北京捷迅佳彩印刷有限公司印刷

◆ 开本：787×1092　1/16
印张：22.5　　　2015年9月第1版
字数：565千字　　　2024年12月北京第21次印刷

定价：53.00元

读者服务热线：(010)81055256　印装质量热线：(010)81055316
反盗版热线：(010)81055315

前言

本书按照教育部印发的“画法几何及工程制图课程教学基本要求”编写，并参考了南京林业大学和兄弟院校在工程制图教学和课程建设中的经验。本书为南京林业大学精品课程配套教材。为适应机械、木工、化工、森工和土建等专业的需要，本书在画法几何和制图基础上，增加了机械图、展开图、焊接图、管路图、家具制图和房屋建筑图。计算机绘图部分主要介绍计算机这一先进绘图工具的绘图理念和绘图方法，介绍了二维平面图和三维立体图绘制及编辑的有关知识。各章内容设置便于各专业在48～112学时范围内根据学科专业要求取舍。

本着画法几何为工程制图服务的想法，在编写时，将画法几何与工程制图结合在一起叙述，并以够用为度，不做更深层次的介绍。对各章基本内容力求做到讲深、讲透，叙述简明易懂，图文并茂。考虑到“机械制造基础”等后续课程衔接不上，在零件图、装配图部分适当增加轴测图，方便阅读和自学。本书可与《工程图学习题集》配套使用。

本书全部内容采用了截至2015年6月的《机械制图》和《技术制图》国家标准。

本书由商庆清、孙青云、孙志武主编，参加编写的有郑建冬、姚鑫、王芳、胡桂明、张焕萍、李娜等，商庆清、常雪、刘明星等绘制全书插图。其中，第1章～第3章由商庆清编写，第4章、第13章由王芳编写，第5章由李娜编写，第6章、第9章由孙青云编写，第7章由郑建冬编写，第8章、第10章由孙志武编写，第11章由张焕萍编写，第12章由胡桂明编写，第14章、第15章由姚鑫编写。

衷心感谢郑梅生教授主审全书，他为本书提供许多宝贵建议。在本书编写和出版过程中，还得到退休老教师和相关部门的支持和帮助。在此一并表示感谢。

虽然编者努力将本书编写成适应于大多数学校，利于各专业教学的教材，并尽量完善系列配套，但编者水平有限，书中难免存在疏漏和不足之处，欢迎使用本书的师生和同行指正。

编　者

2015年6月

绪 论

1．研究对象和课程性质

工程图样是表达、交流技术思想的重要工具，是工程技术部门的重要技术文件。工程图样的种类较多，有机械图、建筑图、家具图、管道图等，它们能形象地表达空间形体的形状、大小、技术要求和其他内容，是指导和组织生产的重要技术文件，被誉为“工程界的技术语言”。

本课程研究绘制和阅读工程图样的原理和方法，培养学生的形象思维能力，是一门既有系统理论又有较强实践性的技术基础课。为了适应生产上对计算机辅助设计日益增长以及今后学习的需要，亦应对计算机绘图技术有所了解。本课程包括画法几何、制图基础、专业图（机械图、管路图、家具图、建筑图）及计算机绘图等部分。画法几何部分学习用正投影法表达空间几何形体和图解简单空间几何问题的基本原理和方法。制图基础部分训练用仪器和徒手绘图的操作技能，培养绘制和阅读投影图的基本能力，学习标注尺寸的基本方法，这一部分是本课程的重点。专业图部分培养绘制和阅读常见专业图的基本能力，并以培养读图能力为重点。计算机绘图部分使学生了解计算机绘图的基本知识，学习常用的计算机绘图软件。工科专业的学生都必须认真学好本课程，掌握工程界的技术语言，为顺利进行后续课程的学习和今后工作打下坚实的基础。

2．学习内容

本课程主要学习内容有：

（1）学习空间几何问题图示法，即如何在平面上表达空间形体；

（2）学习空间几何问题图解法，即如何用平面作图，解空间几何问题；

（3）学习绘制和阅读工程图样的原理与方法；

（4）培养对三维形状与相关位置的空间逻辑思维能力和形象思维能力；

（5）学习计算机绘图的基础知识。

此外，在学习过程中还必须有意识地培养自学能力、分析问题和解决问题的能力，认真负责的工作态度和严谨细致的工作作风。

3．学习方法

本课程是一门实践性很强的技术基础课。学习本课程要努力做到：

（1）认真学习投影的基本原理和方法。

（2）通过大量实践（如绘图、读图、测绘及作业等），不断地由空间形体绘制平面图形和由平面图形想象空间形体，掌握空间形体与平面图形间的相互对应关系。在学习中，要有意识地培养和提高自己的空间想象能力和分析能力，这是学好本课程的关键。

（3）图样是生产的依据，任何表达不清和差错，都会影响生产正常进行。所以，对待作业态度要严谨认真，讲究正确地使用制图仪器和工具，按正确步骤绘图。绘图时要做到投影正确、线型标准、字体工整、图面整洁，培养一丝不苟的工作作风。

综上所述，要学好本门课程，必须仔细听、认真练、反复想。对于绘图和读图能力的培养，本课程只是打下初步基础，还需在后续课程及实验、实习、课程设计与毕业设计等教学环节中继续加强和提高。

目录

第1章 制图的基本知识与技能

工程图样是设计和制造生产过程中的重要资料，是技术交流的重要手段，素有“工程界的技术语言”之称。因此，《技术制图》和《机械制图》国家标准对图样的画法、尺寸的标注等各方面做了统一的规定，这是我国颁布的一项重要技术标准，生产部门和设计部门必须严格遵守，认真执行。

1.1 制图的基本标准

国家标准（简称国标）用拼音字母GB作为代号。本节根据《技术制图》和《机械制图》国家标准对图纸幅面、比例、字体、图线和尺寸注法等一般规定做一简单的介绍。

1.1.1 图纸幅面和格式（GB/T 14689—2008）

1. 图纸幅面尺寸

为了便于图样的装订和管理，绘制图样时应优先选用表1-1中规定的基本图纸幅面，通常称为幅面代号。必要时，允许加长幅面，可将基本幅面的短边成整数倍增加而得出加长的图纸幅面，它们之间的尺寸关系如图1-1所示。

表1-1　　图纸幅面尺寸　　（单位：mm）

<table>
<tr><td colspan="2">幅面代号</td><td>A0</td><td>A1</td><td>A2</td><td>A3</td><td>A4</td></tr>
<tr><td colspan="2">幅面尺寸（B×L）</td><td>841×1189</td><td>594×841</td><td>420×594</td><td>297×420</td><td>210×297</td></tr>
<tr><td rowspan="3">周边尺寸</td><td>e</td><td colspan="2">20</td><td colspan="3">10</td></tr>
<tr><td>c</td><td colspan="3">10</td><td colspan="2">5</td></tr>
<tr><td>a</td><td colspan="5">25</td></tr>
</table>

2. 图框的格式

图纸可以横放或竖放，可装订或不装订。需装订的图样，其格式如图1-2、图1-3所示，如不装订，图框的格式如图1-4所示。图框线用粗实线绘制，周边框线用细实线绘制。

3. 标题栏的格式（GB/T 10609.1—2008）

图样应设标题栏，其位置应按图1-2～图1-4的方式配置。标题栏中的文字方向为看图方向。国家标准对标题栏的格式已作统一规定，如图1-5所示。本课程的制图作业可以采用的简化格式，如图1-6所示。

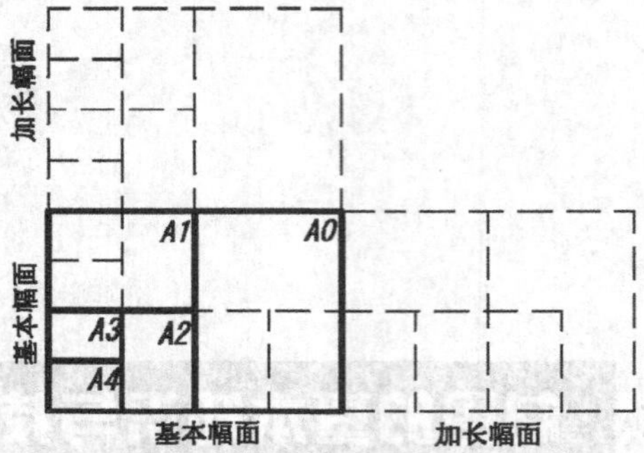

图 1-1 幅面间的关系及图幅的加长

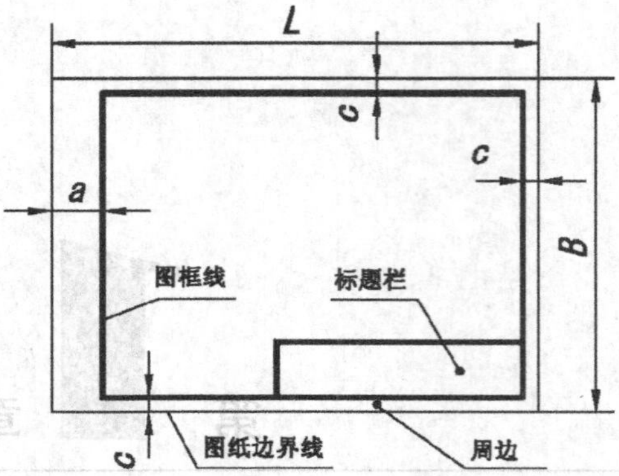

图 1-2 横式图框

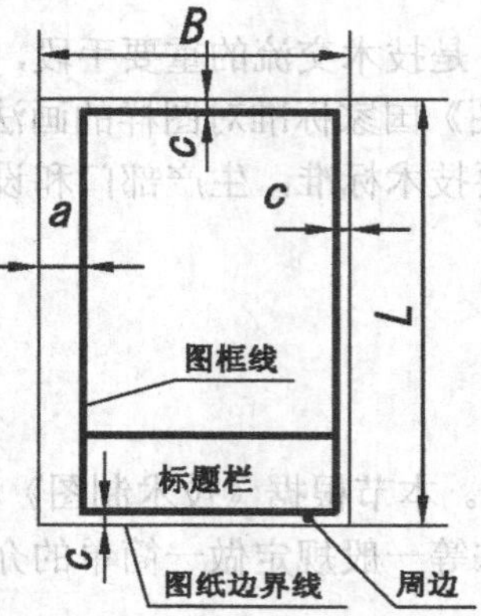

图 1-3 竖式图框

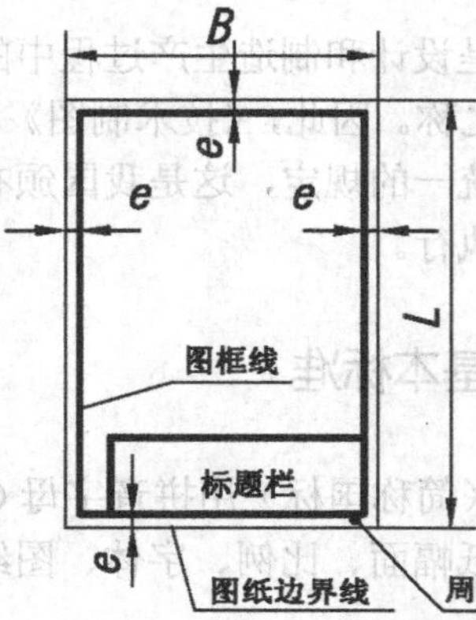

图 1-4 不留装订边的竖式图框

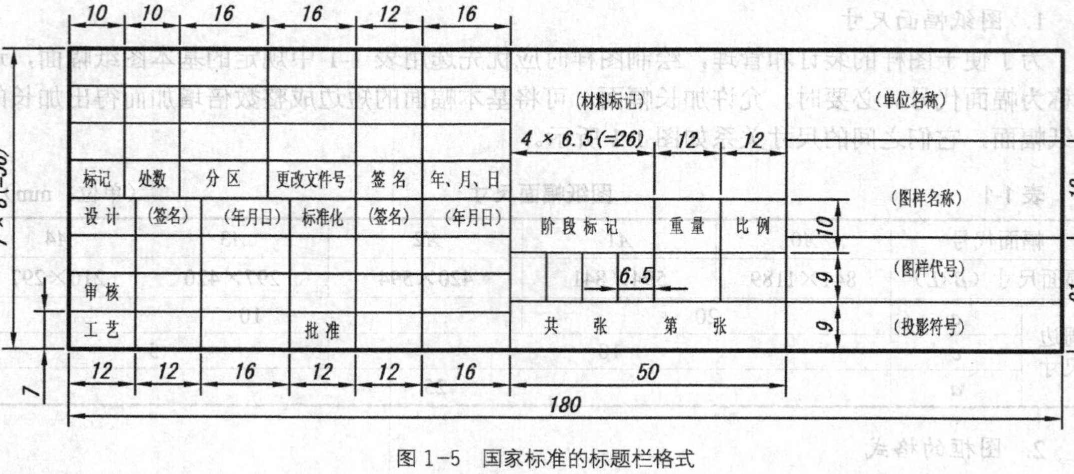

图 1-5 国家标准的标题栏格式

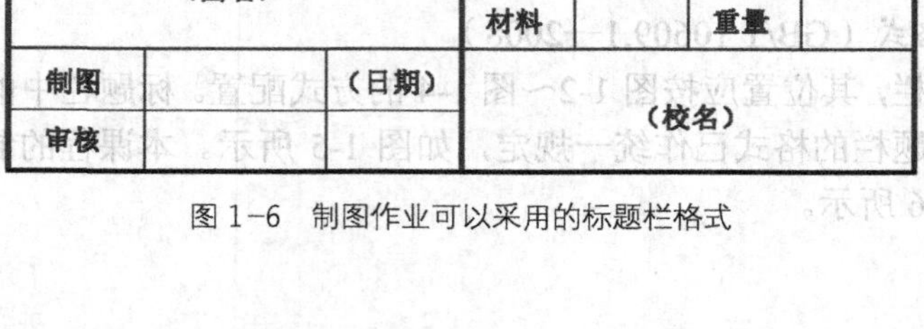

图 1-6 制图作业可以采用的标题栏格式

1.1.2　比例（GB/T 14690—1993）

比例是指图样中机件要素的线性尺寸与实际机件相应要素的线性尺寸之比。绘图时一般应采用表 1-2 中规定的比例，而且尽量采用 1∶1 画图。

表 1-2　　**绘图比例**

种类						
原值比例	1∶1					
放大比例	5∶1	5×10^n∶1	2∶1	2×10^n∶1	1×10^n∶1	
缩小比例	1∶2	1∶2×10^n	1∶5	1∶5×10^n	1∶10	1∶1×10^n

注：n 为正整数

无论采用放大或缩小的比例画图，在标注尺寸时必须标注机件的实际尺寸，图 1-7 所示是按不同比例画出的同一机件的图形。

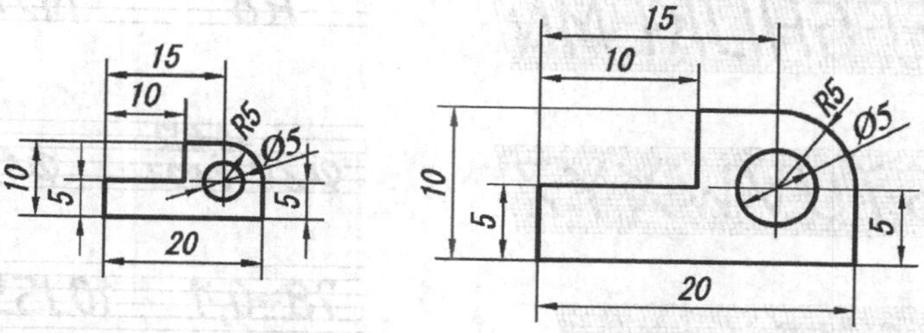

图 1-7　不同比例的同一机件的图形

1.1.3　字体（GB/T 14691—1993）

图样上除了表示机件形状的图形，还要用文字和数字来表明机件的大小、加工的技术要求和其他内容。

图样中书写的字体必须做到：字体工整、笔画清楚、间隔均匀、排列整齐。

1. 字体的号数

字体的号数，即字体的高度 h（单位：mm），分为 1.8、2.5、3.5、5、7、10、14、20 八种。

2. 汉字

汉字应写成长仿宋体，并采用国家正式公布批准的简化字。汉字高度不应小于 5mm，其字宽一般为 $h/\sqrt{2}$。书写长仿宋体字的要领是：横平竖直、注意起落、结构匀称、填满方格。汉字示例如图 1-8 所示。

3. 数字和字母

数字和字母分 A 型和 B 型。A 型字体的笔画宽度 d 为字高 h 的 1/14，B 型字体的笔画宽度 d 为字高 h 的 1/10。在同一张图样上，只允许选用一种形式的字体。

数字和字母分为直体与斜体两种。常用的是斜体，其字头向右倾斜，与水平线成 75°，数字、字母示例如图 1-9 所示。

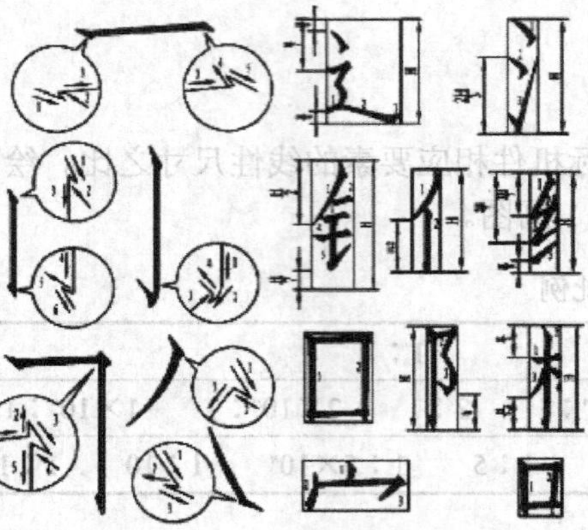

(a) 长仿宋体字的基本笔画

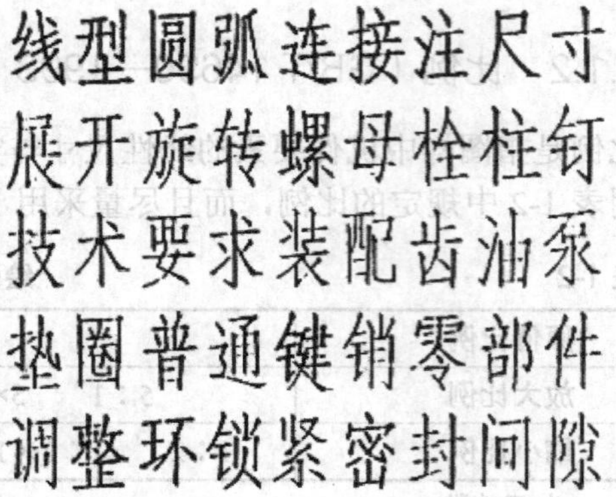

(b) 长仿宋体字示例

图 1-8 汉字示例

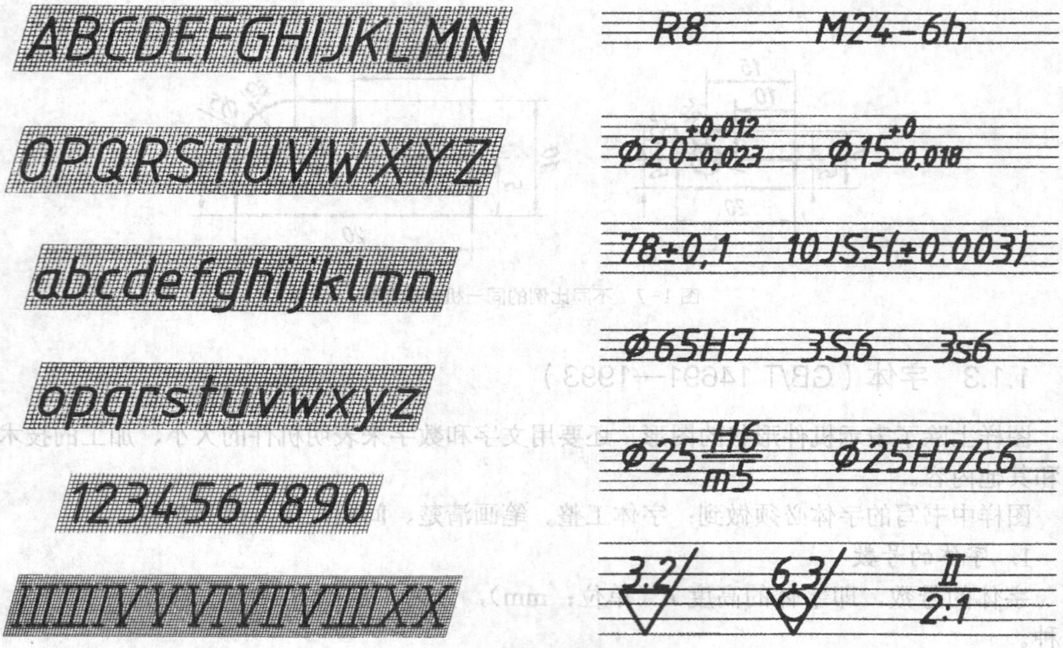

图 1-9 数字、字母及其组合示例

1.1.4 图线及其画法（GB/T 4457.4—2002）

1. 图线的形式和用途

绘制图样时，应采用表 1-3 中规定的各种图线。在《技术制图》（GB/T 17450—1998）标准中规定图线分粗、中粗、细三种，它们的宽度比为 4∶2∶1。在《机械制图》（GB/T 4457.4—2002）标准中规定图线分粗、细二种，它们的宽度比为 2∶1。粗线的宽度为 0.5～2mm，根据图样的大小和复杂程度而定， 在进行制图作业时，建议采用 0.5～1mm。细线的宽度建议取 1/2 粗线的宽度或更细。各种图线的用途示例如图 1-10 所示。

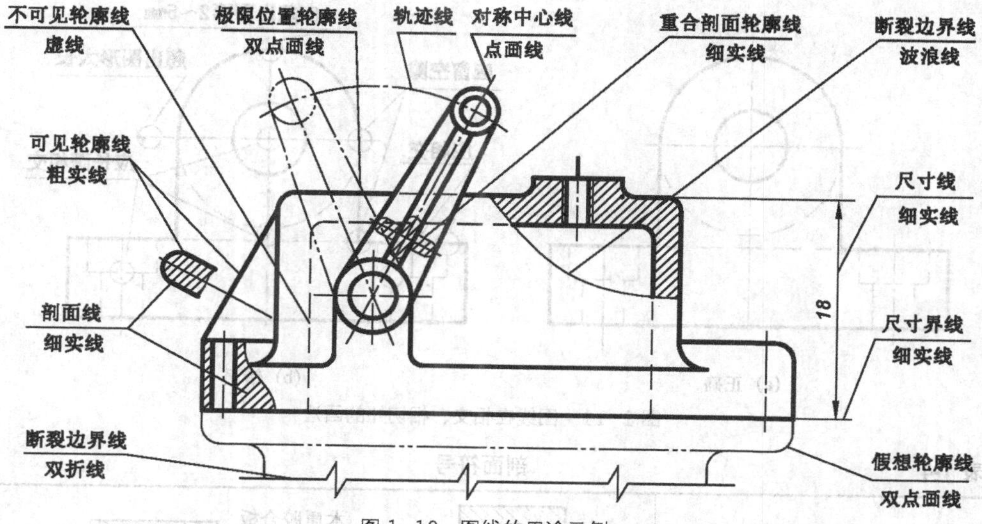

图 1-10　图线的用途示例

2. 图线的画法

（1）在同一张图样上，同类图线的宽度应一致。

（2）虚线、点画线、双点画线的线段长度和间距应大致相等，如表 1-3 所示。双点画线、点画线中首尾两端应是线段，不能为点。线中的“点”并不是点，而是“短画”。

表 1-3　图线的形式、宽度和主要用途

图线名称	图线形式	图线宽度	主要用途
粗实线		粗线	可见轮廓线
细实线		细线	尺寸线，尺寸界线，剖面线
波浪线		细线	断裂线、视图与剖视的分界线
双折线		细线	断裂处的边界线
虚线	2~6　1	细线	不可见轮廓线
细点画线	20　1 × 3	细线	中心线、对称线
粗点画线	20　1 × 3	粗线	有特殊要求的线或表面的表示线
双点画线	20　1 × 5	细线	假想线

（3）图样中，图线相交处的画法要根据不同的情况来处理。当虚线与虚线或与其他图线相交时，必须是线段相交；当虚线处在粗实线的延长线时，虚线在连接处应留出空隙，如图 1-11 所示。

（4）在绘圆的中心线时，圆心应为线段的交点，且中心线超出圆弧 2～5mm，当图形较小时，点画线以细实线替代，如图 1-11 所示。

（5）当图样的图线重合时画线的顺序为：可见轮廓线→不可见轮廓线→尺寸线→辅助线型用的细实线→轴线和对称中心线→双点画线。

1.1.5　剖面符号（GB/T 4457.5—2013）

在剖视图和剖面图中，应根据机件的材料不同，按表 1-4 中的规定画出剖面符号。

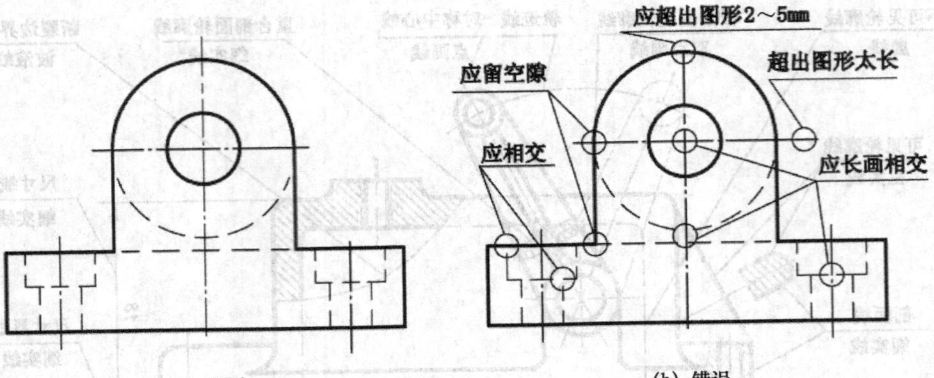

图 1-11 图线在相交、相切处的画法

表 1-4 剖面符号

金属材料	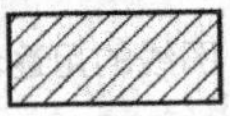	木质胶合板（不分层数）	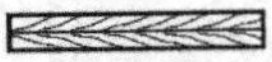
线圈绕组元件	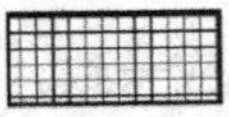	基础周围泥土	
转子、电枢、变压器和电抗器等的叠钢片	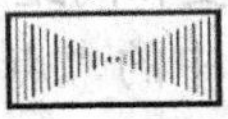	混凝土	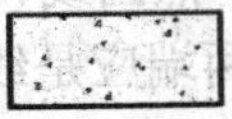
非金属材料（已有规定者除外）		钢筋混凝土	
型砂、粉末冶金砂轮、陶瓷刀片、硬质合金刀片等		砖	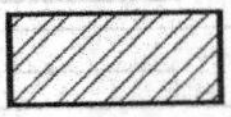
玻璃及其他透明材料	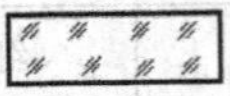	格网	
木材 纵剖面		液体	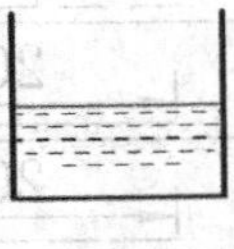
木材 横剖面	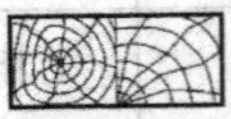		

1.1.6 尺寸注法（GB/T 4458.4—2003）

图形只能表达机件的形状，而机件的大小还必须以尺寸来确定。标注尺寸必须认真细致，一丝不苟。如果尺寸有遗漏或错误，都会给生产带来不必要的损失。

1. 基本规则

（1）机件的真实大小应以图样上所标注的尺寸数值为依据，与图形大小及绘图的准确度无关。

（2）图样中（包括技术要求和其他说明）的尺寸，以毫米（mm）为单位时，不需标注计量单位的代号或名称，如果用其他单位，则必须注明相应的计量单位的代号或名称。

（3）机件的每一尺寸，一般只标注一次，并应标注在反映该结构最清晰的图形上。

（4）图样中所标注的尺寸，为该图样所示机件的最后完工尺寸，否则应另加说明。

2. 尺寸的组成及规定画法

一个完整的尺寸应由尺寸线、尺寸界线、尺寸数字和箭头组成，如图 1-12 所示。

标注线性尺寸时，尺寸线必须与所注线段平行，当有几个互相平行的尺寸时，小尺寸在大尺寸的里面，这样可以避免尺寸线与尺寸界线相交，平行的两尺寸线间的距离为 5～10mm，如图 1-12 所示。常见错误画法如图 1-13 所示。

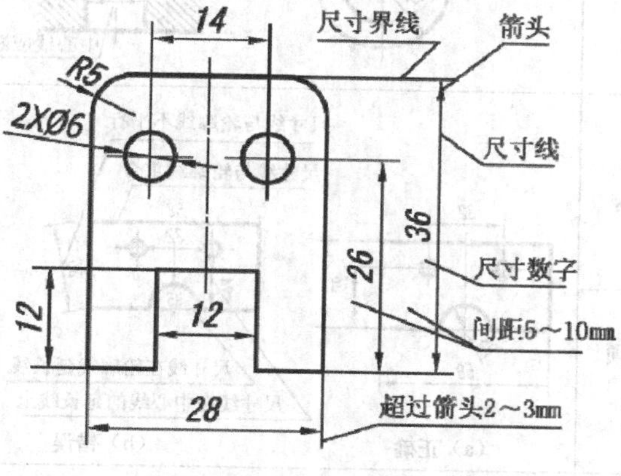

图 1-12 尺寸的组成及标准规定

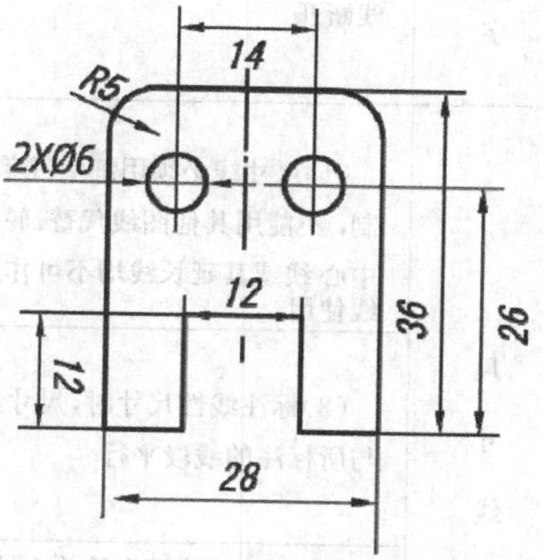

图 1-13 尺寸的错误注法

标注尺寸时，应尽可能使用符号和缩写词。常用的符号和缩写词见表 1-5。

表 1-5 常用的符号和缩写词

名称	直径	半径	球直径 球半径	厚度	正方形	45°倒角	深度	沉孔或锪平	埋头孔	均布	弧度
符号或缩写词	Φ	R	SΦ SR	t	□	C	↧	⌴	∨	EQS	⌒

3. 标注示例和简化标注

尺寸标注示例如表 1-6 所示，常见简化标注如表 1-7 所示。

表 1-6 尺寸标注示例

项目	说明	图例
尺寸数字	(1)线性尺寸的数字应按图 (a) 所示的方向填写，并尽量避免在图示30°范围内标注尺寸。当无法避免时可按图 (b) 标注	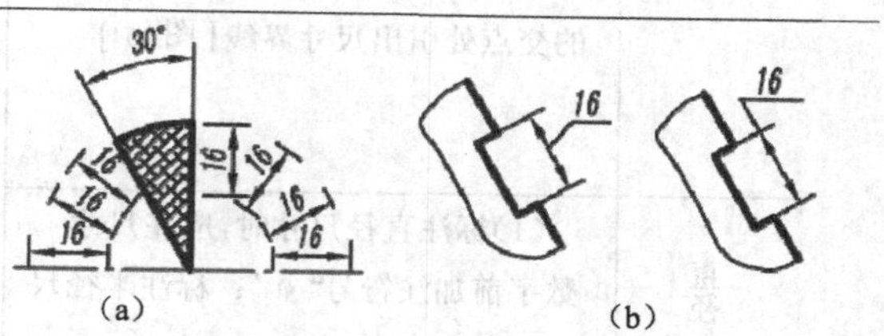
	(2)尺寸数字一般注在尺寸线的上方或中断处 [图(a)]。对于非水平方向的尺寸，其数字可水平地注写在尺寸中断处 [图(b)]	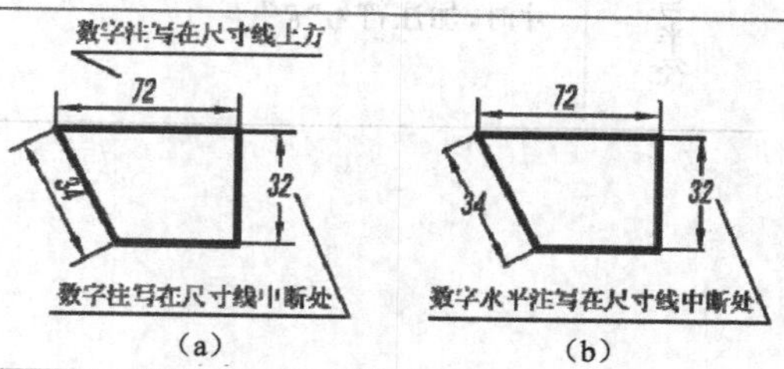

续表

项目	说明	图例
尺寸数字	(3)尺寸数字不可被任何图线所通过。当不可避免时，必须把该图线断开	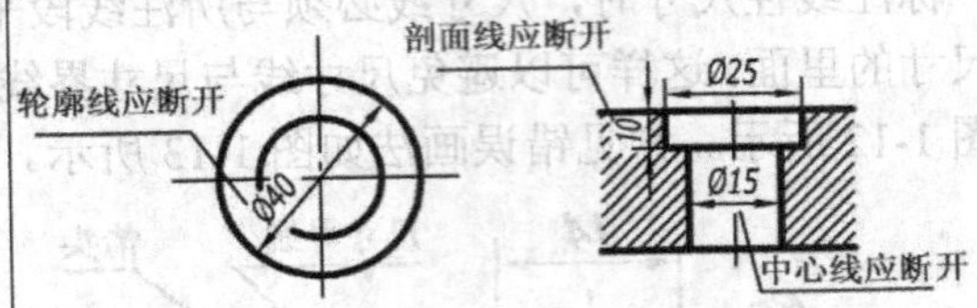
尺寸线	(1)尺寸线必须用细实线单独绘制，不能用其他图线代替。轮廓线、中心线或其延长线均不可作尺寸线使用	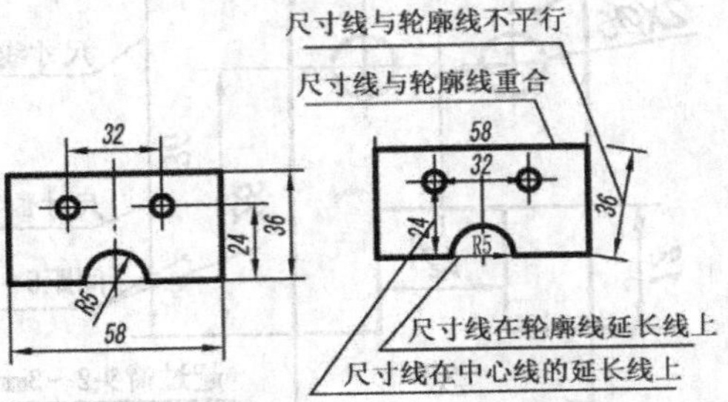（a）正确 （b）错误
	(2)标注线性尺寸时，尺寸线必须与所标注的线段平行	
	(3)尺寸线终端有箭头[图(a)]和斜线[图(b)]两种形式。同一图样只能采取一种形式。当采用箭头时，在位置不够的情况下，允许用圆点或斜线代替箭头（见狭小部位标注图例）	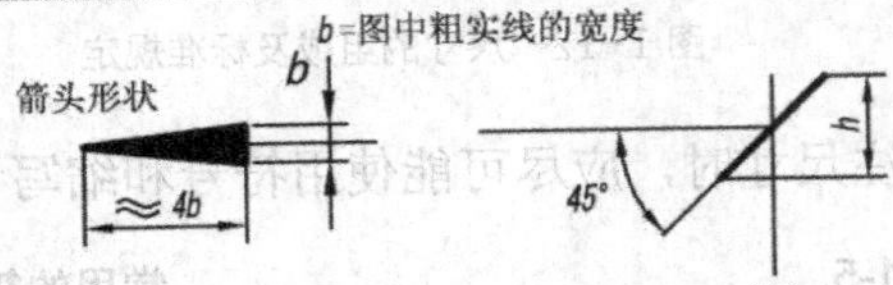(a) (b)
尺寸界线	(1)尺寸界线用细实线绘制，也可以利用轮廓线[图(a)]或中心线[图(b)]作尺寸界线	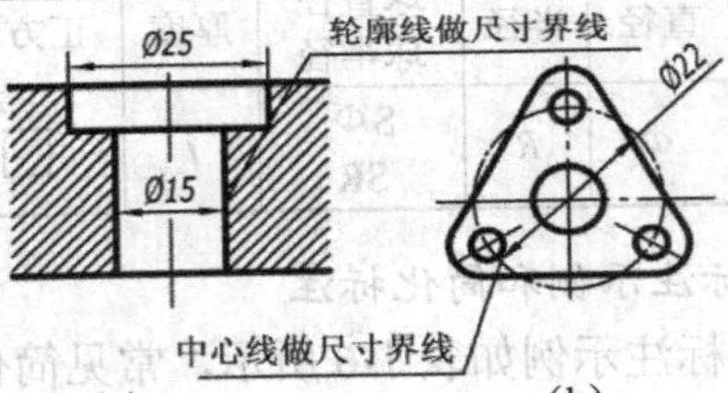(a) (b)
	(2)尺寸界线一般应与尺寸线垂直。当尺寸界线过于贴近轮廓线时，允许倾斜画出	
	(3)在光滑过渡处标注尺寸时，必须用细实线将轮廓线延长，从它们的交点处引出尺寸界线[图(b)]	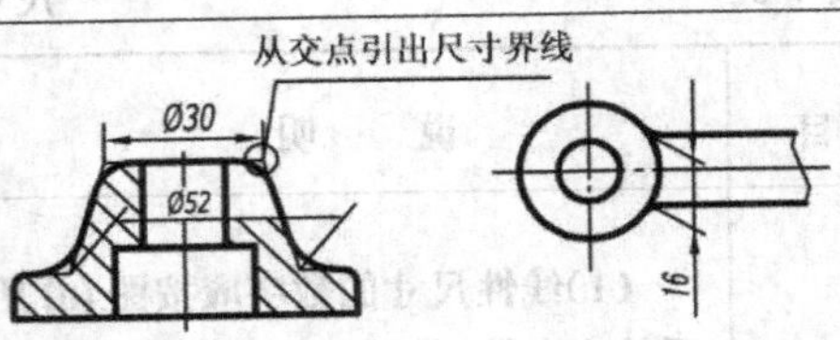(a) (b)
直径与半径	(1)标注直径尺寸时，应在尺寸数字前加注符号“ϕ”；标注半径尺寸时，加注符号“R”	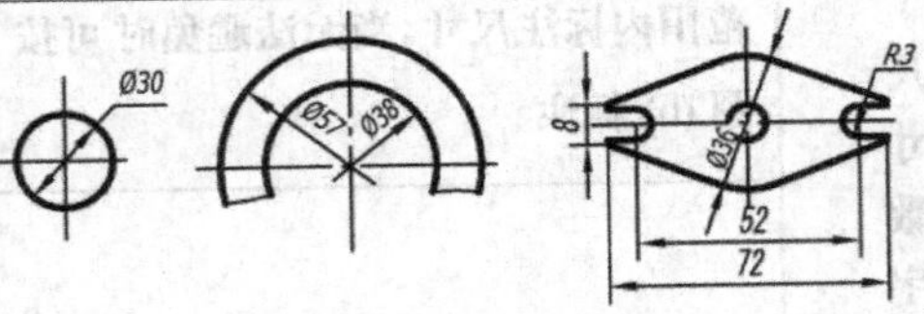

续表

项目	说　　明	图　　例
直径与半径	(2)半径尺寸必须注在投影的圆弧处，且尺寸线应通过圆心	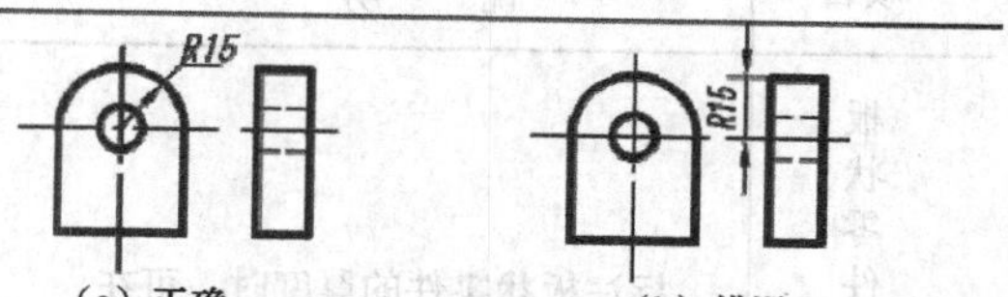 (a) 正确　(b) 错误
	(3)当圆弧的半径过大，圆心不在图纸内时，可按图(a)的形式标注。当圆心位置不需注明，可按图(b)形式标注	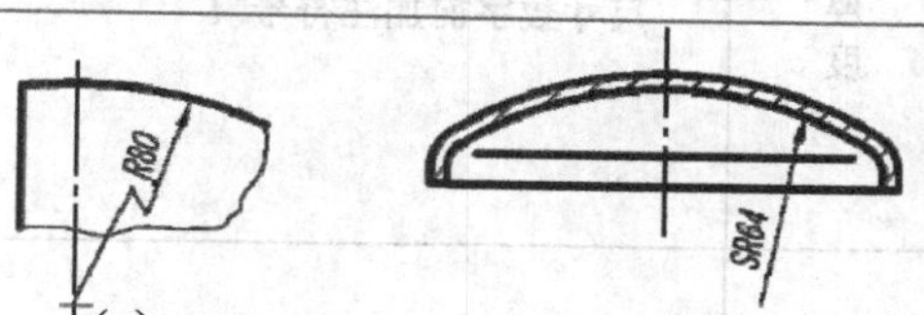 (a)　(b)
	(4)标注球面的直径或半径时，应在“φ”或“R”前面再加注“S”[图(a)及图(b)]。对于螺钉、铆钉的头部，轴(包括螺杆)的端部以及手柄的端部等，允许省略“S”[图(c)]	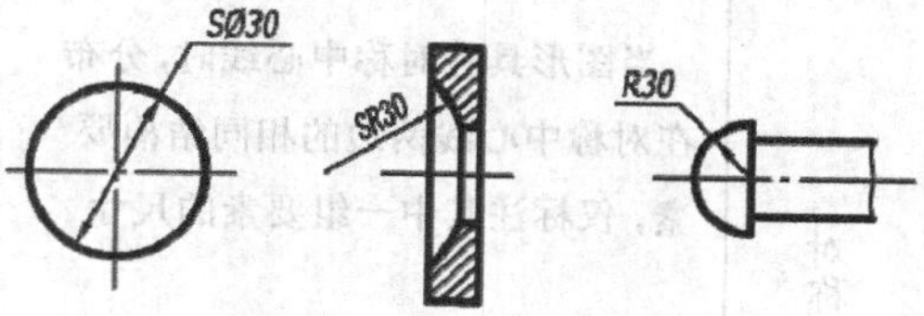 (a)　(b)　(c)
角度	(1)角度的数字一律水平书写 (2)角度的数字一般注写在尺寸线的中断处，必要时允许写在外面或引出标注 (3)角度的尺寸界线应沿径向引出	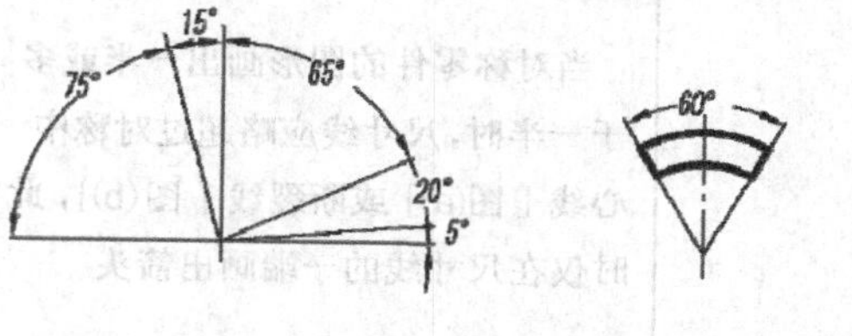
狭小部位	(1)在没有足够位置画箭头或写数字时，可有一个布置在外面 (2)位置更小时，箭头和数字都可以布置在外面	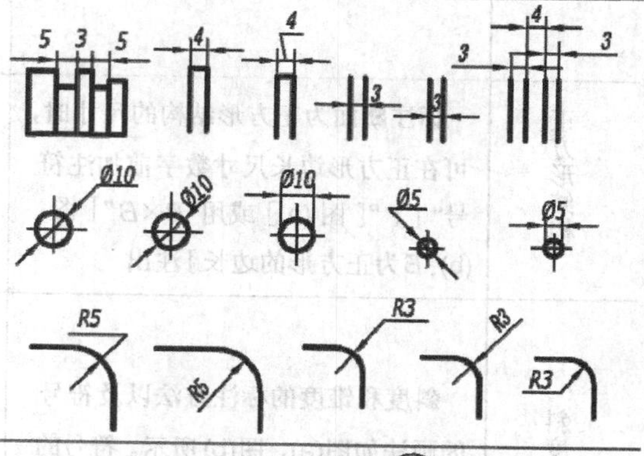
弧长及弦长	(1)标注弧长时，应在尺寸数字上方加符号“⌒” (2)弧长及弦长的尺寸界线应平行于该弦的垂直平分线[图(a)]。当弧度较大时，尺寸界线可沿径向引出[图(b)]	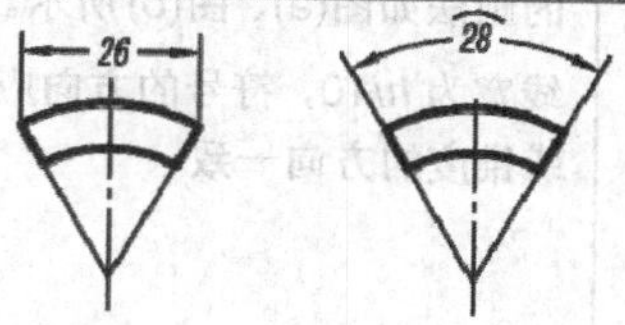 (a)　(b)

续表

项目	说　明	图　例
板状零件厚度	标注板状零件的厚度时，可在尺寸数字前加注符号“*t*”	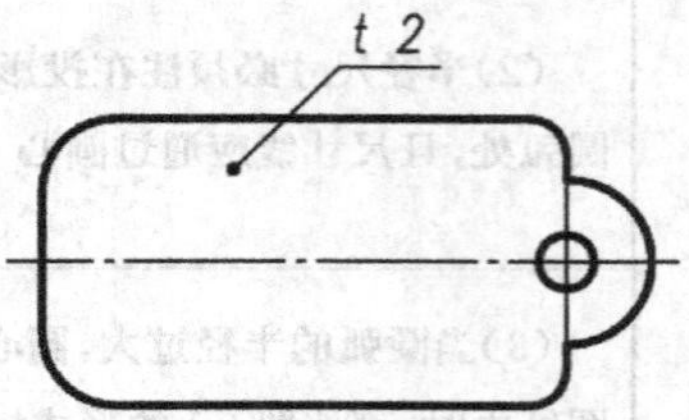
对称图形	当图形具有对称中心线时，分布在对称中心线两边的相同结构要素，仅标注其中一组要素的尺寸	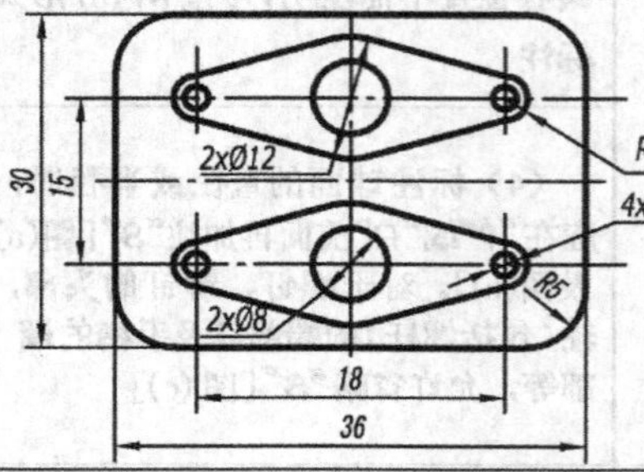
	当对称零件的图形画出一半或多于一半时，尺寸线应略超过对称中心线［图(a)］或断裂线［图(b)］，此时仅在尺寸线的一端画出箭头	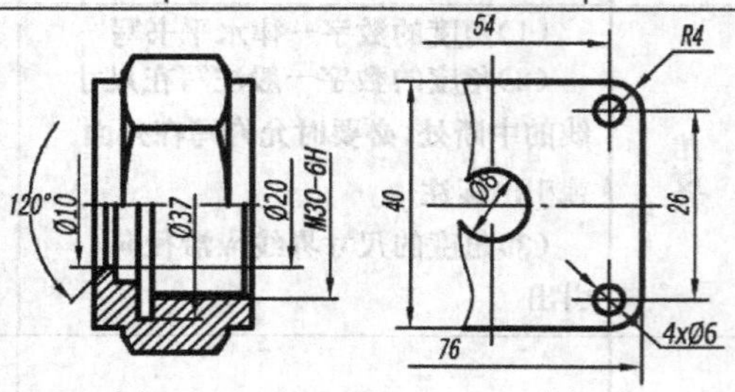(a)　(b)
正方形结构	标注断面为正方形结构的尺寸时，可在正方形边长尺寸数字前加注符号“□”［图(a)］或用“*B*×*B*”［图(b)，*B*为正方形的边长］注出	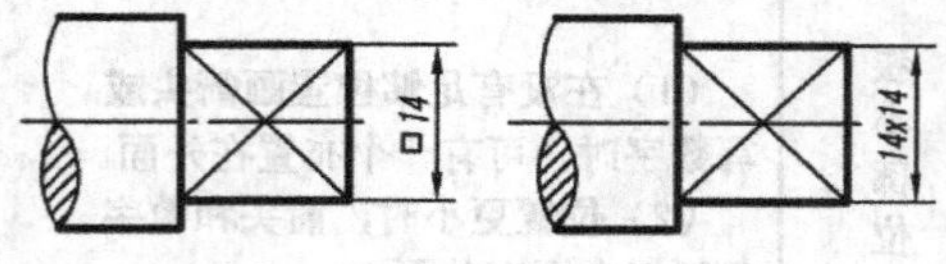(a)　(b)
斜度和锥度	斜度和锥度的标注方法以及符号的画法如图(a)、图(b)所示。符号的线宽为*h*/10，符号的方向应与斜度或锥度的方向一致	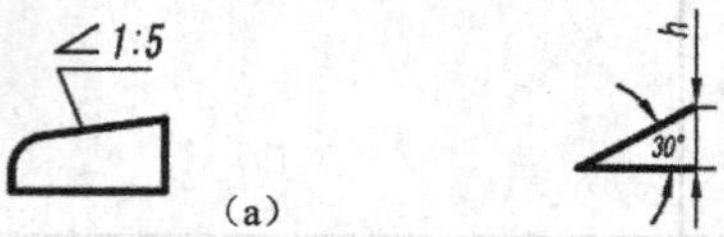(a) 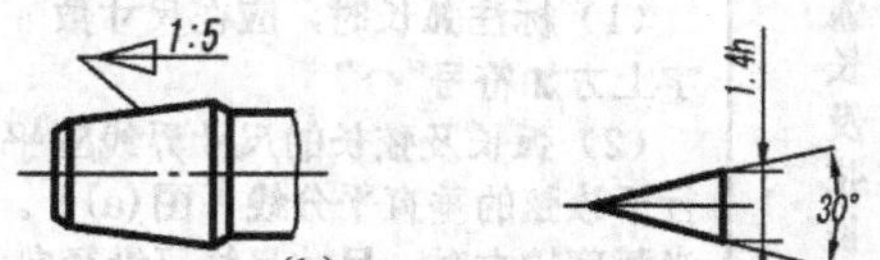(b)

表 1-7 常见简化尺寸标注示例

<table>
<tr><th>类型</th><th>简化画法</th><th>类型</th><th>简化画法</th></tr>
<tr><td>成组要素孔的注法</td><td>
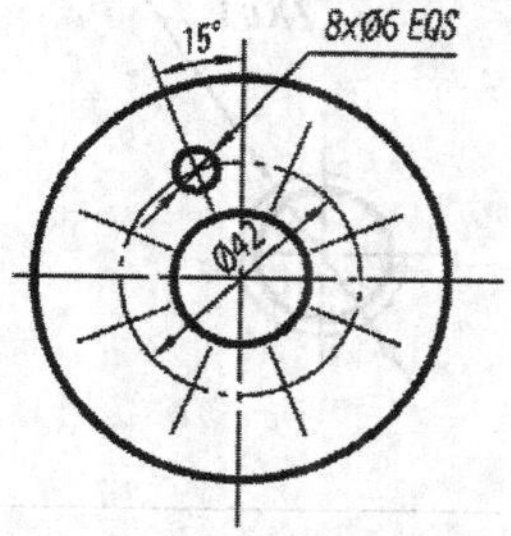

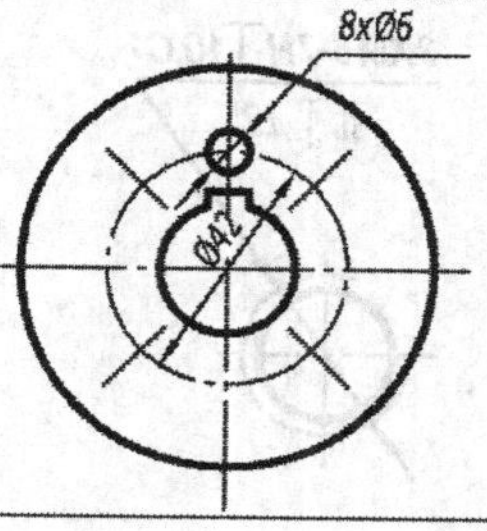

</td><td>沉孔的旁注法</td><td>
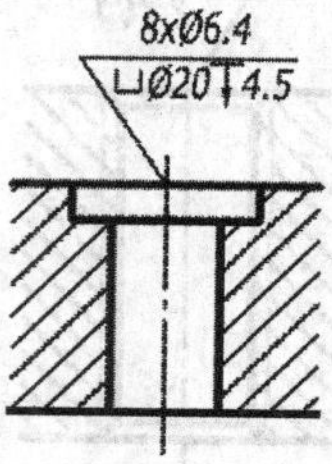

或
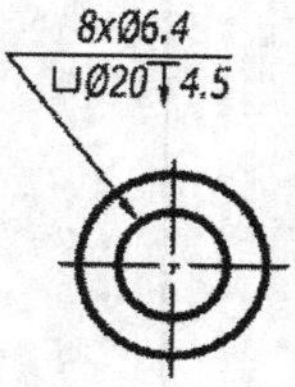

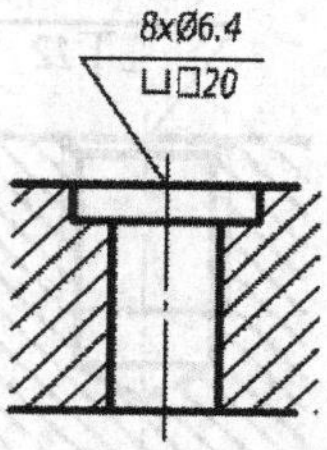

或

</td></tr>
<tr><td>倒角注法</td><td>
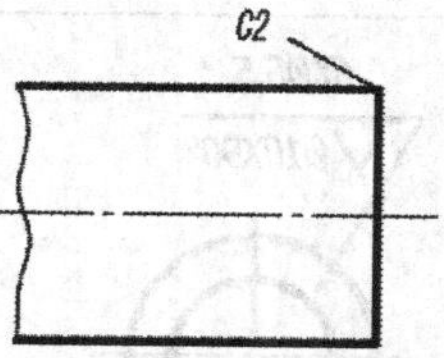

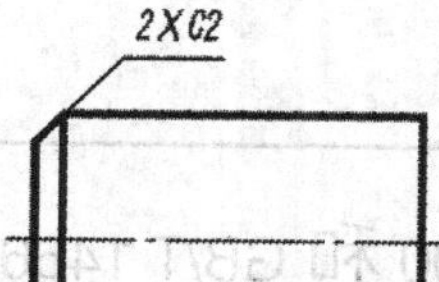

</td><td>退刀槽尺寸注法</td><td>
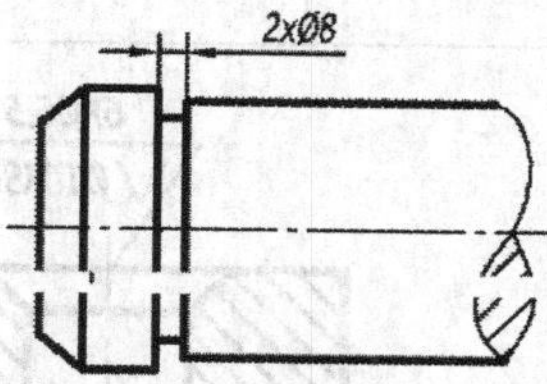

槽宽X直径
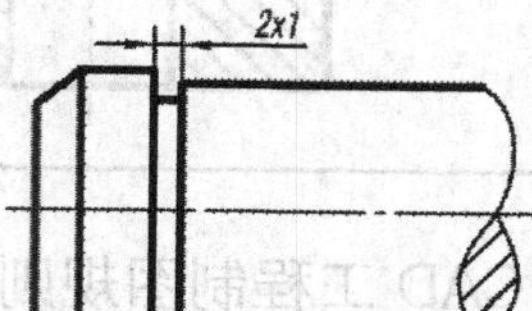

槽宽X槽深
</td></tr>
<tr><td>孔的旁注法</td><td colspan="3">
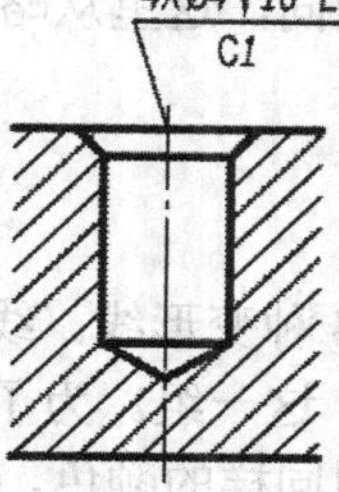

或
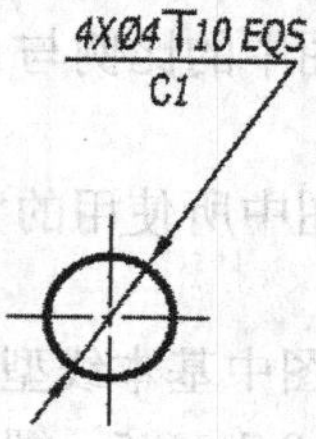

</td></tr>
</table>

续表

<table>
<tr><th>类型</th><th colspan="3">简化注法</th></tr>
<tr><td rowspan="3">孔的旁注法</td><td>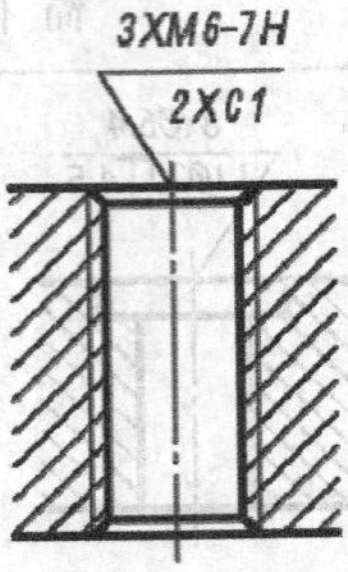</td><td>或</td><td>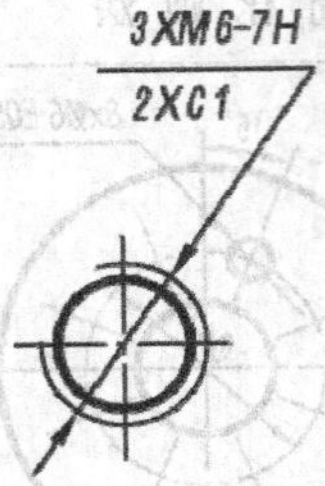</td></tr>
<tr><td>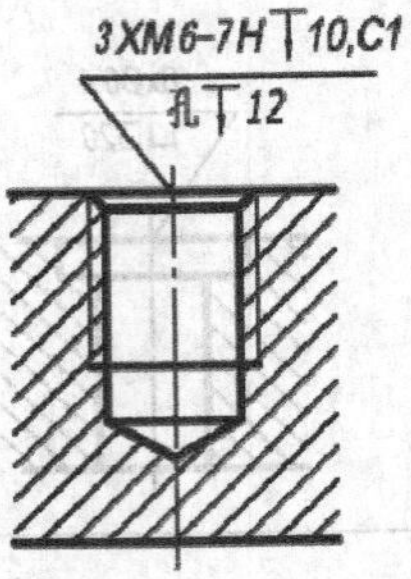</td><td>或</td><td>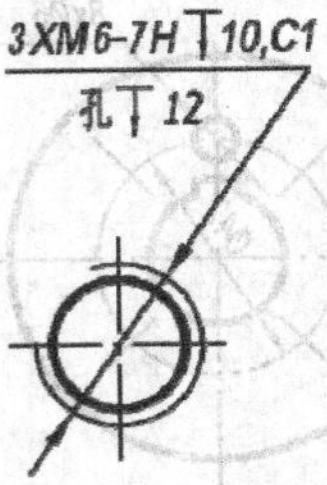</td></tr>
<tr><td>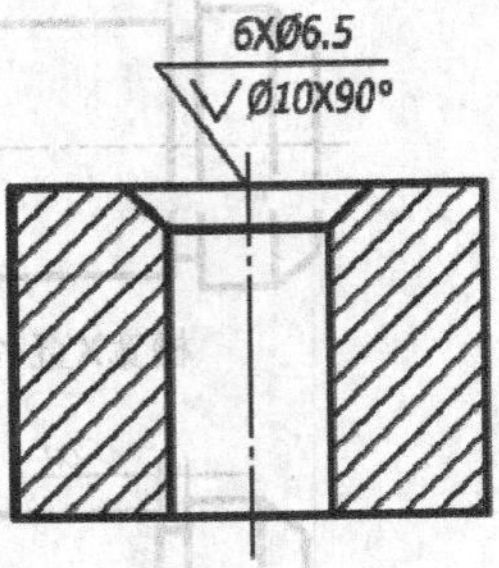</td><td>或</td><td></td></tr>
</table>

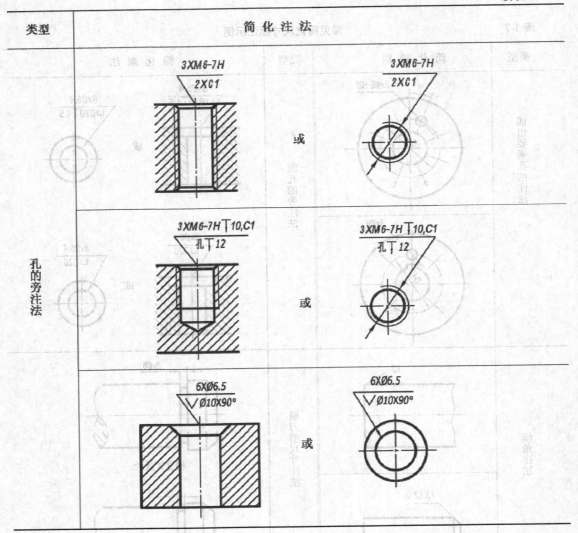

1.1.7 CAD 工程制图规则（GB/T 18229—2000 和 GB/T 14665—2012）

1. 图纸幅面与格式、比例

CAD 工程制图中的图纸幅面及格式与 GB/T 14689—1993 基本相同，这里从略。

CAD 工程制图中的比例与 GB/T 14690—1993 基本相同，这里从略。

2. 字体

CAD 工程制图中所使用的字体如表 1-8 所示。

3. 图线

在 CAD 工程图中基本线型有 15 种，基本线型可有 4 种变形线。线宽分 5 种组别：粗线为 2.0、1.4、1.0、0.7、0.5，细线为其 1/2，优先选用 0.7 这一组。为了便于绘图和观察，屏幕上的图线常显示为不同颜色，并要求相同的线型应采用同样的颜色，CAD 工程图中基本线型的颜色如表 1-9 所示，图线画法同表 1-3。

表 1-8 CAD 工程制图中的字体

<table>
<tr><th>汉字字型及国家标准号</th><th>汉字示例</th><th>文件名</th><th>应用范围</th></tr>
<tr><td>长仿宋体
GB/T13362.4—
13362.5—1992</td><td>CAD工程图字体示例</td><td>HZCF.*</td><td rowspan="2">图中标注及说明的汉字、标题栏、明细栏等</td></tr>
<tr><td>单线宋体
GB/T13844—1992</td><td>CAD工程图字体示例</td><td>HZDX.*</td></tr>
<tr><td>宋体
GB/T13845—1992</td><td>CAD工程图字体示例</td><td>HZST.*</td><td rowspan="4">大标题、小标题、图册封面、目录清单、标题栏中设计单位名称、图样名称、工程名称、地形图等</td></tr>
<tr><td>仿宋体
GB/T13846—1992</td><td>CAD工程图字体示例</td><td>HZFS.*</td></tr>
<tr><td>楷体
GB/T13847—1992</td><td>CAD工程图字体示例</td><td>HZKT.*</td></tr>
<tr><td>黑体
GB/T13848—1992</td><td>CAD工程图字体示例</td><td>HZHT.*</td></tr>
</table>

表 1-9 CAD 工程图中基本线型的颜色

<table>
<tr><th>线型</th><th>粗实线</th><th>细实线</th><th>波浪线</th><th>双折线</th><th>虚线</th><th>细点画线</th><th>粗点画线</th><th>双点画线</th></tr>
<tr><td>颜色</td><td>绿色</td><td colspan="3">白色</td><td>黄色</td><td>红色</td><td>棕色</td><td>粉红色</td></tr>
</table>

4. 尺寸标注（同 GB/T 4458.4—2003）

CAD 工程制图中的尺寸标注与 GB/T 4458.4—2003 和 GB/T 16675.2—1996 基本相同，这里从略。

5. CAD 图层的组织和命名的概述与原则（GB/T 18617.1—2002）

（1）CAD 图层的组织和命名的概述

当数据在不同的 CAD 系统、公司和国家之间互相传输时，其数据结构必须清晰明确，以保证定义数据各部分的可靠性，能从中选取以适应不同专题的需要和数据管理。

图层化是通常用来建立 CAD 数据结构的一种技术，每个图形元素或元素的集合在一个 CAD 模型中标识为一个图层，图层要给出唯一的命名，它可以是简单的数字或相对较长的一组助记用的代码，并且用来作为可选择的显示观察和绘图输出。

（2）CAD 图层的组织和命名的原则

第一项基本原则是基于对信息结构逻辑上的清晰划分（概念上的图层），划分的方法是根据在具体的 CAD 实现中信息的编码方式（内部的图层）。

第二项基本原则是基于混合组合应用众多的互相独立的信息分类方法，即分类并合。

第三项基本原则是尽可能采用现有的国际或国家的分类方法。

1.2 绘图仪器和工具的正确使用

正确使用绘图仪器和工具，能保证绘图质量，提高绘图速度，还能延长绘图仪器和工具的使用寿命。因此，必须养成正确使用绘图仪器和工具的良好习惯。

1.2.1 常用的绘图仪器和工具

1. 图板、丁字尺和三角板

图板是用作画图时的垫板，板面应平坦光洁，图板的左侧边为工作边（丁字尺上下移动的导向边），应保持平直，所以在使用和安放时要注意不被损坏。

丁字尺由尺头和尺身组成。画图时尺头应紧靠图板工作边，如图 1-14 所示。尺头沿图板工作边上下移动便可画水平线。水平线必须自左向右画，如图 1-15 所示。

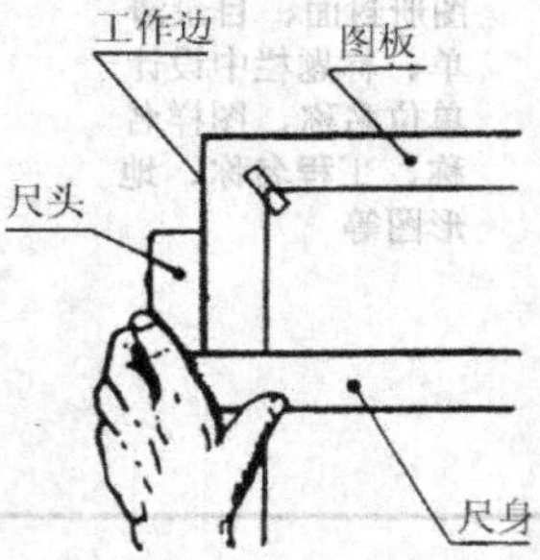

图 1-14 丁字尺尺头应紧靠图板工作边

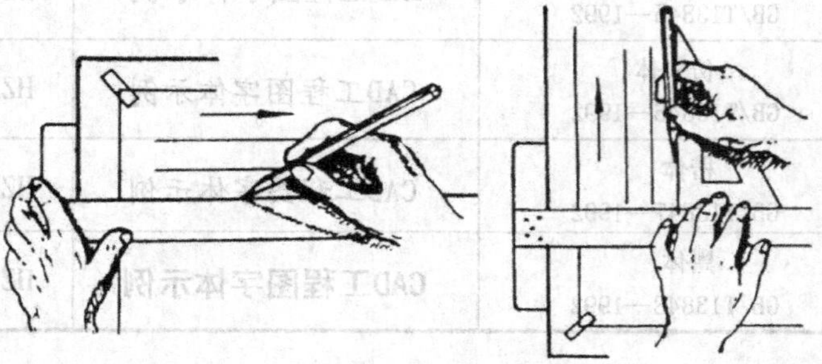
图 1-15 画水平线、垂直线

一套三角板包括 45° 等腰直角三角形和 30°、60° 的直角三角形两块。三角板与丁字尺配合使用除了可以画垂直线（自下向上画）外（图 1-15），还可以画与水平线成 15° 整数倍倾角的直线，如图 1-16 所示。

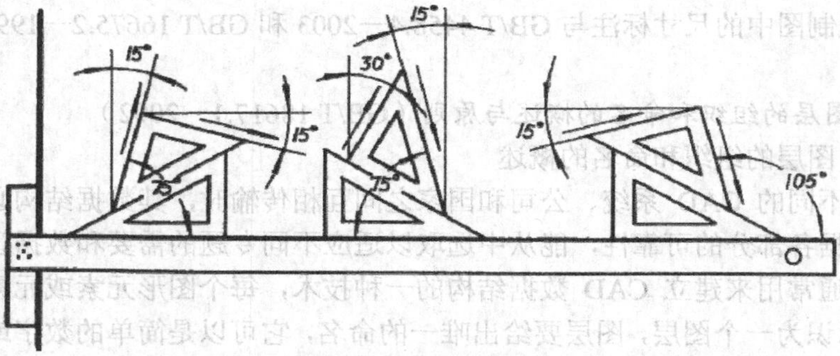

图 1-16 三角板与丁字尺配合画 15°整数倍倾角的图线

2. 圆规

圆规在使用前，应将带有台肩的针尖伸出，使针尖略比铅芯长些。画圆时圆规按顺时针方向转动，并使其向前进方向稍微倾斜些，圆规的针尖和铅芯与纸面基本垂直。画较大的圆时，为使圆规两脚与纸面垂直，可转动其关节，如图 1-17 所示。

3. 分规

分规是用作等分或量取线段的。分规两脚合拢后，两针尖应能并齐，如图 1-18 所示。

4. 比例尺

比例尺上刻有不同比例的刻度，供绘制不同比例的图形选用。常用的比例尺有三棱尺，如图 1-18（b）所示。尺面上的刻度可用缩小比例和放大比例。为扩大绘图仪器工具的功能，有的三角板板面刻有比例尺的刻度，这样使绘图和度量更为方便，也提高了绘图速度。

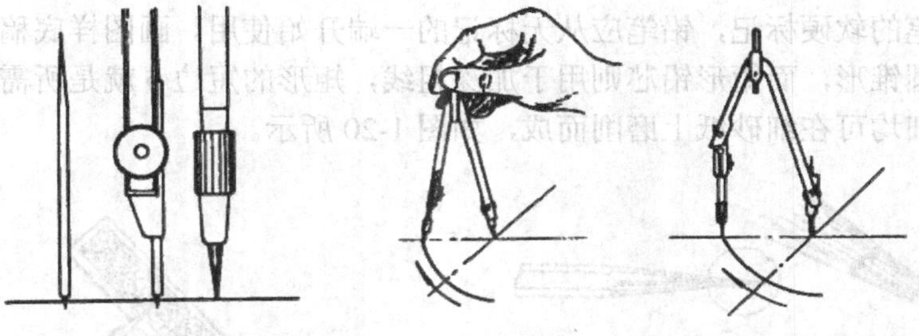

(a) 针尖应比铅芯稍长　(b) 画小圆时　(c) 画大圆时同时垂直纸面

图 1-17 圆规的使用方法

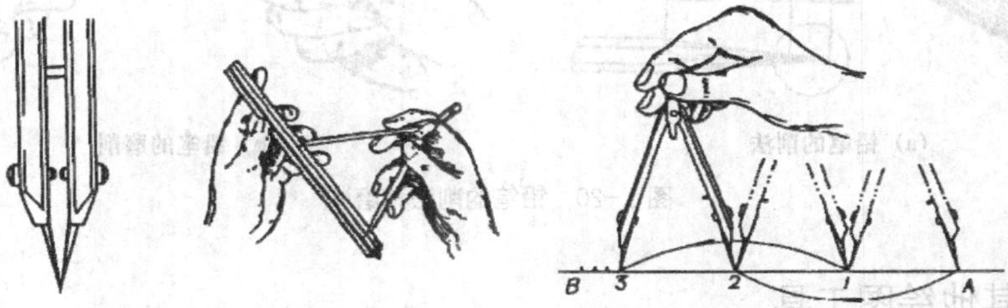

(a) 针尖并齐　(b) 量取线段　(c) 等分线段

图 1-18 分规的使用方法

5. 曲线板

曲线板用于绘制非圆曲线。绘曲线时，如图 1-19 所示，先徒手将各点轻轻顺序连接，然后选择曲线板上某段曲线与徒手画的曲线吻合画出曲线，每次至少通过曲线上的 3 个点，而且画的线段要比吻合部分短一点，留半段待下一步画，这样才能使曲线光滑。

(a) 用曲线板吻合部分连线留半段待下一步连线　(b) 通过上步连线时的最后两点依次连线

图 1-19 曲线板连线的方法

6. 铅笔

铅笔按绘图要求分为软（浓）和硬（淡），铅笔一端标有“H”为硬，H 前的数字越大就越硬，“B”为软，B 前的数字越大就越软，“HB”为软硬中等。绘制图样的底稿用“H”铅笔，图样的加深用“HB”铅笔或“B”铅笔，圆规中用铅芯可比画直线段用的稍软一点。

为保留铅笔的软硬标记，铅笔应从无标记的一端开始使用。画图样底稿和加深细线、写字时，铅芯用圆锥形，而矩形铅芯则用于加深粗线，矩形的短边 b 就是所需图线的宽度。铅芯的形状和粗细均可在细砂纸上磨削而成，如图 1-20 所示。

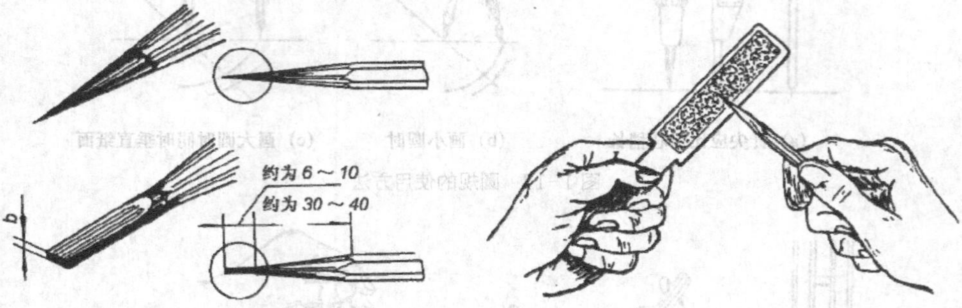

(a) 铅笔的削法　　(b) 铅笔的磨削

图 1-20　铅笔的削法和磨削

1.2.2　其他绘图工具

前人还创造了很多绘图工具，如上墨用的直线笔（俗称鸭嘴笔）和针管笔，各式各样的绘图模板、尺规，擦图片，能提高手工绘图速度的钢带式和导轨式绘图机等。在计算机绘图方面，有平板式绘图仪、滚筒式绘图仪，现在各种打印机也都具有图形打印功能，如图 1-21 所示。

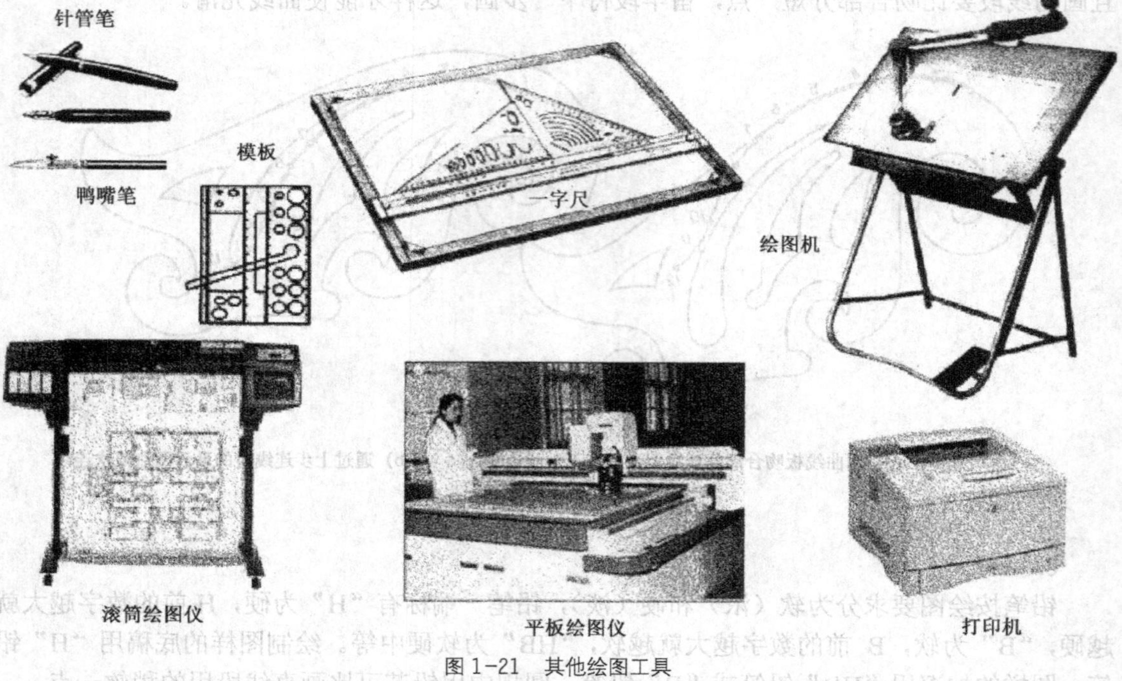

图 1-21　其他绘图工具

1.3 几何作图

图样中所反映的机件形状轮廓尽管千变万化，但总是可以归纳为由直线、圆弧和其他一些曲线所组成的几何图形，现将常用的作图方法介绍如下。

1.3.1 等分圆周作内接正多边形

1. 圆周六等分，作内接正六边形

用 60° 三角板配合丁字尺作圆内接正六边形，如图 1-22 所示。用圆规与三角板作圆内接正六边形，如图 1-23 所示。

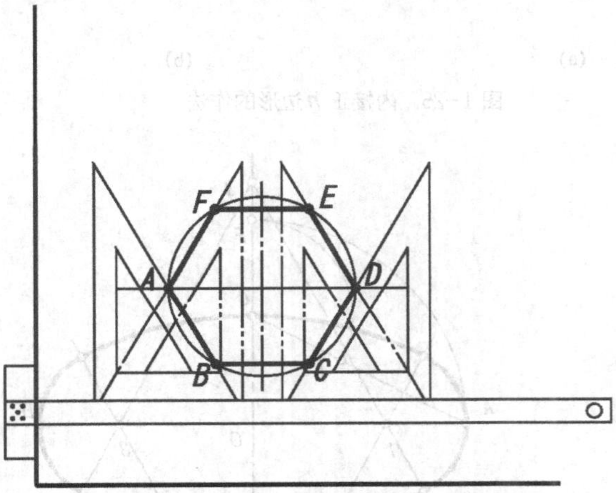

图 1-22 三角板与丁字尺配合作圆内接正六边形

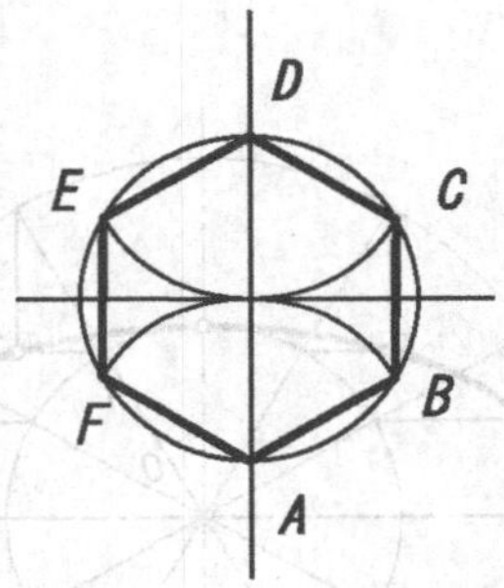

图 1-23 用圆规与三角板作圆内接正六边形

2. 圆周五等分，作内接正五边形

如图 1-24 所示，作 OF 的中点 G，以 G 为圆心，GA 为半径作弧，交水平直径于 H，以 AH 为边长即可作出圆内接正五边形。

3. 圆周 n 等分，作内接正 n 边形

如图 1-25（a）所示，n 等分铅垂直径 AH（图中 n=7），以 H 为圆心，HA 为半径画弧，交水平直径于 N。如图 1-25（b）所示，连接 $N2$、$N4$、$N6$ 并延长交于圆周 B、C、D，再作出其对称点，即可作出圆内接正 n 边形。

1.3.2 椭圆画法

绘图时，除了正多边形外，还会接触到一些非圆曲线的平面图形。下面仅介绍椭圆的两种常用画法。

1. 同心圆法

如图 1-26 所示，以 O 为圆心，长轴 AB 和短轴 CD 为直径作圆。由 O 作一系列直线分别与两圆相交于Ⅰ、Ⅱ、Ⅲ…和 1、2、3…，再由各交点分别作长、短轴的平行线相交于 M_1、M_2、M_3…，最后用曲线光滑连接 M_1、M_2、M_3…，即为所作椭圆。

2. 四心近似法

如图 1-27 所示，连接长短轴端点 A 和 C，取 $CF=OA-OC=CE$，作 AF 的中垂线，与两轴

交于 1、2，另取对称点 3、4，分别以 1、2、3、4 为圆心，1A、2C、3B、4D 为半径作弧，四段圆弧组成的图形即为所求的椭圆。

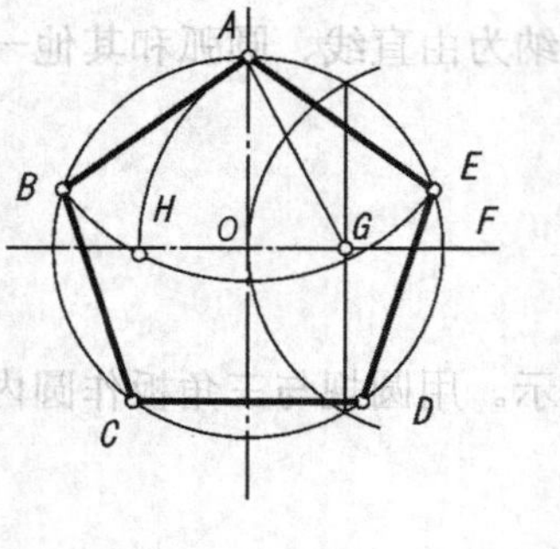

图 1-24 内接正五边形的作法

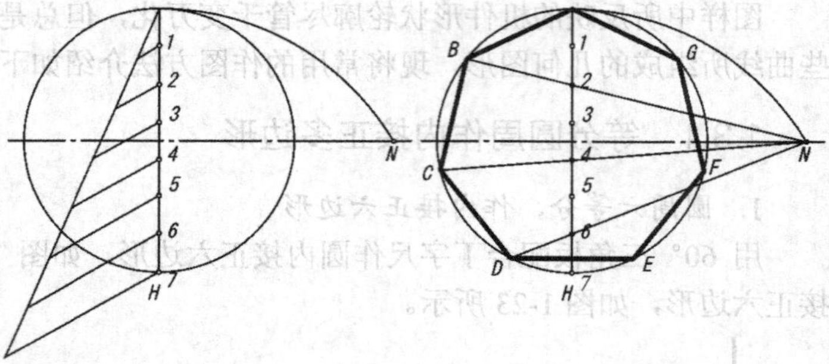

(a) (b)

图 1-25 内接正 n 边形的作法

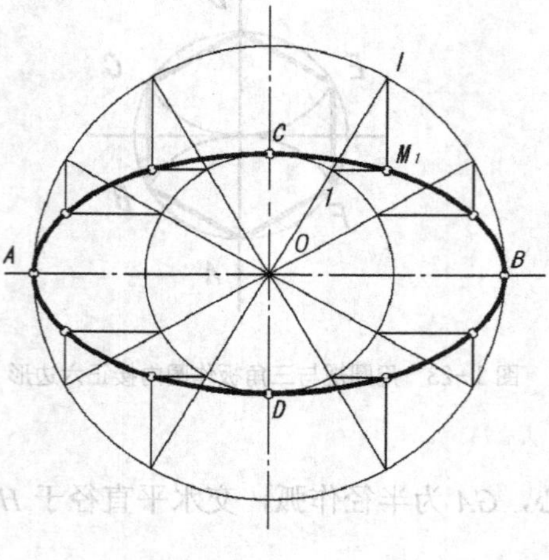

图 1-26 椭圆的画法——同心圆法

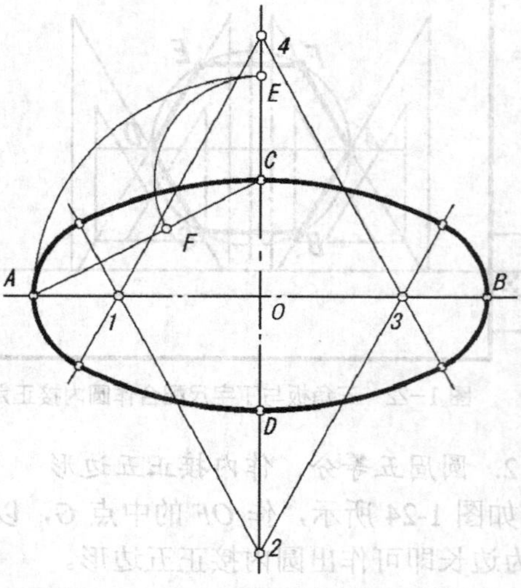

图 1-27 椭圆的画法——四心近似法

1.3.3 斜度和锥度的画法

1. 斜度

斜度是指一直线对另一直线或一平面对另一平面的倾斜程度，图样中以 1∶*n* 的形式标注。

斜度 1∶6 的作法，可把 *DB* 作为一个单位，在 *EB* 上量 6 个单位，连接 *ED* 即得斜度 1∶6，如图 1-28 所示。标注时所用符号的画法如图 1-30（a）所示。

2. 锥度

锥度是指正圆锥的底圆直径与圆锥高度之比，图样中以 1∶*n* 的形式标注。锥度 1∶6 的作法，量取 $OE=OD=d/2$，在 *OA* 上量取 6 个单位长度，连接 *AE*、*AD* 即得锥度 1∶6，如图 1-29 所示。标注时所用符号的画法如图 1-30（b）所示。

必须注意，标注时斜度和锥度的符号的倾斜方向应与图中所画的斜度和锥度方向一致。

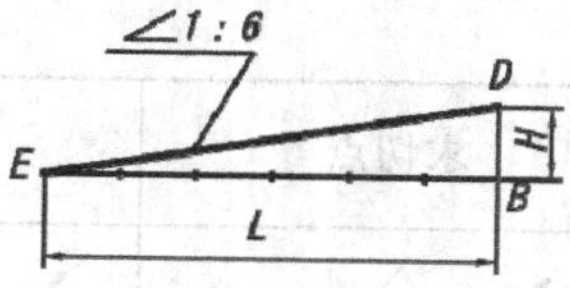

图 1-28 斜度

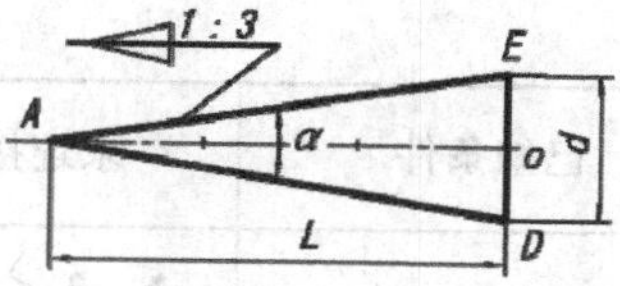

图 1-29 锥度

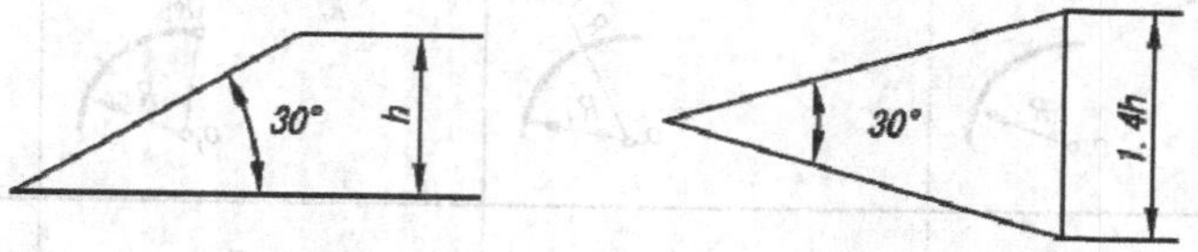

(a) 斜度符号　(b) 锥度符号

图 1-30 斜度和锥度符号的画法

1.3.4 圆弧连接的画法

圆弧连接是指用圆弧光滑连接两已知线段（直线或圆弧）。光滑连接实质上就是使圆弧与两已知线段相切。

为了正确地画出连接线段，必须确定：①连接圆弧半径；②连接圆弧圆心（连接中心）；③连接点（切点），如图 1-31 所示。常见连接圆弧的圆心、连接点的作图方法，如表 1-10 所示。各种连接的作图步骤如表 1-10 所示。

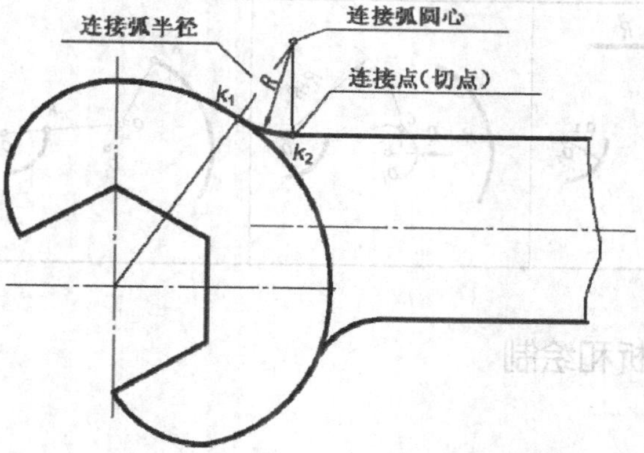

图 1-31 连接圆弧的圆心和连接点

表 1-10 各种圆弧连接的作图步骤

名称	已知条件	求连接圆心	求切点	作图结果
圆弧连接两直线	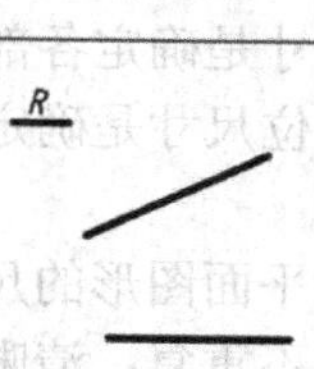	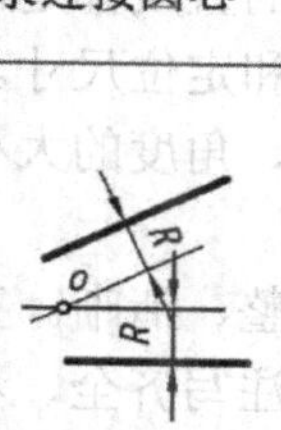	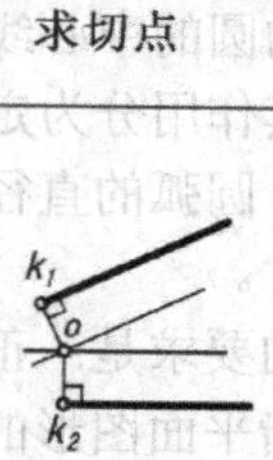	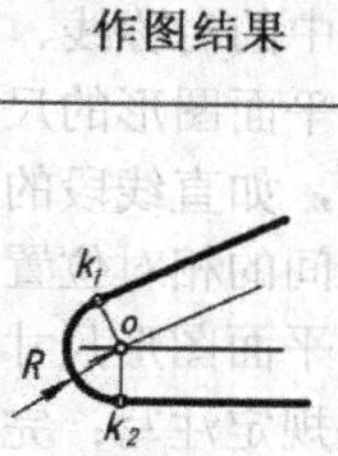

续表

名称	已知条件	求连接圆心	求切点	作图结果
圆弧连接直线和圆弧	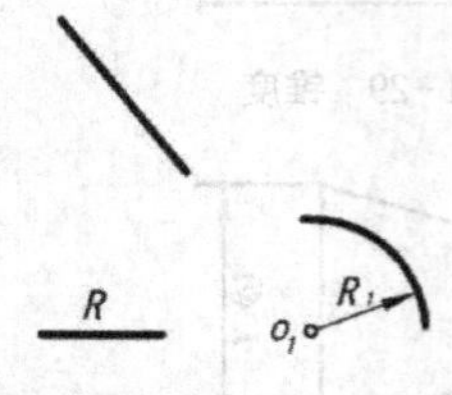	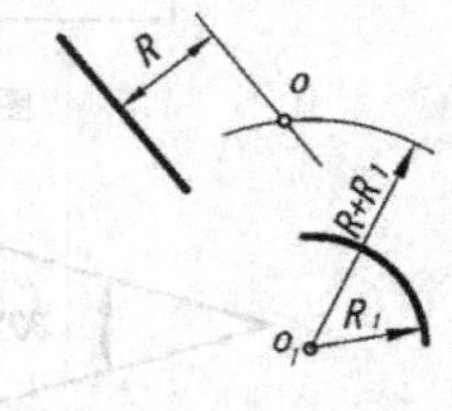	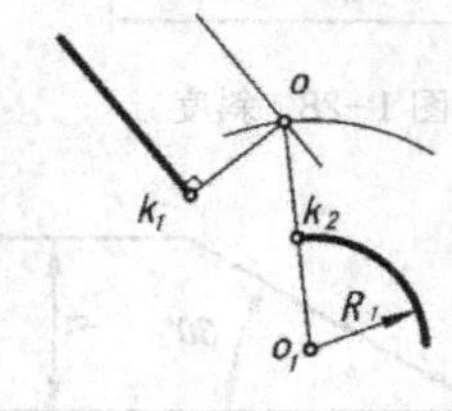	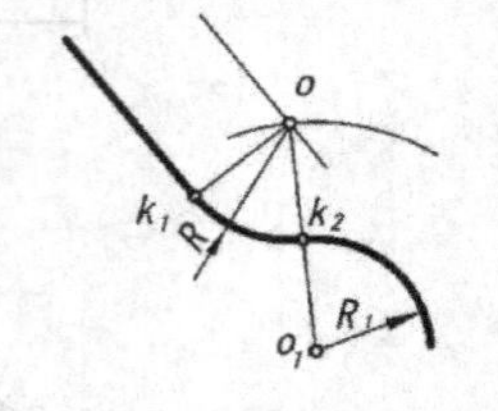
圆弧连接两圆弧 外切	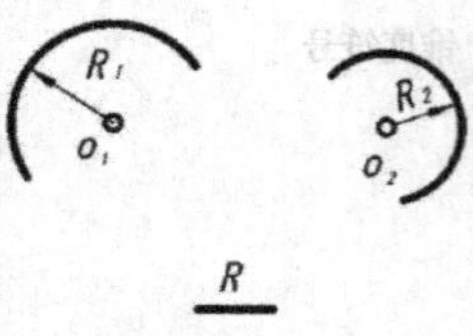	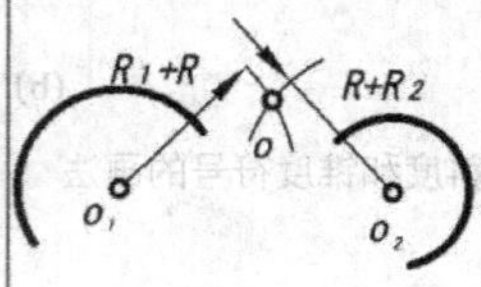	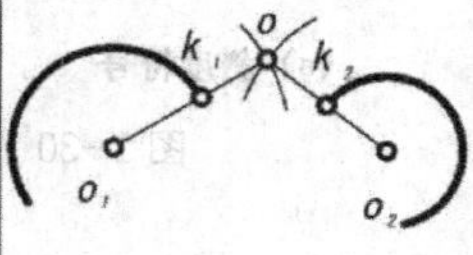	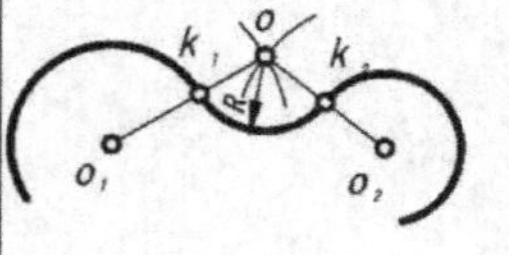
圆弧连接两圆弧 内切	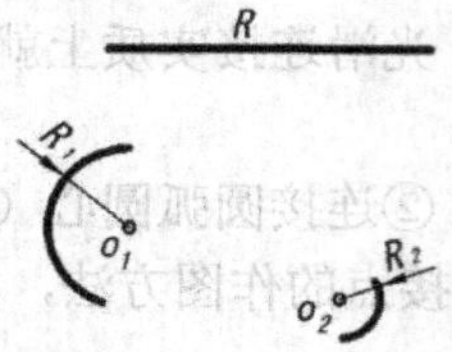	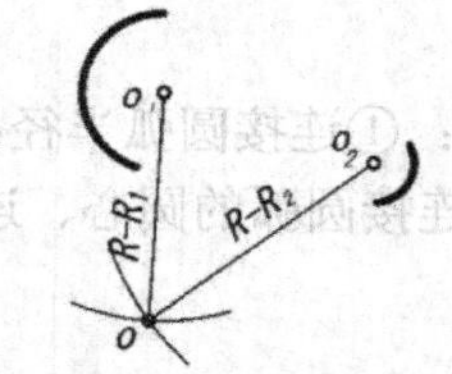	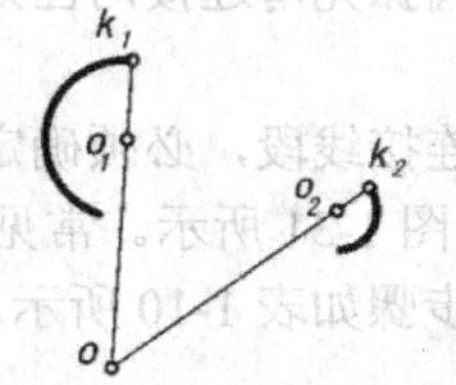	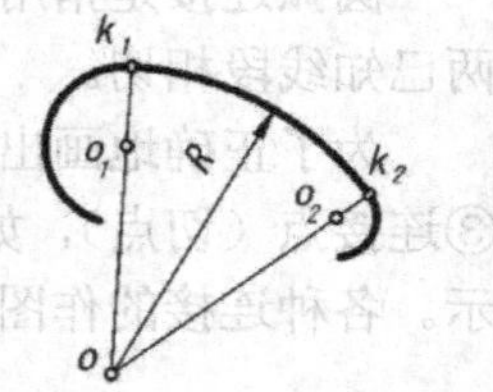
圆弧连接两圆弧 一内切一外切	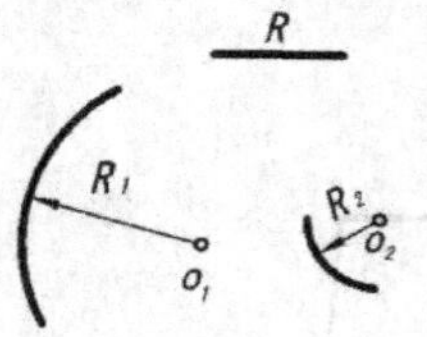	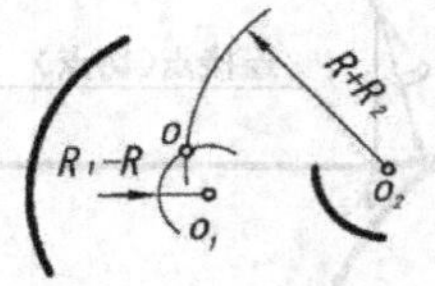	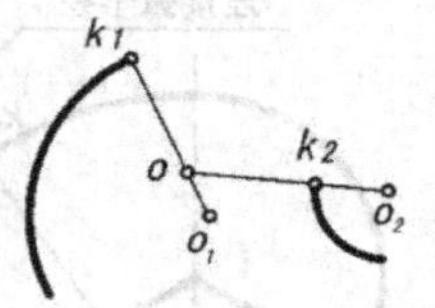	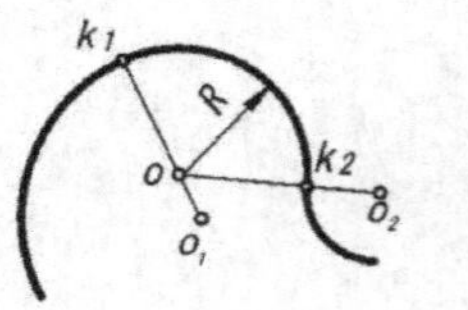

1.4 平面图形的分析和绘制

1.4.1 平面图形的尺寸分析

1. 尺寸分析

在平面图形标注尺寸时，要确定长度和高度方向的尺寸基准（即注尺寸的起点）。在平面图形中的对称线、较大的圆的中心线和较长的直线都是常用的基准线。

平面图形的尺寸按其作用分为定形尺寸和定位尺寸。定形尺寸是确定各部分形状大小的尺寸，如直线段的长度，圆弧的直径、半径、角度的大小等；定位尺寸是确定平面图形各部分之间的相对位置的尺寸。

平面图形尺寸标注的要求是：正确、完整、清晰。正确是指平面图形的尺寸要按国标的有关规定注写；完整是指平面图形的尺寸要注写齐全、不遗漏、不重复；清晰是指平面图形的尺寸的位置要安排在图形的明显处，标注清楚，布局整齐，看图清晰方便。

2. 标注

在进行平面图形的尺寸标注时，首先要对图形分析，确定尺寸基准，如图 1-32 所示，左右对称，长度基准为对称线，上下对称，高度基准为对称线，其次标注定形尺寸和定位尺寸；最后检查，完成全图的尺寸标注。表 1-11 为平面图形尺寸标注的一个标注示例步骤。常见平面图形尺寸标注如图 1-33 所示。

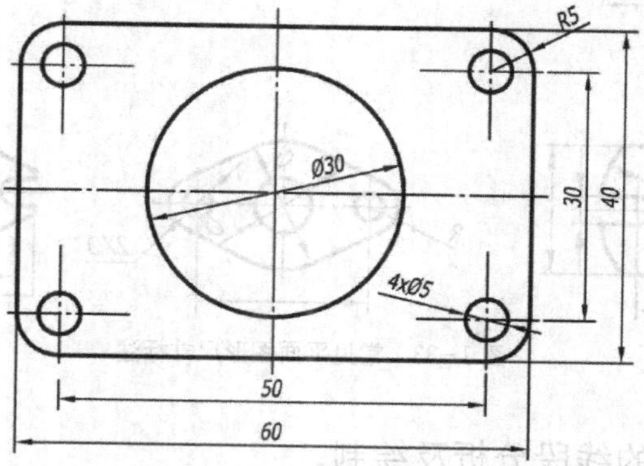

图 1-32　平面图形的尺寸分析

表 1-11　　**平面图形的尺寸标注**

1. 平面图形选择基准	2. 标注定位尺寸
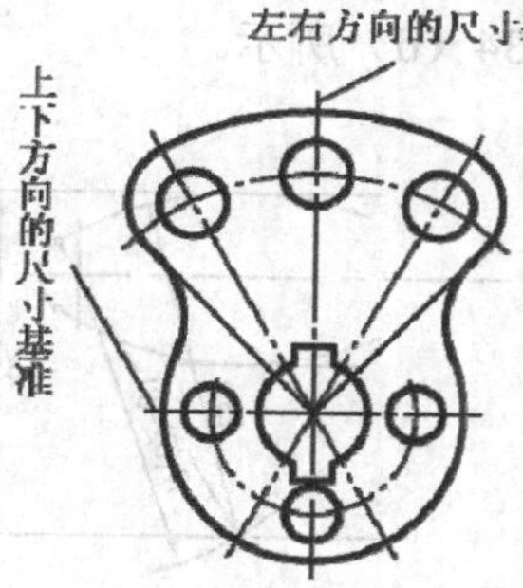	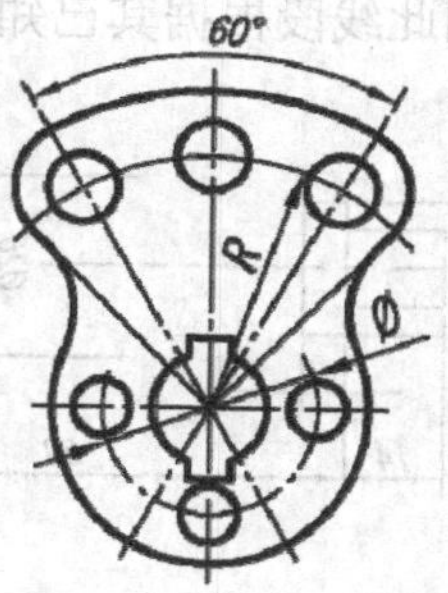
3. 标注定形尺寸	**4. 检查、完成全图的尺寸**
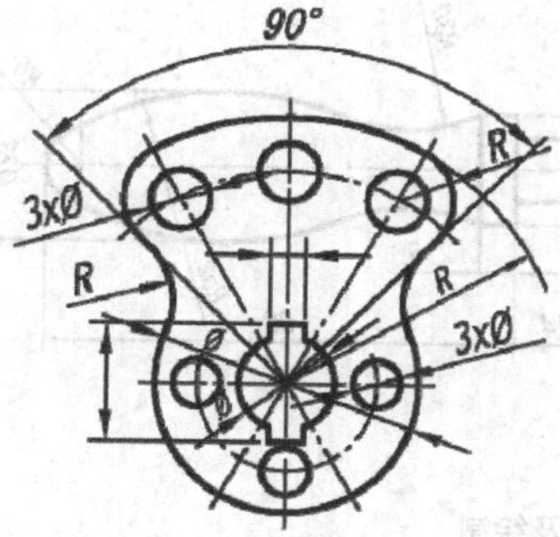	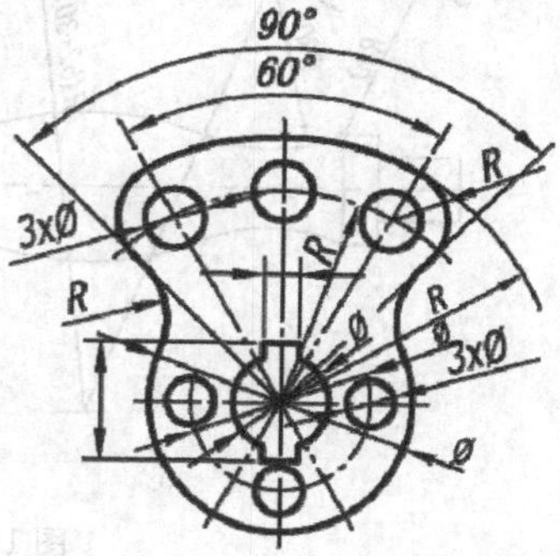

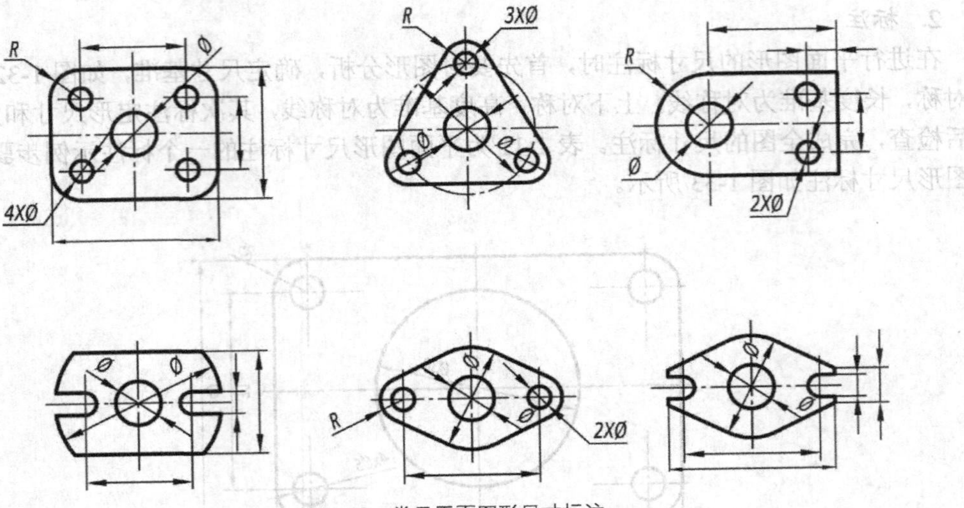

图 1-33 常见平面图形尺寸标注

1.4.2 平面图形的线段分析及绘制

图样中的平面图形是由直线、圆或圆弧及其他一些曲线组成的。画平面图形必须对线段（直线、圆弧等）进行分析。然后确定画图步骤。

1. 线段分析

平面图形的圆弧连接部分的线段（直线、圆弧等），它们的尺寸标注、绘图步骤都与连接情况有关，因此线段根据其已知尺寸数可分为三种，如图 1-34（d）所示。

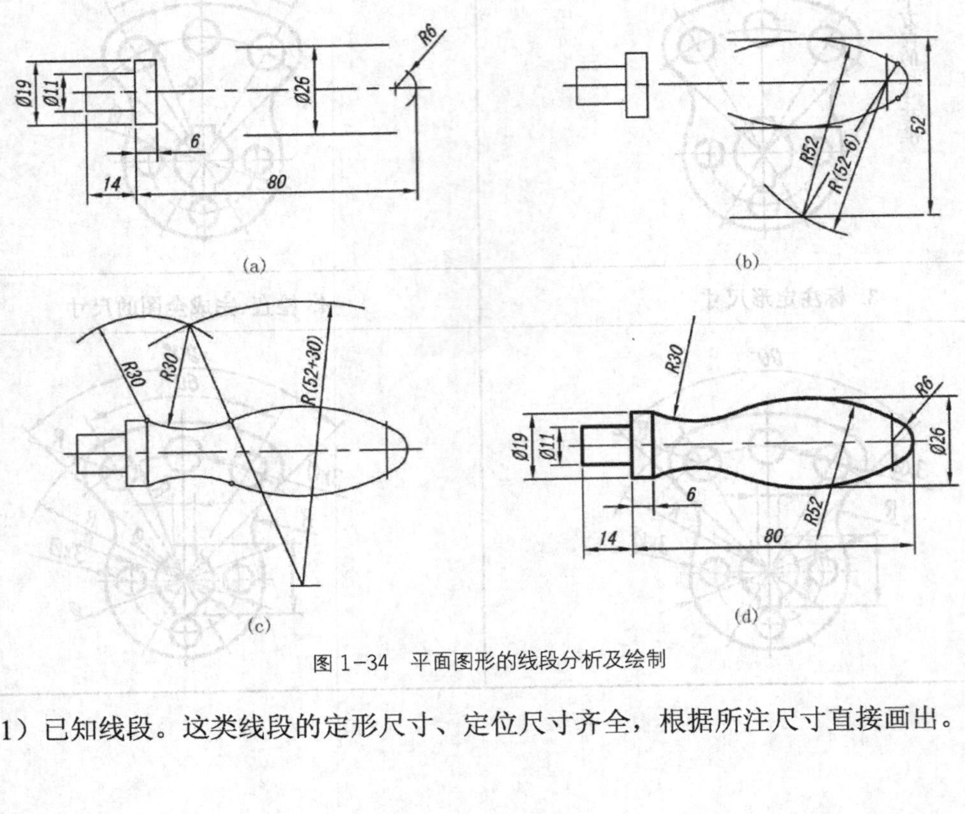

图 1-34 平面图形的线段分析及绘制

（1）已知线段。这类线段的定形尺寸、定位尺寸齐全，根据所注尺寸直接画出。

（2）中间线段。这类线段已知定形尺寸和一个定位尺寸，需要根据与其他线段的一个连接关系才能画出。

（3）连接线段。这类线段只知一个定形尺寸，必须根据与其他线段的 2 个连接关系才能画出。

2. 绘图步骤

（1）画出已知线段如左端的 ϕ19、6 和 ϕ11、14 的直线和右端 $R6$ 的圆弧及 ϕ26 的范围线[图 1-34（a）]；

（2）画中间线段 $R52$，使之与相距为 26 的两根范围线相切，并和 $R6$ 的圆弧内切[图 1-34（b）]；

（3）画连接线段 $R30$，使之与 ϕ19 的端点相接，并与 $R52$ 圆弧外切[图 1-34（c）]；

（4）按线型要求加深图线，标注尺寸，完成全图[图 1-34（d）]。

1.5 绘图方法与步骤

正确使用绘图仪器与工具以及掌握正确绘图的方法和步骤，能提高图面质量和绘图速度。在工作中，除了应用绘图仪器画图外，有时需要徒手画草图，因此本节介绍仪器画图和徒手画草图的基本方法和步骤。

1.5.1 仪器绘图

1. 绘图前的准备工作

（1）准备绘图仪器与工具。备齐绘图仪器与工具，并将其擦干净，磨削好不同硬度的铅笔及圆规上的铅芯。

（2）安排工作现场。将绘图桌置于光线较好的地方，且使光线从绘图者左前方射入。清理与绘图无关的东西，把绘图仪器与工具放在易取处，图板平稳地放在桌面上。

（3）固定图纸。把图纸平整地铺在图板上，用胶带纸（千万不能用图钉）按对角线方向顺序固定。小幅面的图纸应固定于图板的左下方，便于作图，如图 1-35 所示。

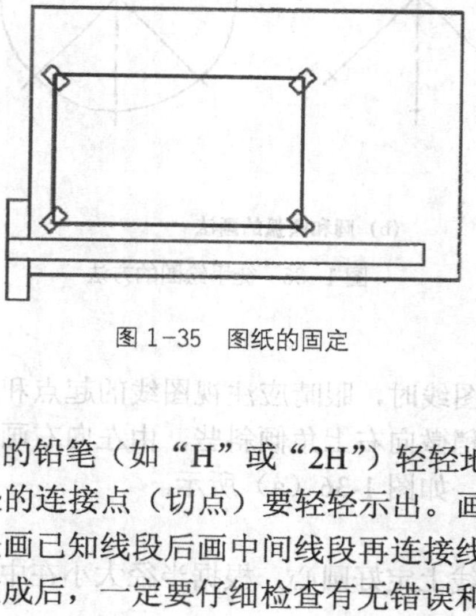

图 1-35 图纸的固定

2. 绘图步骤

（1）画底稿。底稿用较硬的铅笔（如“H”或“2H”）轻轻地画出，图线全部用细线，但应把线型分清，如线段连接处的连接点（切点）要轻轻示出。画底稿的步骤是从中心线、对称线或主要轮廓线开始画，先画已知线段后画中间线段再连接线段，然后再画其他细部。

（2）检查并加深。底稿完成后，一定要仔细检查有无错误和遗漏，并擦去多余图线，然后按规定线型粗细加深。

3. 加深的要求和步骤

加深的要求是线型正确、粗细分明、连接光滑、浓黑一致，图面整洁。

加深粗实线用“HB”或“B”铅笔。加深细线（包括细实线、虚线、点画线、波浪线等）用“HB”铅笔。加深圆时，圆规里的铅芯需用“B”或“2B”，写字和画箭头用“HB”铅笔。

加深的步骤可概括为“先细后粗、先曲后直、先左后右、先上后下”。也就是：

（1）由上而下，从左到右加深细线；

（2）加深所有圆和圆弧（同样是先细后粗）；

（3）从上向下依次加深所有水平粗实线；

（4）由左向右依次加深所有垂直粗实线；

（5）由左上方开始加深所有倾斜线；

（6）填写尺寸数字和文字。

1.5.2 徒手绘图

徒手绘图是不用绘图仪器按目测的比例绘制图样。徒手绘制的图样（草图）除了不使用绘图仪器外，其他要求与仪器绘图一样，基本上做到：图形正确、线型分明、比例匀称、字体工整、图面整洁。

徒手绘图的画图方法和技巧如图 1-36 所示。

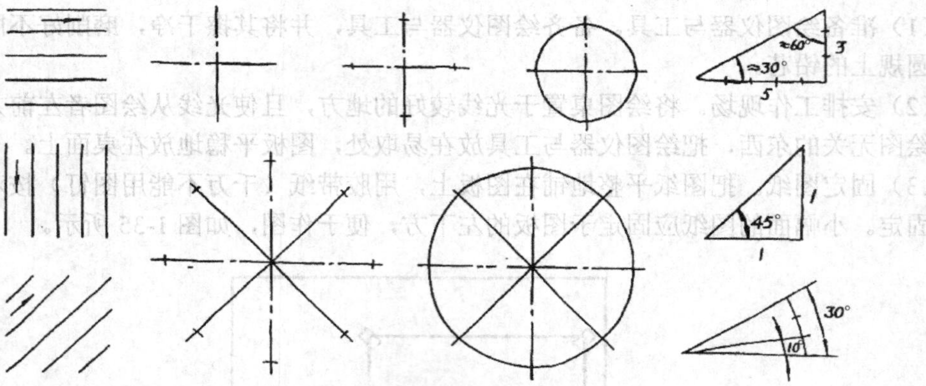

(a) 直线的画法　　(b) 圆和圆弧的画法　　(c) 角度的画法

图 1-36 徒手绘图的方法

1. 直线的画法

画直线时，特别是较长图线时，眼睛应注视图线的起点和终点，手拿笔轻轻地靠在纸上移动。画水平线时，图纸可稍微向右上角倾斜些，由左向右画线。垂直线应从上向下画，斜线就应由左下方向右上方画，如图 1-36（a）所示。

2. 圆和圆弧的画法

先在互相垂直的两中心线上定好圆心，根据半径大小在中心线上定出四点，然后将四点连接成圆。对于半径较大的圆，可添画 45° 方向的两条辅助线，再根据半径定出四点，最后将八点连成圆，如图 1-36（b）所示。

3. 角度的画法

常用角度 30°、45°、60° 可根据两直角边近似比例关系定出两端点，然后连接两端点即为所画的角度线；如果画 10°、15°、20° 等角度线，可先画出 30° 角后再等分求得，如图 1-36（c）所示。

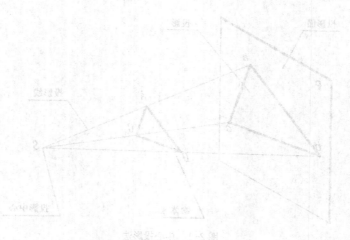

第 2 章 点、直线和平面的投影

点、直线和平面是组成立体的基本要素，学会和掌握它们投影图的画法是立体投影图画图的基础。

直角三角形法和直角定理是解决度量和定位问题的基本理论，直线和平面相对位置关系求解是解决空间位置关系的基础，通过学习本章内容可提高和加强对空间思维能力和想象能力的培养。

2.1 投影法的基本知识

2.1.1 投影法概述

在日常生活中，电灯发出光线照在三角板上，在墙壁上会出现它的影子。将这一常见的投影现象进行几何抽象，如图 2-1 所示。

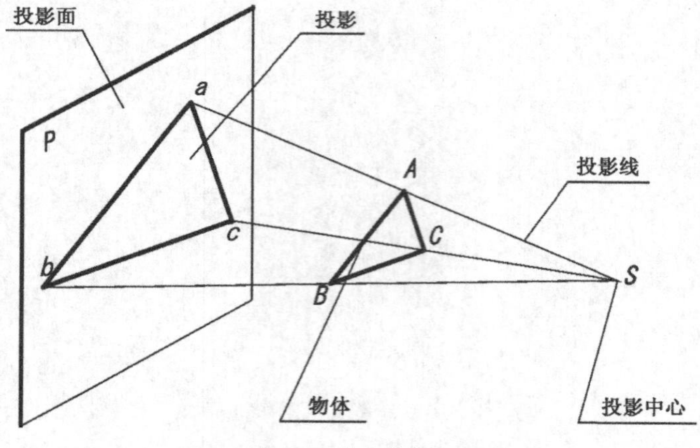

图 2-1 中心投影法

取物体（三角板 ABC），投影中心 S（即光源）和投影面 P（即墙壁），自投影中心 S 至物体的各个顶点 A、B、C，引投影线（即光线）SA、SB 和 SC。延长投影线 SA，交投影面 P 于 a 点，a 称为 A 点在 P 面上的投影。同理，b、c 分别是 B、C 点在 P 面上的投影。

这种在平面上获得物体投影的方法称为投影法。工程图样是根据投影法原理绘制出来的。

2.1.2　投影法分类

投影法一般分为中心投影法和平行投影法。

1. 中心投影法

中心投影法中，投影线汇交于一点，即投影中心 *S*，如图 2-1 所示，产生的投影称为中心投影。

中心投影法应用于绘制透视图，如室内设计、家具设计等效果图，如图 14-4 所示。

2. 平行投影法

平行投影法中，投影线相互平行，投影中心在无限远处，如图 2-2 所示。

平行投影法又分为斜投影法和正投影法。

斜投影法中，投影线（平行于投影方向 *S*）与投影面倾斜，即投影方向 *S* 与 *P* 面倾斜，如图 2-2（a）所示，所得的投影称为斜投影。斜轴测图就是用斜投影法绘制的。

正投影法中，投影线垂直于投影面，即投影方向 *S* 垂直于 *P* 面，如图 2-2（b）所示。所得的投影称为正投影。

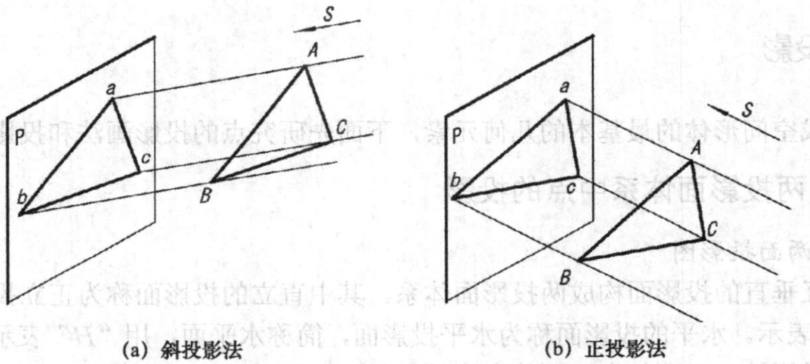

图 2-2　平行投影法

工程图样主要用正投影法绘制。为叙述方便起见，以下内容中所讲"投影"均为"正投影"。

2.1.3　正投影的基本性质

正投影的基本性质，如图 2-3 所示有以下几点：

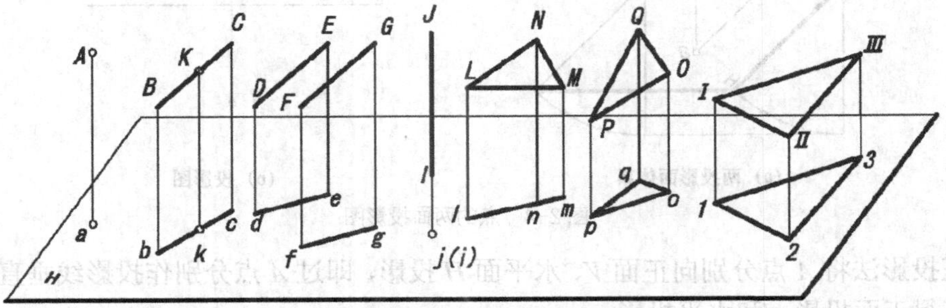

图 2-3　正投影的基本性质

（1）点的投影仍为点，直线的投影一般仍是直线，称为同素性。如 *A* 点的投影为 *a*，直线 *BC* 的投影为 *bc*。

（2）点分线段之比等于对应的投影之比，称为等比性。如点 *K* 在直线 *BC* 上，则 *BK*：

KC=bk：kc。

（3）平行两直线的投影对应平行，称为平行性。如直线 DE//FG，则 de//fg，且 DE：FG=de：fg。

（4）当直线或平面垂直于投影面时，其投影具有积聚性，即直线的投影积聚为点，如直线 I J 垂直于投影面 H，则投影积聚为点 j（i）；平面的投影积聚为直线，如△LMN 垂直于投影面 H，则投影积聚为直线 lmn；

（5）当直线或平面平行于投影面时，其投影具有实形性，即直线的投影反映实长，如直线ⅠⅡ平行于 H 面，则投影 12 与直线ⅠⅡ长度相等；平面的投影反映实形，如△ⅠⅡⅢ平行于 H 面，则投影△123≌△ⅠⅡⅢ。

（6）当平面倾斜于投影面时，其投影为原平面图形的类似形。如△OPQ 倾斜于投影面 H，则其投影仍为三角形。

投影法主要研究空间形体与其投影间的对应关系，特别是投影以后不变的几何性质——投影性质，这是画图和看图的基础。

2.2 点的投影

点是构成空间形体的最基本的几何元素，下面先研究点的投影画法和投影规律。

2.2.1 两投影面体系中点的投影

1. 点的两面投影图

两个相互垂直的投影面构成两投影面体系。其中直立的投影面称为正立投影面，简称正面，用“V”表示。水平的投影面称为水平投影面，简称水平面，用“H”表示。两个投影面的交线称为投影轴。正面与水平面的交线是 X 轴。如图 2-4（a）所示。

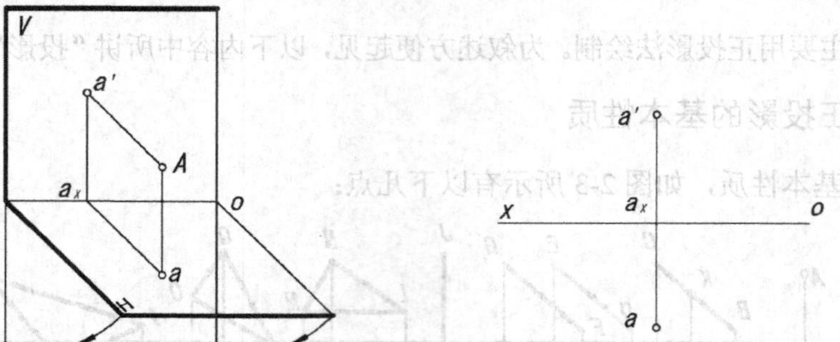

(a) 两投影面体系　　(b) 投影图

图 2-4　点的两面投影图

用正投影法将 A 点分别向正面 V、水平面 H 投影，即过 A 点分别作投影线垂直于 V 面和 H 面，获得正面投影 a′和水平投影 a。

为方便画图，应将正面投影 a′和水平投影 a 展开摊平在一个平面上，方法是 V 面保持不动，将 H 面绕 X 轴向下旋转 90°与 V 面重合。

投影面在空间可以看作无穷大，因此去掉投影面边框后，即可获得 A 点的两面投影图，如图 2-4（b）所示。

2. 点的两面投影规律

（1）点的水平投影与正面投影的连线垂直于投影轴，即 $aa' \perp X$ 轴。

在图 2-4（a）中，$Aa' \perp V$，$Aa \perp H$，则平面 $Aa'a_xa \perp X$ 轴。展开后 aa_xa' 三点共线，且 $aa' \perp x$ 轴。

（2）点的水平投影到 X 轴的距离等于点到 V 面的距离，即 $aa_x=Aa'$；点的正面投影到 X 轴的距离等于点到 H 面的距离，即 $a'a_x=Aa$。可由图 2-4（a）中的长方形 $Aa'a_xa$ 得出这一投影规律。

2.2.2　三投影面体系中点的投影

1. 点的三面投影图

在两投影面体系基础上增加一个侧立投影面，简称侧面，用“W”表示。W 面垂直于 V 面和 H 面，如图 2-5（a）所示。

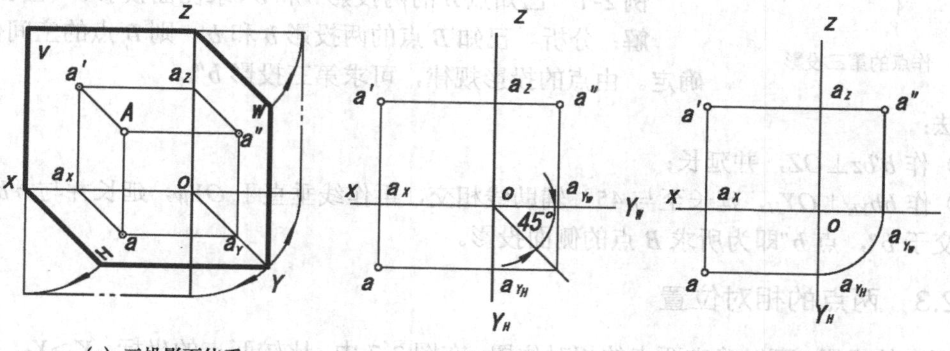

图 2-5　点的三面投影图

投影轴为 OX，OY，OZ。

三根投影轴交于原点 O。

用正投影法将 A 点分别向正面、水平面和侧面投影，获得正面投影 a'，水平投影 a 和侧面投影 a''。

展开时，V 面保持不动，H 面绕 OX 轴向下旋转 90°，W 面绕 OZ 轴向右旋转 90°，到与 V 面重合。投影图上不画投影面边框。OY 轴分成二根，在 H 面上的为 OY_H，在 W 面上的为 OY_W。图 2-5（b）或（c），为 A 点的三面投影图。

2. 点的三面投影规律

由前所述，点的两面投影连线垂直于对应投影轴，即 $aa' \perp OX$，$a'a'' \perp OZ$。

在长方体 $Aa'a_xaa''a_zoa_y$ 中

$$a'a_z=aa_y=Aa''=oa_x=x$$

$$aa_x=a''a_z=Aa'=oa_y=y$$

$$a'a_x=a''a_y=Aa=oa_z=z$$

式中，x、y、z 分别表示 A 点的 x、y、z 坐标；Aa''，Aa'，Aa 分别表示 A 点到 W、V、H 面的距离。

综上所述，点的三面投影规律可归纳为：

（1）点的两面投影连线垂直于对应的投影轴，即 $aa'\perp OX$，$a'a''\perp OZ$；

（2）点的正面投影到 OZ 轴的距离等于点的水平投影到 OY 的轴的距离，等于点到 W 面的距离，反映 x 坐标，即 $a'a_z=aa_y=Aa''=x$；

点的水平投影到 OX 轴的距离等于点的侧面投影到 OZ 轴的距离，等于点到 V 面的距离，反映 y 坐标，即 $aa_x=a''a_z=Aa'=y$；

点的正面投影到 OX 轴的距离等于点的侧面投影到 OY 轴的距离，等于点到 H 面的距离，反映 z 坐标，即 $a'a_x=a''a_y=Aa=z$。

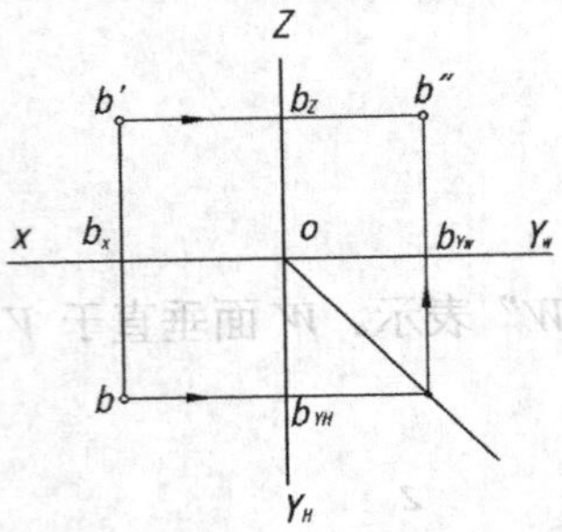

图 2-6　作点的第三投影

作投影图时，可画 45° 辅助线[图 2-5（b）]，或作 1/4 圆弧[图 2-5（c）]，以保证 $aa_x=a''a_z$。

根据点的投影规律，由点的 x、y、z 坐标可作出点的投影图，或由点的投影图确定点的 x、y、z 坐标，还可由点的两面投影作出第三投影。

例 2-1　已知点 B 的两投影 b 和 b'，求侧面投影 b''（图 2-6）。

解：分析　已知 B 点的两投影 b 和 b'，则 B 点的空间位置确定。由点的投影规律，可求第三投影 b''。

作法：

（1）作 $b'bz\perp OZ$，并延长；

（2）作 $bb_{YH}\perp OY_H$，延长至与 45° 辅助线相交，再作线垂直于 OY_W，延长并与 $b'bz$ 的延长线相交于 b''，点 b''即为所求 B 点的侧面投影。

2.2.3　两点的相对位置

由两点的投影，可以确定两点的相对位置。在图 2-7 中，比较两点的坐标，$X_A>X_B$，$Y_A>Y_B$，$Z_A>Z_B$，可见 B 点在 A 点的右、后、下方。

图中 ΔX、ΔY、ΔZ 分别表示两点的 X、Y、Z 坐标之差。$\Delta X=X_A-X_B$，$\Delta Y=Y_A-Y_B$，$\Delta Z=Z_A-Z_B$。即为两点到 W、V、H 面的距离差。

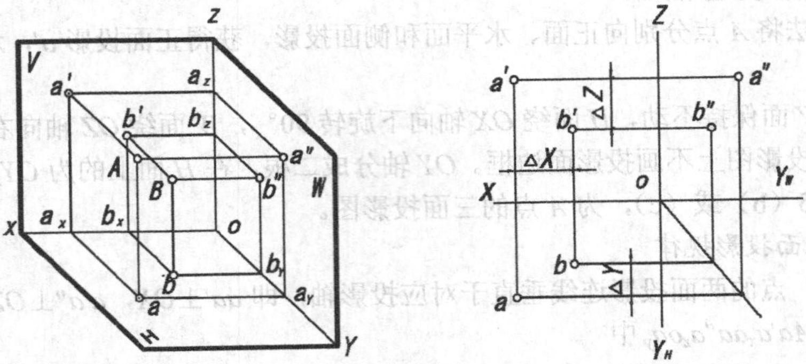

(a) 立体图　　(b) 投影图

图 2-7　两点的相对位置

若两点位于同一条投影线上，则在相应投影面上两点投影重合，这两点称为重影点。如图 2-8 所示，C、D 两点位于对 H 面的同一条投影线上，两点的水平投影重合，称为对 H 面的重影点。比较两点的坐标可见，$X_C=X_D$，$Y_C=Y_D$，而 $Z_C>Z_D$，故 C 点在 D 点的正上方，水平投影 C 为可见，D 为不可见。不可见的投影加括号，如（d）。

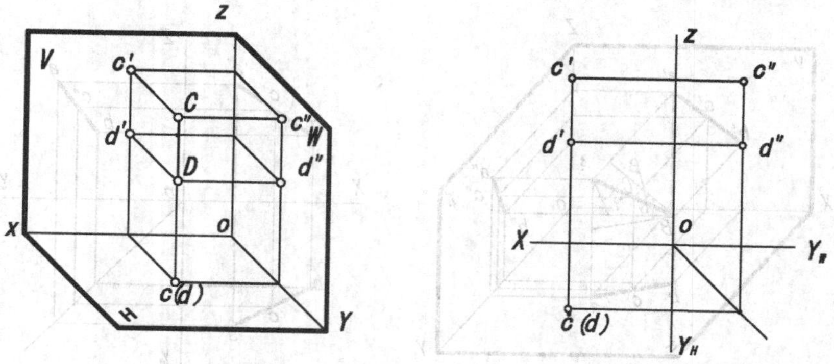

(a) 立体图　　　　(b) 投影图

图 2-8　重影点

同理有对 V 面和对 W 面的重影点。

如图 2-9 所示，三个投影面扩展后，将空间分成八个分角。本书介绍的投影图仅为第一分角中几何元素的投影。

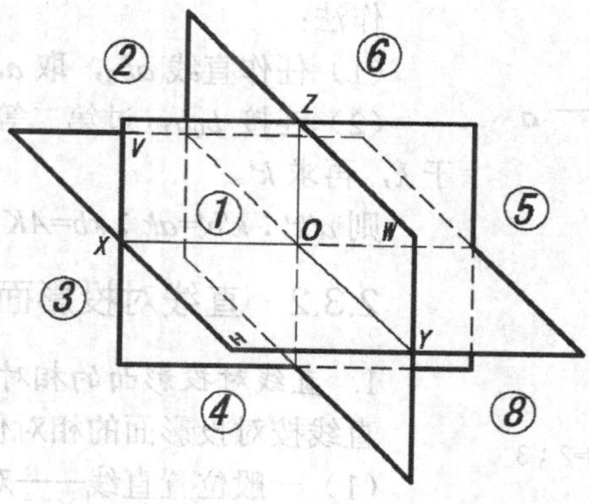

图 2-9　空间八个分角

2.3　直线的投影

2.3.1　直线的投影图

空间两点可连一条直线。表示直线的投影，只要作出直线上两点的投影，再连接两点的同面投影，就可以获得直线的投影。如图 2-10（a）所示，*a'b'*、*ab* 和 *a"b"*为直线 *AB* 的三面投影。图 2-10（b）为 *AB* 的三面投影图。

直线的投影性质为：

（1）直线的投影一般为直线，特殊情况下（当直线垂直于某投影面时）为点。

（2）点在直线上，点的投影在直线的同面投影上。图 2-10 中，*C* 点在 *AB* 上，则投影 *c*、*c'*、*c"*分别在 *ab*、*a' b'*、*a"b"*上。

（3）点分线段之比，等于其同面投影之比——定比定理。图 2-10 中，*AC*：*CB*=*a'c'*：*c'b'*=*ac*：*cb*=*a"c"*：*c"b"*。

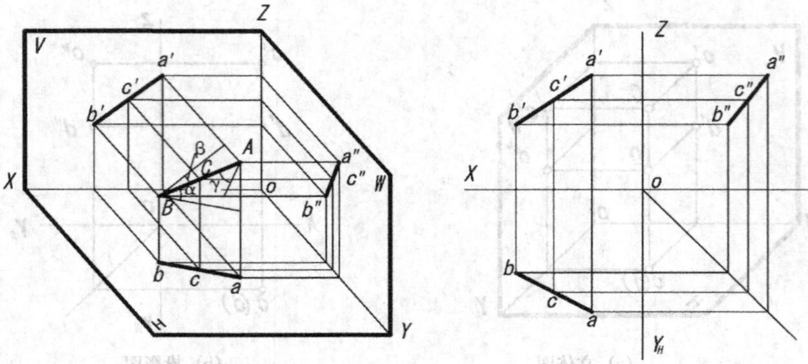

(a) 立体图　　　　(b) 投影图

图 2-10　直线的投影

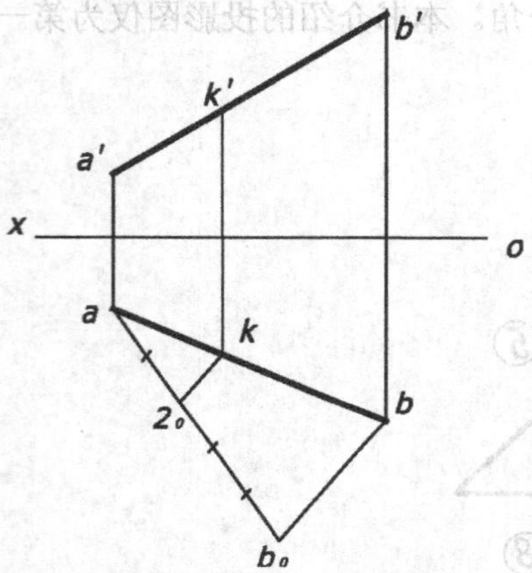

图 2-11　在 AB 上取 K，使 AK：KB=2：3

例 2-2　已知直线 AB 的投影 a'b'和 ab，试在 AB 上取点 K，使 AK：KB=2：3。求投影 k，k'（图 2-11）。

解：可直接用定比定理求 k，k'。

作法：

（1）任作直线 ab_0，取 ab_0=5 个单位长度。

（2）连接 b_0b，过第二等分点 2_0 作 $2_0k//b_0b$，交 ab 于 k，再求 k'。

则 a'k'：k'b'=ak：kb=AK：KB=2：3。

2.3.2　直线对投影面的相对位置

1．直线对投影面的相对位置

直线按对投影面的相对位置可分为三类：

（1）一般位置直线——对 V、H、W 面均倾斜的直线。如图 2-10（a）所示。

（2）投影面平行线——只平行于一个投影面的直线。又分为正平线（只平行于正面）、水平线（只平行于水平面）、侧平线（只平行于侧面），如表 2-1 立体图所示。

（3）投影面垂直线——垂直于投影面的直线。又分为正垂线（垂直于正面）、铅垂线（垂直于水平面）、侧垂线（垂直于侧面），如表 2-2 所示立体图。

投影面平行线和垂直线统称为特殊位置直线。

表 2-1　　　　**投影面平行线**

名称	立体图	投影图	投影性质
正平线	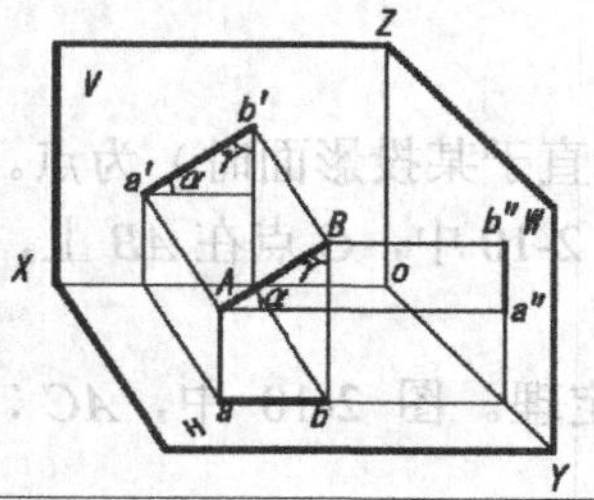	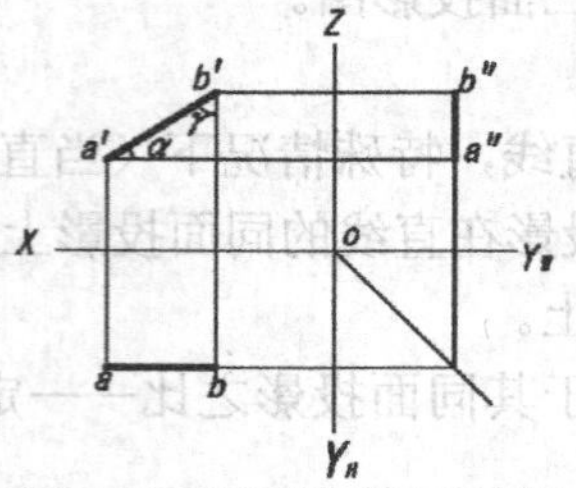	1．a'b'=AB，且反映 α、γ 角 2．ab//OX，a"b"//OZ

续表

名称	立体图	投影图	投影性质
水平线	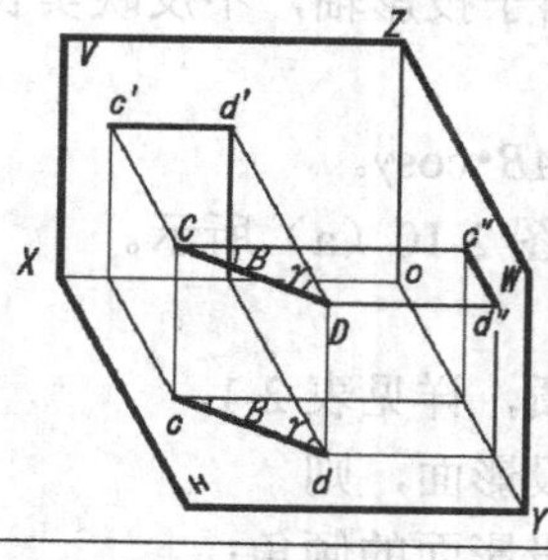	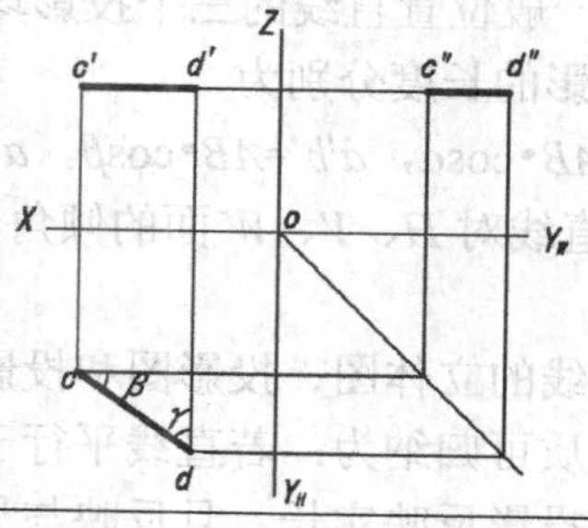	1. $cd=CD$，且反映 β、γ 角 2. $c'd'//OX$，$c''d''//OY_w$
侧平线	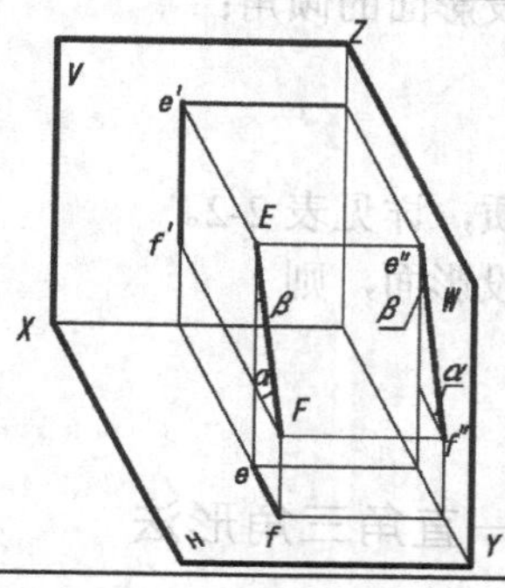	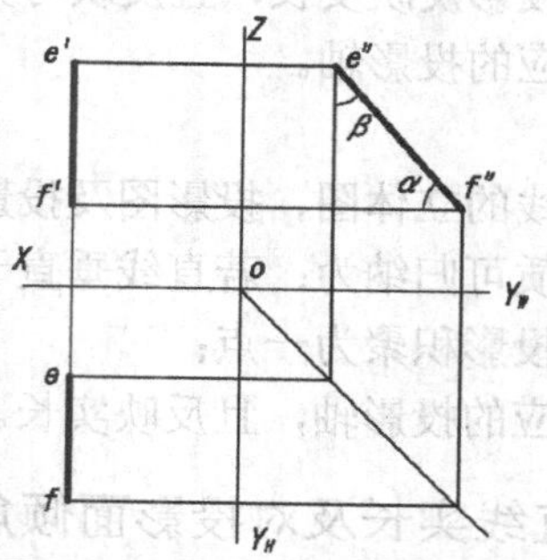	1. $e''f''=EF$，且反映 α、β 角 2. $e'f'//OZ$，$ef//OY_H$

表 2-2　　投影面垂直线

名称	立体图	投影图	投影性质
正垂线	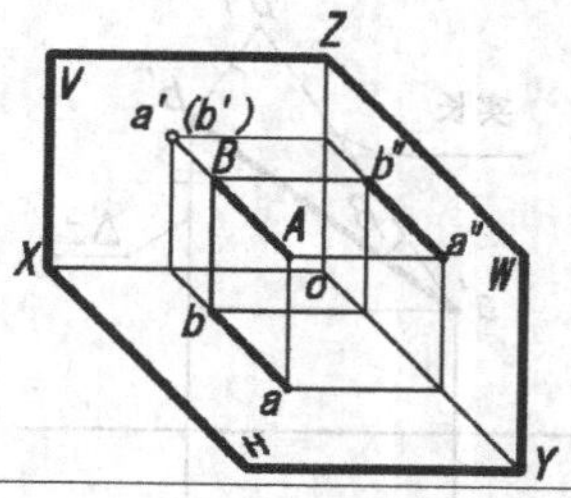	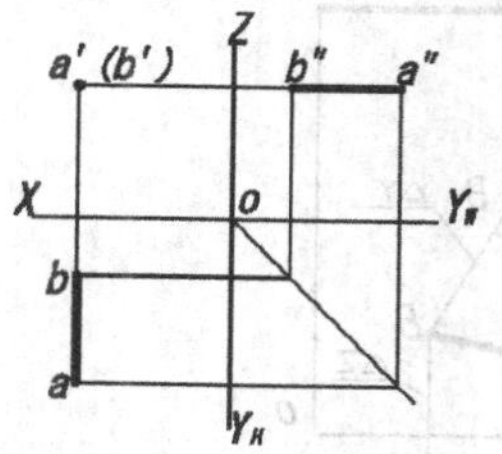	1. 正面投影积聚为一点 $a'(b')$ 2. $ab\perp OX$，$a''b''\perp OZ$，均反映实长
铅垂线	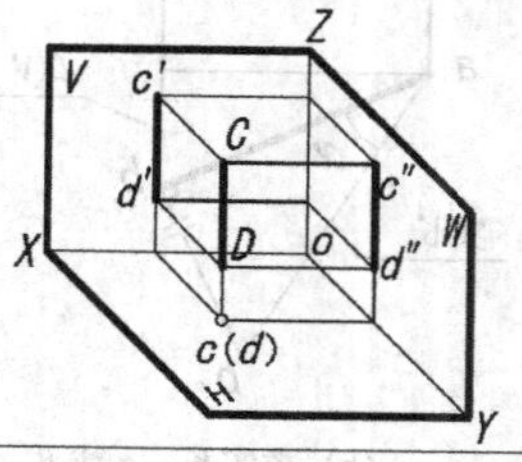	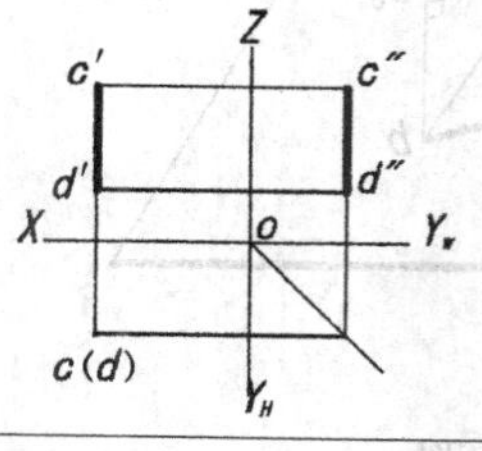	1. 水平投影积聚为一点 $c(d)$ 2. $c'd'\perp OX$，$c''d''\perp OY_W$，均反映实长
侧垂线	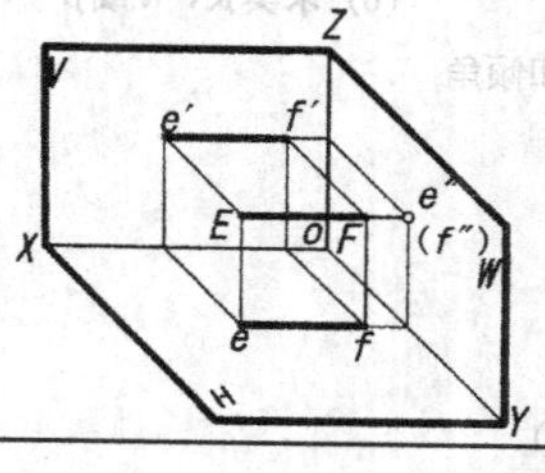	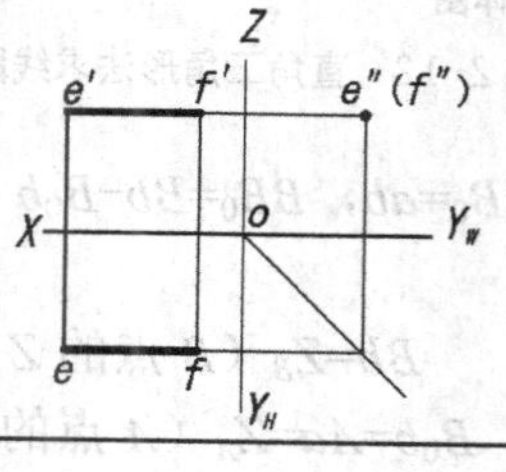	1. 侧面投影积聚为一点 $e''(f'')$ 2. $e'f'\perp OZ$，$ef\perp OY_H$，均反映实长

2. 各类直线投影性质

1）一般位置直线

如图 2-10（b）所示，一般位置直线的三个投影均倾斜于投影轴，不反映实长，也不反映对投影面的倾角。三个投影的长度分别为

$$ab=AB\cdot\cos\alpha，a'b'=AB\cdot\cos\beta，a''b''=AB\cdot\cos\gamma。$$

式中，α、β、γ 分别为直线对 H、V、W 面的倾角，如图 2-10（a）所示。

2）投影面平行线

正平线、水平线、侧平线的立体图、投影图和投影性质，详见表 2-1。

投影面平行线的投影性质可归纳为：若直线平行于某投影面，则

（1）直线在该投影面上投影反映实长，且反映与另两投影面的倾角；

（2）另两投影平行于相应的投影轴。

3）投影面垂直线

正垂线、铅垂线、侧垂线的立体图、投影图及投影性质，详见表 2-2。

投影面垂直线的投影性质可归纳为：若直线垂直于某投影面，则

（1）直线在该投影面上投影积聚为一点；

（2）另两投影垂直于相应的投影轴，且反映实长。

2.3.3 求一般位置直线实长及对投影面倾角——直角三角形法

在投影图上由一般位置直线的投影求其实长及倾角，如图 2-12（a）所示，AB 为一般位置直线，正面投影为 $a'b'$，水平投影为 ab。过 A 作 $AB_0//ab$。

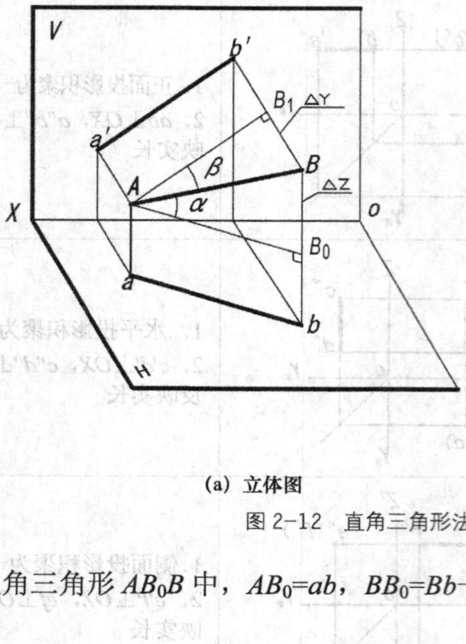

（a）立体图

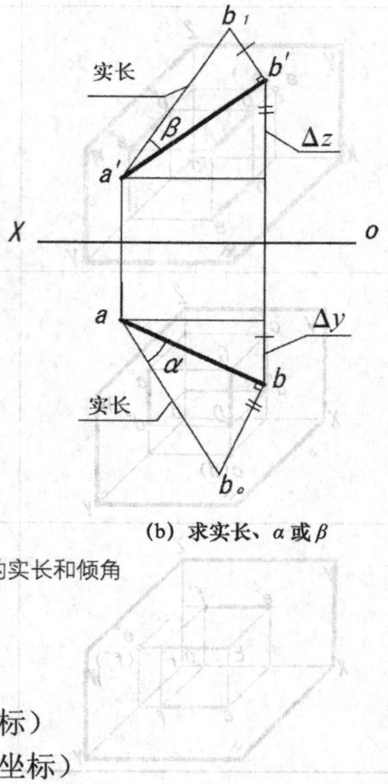

（b）求实长、α 或 β

图 2-12 直角三角形法求线段的实长和倾角

在直角三角形 AB_0B 中，$AB_0=ab$，$BB_0=Bb-B_0b$

式中

$$Bb=Z_B（B 点的 Z 坐标）$$

$$B_0b=Aa=Z_A（A 点的 Z 坐标）$$

即

$$BB_0=Z_B-Z_A=\Delta Z$$

故已知两面投影 $a'b'$和 ab，直角三角形 AB_0B 可作，则斜边 AB 为线段实长，$\angle BAB_0=\angle\alpha$。

同理，过 A 作 $AB_1//a'b'$，在直角 ΔAB_1B 中，$AB_1=a'b'$，$BB_1=Bb'-B_1b'=Y_B-Y_A=\Delta Y$。

故已知 $a'b'$、ab，直角 ΔAB_1B 可作，则 AB 的实长及倾角 β 可求。

作法如图 2-12（b）所示，已知 $a'b'$、ab，求 AB 实长及对 H 面倾角 α。

以水平投影 ab 及 ΔZ 为两直角边，作直角三角形 abb_0（$bb_0=\Delta Z$），则 $ab_0=AB$（实长），$\angle bab_0=\angle\alpha$。

若求对 V 面倾角 β，可以正面投影 $a'b'$及 ΔY 为两直角边，作直角三角形 $a'b'b_1$（$b'b_1=\Delta Y$），则 $a'b_1=AB$，$\angle b_1a'b'=\angle\beta$。

综上所述，已知直线的两面投影，可以以一个投影面上投影为直角边，以线段两端点到该投影面的距离差，即另一投影的坐标差为另一直角边，作直角三角形，则斜边等于线段实长，坐标差所对的角等于直线与该投影面的倾角。

例 2-3　已知直线 AB 的两面投影 ab 和 $a'b'$。试在 AB 上取 AC=15mm，求投影 c，c'（图 2-13）。

解：分析　AB 为一般位置直线。已知 ab，$a'b'$，可用直角三角形法求实长 AB，在 AB 上取 AC=15mm，再由定比定理，返回求投影 c，c'。

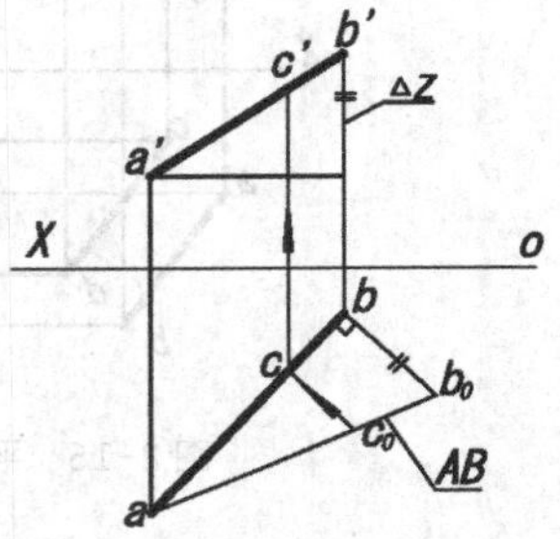

图 2-13　在 AB 上取 AC=15

作法：

（1）由 ab 及 ΔZ，作直角 $\Delta abb0$（$bb0=\Delta Z$）。则 $ab_0=AB$。

（2）取 ac_0=15mm，作 $c_0c//bb_0$，得 c，再求 c'。

2.3.4　两直线相对位置

空间两直线的相对位置有平行、相交、交叉三种情况，如图 2-14 所示。

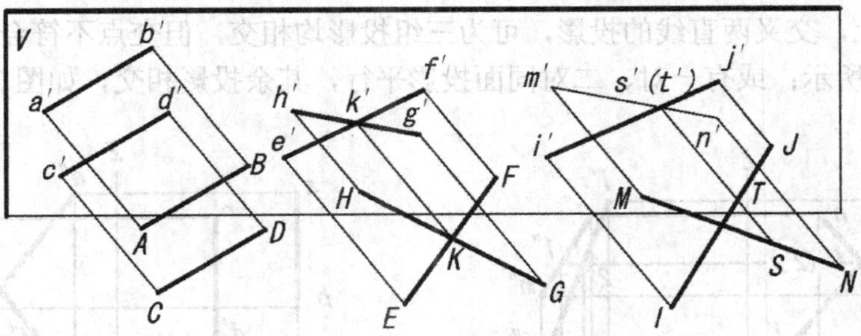

图 2-14　两直线的相对位置

1. 两直线平行

图 2-14 中，直线 $AB//CD$，向 V 面投影后，$a'b'//c'd'$。同理，向 H 面和 W 面投影后，$ab//cd$，$a''b''//c''d''$。

即空间两直线平行，其同面投影对应平行。

图 2-15 为平行两直线 AB 和 CD 的投影图。

反之，若两直线的同面投影对应平行，则空间两直线平行。

对于一般位置直线，只要有两组同面投影对应平行，即可判断两直线平行。而对于投影面平行线，仅有平行于轴线的两组同面投影平行，还不足以确定两直线是否平行，如图 2-17（b）所示。

2. **两直线相交**

图 2-14 中，直线 EF 与 GH 相交于点 K。

因为点 K 在直线 EF 上，则 k'在 $e'f'$上，又因为点 K 在直线 GH 上，则 k'在 $g'h'$上。故正面投影 $e'f'$与 $g'h'$交点 k'必为直线 EF 与 GH 交点 K 的正面投影。同理，水平投影 ef 与 gh 交点 k 为 EF 与 GH 交点 K 的水平投影。侧面投影 $e''f''$与 $g''h''$交点 k''为 EF 与 GH 交点 K 的侧面投影。

图 2-16 为相交两直线 EF 与 GH 的投影图。

可见，两直线相交，其同面投影相交，且投影交点为两直线交点的对应投影。

反之，若两直线的同面投影相交，且交点符合点的投影规律，则两直线相交。

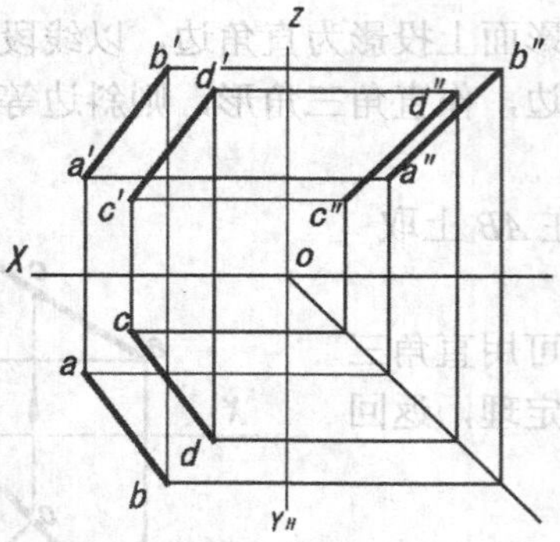

图 2-15　平行两直线的投影图

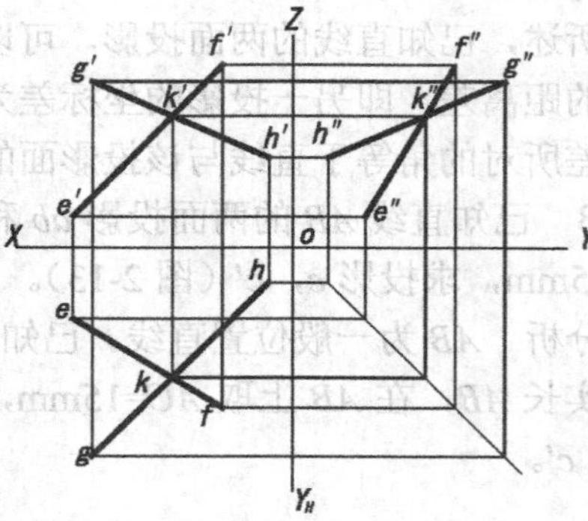

图 2-16　相交两直线的投影

3. **两直线交叉**

交叉两直线，在空间不平行，也不相交。其投影没有平行或相交两直线的投影性质。

图 2-14 中，交叉直线 MN 和 IJ，正面投影 $m'n'$与 $i'j'$的交点 $s'(t')$是两直线 MN 和 IJ 上对正面投影的重影点 S 和 T 的投影。

在投影图上，交叉两直线的投影，可为三组投影均相交，但交点不符合点的投影规律，如图 2-17（a）所示；或有一对、二对同面投影平行，其余投影相交，如图 2-17（b）所示。

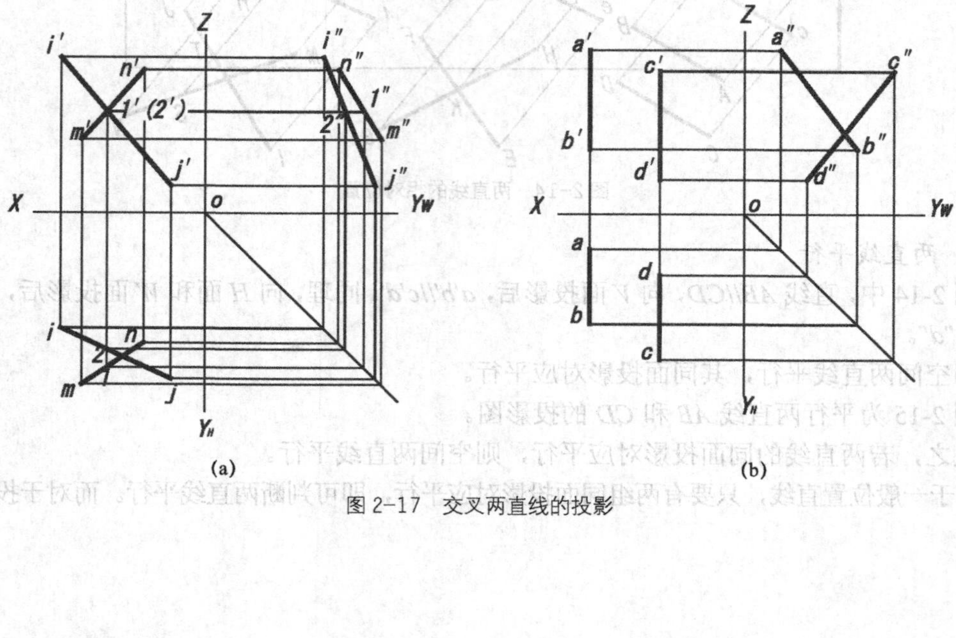

图 2-17　交叉两直线的投影

在图 2-17（a）中，对 V 面重影点 1'(2')，由水平或侧面投影可见知，坐标 $Y_{\mathrm{I}}>Y_{\mathrm{II}}$，故 1'可见，2'不可见。

例 2-4　直线 AB 与 CD 相交。已知投影 cd, $c'd'$ 及 ab，a'，试作出 $a'b'$（图 2-18）。

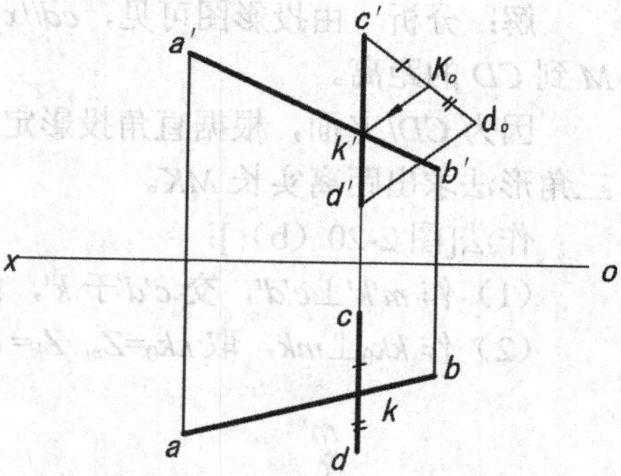

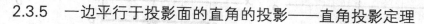

图 2-18　AB 与 CD 相交，求 $a'b'$

解：分析　由 cd、$c'd'$可知 $CD//W$ 面。AB 与 CD 相交，令 K 为交点。已知 k，由定比定理 ck : kd=$c'k'$: $k'd'$，可求出 k'，$a'b'$亦可作出。

作法：

（1）任作 $c'd_0$，取 $c'k_0=ck$，$k_0d_0=kd$，连接 d_0d'，过 k_0 作 $k_0k'//d_0d'$，得 k'。

（2）连接 $a'k'$并延长，求出 $a'b'$。

本题还可先作第三投影，再求 $a'b'$。请读者自行思考。

2.3.5　一边平行于投影面的直角的投影——直角投影定理

当直角的两边均平行于某投影面时，则在该投影面上的投影反映直角。

当直角的两边均倾斜于某投影面时，则在该投影面上的投影不反映直角。

定理　若直角的一边平行于某投影面，则直角在该投影面上的投影反映直角——直角投影定理。

证明　如图 2-19（a）所示，已知直线 $AB \perp BC$，且 $AB//H$ 面。因为 $AB \perp BC$，又 $AB//H$，即 $AB \perp Bb$，所以 $AB \perp$ 平面 $BbcC$。而 $ab//AB$，故 $ab \perp$ 平面 $BbcC$，所以，水平投影 $ab \perp bc$。图 2-19（b）为其投影图。

同理，若直线 $EF \perp GH$，且 $EF//V$ 面，必有正面投影 $e'f' \perp g'h'$。

反之，若相交两直线在某投影面上的投影垂直，且有一直线平行于该投影面时，则空间两直线垂直。

以上直角投影定理及逆定理同样适用于交叉垂直两直线的情况。

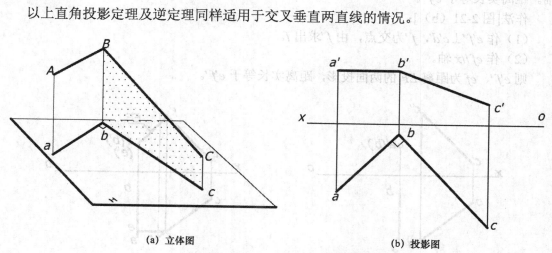

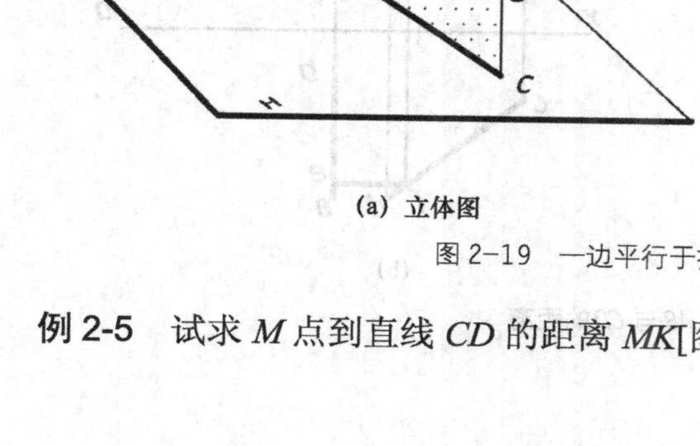

(a) 立体图

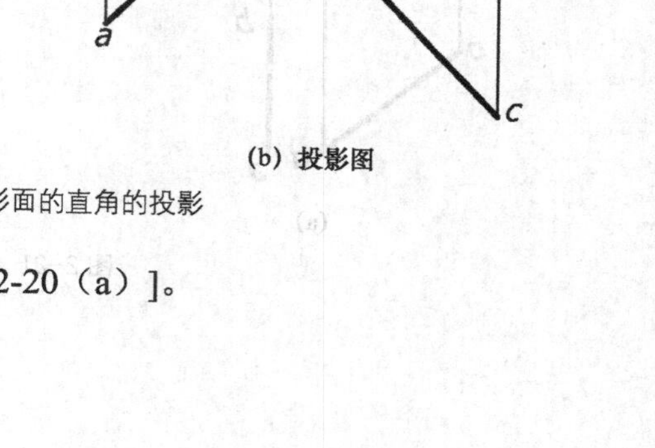

(b) 投影图

图 2-19　一边平行于投影面的直角的投影

例 2-5　试求 M 点到直线 CD 的距离 MK[图 2-20（a）]。

解：分析　由投影图可见，$cd//x$ 轴，故 CD 为正平线。作 $MK\perp CD$，K 为垂足，MK 为 M 到 CD 的距离。

因为 $CD//V$ 面，根据直角投影定理，可作 $m'k'\perp c'd'$，再作出 mk。由 mk 及 $m'k'$，用直角三角形法求出距离实长 MK。

作法[图 2-20（b）]：

（1）作 $m'k'\perp c'd'$，交 $c'd'$ 于 k'，由 k' 求得 k，连接 mk。

（2）作 $kk_0\perp mk$，取 $kk_0=Z_m-Z_k=\Delta Z$，作直角三角形 mkk_0，则 $mk_0=MK$。

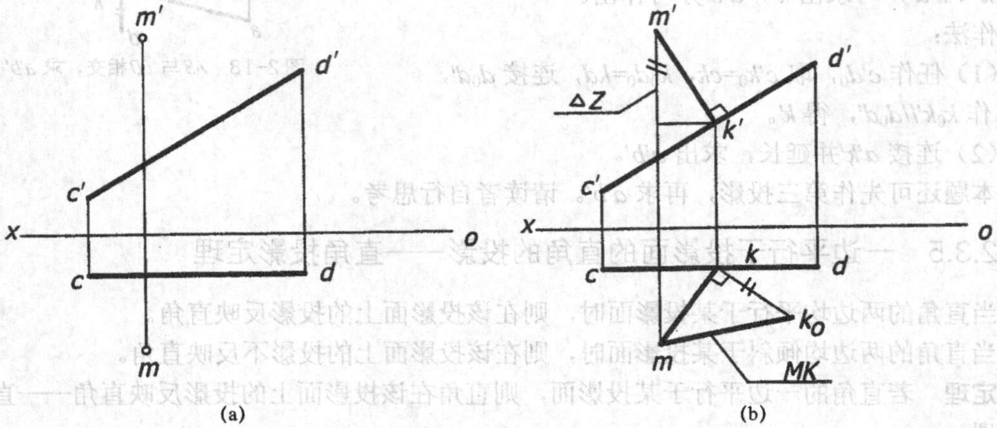

图 2-20　求 M 到 CD 的距离

例 2-6　求直线 AB 与 CD 的距离 EF[图 2-21（a）]。

解：分析　由图 2-21（a）可知，AB、CD 为交叉直线，其中 $AB\perp V$ 面。

求 AB 与 CD 的距离，可以先作出它们的公垂线 EF，再求出实长。令 E 在 AB 上，则 e' 与 $a'(b')$ 重合。由 $EF\perp AB$，且 $AB\perp V$ 面，则 $EF//V$ 面，又 $EF\perp CD$，故 $e'f'\perp c'd'$，而且 $ef//X$ 轴。距离实长等于 $e'f'$。

作法[图 2-21（b）]：

（1）作 $e'f'\perp c'd'$，f' 为交点，由 f' 求出 f。

（2）作 $ef//x$ 轴。

则 $e'f'$、ef 为距离 EF 的两面投影，距离实长等于 $e'f'$。

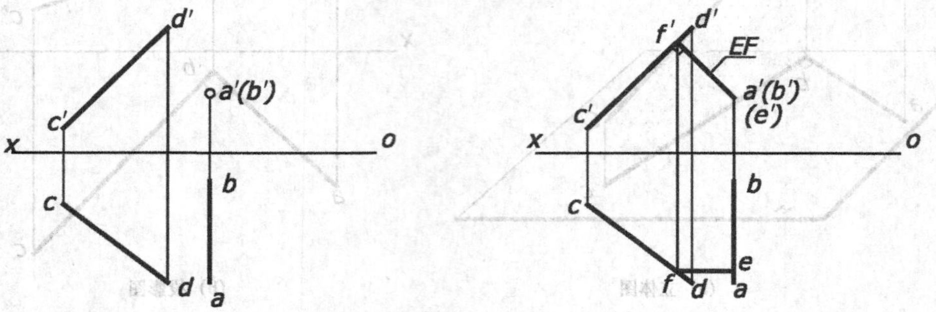

图 2-21　求 AB 与 CD 的距离

2.4　平面的投影

2.4.1　平面在投影图上的表示法

如图 2-22 所示，在投影图上表示平面的方法有：不在一直线的三点 *A*、*B*、*C* 的投影[图 2-22（a）]；直线 *AC* 及线外点 *B* 的投影[图 2-22（b）]；相交两直线 *AB* 和 *AC* 的投影[图 2-22（c）]；平行两直线 *AC* 和 *BD* 的投影[图 2-22（d）]；平面图形△*ABC* 的投影[图 2-22（e）]。

这五种表示法可以相互转换，转换的结果仍为原平面。

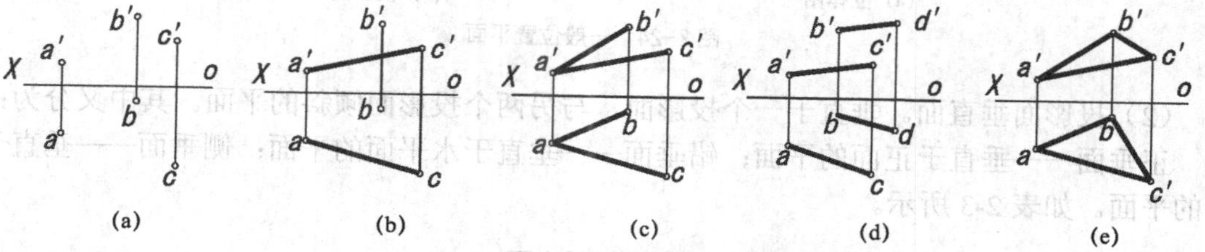

图 2-22　平面的表示法

还可以用平面与投影面的交线——迹线来表示平面。如图 2-23（a）所示，将△*ABC* 扩展为平面 *P*，分别与三个投影面相交。平面与投影面的交线称为迹线，平面与 *V* 面、*H* 面、*W* 面的交线分别称为正面迹线（P_V）、水平迹线（P_H）、侧面迹线（P_W）。

迹线既在平面上，又在投影面上，其中一个投影与本身重合，另两个投影在投影轴上。如正面迹线 P_V 的正面投影与本身重合，其水平投影和侧面投影分别在 *X* 轴和 *Z* 轴上（常不画出）。

图 2-23（b）为用三根迹线表示平面 *P* 的三面投影图。

解题时常用两根迹线，如 P_V 和 P_H（实际是属于平面 *P* 的相交两直线）来表示平面 *P*，如图 2-23（c）所示。

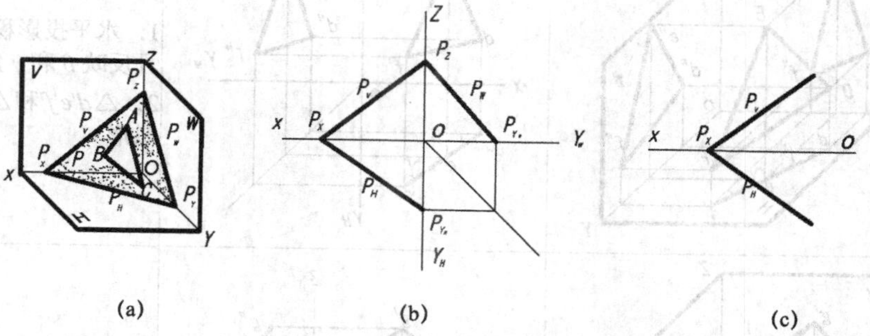

图 2-23　平面的迹线表示法

2.4.2　平面对投影面的相对位置

1. 平面对投影面的相对位置

（1）一般位置平面。对三个投影面都倾斜的平面，如图 2-24（a）所示。

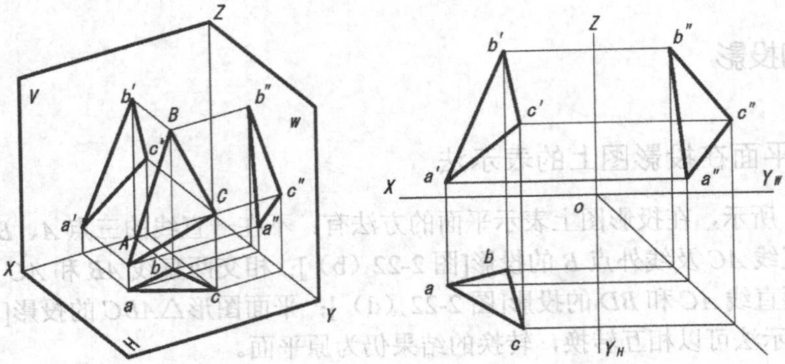

(a) 立体图 (b) 投影图

图 2-24 一般位置平面

（2）投影面垂直面。垂直于一个投影面，与另两个投影面倾斜的平面。其中又分为：

正垂面——垂直于正面的平面；铅垂面——垂直于水平面的平面；侧垂面——垂直于侧面的平面。如表 2-3 所示。

表 2-3 投影面垂直面

名称	立体图	投影图	投影性质
正垂面	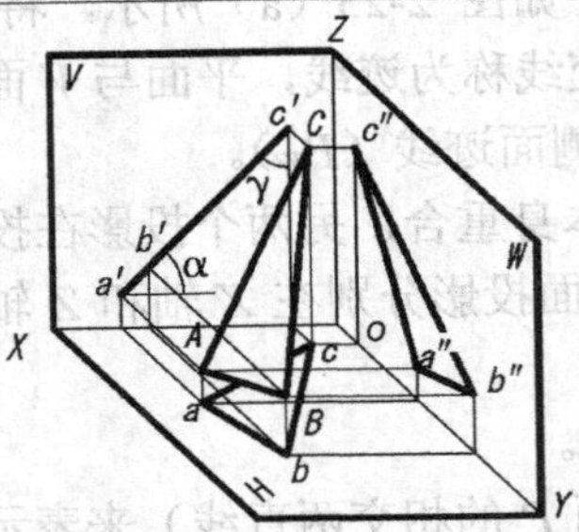	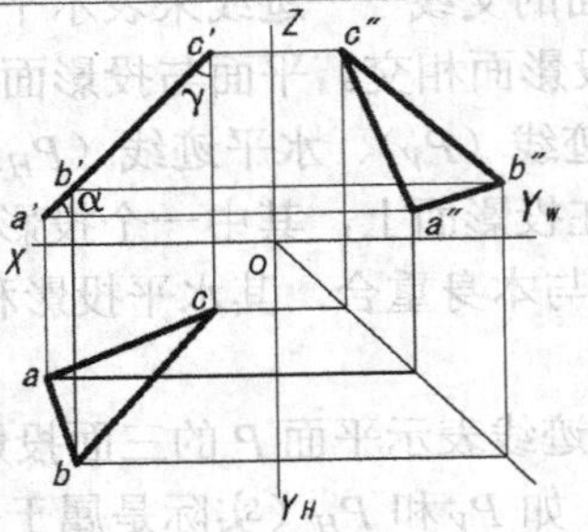	1．正面投影积聚为直线 $a'b'c'$，且反映 α 和 γ 角 2．$\triangle abc$ 和 $\triangle a''b''c''$ 均为类似形
铅垂面	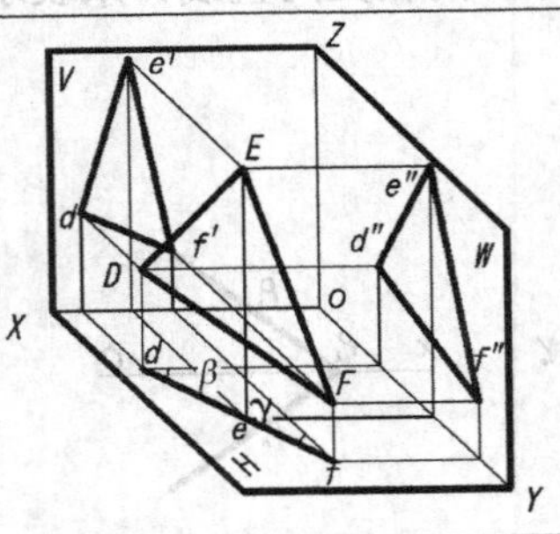	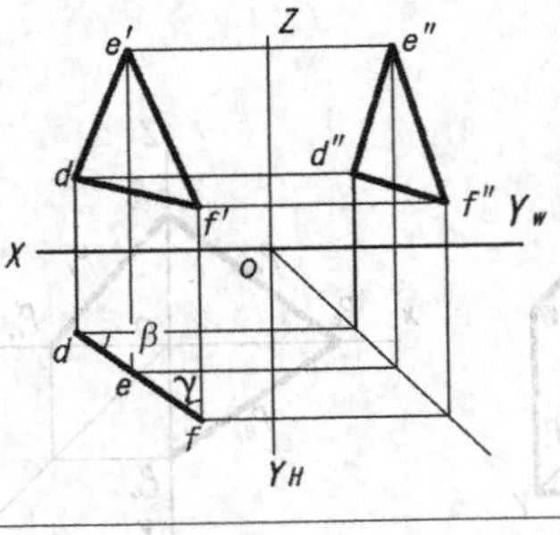	1．水平投影积聚为直线 def，且反映 β 和 γ 角 2．$\triangle d'e'f'$ 和 $\triangle d''e''f''$ 均为类似形
侧垂面	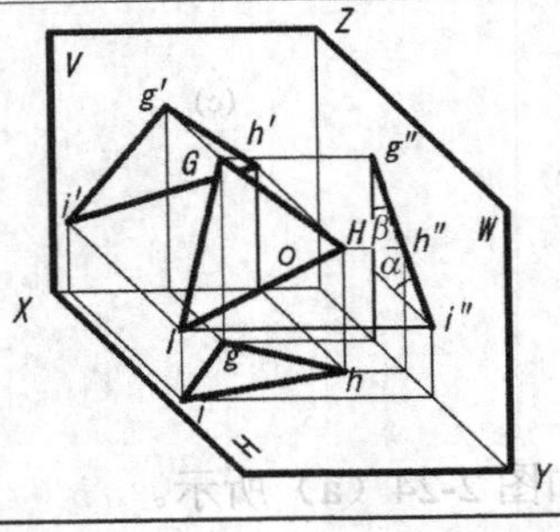	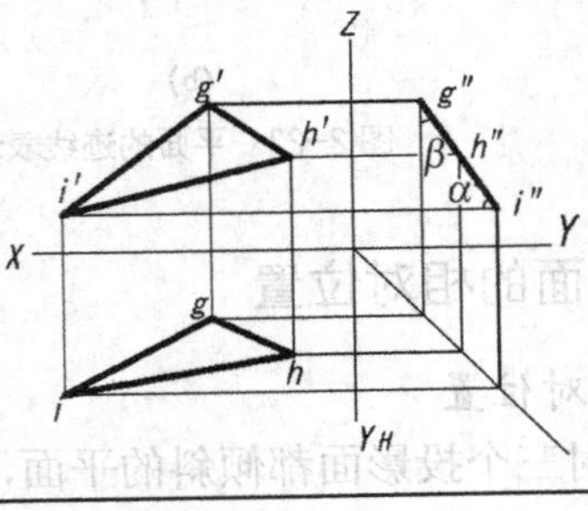	1．侧面投影积聚为直线 $g''h''i''$，且反映 β 和 α 角 2．$\triangle g'h'i'$ 和 $\triangle ghi$ 均为类似形

（3）投影面平行面。平行于一个投影面，与另两个投影面垂直的平面。其中又分为：正平面——平行于正面的平面；水平面——平行于水平面的平面；侧平面——平行于侧面的平面，如表 2-4 所示。

表 2-4　　投影面平行面

名称	立体图	投影图	投影性质
正平面	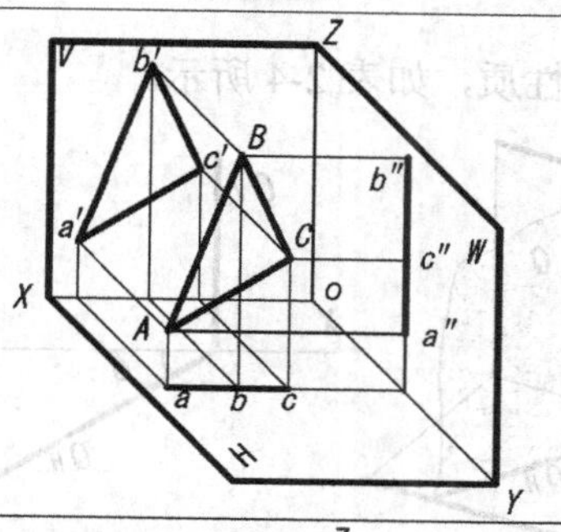	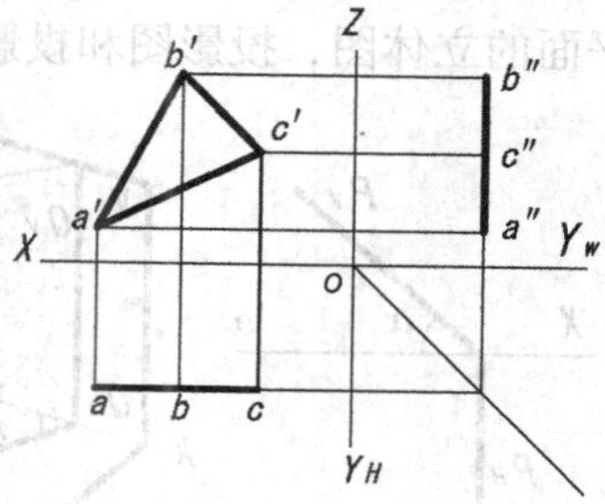	1．$\triangle a'b'c' \cong \triangle ABC$ 2．水平投影和侧面投影分别积聚为直线 abc 和 $a''c''b''$，$abc//OX$，$a''c''b''//OZ$
水平面	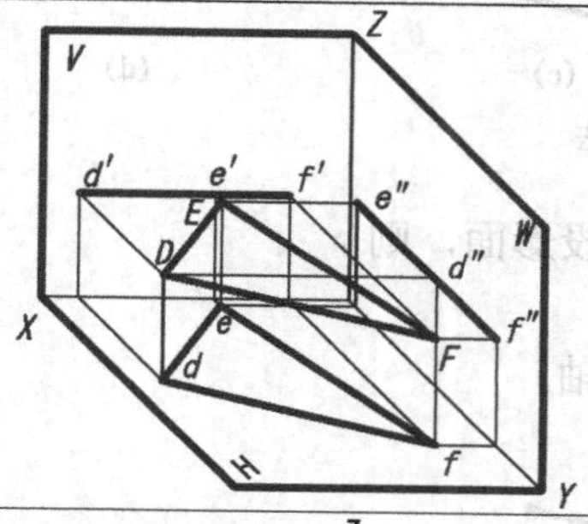	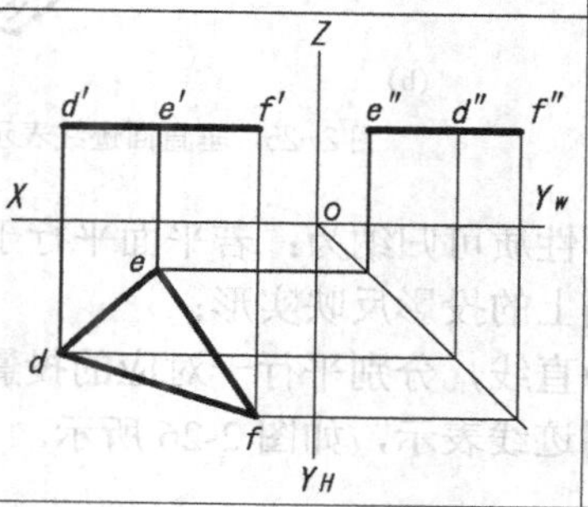	1．$\triangle def \cong \triangle DEF$ 2．正面投影和侧面投影分别积聚为直线 $d'e'f'$ 和 $e''d''f''$，$d'e'f'//OX$，$e''d''f''//OY_W$
侧平面	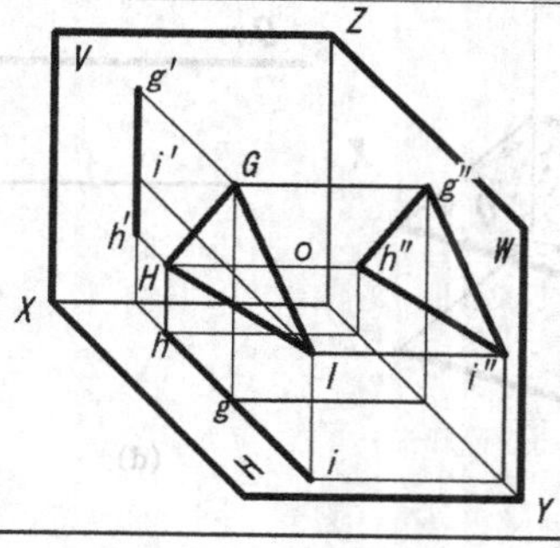	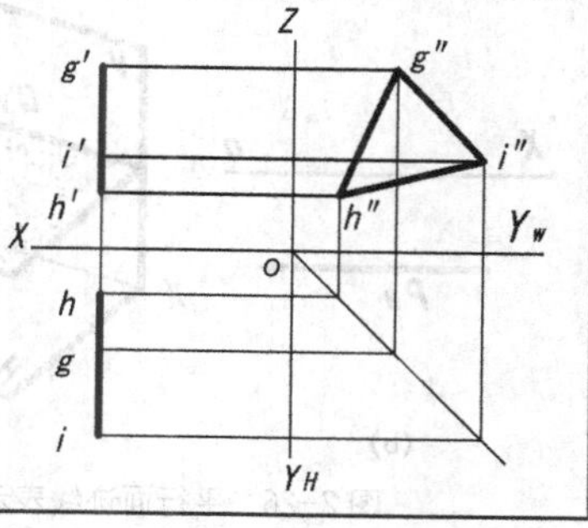	1．$\triangle g''h''i'' \cong \triangle GHI$ 2．正面投影和水平投影分别积聚为直线 $g'h'i'$ 和 hgi，$g'h'i'//OZ$，$ghi//OY_H$

投影面垂直面和平行面统称为特殊位置平面。

2．各类平面的投影性质

1）一般位置平面

如图 2-24（a）所示，因为平面倾斜于三个投影面，所以一般位置平面$\triangle ABC$ 的三个投影都不反映实形（都是类似形），也不反映平面对各个投影面的倾角，如图 2-24（b）所示。

平面与 H 面、V 面、W 面的两面角就是平面对 H 面、V 面、W 面的倾角，分别用 α、β、γ 表示。

2）投影面垂直面

正垂面、铅垂面和侧垂面的立体图、投影图及投影性质，如表 2-3 所示。

投影面垂直面的投影性质可归纳为：若平面垂直于投影面，则

（1）平面在该投影面上的投影积聚为直线，且反映与另两投影面的倾角；

（2）另两投影为类似形。

图 2-25（a）、（b）分别为用迹线表示的正垂面 P 的立体图和投影图。此时正面迹线 P_V 反映积聚性，且反映平面对 H 面的倾角 α。

图 2-25（c）、（d）分别为用迹线表示的铅垂面 Q 的立体图和投影图。此时水平迹线 Q_H 反映积聚性，且反映平面对 V 面的倾角 β。

3）投影面平行面

正平面、水平面和侧平面的立体图、投影图和投影性质，如表 2-4 所示。

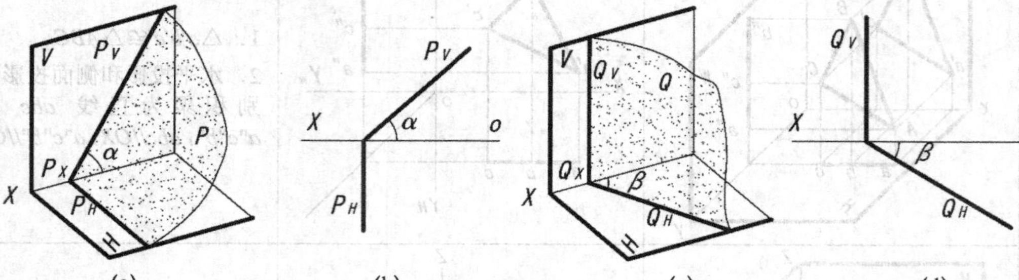

图 2-25 垂直面迹线表示法

投影面平行面的投影性质可归纳为：若平面平行于投影面，则

（1）平面在该投影面上的投影反映实形；

（2）另两投影积聚为直线，分别平行于对应的投影轴。

投影面平行面还可用迹线表示，如图 2-26 所示。

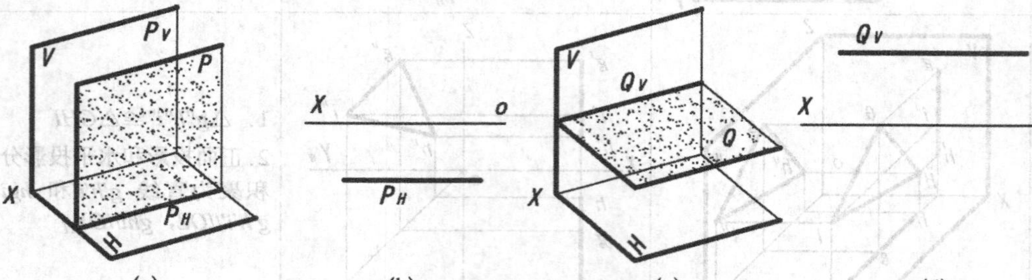

图 2-26 平行面迹线表示法

图 2-26（a）、（b）分别为用迹线表示的正平面 P 的立体图和投影图，此时水平迹线 P_H 反映积聚性，且 $P_H // ox$ 轴，没有 P_V。

图 2-26（c）、（d）分别为用迹线表示的水平面 Q 的立体图和投影图，此时正面迹线 Q_V 反映积聚性，且 $Q_V // ox$ 轴，没有 Q_H。

2.4.3 平面上的直线和点

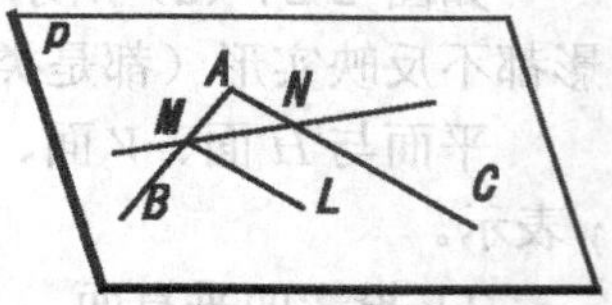

图 2-27 在平面上取直线立体图

1. 在平面上取直线

在平面上取直线，应符合以下任一几何条件：

（1）直线通过平面上两点。在图 2-27 中，相交两直线 AB 和 AC 确定平面 P，若点 M 在直线 AB 上，点 N 在直线 AC 上，则直线 MN 在平面 P 上；

(2) 直线通过平面上一点，且平行于平面上一直线。在图 2-27 中，若点 M 在直线 AB 上，且 $ML//AC$，则直线 ML 在平面 P 上

例 2-7 试在△ABC 上任作直线 AI [图 2-28（a）]。

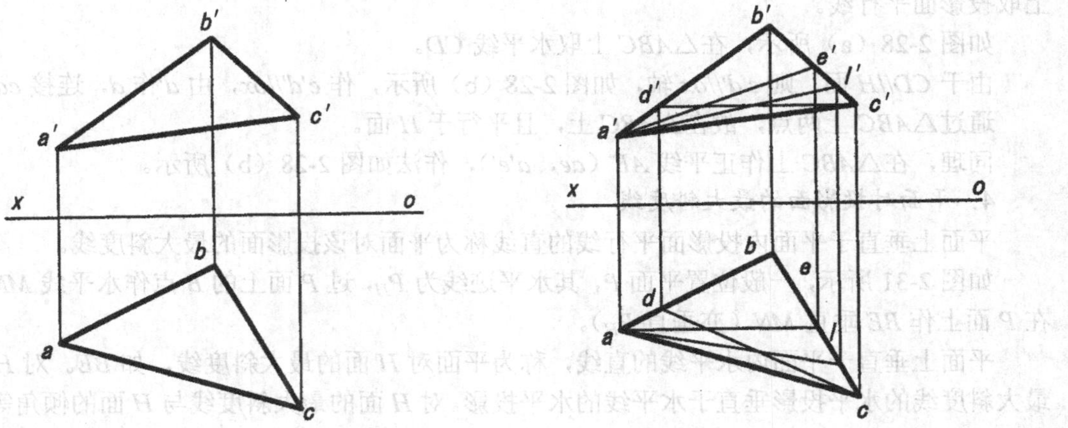

(a) (b)

图 2-28 在△ABC 上取直线 AI 和 CD//H、AE//V

解：作法如图 2-28（b）所示，△ABC 为一般位置平面。在 BC 上任取点 I（l'，l），连接 $a'l'$，al，直线 AI 必在△ABC 上。

2．在平面上取点

若点在平面上的一条线（直线或曲线）上，则点在该平面上。

例 2-8 试判别点 K 是否在△ABC 上（图 2-29）。

解：如 K 点在△ABC 上，则直线 AK 必在△ABC 上，连接 $a'k'$ 交 $b'c'$ 于 l'，作 l，连接 al。k 应在 al 上。图中 k 不在 al 上，故 K 点不在△ABC 上。

若平面的投影具有积聚性，可利用积聚性在平面上取点或直线。

例 2-9 已知矩形 $ABCD$ 的投影及平面上 K 点的正面投影 k'，试求 k 和 k''（图 2-30）。

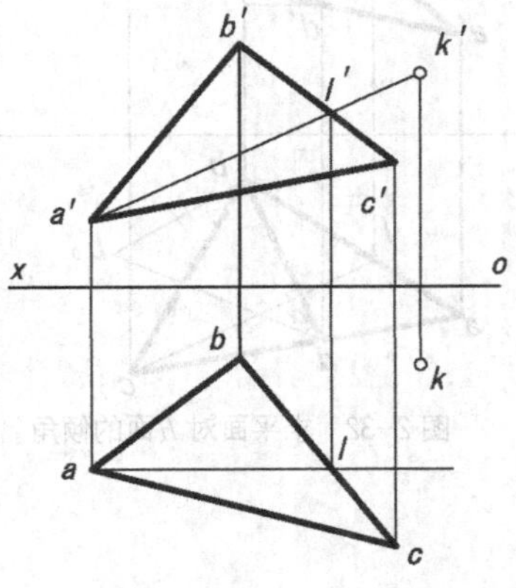

图 2-29 判别点 K 是否在△ABC 上

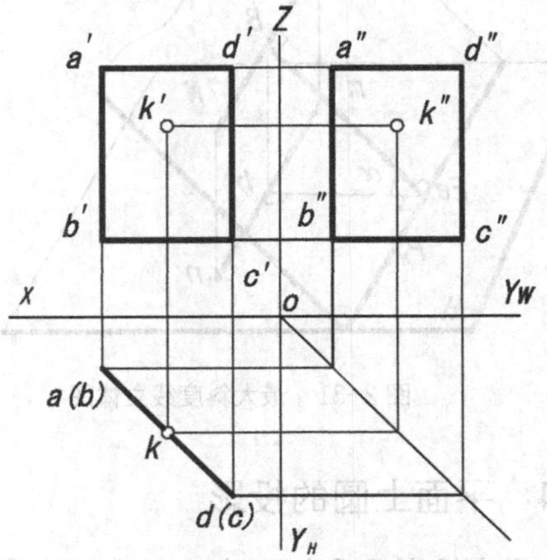

图 2-30 在矩形 ABCD 上取 K 点

解：分析 由水平投影 $a(b)d(c)$ 可见，矩形 $ABCD$ 为铅垂面，水平投影具有积聚性，k 应在 $a(b)d(c)$ 上，再求 k''。

作法如图 2-30 所示。

3．平面上的投影面平行线

平面上的投影面平行线，兼有平面上直线和投影面平行线的投影性质。由此，可在平面上取投影面平行线。

如图 2-28（a）所示，在△*ABC* 上取水平线 *CD*。

由于 *CD*//*H* 面，则 *c'd'*//*ox* 轴，如图 2-28（b）所示，作 *c'd'*//*ox*，由 *d'* 作 *d*，连接 *cd*。*CD* 通过△*ABC* 上两点，故在△*ABC* 上，且平行于 *H* 面。

同理，在△*ABC* 上作正平线 *AE*（*ae*，*a'e'*），作法如图 2-28（b）所示。

4．平面对投影面的最大斜度线

平面上垂直于平面内投影面平行线的直线称为平面对该投影面的最大斜度线。

如图 2-31 所示，一般位置平面 *P*，其水平迹线为 P_H，过 *P* 面上的 *B* 点作水平线 $MN//P_H$。在 *P* 面上作 *BE* 垂直 *MN*（亦垂直 P_H）。

平面上垂直于平面内水平线的直线，称为平面对 *H* 面的最大斜度线，如 *BE*。对 *H* 面的最大斜度线的水平投影垂直于水平线的水平投影。对 *H* 面的最大斜度线与 *H* 面的倾角等于平面对 *H* 面的倾角。

如图 2-31 所示，对 *H* 面最大斜度线 $BE\perp MN$，向 *H* 面投影后，由直角投影定理，$be\perp mn$（亦垂直 P_H）。又因为 $BE\perp P_H$，及 $be\perp P_H$，故∠*Beb* 就是 *P* 面与 *H* 面的二面角的平面角，即 *P* 面对 *H* 面的倾角 *α*，也是最大斜度线 *BE* 对 *H* 面的倾角 *α*。

平面上垂直于平面内正平线的直线，称平面对 *V* 面的最大斜度线。其正面投影垂直于正平线的正面投影。对 *V* 面最大斜度线与 *V* 面的倾角等于平面对 *V* 面的倾角 *β*。

求平面（△*ABC*）对 *H* 面的倾角 *α*。作法如图 2-32 所示，先作平面上水平线 *CI*（*c'l'*，*cl*），再作平面对 *H* 面最大斜度线 *BD*（$bd\perp cl$，*b'd'*），然后用直角三角形法，求直线 *BD* 对 *H* 面的倾角 $\alpha=\angle bdb_0$，即为平面对 *H* 面的倾角 *α*。

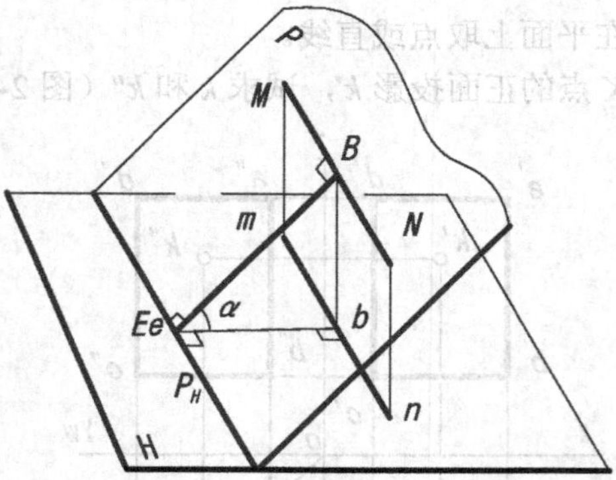

图 2-31　最大斜度线立体图

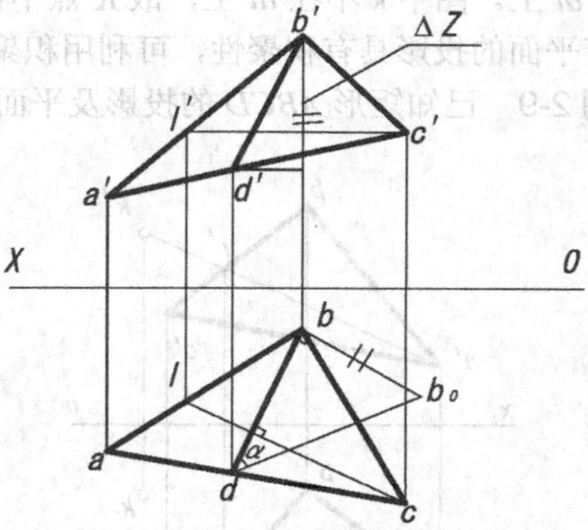

图 2-32　求平面对 *H* 面的倾角

2.4.4　平面上圆的投影

1．平面为投影面平行面时，平面上的圆在该投影面上的投影反映圆的实形

如图 2-33 所示，圆平面平行于 *H* 面，则水平投影为圆。另两投影积聚为直线，且分别平行于对应投影轴。

2．平面为投影面垂直面时，平面上的圆在该投影面上的投影积聚为直线，其长度等于圆的直径；另两投影为椭圆

如图 2-34（a）所示，圆平面垂直于 *V* 面。正面投影积聚为直线 *a'b'*，其长度等于圆的直径 *D*。水平投影为椭圆，其长轴 *cd* 为过圆心 *O* 的正垂线 *CD* 的水平投影，长度等于圆的直径 *D*；其短轴 *ab* 为过圆心 *O* 的对 *H* 面的最大斜度线 *AB* 的水平投影，长度等于圆的直径 *D* 与 cos*α* 之积。已知长轴和短轴，可用近似法作出椭圆，如图 2-34（b）所示。

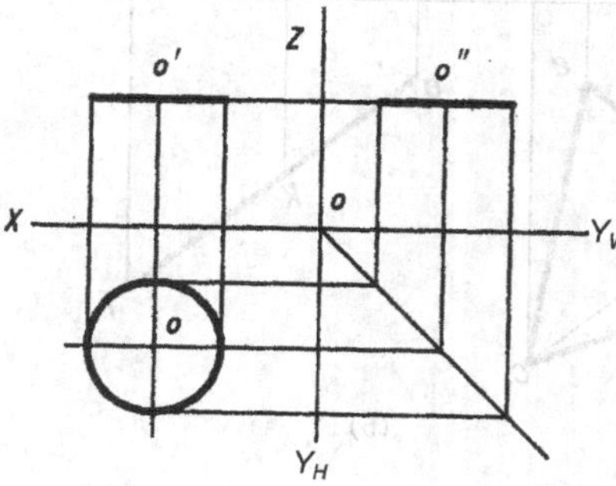

图 2-33　水平面圆的投影图

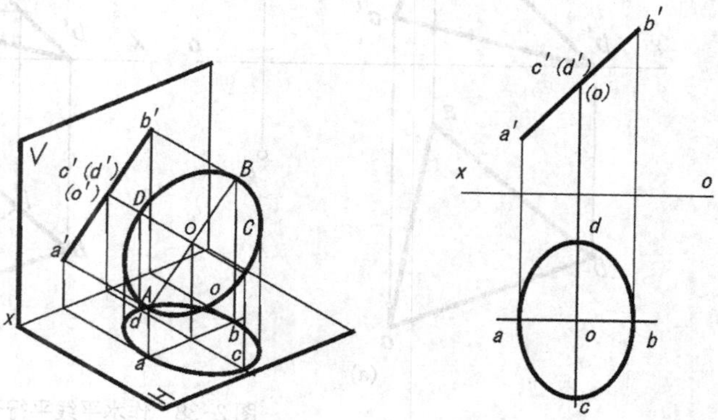

(a) 立体图　　(b) 投影图

图 2-34　正垂面圆的投影

2.5　直线与平面、平面与平面的相对位置

直线与平面、平面与平面的相对位置有平行、相交、垂直三种情况。

2.5.1　直线与平面平行，两平面平行

1．直线与平面平行

几何条件：若直线平行于平面内一直线，则直线平行于该平面。如图 2-35 所示，*CD*∈平面 *P*，*AB*//*CD*，则 *AB*//平面 *P*。

在图 2-36 中，*d'e'*//*a'c'*，*de*//*ac*，直线 *DE*//*AC*，故 *DE* 平行于△*ABC*。

对于特殊位置平面，如图 2-37 中，铅垂面△*ABC*，其水平投影 *abc* 积聚为直线。只要直线 *DE* 的水平投影 *de*//*abc*，即可确定直线 *DE*//△*ABC*。

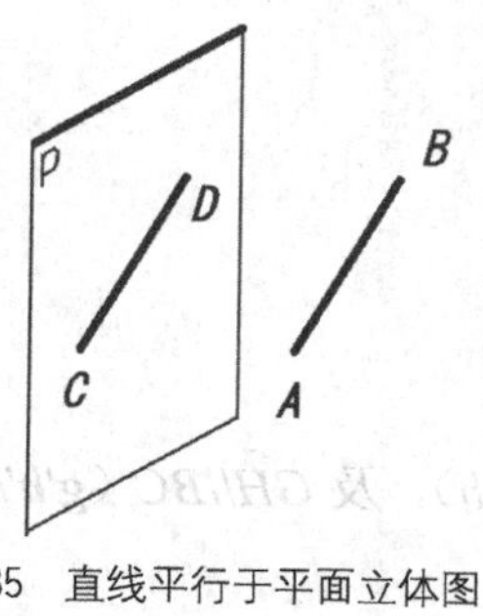

图 2-35　直线平行于平面立体图

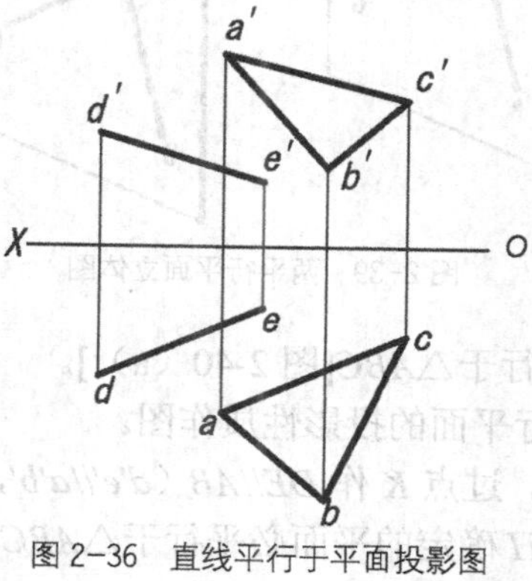

图 2-36　直线平行于平面投影图

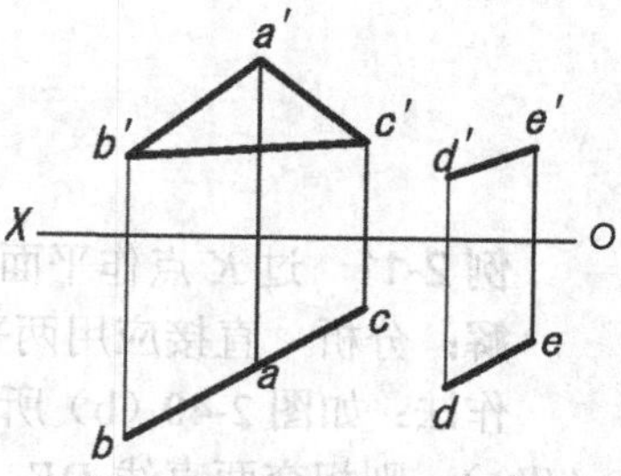

图 2-37　直线与铅垂面平行

例 2-10 如图 2-38（a）所示，过 K 点作水平线平行于△ABC。

解： 分析 过空间一点可作无数条直线平行于△ABC，但只能作一条水平线平行于△ABC，它平行于△ABC 上的水平线。

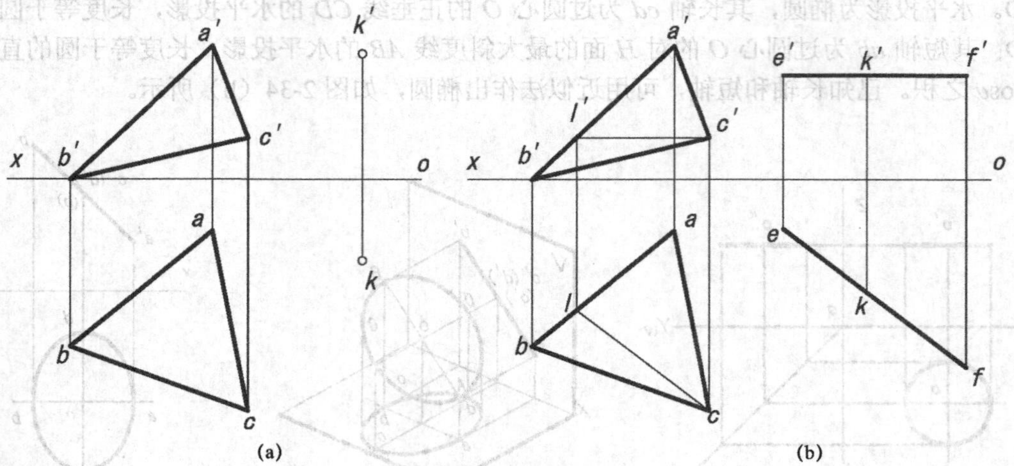

图 2-38 作水平线平行于平面

作法[图 2-38（b）]：

（1）在△ABC 上作 $CI//H$ 面（$c'l'//ox$，cl）；

（2）过 K 作 $EF//CI$（$e'f'//c'l'$，$ef//cl$），则 $EF//$△ABC。

2. 两平面平行

几何条件：若一平面上的相交两直线，对应平行于另一平面上的相交两直线，则两平面平行。图 2-39 中，相交两直线 AB 与 BC 及 DE 与 EF 分别确定两平面 P 和 Q，因为 $AB//DE$，$BC//EF$，则平面 P 与 Q 平行。

若两平面平行，则投影后，一平面上的相交两直线的投影必对应平行于另一平面上的相交两直线的同面投影。据此，可进行两平行平面的作图。

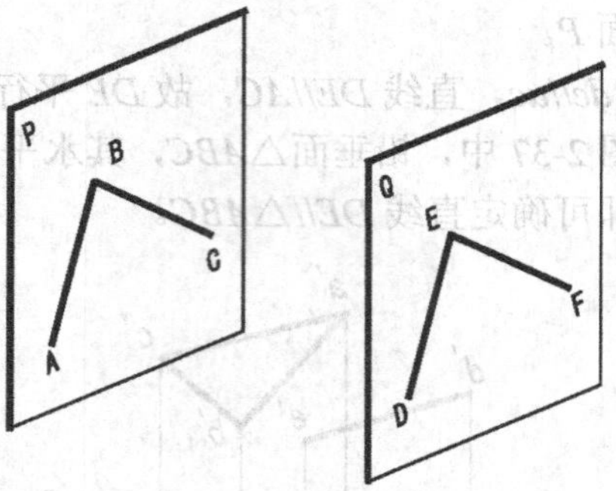

图 2-39 两平行平面立体图

例 2-11 过 K 点作平面平行于△ABC[图 2-40（a）]。

解： 分析 直接应用两平行平面的投影性质作图。

作法：如图 2-40（b）所示，过点 K 作 $DE//AB$（$d'e'//a'b'$，$de//ab$），及 $GH//BC$（$g'h'//b'c'$，$gh//bc$），则相交两直线 DE、GH 确定的平面必平行于△ABC。

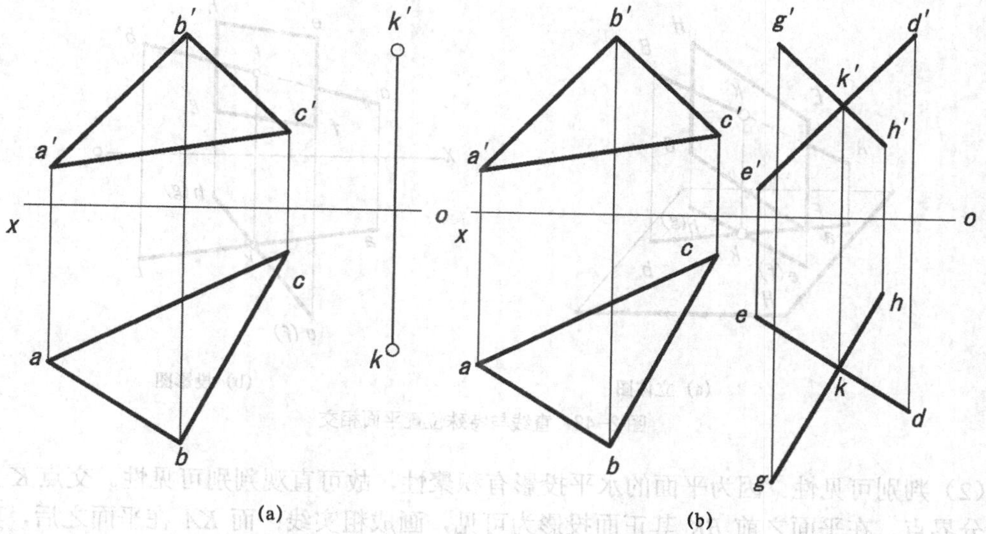

图 2-40　过 K 点作平面平行于△ABC

图 2-41 中，△*ABC* 及矩形 *DEFG* 均垂直于 *H* 面，当有积聚性的水平投影 *abc*//*defg*，则两平面就平行。

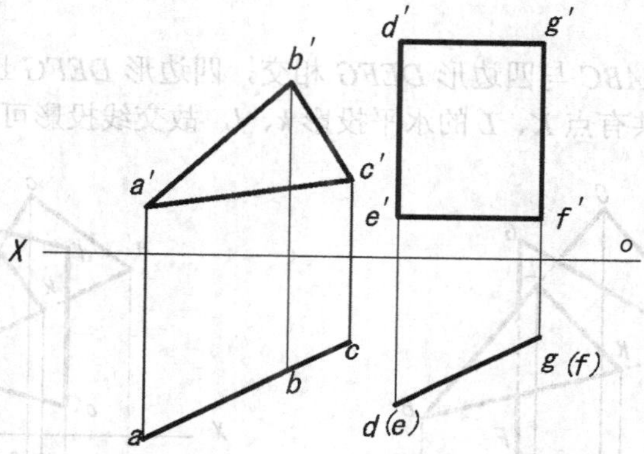

图 2-41　两铅垂面平行

2.5.2　直线与平面相交，两平面相交

1. 直线与特殊位置平面相交

直线与平面相交产生一个交点。交点既在直线上，又在平面上，是直线与平面的共有点，如图 2-42（a）所示。因为特殊位置平面总有一个投影有积聚性，故交点的一个投影可由积聚性直接求出。

如图 2-42（b）所示，求 *AB* 与矩形 *EFGH* 的交点 *K*。

作法：

（1）求交点投影。*K* 在平面上，平面的水平投影积聚为直线 *efgh*，故 *K* 的水平投影 *k* 应在 *efgh* 上；且 *K* 在直线 *AB* 上，*k* 应在 *ab* 上。因此水平投影 *ab* 与 *efgh* 的交点 *k* 为交点 *K* 的水平投影，再由 *k* 求 *k*′。

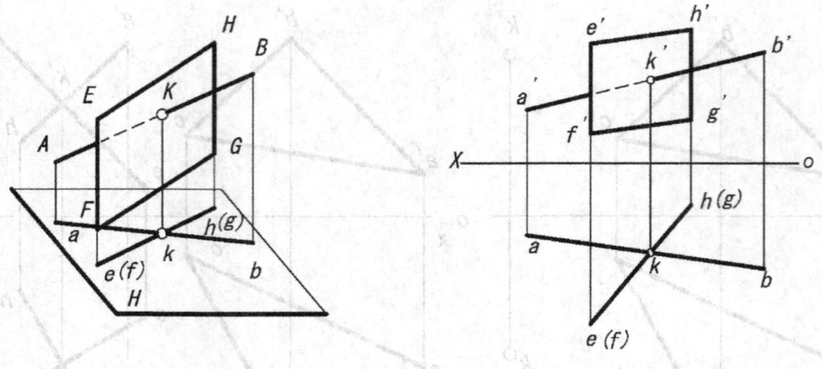

(a) 立体图　　(b) 投影图

图 2-42　直线与特殊位置平面相交

（2）判别可见性。因为平面的水平投影有积聚性，故可直观判别可见性。交点 *K* 为可见性的分界点，在平面之前 *BK* 其正面投影为可见，画成粗实线；而 *KA* 在平面之后，其被平面挡住部分的正面投影为不可见，画成虚线，其余仍画粗实线。

2. 一般位置平面与特殊位置平面相交

两平面相交，交线是一条直线，是两平面的共有线。

求交线的方法可归结为，求出两平面的两个共有点，再连接成交线。也可以求出一个共有点和交线的方向。

图 2-43（a）中，△*ABC* 与四边形 *DEFG* 相交，四边形 *DEFG*⊥*H* 面，其水平投影有积聚性，可直接求出两个共有点 *K*、*L* 的水平投影 *k*、*l*，故交线投影可求。作图步骤为：

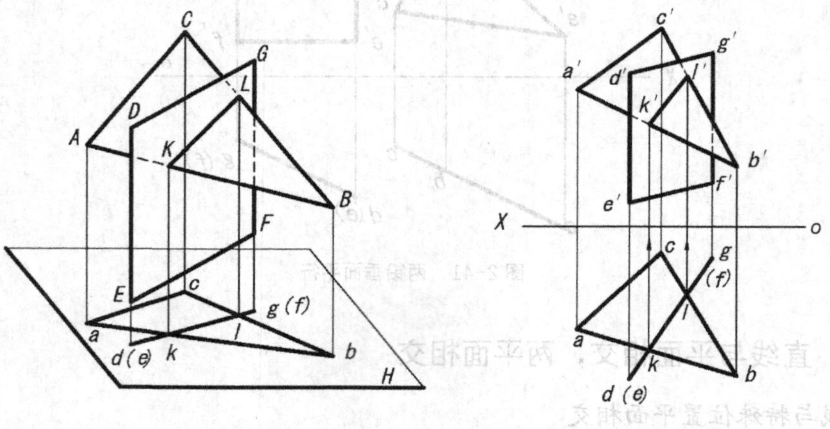

(a) 立体图　　(b) 投影图

图 2-43　一般位置平面与特殊位置平面相交

（1）求交线投影。作法如图 2-43（b）所示，分别求直线 *BA*、*BC* 与四边形 *DEFG* 的交点 *K* 和 *L*，因为 *defg* 有积聚性，*k*、*l* 可直接作出，再求 *k′*，*l′*，连接 *k′l′*，*k′l′* 和 *kl* 即为交线的两面投影。

（2）判别可见性。正面投影以交线 *KL* 为分界，△*ABC* 在四边形 *DEFG* 之前部分为可见，四边形 *DEFG* 被遮住部分为不可见，交线另一侧的可见性相反，即三角形被四边形挡住部分为不可见，四边形则可见。

3. 直线与一般位置平面相交

直线与一般位置平面相交时，由于直线和平面的投影都没有积聚性，故不能直接求出交点。可利用辅助平面法求交点。

辅助平面法求直线与一般位置平面交点的作图原理是：如图 2-44 所示，求直线 AB 与一般位置平面 P 的交点 K，可以先包含 AB 作辅助平面 Q（为方便作图，常取 Q 面为特殊位置）；然后求辅助平面 Q 与平面 P 的交线 MN；再求 MN 与 AB 的交点 K，K 点即为所求。

如图 2-45（a）所示，求 AB 与△DEF 的交点 K。

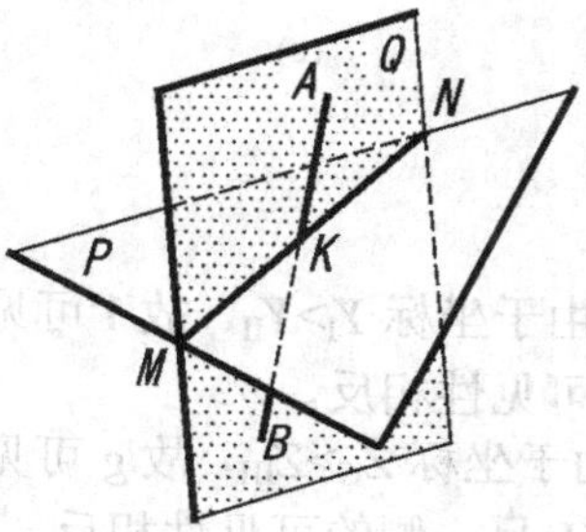

图 2-44 辅助平面法求直线与平面的交点立体图

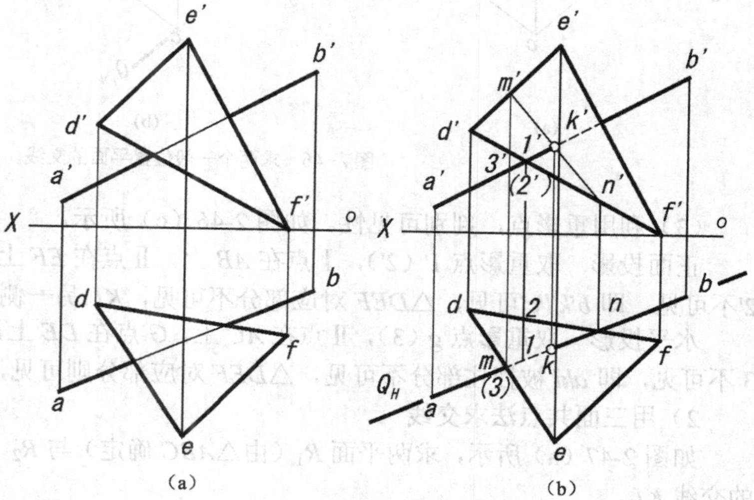

图 2-45 辅助平面法求 AB 与△DEF 的交点

作法如图 2-45（b）所示：

（1）包含 AB 作辅助平面 Q，图中取 $Q \perp H$，画出水平迹线 Q_H；

（2）作 Q 与△DEF 的交线 MN（mn，$m'n'$）；（3）求 MN 与 AB 的交点 K（k'，k）。

求出交点后，还要利用重影点判别可见性。以交点 K 为可见性分界点，在正面投影上，取重影点 1'（2'），Ⅰ点在 AB 上，Ⅱ点在 DF 上，由于坐标 $Y_{Ⅰ}>Y_{Ⅱ}$，故 1'可见，2'不可见，即 $1'k'$可见。交点另一侧，AB 被平面挡住部分的正面投影不可见，画成虚线。

同理，在水平投影上，取重影点 m（3），M 点在 DE 上，Ⅲ点在 AB 上，由于坐标 $Z_M>Z_{Ⅲ}$，故 m 可见，3 不可见，即 $3K$ 不可见，画成虚线，另一侧对应部分可见，画成粗实线。

4. 两个一般位置平面相交

1）用求直线与平面交点的方法作交线

如图 2-46 所示，求△ABC 与△DEF 交线 KL，可分别求直线 AB、AC 与△DEF 的两个交点，连接成交线。

作法：

（1）如图 2-46（a）所示，作 AB 与△DEF 交点 K（k，k'）（辅助面 $Q \perp H$）；

（2）如图 2-46（b）所示，作 AC 与△DEF 交点 L（l，l'）（辅助面 $Q_1 \perp H$），连接 kl、$k'l'$，即为交线 KL 的投影；

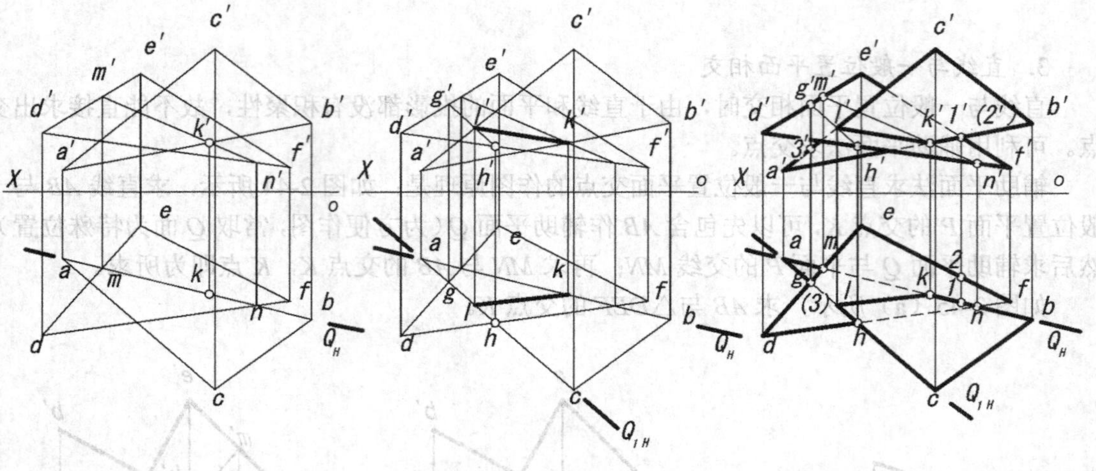

(a)　　(b)　　(c)

图 2-46　求两个一般位置平面的交线

（3）利用重影点，判别可见性。如图 2-46（c）所示。

正面投影　取重影点 1'（2'），Ⅰ点在 *AB* 上，Ⅱ点在 *EF* 上，由于坐标 $Y_{\mathrm{I}}>Y_{\mathrm{II}}$，故 1'可见，2'不可见，即 *b'k'l'c'* 可见，△*DEF* 对应部分不可见，*KL* 另一侧的可见性相反。

水平投影　取重影点 *g*（3），Ⅱ点在 *AC* 上，*G* 点在 *DE* 上，由于坐标 $Z_G>Z_{\mathrm{III}}$，故 *g* 可见，3 不可见，即 *akl* 被挡住部分不可见，△*DEF* 对应部分则可见，*KL* 另一侧的可见性相反。

2）用三面共点法求交线

如图 2-47（a）所示，求两平面 R_1（由△*ABC* 确定）与 R_2（由平行两直线 *DE*、*FG* 确定）的交线 *KL*。

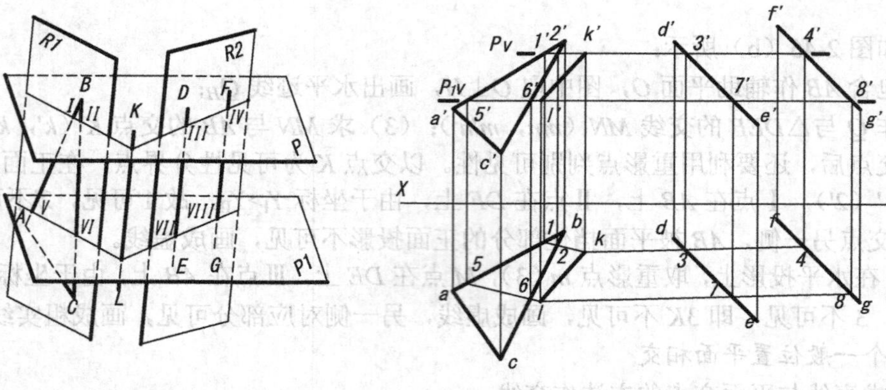

(a) 立体图　　(b) 投影图

图 2-47　三面共点法求两平面交线

作辅助平面 *P*，*P* 与 R_1 交线为ⅠⅡ，*P* 与 R_2 交线为Ⅲ Ⅳ，ⅠⅡ与Ⅲ Ⅳ交点 *K*，*K* 点为 *P*、R_1、R_2 三面共点，即 R_1 与 R_2 的一个共有点。

为方便作图，常取辅助平面为特殊位置平面。

同理作辅助平面 P_1，求 R_1 与 R_2 的另一个共有点 *L*。连接 *KL* 为两平面交线。

图 2-47（b）所示为投影图的画法。图中 *K* 点由水平面 *P* 求出，*L* 点由水平面 P_1 求出，

交线为 *KL*（*kl*、*k'l'*）。

三面共点法是画法几何的基本作图方法之一，可求两平面交线，也可求两曲面交线（须求一系列共有点）。

2.5.3 直线与平面垂直，两平面垂直

1. 直线与平面垂直

几何条件：若直线垂直于平面上两相交直线，则直线垂直于该平面。

在图 2-48 中，ⅠⅡ、ⅢⅣ为 *P* 面上两相交直线，若 *AB*⊥ⅠⅡ并且 *AB*⊥ⅢⅣ，则 *AB*⊥平面 *P*（*AB* 与ⅠⅡ、ⅢⅣ也可成交叉垂直）。

当直线垂直于平面时，直线将垂直于该平面上的所有直线。图 2-49 中，*MK* 垂直于△*ABC*，则 *MK* 垂直于△*ABC* 上的所有直线，其中包括水平线 *AD* 和正平线 *EF*。

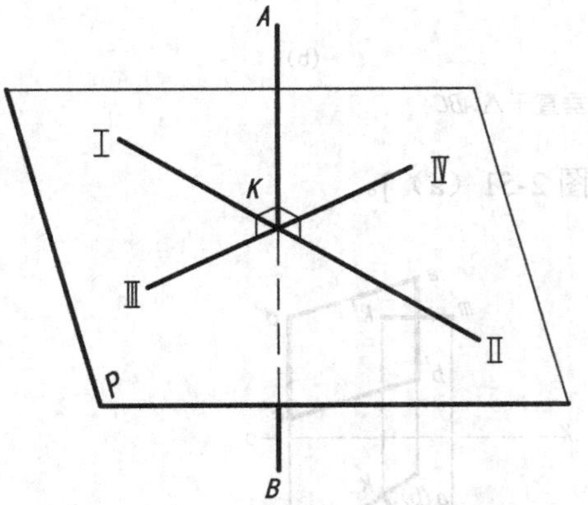

图 2-48 直线垂直于平面立体图

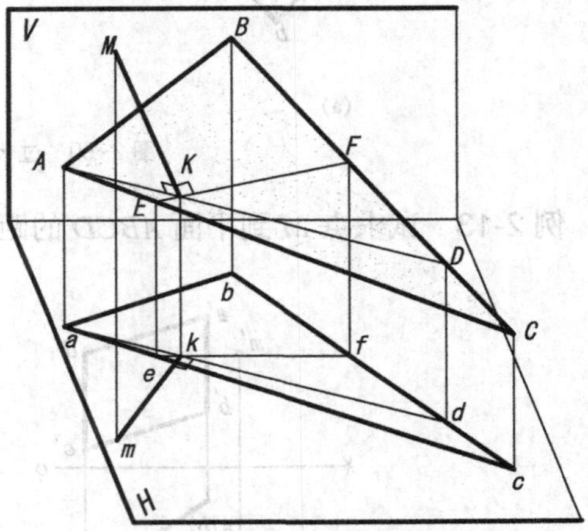

图 2-49 平面垂线的投影性质

因为 *MK*⊥*AD*，且 *AD*//*H*，根据直角投影定理，则水平投影 *mk*⊥*ad*。

同理，正面投影 *m'k'*⊥*e'f'*。侧面投影 *m"k"*⊥*g"h"*（*GH* 为△*ABC* 上的侧平线，图中未画出）。

由上述，平面垂线的投影性质为：

若直线垂直于平面，则直线的正面投影垂直于平面上正平线的正面投影，直线的水平投影垂直于平面上水平线的水平投影，直线的侧面投影垂直于平面上侧平线的侧面投影。

反之，若直线的正面投影和水平投影分别垂直于平面上的正平线的正面投影和水平线的水平投影，则直线垂直于该平面（因为直线垂直于平面上两相交直线）。

例 2-12 试过△*ABC* 上一点 *K*，作直线 *MK* 垂直于△*ABC*[图 2-50（a）]。

解：分析 利用平面垂线的投影性质，在△*ABC* 上取水平线ⅠⅡ，再找出 *k'*，作正平线ⅢⅣ。作 *mk*⊥12，*m'k'*⊥3'4'，则直线 *MK*⊥△*ABC*。

作法[图 2-50（b）]：

（1）过点 *K* 作ⅢⅣ//V（34、3'4'）。

（2）过点 *K* 作ⅠⅡ//*H*（1'2'、12），找出 *k'*。

（3）作 *mk*⊥12，*m'k'*⊥3'4'，*MK* 为求作直线。

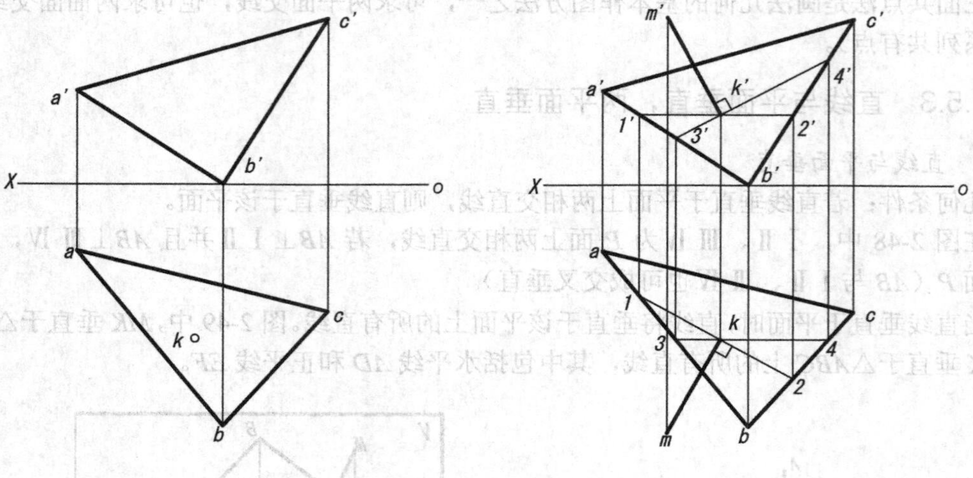

(a) (b)

图 2-50 过 K 点作直线垂直于 $\triangle ABC$

例 2-13 试求点 M 到平面 $ABCD$ 的距离 MK[图 2-51（a）]。

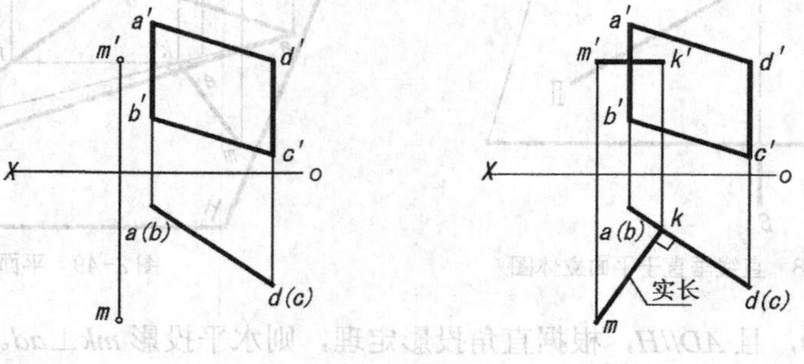

(a) (b)

图 2-51 求 M 到平面 $ABCD$ 的距离

解： 分析 点到平面的距离，即过点作平面垂线，点到垂足间线段长度即点到平面的距离。因为平面是铅垂面（$ABCD \perp H$），其水平投影 $abcd$ 积聚为直线段，而 $MK \perp$ 平面 $ABCD$，故 $MK // H$ 面且 $mk \perp abcd$。可见，当平面处于特殊位置时，平面的垂线也处于特殊位置。所以 mk、$m'k'$ 可作，且水平投影 mk 反映距离实长。

作法[图 2-51（b）]：

（1）作 $mk \perp abcd$；

（2）作 $m'k' // ox$。则 mk，$m'k'$ 为距离 MK 的两面投影，且 mk 反映实长。

例 2-14 过点 M 作平面垂直于直线 AB[图 2-52（a）]。

解： 分析 AB 是一般位置直线。作正平线 MⅠ，使 MⅠ$\perp AB$，作水平线 MⅡ，使 MⅡ$\perp AB$。则由平面垂线投影性质可知，直线 $AB \perp \triangle M$ⅠⅡ。

作法[图 2-52（b）]：

（1）作 $m'1' \perp a'b'$，$m1 // ox$；

（2）作 $m2\perp ab$，$m'2'//ox$；

（3）连接△$m'1'2'$，△$m12$，则△MⅠⅡ$\perp AB$。

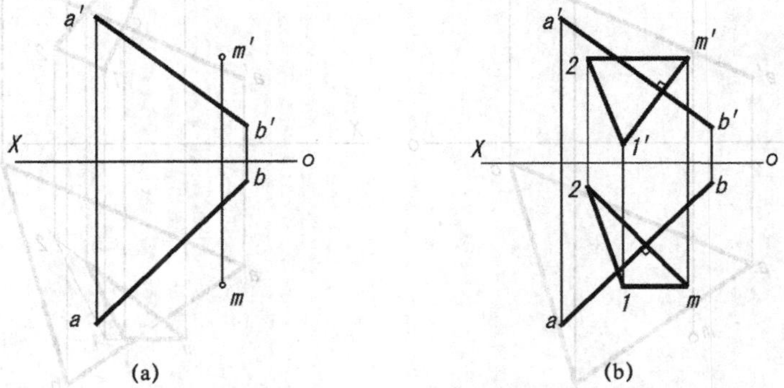

图 2-52　过点 M 作平面垂直于 AB

2. 两平面垂直

几何条件：若直线垂直于平面，则包含该直线的所有平面均垂直于该平面。

如图 2-53 所示，直线 $AK\perp P$ 面，由于 AK 属于平面 R，故平面 $R\perp P$。同理，AK 又属于平面 Q，因此平面 $Q\perp P$。

反之，若两平面垂直，由第一平面上一点作第二平面的垂线，则垂线必在第一平面内。如图 2-54 所示，平面 $Q\perp P$，点 A 在平面 Q 上，直线 $AK\perp P$，则直线 AK 在 Q 面上。

在投影图上，作两平面垂直是以直线与平面垂直的作图为基础进行的。

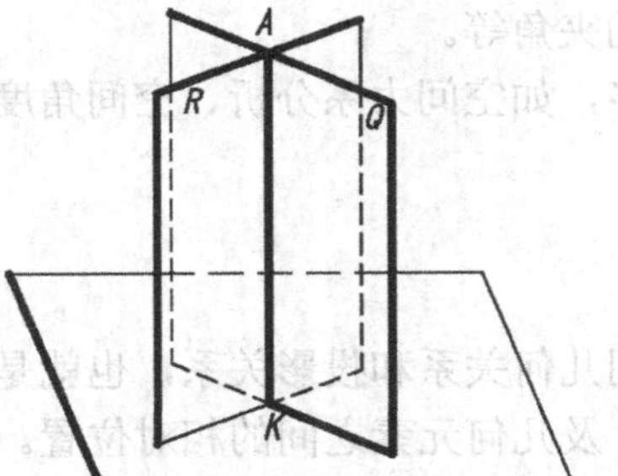

图 2-53　两平面垂直

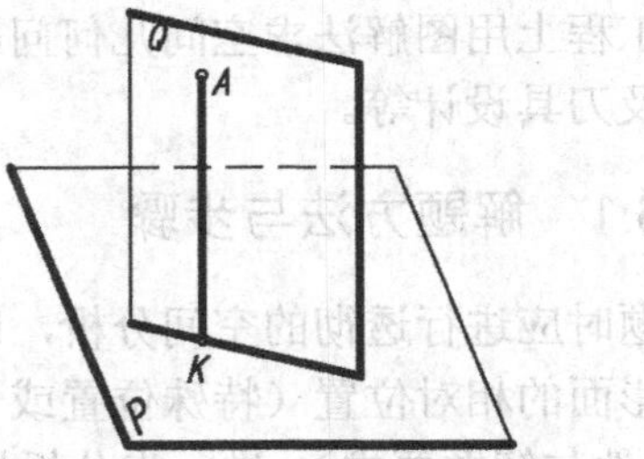

图 2-54　$Q\perp P$，在 Q 面内作 $AK\perp P$

例 2-15　试过点 M 作一平面垂直于△ABC[图 2-55（a）]。

解：分析　过点 M 作平面垂直于△ABC，可作直线 MⅠ$\perp$△ABC，再任作直线 MⅡ，则△MⅠⅡ$\perp$△ABC。图中 $a'b'c'$积聚成直线，即△$ABC\perp V$ 面，而直线 $MI\perp$△ABC，故 MⅠ// V 面，MⅠ的投影可直接作出。

作法[图 2-55（b）]：

（1）作 $m'l'\perp a'b'c'$，$ml//ox$；

（2）任作 $m'2'$，$m2$，连接 $1'2'$和 12，则△$MI\,II$ 为求作平面。

过一点可向已知平面作一条垂线，而包含该垂线所作的一切平面都垂直所给定的平面。本题有无穷解。

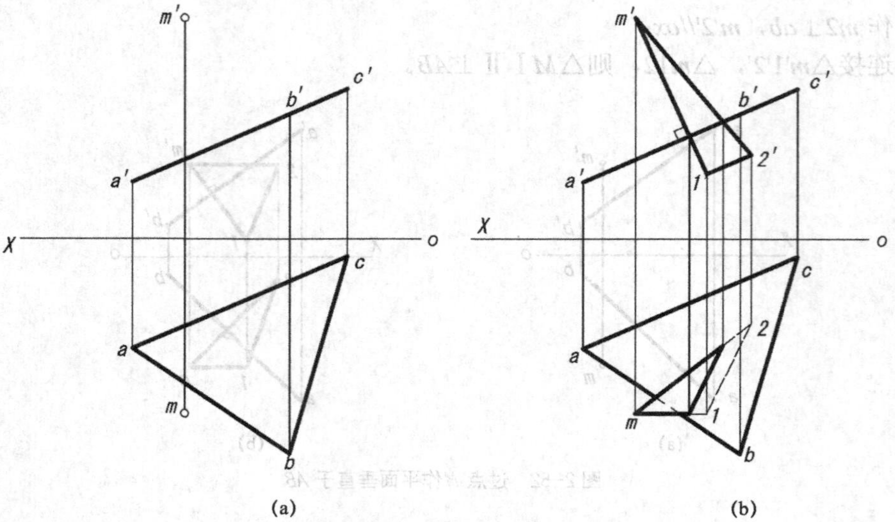

图 2-55　过点 *M* 作平面垂直于△*ABC*

2.6　空间几何问题的图解法

用图解法求空间几何问题可分为两类：①定位问题——确定空间几何元素的位置，如平面的图示，直线与平面的交点，平面与平面的交线，直线或平面的垂线等；②度量问题——确定空间几何元素的距离和角度，如求点到直线、平行两直线、交叉两直线、点到平面及两平行平面距离等，求直线与平面、平面与平面的夹角等。

在工程上用图解法求空间几何问题应用较多，如空间力系分析、空间角度计算、空间机构设计及刀具设计等。

2.6.1　解题方法与步骤

解题时应进行透彻的空间分析，即分析空间几何关系和投影关系，也就是要分析几何元素对投影面的相对位置（特殊位置或一般位置）及几何元素之间的相对位置。紧密结合题意（已知条件与解题要求），进一步分析投影性质，利用有关的投影原理及作图方法解题。然后，按预定的作图步骤完成作图。解题时，力求做到思路清晰，作图步骤明确。

2.6.2　举例

例 2-16　试求点 *M* 到△*ABC* 的距离[图 2-56（a）]。

解：分析　图中△*ABC* 为一般位置平面（读者自证）。根据平面垂线投影性质，过平面外点 *M* 作直线 *MK* 垂直于△*ABC*，然后用辅助平面法求垂足 *K*，再利用直角三角形法求距离 *MK* 实长。

作法[图 2-56（b）]：

（1）作 *A*Ⅰ//V（*a*1、*a*'1'），*A*Ⅱ//*H*（*a*'2'、*a*2），再作 *m'n'*⊥*a*'1'，*mn*⊥*a*2，则 *MN*⊥△*ABC*；

（2）求 *MN* 与△*ABC* 的交点 *K*（*k*'、*k*）（辅助面 *Q*⊥*H*）；

（3）由 *mk*，*m'k'*，用直角三角形法求 *MK* 的实长。图 2-56（b）中 mk_0 等于距离实长。

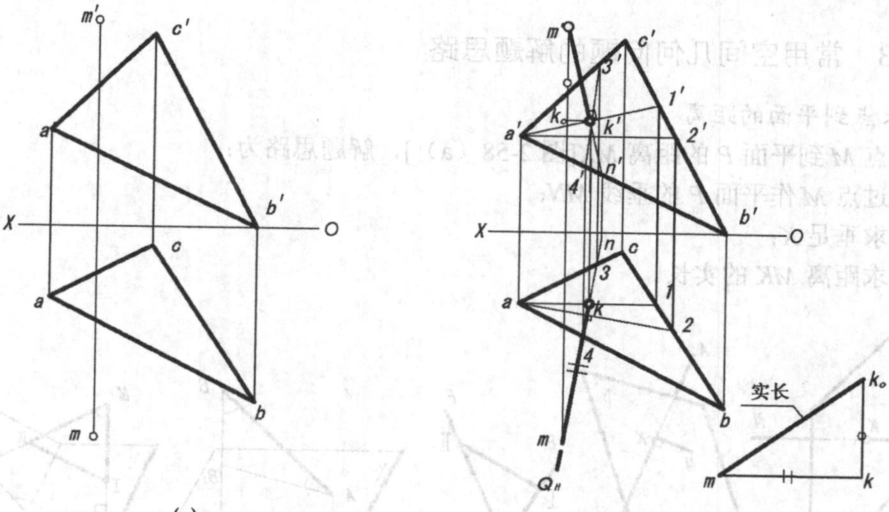

(a)　(b)

图 2-56　求点 M 到△ABC 的距离

例 2-17　试求点 M 到直线 AB 的距离[图 2-57（a）]。

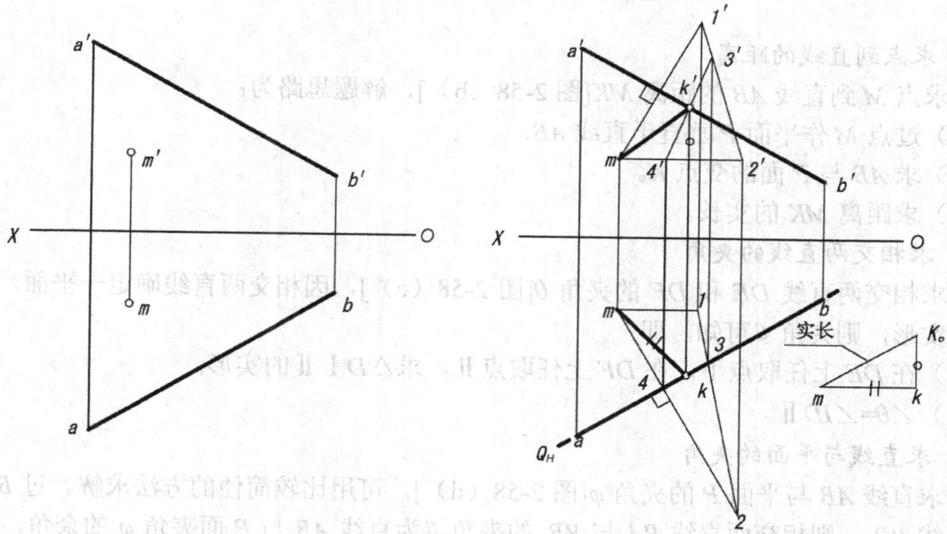

(a)　(b)

图 2-57　求点 M 到直线 AB 的距离

解：分析　图 2-57（a）中 AB 为一般位置直线。令 M 到 AB 距离为 MK，则 $MK \perp AB$，K 为垂足。MK 应位于过点 M 垂直于 AB 的平面内，平面与直线 AB 的交点即为垂足 K。再求 MK 的实长。

作法[图 2-57（b）]：

（1）作△MⅠⅡ$\perp AB$，在△MⅠⅡ中，正平线 MⅠ垂直于 AB，即 $m'1' \perp a'b'$；水平线 MⅡ垂直于 AB，即 $m2 \perp ab$；

（2）求 AB 与△MⅠⅡ的交点 K（k'、k）（辅助面 $Q \perp H$）；

（3）由 MK 的两投影 $m'k'$ 和 mk，用直角三角形法求出距离的实长为 mk。

2.6.3 常用空间几何问题的解题思路

1. 求点到平面的距离

如求点 M 到平面 P 的距离 MK[图 2-58（a）]，解题思路为：

（1）过点 M 作平面 P 的垂线 MN;

（2）求垂足 K;

（3）求距离 MK 的实长。

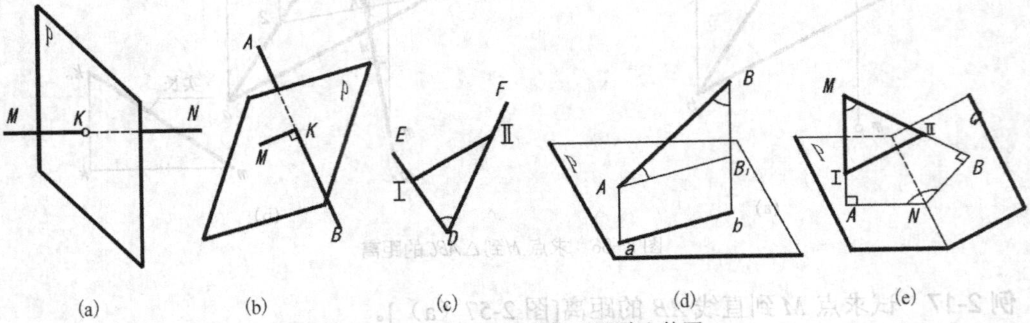

图 2-58　空间几何问题解题思路立体图

2. 求点到直线的距离

如求点 M 到直线 AB 的距离 MK[图 2-58（b）]，解题思路为：

（1）过点 M 作平面 P 垂直于直线 AB。

（2）求 AB 与 P 面的交点 K。

（3）求距离 MK 的实长。

3. 求相交两直线的夹角

如求相交两直线 DE 和 DF 的夹角 θ[图 2-58（c）]，因相交两直线确定一平面，求平面图形的实形，则夹角 θ 可知。即：

（1）在 DE 上任取点Ⅰ，在 DF 上任取点Ⅱ，求△DⅠⅡ的实形；

（2）$\angle\theta=\angle ID$Ⅱ。

4. 求直线与平面的夹角

如求直线 AB 与平面 P 的夹角 φ[图 2-58（d）]，可用比较简便的方法求解。过 B 点作 P 面的垂线 BB_1，则相交两直线 BA 与 BB_1 的夹角 θ 为直线 AB 与 P 面夹角 φ 的余角，图中 ab 为 AB 在 P 面上的投影。

解题步骤为：

（1）过 AB 上任一点 B 作平面 P 的垂线 BB_1（B_1 点任取，不必求垂足）；

（2）求 BA 与 BB_1 的夹角 θ;

（3）直线与平面夹角 $\angle\varphi=90°-\angle\theta$。

5. 求相交两平面的夹角

如求相交两平面 P 和 Q 的夹角 δ[图 2-58（e）]，可以过两平面外任一点 M，作直线 $MA\perp P$，直线 $MB\perp Q$ 面，两垂线 MA 和 MB 的夹角为 θ，而 $\angle\delta=\angle ANB$，且 $\angle\delta+\angle\theta=180°$。

解题步骤为：

（1）作 MⅠ$\perp P$ 面（Ⅰ点任取，不必求垂足），MⅡ$\perp Q$ 面（Ⅱ点任取，不必求垂足）；

（2）求直线 MⅠ与 MⅡ的夹角 θ；

（3）两平面夹角 $\angle\delta=180°-\angle\theta$。

2.6.4 解综合问题

在解题中，若答案要同时满足几个要求，则称这类作图问题为综合题。解综合题时，在进行全面的空间分析和题意分析后，先满足其中的某个要求，列出所有答案（或称轨迹）。再一一列入其他要求，找出能同时满足所有要求的答案。有时称这种方法为分解综合法。

例 2-18 试过点 M 作直线平行于△DEF，且与直线 AB 相交[图 2-59（a）]。

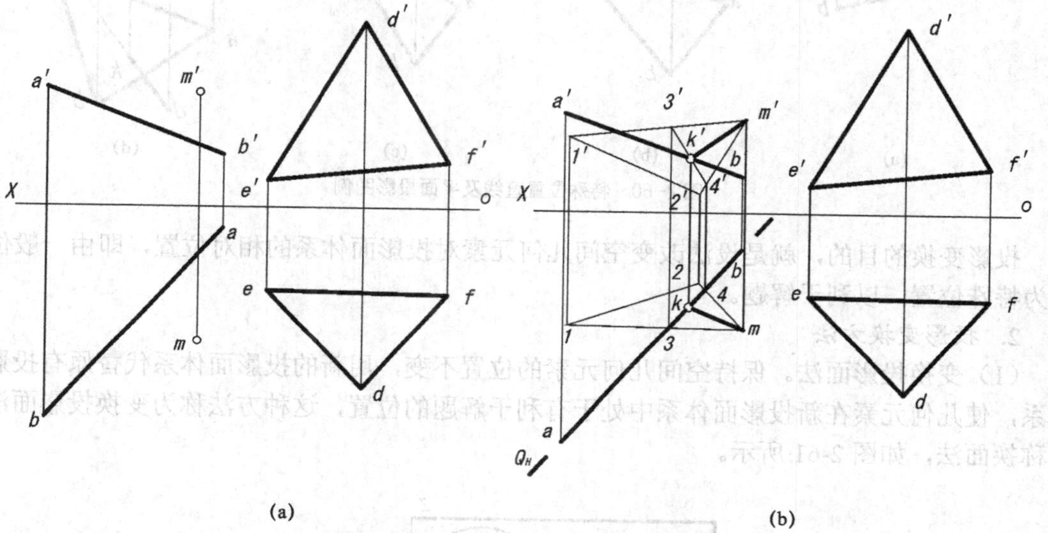

图 2-59 作 MK 平行于△DEF，且与 AB 相交

解：分析 图中 2-59（a）AB 为一般位置直线，△DEF 为一般位置平面。AB 在△DEF 平面之外。作图时可这样考虑：过点 M 平行于△DEF 的所有直线，必在过点 M 平行于△DEF 的平面内，然后求出此平面与 AB 的交点 K。则直线 MK 平行于△DEF，且与 AB 相交。

作法[图 2-59（b）]：

（1）作△MⅠⅡ//△DEF（MⅠ//EF，MⅡ//ED）；

（2）求 AB 与△MⅠⅡ的交点 K（辅助面 $Q\perp H$）；

（3）连接直线 MK（$m'k'$、mk），即为所求。

此题也可以先连接△MAB，然后求△MAB 与△DEF 的交线，再过点 M 作直线 MK 平行于交线，MK 即为所求。

2.7 投影变换

2.7.1 概述

1. 投影变换目的

如图 2-60 所示，当直线或平面对投影面处于特殊位置（平行或垂直）时，其投影具有实形性或积聚性，能反映实长、实形或对投影面的倾角。当直线或平面处于一般位置时，则没有这些性质。

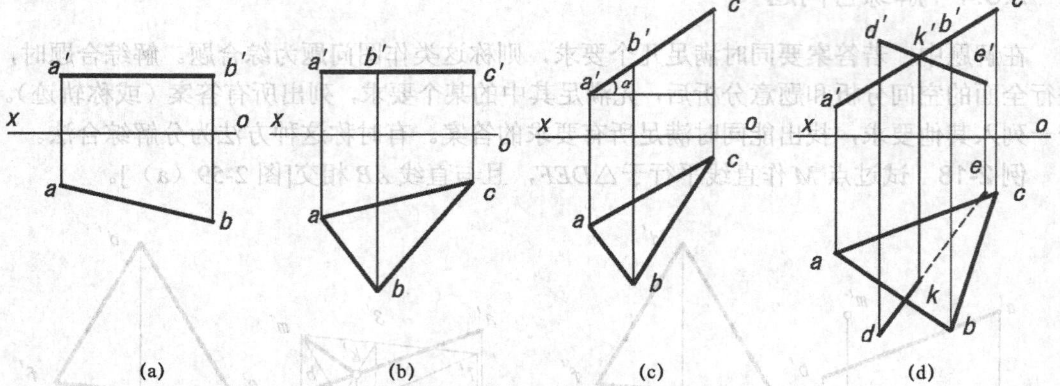

图 2-60 特殊位置直线及平面投影图例

投影变换的目的，就是设法改变空间几何元素对投影面体系的相对位置，即由一般位置变为特殊位置，以利于解题。

2. 投影变换方法

（1）变换投影面法。保持空间几何元素的位置不变，用新的投影面体系代替原有投影面体系，使几何元素在新投影面体系中处于有利于解题的位置，这种方法称为变换投影面法，简称换面法，如图 2-61 所示。

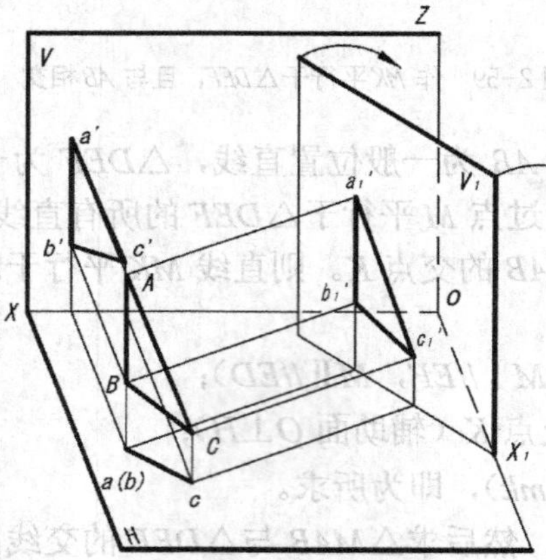

图 2-61 换面法投影过程

（2）旋转法。保持投影面体系位置不变，将空间几何元素绕某根轴（例如投影面垂直线）旋转，使其处于有利于解题的位置，这种方法称为旋转法，如图 2-75 所示。

2.7.2 换面法

如图 2-61 所示，在原投影面体系 $\frac{V}{H}$ 中，$\triangle ABC$ 垂直于 H 面，两个投影为线段 abc 和 $\triangle a'b'c'$（类似形）。取新投影面 V_1 垂直于 H 面，且平行于 $\triangle ABC$。V_1 面和 H 面构成新投影面体

系 $\frac{V_1}{H}$，新投影轴 x_1。此时，$\triangle ABC$ 在 V_1 面上的新投影 $\triangle a'_1b'_1c'_1$ 反映实形。展开时，将 V_1 面绕 X_1 轴旋转到与 H 面重合，再一起绕 X 轴旋转到与 V 面重合。

换面时选择新投影面，应满足以下条件：

（1）新投影面必须使空间几何元素处于有利于解题的位置；

（2）新投影面必须垂直于一个不变投影面，方能构成新投影面体系，并与原体系保持投影联系。

1. 点的变换

1）一次变换

（1）变换 V 面[图 2-62（a）]。

原体系 $\frac{V_1}{H}$，原轴 X，点 A 的投影 a、a'。

设新投影面 V_1 垂直于 H 面，V_1 与 H 构成新体系 $\frac{V_1}{H}$，新轴为 X_1。因为 H 面不变，故水平投影 a 的位置不变。自点 A 向 V_1 面作投影线，获得新投影 a'_1。展开后可获得新投影图。新、旧投影间具有以下投影关系：

① 在新体系中 $\frac{V_1}{H}$，投影连线 $aa'_1 \perp X_1$ 轴。

② 因为 H 面不变，故点 A 到 H 面距离不变，即 $a'_1a_{x1}=a'a_x=Aa=Z_A$。

据此换面规律进行投影作图，作法如图 2-62（b）所示：

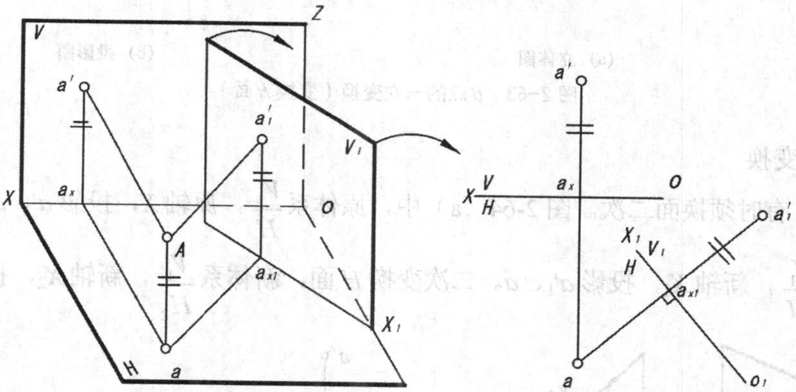

(a) 立体图　　(b) 投影图

图 2-62　A 点的一次变换（变换 V 面）

① 作新轴 X_1；

② 过 a 作 $aa_{x1} \perp X_1$ 轴，延长 aa_{x1}，量取 $a'_1a_{x1}=a'a_x$，得新投影 a'_1。

作图时要避免新投影 a'_1 与原投影图重叠。

（2）变换 H 面[图 2-63（a）]。

设新投影面 H_1 垂直于 V 面，V 与 H_1 构成新体系 $\frac{V_1}{H}$，新轴 X_1，得新投影 b_1。展开后，新旧投影间具有以下投影关系：

① 在新体系$\frac{V_1}{H}$中，投影连线$b'b_1 \perp X_1$轴；

② 因为V面不变，故b'不变，点B到V面的距离不变，即$b_1b_{x1}=bb_x=Bb'=Y_B$。

据此，进行投影作图，作法如图 2-63（b）所示：

① 作新轴X_1；

② 作$b'b_{x1} \perp X_1$轴，延长$b'b_{x1}$，量取$b_1b_{x1}=bb_x$，得新投影b_1。

综上所述，点的一次变换规律为：

① 在新投影面体系中，点的两面投影连线垂直于新投影轴；

② 新投影到新轴的距离等于被更换了的原投影到原轴的距离。

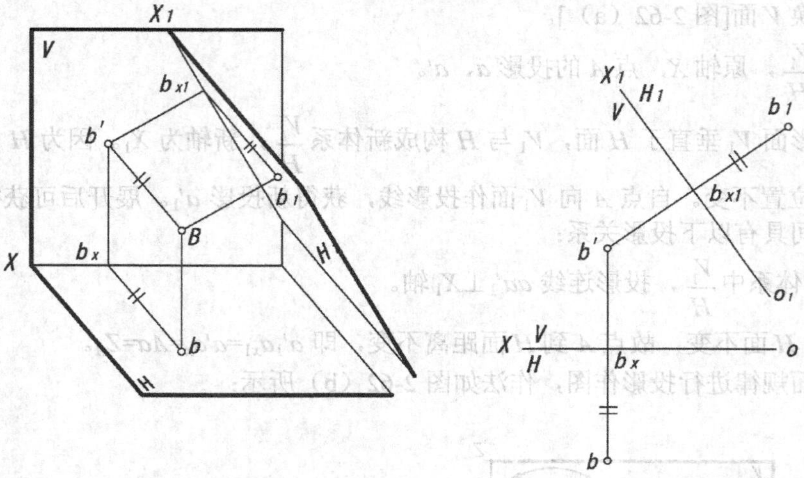

(a) 立体图 (b) 投影图

图 2-63　B点的一次变换（变换H面）

2）二次变换

解题时，有时须换面二次。图 2-64（a）中，原体系$\frac{V}{H}$，原轴X，投影a'、a。一次变换V面，新体系$\frac{V_1}{H}$，新轴X_1，投影a'_1、a。二次变换H面，新体系$\frac{V_1}{H_2}$，新轴X_2，投影a'_1、a_2。

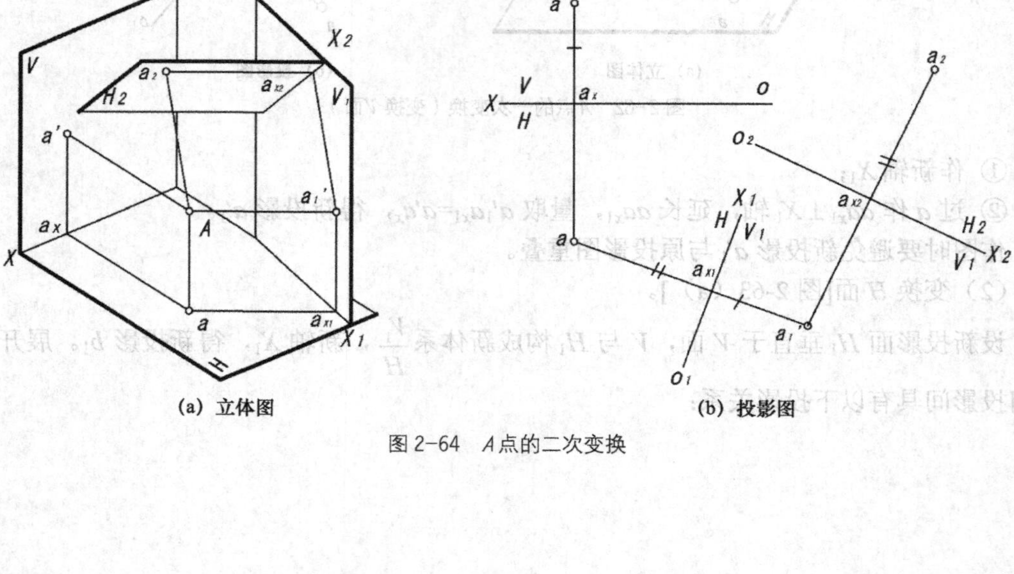

(a) 立体图 (b) 投影图

图 2-64　A点的二次变换

第二次变换投影面时，新投影 a_2 的投影原理和作图方法同第一次换面，其作法如图 2-64（b）所示：

① 一次换面，求 $\frac{V_1}{H}$ 体系中新投影 a'_1。

② 二次换面，作 X_2 轴，并作 $a'_1a_{x2}\perp X_2$ 轴，延长 a'_1a_{x2}，量取 $a_2a_{x2}=aa_{x1}$，得新投影 a_2。

因为选择新投影面须满足两个条件，故在做二次换面时，不能一次同时变换两个投影面，而必须一次变换某个投影面之后，再次变换另一个投影面，即 V 面和 H 面的变换是交替进行的。

2. 直线的变换

1）一次变换

两点可连一直线，变换直线的投影，只要变换直线上任意两点的投影，即可求出直线的新投影。

如图 2-65（a）所示，一般位置直线 AB，欲求对 H 面倾角 α 及实长，可设新投影面 $V_1//AB$，且 $V_1\perp H$，则在 $\frac{V_1}{H}$ 体系中，AB 为正平线，新投影 $a'_1b'_1$ 等于 AB 的实长，且反映倾角 α。

作法如图 2-65（b）所示。

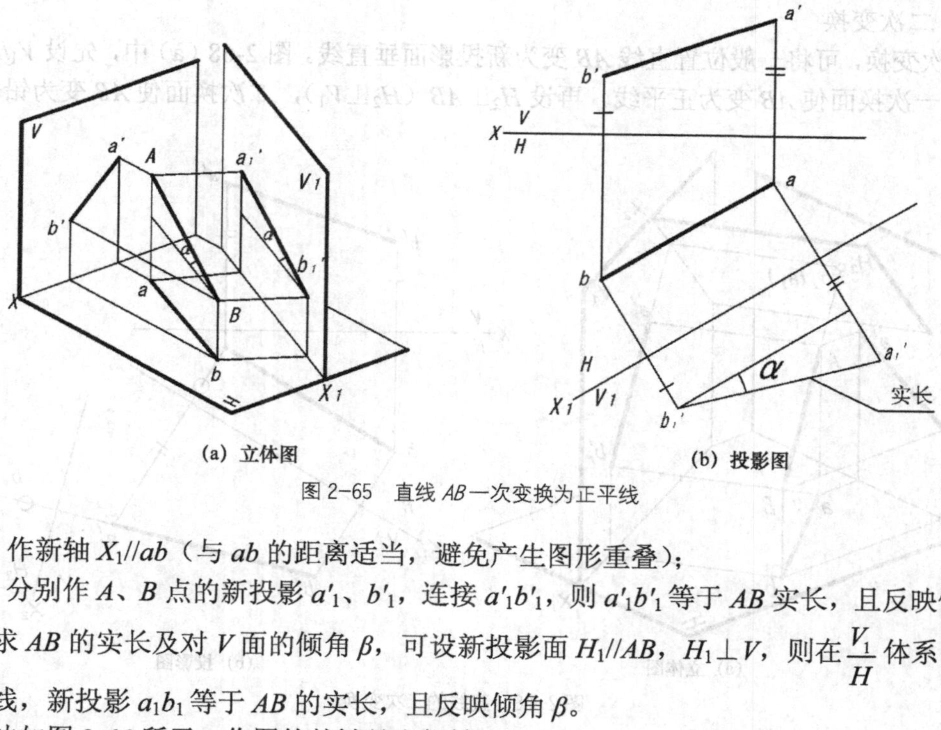

图 2-65 直线 AB 一次变换为正平线

① 作新轴 $X_1//ab$（与 ab 的距离适当，避免产生图形重叠）；

② 分别作 A、B 点的新投影 a'_1、b'_1，连接 $a'_1b'_1$，则 $a'_1b'_1$ 等于 AB 实长，且反映倾角 α。

欲求 AB 的实长及对 V 面的倾角 β，可设新投影面 $H_1//AB$，$H_1\perp V$，则在 $\frac{V_1}{H}$ 体系中，AB 为水平线，新投影 a_1b_1 等于 AB 的实长，且反映倾角 β。

作法如图 2-66 所示，作图的关键是取新轴 $X_1//a'b'$。

一次换面还可将投影面平行线变换为投影面垂直线。

如图 2-67 所示，直线 AB 为正平线。取新投影面 $H_1\perp AB$，且 $H_1\perp V$，则在 $\frac{V_1}{H}$ 体系中，AB 为铅垂线，水平投影积聚为点 a_1（b_1）。

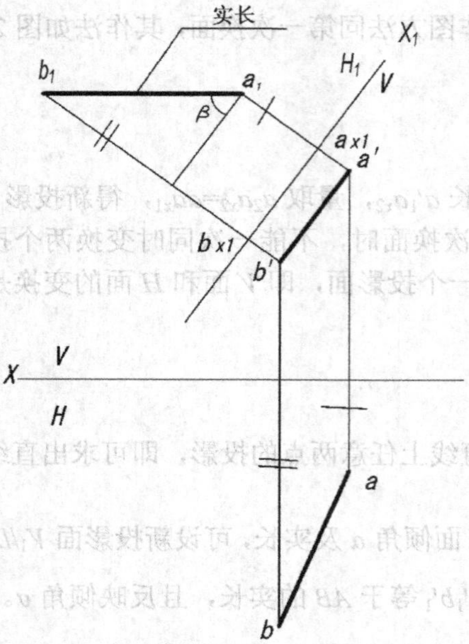

图 2-66　直线 *AB* 一次变换为水平线

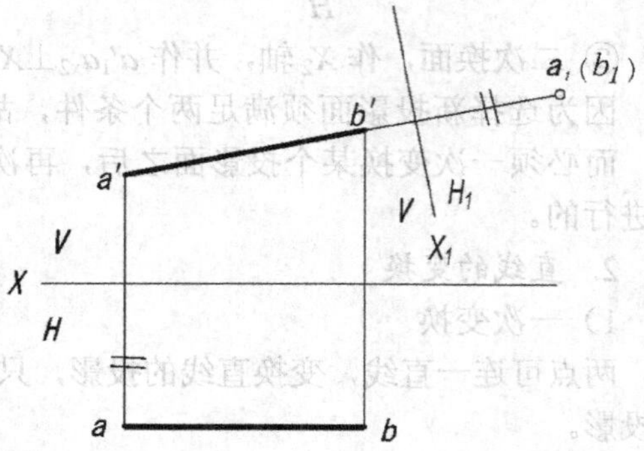

图 2-67　正平线一次变换为铅垂线

2）二次变换

二次变换，可将一般位置直线 *AB* 变为新投影面垂直线。图 2-68（a）中，先设 $V_1//AB$（$V_1\perp H$），一次换面使 *AB* 变为正平线。再设 $H_2\perp AB$（$H_2\perp V_1$），二次换面使 *AB* 变为铅垂线。

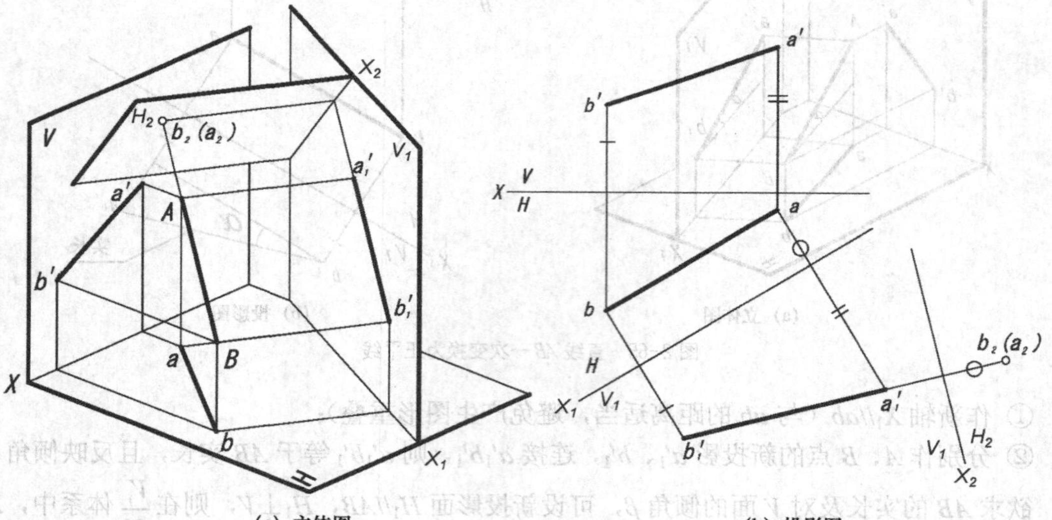

(a) 立体图　　(b) 投影图

图 2-68　直线的二次变换

作法如图 2-68（b）所示：

① 作轴 $X_1//ab$，求 $a'_1b'_1$；

② 作轴 $X_2\perp a'_1b'_1$，求得 b_2（a_2）。

一般位置直线不可能一次换面变为新投影面的垂直线，因为这时所取的投影面不符合换面时新投影面的选择条件。

3. 平面的变换

1）一次变换

如图 2-69（a）所示，一般位置平面△*ABC*。一次变换，取新投影面 V_1⊥△*ABC*，且 V_1⊥*H*，则在 $\frac{V_1}{H}$ 体系中，△*ABC* 为正垂面，新投影 $a'_1b'_1c'_1$ 积聚为直线，可反映与 *H* 面倾角 *α*。

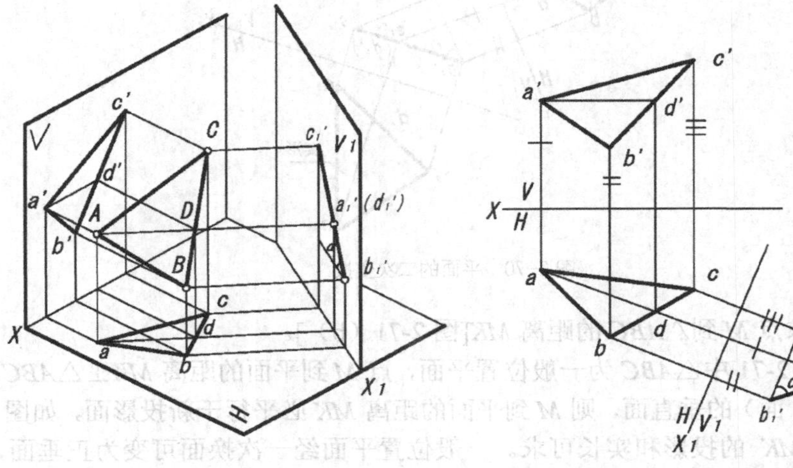

(a) 立体图 (b) 投影图

图 2–69 平面的一次变换

作图时，可在△*ABC* 上取水平线 *AD* 作为辅助线，一次换面使 *AD* 变换为正垂线，则△*ABC* 随之变换为正垂面。

作法如图 2-69（b）所示：

① 取水平线 *AD*（*a'd'*、*ad*），作轴 X_1⊥*ad*；

② 分别量取 a'_1（d'_1）、b'_1、c'_1，连接直线 $a'_1b'_1c'_1$，可反映倾角 *α*。

欲求平面对 *V* 面的倾角 *β*，可在平面上取正平线作为辅助线，一次换面使平面变为铅垂面而作出。

2）二次变换

二次变换可将一般位置平面变为新投影面的平行面。首先进行一次换面，将一般位置平面变为投影面的垂直面；再经过二次换面，将其变为另一投影面的平行面。

如图 2-70 所示，求△*ABC* 的实形，可二次换面，使△*ABC* 变为水平面。

作法如图 2-70 所示：

① 一次换面变为正垂面。取水平线 *AD*（*a'd'*、*ad*）为辅助线，作轴 X_1⊥*ad*，求 $b'_1a'_1c'_1$。

② 二次换面变为水平面。作轴 X_2//$b'_1a'_1c'_1$，求△$a_2b_2c_2$。△$a_2b_2c_2$ 反映△*ABC* 的实形。

一般位置平面，不可能一次换面变为新投影面的平行面，因为这时所取的投影面不符合换面时新投影面的选择条件。

用换面法解空间几何问题时，应先进行全面的空间分析，然后结合题意，设法将某几何元素由一般位置变为特殊位置，以使解题方便，再确定换面的步骤和作法。

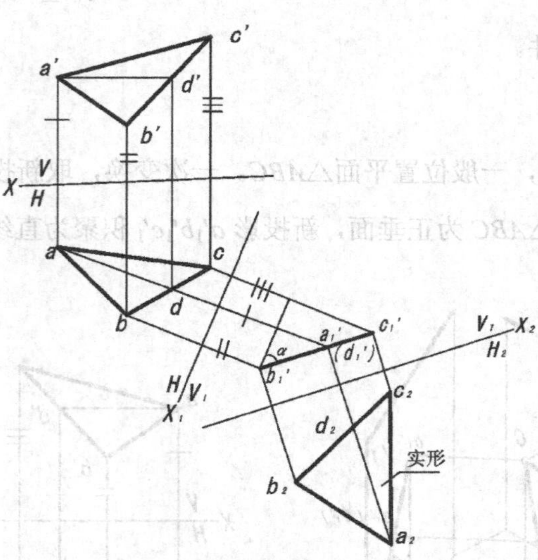

图 2-70 平面的二次变换

例 2-19 试求点 M 到△ABC 的距离 MK[图 2-71（b）]。

解：分析 图 2-71 中△ABC 为一般位置平面，点 M 到平面的距离 $MK\perp$△ABC。若平面为新投影面（如 V_1 面）的垂直面，则 M 到平面的距离 MK 必平行于新投影面，如图 2-71（a）所示，这时距离 MK 的投影和实长可求。一般位置平面经一次换面可变为正垂面，新投影 $a'_1b'_1c'_1$ 积聚为直线，距离的新投影 $m'_1k'_1\perp a'_1b'_1c'_1$，且 $m'_1k'_1$ 反映距离的实长，再返回原体系，求投影 mk，$m'k'$。

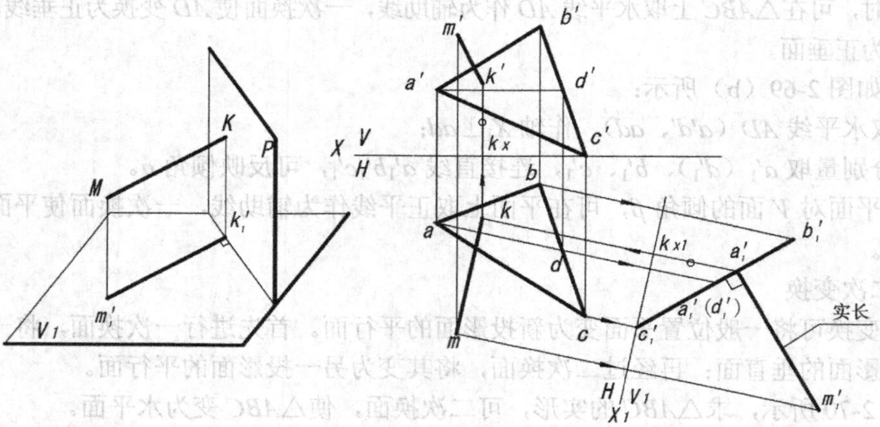

(a) (b)

图 2-71 换面法求点 M 到△ABC 的距离

作法如图 2-71（b）所示：

① 作 $AD//H$（$a'd'$、ad），轴 $X_1\perp ad$，求 $c'_1a'_1b'_1$ 和 m'_1；

② 作 $m'_1k'_1\perp c'_1a'_1b'_1$，则 $m'_1k'_1$ 反映距离 MK 的实长。返回原体系求投影 mk（$mk//X_1$）和 $m'k'$（取 $k'k_x=k'_1k_{x1}$）。

例 2-20 试求点 M 到直线 AB 的距离 MK[图 2-72]。

解：分析　图 2-72 中 AB 为一般位置直线，点 M 到 AB 的距离 $MK \perp AB$。若 AB 变为新投影面的垂直线（如 $AB \perp H_2$ 面），则距离 MK 必为该投影面的平行线，如图 2-72（a）所示，这时距离的投影和实长可求。一般位置直线变换为垂直线须经二次换面。

作法如图 2-72（b）所示：

① 一次换面，作轴 $X_1//ab$，求 $a'_1b'_1$ 和 m'_1；

② 二次换面，作轴 $X_2 \perp a'_1b'_1$，求 a_2（b_2）和 m_2；

③ k_2 与 a_2（b_2）积聚为一点，连接 m_2k_2，作 $m'_1k'_1//X_2$，则 m_2k_2 反映距离 MK 的实长。返回原体系求投影 mk 和 $m'k'$。

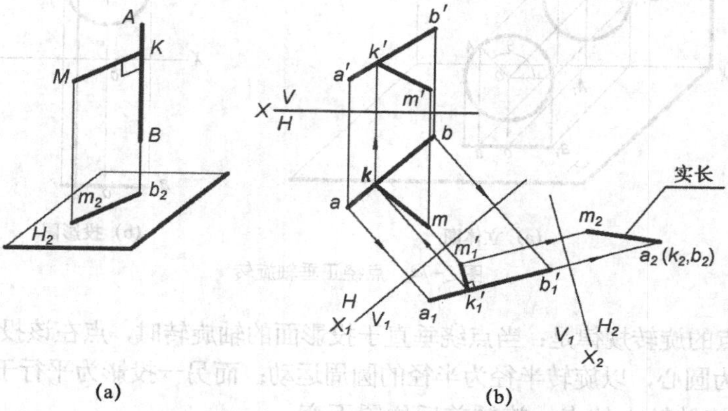

图 2-72　换面法求点 M 到直线 AB 的距离

2.7.3　绕垂直轴旋转法

1. 点的旋转

如图 2-73（a）所示，当 A 点绕铅垂线 OO 为轴旋转时，旋转轨迹是垂直于轴线的圆。因为轴 OO 垂直于 H 面，所以该圆平面平行于 H 面，其水平投影反映实形，即以旋转轴 OO 的水平投影 o 为圆心，oa 为半径（等于旋转半径 OA）的圆，而正面投影是平行于 X 轴的直线。

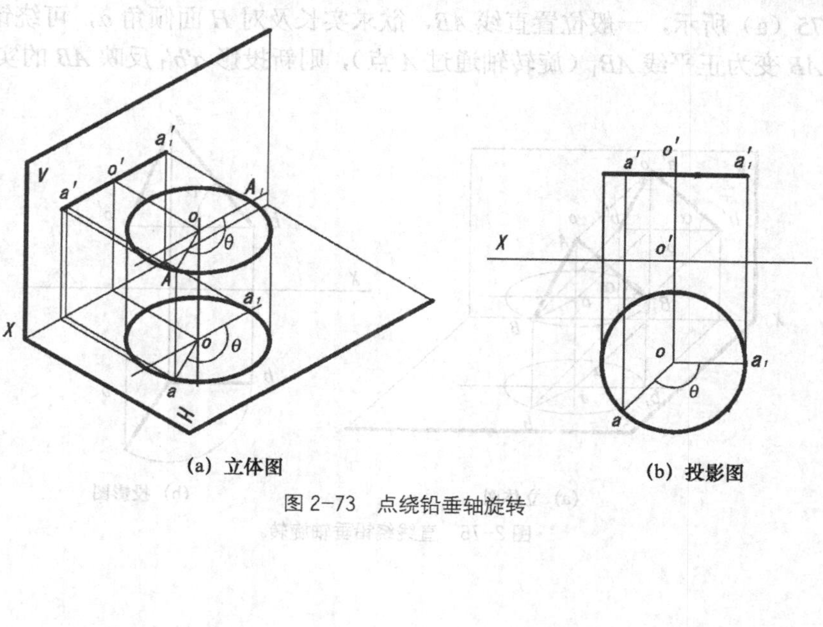

图 2-73　点绕铅垂轴旋转

当 A 点逆时针旋转 θ 角至 A_1 点时，其水平投影 a 亦旋转 θ 角至 a_1，即旋转轨迹的水平投影为圆弧 $\overset{\frown}{aa_1}$，而正面投影为直线 $a'a'_1$。投影图如图 2-73（b）所示。

同理，如图 2-74（a）所示，当 A 点绕正垂线为轴旋转时，旋转轨迹是平行于正面的圆，其正面投影反映实形，即以轴 oo 的正面投影 o'为圆心，$o'a'$为半径的圆，而水平投影为平行于 X 轴的直线。

投影图如图 2-74（b）所示。

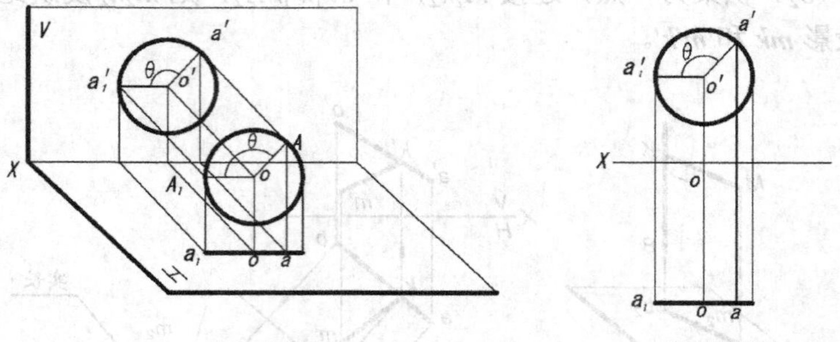

（a）立体图　（b）投影图

图 2-74　点绕正垂轴旋转

综上所述，点的旋转规律是：当点绕垂直于投影面的轴旋转时，点在该投影面上的投影，是以旋转轴的投影为圆心，以旋转半径为半径的圆周运动；而另一投影为平行于 X 轴的直线移动。

显然，位于旋转轴上的点，旋转前后位置不变。

2. 直线和平面的旋转

1）旋转的基本规则（三同规则）

直线或平面上各点均应绕同一轴线、按同一方向、旋转同一角度。这样，保证旋转前后几何元素间的相对位置不变。

2）直线的旋转

直线绕垂直轴旋转，只要将直线上两点按三同规则旋转，即可求出旋转后直线的新投影。为方便作图，常取轴线通过直线上一点，则只要旋转另一点，即可求出直线的新投影。

如图 2-75（a）所示，一般位置直线 AB，欲求实长及对 H 面倾角 α，可绕铅垂线为轴一次旋转，使 AB 变为正平线 AB_1（旋转轴通过 A 点），则新投影 $a'b'_1$ 反映 AB 的实长及倾角 α。

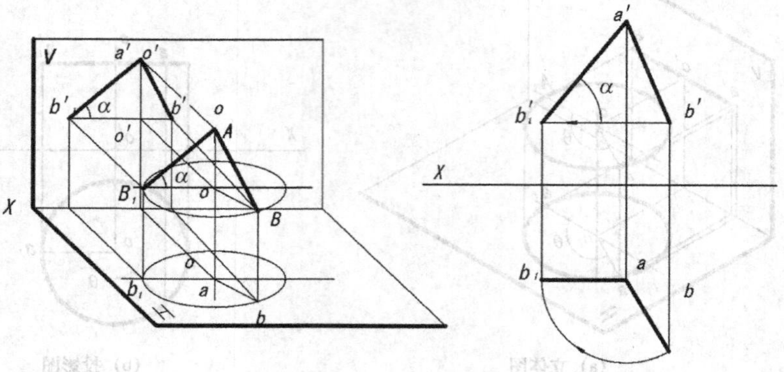

（a）立体图　（b）投影图

图 2-75　直线绕铅垂轴旋转

作法如图 2-75（b）所示：

（1）以 a 为圆心，ab 为半径，旋转至 $ab_1//X$ 轴；

（2）过点 b'作直线平行于 X 轴，由 b 求 b'_1，连接 $a'b'_1$，则 $a'b'_1$ 等于 AB 的实长，且反映角 α 角。

欲求一般位置直线 AB 的实长及对 V 面倾角 β，可绕正垂线为轴一次旋转，使 AB 变为水平线 AB_1，则新的水平投影 $a'b_1$ 反映实长及倾角 β。

以上为直线的一次旋转。直线的二次旋转，可将一般位置直线变为投影面垂直线。如将一般位置直线 AB 变为铅垂线，可先绕铅垂轴一次旋转变为正平线，再绕正垂轴二次旋转变为铅垂线。

作法如图 2-76 所示：

（1）绕铅垂轴一次旋转使 $AB_1//V$，作 $ab_1//X$，求 $a'b'_1$，新投影 $a'b'_1$ 等于 AB 的实长；

（2）绕正垂轴二次旋转，使 $A_2B_1\perp H$，作 $a'_2b'_1\perp X$ 轴，求 a_2（b_1）。

3）平面的旋转

平面绕垂直轴旋转时，按三同规则旋转平面上不在一直线上的三点，可以获得平面的新投影。

平面绕投影面的垂直线为轴一次旋转，可变为另一投影面的垂直面。

如图 2-77 所示，欲求△ABC 对 V 面的倾角 β，可绕正垂线为轴一次旋转变成铅垂面△A_1B_1C。作图时，先在△ABC 上取正平线 CD 作为辅助线，并取正垂轴通过 C 点。一次旋转，使 CD 变为铅垂线 CD_1，平面随之变为铅垂面。

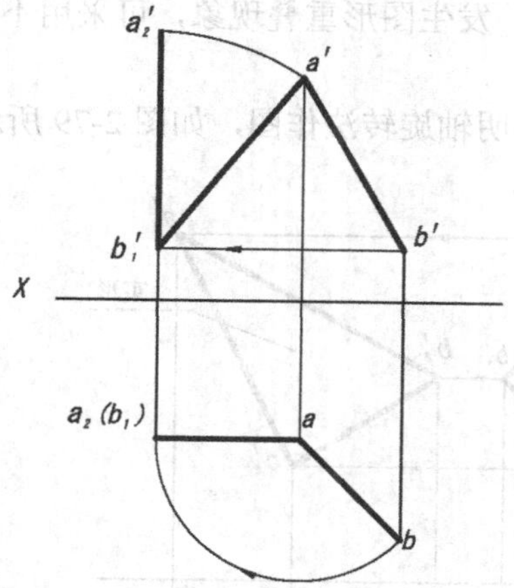

图 2-76　直线的二次旋转

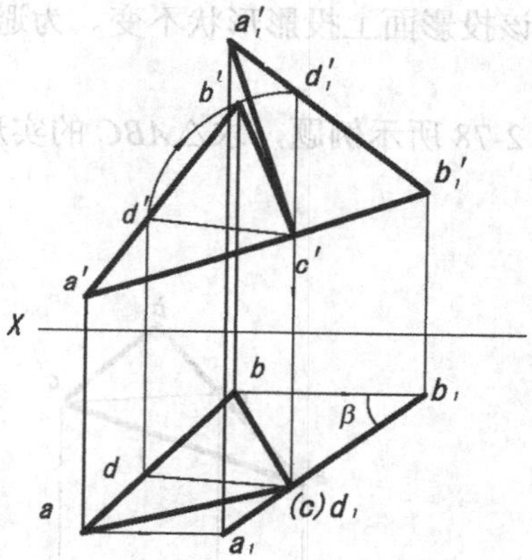

图 2-77　平面的一次旋转

因为绕正垂轴旋转时，平面对 V 面的倾角不变，即平面的正面投影形状不变，所以作出 $c'd'_1\perp X$ 轴后，作△$a'_1b'_1c'$≌△$a'b'c'$，再作 d_1（c）a_1b_1，新的水平投影 a_1b_1c 积聚为直线，反映△ABC 对 V 面倾角 β。

欲求平面对 H 面倾角 α，可取水平线作为辅助线，绕铅垂轴一次旋转变为正垂线，平面随之变为正垂面，则可反映 α 角。

平面绕垂直轴二次旋转可变为投影面的平行面，以求平面的实形。

作法如图 2-78 所示：

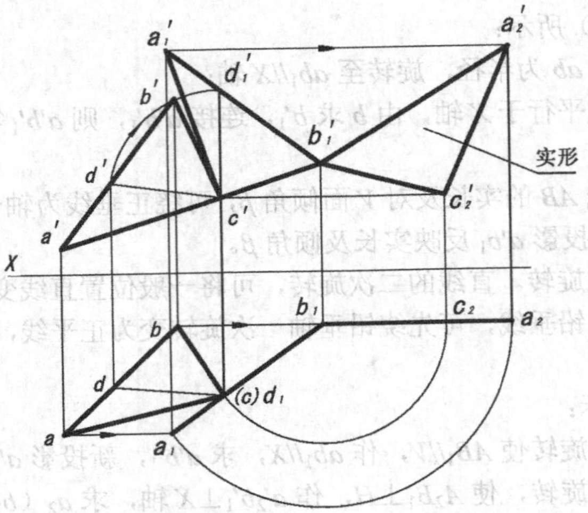

图 2-78 平面的二次旋转

（1）绕正垂轴一次旋转，使正平线 CD 变为铅垂线 CD_1，作 $c'd'_1 \perp X$ 轴和 d_1（c），$\triangle ABC$ 随之变为铅垂面 $\triangle A_1B_1C$，作 $\triangle a'_1b'_1c' \cong \triangle a'b'c'$ 和 a_1cb_1；

（2）绕铅垂轴（过 B_1 点）二次旋转，使铅垂面 $\triangle A_1B_1C$ 变为正平面 $\triangle A_2B_1C_2$，作 $b_1c_2a_2//X$ 轴和 $\triangle a'_2b'_1c'_2$，则 $\triangle a'_2b'_1c'_2$ 反映 $\triangle ABC$ 的实形。

4）不指明轴旋转法（平移法）

当直线或平面绕投影面垂直线为轴旋转时，直线或平面对该投影面的倾角不变，即直线或平面在该投影面上投影形状不变。为避免作图时，发生图形重叠现象，可采用不指明轴旋转法。

如图 2-78 所示例题，求△*ABC* 的实形可用不指明轴旋转法作图，如图 2-79 所示。

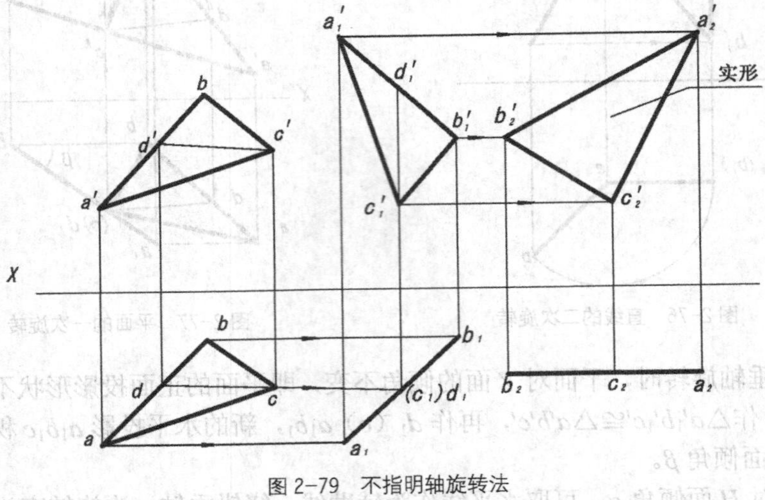

图 2-79 不指明轴旋转法

作法：

（1）绕正垂轴一次旋转成铅垂面，在适当位置，作 $\triangle a'_1b'_1c'_1 \cong \triangle a'b'c'$，作图时须保持正平线 CD 的新投影 $c'_1d'_1 \perp X$ 轴，然后作 $a_1c_1b_1$；

（2）绕铅垂轴二次旋转成正平面。在适当位置作 $b_2c_2a_2//X$ 轴，求出 $\triangle a'_2b'_2c'_2$，则 $\triangle a'_2b'_2c'_2$ 反映 $\triangle ABC$ 的实形。

例 2-21　求点 M 到直线 AB 的距离 MK（图 2-80，用不指明轴旋转法作图）。

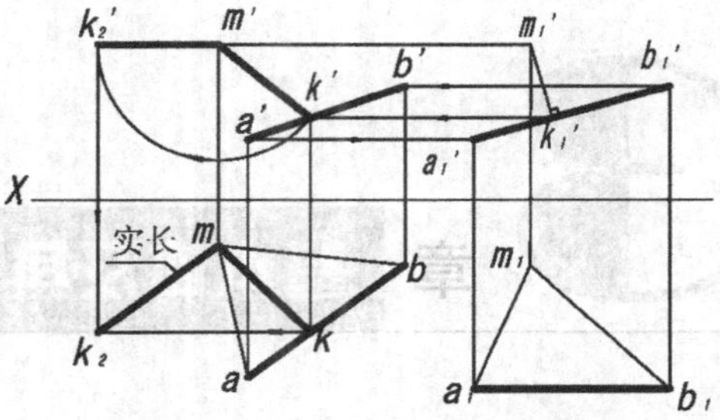

图 2-80　用不指明轴旋转法求点到直线的距离

解： 分析　AB 为一般位置直线。若绕铅垂轴一次旋转，使 AB 变为正平线 A_1B_1，则距离 MK 的新投影 $m'_1k'_1 \perp a'_1b'_1$，然后，返回求原投影 $m'k'$ 和 mk。再求 MK 的实长。

作法：

（1）使 $a_1b_1//X$ 轴，作 $\triangle m_1a_1b_1 \cong \triangle mab$，求出 $a'_1b'_1$ 和 m'_1；

（2）作 $m'_1k'_1 \perp a'_1b'_1$，由 k'_1 返回求出 k' 和 k，连接 $m'k'$ 和 mk。$m'k'$，mk 为距离 MK 的两投影；

（3）绕正垂轴一次旋转求 MK 的实长，mk_2 等于距离 MK 的实长。

第 3 章 基本体及其表面交线的投影

图 3-1 阀门的组成

机件（机器零件或部件），不管它的形状多么复杂，一般都可以看作是由一些简单的基本几何体组合而成。如图 3-1 所示的阀门的各部分。根据立体表面的性质，常见的基本几何体通常分为两类：

平面立体——其表面为若干个平面的几何体，如棱柱、棱锥等。

曲面立体——其表面为曲面或曲面与平面的几何体，最常见的是回转体，如圆柱、圆锥、圆球、圆环等。

在投影图上表示一个立体，就是把立体表面的形状（平面或曲面）表达出来，即得立体的三投影图。下面分别研究它们的投影特性和画法。

3.1 平面立体的投影

平面立体的各表面都是平面，平面与平面的交线称为棱线，棱线与棱线的交点称为顶点。平面立体可分为棱柱体和棱锥体。绘制平面立体的投影，也就是绘制各多边形平面的棱线和顶点的投影。

3.1.1 棱柱

1. 棱柱投影

图 3-2 为正六棱柱，它的顶面和底面为正六边形，六个棱面均为相同的长方形。由于顶面和底面均为水平面，其水平投影反映实形，正面和侧面投影积聚为直线。棱柱的前面和后面为正平面，其正面投影反映实形，而水平投影和侧面投影积聚为直线。棱柱的另外四个侧面均为铅垂面，其水平投影积聚为直线，而正面投影和侧面投影均为类似形。

由于投影轴只是表达了立体与投影面的相对位置，并不影响立体的形状，所以在立体的投影中一般不画投影轴，称为无轴投影，注意各投影的相对位置必须保持不变。

2. 棱柱表面上取点

由于图 3-2 中六棱柱各表面都处于特殊位置，因此，表面上点的投影可利用积聚性作图求出。已知 *ABCD* 棱面上 *M* 点的正面投影 m'，要求它的水平投影 m 和侧面投影 m''。因为棱

面 $ABCD$ 为铅垂面，其水平投影积聚成直线，所以 M 点的水平投影 m 必在 $abcd$ 上。由 m' 和 m 即可求出 m''。又如已知顶面上 N 点的水平投影 n，要求它的正面投影 n'和侧面投影 n''。因为顶面为水平面，它的正面投影和侧面投影均具有积聚性，因此，N 点的正面投影 n'和侧面投影 n''必在顶面的正面和侧面投影上。

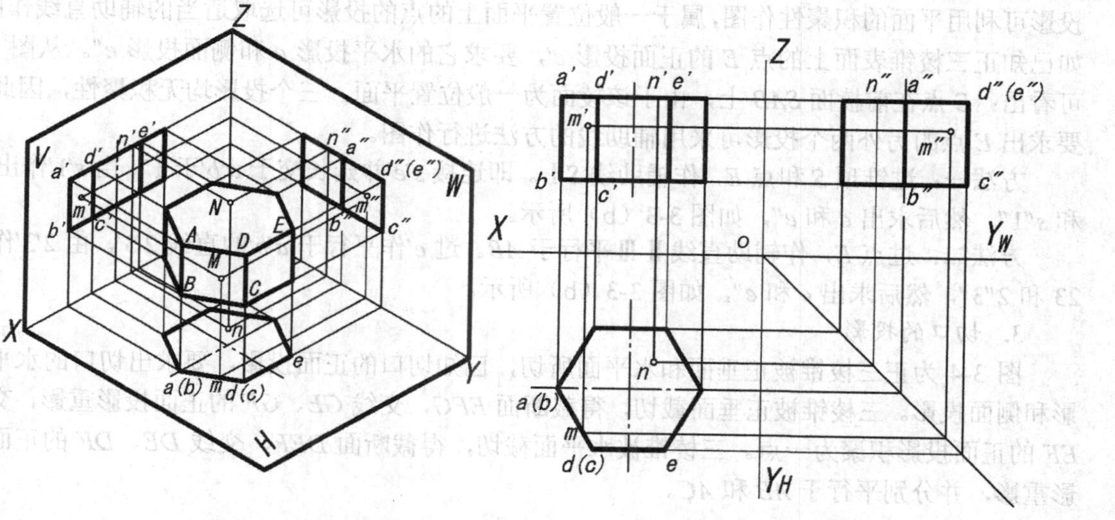

(a) 立体图　　(b) 投影图

图 3-2 正六棱柱的投影及其表面取点

3.1.2 棱锥

1. 棱锥投影

图 3-3 为正三棱锥，它的底面为等边三角形 ABC，三个棱面 SAB、SBC、SAC 均为等腰三角形。底面ΔABC 为水平面，它的水平投影反映实形，正面投影和侧面投影积聚为直线。棱面 SAC 为侧垂面，它的侧面投影积聚为直线，水平投影和正侧面投影为类似形。棱面 SAB 和 SBC 为一般位置平面，它们的三个投影均为类似形。

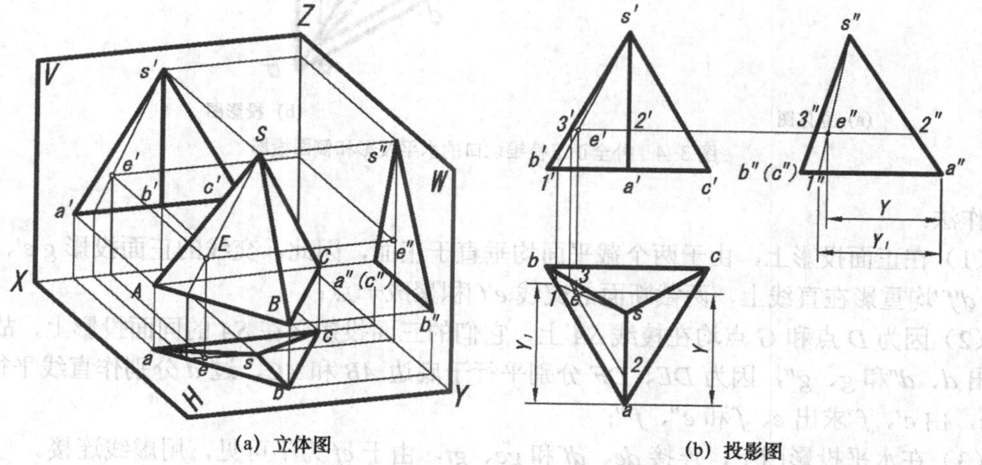

(a) 立体图　　(b) 投影图

图 3-3 正三棱锥的投影及表面取点

作图时，先画出底面的各个投影，再作出顶点 S 的各个投影，然后连接各棱线的同面投影，即为三棱锥的三个投影。

2. 棱锥表面取点

由于组成三棱锥的表面有特殊位置平面，也有一般位置平面。属特殊位置平面上的点的投影可利用平面的积聚性作图，属于一般位置平面上的点的投影可选取适当的辅助直线作图。如已知正三棱锥表面上的点 E 的正面投影 e′，要求它的水平投影 e 和侧面投影 e″。从图 3-3 可看出：E 点在前棱面 SAB 上，由于该棱面为一般位置平面，三个投影均无积聚性，因此，要求出 E 点的另外两个投影可采用辅助线的方法进行作图。

方法一：过锥顶 S 和点 E，作辅助线 SⅠ。即连接 s′e′并延长交于 a′b′于 1′，由 s′1′作出 s1 和 s″1″，然后求出 e 和 e″，如图 3-3（b）所示。

方法二：过点 E，作辅助直线ⅡⅢ平行于 AB。过 e′作平行于 a′b′的直线 2′3′，由 2′3′作出 23 和 2″3″，然后求出 e 和 e″，如图 3-3（b）所示。

3. 切口的投影

图 3-4 为正三棱锥被正垂面和水平面所切，已知切口的正面投影，要求出切口的水平投影和侧面投影。三棱锥被正垂面截切，得截断面 EFG，交线 GE、GF 的正面投影重影，交线 EF 的正面投影积聚为一点。三棱锥被水平面截切，得截断面 DEF，交线 DE、DF 的正面投影重影，并分别平行于 AB 和 AC。

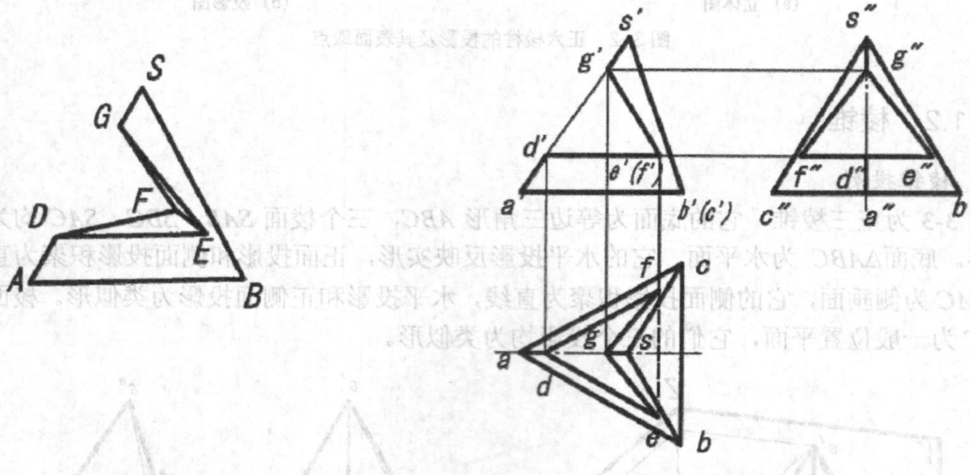

(a) 立体图　　(b) 投影图

图 3-4　补全正三棱锥切口的水平投影和侧面投影

作法：

（1）在正面投影上，由于两个截平面均垂直于正面，因此，交线的正面投影 g′e′、g′f′和 d′e′、d′f′均重影在直线上，两截断面的交线 e′f′积聚成一点；

（2）因为 D 点和 G 点均在棱线 SA 上，它们的三面投影必在 SA 的同面投影上，故由 d′、g′求出 d、d″和 g、g″，因为 DE、DF 分别平行于底边 AB 和 AC，过 d 分别作直线平行于 ab 和 ac，由 e′、f′求出 e、f 和 e″、f″；

（3）在水平投影图上，连接 de、df 和 ge、gf，由于 ef 为不可见，用虚线连接。

在侧面投影图上，水平截面的侧面投影积聚为 e″d″f″。

3.2 曲面立体的投影

由曲面或曲面和平面围成的立体称曲面立体，常见的有圆柱、圆锥、圆球和圆环。绘制它们的投影时，由于它们的表面没有明显的棱线，所以，需要画出曲面的转向轮廓线。曲面上的转向轮廓线是曲面上可见投影与不可见投影的分界线。在投影面上，当转向轮廓线的投影与中心线的投影重合时，规定只画中心线。绘制曲面立体的投影，应绘制围成该曲面立体的曲面和平面的投影，也就是绘制曲面的转向轮廓线、曲面与平面的交线和顶点的投影。下面主要介绍这些回转体的性质及其画法。

3.2.1 圆柱

1. 形成

圆柱面是由一条直母线绕与它平行的轴线 OO_1 旋转而形成，如图 3-5（a）所示。圆柱面上任意位置的母线称为素线。圆柱由圆柱面、顶面和底面围成。

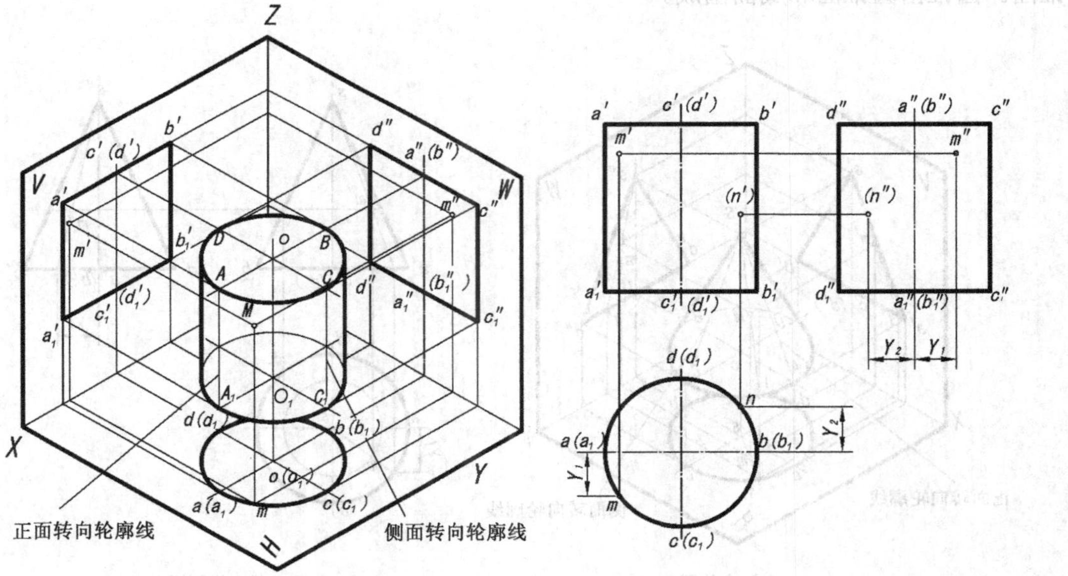

(a) 立体图　　(b) 投影图

图 3-5 圆柱的投影

2. 投影

如图 3-5（a）所示，圆柱的轴线为铅垂线，圆柱面垂直于水平面，圆柱面的水平投影积聚为圆，圆柱的顶面和底面的水平投影重影在该圆平面上。圆柱的顶面和底面的正面投影与侧面投影均积聚成直线。圆柱面的正面投影和侧面投影均为相同的矩形线框。正面线框的左右两条直线 $a'a'_1$、$b'b'_1$ 为圆柱面的正面转向轮廓线 AA_1（最左素线）、BB_1（最右素线）的正面投影（也是圆柱面正面投影的可见性分界线），其水平投影 aa_1、bb_1 分别积聚为一点，其侧面投影 $a''a''_1$、$b''b''_1$ 与轴线重影。侧面线框的左右两条直线 $c''c''_1$、$d''d''_1$ 为圆柱面的侧面转向轮廓线 CC_1（最前素线）、DD_1（最后素线）的侧面投影（也是圆柱侧面投影的可见性分界线），其水平投影 cc_1、dd_1 分别积聚为一点，其正面投影 $c'c'_1$、$d'd'_1$ 与轴线重影。

3. 表面取点

如图 3-5（a）所示，已知圆柱的三面投影及圆柱面上 M 点和 N 点的正面投影 m' 和 n'，求它们的水平投影 m、n 和侧面投影 m''、n''。

因为圆柱面的水平投影积聚为圆，利用积聚性可求出 M、N 两点的水平投影和侧面投影。其作图过程为：

（1）从图 3-5 可知，m' 为可见，M 点位于前半圆柱面上，（n'）为不可见，N 点位于后半圆柱面上，则由 m' 和 n' 求出 m 和 n；

（2）由 m、m'，n、（n'）作出侧面投影 m'' 和（n''），因为 M 点位于右半圆柱面上，其侧面投影 m'' 为可见。N 点位于左半圆柱面上，其侧面投影（n''）为不可见。

3.2.2 圆锥

1. 形成

如图 3-6（a）所示，一直线 SA（母线）绕与它相交的轴线 SO 回转而形成的曲面称为圆锥面。圆锥由圆锥面和底面围成。

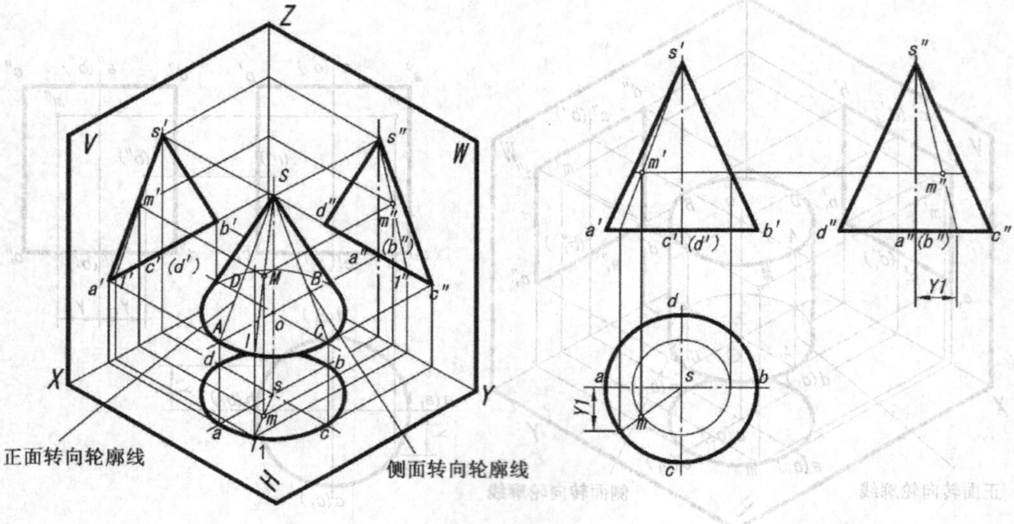

(a) 立体图　　(b) 投影图

图 3-6 圆锥的三面投影

2. 投影

图 3-6（b）所示，圆锥的轴线为铅垂线。圆锥的底面为水平面，其水平投影反映底圆的实形，其正面投影和侧面投影分别积聚成直线。圆锥面的水平投影与底圆的水平投影重影，顶点 S 的水平投影落在圆的中心上。圆锥面的正面投影和侧面投影为相同的等腰三角形，等腰三角形的底边分别是底面的正面投影和侧面投影。正面等腰三角形的两腰 $s'a'$、$s'b'$ 分别为圆锥正面转向轮廓线 SA（最左素线）、SB（最右素线）的正面投影（也是圆锥面正面投影的可见性分界线），其侧面投影 $s''a''$、$s''b''$ 与轴线重影。侧面等腰三角形的两腰 $s''c''$（最前素线）、$s''d''$（最后素线）分别为侧面转向轮廓线 SC、SD 的侧面投影（也是圆锥面侧面投影的可见性分界线），其正面投影 $s'c'$、$s'd'$ 与轴线重影。

3. 表面取点

如图 3-6（b）所示，已知圆锥的三面投影及圆锥面上 M 点的正面投影 m'，求它的水平投影 m 和侧面投影 m''。

由于圆锥锥面的三个投影都没有积聚性，所以需要通过作辅助线来求出 M 点的另外两个投影。

（1）辅助素线法。图 3-6（a）所示，过锥顶 S 和 M 点作素线，并延长交底圆于 I，因 M 点在 MI 上，M 点的三个投影必在 MI 的同面投影上。

其作图过程为：连接 $s'm'$，延长交底圆于 1'，根据投影关系，由 $s'1'$求出 $s1$ 和 $s''1''$，再由 m'求出 m 和 m''。

（2）辅助圆法。图 3-6（b）所示，过 M 点在圆锥面上作垂直于轴线的水平圆。该圆的正面投影积聚成直线且垂直于轴线，水平投影为圆，圆的直径等于正面投影直线的长度。M 点的水平投影必在该圆上，根据投影关系，由 m'和 m 求出 m''。

3.2.3　圆球

1. 形成

如图 3-7 所示，一圆弧（母线）绕过圆心的轴线 OO_1 回转而形成的曲面称为圆球面。圆球由圆球面围成。

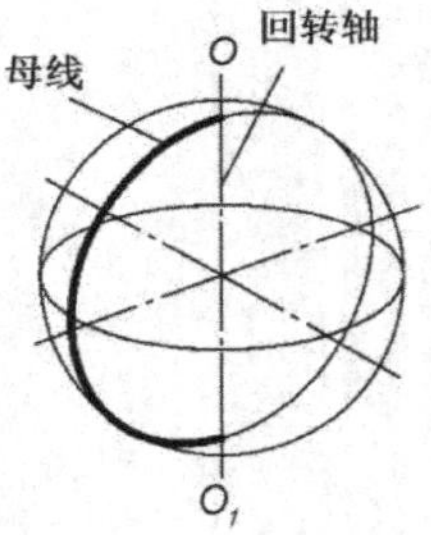

(a) 立体图

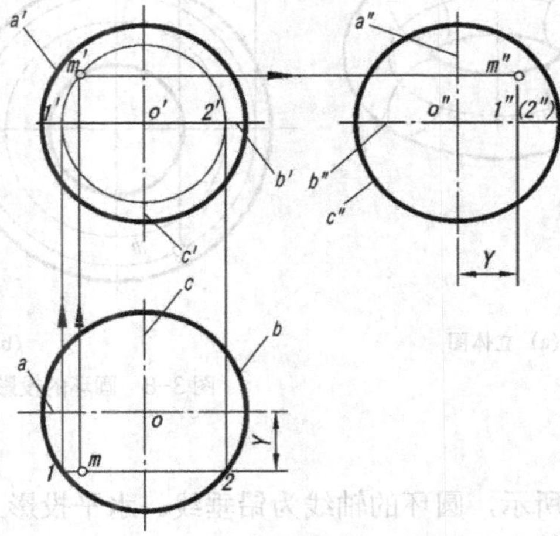

(b) 投影图

图 3-7　圆球的投影

2. 投影

如图 3-7 所示，圆球的三面投影均为直径相同的圆，分别是圆球面在三个投影面上的转向轮廓线的投影。正面投影的转向轮廓线 a'是圆球面上平行于正面的最大圆 A 的正面投影（也是圆球正面投影的可见性分界线），其水平投影 a 和侧面投影 a''分别与中心线重合。水平投影的转向轮廓线 b 是圆球面上平行于水平面的最大圆 B 的水平投影（也是圆球水平投影的可见性分界线），其正面投影 b'和侧面投影 b''分别与中心线重合。侧面投影的转向轮廓线 c''是圆球面上平行于侧面的最大圆 C 的侧面投影（也是圆球侧面投影的可见性分界线），其正面投影 c'和水平投影 c 分别与中心线重合。各中心线的交点为球心。

3. 表面取点

如图 3-7 所示，已知圆球的三面投影及圆球面上 M 点的水平投影 m，求它的正面投影 m'和侧面投影 m''。

可采用辅助圆法作图，具体作图过程为：过 M 点作平行于正面的辅助圆，它的水平面投影为过 m 的一条直线，它的正面投影为圆，其直径等于该直线的长度。M 点的正面投影 m' 在圆上，从图可知，M 点在前半球面上，故 m'为可见。再由 m'和 m 求出 m''，因 M 点在左半球面上，故 m''也为可见。

该题也可采用作平行于水平面的辅助圆或平行于侧平面的辅助圆求出 m'和 m''。

3.2.4 圆环

1. 形成

如图 3-8 所示，一圆弧（母线）绕不通过圆心但在同一平面内的轴线回转而形成的曲面，称为圆环面。

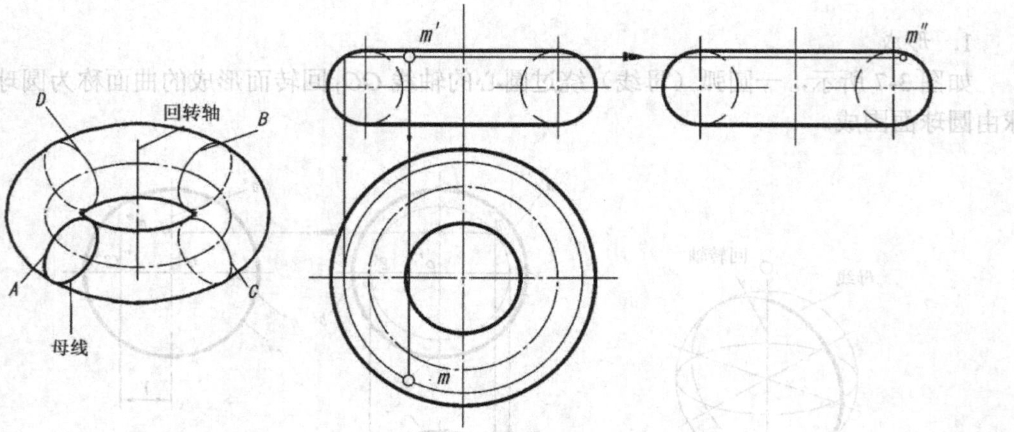

(a) 立体图 (b) 投影图

图 3-8 圆环的投影

2. 投影

如图 3-8 所示，圆环的轴线为铅垂线。水平投影上的三个同心圆为圆环面的最大圆、最小圆和中心圆的水平投影，最大圆和最小圆也是圆环面在水平投影上的转向轮廓线（圆环面水平投影可见性分界线）。圆环的正面投影和侧面投影为两个相同的图形（分别为圆环面正面投影和侧面投影的可见性分界线）。正面投影上的两个小圆是平行正面的素线圆 A 和 B 的投影，侧面投影上的两个小圆是平行于侧面的素线圆 C 和 D 的投影。正面投影和侧面投影中的上下两直线是圆环面上最高和最低圆的投影。

3. 表面取点

如图 3-8 所示，已知圆环的三面投影和圆环面上 M 点的正面投影 m'，求它的水平投影 m 和侧面投影 m''。

采用辅助圆法作图，作图过程为：过 M 点作平行于水平面的辅助圆，其正面投影为过 m'的一条直线，水平投影为圆，圆的直径与该直线等长。由 m'求出 m，从图可知，M 点在上半外环面上，故 m 为可见。再由 m'和 m 求出 m''，M 点在左半外环面上，m''为可见。

3.3　平面与回转体表面交线的投影

在机器零件上，常见到平面与回转体表面相交，如图 3-9 所示。该平面称为截平面，截平面与立体表面相交产生的交线称为截交线。

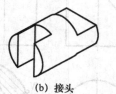

(a) 触头　　(b) 接头

图 3-9 平面与回转体表面相交

3.3.1　截交线的性质

（1）截交线既在截平面上，又在曲面立体表面上，是截平面与曲面立体表面的共有线。截交线上所有的点也是它们的共有点。

（2）截交线是封闭的平面图形，其形状取决于曲面立体的表面形状和截平面与曲面立体的相对位置。

3.3.2　截交线的画法

1. 平面与圆柱相交

平面与圆柱相交有三种情况，如表 3-1 所示。

表 3-1　平面与圆柱体的截交线

截平面	截平面平行于轴线	截平面垂直于轴线	截平面倾斜于轴线
立体图	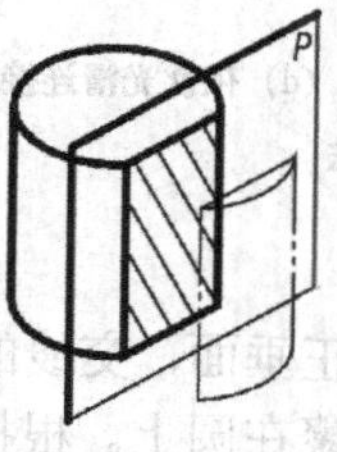	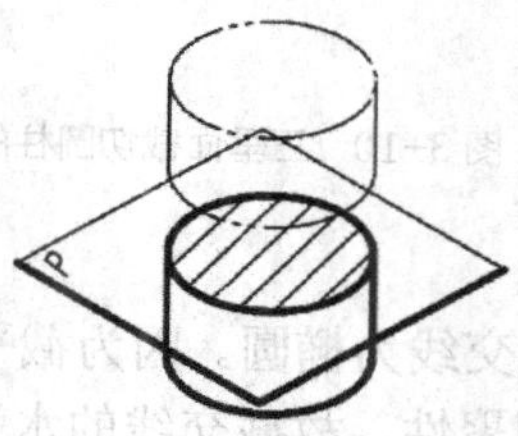	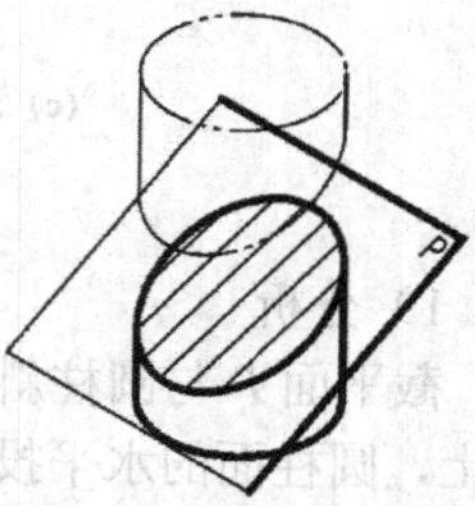
投影	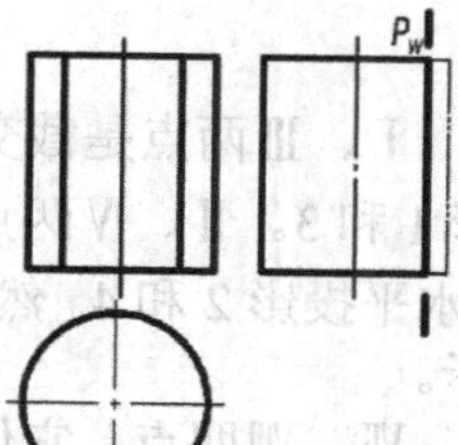	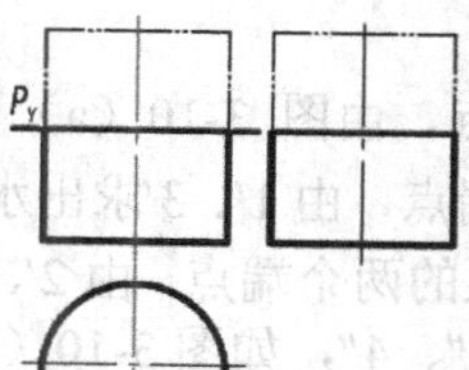	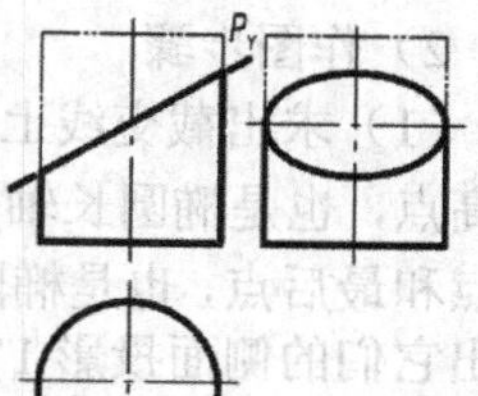
截交线	截交线为直线	截交线为圆	截交线为椭圆

如图 3-10 所示，截平面 P 斜切圆柱，求作截交线的投影。

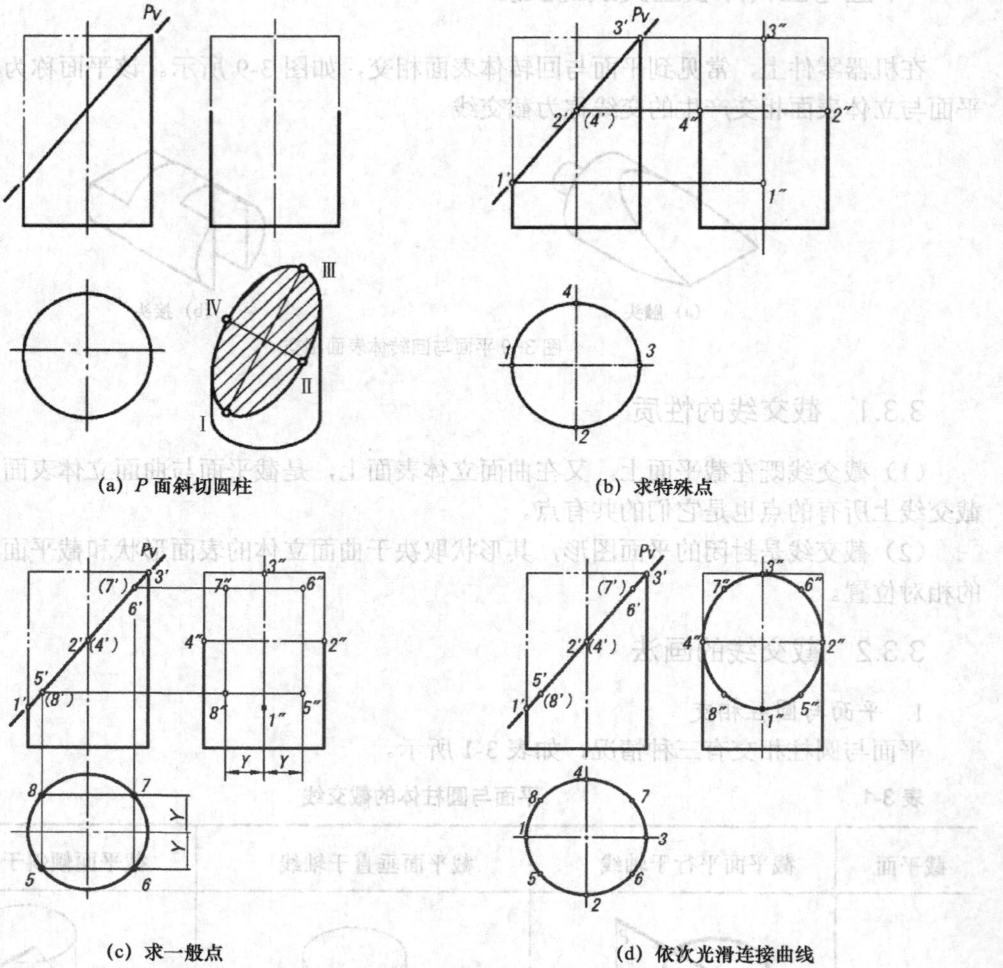

图 3-10　正垂面截切圆柱的截交线画法

1）分析

截平面 P 与圆柱斜交，截交线为椭圆。因为截平面 P 是正垂面，交线的正面投影积聚在 P_V 上，圆柱面的水平投影有积聚性，故截交线的水平投影积聚在圆上。根据投影关系，可作出截交线的侧面投影。

2）作图步骤

（1）求出截交线上的特殊点。由图 3-10（a）可看出，Ⅰ、Ⅲ两点是截交线上最低点和最高点，也是椭圆长轴的两个端点，由 1′、3′求出水平投影 1 和 3。Ⅱ、Ⅳ两点是截交线上最前点和最后点，也是椭圆短轴上的两个端点，由 2′、4′求出水平投影 2 和 4。然后根据两投影，求出它们的侧面投影 1″、2″、3″、4″，如图 3-10（b）所示。

（2）求出截交线上的一般点。在截交线上任取Ⅴ、Ⅵ、Ⅶ、Ⅷ四点，它们的水平投影和正面投影分别为 5、6、7、8、和 5′、6′、7′、8′，然后根据两投影求出侧面投影 5″、6″、7″、8″。如图 3-10（c）所示。

（3）用曲线板将各点依次光滑地连成曲线，即为所求的截交线的侧面投影。如图 3-10（d）所示。

例 3-1　如图 3-11（a）所示，补全触头上截交线的水平投影。

（1）分析。

触头由大小不同的两个圆柱组成，其轴线是侧垂线。大圆柱左端被上下对称的两个相交的正垂面所截，因为两个截平面与轴线倾斜，截交线的形状为两个上下对称的半椭圆。它们的正面投影分别积聚在上下两条斜线上，侧面投影分别积聚在上下两个半圆上，它们的水平投影分别为半椭圆，且重合在一起。

（2）作图步骤。

① 标出两截平面的交线Ⅳ（椭圆的短轴）的三面投影 15、1′（5′）、1″5″。作截交线上最高点Ⅲ（长轴的一个端点）的三面投影 3′、3″、3。

② 任取截交线上一般点Ⅱ和Ⅳ，由它们的正面投影 2′（4′）作出它们的侧面投影 2″、4″，然后作出水平投影 2 和 4。

③ 依次光滑连接 1、2、3、4、5，即补全截交线的水平投影，如图 3-11（b）所示。

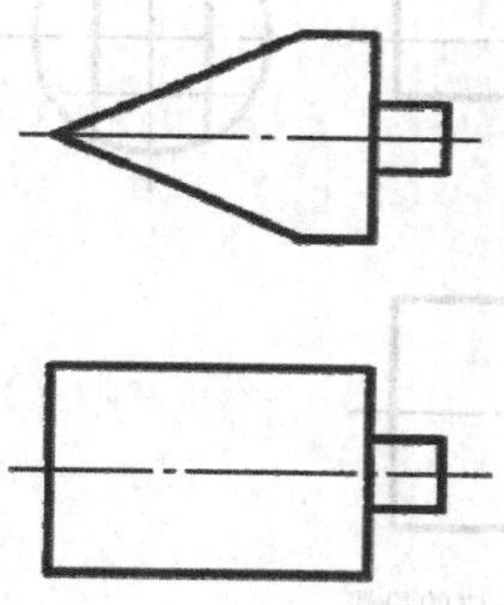

（a）已知条件

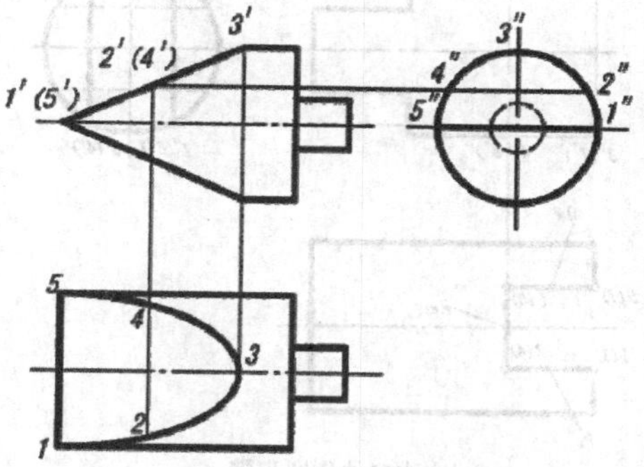

（b）作图步骤

图 3-11　补全触头上截交线的水平投影

例 3-2　如图 3-12（a）所示，补全接头的正面投影和水平投影。

先画出接头左端截交线的投影。

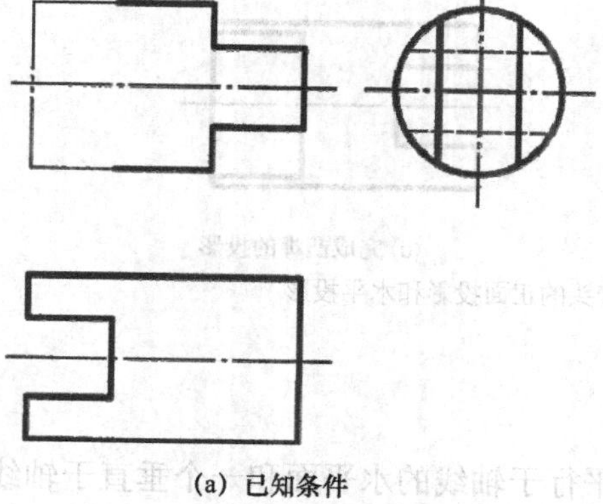

（a）已知条件

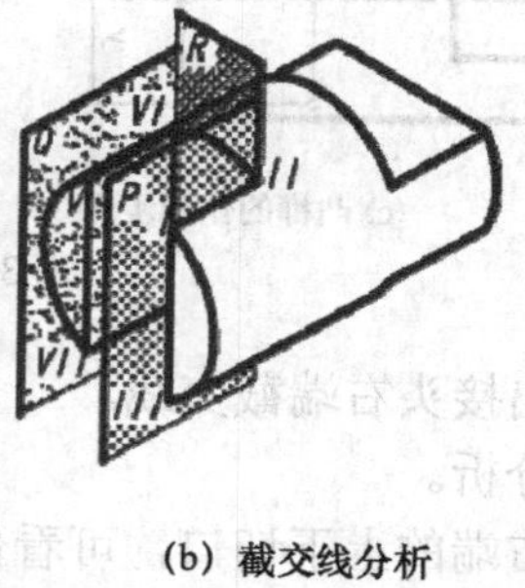

（b）截交线分析

图 3-12　求接头上的截交线及其分析

（1）分析。

接头左端的槽口，可看作由两个平行于圆柱轴线的正平面 P、Q 和一个垂直于轴线的侧平面 R 切割圆柱形成的。由 P、Q 两截平面切割所形成的截交线为直线，由截平面 R 切割所形成的截交线为两段圆弧，如图 3-12（b）所示。

（2）作图步骤。

① 由截平面 P、Q 切割所形成的截交线ⅠⅡ、ⅢⅣ、ⅤⅥ、ⅦⅧ是四条侧垂线，它们的侧面投影积聚成点，并位于圆周上；它们的水平投影与 P_H、Q_H 重合，在投影图上可标出 1″2″、3″4″、5″6″、7″8″和 12、34、56、78。由此作出 1′2′、3′4′、5′6′、7′8′。

② 由截平面 R 切割圆柱的截交线为两段平行于侧面的圆弧 $\widehat{\text{ⅡⅥ}}$ 和 $\widehat{\text{ⅣⅧ}}$。它们的侧面投影 $\widehat{2''6''}$、$\widehat{4''8''}$ 反映圆弧的实形，分别积聚在圆上，它们的水平投影 26、48 与 R_H 重合。根据投影关系，可求出它们的正面投影 2′（6′）和 4′（8′）。

③ 连接 1′3′、5′7′（两者重合），连接 2′4′、6′8′（两者重合），因被圆柱面遮住而不可见。画成虚线，如图 3-13（a）、（b）所示。

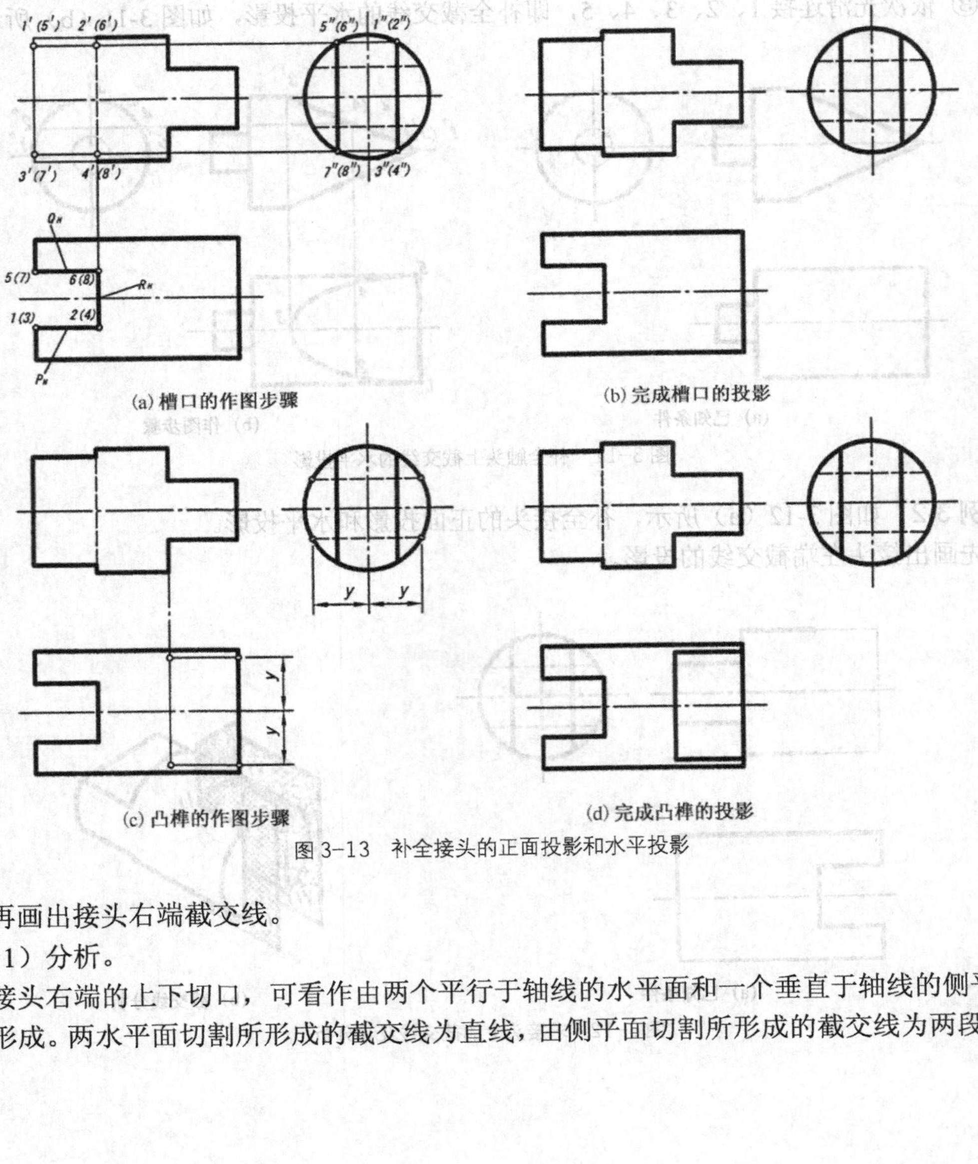

(a) 槽口的作图步骤

(b) 完成槽口的投影

(c) 凸榫的作图步骤

(d) 完成凸榫的投影

图 3-13 补全接头的正面投影和水平投影

再画出接头右端截交线。

（1）分析。

接头右端的上下切口，可看作由两个平行于轴线的水平面和一个垂直于轴线的侧平面切割而形成。两水平面切割所形成的截交线为直线，由侧平面切割所形成的截交线为两段圆弧。

（2）作图步骤。

作法与槽口相似，见图 3-13（c）、（d）所示。

2. 平面与圆锥相交

平面与圆锥相交有五种情况，见表 3-2。

表 3-2　　平面与圆锥相交的截交线

截平面位置	垂直于轴线	过锥顶	不过锥顶：交于所有素线	不过锥顶：平行于一条素线	不过锥顶：平行于二条素线
立体图			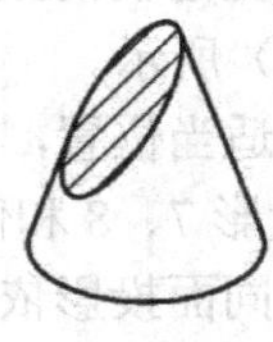	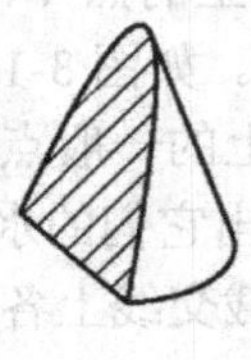	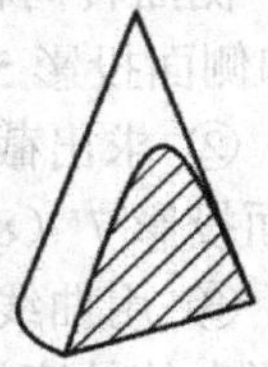
投影图	$\theta=90°$ 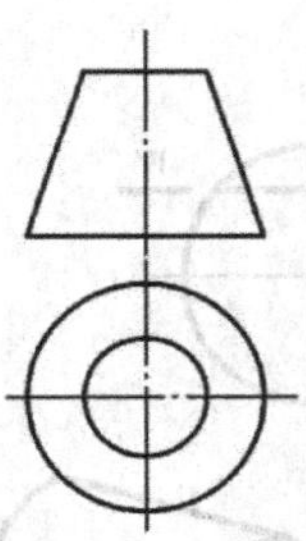	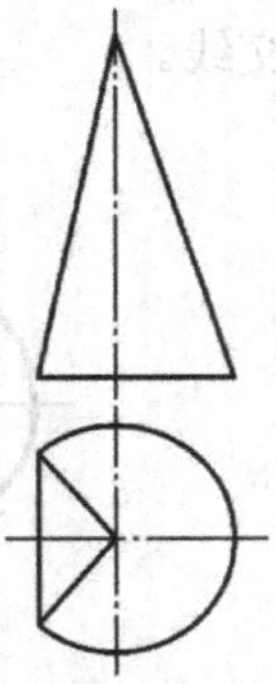	$\theta>\alpha$ 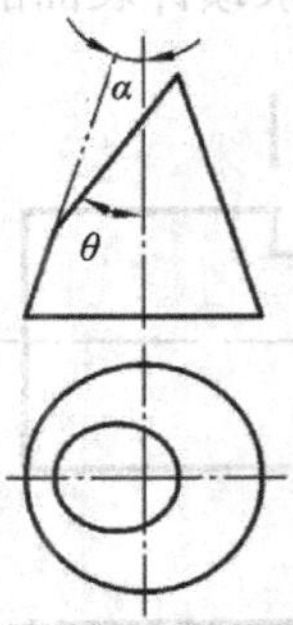	$\theta=\alpha$ 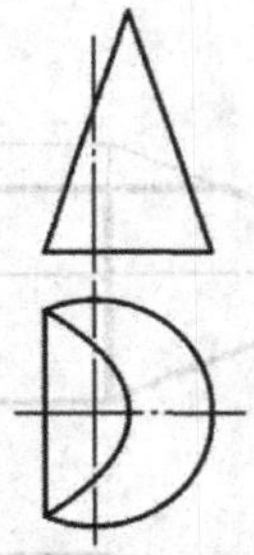	$0°\le\theta<\alpha$ 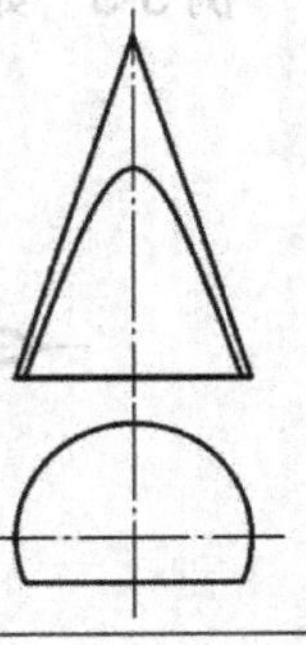
截交线	圆	三角形	椭圆	抛物线	双曲线

如图 3-14（a）所示，截平面 P 与圆锥轴线斜交，求截交线的投影。

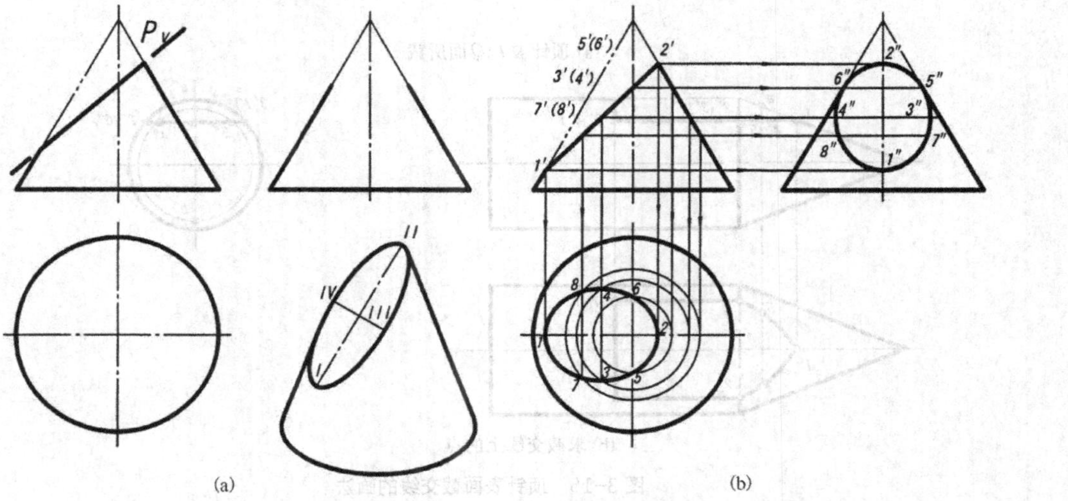

(a)　　　　(b)

图 3-14　正垂面斜切圆锥的截交线画法

（1）分析。

从表 3-2 可知，截平面倾斜圆锥轴线且 $\theta>\alpha$，其截交线为椭圆。又因为截平面 P 是正垂面，故截交线的正面投影积聚在 P_V 上，其水平投影和侧面投影一般为椭圆。

（2）作图步骤。

① 求出截交线上的特殊点。由图 3-14（a）可看出，I 点和 II 点是截交线上的最低点和最高点，也是椭圆长轴的两个端点，由 1′、2′求出 1、2 和 1″、2″。III 点和 IV 点是椭圆短轴的两个端点，它们的正面投影重影在 1′2′上的中点 3′（4′）。再通过作辅助圆（或辅助素线）求出 3、4，然后根据投影关系求出 3″、4″。

侧面转向轮廓线上的点 V、VI，由它们的正面投影 5′（6′）通过作辅助圆求出水平投影 5、6 和侧面投影 5″、6″。如图 3-14（b）所示。

② 求出截交线上的一般点。在适当位置，任取 VII、VIII 两点，用同样方法，由它们的正面投影 7′（8′）求出它们的水平投影 7、8 和侧面投影 7″、8″。如图 3-14（b）所示。

③ 用曲线板将截交线上各点的同面投影依次光滑地连成曲线，即为截交线的投影。侧面投影上的轮廓线画到 5″、6″。如图 3-14（b）所示。

例 3-3 如图 3-15（a）所示，求顶针表面的截交线。

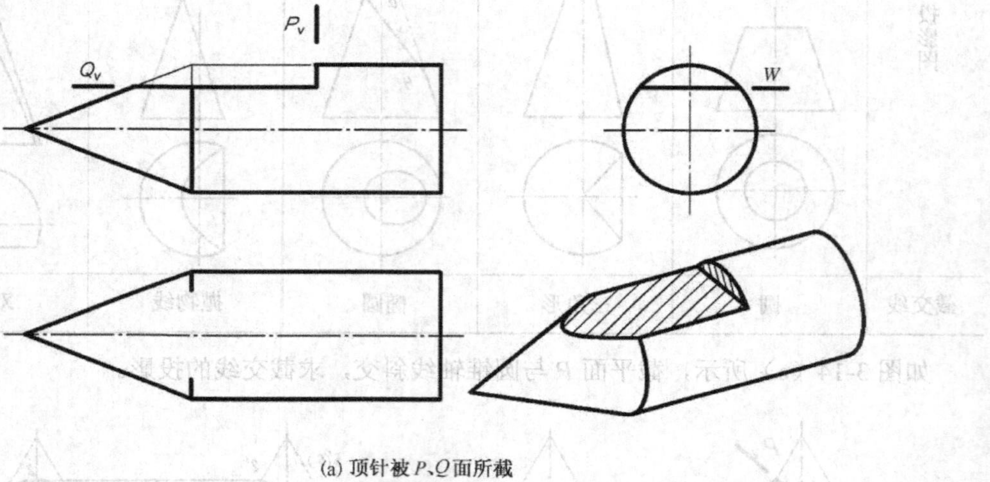

(a) 顶针被 P、Q 面所截

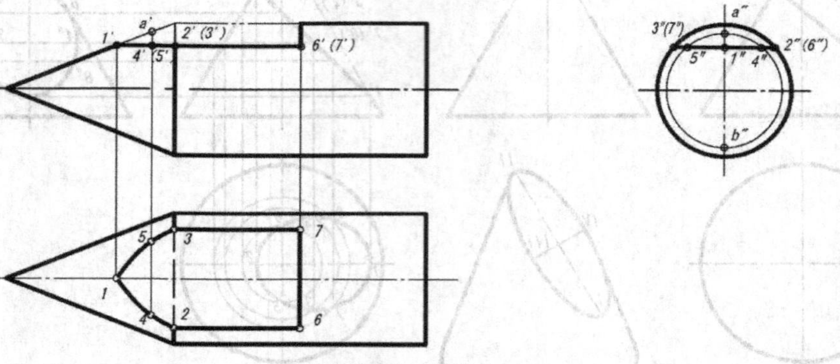

(b) 求截交线上的点

图 3-15 顶针表面截交线的画法

（1）分析。

如图 3-15（a）所示，顶针由圆柱和圆锥组成，轴线为侧垂线。截平面 *P* 是垂直于轴线的侧平面，切割圆柱所形成的截交线为圆弧。截平面 *Q* 是平行于轴线的水平面，切割圆柱所形成的截交线为两条直线，切割圆锥所形成的截交线为双曲线。

（2）作图步骤。

① 截平面 *Q* 切割圆锥，其截交线的正面投影和侧面投影均积聚成直线，已求出的 2、3 两点为双曲线在底圆上的两点Ⅱ、Ⅲ的水平投影，双曲线上的顶点 I 由 1′求出 1″和 1。

② 任取两一般点Ⅳ、Ⅴ，由它们的正面投影 4′（5′）通过作辅助圆求出它们的侧面投影 4″、5″和水平投影 4、5。

③ 用曲线板依次将各点光滑连接，即为截交线的水平投影，如图 3-15（b）所示。水平投影上，2、3 之间在 *Q* 面上无线，下半个圆柱和圆锥的分界线的水平投影画成虚线。

3. 平面与圆球相交

平面与圆球相交，截交线总是圆。当截平面平行于某投影面时，其截交线在该投影面上的投影反映实形；当截平面垂直于某投影面时，则截交线在该投影面上的投影积聚为直线，长度等于截交圆的直径；当截平面倾斜某投影面时，截交线在该投影面上的投影为椭圆。

如图 3-16（a）所示，圆球被正垂面 *P* 斜切，求截交线的投影。

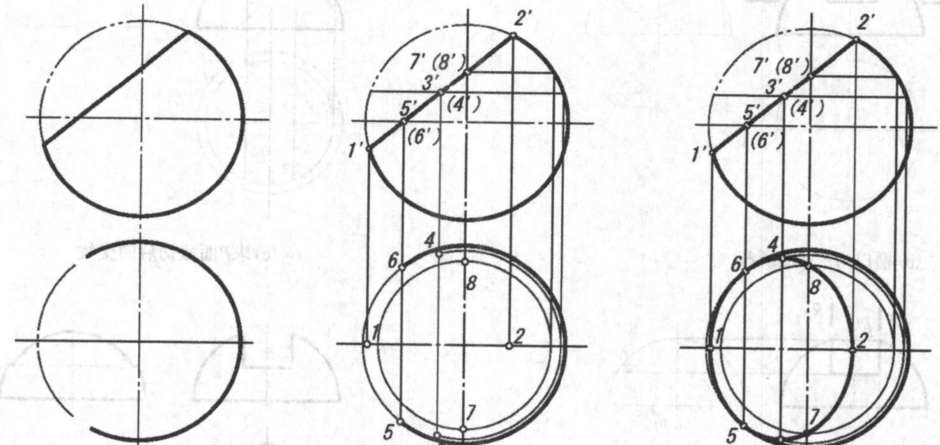

(a) 已知条件　　(b) 求截交线上的点　　(c) 依次光滑连成曲线

图 3-16　正垂面斜切圆球的截交线画法

（1）分析。

截平面 *P* 是正垂面，它切割圆球所形成的截交线是一个正垂圆。截交线的正面投影积聚成直线且与 P_V 重合，该直线反映了截交圆直径的实长。截交线的水平投影为椭圆，椭圆的长轴为截交线上最前、最后两点Ⅲ、Ⅳ的水平投影，椭圆的短轴为截交线上最高、最低两点 I 、Ⅱ的水平投影。

（2）作图步骤。

① 因为截交线的正面投影与 P_V 重合，1′2′为截交线的正面投影。

② 由 1′、2′求出 1、2，1、2 为椭圆短轴上的两个端点。取 1′2′的中点 3′（4′），在水平

投影上取 34=1′2′，34 为椭圆的长轴。

③ 取水平面转向轮廓线上的点 5′（6′），作 5、6。再取侧面转向轮廓线上点 7′（8′），通过作辅助圆求出 7、8。若已求的点数尚不够，可通过作辅助圆再求出若干点。如图 3-16（c）所示。

④ 用曲线板依次光滑连接各点，即为截交线的投影，如图 3-16（c）所示。水平投影上转向轮廓线画到 5 和 6。

例 3-4　如图 3-17（a）所示，已知半球上开一槽口，试完成其水平投影。

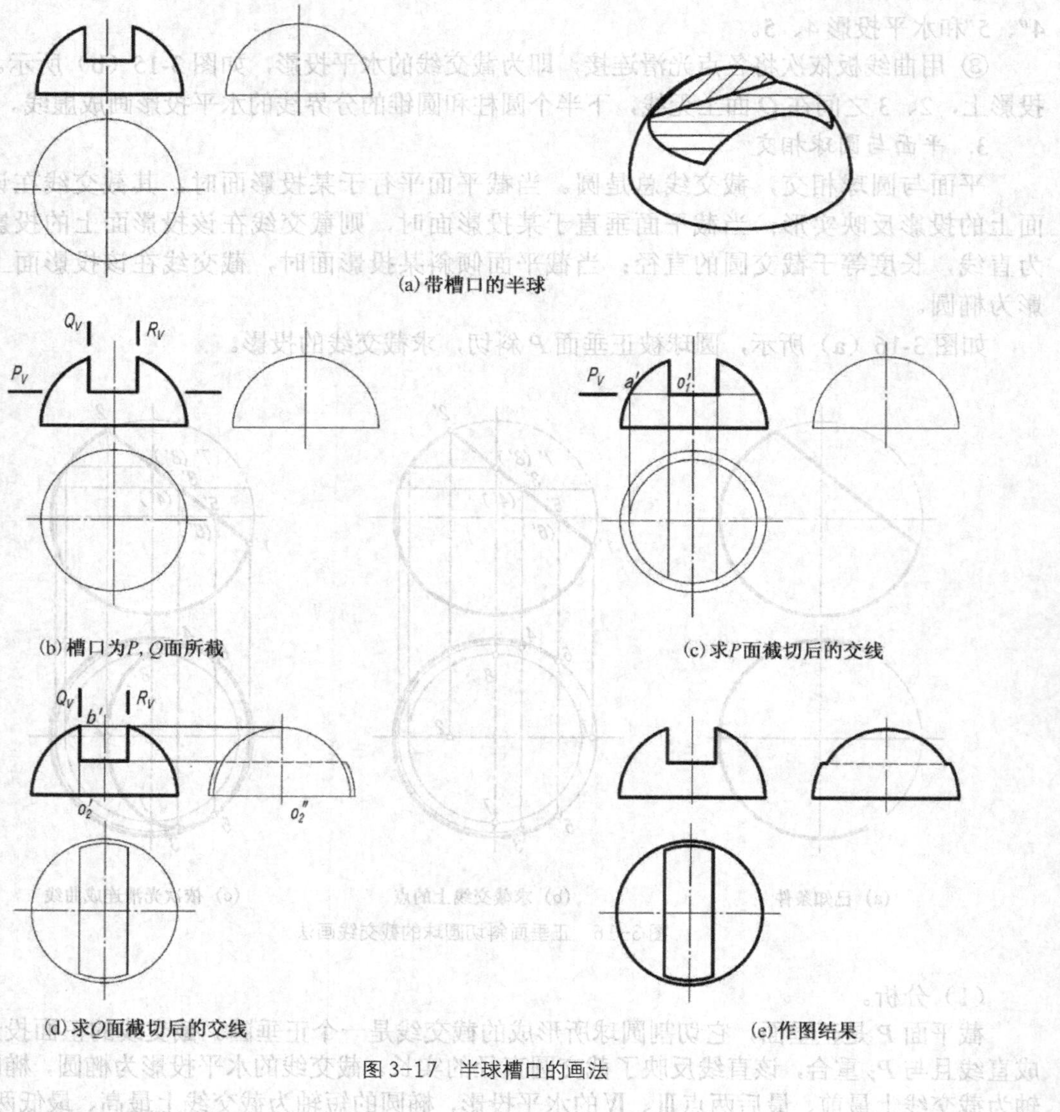

(a) 带槽口的半球

(b) 槽口为P, Q面所截

(c) 求P面截切后的交线

(d) 求Q面截切后的交线

(e) 作图结果

图 3-17　半球槽口的画法

（1）分析。

从图 3-17（b）可看出，半球上部有贯通的凹槽，可看成由两个侧平面 Q、R 和一个水平面 P 切割而成。两侧平面 Q、R 切割圆球形成的截交线为两段相同的圆弧，侧面投影重影且反映实形。正面投影和水平投影分别积聚为直线。水平面 P 切割半球所形成的截交线也为两段相同的圆弧，其水平投影反映实形，正面投影和侧面投影均积聚成直线。

（2）作图步骤。

① 作出水平面 P 切割半球的截交线，以 o'_1a'为半径，画出水平投影上的两段圆弧，其左右范围由槽口向下投影决定。如图 3-17（c）所示。

② 作出侧平面 Q 切割半球的截交线，以 O'_2b'为半径，以 O''_2为圆心，画出侧面投影上的两段圆弧。其范围由槽口向右投影决定，槽口的侧面被遮住部分为不可见，画成虚线。如图 3-17（d）、（e）所示。

4. 平面与圆环相交

平面与圆环相交，当截平面垂直于轴线时，截交线为圆；当截平面倾斜或平行于轴线时，截交线为平面曲线。作图找点一般用辅助纬圆法。

5. 平面与组合回转体相交

例 3-5 画出连杆头表面截交线的投影（图 3-18）。

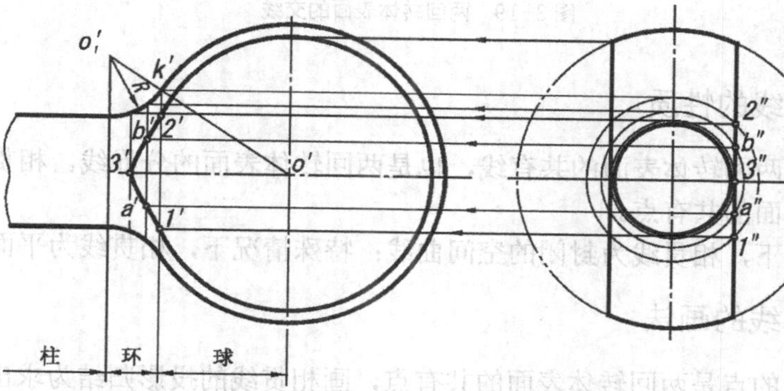

图 3-18 连杆头表面截交线的画法

（1）分析。

连杆头的表面是由圆球面、内环面和圆柱面组合而成，它们共轴线，并被以轴线对称的前、后两正平面截切。由 V 面投影可以看出，平面与圆柱面不相交，只与圆球面和内环面相交，其截交线为一封闭的组合曲线。

（2）作图步骤。

① 由于各曲面交线的分界点位于各曲面的分界线上，首先找出各曲面的分界线。在 V 面投影上作连心线 $O'O'_1$，$O'O'_1$ 与轮廓线交于点 k'，k'为球面和环面在 V 面投影面上轮廓线的分界点，过 k'向下引垂线，即为球面和分界线的投影。由点 O'_1 向圆柱 V 面投影的轮廓线引垂线，即为环面与圆柱面分界线的投影。

② 正平面与球面的交线是圆，圆的半径可以从 W 面投影图上量取，圆心为点 O'，圆的 V 面投影反映实形，该圆与分界圆的 V 面投影相交于点 1′、2′，1′、2′就是球面与环面截交线 V 面投影的分界点。

③ 截平面与环面的截交线是一段非圆曲线。两点 1′、2′是该曲线上最右点的 V 面投影，曲线上最左点可以由 W 面投影面上截平面的中点 3″求出。在环面上过 3″作一侧平纬圆与截平面相切，求出截平面的 V 面投影，从而作出 3′。

④ 为了求作一般点，可以在 3′和 1′、2′之间适当位置作环面纬圆的 V 面投影，并在 W 面上画纬圆的投影，该纬圆与截平面交于点 a''、b''，按投影关系求出点 a'、b'。

3.4 两回转体表面交线的投影

在机器零件上，还常见到两立体表面相交而产生的交线，如图 3-19 所示。两立体表面相交而产生的交线，称为相贯线。

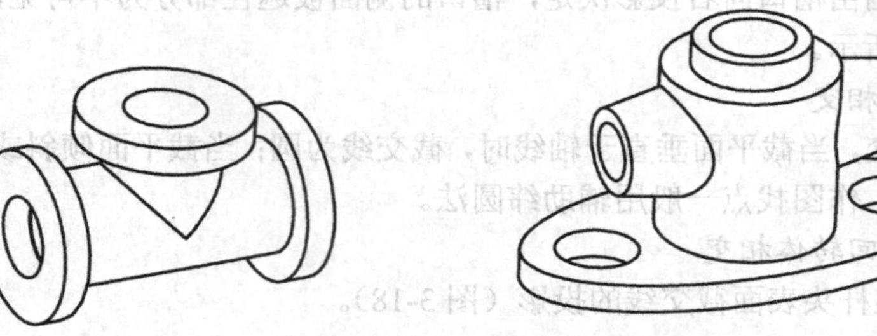

图 3-19 两回转体表面的交线

3.4.1 相贯线的性质

（1）相贯线是两回转体表面的共有线，也是两回转体表面的分界线。相贯线上的所有点一定是两回转体表面的共有点。

（2）一般情况下，相贯线为封闭的空间曲线；特殊情况下，相贯线为平面曲线或直线。

3.4.2 相贯线的画法

因为相贯线上的点是两回转体表面的共有点，画相贯线的投影归结为求出相贯线上一系列共有点的投影，然后依次光滑连接成相贯线的投影。

求相贯线上共有点，通常用表面取点法和辅助平面法。

1. *表面取点法*

例 3-6 如图 3-20（a）所示，求轴线垂直相交的两圆柱的相贯线。

（1）分析。

由于两圆柱的轴线垂直相交，而小圆柱的轴线垂直于水平面，小圆柱的水平投影积聚成圆，因此相贯线的水平投影落在该圆上。而大圆柱的轴线垂直于侧面，大圆柱的侧面投影积聚成圆，因此相贯线的侧面投影落在该圆的圆弧上。该题可归结为由相贯线的水平投影和侧面投影，求它的正面投影。

（2）作图步骤。

① 求相贯线上的特殊点。由图 3-20（b）所示，Ⅰ、Ⅱ两点为相贯线上最左、最右两点（也是相贯线上的最高点），Ⅲ、Ⅳ两点是相贯线上最前、最后两点（也是相贯线上的最低点）。由它们的水平投影 1、2、3、4 和侧面投影 1″、2″、3″、4″求出正面投影 1′、2′、3′、4′。

② 求相贯线上的一般点。在相贯线的水平投影上，适当任取 5、6、7、8，并求出 5″、6″、7″、8″，然后根据投影关系求出 5′、6′、7′、8′。

③ 用曲线板依次将各点光滑连接成曲线。即为相贯线的正面投影。由于两圆柱是对称相交，故相贯线的前半部和后半部的投影重合，如图 3-20（d）所示。

两轴线垂直相交的圆柱，它们的相贯线一般有三种形式，如图 3-21 所示。

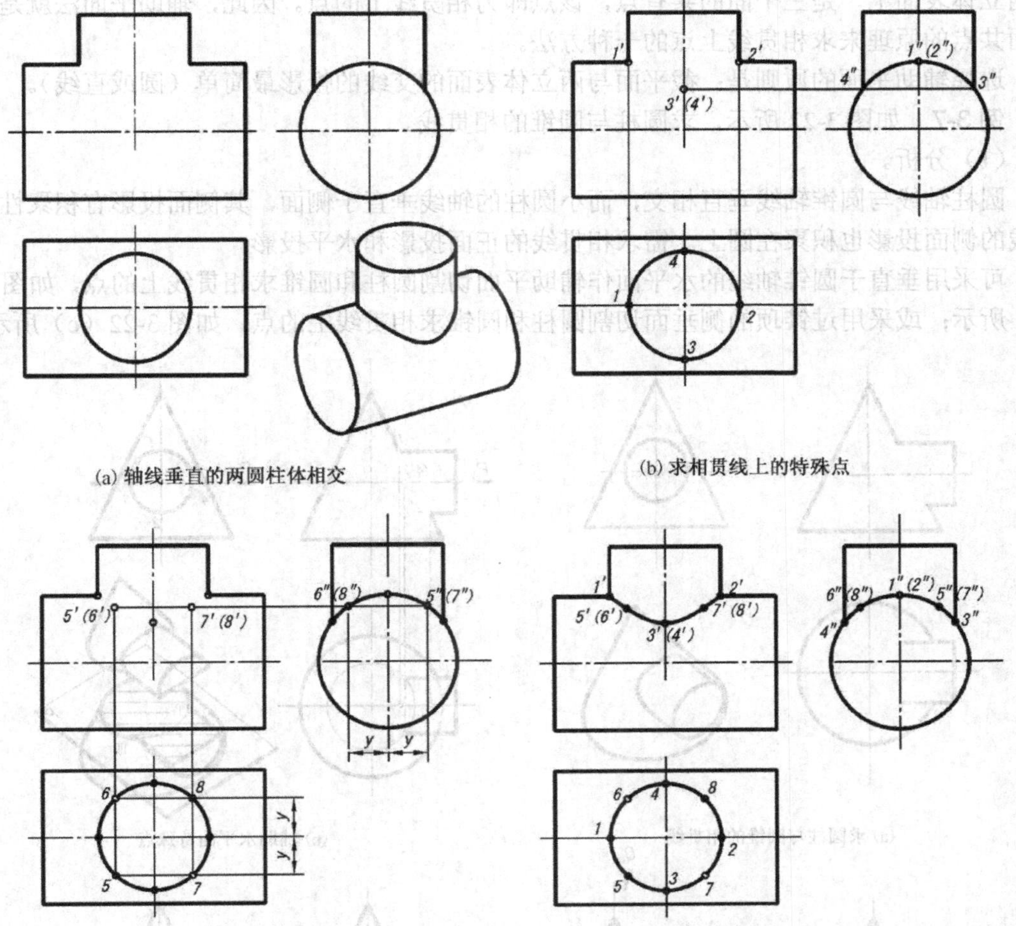

(a) 轴线垂直的两圆柱体相交　(b) 求相贯线上的特殊点

(c) 求相贯线上的一般点　(d) 光滑连接成曲线

图 3-20　用表面取点法求相贯线

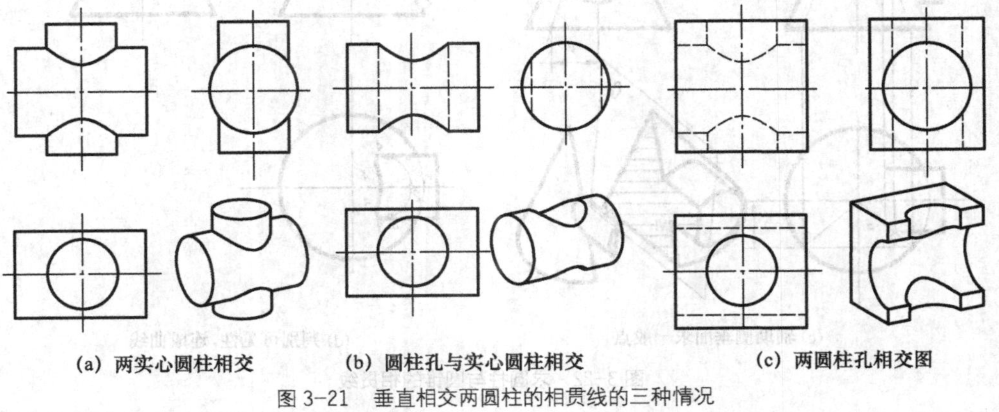

(a) 两实心圆柱相交　(b) 圆柱孔与实心圆柱相交　(c) 两圆柱孔相交图

图 3-21　垂直相交两圆柱的相贯线的三种情况

2. 辅助平面法

设想用辅助平面与两立体相截，产生两条截交线，两截交线的交点，既在截平面内，又在两立体表面上，是三个面的共有点，该点即为相贯线上的点。因此，辅助平面法就是利用三面共点的原理来求相贯线上点的一种方法。

选择辅助平面的原则是：截平面与两立体表面的交线的投影最简单（圆或直线）。

例 3-7 如图 3-22 所示，求圆柱与圆锥的相贯线。

（1）分析。

圆柱轴线与圆锥轴线垂直相交，而小圆柱的轴线垂直于侧面，其侧面投影有积聚性，相贯线的侧面投影也积聚在圆上。需求相贯线的正面投影和水平投影。

可采用垂直于圆锥轴线的水平面作辅助平面切割圆柱和圆锥求相贯线上的点，如图 3-22（b）所示；或采用过锥顶的侧垂面切割圆柱和圆锥求相贯线上的点，如图 3-22（c）所示。

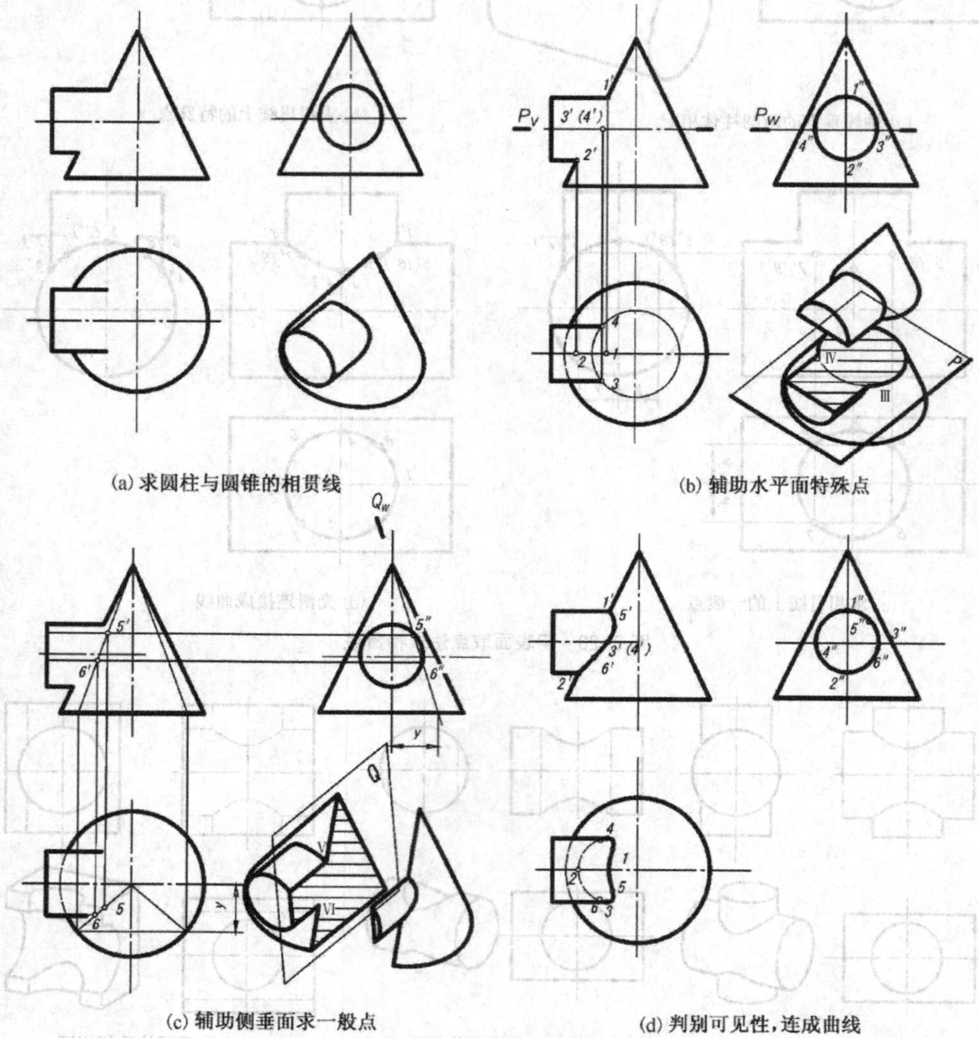

图 3-22 求圆柱与圆锥的相贯线

（2）作图步骤。

① 求相贯线上的特殊点。如图 3-22（b）所示，Ⅰ为相贯线上的最高点，Ⅱ为相贯线上的最低点，由它们的正面投影 1′、2′和侧面投影 1″、2″求出水平投影 1、2。Ⅲ为最前点，Ⅳ

为最后点，在侧面投影上标出 3″、4″，过圆柱轴线作水平面 P，它与圆柱面的交线为两条侧垂线，与圆锥面的交线为一水平圆，两交线相交于 3、4，然后由 3″、4″和 3、4 求出交点的正面投影 3′、4′。

② 求相贯线上的一般点。在Ⅰ、Ⅱ两点之间，仍可选用水平面作辅助面，也可选用过锥顶的侧垂面 Q 作辅助面。Q 平面与圆柱面相交为两条侧垂线，与圆锥面的交线为过锥顶的两条素线，它们的交点Ⅴ（5′、5、5″）和Ⅵ（6′、6、6″）即为相贯线上的一般点，如图 3-22（c）所示。

为保证相贯线的连线的准确性，可用辅助平面法求出相贯线上足够数量的一般点。

③ 判别可见性，依次光滑连成曲线。相贯线前后对称，其正面投影前后重合，连成实线。

1′、2′两点为相贯线正面投影的可见与不可见的分界点。在水平投影上，圆锥面为全可见。圆柱面的上半部为可见，下半部为不可见。点 3、5、1、4 位于上半圆柱面上，为可见，连成实线。而 3、6、2、4 位于下半圆柱面上，为不可见，连虚线。3、4 两点为相贯线水平投影的可见与不可见的分界点。圆柱水平投影的转向轮廓线分别画到 3 和 4，圆锥面有部分底圆被圆柱遮住，应画成虚线，如图 3-22（d）所示。

例 3-8　如图 3-23（a）所示，求圆锥与半球的相贯线。

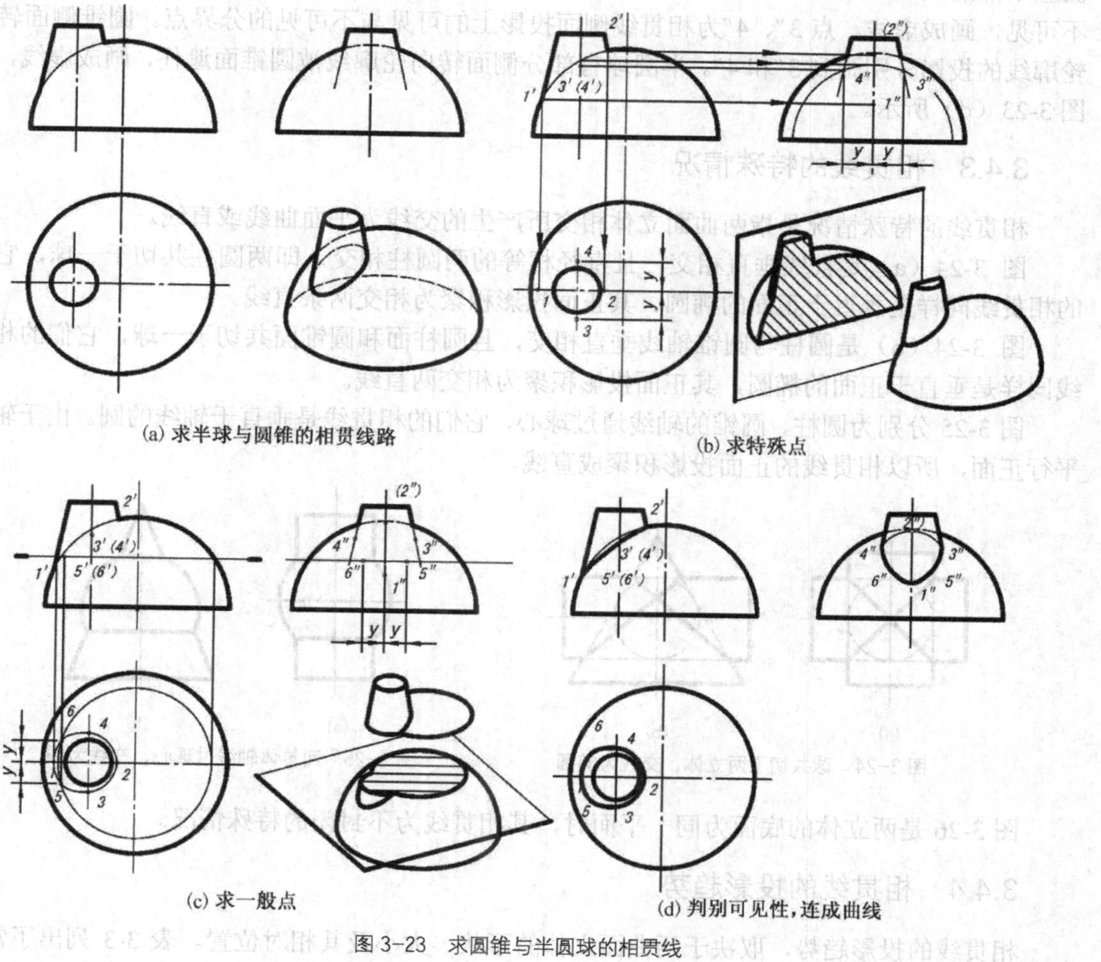

(a) 求半球与圆锥的相贯线路　　(b) 求特殊点

(c) 求一般点　　(d) 判别可见性，连成曲线

图 3-23　求圆锥与半圆球的相贯线

（1）分析。

圆锥和半圆球的三个投影均无积聚性，相贯线的三个投影均需求出。除采用过锥顶的侧平面作辅助平面外，还需采用一系列的水平面作辅助平面求相贯线上的一般点。

（2）作图步骤。

① 求相贯线上的特殊点。取最低点Ⅰ、最高点Ⅱ，由1′、2′求出1、2和1″、2″。

过锥顶作侧平面 P，P 面与圆锥面相交得转向轮廓线，与半圆球面相交得一侧平圆，它们在侧面投影上相交于3″、4″，由3″、4″求出3′（4′）和3、4，如图3-23（b）所示。

② 作相贯线上的一般点。在Ⅰ、Ⅱ两点之间的适当位置，作辅助水平面 Q，Q 面与圆锥表面相交于一水平圆，与圆球表面也相交于一水平圆，两圆交点Ⅴ、Ⅵ即为相贯线上的一般点，由Ⅴ、Ⅵ的水平投影5、6求出正面投影5′（6′）和侧面投影5″、6″，如图3-23（c）所示。

同理，求出相贯线上足够数量的一般点。

③ 判别可见性，并依次光滑连成曲线。因为圆锥和半圆球的形体前后对称，相贯线的正面投影的前半部和后半部重合，画成实线。1′、2′为相贯线正面投影可见与不可见的分界点。相贯线的水平投影全部可见，画成实线。相贯线的侧面投影的差别：圆锥面偏左，位于圆锥面左半部的点3″、5″、1″、6″、4″为可见，画成实线。位于圆锥面右半部的点3″、2″、4″为不可见，画成虚线。点3″、4″为相贯线侧面投影上的可见与不可见的分界点。圆锥侧面转向轮廓线的投影分别画到3″和4″。半圆球有部分侧面转向轮廓线被圆锥面遮住，画成虚线，如图3-23（d）所示。

3.4.3 相贯线的特殊情况

相贯线的特殊情况是指两曲面立体相交所产生的交线为平面曲线或直线。

图3-24（a）是轴线垂直相交，且直径相等的两圆柱相交，即两圆柱共切于一球，它们的相贯线同样是垂直于正面的椭圆。其正面投影积聚为相交两条直线。

图3-24（b）是圆柱与圆锥轴线垂直相交，且圆柱面和圆锥面共切于一球，它们的相贯线同样是垂直于正面的椭圆，其正面投影积聚为相交两直线。

图3-25分别为圆柱、圆锥的轴线通过球心，它们的相贯线是垂直于轴线的圆。由于轴线平行正面，所以相贯线的正面投影积聚成直线。

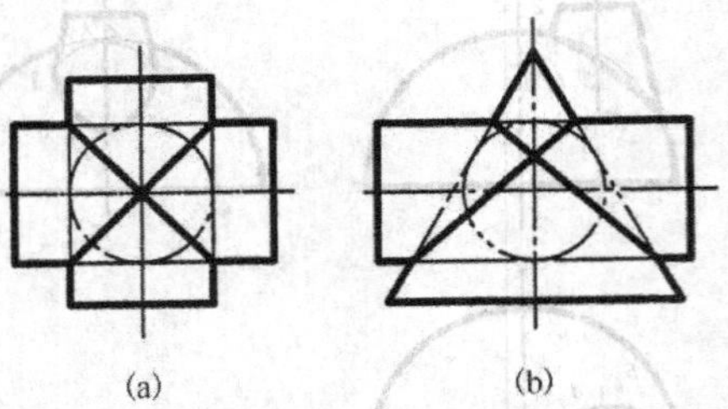

图3-24 球共切于两立体，交线为椭圆

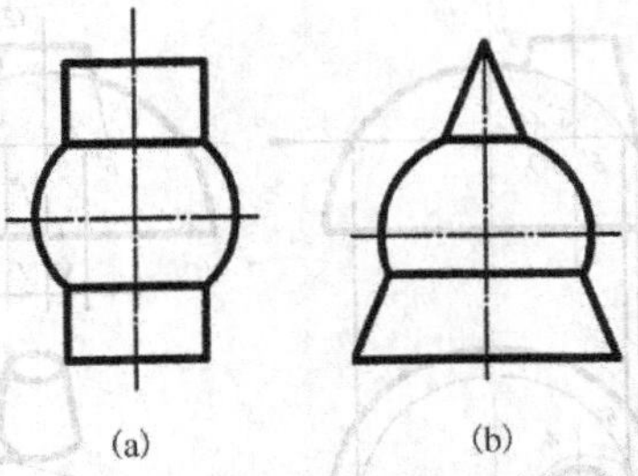

图3-25 回转体轴线过球心，交线为圆

图3-26是两立体的底面为同一平面时，其相贯线为不封闭的特殊情况。

3.4.4 相贯线的投影趋势

相贯线的投影趋势，取决于两曲面立体的形状、大小及其相对位置。表3-3列出了常见的几种相贯线的投影趋势。

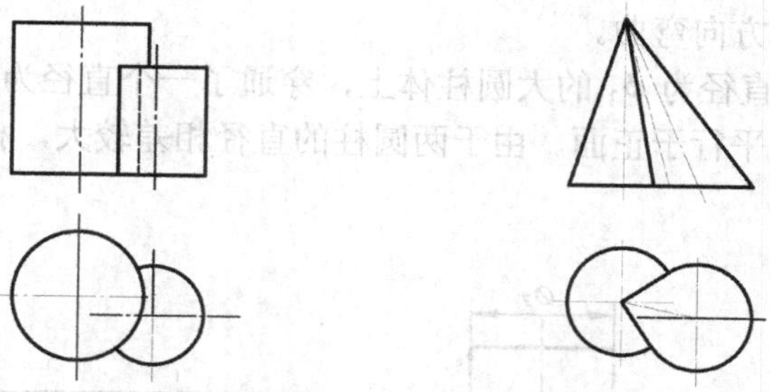

图 3-26 相贯线为直线的情况

表 3-3 圆柱、圆锥相贯线的投影趋势

水平小圆柱穿过直立大圆柱	直立小圆柱穿过水平大圆柱	直径相等，轴线相交
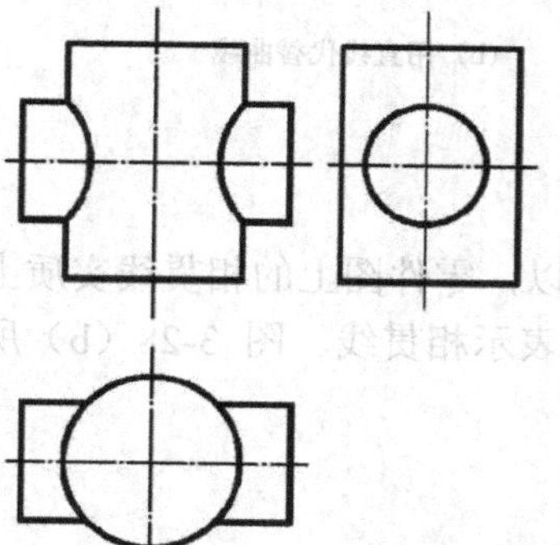	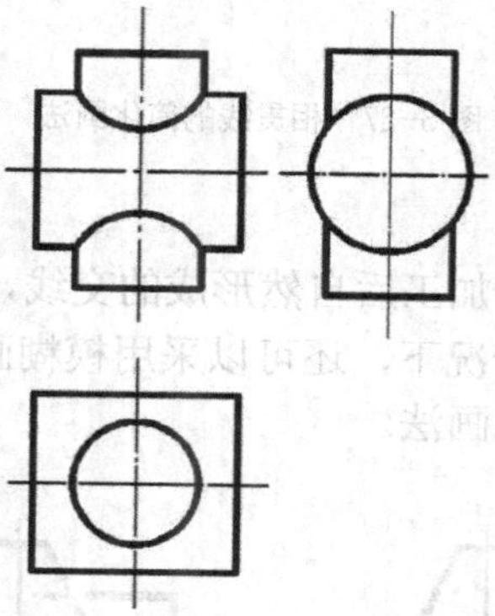	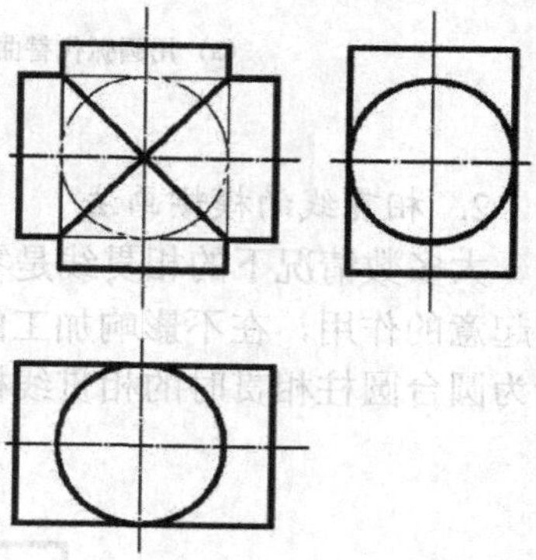
圆柱穿过圆锥	**圆锥穿过圆柱**	**圆柱圆锥相切于球**
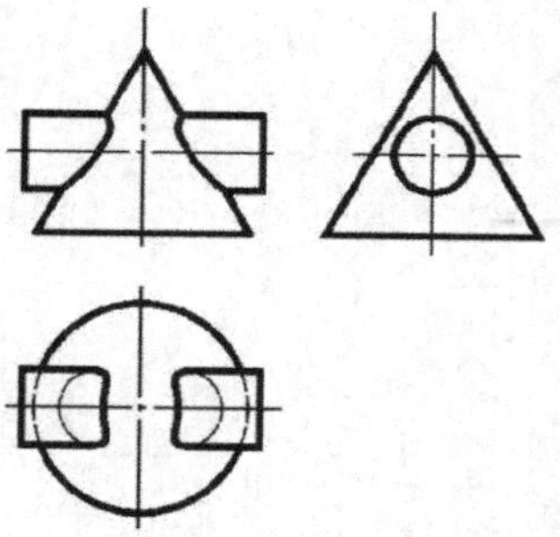	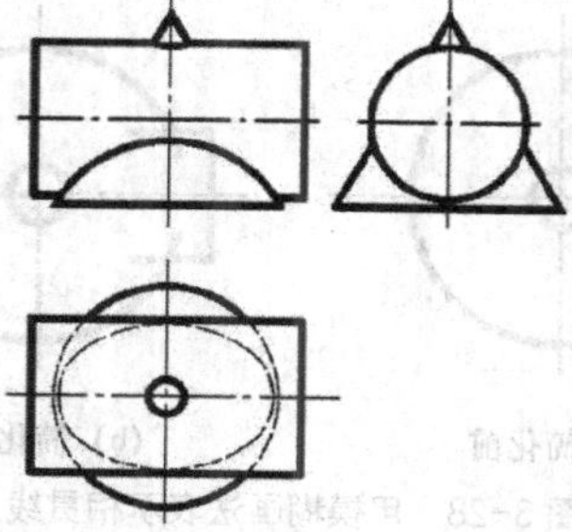	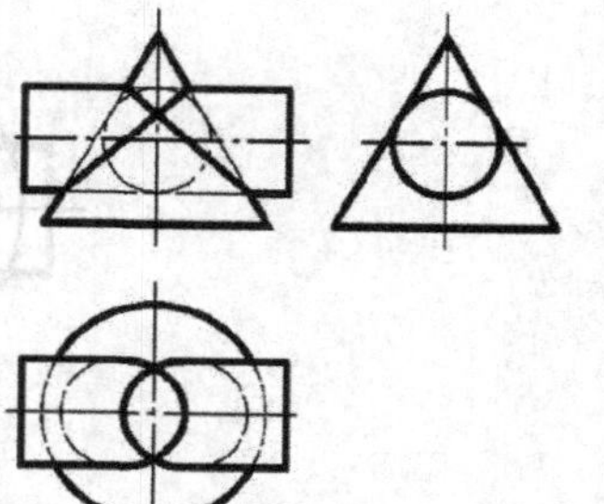

3.4.5 相贯线的简化画法和模糊画法

GB/T1667.5—1996 规定了相贯线的简化画法和模糊画法。

1. 相贯线的简化画法

相贯线在不影响其真实感的情况下，允许采用简化画法，即用圆弧或直线替代。

如图 3-27（a）所示，两圆柱轴线垂直相交，且平行于正面，相贯线的正面投影可用下述简化方法作出。

以大圆柱的半径 $R=\Phi_1/2$ 为半径，以两圆柱的转向线的交点 1′为中心画圆弧，交于小圆柱轴线上一点，再以该点为中心，用半径 R 画圆弧，该圆弧可替代相贯线的正面投影。注意：

相贯线总是朝着大圆柱方向弯曲。

图 3-27（b）表示直径为 ϕ_1 的大圆柱体上，穿通了一个直径为 ϕ_2 的小圆柱孔，它们的轴线也是垂直相交，且平行于正面。由于两圆柱的直径相差较大，相贯线的弯曲不很明显，可允许用直线代替。

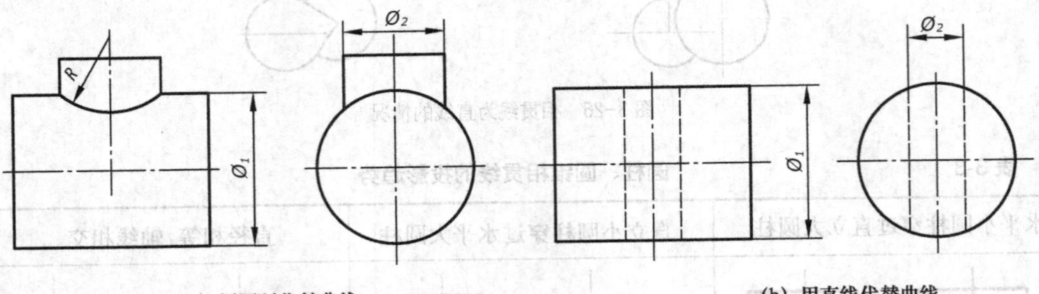

(a) 用圆弧代替曲线　(b) 用直线代替曲线

图 3-27　相贯线的简化画法

2. 相贯线的模糊画法

大多数情况下的相贯线是零件加工后自然形成的交线，所以，零件图上的相贯线实质上只起意的作用，在不影响加工的情况下，还可以采用模糊画法表示相贯线。图 3-28（b）所示为圆台圆柱相贯时的相贯线模糊画法。

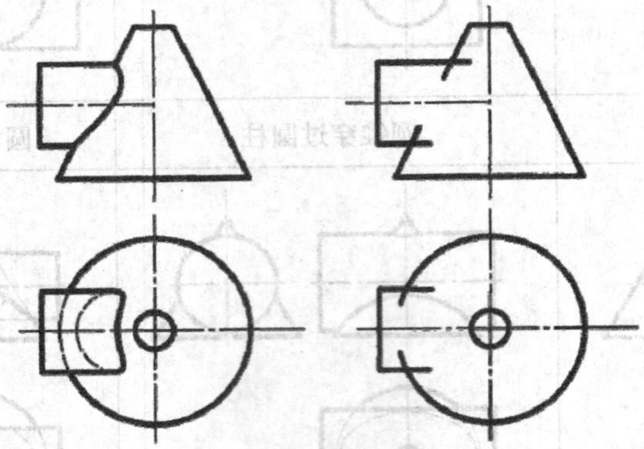

(a) 简化前　(b) 简化后

图 3-28　用模糊画法表示相贯线

3.4.6　以球面为辅助面求相贯线

若两回转体轴线相交，且同时平行于一投影面，可采用球面为辅助面求相贯线。

球面法的基本原理是：回转体与球相交，当回转体轴线通过球心时，它们的交线为垂直于轴线的圆。以两回转体轴线的交点为球心，作辅助球面，球面与两回转体的交线为两圆，两圆的交点即为相贯线上的点，用此法作一系列的辅助球面，可求出相贯线上的一系列点。

下面举例说明球面法的运用。

例 3-9　如图 3-29 所示，求圆柱与圆锥的相贯线。

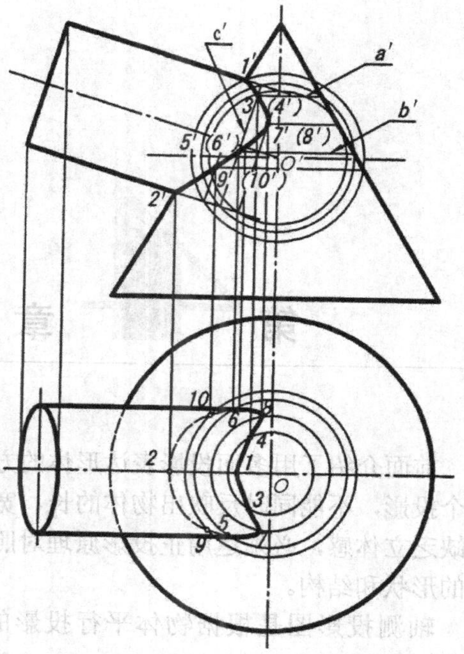

图 3-29　用辅助球面法求相贯线

（1）分析。

如图 3-29 所示，两回转体的轴线相交于一点 O，且都平行于正面。相贯线上的最高点Ⅰ、最低点Ⅱ的正面投影 1′、2′和水平投影 1、2 可直接求出。相贯线上的其他点可用辅助球面求出。即以 O 为球心，取适当的半径 R 作辅助球面，球面与圆锥表面相交得圆 A 和 B，与圆柱表面相交得圆 C。圆 A 与 C 的交点为Ⅲ、Ⅳ两点，圆 B 与 C 的交点为Ⅴ、Ⅵ两点，它们都是相贯线上的点，改变球面的半径，可作一系列辅助球面，得到一系列交点，光滑连接后，即为相贯线。

（2）作图步骤。

① 以 O'为圆心，取适当的半径 R 作图，分别与圆柱和圆锥的正面转向轮廓线相交于 a'、b'、c'三圆（它们的正面投影均积聚为直线）。

② c'与 a'交于 3′（4′），c'与 b'交于 5'（6'），这些点即为相贯线上点的正面投影，通过作水平圆求出它们的水平投影 3、4、5、6。

③ 用同法，作半径不等的若干个同心球面，求出足够数量的点。但辅助球面的半径 R 不能小于圆柱半径 R_1，或大于长度等于 O_2 连线的半径 R_2；否则，不能求出相贯线上的点，R_1 和 R_2 被称为极限半径。

④ 判别可见性，并依次光滑连成曲线。

相贯线的正面投影前后对称，连成实线。相贯线的水平投影在圆柱上半部为可见，连成实线，在圆柱下半部为不可见，连成虚线。

采用辅助球面法，可以在一个投影上完成相贯线该投影的全部作图过程。

第 4 章 轴测投影

前面介绍了用多面投影表达形体的方法。但用多面投影中的某一个投影，不能同时反映出物体的长、宽、高三个方向的尺度，因而缺乏立体感，必须运用正投影原理对照几个投影，才能想象出物体的形状和结构。

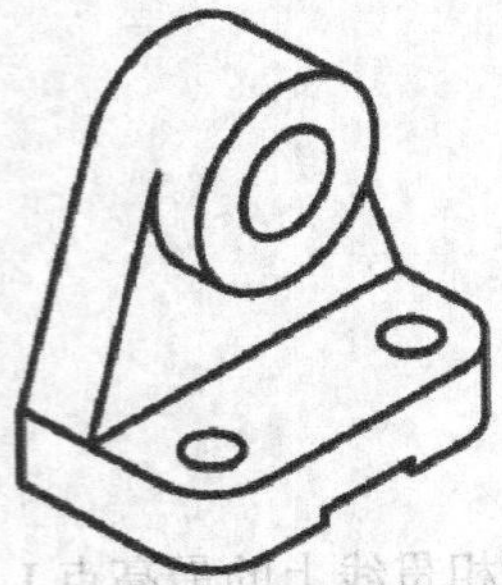

图 4-1　支架轴测投影图

轴测投影图是根据物体平行投影的原理形成的一种单面投影图。

它能同时反映物体的长、宽、高三个方向的尺度，如图 4-1 所示。因此轴测投影图立体感强，容易看懂，但不如多面视图度量性好，而且画图烦琐，故轴测投影图仅仅是一种辅助的图示方法。在学习机械制图过程中，轴测投影图作为帮助看懂结构较复杂的物体的辅助性图形。

4.1　轴测投影的基本知识

4.1.1　轴测投影的形成

图 4-2 所示的长方体，正面投影只能反映长和高，水平投影只能反映长和宽，都缺乏立体感。

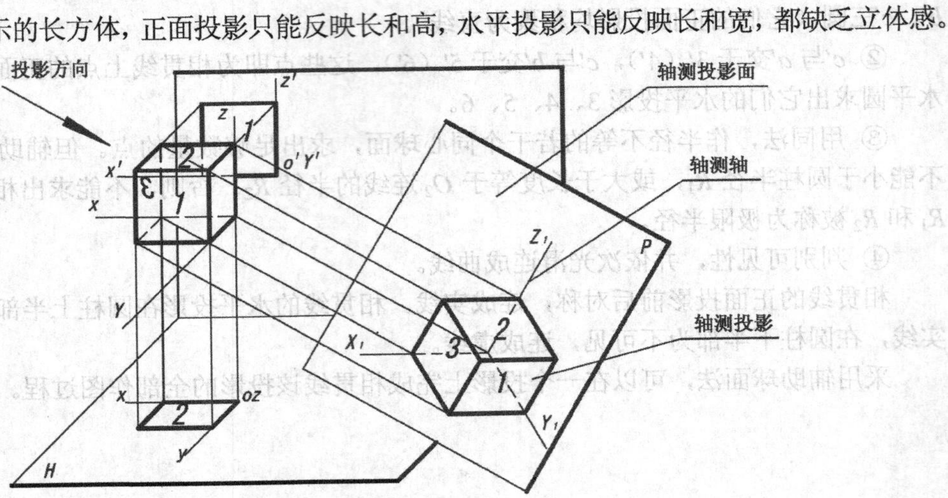

图 4-2　正轴测投影的形成

如果在适当的位置设置一个投影面 P，并选取适当的投影方向，在 P 面上作出长方体以及确定其空间位置的直角坐标系的平行投影，就可以得到一个能同时反映长方体的长、宽、高三个尺度富有立体感的投影，这种投影称为轴测投影，P 平面则称为轴测投影面。

由此可见，轴测投影就是用平行投影法在一个投影面上所得到的能同时反映物体长、宽、高三个尺度的投影。

要得到轴测投影，有以下两种方法：

（1）将物体上的三个坐标面都倾斜于投影面，用正投影法所得到的轴测投影，称为正轴测投影（图 4-2）。

（2）将物体上一个坐标面放置与轴测投影面 P 平行，投影方向 S 与轴测投影面成倾斜位置，这样所得到的轴测投影称为斜轴测投影，如图 4-3 所示。

4.1.2 轴向变化率及轴间角

物体上的直角坐标轴 OX、OY、OZ，按投影方向 S 投影到轴测投影面 P 上所得到的投影 O_1X_1、O_1Y_1、O_1Z_1 轴，称为轴测投影轴，简称轴测轴（图 4-4）。

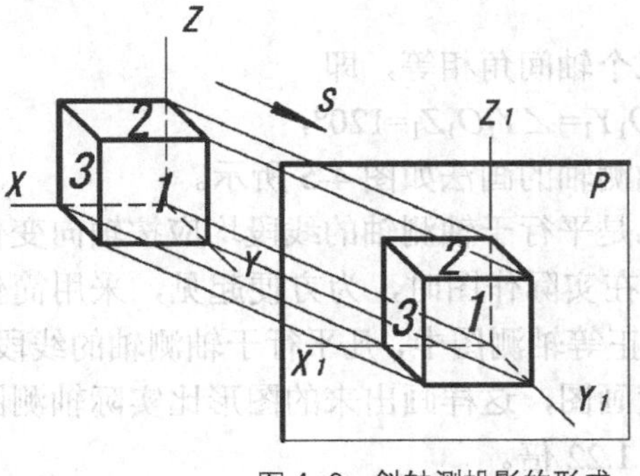

图 4-3 斜轴测投影的形成

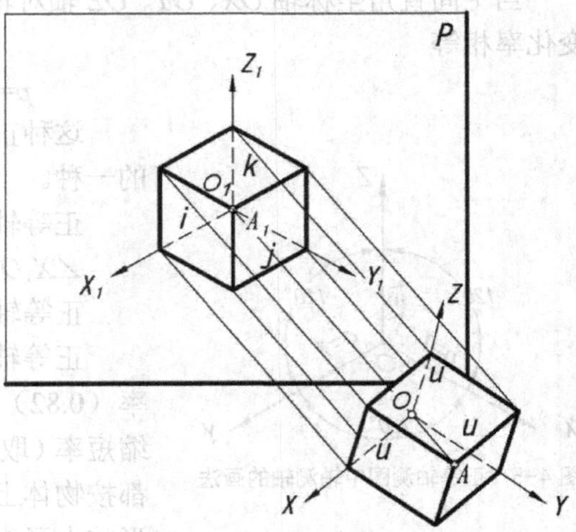

图 4-4 轴向变化率及轴间角

如果分别在直角坐标轴上取相等的单位长度 u，而其在轴测轴上的长度分别为 i、j、k。由于直角坐标轴 OX、OY、OZ 均与轴测投影面 P 倾斜，因此轴测轴上的长度 i、j、k 都比直角坐标轴上的单位长度 u 短。两者长度之比则称为轴向变化率。

X 方向的轴向变化率 $p=i/u$；

Y 方向的轴向变化率 $q=j/u$；

Z 方向的轴向变化率 $r=k/u$；

在轴测投影面 P 上，每两根轴测轴所夹的角度称为轴间角，如图 4-4 中的 $\angle X_1O_1Y_1$，$\angle X_1O_1Z_1$，$\angle Y_1O_1Z_1$。

4.1.3 轴测投影图的性质

1. 平行性

在轴测投影中，空间几何形体上相互平行的线段，在轴测投影中仍相互平行，空间几何形体上平行于坐标轴的直线段的轴测投影，仍与相应的轴测轴平行。

2. **定比性**

在轴测投影中，平行于轴测轴的线段的轴测投影与原线段的长度比，就是该轴向的变化率。在一个轴测图中轴向变化率是固定的，可以根据这个特性度量尺寸画轴测图。

4.1.4 轴测投影图的分类

按轴向变化率不同，可分为：

（1）当 $p=q=r$ 时，称为正（斜）等轴测图；

（2）当 $p=q\neq r$ 时，称为正（斜）二等轴测图。

4.2 正等轴测图的画法

4.2.1 轴向变化率和轴间角

当空间直角坐标轴 OX、OY、OZ 轴对轴测投影面 P 的倾角相同时，则三条轴测轴的轴向变化率相等

$$p=q=r=0.82$$

这种正等轴测图是正轴测图中作图最简单、使用最广泛的一种。

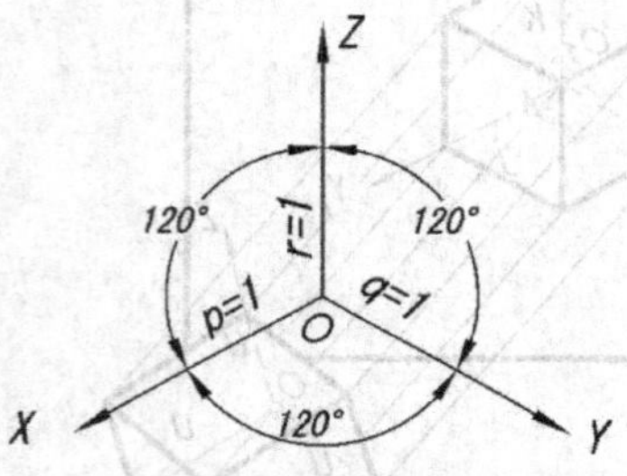

图 4-5 正等轴测图中轴测轴的画法

正等轴测图的三个轴间角相等，即

$\angle X_1O_1Z_1=\angle X_1O_1Y_1=\angle Y_1O_1Z_1=120°$，

正等轴测图中轴测轴的画法如图 4-5 所示。

正等轴测图中凡是平行于轴测轴的线段均应按轴向变化率（0.82）缩短。但在实际作图时，为方便起见，采用简化缩短率（取 1），即在正等轴测图中，凡平行于轴测轴的线段，都按物体上原来长度画图，这样画出来的图形比实际轴测图形放大了 1/0.82，即 1.22 倍。

4.2.2 平面立体的画法

物体上与三坐标轴平行的线段，可直接度量作图。

例 4-1 “L”形角铁[图 4-6（a）]的正等轴测图画法。

根据所给视图画轴测图时，一般先在视图上选定一直角坐标系 $OXYZ$ 作为度量基准，然后根据物体上每一点的坐标值定出其在轴测图上的位置，用直线连接各点，这种画法称为坐标定点法。

作图步骤如下：

（1）在给定的视图中选定直角坐标系 $OXYZ$[图 4-6（a）]。

（2）画出正等轴测图的轴测轴 O_1X_1、O_1Y_1、O_1Z_1[图 4-6（b）]。

（3）在 O_1Z_1 轴定出 A_1（量取 $O_1A_1=o'a'$）；过 A_1 作 A_1B_1 平行于 O_1Y_1，并量取 $A_1B_1=ab$；过 A_1 和 B_1 分别作 A_1D_1 和 B_1C_1 平行于 O_1X_1，并量取 $A_1D_1=B_1C_1=ad=bc$；这样就画出了角铁的上面 $A_1B_1C_1D_1$。接着以同样的方法画出另一面 $B_1C_1E_1F_1G_1H_1$[图 4-6（c）]。

（4）由上往下画，从前向后画，定出角铁后面的点，且将它们用直线连接[图 4-6（d）]。

（5）加深完成全图，即得到角铁的正等轴测图[图 4-6（e）]。

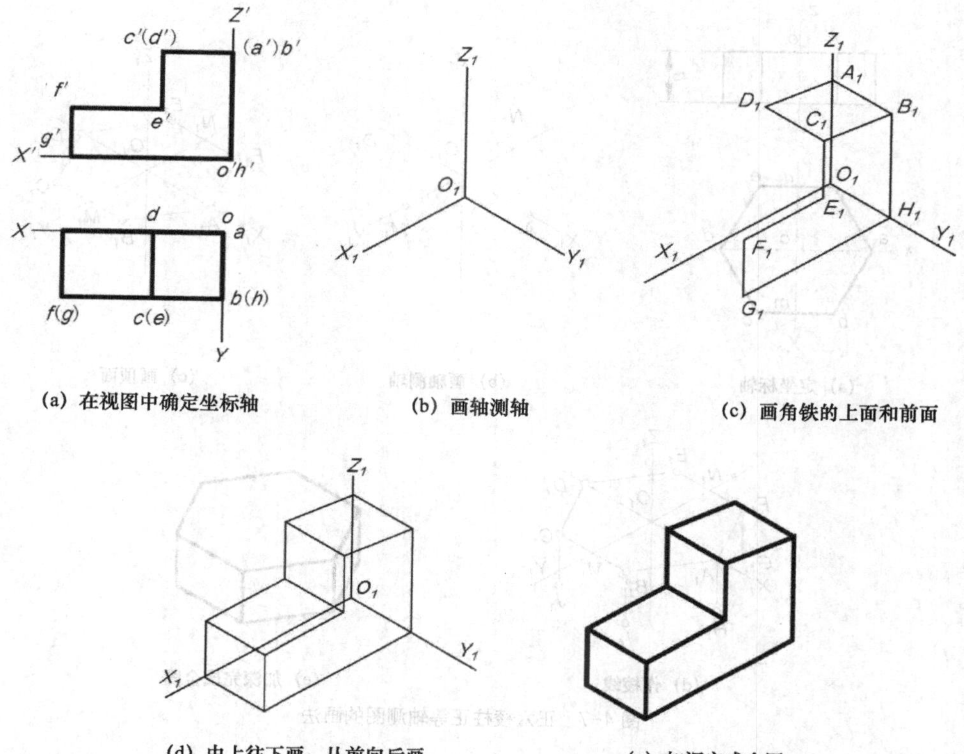

(a) 在视图中确定坐标轴　(b) 画轴测轴　(c) 画角铁的上面和前面

(d) 由上往下画，从前向后画　(e) 加深完成全图

图 4-6　角铁正等轴测图的画法

作图注意事项：

（1）在轴测图上，虚线一般不画。

（2）画轴测图时，一般从可见部分画起，即由上往下、从前向后、从左向右画。这样可以避免不必要的作图线，使作图清晰，图面整洁。

（3）物体上与坐标轴不平行的线段，不能直接度量作图。

例 4-2　正六棱柱的正等轴测图画法[图 4-7（a）]。

在所给视图上选定直角坐标轴系时，应根据物体的结构形状特点，使坐标原点在适当位置，以便作图时的度量。如图 4-7 所示的正六棱柱，它前后、左右对称，所以坐标原点可设在顶面上，用两根对称中心线作 X 轴和 Y 轴，以正六棱柱的轴线作为 Z 轴。

作图步骤如下：

（1）在给出的视图上画出直角坐标系 $OXYZ$[图 4-7（a）]。

（2）画轴测轴 O_1X_1、O_1Y_1、O_1Z_1[图 4-7（b）]。

（3）以 O_1 为基准，在 O_1X_1 轴及其延长线上分别量取 $O_1A_1=O_1D_1=oa$；在 O_1Y_1 及其延长线上量取 $O_1M_1=O_1N_1=om=on$，过 M_1、N_1 两点分别作平行于 O_1X_1 的两直线，在此平行两直线上截取 $M_1B_1=M_1C_1=N_1E_1=N_1F_1=mb$，得 B_1、C_1、E_1、F_1 点，依次将 A_1、B_1…F_1 各点用直线连接，即得正六棱柱顶面的正等轴测图[图 4-7（c）]。

需注意的是，图 4-7（c）中 $C_1D_1 \neq F_1A_1 \neq cd$，即物体上与坐标不平行的线段长度在轴测图中有所变化。所以画轴测图时，与坐标轴倾斜的线段不能直接从视图中量取长度来作图。

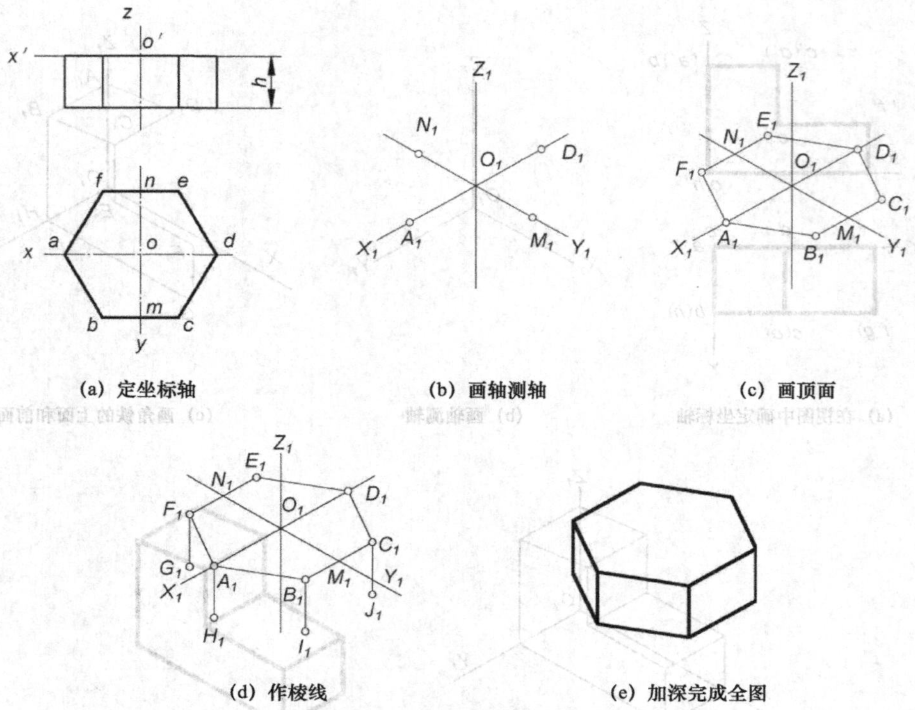

图 4-7　正六棱柱正等轴测图的画法

（4）过六棱柱顶面的各顶点向下作直线平行于 O_1Z_1 轴，并在所作直线上截取六棱柱的高度，得底面上各顶点[图 4-7（d）]。

（5）用直线连接各顶点得底面的轴测图。最后加深完成全图得正六棱柱的正等轴测图。[图 4-7（e）]。

例 4-3　带切口的四棱柱的正等轴测图画法。

作图步骤如下：

（1）根据带切口四棱柱的形状和特点，将原点放在底面对称轴线的后面，画出直角坐标系 $OXYZ$[图 4-8（a）]。

（2）画轴测轴 O_1X_1、O_1Y_1、O_1Z_1[图 4-8（b）]。

（3）用坐标定点法在 O_1X_1 上量出 $O_1M_1=om$，定出 M_1 点，然后过 M_1 点作出左侧面[图 4-8（c）]。

（4）作出完整的四棱柱以及左右对称面 $O_1E_1F_1G_1$[图 4-8（d）]。

（5）用坐标定点法定出 A_1 点，即量取 $O_1A_1=o'a'$，然后过 A_1 点作 O_1Y_1 轴的平行线交直线 F_1G_1 于 B_1 点（或过 A_1 点作 O_1Y_1 轴的平行线，然后在该直线上量取 $A_1B_1=ab$，得 B_1 点），再在顶面作出切口的宽度得 C_1、D_1 点。分别连接 C_1 点和 A_1 点，D_1 点和 B_1 点，即得切口的正等轴测图[图 4-8（e）]。

（6）加深完成全图，即得带缺口的正等轴测图[图 4-8（f）]。

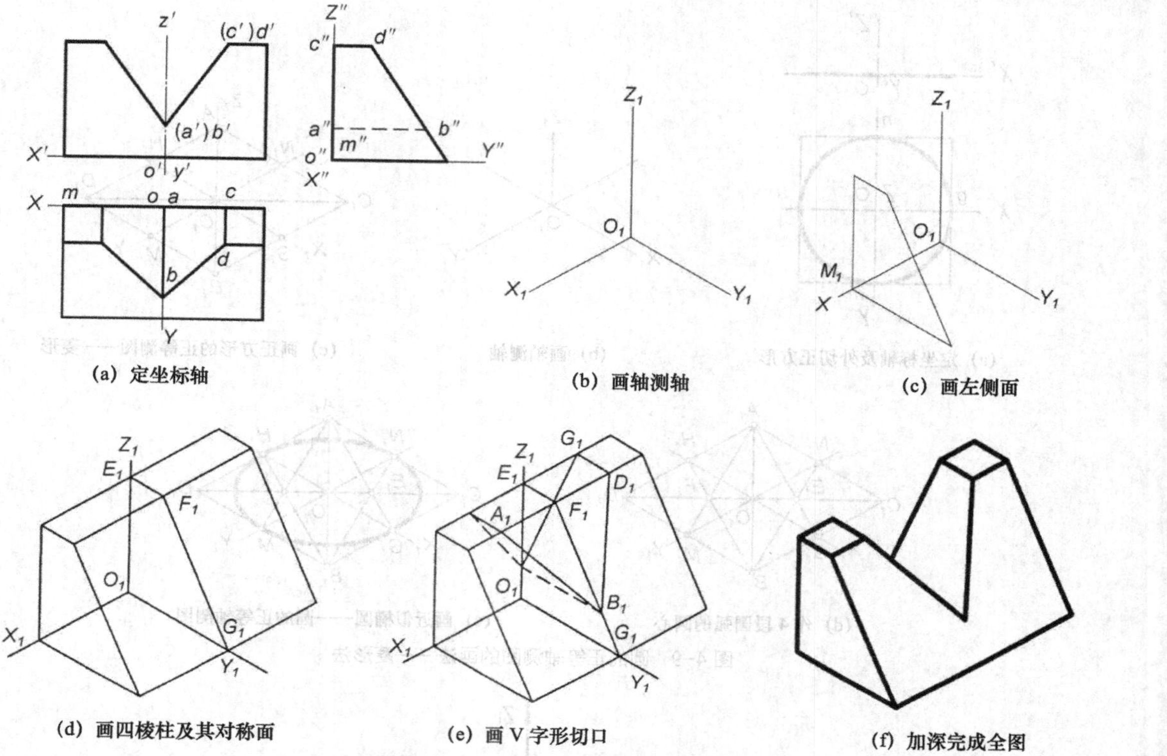

(a) 定坐标轴 (b) 画轴测轴 (c) 画左侧面

(d) 画四棱柱及其对称面 (e) 画 V 字形切口 (f) 加深完成全图

图 4-8 带切口四棱柱的正等轴测图的画法

4.2.3 曲面立体的画法

画曲面立体轴测图的方法与平面立体画法相同，但会遇到画圆的轴测图问题。圆的轴测投影一般为椭圆。下面介绍圆的正等轴测图——椭圆的一种近似画法。

例 4-4 圆的正等轴测图画法。

作图方法和步骤：

（1）在给出的视图上画出直角坐标系 $OXYZ$，并作圆的外切正方形[图 4-9（a）]。

（2）画轴测轴 O_1X_1、O_1Y_1、O_1Z_1[图 4-9（b）]。

（3）在 O_1X_1、O_1Y_1 轴上以及其延长线上分别量取 $O_1G_1=O_1H_1=O_1M_1=O_1N_1=og$（圆半径），并过 G_1、H_1、M_1、N_1 各点分别作 O_1X_1 和 O_1Y_1 轴的平行线，得菱形 $A_1B_1C_1D_1$，A_1B_1 即为椭圆的短轴方向，C_1D_1 为椭圆的长轴方向[图 4-9（c）]。

（4）连接 A_1、G_1 和 A_1、M_1，分别交 C_1D_1 于 E_1 点和 F_1 点。A_1、B_1、E_1、F_1 即为近似椭圆的 4 段弧的 4 个圆心[图 4-9（d）]。

（5）分别以 A_1 和 B 为圆心，A_1G_1（或 A_1M_1）为半径画大圆弧 G_1M_1 和 H_1N_1；以 E_1 和 F_1 为圆心，E_1G_1（或 F_1M_1）为半径画小圆弧 G_1N_1 和 H_1M_1。4 段圆弧连成一个近似椭圆，即为圆的正等轴测图[图 4-9（e）]。

画曲面立体的轴测图时，经常会遇到不同坐标面上圆的轴测投影——椭圆的画法。确定椭圆长短轴方向是正确画出椭圆的关键。不同坐标面上椭圆长短轴方向的确定如图 4-10 所示。

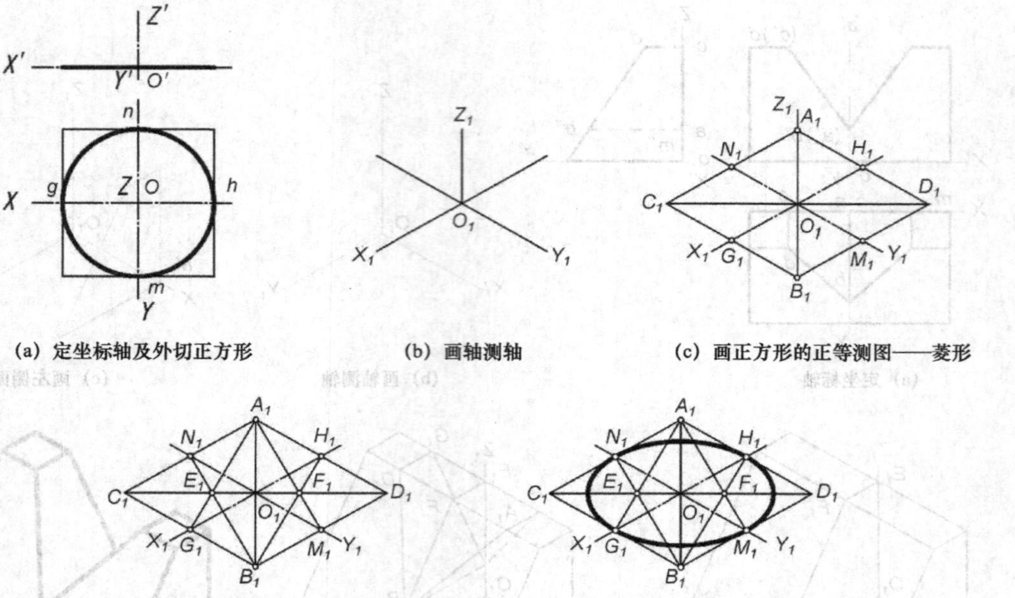

(a) 定坐标轴及外切正方形　(b) 画轴测轴　(c) 画正方形的正等测图——菱形

(d) 作 4 段圆弧的圆心　(e) 画近似椭圆——圆的正等轴测图

图 4-9　圆的正等轴测图的画法——菱形法

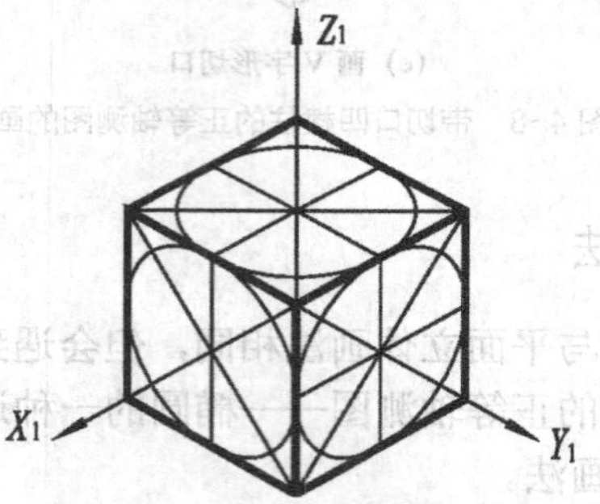

图 4-10　正等轴测图中椭圆长短的方向

在水平面内或平行于水平面的圆的正等轴测图——椭圆的长轴与轴测轴 O_1Z_1 相垂直，短轴与 O_1Z_1 轴平行。

在正平面内或平行于正平面的圆的正等轴测图——椭圆的长轴与 O_1Y_1 相垂直，短轴与 O_1Y_1 轴平行。

在侧平面内或平行于侧平面的圆的正等轴测图——椭圆，其长轴与轴测轴 O_1X_1 相垂直，短轴平行于 O_1X_1 轴。

由此可以得出：平行于坐标面的圆的正等轴测椭圆的长轴，垂直于与圆平面相垂直的坐标轴的轴测投影（轴测轴）；而短轴则平行于这条轴测轴。

例 4-5　圆柱体的正等轴测图画法，如图 4-11 所示。

4.2.4　组合体的画法

将基本几何体按一定方式组合起来，形成的形体叫组合体。组合体的轴测图，同样可根据形体分析法来作图，即按其组成的简单体分析为叠加、堆积或挖切，画出组合体的轴测图。

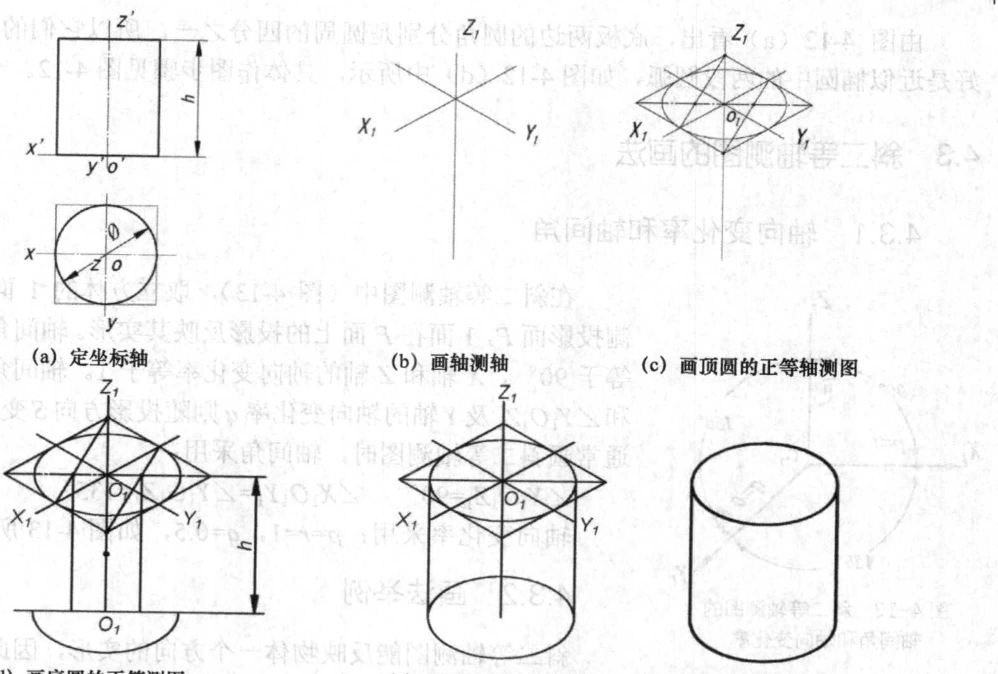

(a) 定坐标轴　(b) 画轴测轴　(c) 画顶圆的正等轴测图

(d) 画底圆的正等测图　(e) 画两椭圆的外公切线　(f) 加深完成全图

图 4-11　圆柱正等轴测图的画法

例 4-6　轴承架的正等轴测图画法。

由图 4-12 看出，轴承架是由底板、竖板两部分叠加而成，而底板和竖板又是经过挖孔、切槽形成的。由于轴承架左右对称，所以画正等轴测图时，原点选在底面后面的对称中心处。

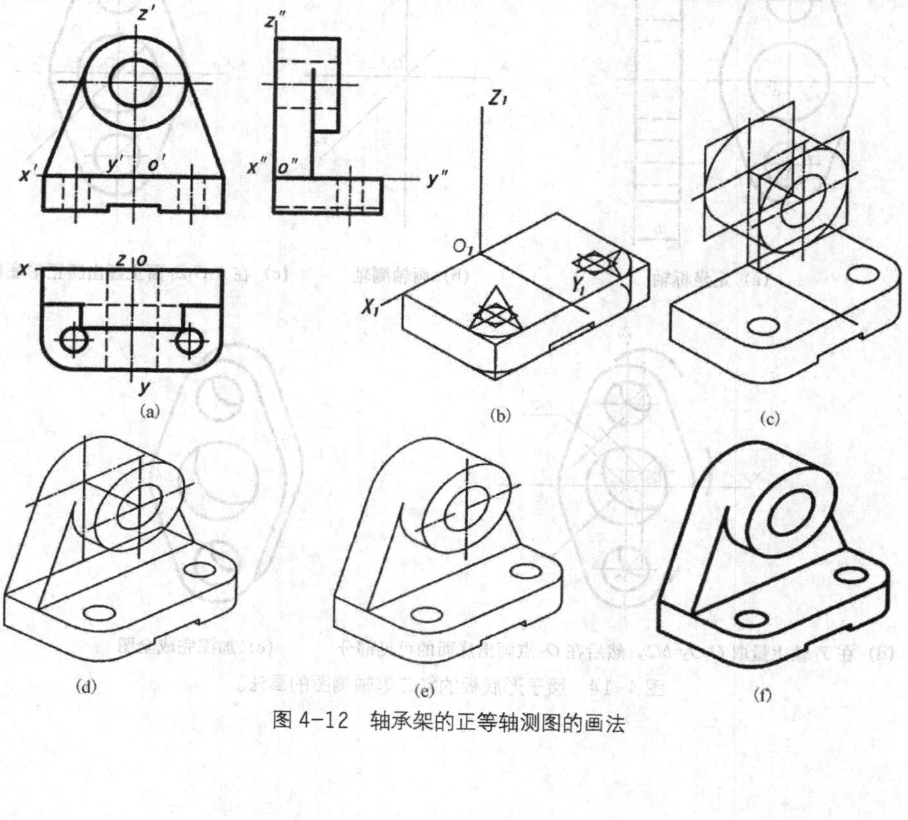

图 4-12　轴承架的正等轴测图的画法

由图 4-12（a）看出，底板两边的圆角分别是圆周的四分之一，所以它们的轴测投影正好是近似椭圆中的两段圆弧，如图 4-12（d）中所示。具体作图步骤见图 4-12。

4.3 斜二等轴测图的画法

4.3.1 轴向变化率和轴间角

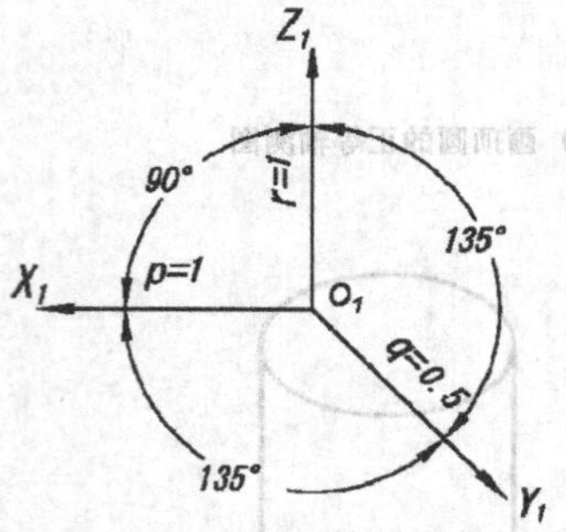

图 4-13 斜二等轴测图的轴间角和轴向变化率

在斜二等轴测图中（图 4-13），取立方体的 1 面平行于轴测投影面 *P*，1 面在 *P* 面上的投影反映其实形。轴间角$\angle X_1O_1Z_1$等于 90°，*X* 轴和 *Z* 轴的轴向变化率等于 1。轴间角$\angle X_1O_1Y_1$和$\angle Y_1O_1Z_1$及 *Y* 轴的轴向变化率 *q* 则随投影方向 *S* 变化而变化。通常画斜二等轴测图时，轴间角采用：

$\angle X_1O_1Z_1=90°$，$\angle X_1O_1Y_1=\angle Y_1O_1Z_1=135°$

轴向变化率采用：$p=r=1$，$q=0.5$，如图 4-13 所示。

4.3.2 画法举例

斜二等轴测图能反映物体一个方向的实形，因此它适用于画一个方向上有较多圆的物体的轴测图，且作图方便。

例 4-7 腰子形底板的斜二等轴测图画法作图方法和步骤如图 4-14 所示。

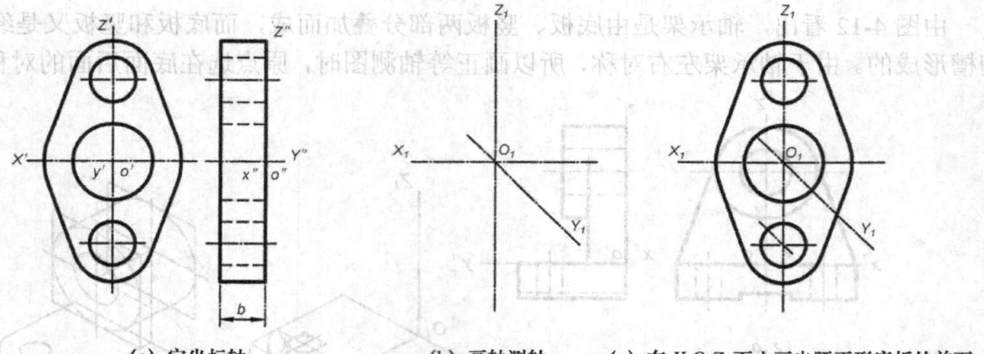

(a) 定坐标轴　(b) 画轴测轴　(c) 在 $X_1O_1Z_1$ 面上画出腰正形底板的前面

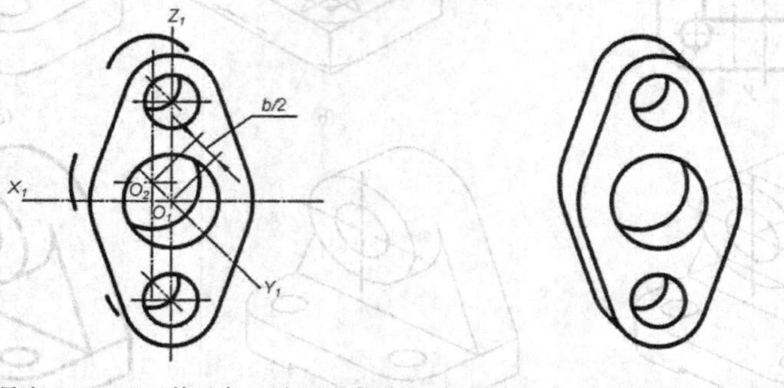

(d) 在 Y_1 轴上量取 $O_1O_2=b/2$，然后在 O_2 点画出底面的可见部分　(e) 加深完成全图

图 4-14 腰子形底板的斜二等轴测图的画法。

第5章 组合体的视图及尺寸

任何机器零件都可以分析为由若干个基本几何体组成。凡由两个以上基本几何体经过叠加、切割等方式构成的形体称为组合体。本章介绍组合体三视图的投影特性、画图和看图的基本方法，以及组合体的尺寸标注。

5.1 三视图的形成与投影特性

5.1.1 三视图的形成

在机械制图中，用正投影法将物体向投影面投影所得的图形称为视图，如图5-1（a）所示。把物体正放在三投影面体系中，由前向后投影所得的正面投影，称为主视图；由上向下投影所得的水平投影，称为俯视图；由左向右投影所得的侧面投影，称为左视图。图5-1（b）所示为该物体的三视图。

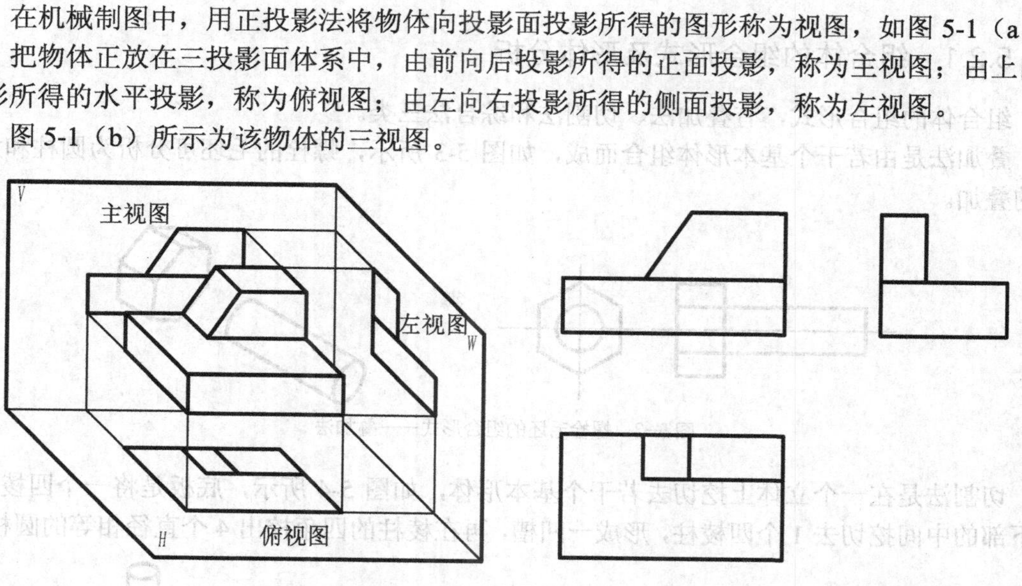

(a) 三视图的形成　　(b) 三视图

图5-1　三视图的形成与投影特性

5.1.2 三视图的投影特性

由图5-2（a）可以看出，主视图反映物体的长度和高度；俯视图反映物体的长度和宽度；左视图反映物体的宽度和高度。由已学过的投影规律，可归纳出三视图的投影特性：主视图与俯视图长对正；主视图与左视图高平齐；俯视图与左视图宽相等。不仅整体的投影符合这个投影特性，并且物体的局部也都符合这一投影特性。由图 5-2（b）可以看出：主视图与俯视图反映物体的左、右，主视图与左视图反映物体的上、下，俯视图与左视图反映物体的前、后。

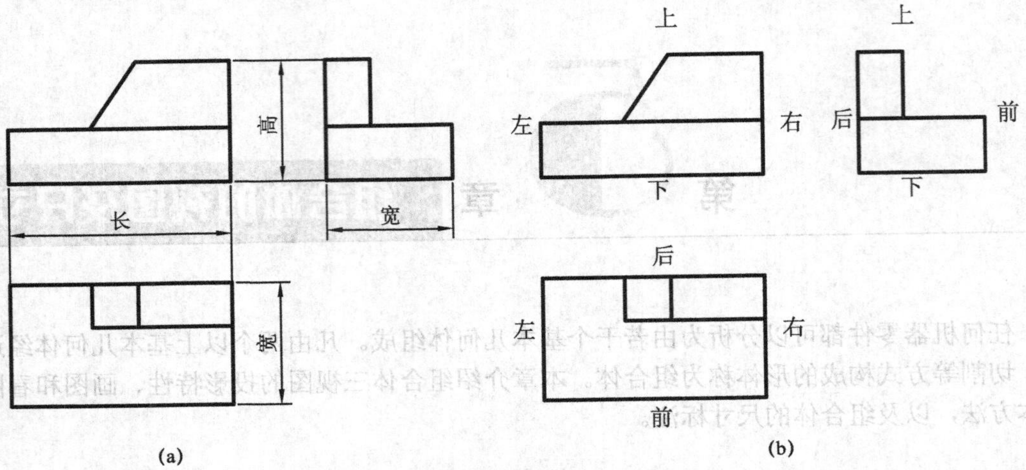

图 5-2 三视图的投影特性

5.2 组合体的视图画法

5.2.1 组合体的组合形式及形体分析

组合体的组合形式，有叠加法、切割法和综合法三类。

叠加法是由若干个基本形体组合而成，如图 5-3 所示，螺栓的毛坯可分析为圆柱和六棱柱的叠加。

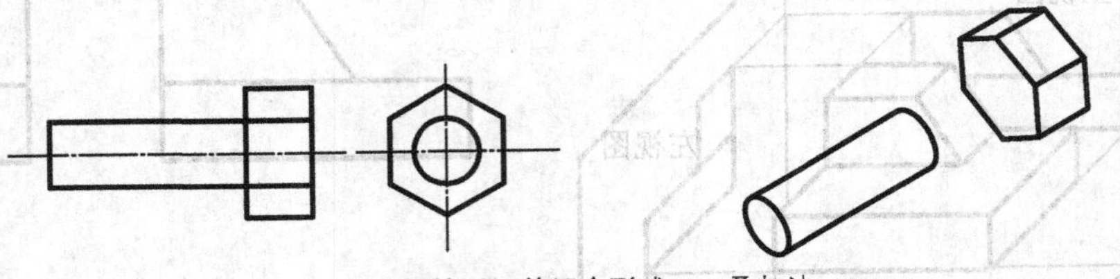

图 5-3 螺栓毛坯的组合形式——叠加法

切割法是在一个立体上挖切去若干个基本形体，如图 5-4 所示，底板是将一个四棱柱在其下部的中间挖切去 1 个四棱柱，形成一凹槽，再在棱柱的四角挖出 4 个直径相等的圆柱孔。

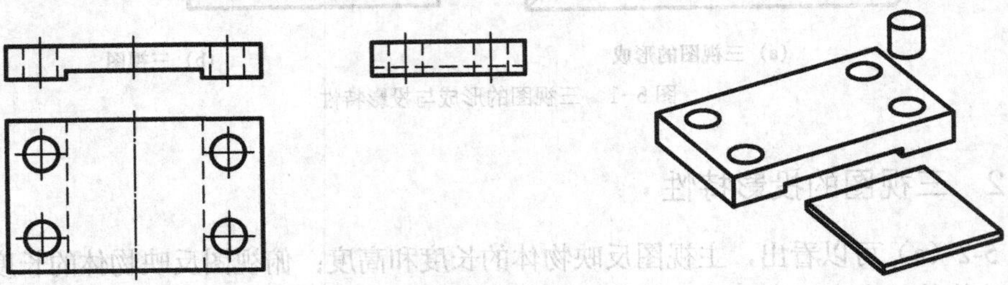

图 5-4 底板的组合形式——切割法

综合法是由叠加法和切割法综合而成，如图 5-5 所示，轴承架可分析为由底板、半圆端竖板和肋板叠加并挖切一些孔、槽而成。

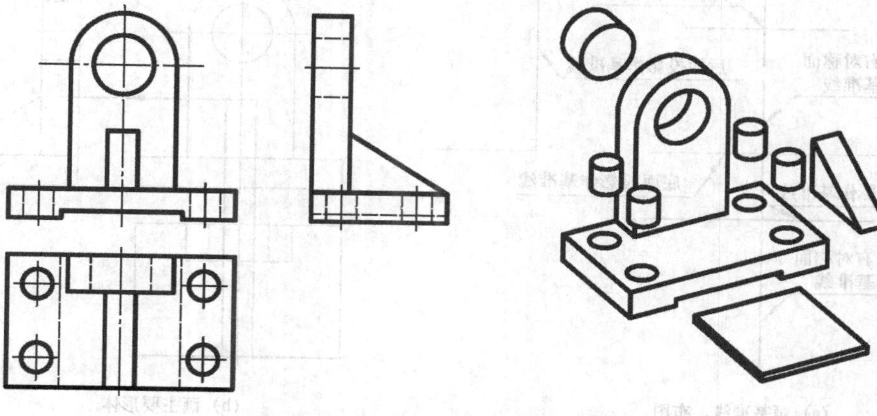

图 5-5　轴承架的组合形式——综合法

分析组合体是由哪些基本形体所组成以及它们之间的组合形式和相对位置的方法，称为形体分析法。它是画图、看图的重要分析方法。因此，要正确地绘制或读懂零件的视图必须掌握形体分析法。

5.2.2　组合体的视图画法

画组合体的视图时，首先进行形体分析，然后按相对位置，逐一画出各基本形体。

1. 画图步骤

（1）形体分析。分析组合体由哪些基本形体组成，并确定它们的组合形式及相对位置。

（2）选择视图。将组合体按自然位置安放，以最能反映组合体的形体特征及相互位置作为主视图的投影方向。在选择主视图时，注意使其他两个视图上的虚线较少。

（3）布图、画基准线。布图要匀称，即根据各视图的大小，并考虑有足够标注尺寸的位置，使 3 个视图之间的间隔适当。画出各视图的基准线（如底面、端面、对称中心线、轴线等）。

（4）画底稿。用淡、细的图线逐一画出各基本形体的投影。具体要求一般是先画大（主要）的形体，后画小（局部）的形体；先画反映形体特征投影、后画其他投影；要将 3 个视图联系起来画，不要画完一个视图后再画另一个视图，这样才能保持正确的投影关系，提高画图速度。

（5）检查、加深。底稿画完后，逐个仔细检查，修正错误、补充遗漏，将多余图线擦去，最后按规定线型加深。

2. 举例

如图 5-6 所示的轴承架，其三视图的画法如下：

（1）形体分析。轴承架的形体分析如图 5-5 所示。

（2）视图选择。将轴承架底板放平，并按图 5-6 中箭头所示画主视图，则最能反映轴承架形体特征。

（3）布图，画基准线。如图 5-7（a）所示。

（4）画底稿。依次画出底板、竖板、肋板；再画出底板上的凹槽、圆孔等，如图 5-7（b）、（c）所示。

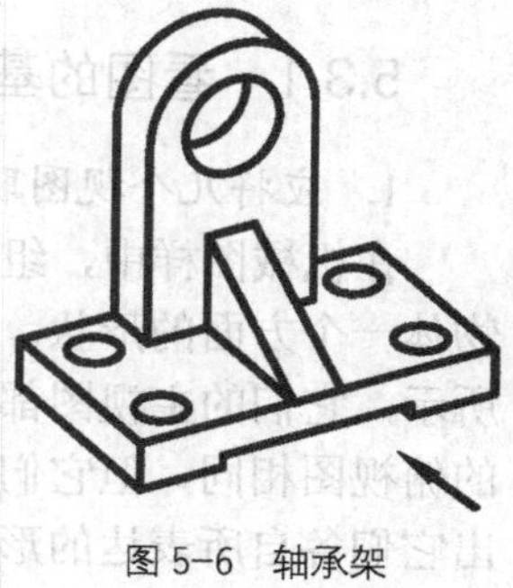

图 5-6　轴承架

（5）检查、加深。完成三视图，如图 5-7（d）所示。

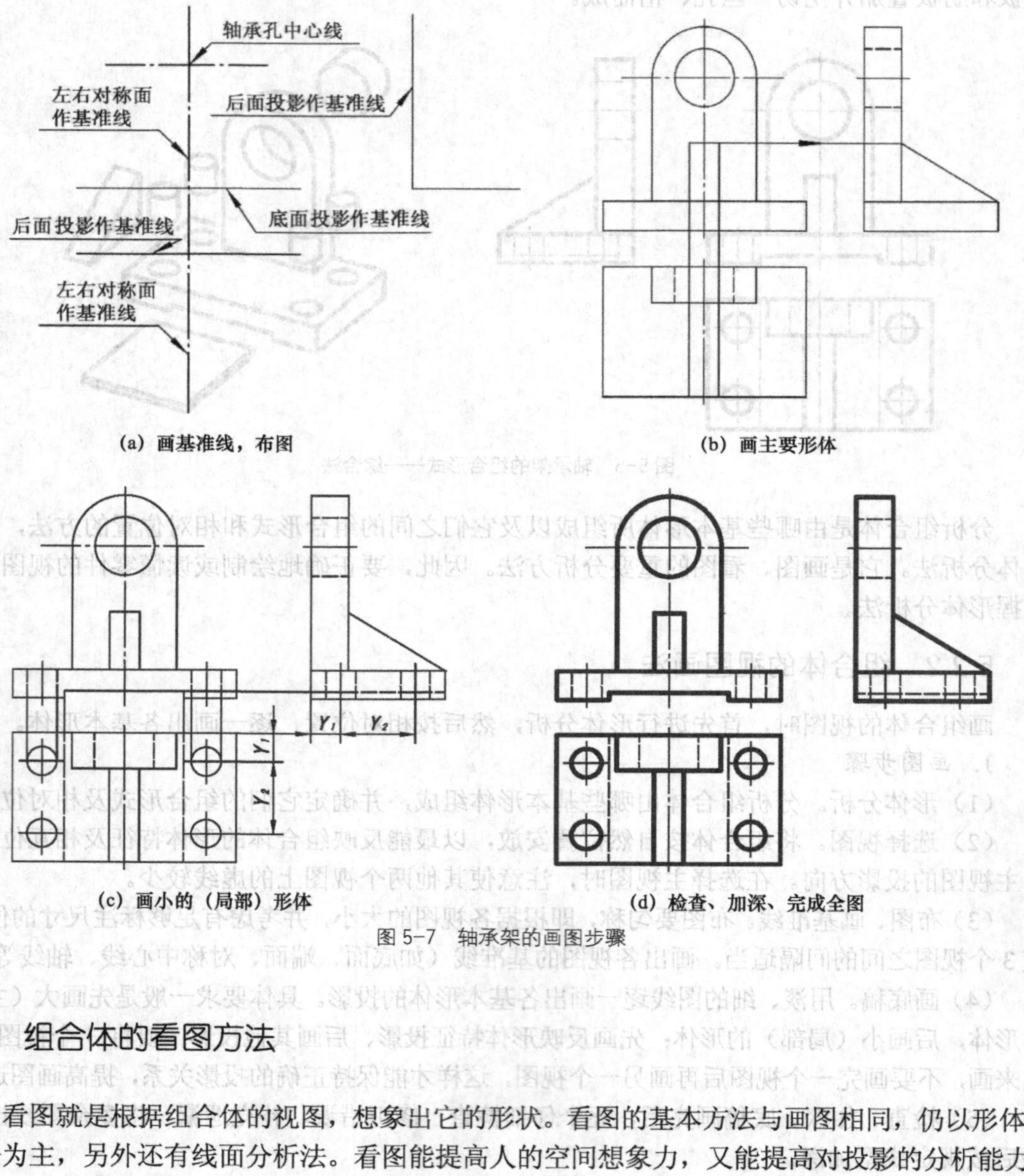

图 5-7 轴承架的画图步骤

5.3 组合体的看图方法

看图就是根据组合体的视图，想象出它的形状。看图的基本方法与画图相同，仍以形体分析法为主，另外还有线面分析法。看图能提高人的空间想象力，又能提高对投影的分析能力。

5.3.1 看图的基本要点

1. 应将几个视图联系起来看

在机械图样中，组合体的形状一般是由两个或两个以上视图表达的，每个视图只能反映物体一个方面的形状。一个视图，有时两个视图也不能唯一地确定物体的形状。例如图 5-8 所示，它们的主视图都相同，另外，图 5-8（a）～（c）的左视图相同，图 5-8（a）和（d）的俯视图相同，但它们的形状却各不相同。所以看图时必须将几个视图联系起来看，才能看出它们各自所表达的形状。

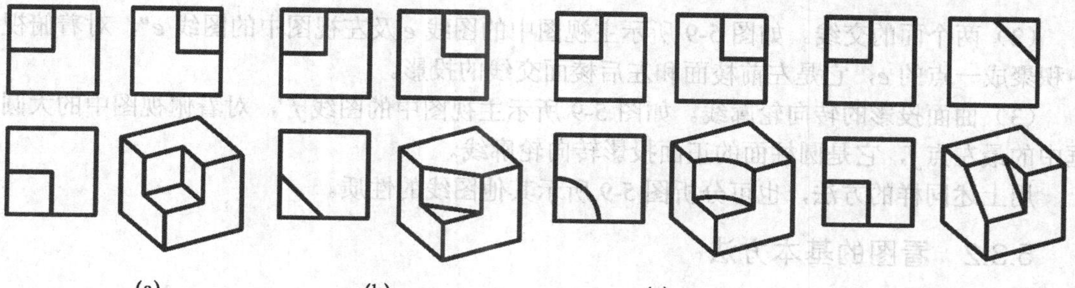

图 5-8 一个视图或两个视图不能唯一确定物体的形状

2. 弄清视图中线框与图线的含义

视图是由若干个封闭的线框组成的，线框又都是由图线构成的，视图中每一个线框及每一条图线都有各自的含义。因此，弄清视图中线框与图线的含义并进行分析，对看视图是十分必要的。

1）视图上每一个封闭线框的含义

如图 5-9 所示，视图中每一个封闭线框，有下列几种含义：

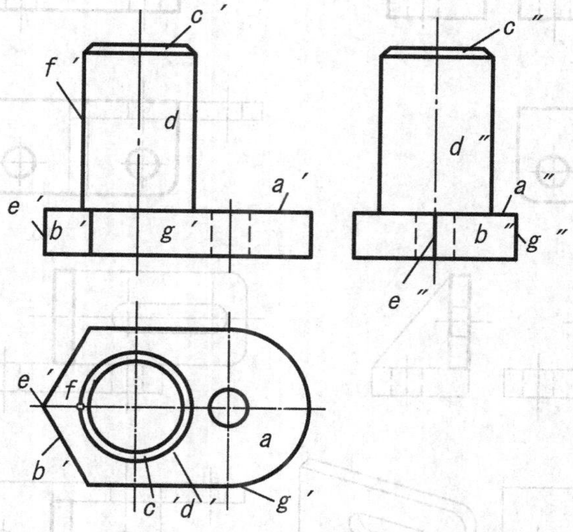

图 5-9 视图中线框与图线的含义

（1）平面的投影。视图上的封闭线框，可以是物体上平行面反映实形的投影，如图 5-9 中所示的面 A；或者是垂直面反映类似形的投影，如图 5-9 中所示的面 B。

（2）曲面的投影。视图上封闭的线框，可以是物体上圆柱面的投影，如图 5-9 中所示的面 D；也可以是圆台面的投影，如图 5-9 中的面 C。

（3）平面与曲面相切如图 5-9 中所示 g'框，就是平面与曲面相切产生的正面投影。

（4）孔洞的投影如图 5-9 俯视图中的小圆，即是一个孔的投影。

2）视图上每一条图线的含义

视图中每条图线，可能有 3 种含义：

（1）有积聚性面的投影。如图 5-9 所示的主视图中的图线 a'及左视图中的图线 a''，对着俯视图中的线框 a，它是立体底板上水平面的投影。

（2）两个面的交线。如图 5-9 所示主视图中的图线 e'及左视图中的图线 e''，对着俯视图中积聚成一点的 e，它是左前棱面和左后棱面交线的投影。

（3）曲面投影的转向轮廓线。如图 5-9 所示主视图中的图线 f'，对着俯视图中的大圆线框中的最左点 f，它是圆柱面的正面投影转向轮廓线。

用上述同样的方法，也可分析图 5-9 所示其他图线的性质。

5.3.2 看图的基本方法

形体分析法是看图的主要方法。一般从最能反映组合体形状特征的主视图入手（图 5-10），分析组合体由哪些基本形体组成，运用投影规律，将几个视图联系起来看，找出每个基本形体在其他视图中的投影，弄清它们的组合形式，确定各形体之间的相对位置，从而想象出组合体的整体形状。

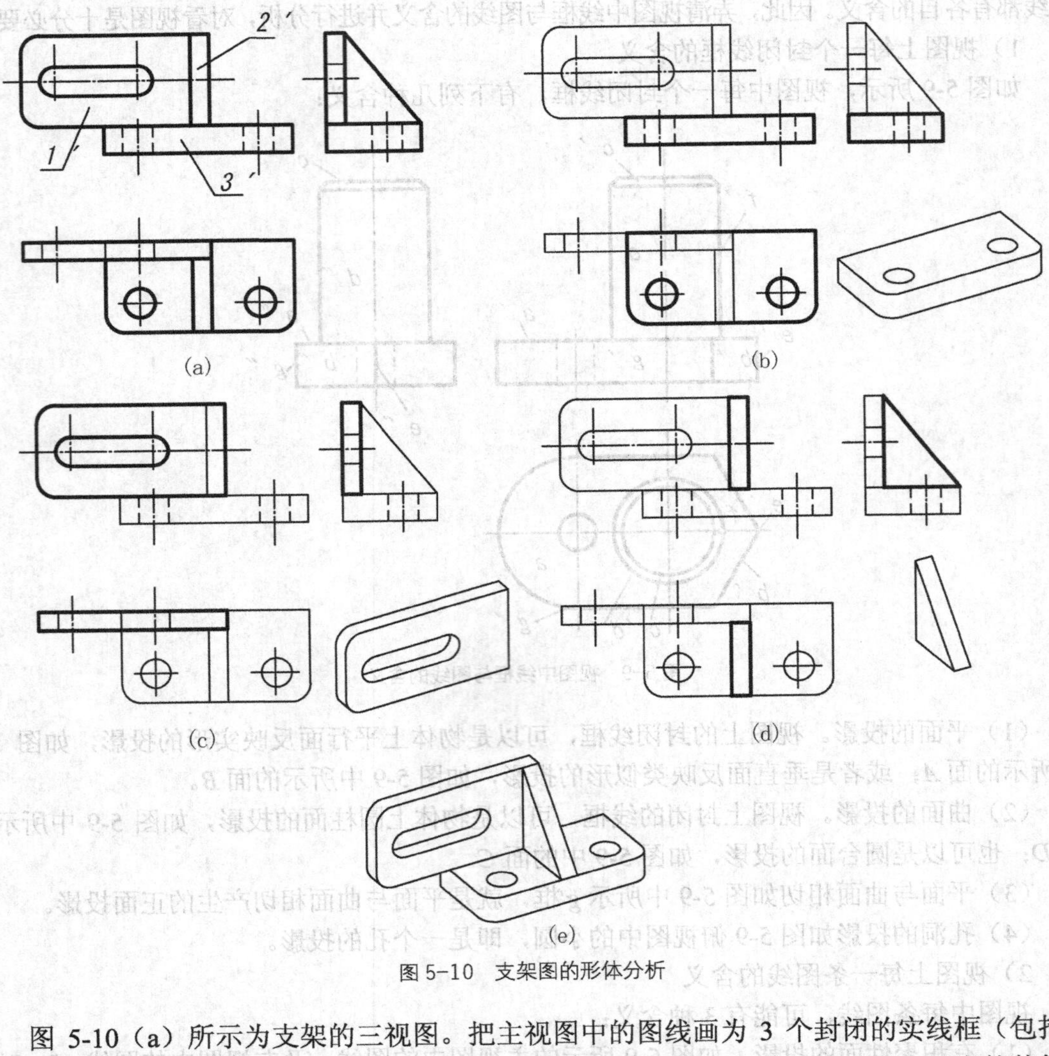

图 5-10 支架图的形体分析

图 5-10（a）所示为支架的三视图。把主视图中的图线画为 3 个封闭的实线框（包括线框范围内的图形），支架由 1′竖板、2′肋板、3′底板组成。根据投影规律，找出对应的其他视图，想象出各部分的形状。

图 5-10（b）所示为支架下部的一长方形底板，前面两边各切掉一外圆角及挖去两圆柱通孔。

图 5-10（c）所示在底板上面放一长方形竖板，左边切掉两圆角，其中间挖去一长圆形后形成一个通孔，竖板的后面与底板后面平齐。

图 5-10（d）所示在底板与竖板之间支撑着一块三棱柱的肋板，右边与竖板的右边平齐。

通过对各形体形状及相对位置的分析，最后想象出支架的整体形状，如图 5-10（e）所示。

看图时，对于比较复杂的组合体，在形体分析法的基础上，仍然难以看懂某些部分形状时，还要结合线、面的投影分析，来帮助想象和看懂其形状和结构，这就是线面分析法。

现以图 5-11 所给物体的三视图为例，说明用线面分析法看图的分析过程。

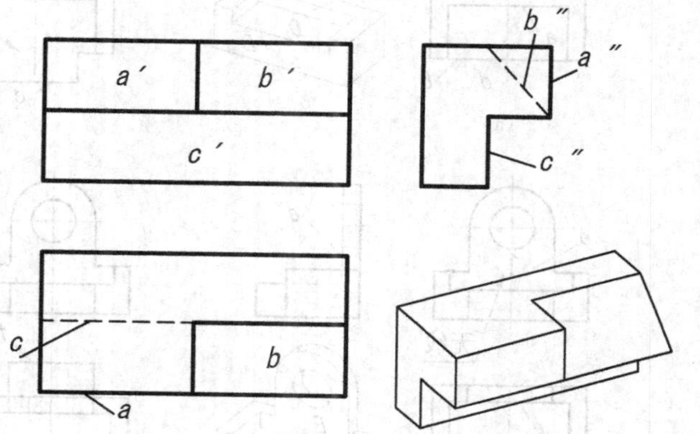

图 5-11　线面分析法

图中有 A、B、C 三个面，分析面与面的相对位置。将几个视图对应起来看，从左视图中可以断定 C 面是在 A 面、B 面的后面、下面。由主、俯视图 b′和 b 对应左视图中斜虚线 b″可知，B 面为一侧垂面，且在 A 面的右边。

利用垂直面的投影特性来分析帮助看图的情况如图 5-12 所示。

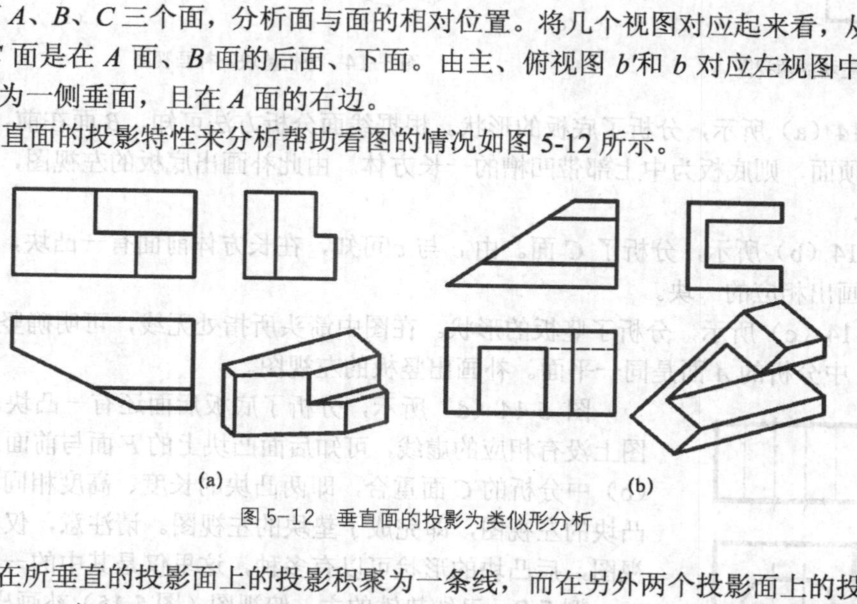

图 5-12　垂直面的投影为类似形分析

垂直面在所垂直的投影面上的投影积聚为一条线，而在另外两个投影面上的投影为类似形。图 5-12（a）中有一“L”形的铅垂面；图 5-12（b）中有一“[”形的正垂面，除了在所垂直的投影面上积聚成直线外，在另外两个投影面上都应反映为“L”和“[”形的类似形。

看组合体的视图时，常常是根据形体特征综合运用形体分析法和线面分析法。

5.3.3 由两视图画出第三视图

为提高看图和画图的能力，往往采用补视图的方法，即由组合体的两个视图想象出组合体的形状，补画出第三视图。

例 5-1 已知垫块的主、俯视图（图 5-13），补画出左视图。

从图 5-13 中可知，垫块可以分为底板、竖板及前后各一凸块。图 5-14 所示为垫块所分成的各部分的分析情况及所画出的视图；最后补画出左视图。其分析及画图情况如下：

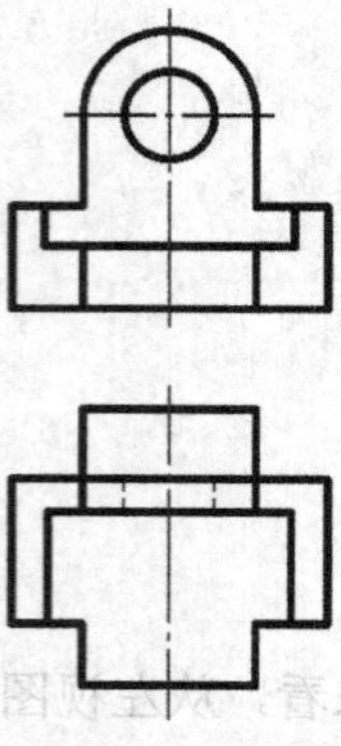

图 5-13 垫块的两视图

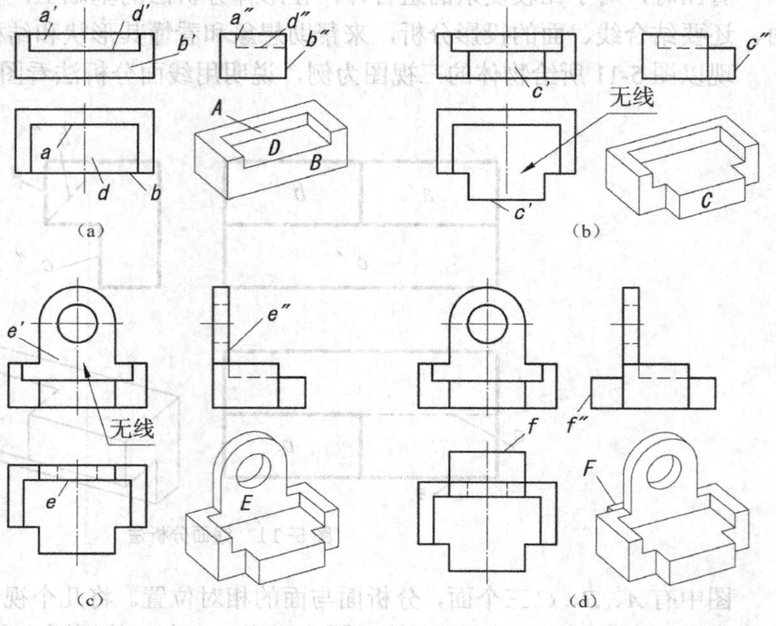

图 5-14 分析垫块及补画视图

图 5-14（a）所示，分析了底板的形状。根据线面分析方法可知，*B* 面在前，*A* 面在后，*D* 面低于顶面，则底板为中上部带凹槽的一长方体。由此补画出底板的左视图，凹槽部分用虚线表示。

图 5-14（b）所示，分析了 *C* 面。由 *c* 与 *c*′可知，在长方体前面有一凸块，因而左视图的右边补画出相应的一块。

图 5-14（c）所示，分析了竖板的形状。在图中箭头所指处无线，可明确竖板的前面 *E* 与图（a）中分析的 *A* 面是同一平面。补画出竖板的左视图。

图 5-14（d）所示，分析了底板后面还有一凸块。由于主视图上没有相应的虚线，可知后面凸块上的 *F* 面与前面凸块在上图（b）中分析的 *C* 面重合，即两凸块的长度、高度相同。补画出后凸块的左视图，即完成了垫块的左视图。请注意，仅根据主、俯视图，后凸块的形状可以有多种，这里仅是其中的一种。

例 5-2 已知垫铁的主、俯视图（图 5-15）补画出其左视图。

垫铁的线、面分析过程及补画视图情况见图 5-16，方法与步骤如下：

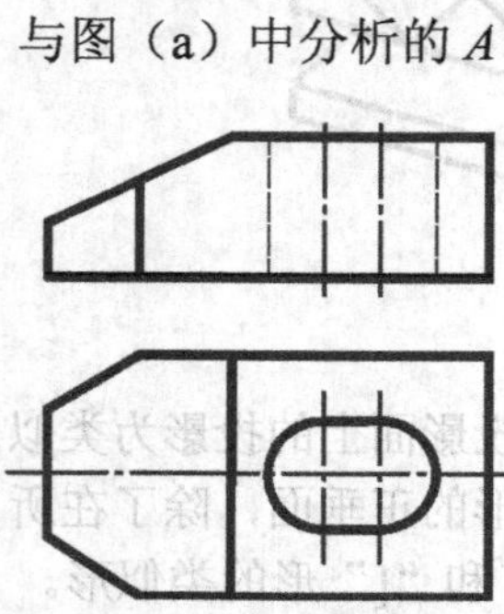

图 5-15 垫铁的两视图

图 5-16（a）所示，把垫铁可看成为一个长方体，其左上方被正垂面 A 截去一块，在俯视图上找出与之对应的投影，左视图上应出现相类似的长方形。画出其左视图。

图 5-16（b）所示，可看成为垫铁再被两个前后对称的铅垂面 B 各截去一块。由 B 面在俯视图上积聚成的一直线，可找出与之对应的正面投影 b'和侧面投影 b''，为相类似的梯形。B 面与 A 面的交线ⅠⅡ是一般位置直线。由 12 的 $1'2'$求出 $1''2''$。画出其左视图。

图 5-16（c）所示，根据垫铁右端有一长圆形的通孔的两视图，补画其左视图。再经过线、面投影的综合分析，想象出垫铁的整体形状。经过校核，并按规定的线型加深，完成所画视图。

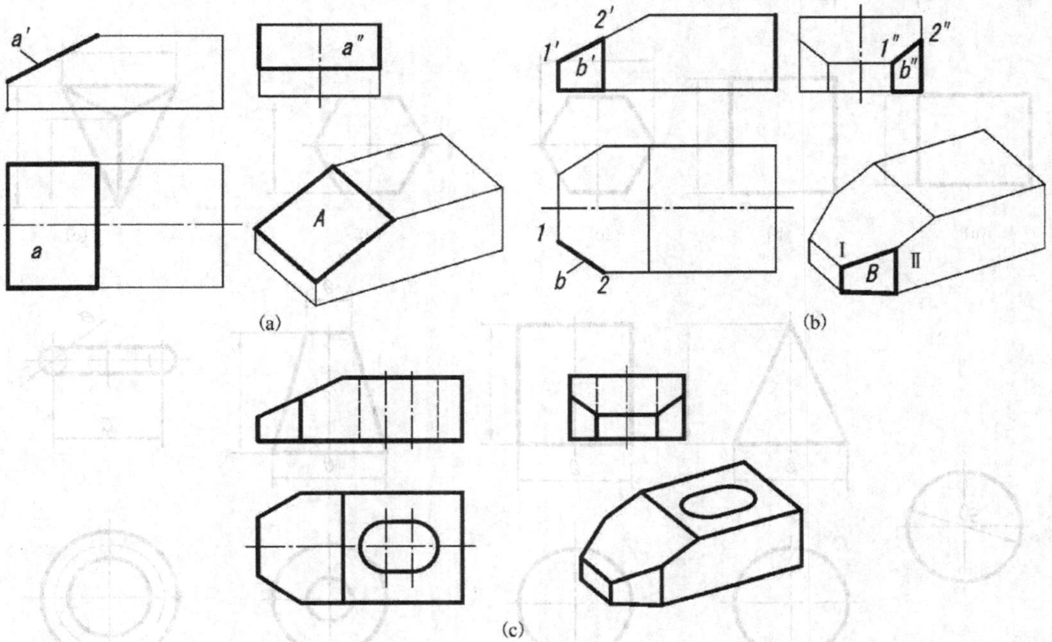

图 5-16 垫铁的面、线分析及补画视图

5.4 尺寸标注

组合体的视图，仅能反映组合体的形状；而组合体的大小，则必须根据标注在其视图上的尺寸来确定。图样上所注的尺寸是加工零件的依据，因此在标注尺寸时，要做到标注正确、完整、不遗漏、不重复。布局整齐清晰，便于看图，还需符合国家标准的规定。

5.4.1 基本形体的尺寸标注

基本形体一般要标注长、宽、高 3 个方向的尺寸。如图 5-17 所示，正三棱柱和长方体标注了长、宽、高，如图 5-17（a）、（b）；正六棱柱标注两棱面的距离（或对棱的距离）及棱柱高，如图 5-17（c）、（d）所示；如图 5-17（e）所示。对圆柱、圆台等回转体，在不反映圆的视图上，标注其直径 ϕ和高度，就可确定其形状大小，从而可以省画视图，如图 5-17（f）～（j）；球在直径 ϕ前加注“S”就注全了，也只需画一个视图，如图 5-17（f）所示。

平面与立体相交或立体与立体相交时，便会产生交线。如图 5-18（a）～（d）所示，除了注出基本形体的尺寸外，还要标注确定截平面位置的尺寸；两立体相交时，交线是自然产生的，不注尺寸，应注出两立体的定形尺寸和定位尺寸，如图 5-18（e）所示。

图 5-19 中列出了一些常见底板的尺寸标注。

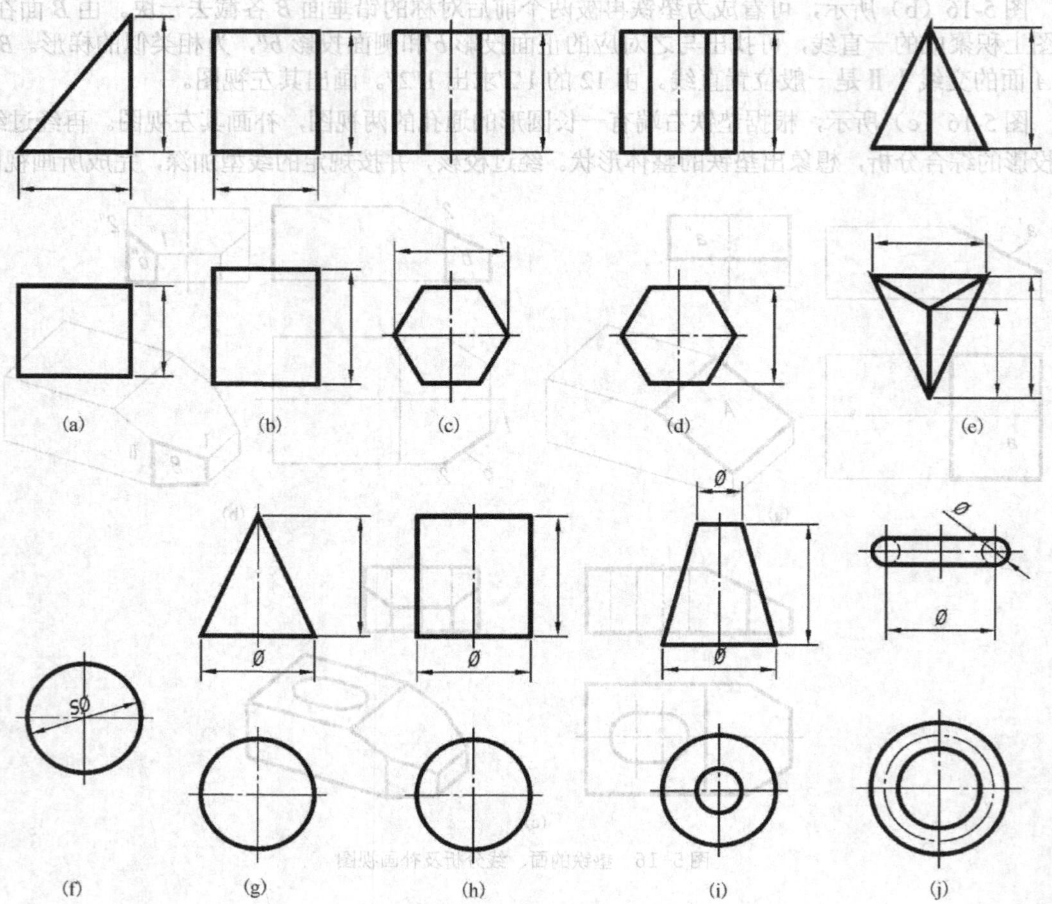

图 5–17　基本体的尺寸标注

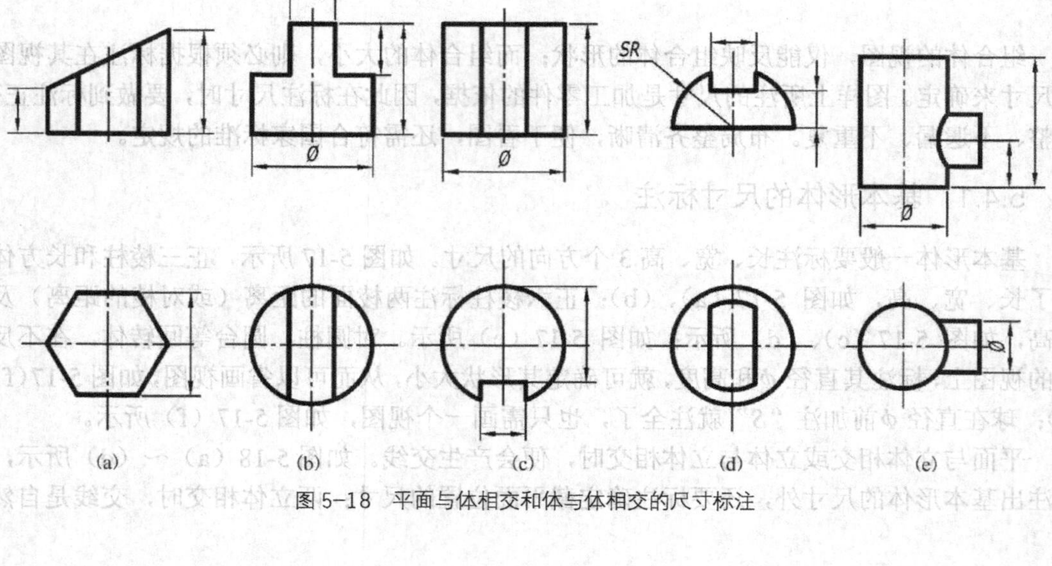

图 5–18　平面与体相交和体与体相交的尺寸标注

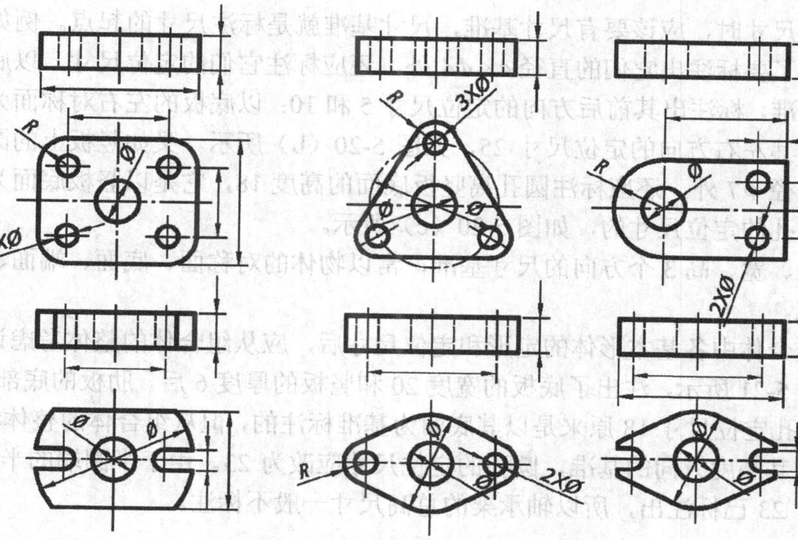

图 5-19　常见底板的尺寸标注

5.4.2　组合体的尺寸标注

组合体是由基本形体按一定的位置关系组合而成的。组合体尺寸有 3 类：

（1）定形尺寸。确定单个基本形体形状及大小的尺寸。

（2）定位尺寸。确定各基本形体间相对位置的尺寸。

（3）总体尺寸。确定组合体整体的总长、总宽和总高的尺寸。

图 5-20 列举了轴承架经形体分析后，各组成部分所标注的尺寸。

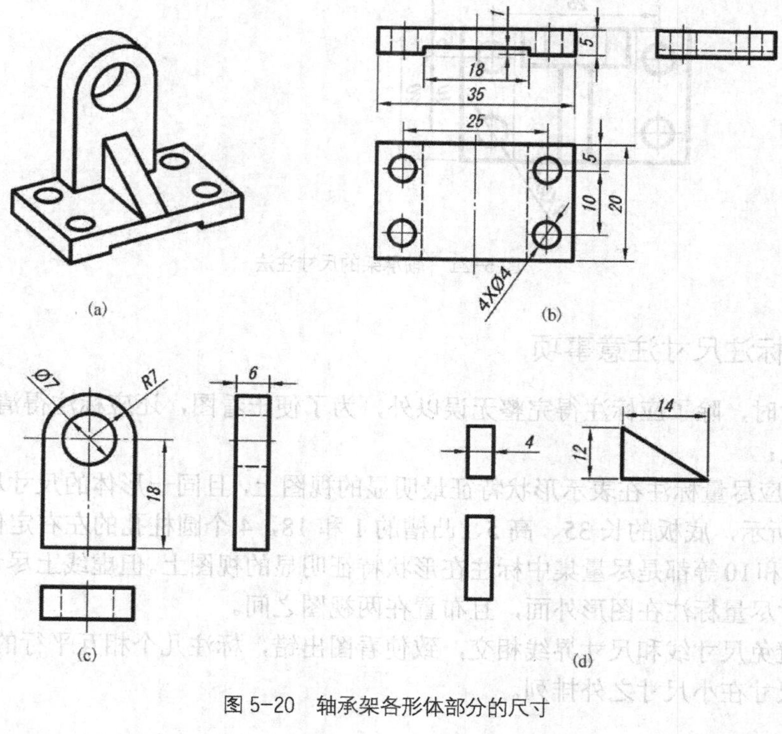

图 5-20　轴承架各形体部分的尺寸

标注定位尺寸时，应该要有尺寸基准，尺寸基准就是标注尺寸的起点。例如底板上的 4 个小圆孔，除了要标注出它们的直径 4× ϕ4 外，还应标注它们的定位尺寸，以底板的后面为宽度方向的基准，标注出其前后方向的定位尺寸 5 和 10；以底板的左右对称面为长度方向的基准，标注出其左右方向的定位尺寸 25，如图 5-20（b）所示。又如竖板上的圆孔，除了要标注出它的直径 ϕ7 外，还应标注圆孔离竖板底面的高度 18，它是以竖板底面为高度方向基准而标注出圆孔的定位尺寸的，如图 5-20（c）所示。

物体有长、宽、高 3 个方向的尺寸基准，常以物体的对称面、底面、端面、主要轴线等作为尺寸基准。

标注出组合体中各基本形体的定形和定位尺寸后，应从组合体的整体考虑调整标注其总体尺寸。如图 5-21 所示，注出了底板的宽度 20 和竖板的厚度 6 后，肋板的底部尺寸 14 可省略；竖板的圆孔定位尺寸 18 原来是以其底面为基准标注的，但从组合体的整体考虑，应从轴承架底面作为其高度方向的基准，圆孔的定位尺寸应改为 23。由于半圆端的半径 *R*7 和其中心的定位尺寸 23 已标注出，所以轴承架的总高尺寸一般不标注。

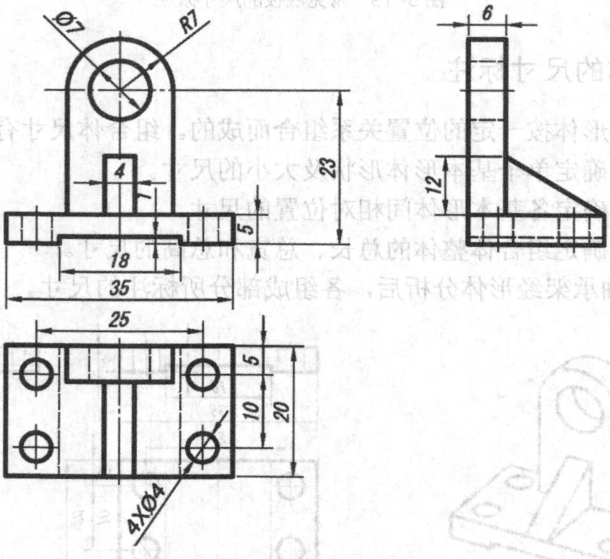

图 5-21　轴承架的尺寸注法

5.4.3　标注尺寸注意事项

标注尺寸时，除了应标注得完整无误以外，为了便于看图，还应标注得清晰。为此，应注意以下几点：

（1）尺寸应尽量标注在表示形状特征最明显的视图上，且同一形体的尺寸尽量集中标注。如图 5-21 中所示，底板的长 35、高 5、凸槽的 1 和 18，4 个圆柱孔的左右定位尺寸 25 和前后定位尺寸 5 和 10 等都是尽量集中标注在形状特征明显的视图上。但虚线上尽量不标注尺寸。

（2）尺寸尽量标注在图形外面，且布置在两视图之间。

（3）为避免尺寸线和尺寸界线相交，致使看图出错，标注几个相互平行的尺寸时，小尺寸在内，大尺寸在小尺寸之外排列。

第6章 零件常用的表达方法

在生产实际中，零件的结构形状是多种多样的。为使看图清晰明了和画图简便，必须采用适当的方法，完整、清晰地表达零件内外结构形状，要达到这些要求，仅用三视图是难以表达清楚的。《机械制图》国家标准中的“图样画法”GB/T4458.1—2002、GB/T4458.6—2002等对各种表达方法作了明确的规定。本章将着重介绍一些常用的表达方法。

6.1 零件外部形状的表达方法

6.1.1 基本视图

在《机械制图》国家标准中规定采用正六面体的6个面作为基本投影面。将零件向基本投影面投影，所得的视图称为基本视图。这6个基本视图除前述的三视图外，还有：

右视图——由右向左投影所得的视图；

仰视图——由下向上投影所得的视图；

后视图——由后向前投影所得的视图。

各投影面的展开方法是正面保持不动，其余按图6-1箭头所指的方向旋转，使其与正面共面。6个基本视图的配置如图6-2所示。

6个基本视图之间仍保持视图间的投影规律。各视图若画在同一张图纸上并按其规定位置配置时，一律不标注视图的名称，如图6-2所示。

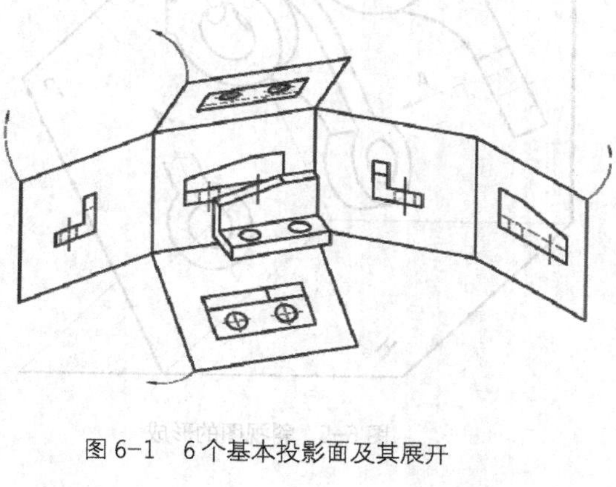

图6-1 6个基本投影面及其展开

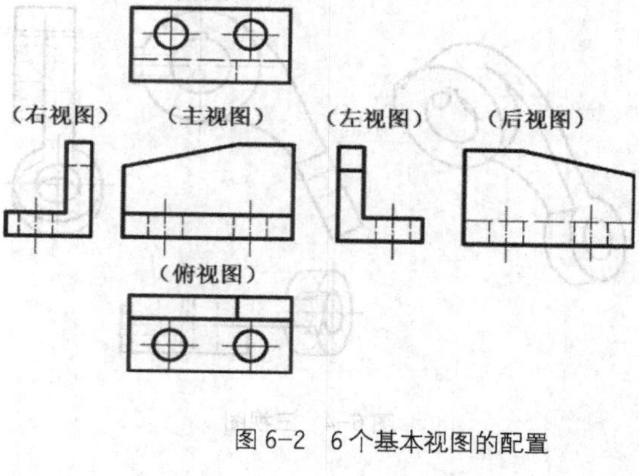

图6-2 6个基本视图的配置

国标要求：绘制零件的图样时，应首先考虑看图方便；根据零件的形状及结构特点选用适当的表达方法；在完整、清晰地表达机件各部分形状的前提下，力求制图简便，并不是每个零件均需 6 个基本视图。

6.1.2 向视图

向视图是可以自由配置的视图。由于图纸幅面及图面布局等原因，允许将视图配置在适当位置，这时应该作如下标注：在向视图的上方标出“×”（“×”为大写拉丁字母），在相应的视图附近用箭头指明投影方向，并注上同样的字母，注写视图名称的字母应比尺寸数字大一号，如图 6-3 所示。

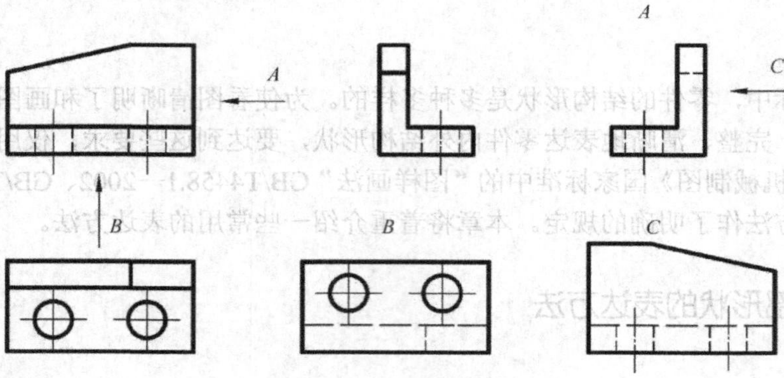

图 6-3 向视图的标注

6.1.3 斜视图

零件向不平行于任何基本投影面的平面投影，所得的视图称为斜视图。图 6-4 为压紧杆的三视图，由于压紧杆上的倾斜结构，不能在左、俯视图上反映实形，这给画图和看图带来困难，并且不宜标注尺寸。为了得到该倾斜表面的实形，可以按图 6-5 所示方法，增加一个平行于倾斜结构的正垂面作为新的投影面，然后将倾斜结构按垂直于新投影面的方向 *A* 作投影，这样就得到反映其实形的斜视图。

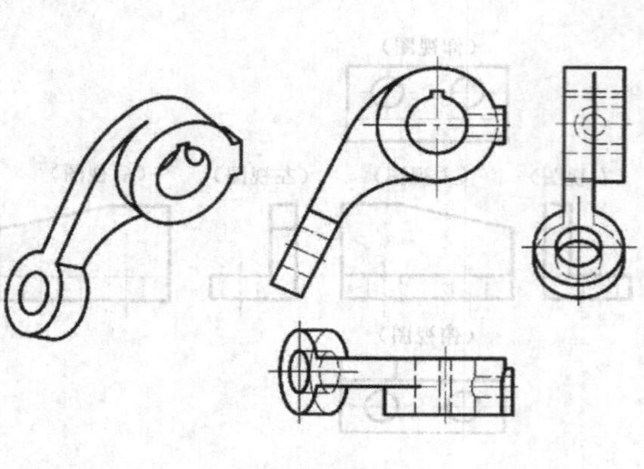
图 6-4 三视图

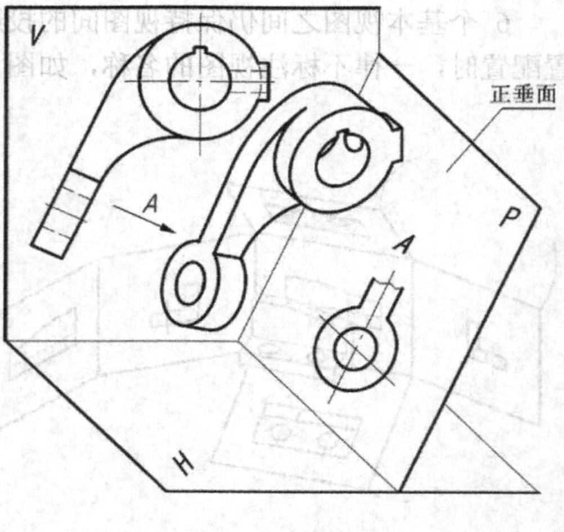

图 6-5 斜视图的形成

画斜视图的规定：

（1）斜视图用于表达零件倾斜部分的真实形状，其余部分不必画出，用波浪线断开，如图 6-6（a）所示。

（2）斜视图应在其上方用大写字母注出视图名称“×”，在相应视图附近用箭头指明投影方向，且注出相同字母，字母一律水平写，如图 6-6（a）中的“*A*”视图。

（3）斜视图一般应按投影关系配置，必要时可配置在其他适当位置。在不引起误解时，允许将图形旋转，旋转角度一般不大于 45°，旋转后斜视图上方标注“⌒×”或“⌒×”，箭头代表旋转方向，如图 6-6（b）所示。

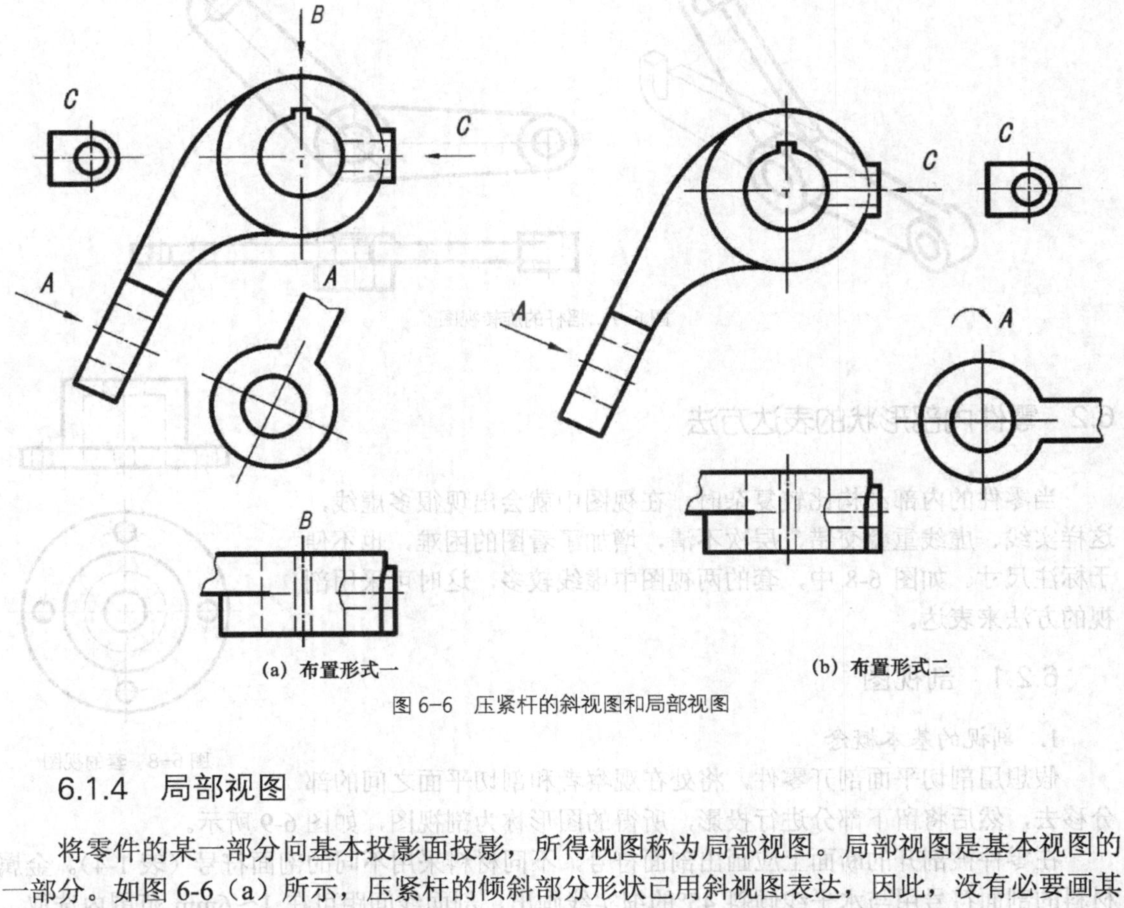

图 6-6　压紧杆的斜视图和局部视图

6.1.4　局部视图

将零件的某一部分向基本投影面投影，所得视图称为局部视图。局部视图是基本视图的一部分。如图 6-6（a）所示，压紧杆的倾斜部分形状已用斜视图表达，因此，没有必要画其完整的俯视图，仅需画出 *B* 向局部视图。为了表达压紧杆右侧的凸台形状，可用 *C* 向局部视图来表达。采用局部视图表达零件，可以使图形清晰简便。

画局部视图的规定。

（1）局部视图的断裂边界应以波浪线表示。如果所表达的结构要素是完整的，外轮廓线是封闭的，则波浪线可省略不画，如图 6-6（a）中 *C* 向视图所示。

（2）局部视图一般应在其上方用大写字母标出视图名称“×”，且在相应的视图附近用箭头指明投影方向，注上相同的字母，如图 6-6（a）所示。当局部视图按投影关系配置，中间又没有其他图形隔开时，可省略标注，如图 6-6（b）所示。

（3）为了使看图方便，局部视图最好按箭头指示方向配置，且使投影对齐。需要时也允许画在其他适当的地方，如图 6-6（b）中的“*C*”。

6.1.5 旋转视图

如图 6-7 所示，零件的某一部分倾斜于基本投影面，当该倾斜部分具有回转轴时，可假想将零件的倾斜部分绕回转轴旋转到与某一选定的基本投影面平行后，再向该投影面投影，所得的视图称为旋转视图。旋转视图一般不加任何标注。这是老国标中的规定，从 2002 年后不建议采用。

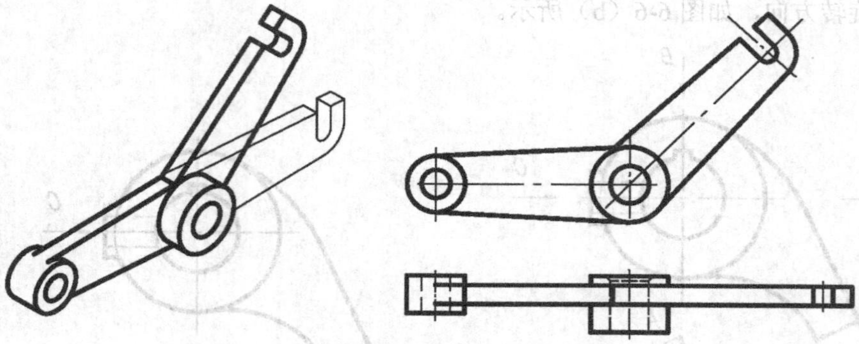

图 6-7 摇杆的旋转视图

6.2 零件内部形状的表达方法

当零件的内部结构比较复杂时，在视图中就会出现很多虚线，这样实线、虚线重叠交错，层次不清，增加了看图的困难，也不便于标注尺寸。如图 6-8 中，套的两视图中虚线较多，这时可采用剖视的方法来表达。

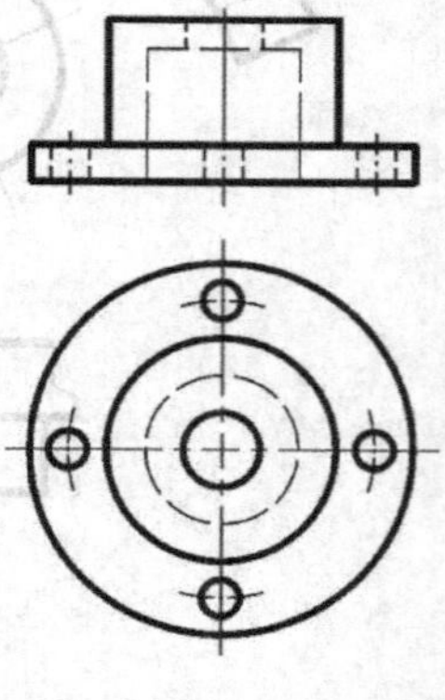

图 6-8 套的视图

6.2.1 剖视图

1. 剖视的基本概念

假想用剖切平面剖开零件，将处在观察者和剖切平面之间的部分移去，然后将留下部分进行投影，所得的图形称为剖视图，如图 6-9 所示。

在零件被剖开的断面上应画出剖面符号，不同材料采用不同的剖面符号（表 1-4）。金属材料的剖面符号用与水平线倾斜 45°的细实线画出，剖面线间距可在 1～6mm 范围内选取。在同一个零件的各个剖视图中，剖面线的倾斜方向和间距应相同。

画剖视图时应注意以下几点：

（1）剖视图是假想把零件剖开后画出的，并非真把零件切掉一部分，所以当某视图采用剖视表达时，其他视图仍应按完整的形状画出。图 6-10 中，零件的主视图取剖视后，俯视图画成一半是错误的。

（2）为了使剖视图能充分反映零件的内部结构，剖切平面应尽量通过孔、槽的对称平面或轴线，并平行于投影面。

（3）零件剖开后，凡是可见轮廓线都应画出，不能遗漏。如图 6-11（a）、（b）中箭头所指处的轮廓线应画出。

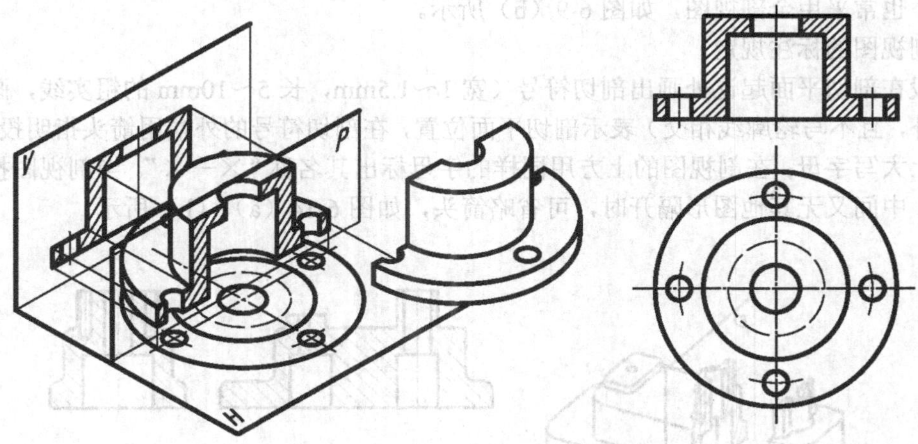

(a)　　(b)

图 6-9　剖视的形成

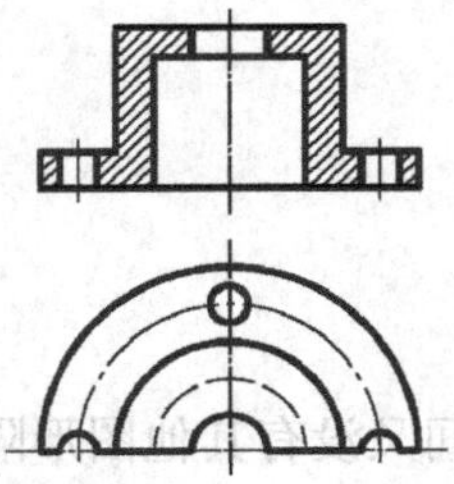

图 6-10　剖视中的错误画法

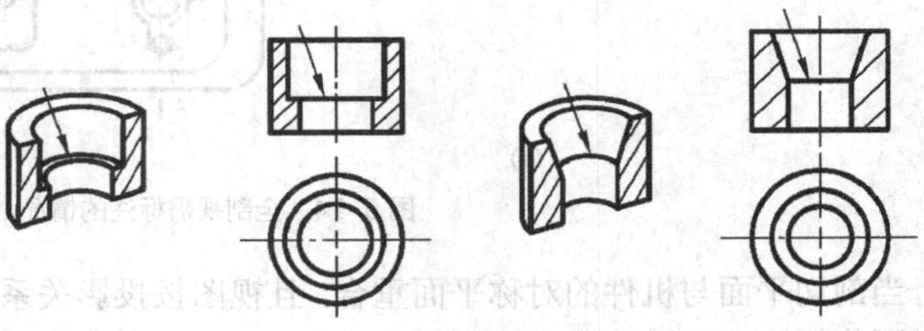

(a)　　(b)

图 6-11　剖切平面后面的可见轮廓线应画出

（4）剖视图中一般不画虚线。当剖切平面后面的不可见轮廓线在其他视图中无法表达清楚时，如图 6-12 中肋板的厚度，可保留必要的虚线。

2. 剖视图的种类及其规定画法

1）全剖视图

用剖切平面完全地剖开零件所得的剖视图称为全剖视图，简称全剖视，如图 6-13 所示。

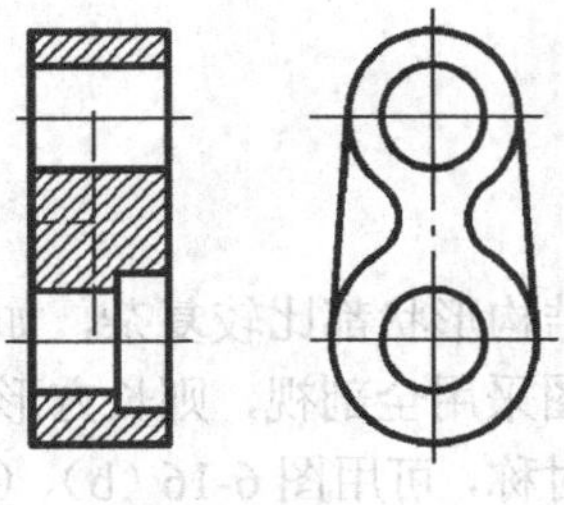

图 6-12　剖视图中保留必要的虚线

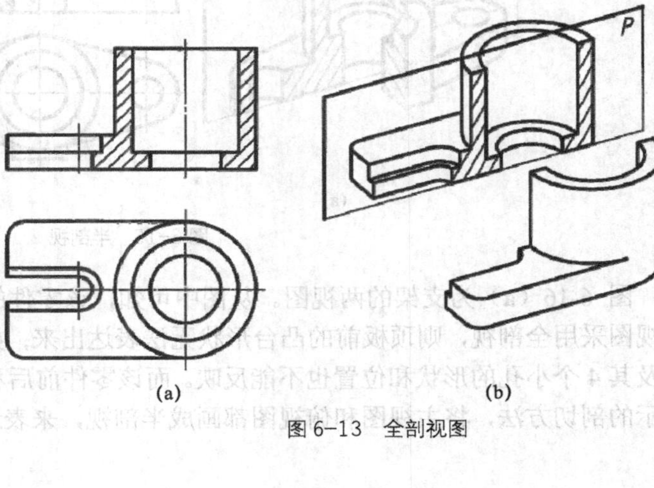

(a)　　(b)

图 6-13　全剖视图

全剖视图用于表达内部形状复杂又无对称平面的零件。对于外形简单，且具有对称平面的零件，也常采用全剖视图，如图 6-9（b）所示。

全剖视图的标注规定：

一般在剖切平面起讫处画出剖切符号（宽 1～1.5mm，长 5～10mm 的粗实线，画在视图轮廓之外，且不与轮廓线相交）表示剖切平面位置，在剖切符号的外端用箭头指明投影方向，并且注上大写字母；在剖视图的上方用同样的字母标出其名称“×—×”。当剖视图按投影关系配置，中间又无其他图形隔开时，可省略箭头，如图 6-14（a）、（b）所示。

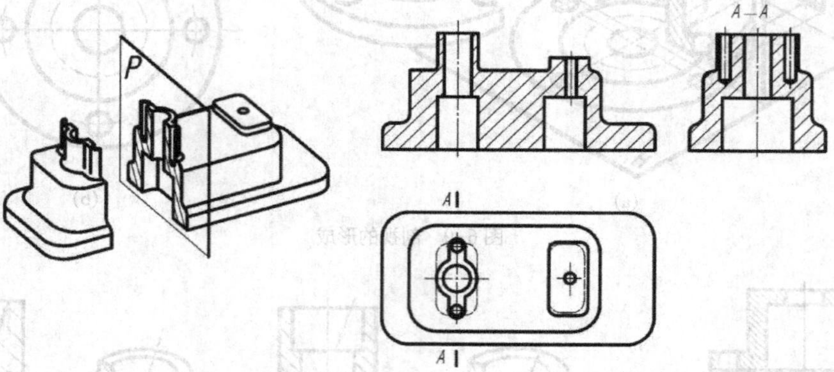

(a)　(b)

图 6-14　全剖视需标注的情况

当剖切平面与机件的对称平面重合，且视图按投影关系配置，中间又没有其他图形隔开，可以不作标注，如图 6-13 所示。

2）半剖视图

当零件具有对称平面，在垂直于对称平面的投影面上投影时，以对称中心线为界，一半画成剖视，另一半画成视图，这种剖视图称为半剖视图，如图 6-15 所示。

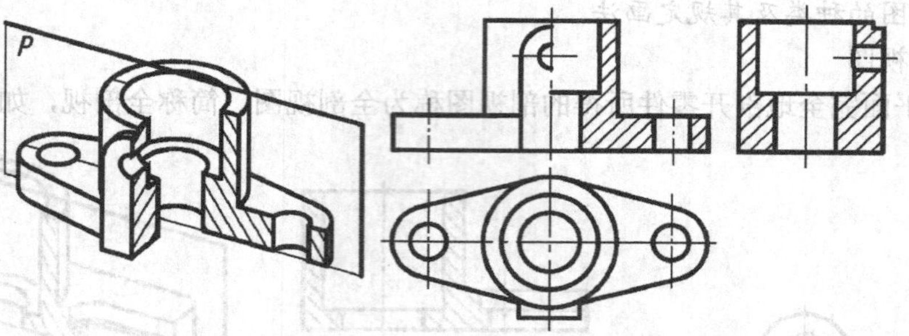

(a)　(b)

图 6-15　半剖视

图 6-16（a）为支架的两视图。从图中可知，该零件的内、外结构形状都比较复杂，如果主视图采用全剖视，则顶板前的凸台形状无法表达出来；如果俯视图采用全剖视，则长方形顶板及其 4 个小孔的形状和位置也不能反映。而该零件前后和左右都对称，可用图 6-16（b）、（c）所示的剖切方法，将主视图和俯视图都画成半剖视，来表达其内外结构形状，如图 6-17 所示。

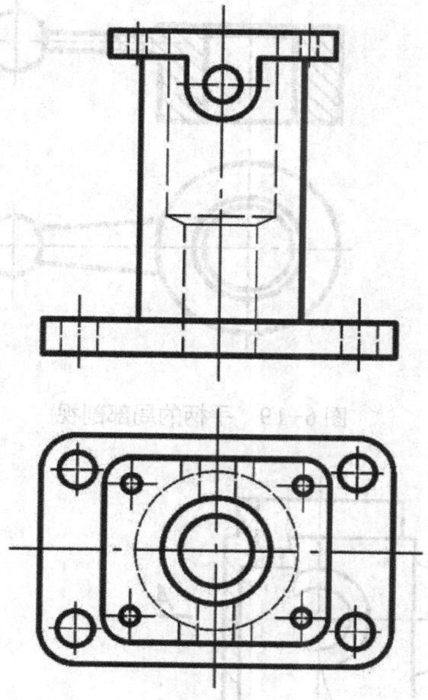

（a）两视图

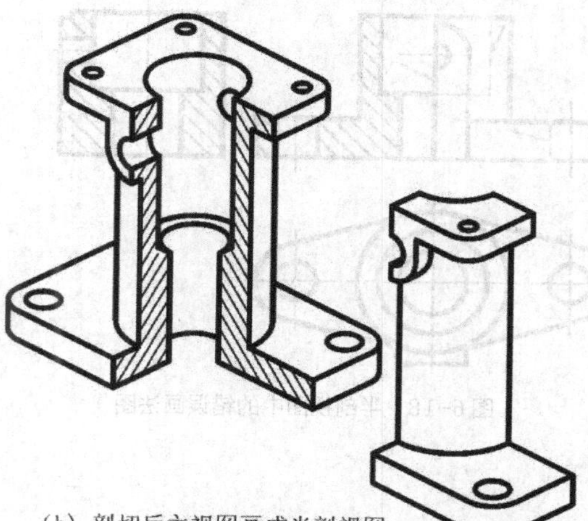

（b）剖切后主视图画成半剖视图

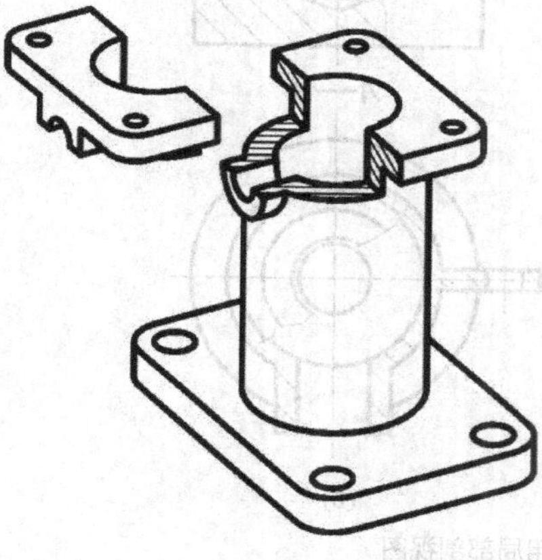

（c）剖切后俯视图画成半剖视图

图 6-16　支架半剖视的剖切位置

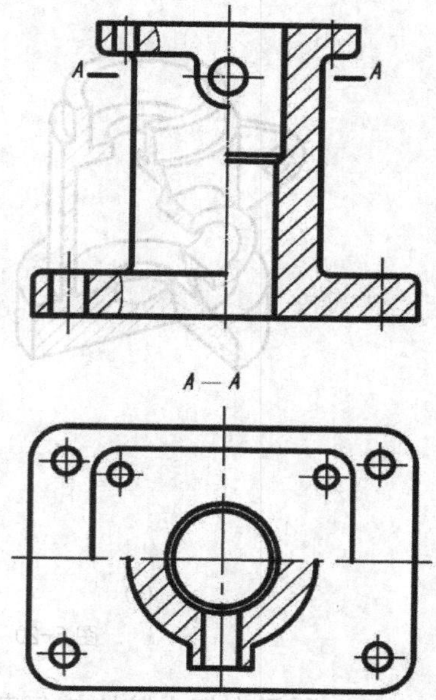

图 6-17　支架的半剖视图

画半剖视图的规定：

（1）半剖视图中的一半视图和一半剖视图的分界线是点画线而不是粗实线。

（2）零件内部结构在半剖视图中已表达清楚，在另一半外形视图上不必再用虚线表示。

（3）半剖视图的标注方法与全剖视图相同。

图 6-18 中箭头所指处是半剖视中常见的错误。

3）局部剖视图

用剖切平面局部地剖开零件所得的剖视图称为局部剖视图，简称局部剖视，如图 6-19 所示。

局部剖视图常用于表达零件上局部的外部形状和内部结构，如图 6-20 所示。

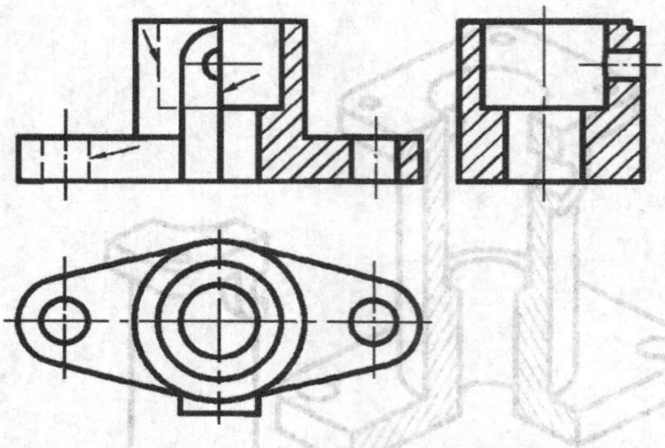

图 6-18　半剖视图中的错误画法图

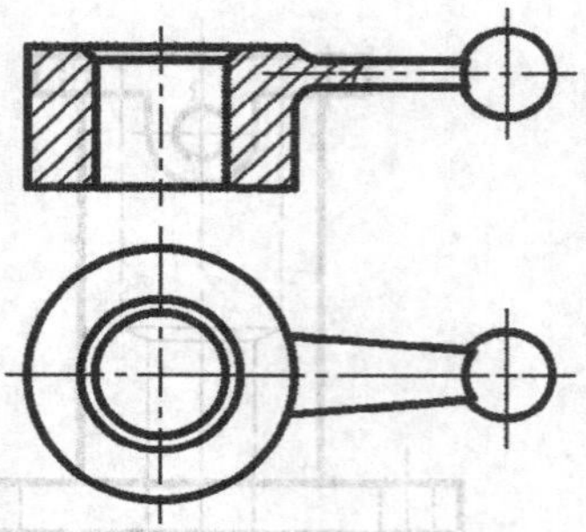

图 6-19　手柄的局部剖视

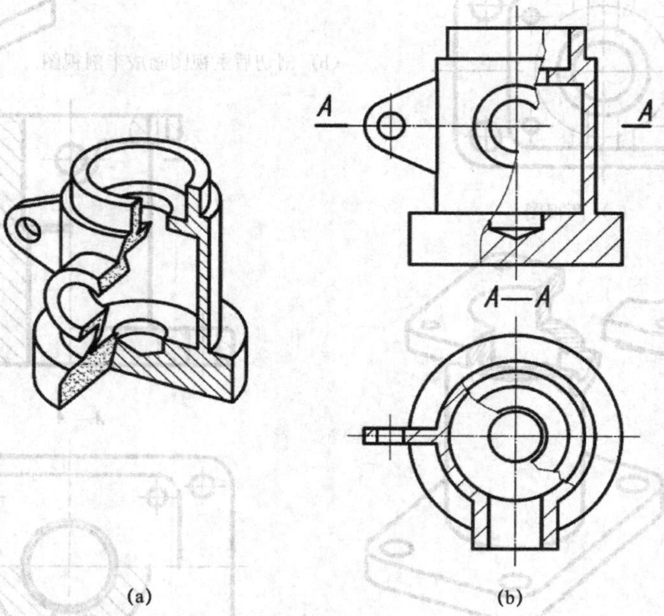

图 6-20　主视图采用局部剖视图

图 6-20（a）所示支架内腔比较复杂，而在外形上，前面有一凸台，左侧有一耳环，整个支架没有对称平面。要将该支架的内外形状结构表达清楚，主视图可采用局部剖视，既保留了凸台和耳环的形状，又表达了内部结构。

如图 6-21 所示的手柄，由于两边是实心杆，采用全剖视不合适；同时，中间的方孔中有一交线与中心线重合，采用半剖视也不合适，所以采用如图 6-21 所示的局部剖视为宜。

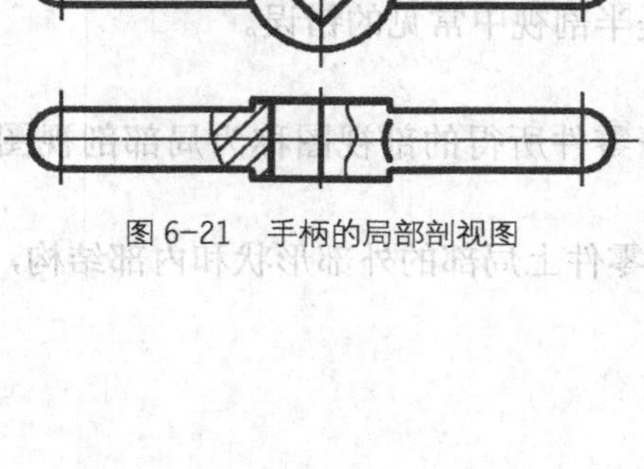

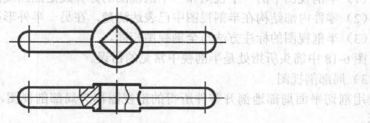

图 6-21　手柄的局部剖视图

局部剖视图是一种较灵活的表达方法，剖切平面的位置及剖切范围都可根据需要来选择。当剖切位置比较明显时，可不标注。

画局部剖视图的规定：

（1）局部剖视图与视图之间以波浪线分界，波浪线不应与轮廓线或其他图线重合或成为其延长线。图 6-22 中所示为画波浪线中的正误对照。

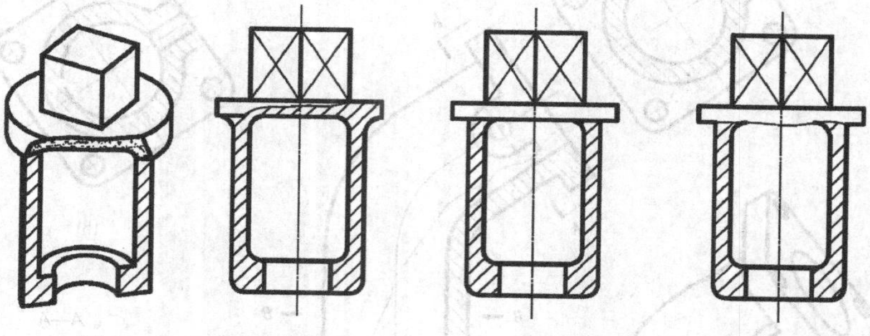

(a)　(b) 正确　(c) 错误　(d) 错误

图 6-22　波浪线正、误对照（一）

（2）波浪线应画在零件的实体部分，不应画在空洞处或超出图形以外。图 6-23 中给出了画波浪线的正误对照。

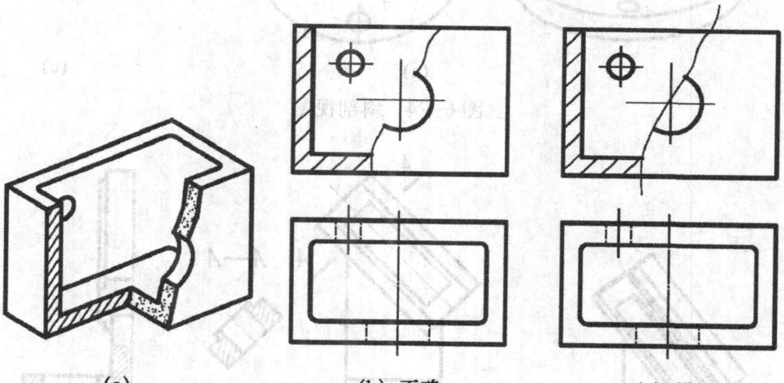

(a)　(b) 正确　(c) 错误

图 6-23　波浪线正、误对照（二）

4）斜剖视图

用不平行于任何基本投影面，但需垂直于一个基本投影面的剖切平面剖开零件后画出的剖视图称为斜剖视图，简称斜剖视，如图 6-24 所示。

图 6-24 中的“*A*—*A*”斜剖视图，表达了弯管、凸台及通孔、顶部凸缘的结构形状。

画斜剖视图的规定：

（1）斜剖视图应配置在箭头所指方向，并与基本视图保持投影关系。

（2）斜剖视图应标注，方法如图 6-24 所示。

（3）允许将图形移至图纸的适当位置；在不致引起误解时，允许将图形旋转，但旋转后的标注形式应为“⌒×—×”或⌒×—×”，箭头代表旋转方向，如图 6-24 中 *A*—*A* 所示。

（4）当斜剖视图轮廓线方向与水平线成 45° 左右时，为避免其剖面线与轮廓线平行，应画成与水平方向成 30°或 60°，其倾斜方向与间隔要与其他剖视图一致，如图 6-25（b）中 *A*—*A* 所示。

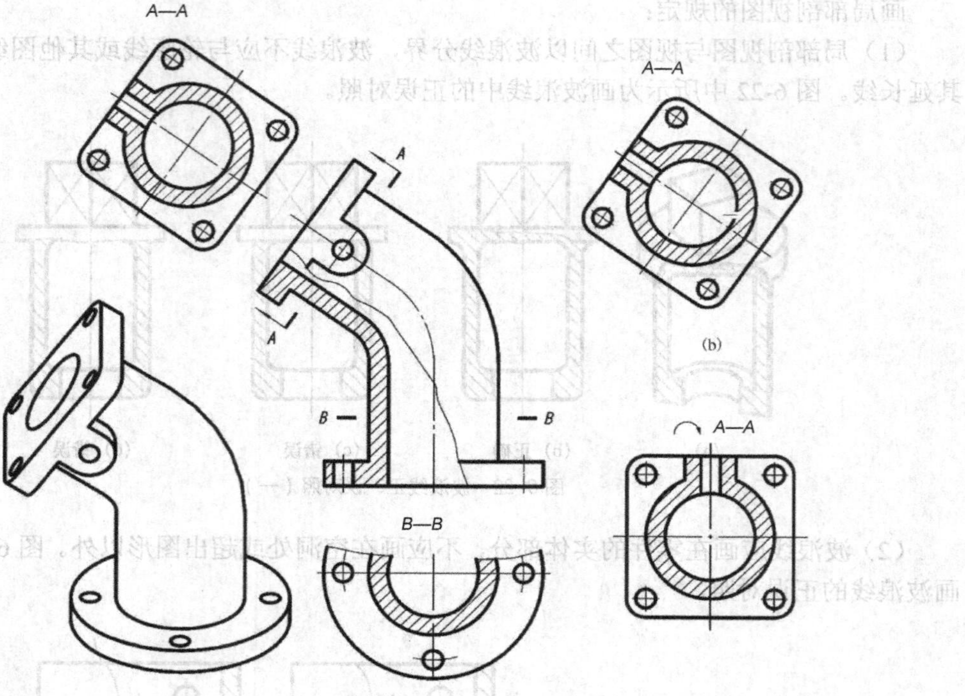

(a) (c)

图 6-24 斜剖视图

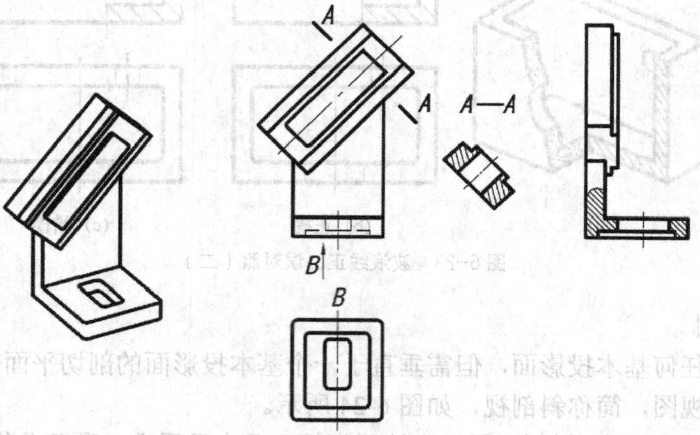

(a) (b)

图 6-25 斜剖视图中的剖面线方向

如上所述的全剖视图、半剖视图、局部剖视图和斜剖视图均为单一平面剖切所得到的剖视图。以下介绍的是用几个剖切平面剖切所得的剖视图。

5）阶梯剖视图

用几个相互平行的剖切平面剖开零件后画出的剖视图称为阶梯剖视图，简称阶梯剖视，如图 6-26 所示。

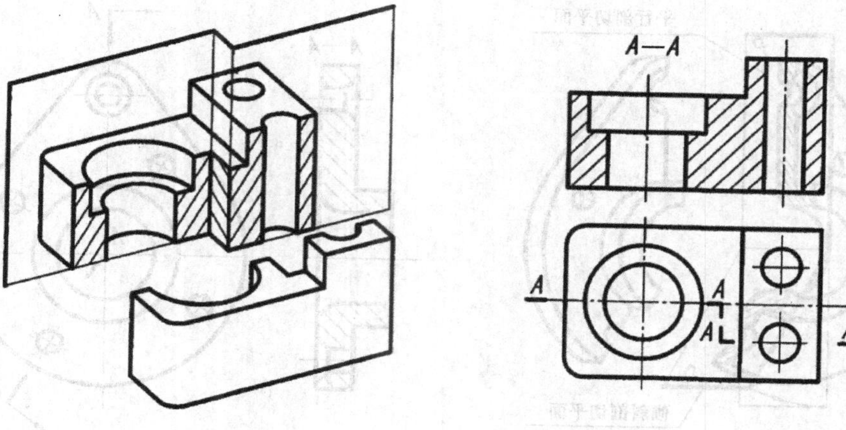

(a)　(b)

图 6-26　阶梯剖视图

图 6-26 中不同孔的轴线不在平行于基本投影面的同一平面内，如果用一个剖切平面剖切，无法将不同孔的结构表达清楚。所以假想用两个平行的剖切平面剖切零件，所得的 *A—A* 阶梯剖视图，能清楚地表达出不同孔的结构，如图 6-26 所示。

画阶梯剖视的规定：

（1）在剖切平面起讫及转折处必须画出剖切符号，标注相同的字母，并在阶梯剖视图上方用相同字母标出其名称“×—×”，如图 6-26（b）所示。

（2）在阶梯剖视图上，各剖切平面的转折处不应画出分界线，如图 6-27（a）中箭头所指处的粗实线不应画出。

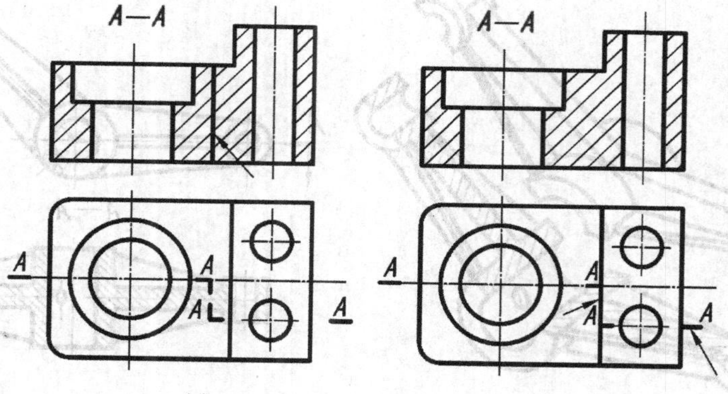

(a)　(b)

图 6-27　阶梯剖视图中的错误画法

（3）剖切符号的起讫、转折处尽可能不与轮廓线相交或重合，如图 6-27（b）中箭头所指处的画法应避免。

6）旋转剖视图

用相交两剖切平面（其交线垂直于某一基本投影面）剖开零件后画出的剖视图称为旋转剖视图，简称旋转剖视，如图 6-28 所示。

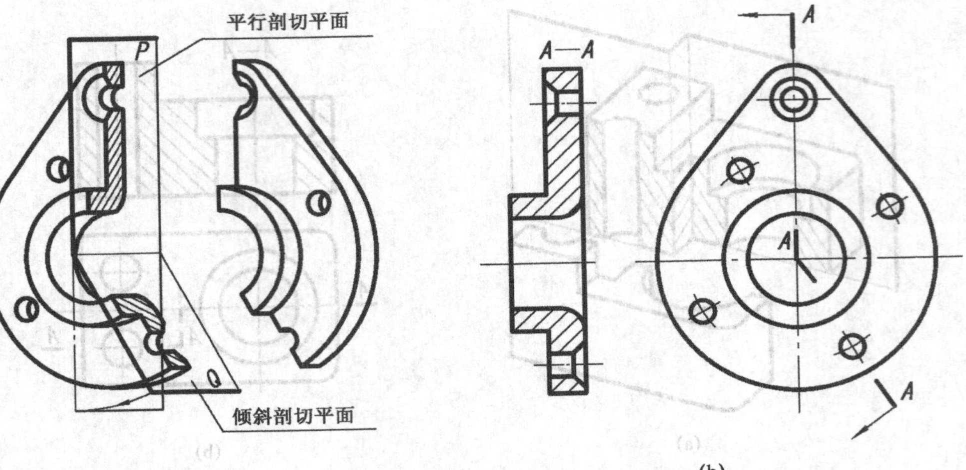

(a) (b)

图 6-28 旋转剖视图（一）

旋转剖视常用于表达零件上具有回转轴的倾斜结构。

画旋转剖视的规定：

（1）在剖切平面起讫和相交处必须画出剖切符号，标注同一字母，并在起讫处画出箭头指明投影方向，在旋转剖视图上方用相同字母注出其名称“×—×”，如图 6-28 所示。

（2）在剖切平面后的其他结构要素一般仍按原来位置投影，如图 6-29 中摇杆的油孔在俯视图中仍按其原来位置投影。

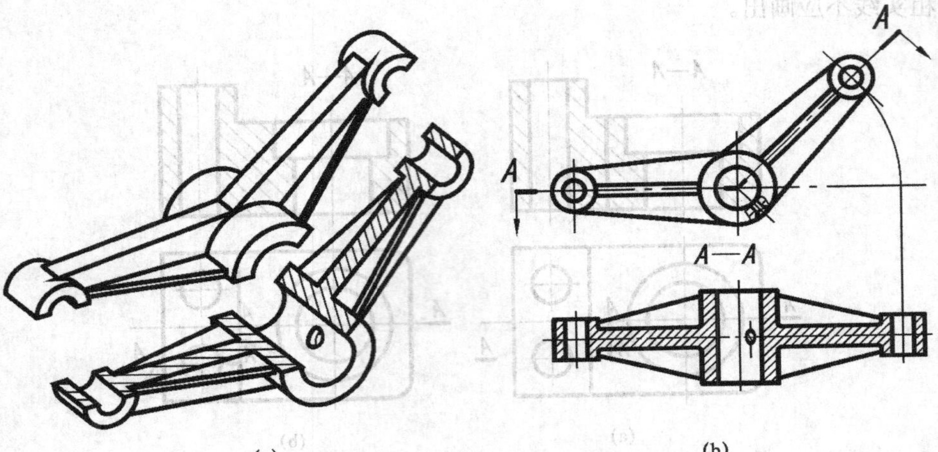

(a) (b)

图 6-29 旋转剖视图（二）

7）复合剖视图

用一组复合的剖切平面剖开零件后画出的剖视图称为复合剖视图，简称复合剖视，如图 6-30、图 6-31 所示。

复合剖视的标注方法与阶梯剖视、旋转剖视相同。如果复合剖视采用展开画法，应注出“×—×展开”字样，如图 6-31 所示。

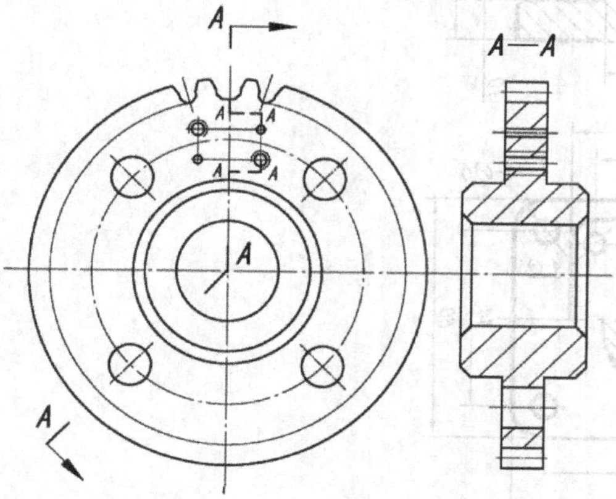

图 6-30　复合剖视图（一）

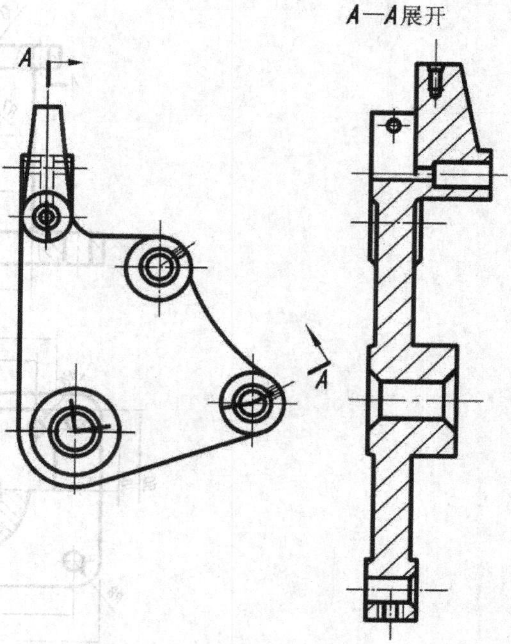

图 6-31　复合剖视图（二）

3. 剖视图中肋、薄壁等的画法

当剖切平面通过零件上的肋、薄壁或轮辐等结构厚度方向的对称平面或轴线时，这些结构作不剖处理，用粗实线将它与邻接部分分开，不画剖面符号。如果沿其他方向剖切，则这些结构仍需画出剖面符号。如图 6-32 所示的轴承座，其左视图取全剖视。由于剖切平面通过中间肋板厚度方向[图 6-32（b）]的对称平面，肋板范围用粗实线画出，且不画剖面符号，俯视图采用了 *A*—*A* 全剖视，由于剖切平面垂直于肋板[图 6-32（c）]的厚度方向，其断面应画剖面符号。

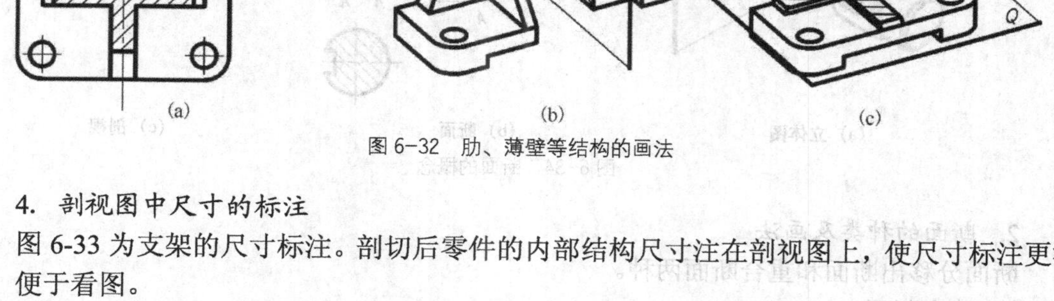

图 6-32　肋、薄壁等结构的画法

4. 剖视图中尺寸的标注

图 6-33 为支架的尺寸标注。剖切后零件的内部结构尺寸注在剖视图上，使尺寸标注更清晰，便于看图。

在半剖视图中，由于内部结构、外形形状各表达一半，因此尺寸的一端画出箭头，指到尺寸界线，另一端不带箭头略超出对称中心线，如图 6-33 中 ϕ25、 ϕ22、50、38。

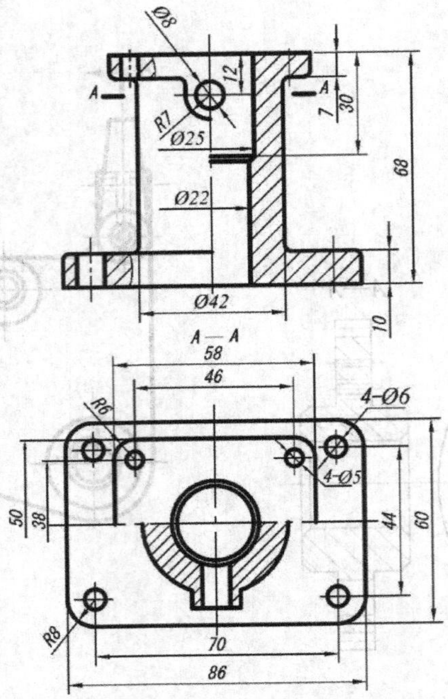

图 6-33　剖视图中的尺寸标注

6.2.2　断面图

1. 断面的概念

假想用剖切平面剖开零件，仅画出断面的图形，并画上断面符号，这种图形称为断面图，简称断面，如图 6-34 所示。

断面图和剖视图区别在于：断面图仅仅画出断面的图形，如图 6-34（b）所示；而剖视图除画出断面的图形外，还必须画出剖切平面后面零件可见部分的投影，如图 6-34（c）所示。

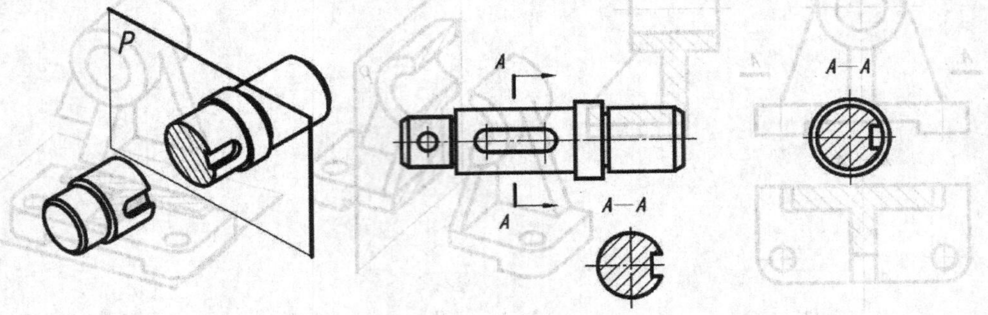

(a) 立体图　(b) 断面　(c) 剖视

图 6-34　断面的概念

2. 断面的种类及画法

断面分移出断面和重合断面两种。

1）移出断面

（1）画法。画在视图轮廓线之外的断面，称为移出断面，如图 6-35 所示，其轮廓线为粗实线。

移出断面应尽量配置在剖切平面迹线的延长线上，如图 6-35（a）、（b）所示。也可将移出断面画在适当的位置，如图 6-34（b）所示，当断面图形对称时也可画在视图中断处，如图 6-36 所示。

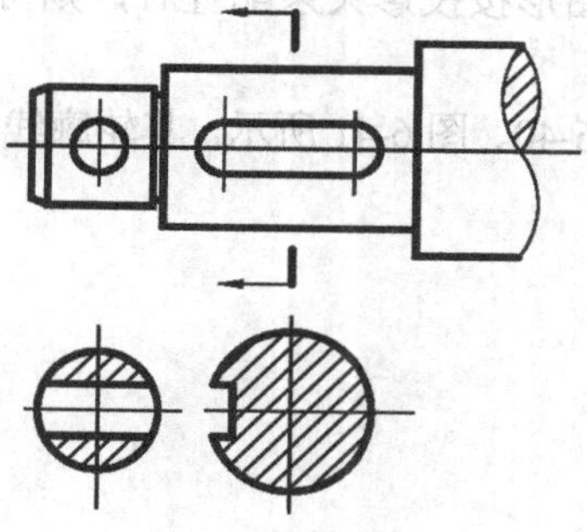

(a)　　(b)

图 6-35　移出断面（一）

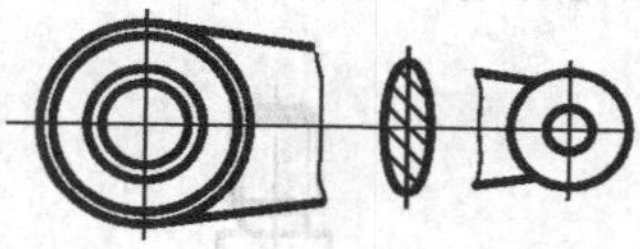

图 6-36　移出断面（二）

画断面图时，剖切平面一般应垂直于被剖切部分的轮廓线或轴线，使断面图反映出断面的实形，如图 6-37 所示。

用相交两剖切平面剖开零件画出的移出断面，其中间应断开，如图 6-38 所示。

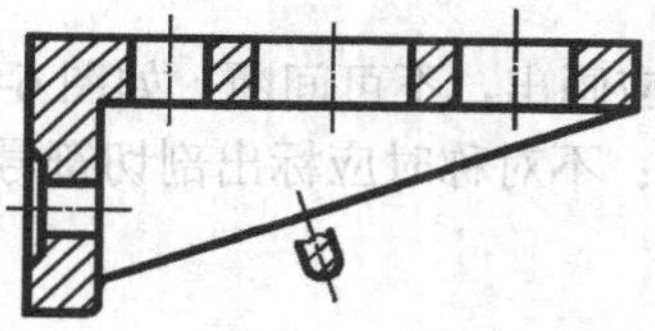

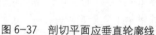

图 6-37　剖切平面应垂直轮廓线

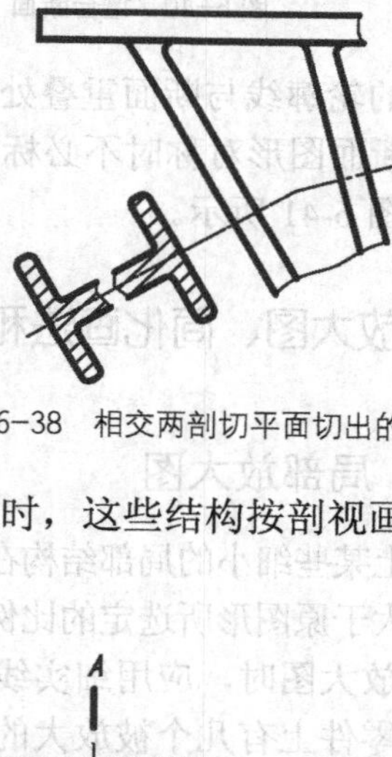

图 6-38　相交两剖切平面切出的断面图画法

当剖切平面通过回转面形成的孔、凹坑等结构的轴线时，这些结构按剖视画出，即孔、凹坑的轮廓线应封闭，如图 6-39 所示。

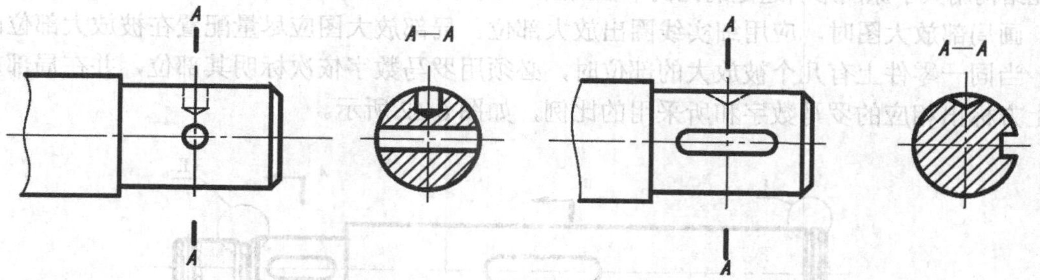

(a)　　(b)

图 6-39　回转面孔、凹坑断面的画法

（2）标注。移出断面一般应画出剖切符号，并注出大写字母，表示剖切平面的位置和投影方向，断面图上方注出相同的字母“×—×”，如图 6-34 中“*A*—*A*”所示。

如断面图形画在剖切平面迹线的延长线上，则：

当图形对称时，不作任何标注，如图 6-35（a）所示；当图形不对称时，画剖切符号及箭头，可省略字母，如图 6-35（b）所示。

断面图形未画在剖切平面迹线的延长线上，当图形按投影关系配置时，则可省略箭头。

2）重合断面

画在视图轮廓之内的断面，称为重合断面，如图 6-40、图 6-41 所示，其轮廓线画成细实线。

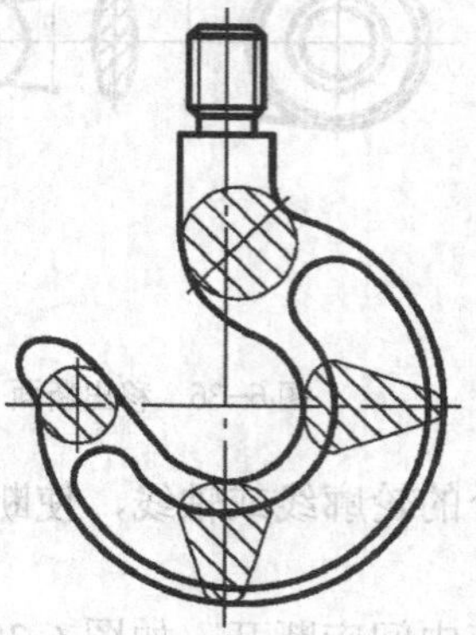

图 6-40 重合断面（一）

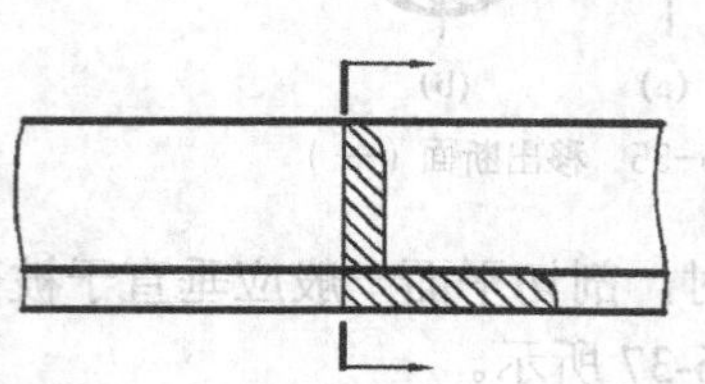

图 6-41 重合断面（二）

在视图的轮廓线与断面重叠处，视图的轮廓线仍应画出，不可间断，如图 6-40、图 6-41 所示。重合断面图形对称时不必标注，如图 6-40 所示；不对称时应标出剖切符号及箭头，字母省略，如图 6-41 所示。

6.3 局部放大图、简化画法和其他规定画法

6.3.1 局部放大图

当零件上某些细小的局部结构在原来选定比例的图形中不易表达清楚或不便标注尺寸时，可将此结构用大于原图形所选定的比例单独画出，这种图形称为局部放大图，如图 6-42 所示。

画局部放大图时，应用细实线圈出放大部位。局部放大图应尽量配置在被放大部位的附近。当同一零件上有几个被放大的部位时，必须用罗马数字依次标明其部位，并在局部放大图上方标出相应的罗马数字和所采用的比例，如图 6-42 所示。

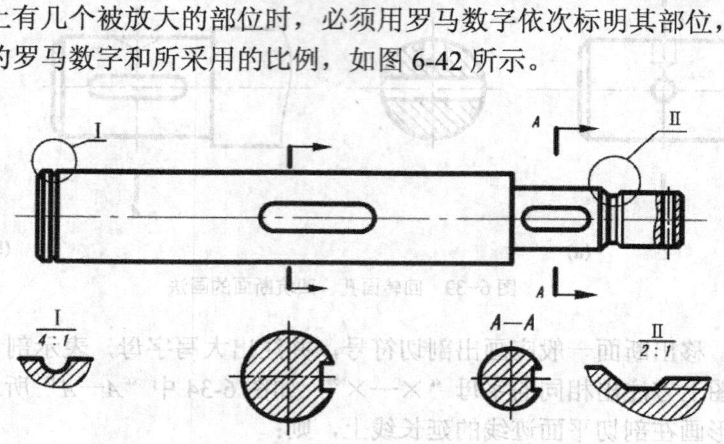

图 6-42 局部放大图

6.3.2　简化画法和其他规定画法

（1）若干直径相同且成规律分布的孔（圆孔、螺纹孔、沉孔等）可以仅画出一个或几个，其余则用点画线表示其中心位置，并在图中注明孔的总数，如图 6-43 所示。

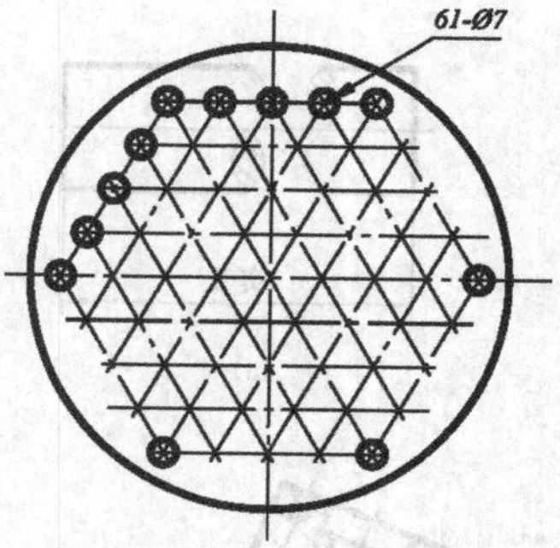

图 6-43　规律分布孔的表示法

（2）网状物、编织物或零件上的滚花，可在轮廓线附近用细实线示意画出，并在零件图中或技术要求栏内注明这些结构的具体要求，如图 6-44（a）、（b）所示。

（3）当图形不能充分表达平面时，可在其平面部分画相交两细实线表示，如图 6-45（a）、（b）所示。

（4）当零件回转体上均匀分布的肋、轮辐、孔等结构不处于剖切平面上时，可将这些结构旋转到剖切平面上画出，如图 6-46（a）、（b）所示。

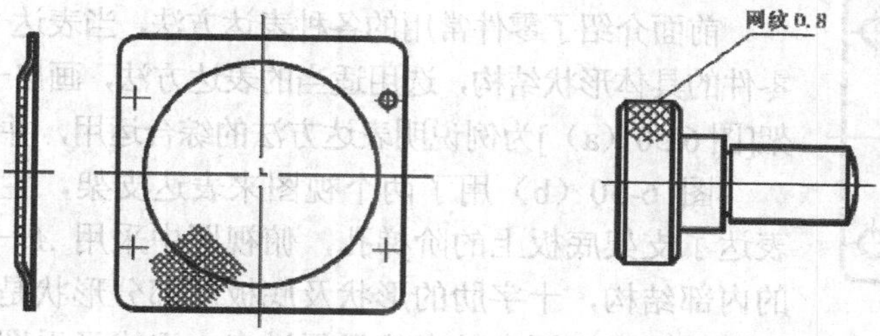

(a)　(b)

图 6-44　网状物、滚花等的简化画法

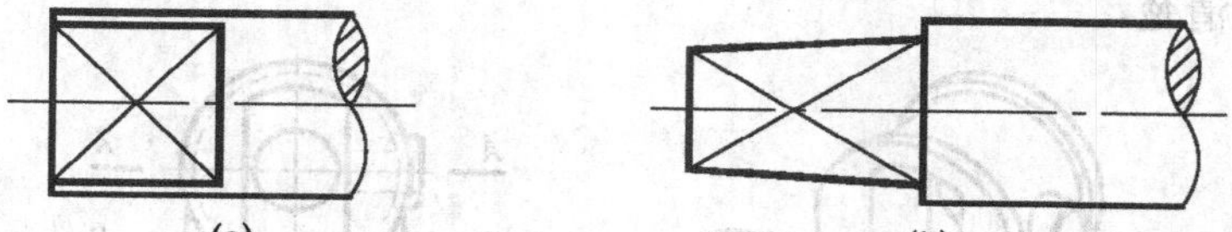
(a)　(b)

图 6-45　零件上平面部分的简化画法

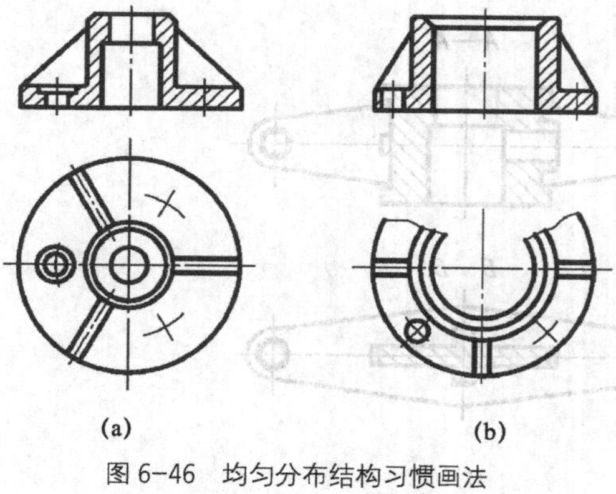
(a)　(b)

图 6-46　均匀分布结构习惯画法

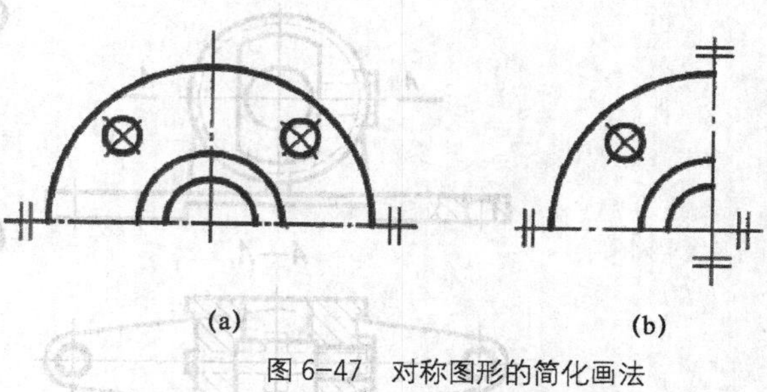
(a)　(b)

图 6-47　对称图形的简化画法

（5）在不致引起误解时，对于对称零件的视图可只画一半，或四分之一，如图 6-47（a）、（b）所示。此时应在对称中心线两端画出两条与其垂直的平行细实线。

（6）较长的机件（轴、杆、型材、连杆等）沿长度方向的形状一致或按一定规律变化时，可以断开后缩短表示，但要标注实际尺寸，如图 6-48 所示。

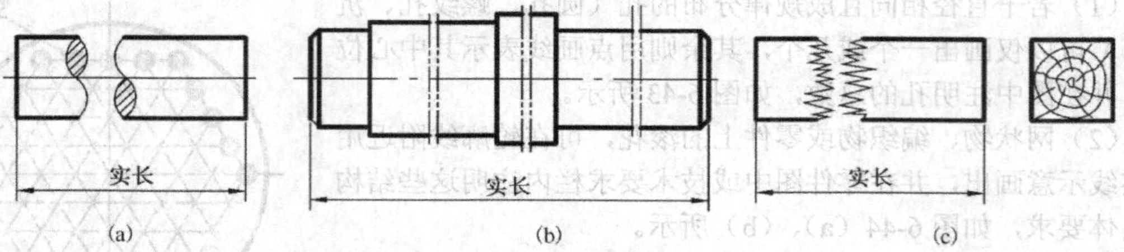

图 6-48　折断画法

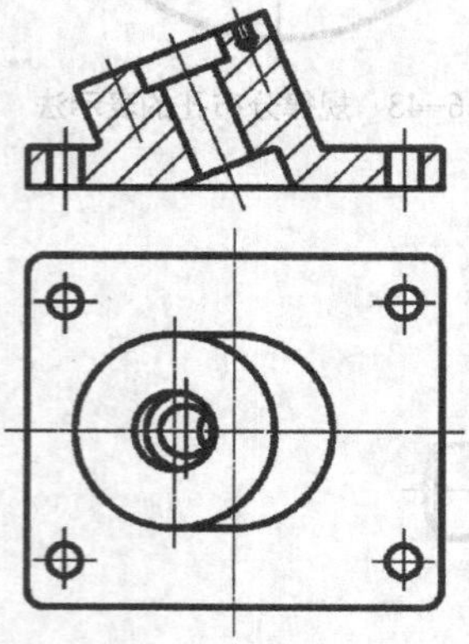
图 6-49　近似画法

（7）与投影面倾斜角度小于或等于 30° 的圆弧和圆，其投影可用圆弧或圆代替，如图 6-49 所示。

6.4　综合应用举例

前面介绍了零件常用的各种表达方法，当表达一个零件时，应根据零件的具体形状结构，选用适当的表达方法，画出一组视图。下面以支架[图 6-50（a）]为例说明表达方法的综合运用，并进行分析和比较。

图 6-50（b）用了两个视图来表达支架，主视图中的局部剖视表达了支架底板上的阶梯孔，俯视图中采用 *A—A* 全剖视表达支架的内部结构，十字肋的形状及底板的部分形状是用虚线来表示的。这样使得俯视图中的虚线显得过多，造成了看图的困难。另外这个表达方案中的部分结构，如宽度方向的肋及左侧的凸台表达得不够明显，凸台与其他结构的相对位置也不太清楚。

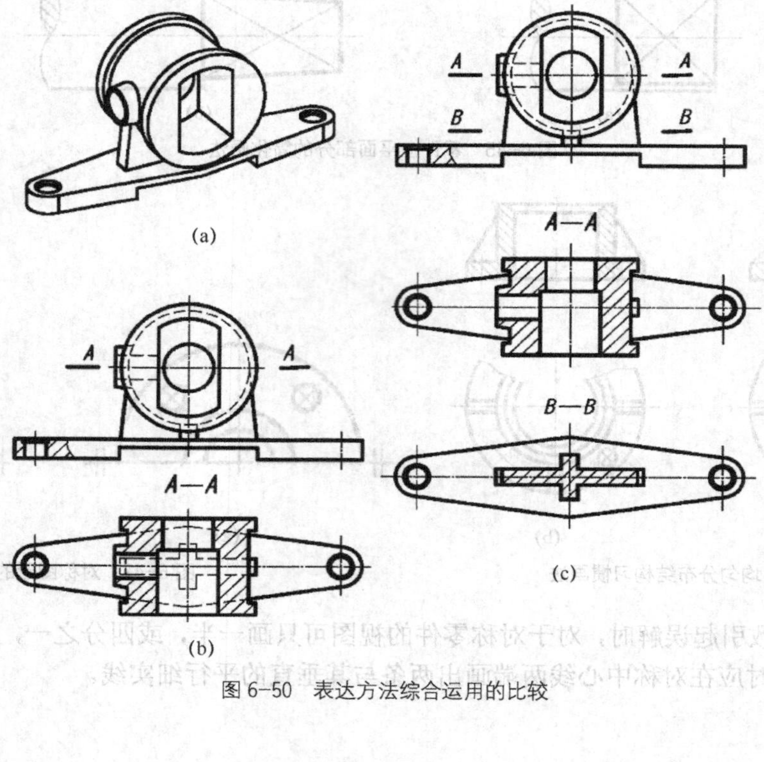

图 6-50　表达方法综合运用的比较

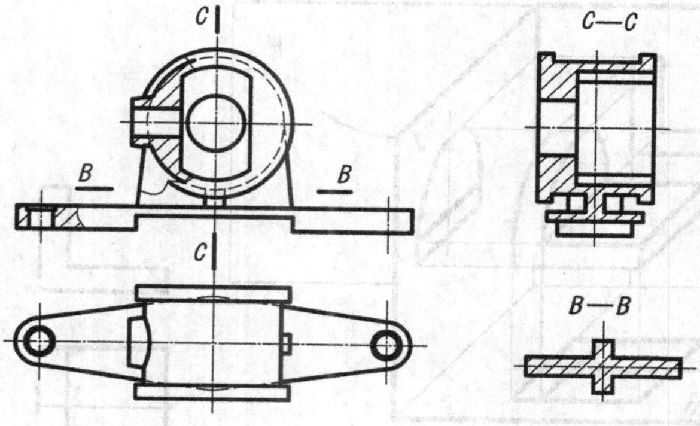

(d)

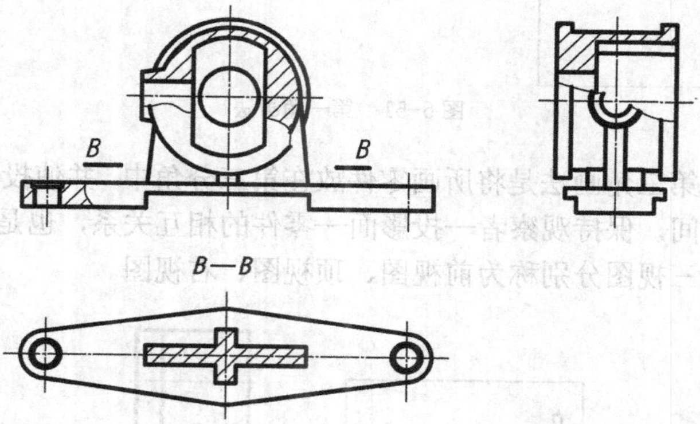

(e)

图 6-50　表达方法综合运用的比较（续）

图 6-50（c）是在上述表达方案的基础上增加了一个 *B—B* 剖视，这样就可减少俯视图中的一些虚线，使十字肋与底板的形状和相对位置显得清晰，但（b）方案中表达不够明显的结构还是不清楚，而且底板形状表达重复，视图位置未安排好，不能合理利用图纸。

图 6-50（d）采用了 4 个图形，主视图中又增加了一处局部剖视，表达凸台处的通孔，左视图采用了 *C—C* 全剖视，以表达支架的内部结构，俯视图只表示了支架的外形，选用 *B—B* 移出断面表达十字肋板，这个方案中视图数量稍多了一些，另外十字肋与底板的相对位置不太明显。

图 6-50（e）采用了 3 个图形，主、左视图采用局部剖视，既表达了支架的外部形状，又表达了支架的内部结构，俯视图采用了 *B—B* 全剖视，表达了十字肋及底板的形状。这个方案中，主、左视图都表示了支架的内外形状结构，使支架各部分的相对位置比较清楚，俯视图采用剖视后也使十字肋与底板的相对位置表示得非常明显。很显然，该表达方案优于前 3 个表达方案。

表达方案选择直接关系到图样表达是否完整、清晰，因此应很好掌握这方面的知识，选择最佳方案。

6.5　第三角画法简介

在国家标准中规定，我国采用第一角画法，而有些国家则采用第三角画法。为了更好地进行国际间技术交流，就需要了解第三角画法。

如图 6-51 所示，第一角画法是将所画零件放在第一分角中，即置于观察者与投影面之间，且保持观察者—零件—投影面的相互关系，并用正投影法来绘制零件的图样。

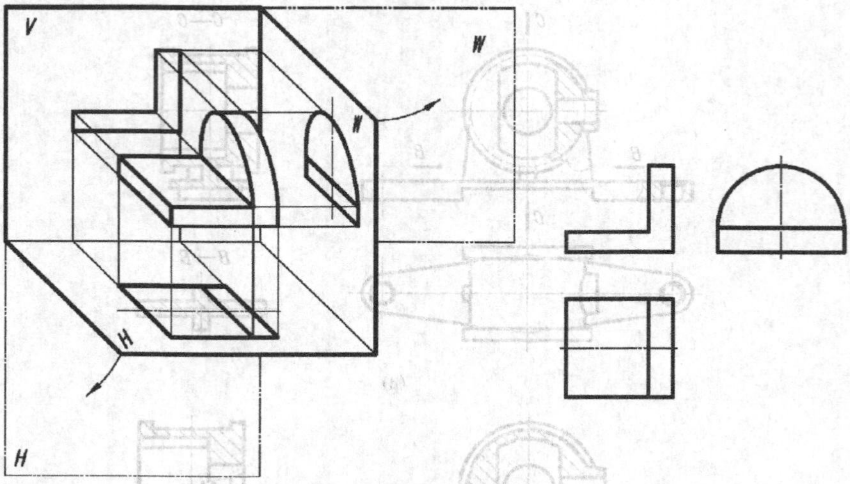

图 6-51 第一角画法

如图 6-52 所示，第三角画法是将所画零件放在第三分角中，并使投影面（假想为透明的）置于观察者与零件之间，保持观察者—投影面—零件的相互关系，也是用正投影法来绘制零件的图样。所得到的三视图分别称为前视图、顶视图、右视图。

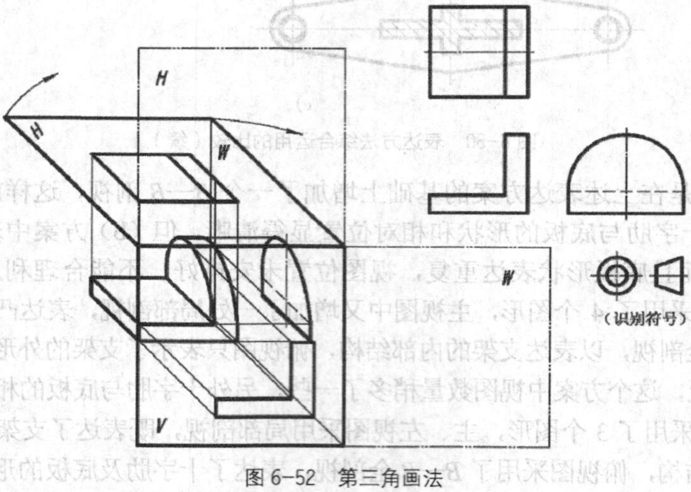

图 6-52 第三角画法

用第三角画法与第一角画法绘制的图样，都是在 3 个相互垂直投影面上的多面正投影图。展开投影面时，均规定 V 面不动，分别把 H 面、W 面各自绕它们与 V 面的交线为轴旋转，与 V 面展开成同一平面。因此，各视图之间都分别保持对应的投影关系。

采用第三角画法时，必须在图样中画出第三角投影的标识符号，如图 6-53 所示。

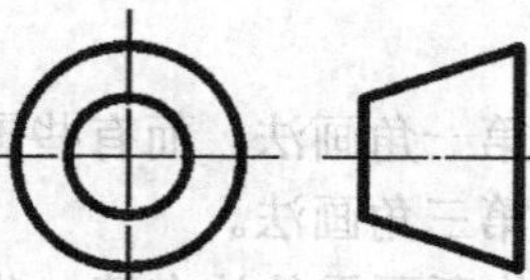

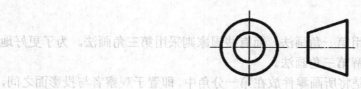

图 6-53 第三角投影的识别符号

第7章 标准件和常用件

机器中大量使用的零件（螺栓、螺母、垫圈、键、销等）和组件（如滚动轴承），其结构、尺寸等方面均已标准化、系列化，这类零件、组件称为标准件。而机器中广泛使用的齿轮、弹簧等，仅对部分重要参数标准化、系列化，这类零件称为常用件。

本章主要介绍一些标准件和常用件的规定画法、代号、标注及有关的连接画法等。

7.1 螺纹

7.1.1 螺纹的形成和要素

1. 螺纹的形成

螺纹是在圆柱表面上，用专用刀具沿螺旋线切制形成的连续凸起和沟槽。在外表面上形成的螺纹，称为外螺纹；在内表面上形成的螺纹，称为内螺纹。螺纹的加工方法有多种，如图 7-1（a）是在车床上加工外螺纹和内螺纹的情况，工件绕轴线作等速旋转，螺纹车刀沿轴线方向作等速直线运动，车刀切入工件一定的深度时，便在工件上车制出螺纹；图 7-1（b）是加工直径较小的内螺纹的情况，先用钻头钻出光孔，再用丝锥攻出内螺纹；图 7-1（c）是在细小的圆柱上用板牙绞出螺纹，用碾压板挤压出螺纹。

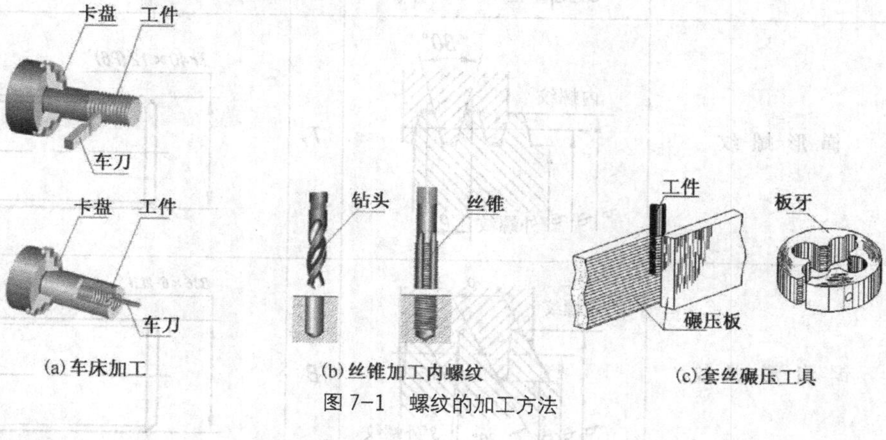

(a) 车床加工　(b) 丝锥加工内螺纹　(c) 套丝碾压工具

图 7-1　螺纹的加工方法

2. 螺纹的要素

1）牙型

在通过螺纹轴线的剖面上得到的轮廓形状，称为螺纹牙型。常见的有三角形、梯形、矩形和锯齿形等，如表 7-1 所示。

表 7-1　　常用螺纹的牙型、标注及示例

	螺纹种类			牙型	特征代号	代号标注示例
连接螺纹	普通螺纹	粗牙		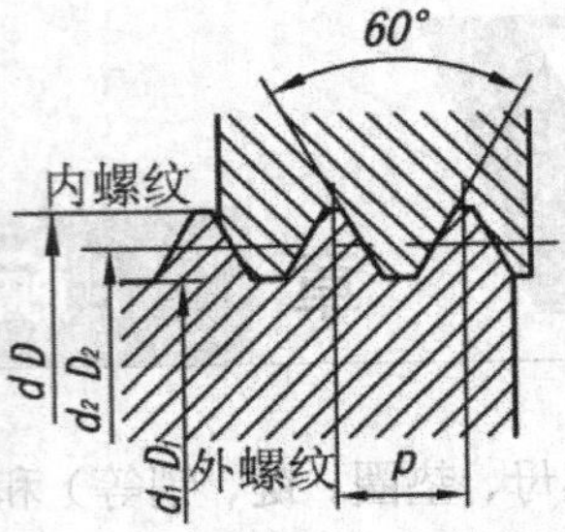	M	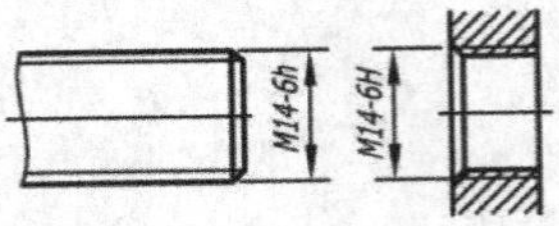
		细牙				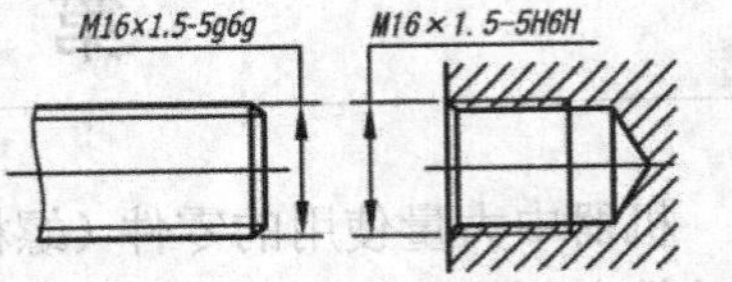
	55°非螺纹密封的管螺纹				G	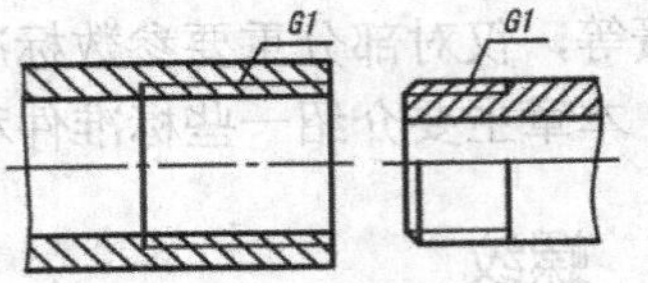
	管螺纹	55°螺纹密封的管螺纹	圆柱外螺纹	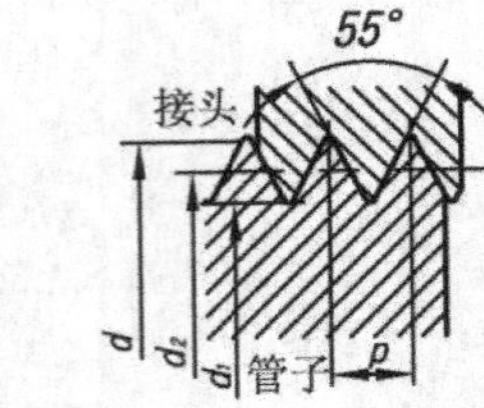	R_1	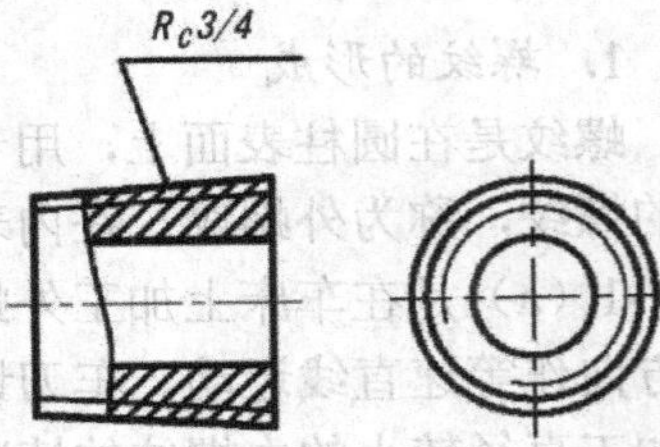
			圆柱内螺纹		R_p	
			圆锥外螺纹		R_2	
			圆锥内螺纹		R_c	
		60°螺纹密封的管螺纹	圆锥外螺纹	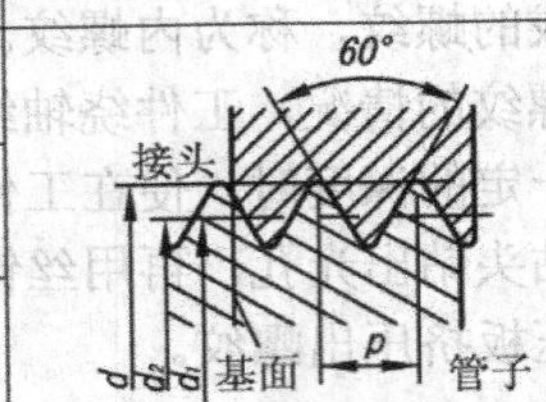	NPT	
			圆锥内螺纹		NPT	
			圆柱内螺纹		NPSC	
传动螺纹	梯形螺纹			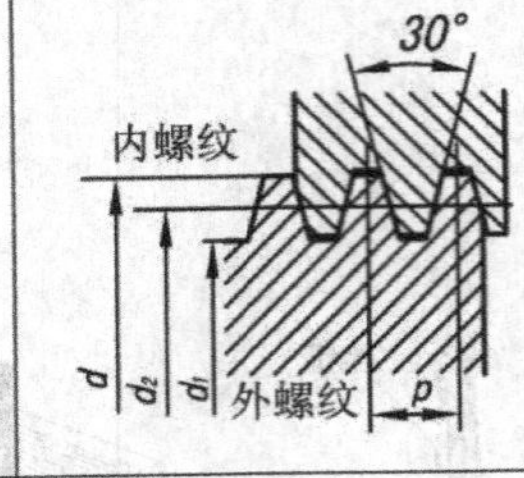	T_r	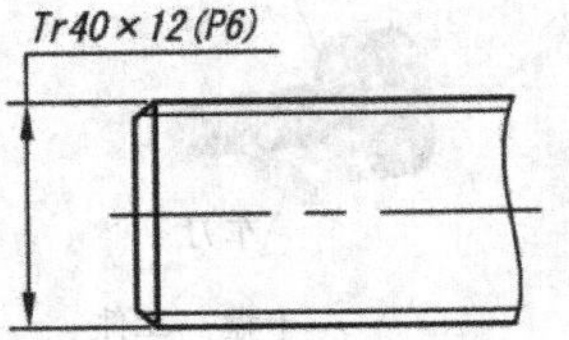
	锯齿形螺纹			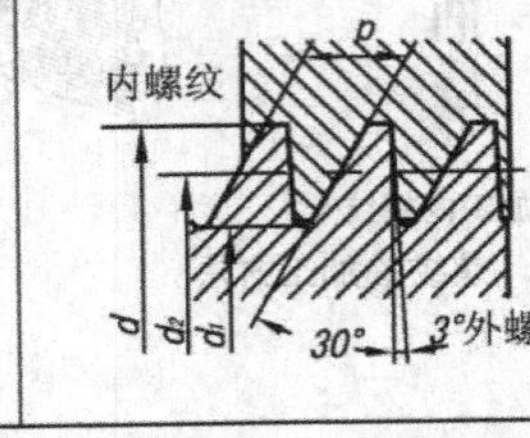	B	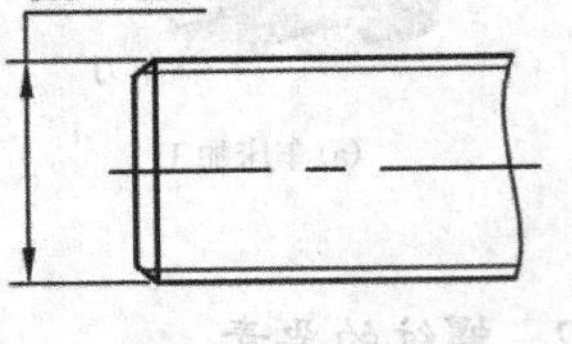

注：（1）用于钟表、照相机、仪器仪表、音像制品等处的小螺纹，牙型代号为 *S*。

（2）用于汽车、飞机、汽轮机等处的 60° 密封管螺纹，牙型代号为 NPT（圆锥管螺纹）和 NPSC（圆柱内螺纹）。

2）直径

螺纹的直径包括大径、小径和中径。外螺纹的直径用小写字母表示，内螺纹的直径用大写字母表示。

（1）大径。与外螺纹的牙顶或内螺纹牙底相重合的假想圆柱面或圆锥面的直径称为螺纹的大径，通常用大径表示螺纹的公称直径，外螺纹用 d、内螺纹用 D 表示，如图 7-2 所示。

（2）小径。与外螺纹的牙底或内螺纹牙顶相重合的假想圆柱面或圆锥面的直径称为螺纹的小径，外螺纹用 d_1、内螺纹用 D_1 表示，如图 7-2 所示。

（3）中径。在大径和小径中间，通过牙型上凸起和沟槽宽度相等处一个假想圆柱面或圆锥面的直径称为螺纹的中径，外螺纹用 d_2、内螺纹用 D_2 表示。

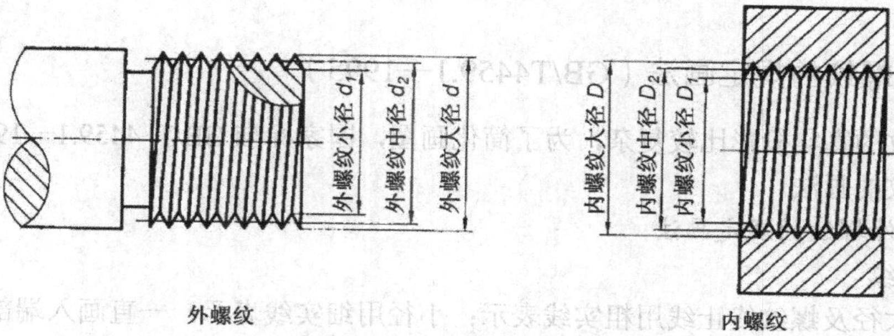

图 7-2 螺纹的大径、小径

3）线数

螺纹有单线和多线之分，线数用 n 表示。沿一条螺旋线所生成的螺纹，称为单线螺纹；沿两条或两条以上，在轴向等距离分布的螺旋线所生成的螺纹称为多线螺纹，如图 7-3 所示。

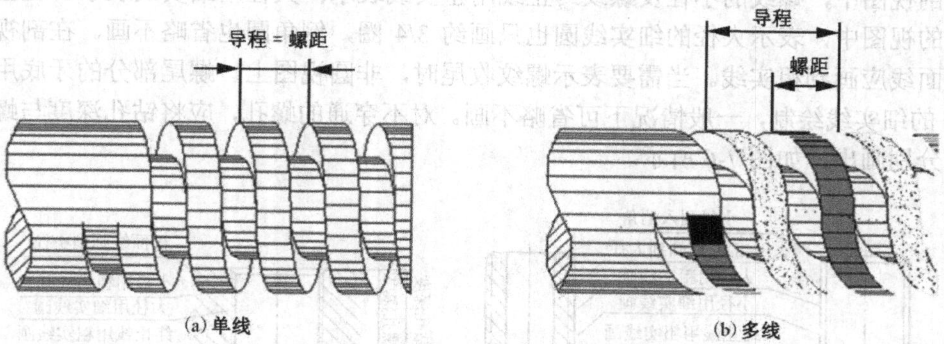

图 7-3 螺纹的线数、螺距、导程间的关系

4）螺距与导程

螺纹相邻两牙对应点之间的轴向距离，称为螺距，用 P 表示。同一螺纹上相邻两牙对应点间的距离，称为导程，用 P_h 表示。单线螺纹的导程等于螺距；多线螺纹的导程等于螺距乘线数，即 $P_h=n\times P$，如图 7-3 所示。

5）旋向

螺纹有右旋和左旋之分，工程上常用的是右旋螺纹。内外螺纹旋合时，顺时针方向旋进者为右旋；逆时针方向旋进者为左旋，如图 7-4 所示。

必须指出的是内、外螺纹只有在上述五要素都相同时才能旋合使用。

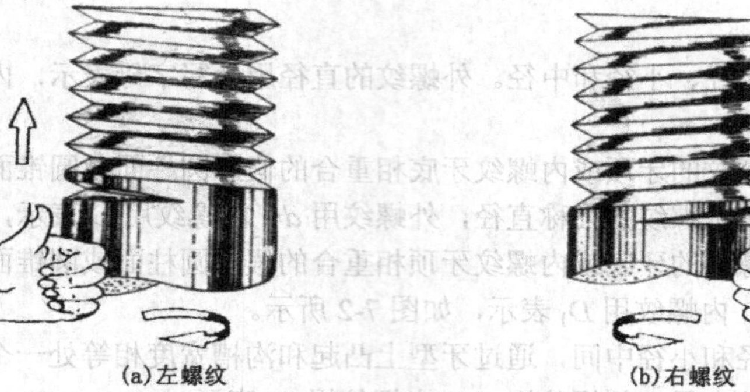

(a) 左螺纹　　(b) 右螺纹

图 7-4　螺纹的旋向

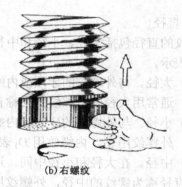

7.1.2　螺纹的规定画法（GB/T4459.1—1995）

由于螺纹的真实投影比较复杂，为了简化画图，国家标准 GB/T 4459.1—1995 规定了机械图样中螺纹的画法。

1. 内、外螺纹的规定画法

1）外螺纹

螺纹的大径及螺纹终止线用粗实线表示；小径用细实线表示，一直画入端部的倒角或倒圆部分。在垂直于螺杆轴线的视图中，表示小径的细实线圆只画约 3/4 圈，螺杆的倒角圆省略不画。在剖视或断面图中剖面线应画到粗实线。当需要表示螺纹收尾时，螺尾部分的牙底用与轴线成 30° 的细实线绘制，一般情况下可省略不画，如图 7-5 所示。

2）内螺纹

在剖视图中，螺纹的小径及螺纹终止线用粗实线表示；大径用细实线表示。在垂直于螺孔轴线的视图中，表示大径的细实线圆也只画约 3/4 圈，倒角圆也省略不画。在剖视或断面图中剖面线应画到粗实线。当需要表示螺纹收尾时，非圆视图上，螺尾部分的牙底用与轴线成 30° 的细实线绘制，一般情况下可省略不画。对不穿通的螺孔，应将钻孔深度与螺纹部分的深度分别画出，如图 7-6 所示。

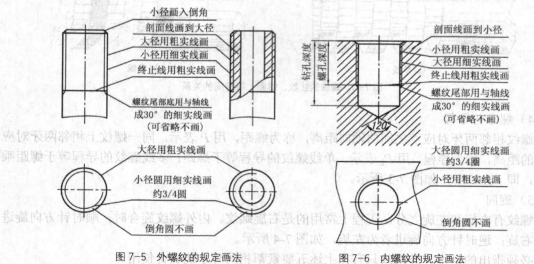

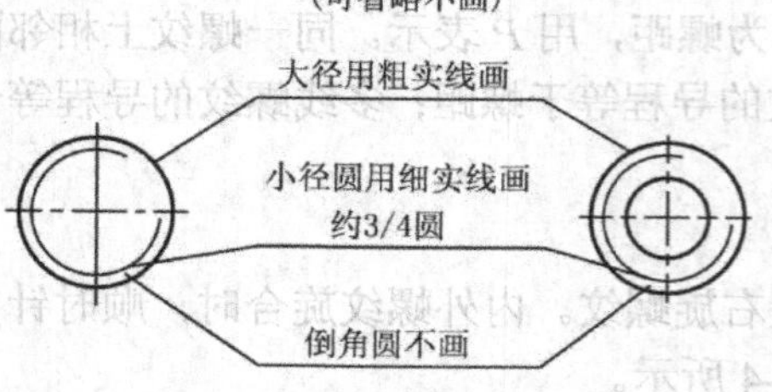

图 7-5　外螺纹的规定画法

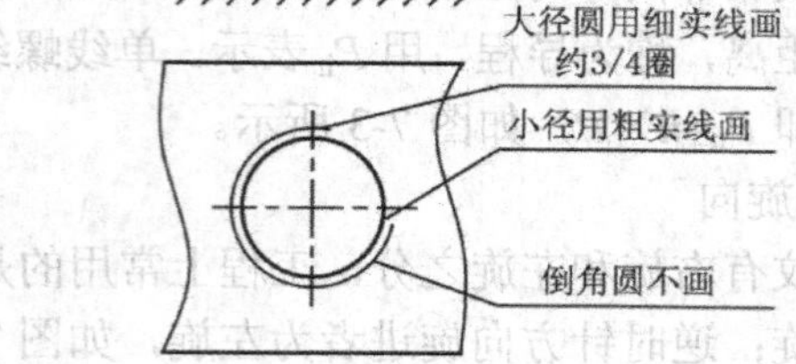

图 7-6　内螺纹的规定画法

3）其他规定画法

（1）螺纹孔相贯线的画法。螺纹孔与螺纹孔或螺纹孔与光孔相贯时，相贯线按螺纹的小径画出，如图 7-7 所示。

（2）不可见螺纹的画法。当螺纹为不可见时，螺纹的所有图线按虚线绘制，如图 7-8 所示。

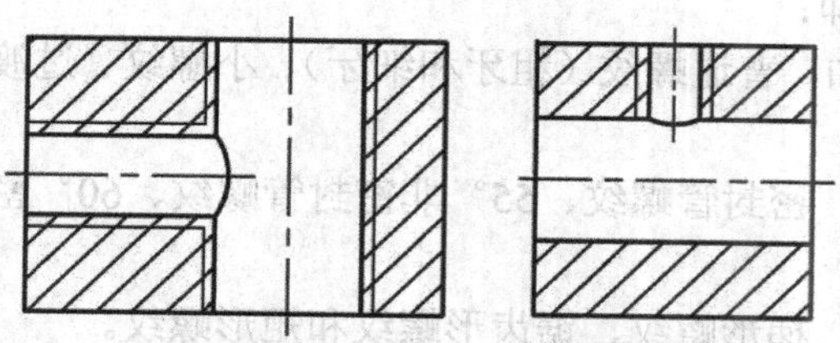

(a) 螺纹孔与螺纹孔相贯　(b) 螺纹孔与光孔相贯

图 7-7　螺孔相贯线的画法

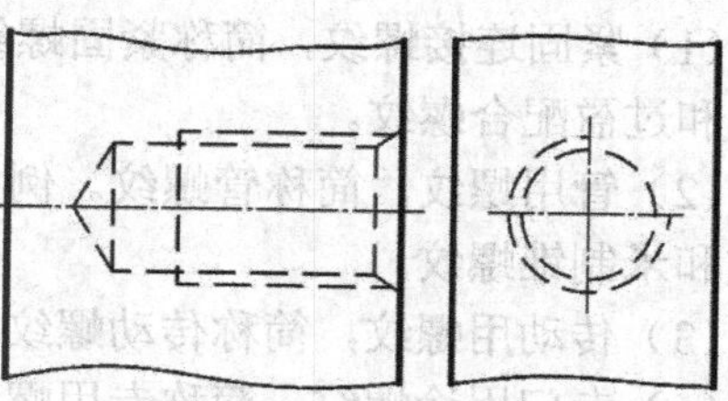

图 7-8　不可见螺纹的画法

（3）螺纹牙型的表示方法。标准螺纹牙型一般在图形中不作表示。如果需要表示牙型（非标准螺纹必须表示牙型）时，可用局部放大图表示，如图 7-9 所示。

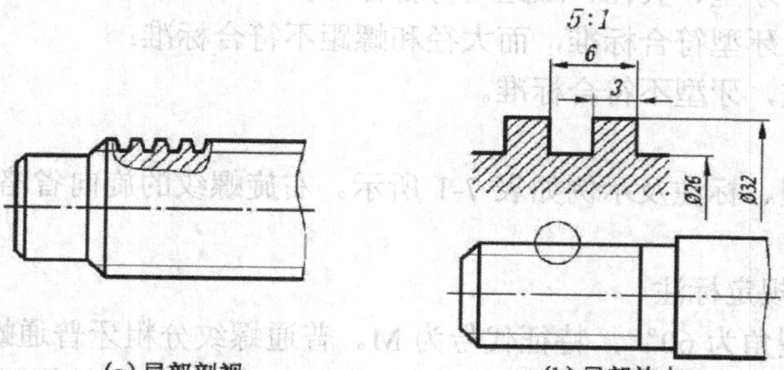

(a) 局部剖视　(b) 局部放大

图 7-9　牙型的表示方法

2. 螺纹连接的规定画法

在剖视图中，表示内外螺纹的连接时，其旋合部分应按外螺纹的画法绘制，其余部分仍按各自的画法表示，如图 7-10 所示。必须注意，表示大小径的粗细实线应分别对齐，与倒角无关。

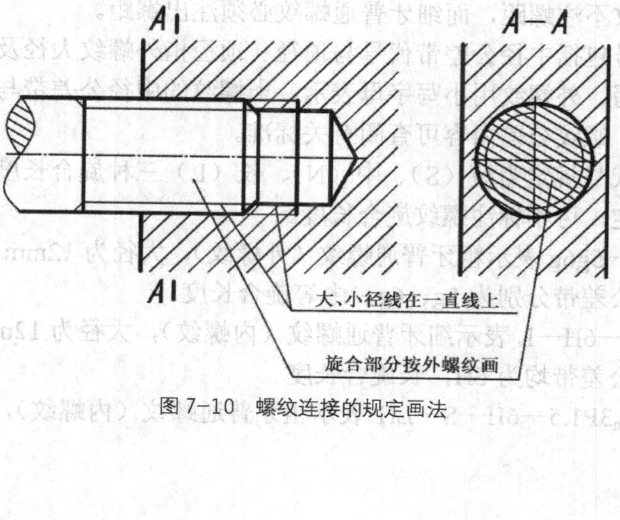

图 7-10　螺纹连接的规定画法

7.1.3 螺纹的种类和标注方法

1. 螺纹的种类

1）按螺纹的用途分类

螺纹按用途进行分类，可以分为四类，即：

（1）紧固连接螺纹，简称紧固螺纹。例如，普通螺纹（粗牙和细牙）、小螺纹、过渡配合螺纹和过盈配合螺纹。

（2）管用螺纹，简称管螺纹。例如，55° 密封管螺纹、55° 非密封管螺纹、60° 密封管螺纹和米制锥螺纹。

（3）传动用螺纹，简称传动螺纹。例如，梯形螺纹、锯齿形螺纹和矩形螺纹。

（4）专门用途螺纹，简称专用螺纹。例如，自攻螺钉用螺纹、木螺钉螺纹和气瓶专用螺纹等。

2）按标准化程度分类

螺纹按牙型、大径、螺距是否符合国家标准，可以分为三类，即：

（1）标准螺纹，牙型、大径、螺距均符合标准；

（2）特殊螺纹，牙型符合标准，而大径和螺距不符合标准；

（3）非标准螺纹，牙型不符合标准。

2. 螺纹的标注

常用螺纹的牙型、标注及示例如表 7-1 所示。右旋螺纹的旋向省略不注；左旋螺纹的旋向应标注“LH”。

1）普通螺纹的规定标注

普通螺纹的牙型角为 60° ，特征代号为 M。普通螺纹分粗牙普通螺纹和细牙普通螺纹，其区别是同一大径的普通螺纹，小径不同，细牙螺纹比粗牙螺纹的螺距小。

普通螺纹的完整标注格式：

螺纹特征代号—尺寸代号—公差代号—旋合长度代号—旋向代号

尺寸代号：公称直径 × 螺距 （单线螺纹）

P_h导程 P螺距 （多线螺纹）

对粗牙普通螺纹不注螺距，而细牙普通螺纹必须注出螺距。

螺纹公差带代号包括中径公差带代号与顶径（顶径指外螺纹大径及内螺纹小径）公差带代号，内螺纹用大写、外螺纹用小写字母表示。当螺纹的中径公差带与顶径公差带相同时，可只标注一个代号。螺纹公差内容可查阅有关标准。

螺纹旋合长度代号规定为短（S）、中（N）、长（L）三种旋合长度。在一般情况下，其旋合长度按中等确定，可不标注螺纹旋合长度。

例如，M12LH—5g6g 表示粗牙普通螺纹（外螺纹），大径为 12mm，螺距为 1.75mm，左旋，中径和顶径的公差带分别为 5g、6g，中等旋合长度。

例如，M12×1—6H—L 表示细牙普通螺纹（内螺纹），大径为 12mm，螺距为 1mm，右旋，中径和顶径的公差带均为 6H，长旋合长度。

例如，M12×P_h3P1.5—6H—S—LH 表示粗牙普通螺纹（内螺纹），大径为 12mm，导程为 3mm，螺距为 1.5mm，中径和顶径的公差带均为 6H，短旋合长度，左旋。

对于中等公差精度螺纹（公称直径≤1.4mm 的 5H、6h 和公称直径≥1.6mm 的 6H、6g）不标注公差带代号。

例如，公称直径为 8mm，细牙，螺距为 1mm，中径和顶径的公差带代号均为 6H 的单线右旋普通螺纹，其标注为 M8×1。

普通螺纹的大径、小径及螺距等可查附表 1。

2）管螺纹的规定标注

在气体或液体的管道中，常用管螺纹连接。管螺纹分 55° 非螺纹密封管螺纹、55° 螺纹密封管螺纹和 60° 螺纹密封管螺纹两种。

（1）非螺纹密封管螺纹的标注格式：

[螺纹特征代号] [尺寸代号] [公差等级代号]—[旋向代号]

55° 非螺纹密封管螺纹的特征代号 G；公差等级代号只对 55° 非螺纹密封的外管螺纹分为 A、B 两级，对内螺纹不加标注。

例如，G1/2A 表示 55° 非螺纹密封的外管螺纹，尺寸代号为 1/2，公差等级为 A 级，右旋。

（2）螺纹密封管螺纹的标注格式：

[螺纹特征代号] [尺寸代号]—[旋向代号]

螺纹密封管螺纹的特征代号：R_p 表示圆柱内螺纹，R_1 表示与 R_p 相配的圆锥外螺纹；R_c 表示圆锥内螺纹，R_2 表示与 R_c 相配的圆锥外螺纹。

例如：R_p1/2 表示 55° 螺纹密封的圆柱内管螺纹，尺寸代号为 1/2，右旋。

标注时，代号应注写在从螺纹大径引出的细实线上。

管螺纹的大径、小径和螺距，可查附表 4。

3）梯形螺纹的规定标注

梯形螺纹是牙型角为 30° 的等腰梯形，特征代号为 Tr。梯形螺纹常用于双向传动轴向动力。梯形螺纹的标注格式：

[螺纹特征代号] [尺寸代号] [旋向代号] - [中径公差带代号（不含顶径）] - [旋向长度代号]

尺寸代号：[公称直径] × [螺距]（单线螺纹） / [导程（*P*螺距）]（多线螺纹）

例如，Tr40×14（P7）LH-8e-L 表示公称直径为 40mm 的双线，螺距为 7mm，导程为 14mm、左旋、中径公差带代号为 8e，长旋合长度的梯形螺纹（外螺纹）。

梯形螺纹的直径和螺距等，可查阅附表 3。

4）锯齿形螺纹的规定标注

锯齿形螺纹用于传递单方向的轴向动力，其牙型为 3° 和 30° 的不等腰梯形，特征代号为 B。锯齿形螺纹的标注格式与梯形螺纹的标注格式相同。

例如，B40×7-7H 表示公称直径为 40mm，螺距为 7mm，中径公差带代号为 7H，单线，右旋的锯齿形螺纹。

又如，B40×14（P7）LH-7e-L 表示公称直径为 40mm，螺距为 7mm，导程为 14mm，中径公差带代号为 7e，双线，左旋的锯齿形螺纹。

5）非标准螺纹的规定标注

非标准螺纹除了标注标准螺纹所标内容外，还需要采用局部放大，或局部剖视画出螺纹的牙型，并标注出所需的尺寸及有关要求。

6）特殊螺纹的规定标注

特殊螺纹的标注应在螺纹特征代号前加注“特”字，并注出大径和螺距。

7.2 常用螺纹紧固件

螺纹紧固件也称螺纹连接件，其种类很多，常用的有螺栓、螺钉、螺柱、螺母和垫圈等，如图 7-11 所示。它们在机器中起连接或紧固作用。常用的螺纹紧固件都是标准件，根据规定的标记，从相应标准中（附表 5～附表 17）可查出其有关结构和尺寸，而不必画其零件图，使用时可按规定标记直接外购即可。

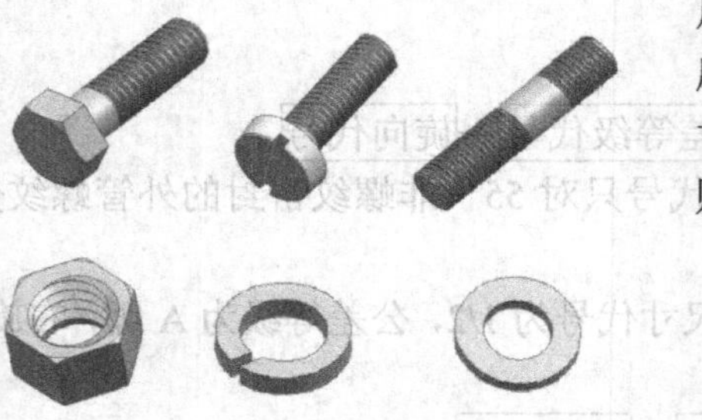

图 7-11 常用的螺纹紧固件

7.2.1 螺纹紧固件的规定标记

标准的螺纹紧固件，在图上和技术文件中只需注出其规定标记，国家标准 GB/T 1237—2000 规定了螺纹紧固件的标记方法，有完整标记和简化标记两种。

1. 完整标记

完整标记规定的内容和顺序如下：

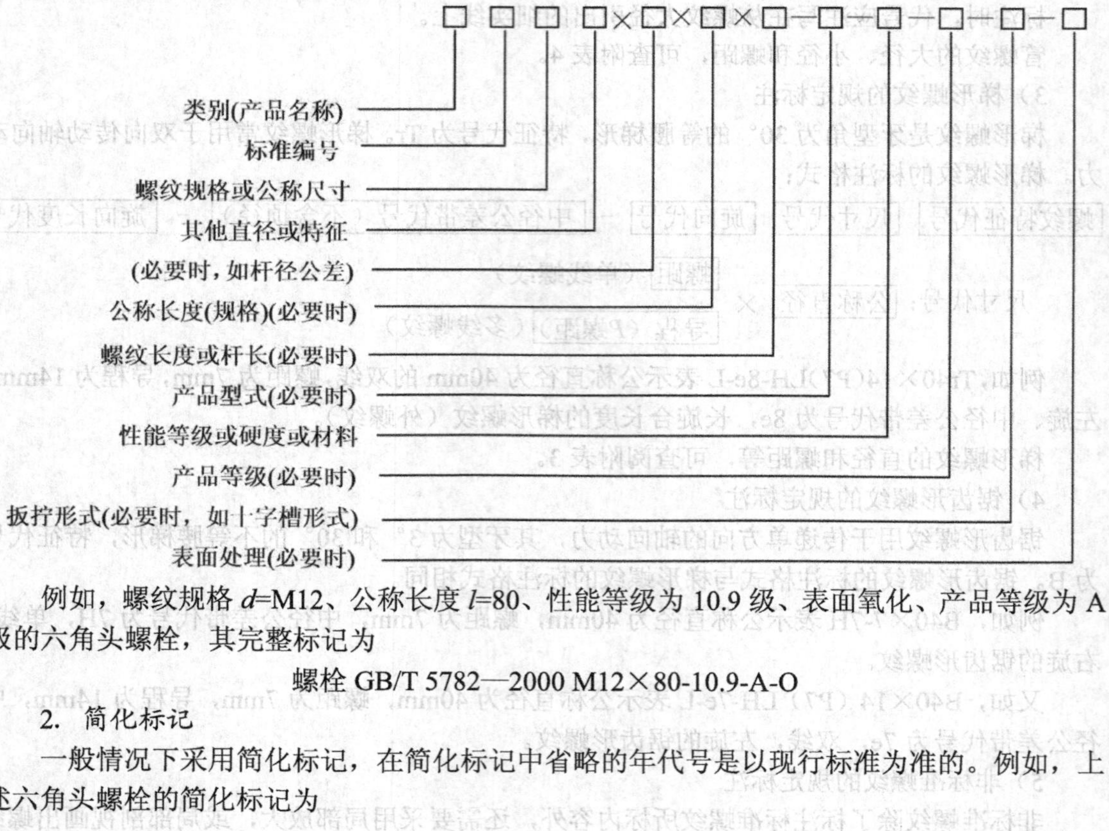

例如，螺纹规格 d=M12、公称长度 l=80、性能等级为 10.9 级、表面氧化、产品等级为 A 级的六角头螺栓，其完整标记为

螺栓 GB/T 5782—2000 M12×80-10.9-A-O

2. 简化标记

一般情况下采用简化标记，在简化标记中省略的年代号是以现行标准为准的。例如，上述六角头螺栓的简化标记为

螺栓 GB/T 5782 M12×80

常用螺纹紧固件的结构形式和标记如表 7-2 所示。

表 7-2 常用螺纹紧固件的视图和规定标记

名称、视图及标准编号	标记示例及说明
六角头螺栓 GB/T 5782—2000 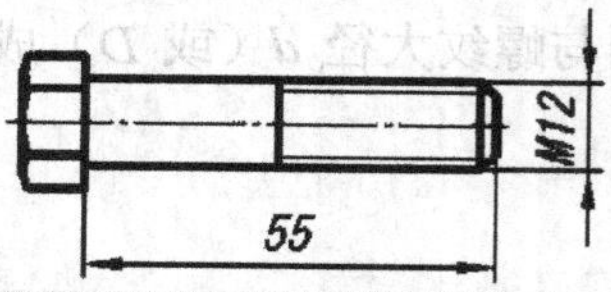	螺栓 GB/T 5782 M12×55 表示粗牙普通螺纹，大径为12 mm，公称长度(不包括头部)为55 mm的六角头螺栓
双头螺柱 GB/T 897～900—1988 	螺柱 GB/T 897 M10×50 表示螺纹规格 d=M12mm，旋入长度为 L_1，有效长度为50 mm 的双头螺柱
开槽圆柱头螺钉 GB/T 65—2000 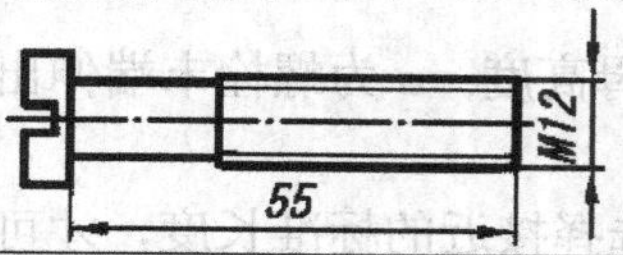	螺钉 GB/T 65 M12×55 表示螺纹规格 d=M12mm，有效长度为55mm的开槽圆柱头螺钉
开槽锥端紧定螺钉 GB/T 71—1985 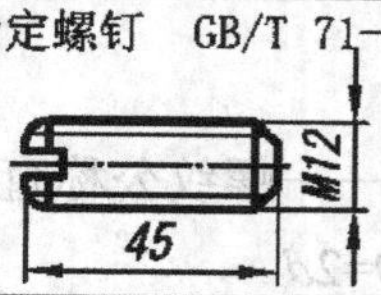	螺钉 GB/T 71 M12×45 表示螺纹规格 d=M12mm，有效长度为45mm的开槽锥端紧定螺钉
六角螺母 GB/T 6170—2000 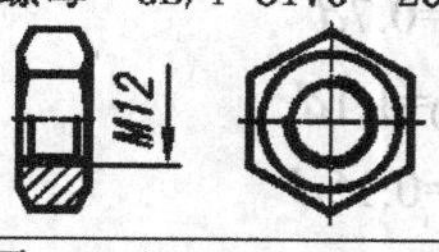	螺母 GB/T 6170 M12 表示螺纹规格 D= M12 mm 的六角螺母
垫圈 GB/T 97.1—2002 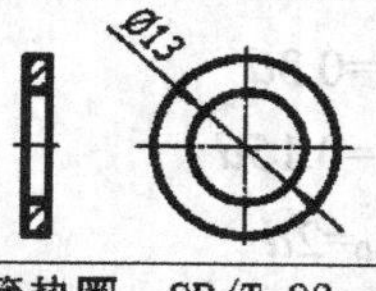	垫圈 GB/T 97.1 12 表示公称直径(指螺纹大径)为12mm的A型垫圈。B型垫圈加注“B”字，如垫圈 GB/T 97.1 B12
标准型弹簧垫圈 GB/T 93—1987 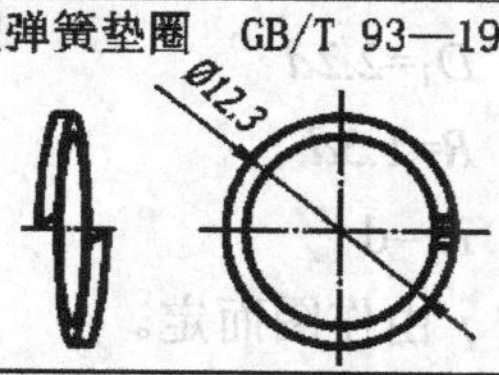	垫圈 GB/T 93 12 表示公称直径(指螺纹大径)为12 mm 的弹簧垫圈

注:标准中的其他内容符合国标的特定条件，省略不标，可查阅相应标准。

7.2.2 螺纹连接画法

1. 规定画法

螺纹紧固件的装配画法，应遵守下列规定：

（1）两零件的接触面画一条线，不接触面画两条线。

（2）在剖视图中，相邻两零件的剖面线方向相反或间隔不等。但同一零件在各剖视图中，剖面线的方向和间隔应一致。

（3）对实心零件（如轴、杆等）和标准件（如螺栓、螺母、垫圈等），当剖切平面通过其基本轴线时，作不剖处理，仍画外形；需要时，可采用局部剖视。

2. 连接画法

螺纹紧固件有两种画法：比例画法（近似画法）和查表画法。为了简化作图，通常采用比例画法，即除了有效长度，螺纹紧固件各部分的尺寸都用与螺纹大径 d（或 D）成一定比例的数值画出，从而节省查表的时间。

1）螺栓连接

（1）螺栓连接用的紧固件：螺栓、螺母和垫圈。

（2）螺栓连接的适用场合：螺栓用于连接不太厚的两个通孔零件。在被连接的两个零件（厚度分别为 δ_1、δ_2）上钻出比螺栓直径 d 稍大的通孔 d_0（约为 $1.1d$），将螺栓穿过通孔后，套上垫圈，拧紧螺母。

（3）螺栓有效长度 L 的确定：从图 7-12 中可以看出

$$L=\delta_1+\delta_2+s+H+a$$

式中，δ_1、δ_2 为被连接零件的厚度；s 为垫圈厚度；H 为螺母高度；a 为螺栓末端伸出螺母的长度，一般取（0.2～0.3）d。

按上式算出螺栓长度后，再按螺栓的长度系列查表，选择接近的标准长度，才可画其装配图。

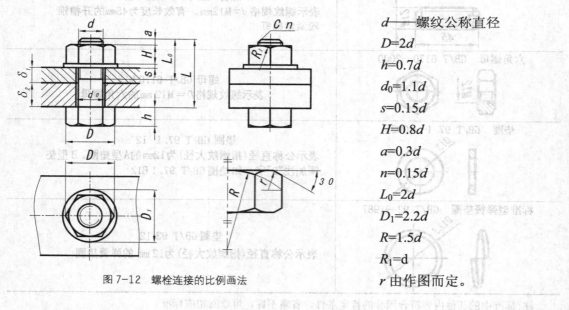

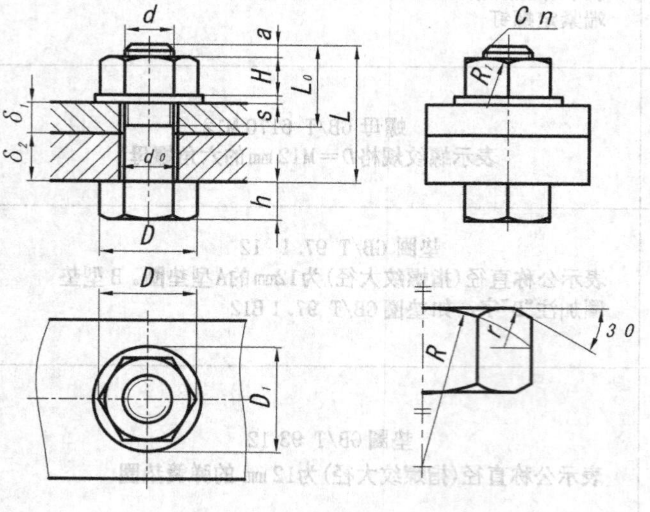

图 7-12 螺栓连接的比例画法

d——螺纹公称直径

$D=2d$

$h=0.7d$

$d_0=1.1d$

$s=0.15d$

$H=0.8d$

$a=0.3d$

$n=0.15d$

$L_0=2d$

$D_1=2.2d$

$R=1.5d$

R_1=d

r 由作图而定。

图 7-12 是用比例画法画出的螺栓连接的装配图。各部分尺寸与 d 的比例如图 7-12 所示。螺栓的头部和六角螺母端部的双曲线，在图中近似地用圆弧代替，如图 7-12 所示。

2）螺钉连接

（1）螺钉有连接螺钉和紧定螺钉。

（2）连接螺钉适用的场合：用于连接不经常拆卸，而且受力不大的零件。图 7-13 为用比例画法画出的圆柱头螺钉连接的装配图。上面较薄的零件被钻成通孔，直径 d_0 比螺钉大径稍大（$d_0 \approx 1.1d$），以便于装配；下面较厚的零件可加工出螺孔。

（3）连接螺钉有效长度 L 的确定

$$L=\delta+L_1$$

式中，δ——钻成通孔零件的厚度；L_1——螺钉拧入零件螺孔的深度。

L_1 由带螺孔的被连接零件的材料决定：

当材料为钢或青铜时，取 $L_1=d$，

当材料为铸铁时，取 $L_1=1.25d$ 或 $L_1=1.5d$，

当材料为铝时，取 $L_1=2d$。

计算出螺钉的长度后，还需查表，按螺钉的长度系列选择接近的标准长度。

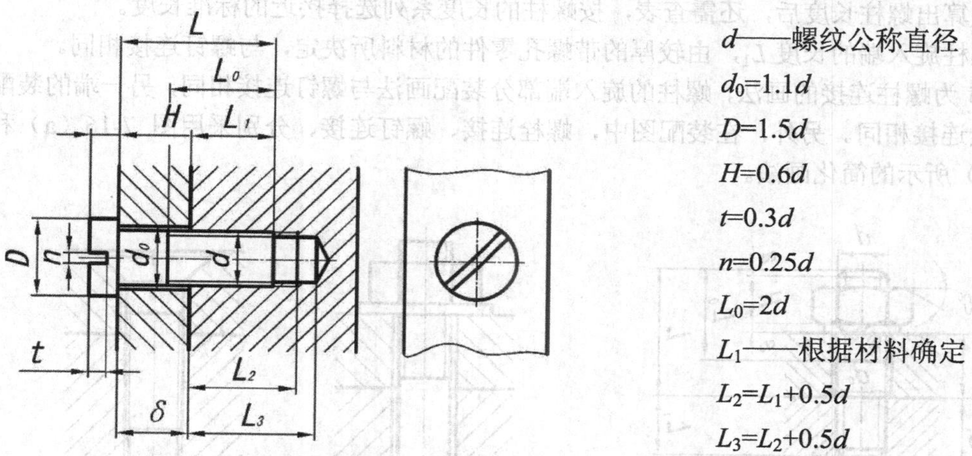

图 7-13 圆柱头螺钉连接的比例画法

（4）紧定螺钉适用的场合：用于固定两零件的相对位置。图 7-14 所示为用锥端紧定螺钉把轮子固定在轴上的装配画法。

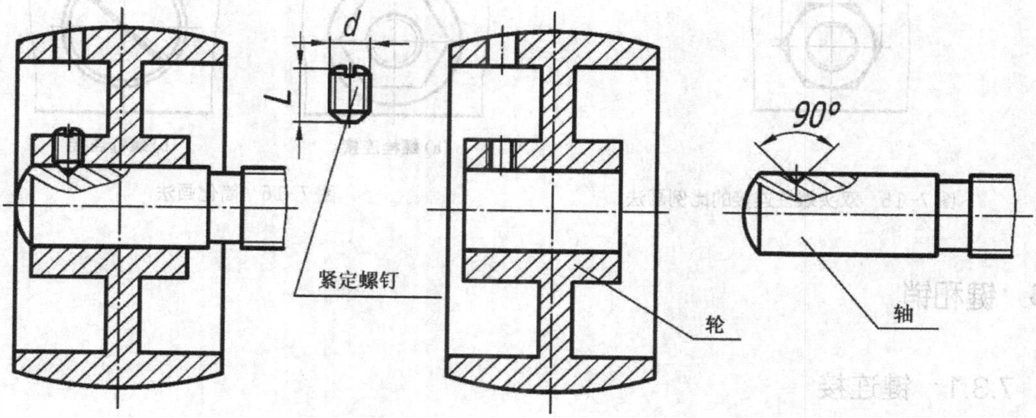

图 7-14 锥端紧定螺钉的连接画法

需注意的是，螺钉旋入长度 L_1 与螺孔长度 L_2 及光孔长度 L_3 各差 $0.5d$；在反映螺钉头部圆的视图中，螺钉头部的一字槽应画成 45° 倾斜线，间距小于 2mm 时可涂黑表示。

3）螺柱连接

（1）螺柱连接用的紧固件：双头螺柱、螺母和垫圈。

（2）螺柱连接的适用场合：在被连接的两个零件中，其中较薄的零件可钻成通孔，较厚的零件，不宜钻成通孔，且受力较大不宜采用螺钉连接时，可采用螺柱连接。用螺柱连接零件时，先将螺柱的旋入端拧进较厚零件的螺孔中，套上另一个被连接零件和垫圈，再拧紧螺母。（3）螺柱有效长度 L 的确定图：

螺柱的有效长度（不包括旋入端的长度 L_1），可先按下式计算：

$$L=\delta+s+H+a$$

式中，δ 为通孔零件的厚度；s 为垫圈厚度；H 为螺母高度；a 为螺柱末端伸出的螺母的长度，一般取（$0.2\sim0.3d$），如图 7-15 所示。

按上式算出螺柱长度后，还需查表，按螺柱的长度系列选择接近的标准长度。

（4）螺柱旋入端的长度 L_1，由较厚的带螺孔零件的材料所决定，与螺钉连接相同。

图 7-15 为螺柱连接的画法，螺柱的旋入端部分装配画法与螺钉连接相同，另一端的装配画法与螺栓连接相同。另外，在装配图中，螺栓连接、螺钉连接、分别采用图 7-16（a）和图 7-16（b）所示的简化画法。

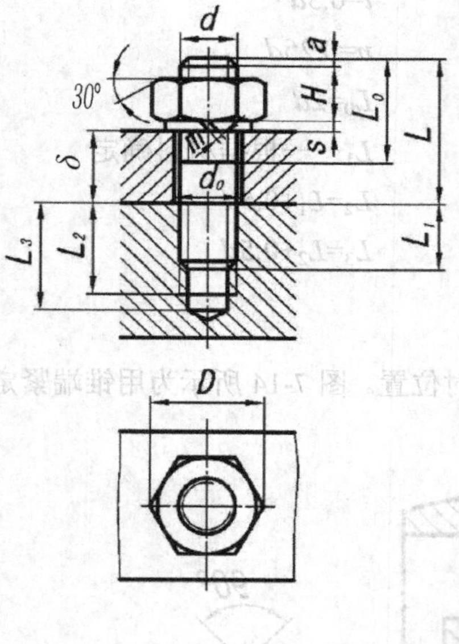

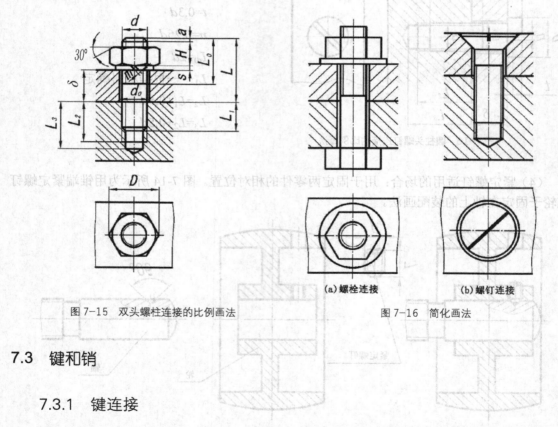

图 7-15　双头螺柱连接的比例画法

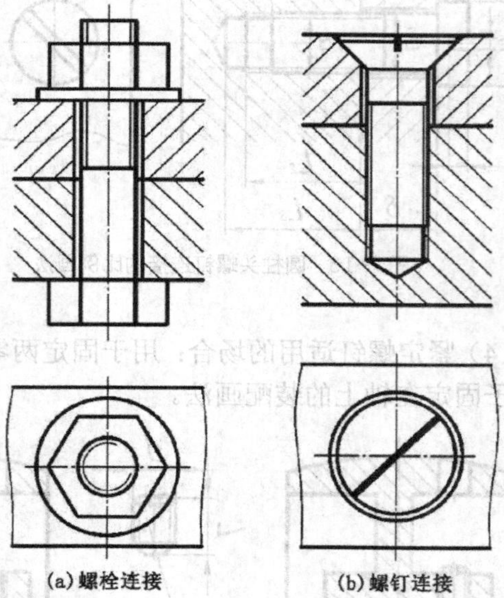

图 7-16　简化画法

7.3　键和销

7.3.1　键连接

为使轴与轴上的零件（如齿轮、手轮、皮带轮等）一起转动，常采用键连接，如图 7-17 所示。键的种类较多，常用的有平键、半圆键、花键等（图 7-20），具体情况如表 7-3 所示。

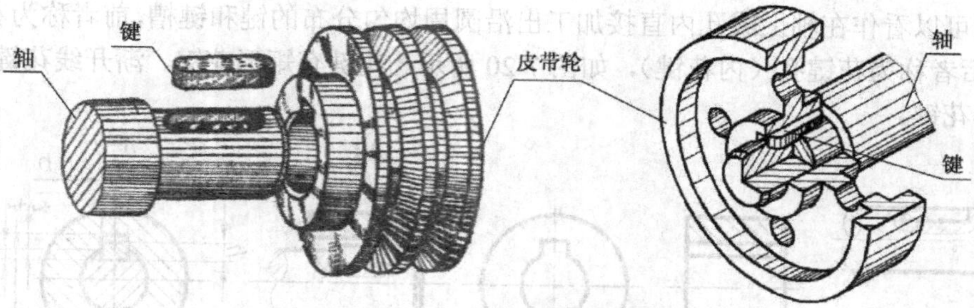

图 7-17 普通平键连接轴测图

1. 键的规定标记

键是标准件，在设计机器和零部件时，不必画其零件图，只需标出规定标记（表 7-3）。

表 7-3 常用键规定标记示例

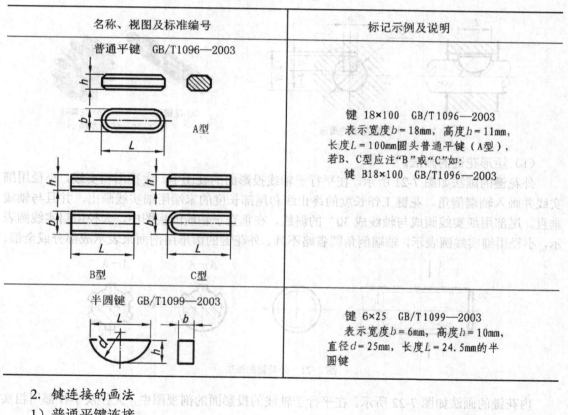

名称、视图及标准编号	标记示例及说明
普通平键 GB/T1096—2003 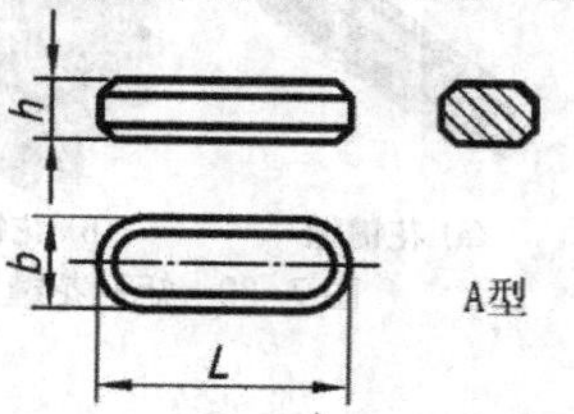 A型 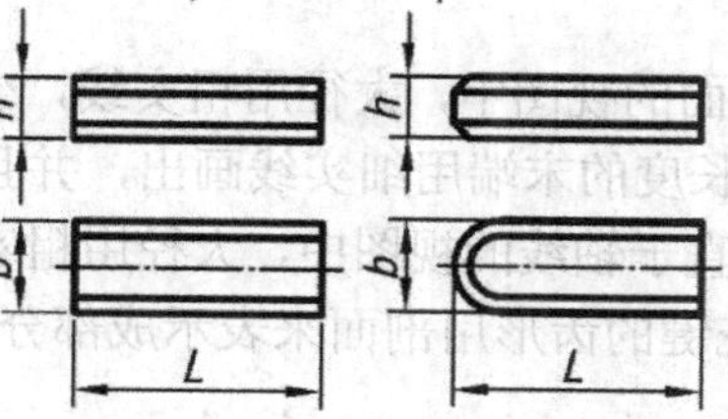 B型 C型	键 18×100 GB/T1096—2003 表示宽度b= 18mm，高度h= 11mm，长度L= 100mm圆头普通平键（A型），若B、C型应注“B”或“C”如: 键 B18×100 GB/T1096—2003
半圆键 GB/T1099—2003 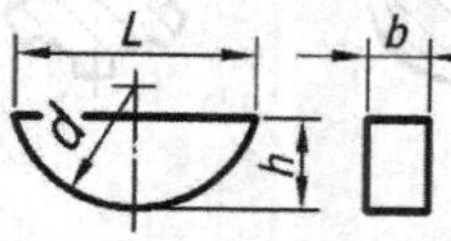	键 6×25 GB/T1099—2003 表示宽度b= 6mm，高度h= 10mm，直径d= 25mm，长度L= 24.5mm的半圆键

2. 键连接的画法

1）普通平键连接

图 7-18 为普通平键连接的装配图和键槽的画法。键的顶面与轴上零件的键槽底面有间隙，应画两条线；键的两侧面及底面与轴上键槽两侧面、底面及轴上零件键槽的两侧面都接触，只画一条线。在剖视图中，当剖切平面通过键的基本对称面时，键作不剖处理；当剖切平面垂直于键的基本对称面时，应画出键的剖面符号。键及键槽的有关尺寸可查附表 18。

2）半圆键连接

图 7-19 为半圆键连接的装配图。画法要求与平键相似。

3）花键连接装配图的画法

花键可以看作在轴上或孔内直接加工出沿圆周均匀分布的键和键槽，前者称为花键轴（外花键），后者称为花键孔（内花键），如图 7-20 所示。花键有矩形花键、渐开线花键等，常用的是矩形花键。

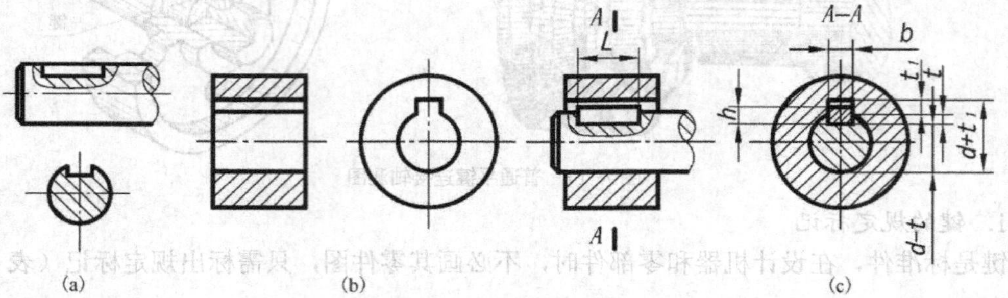

图 7-18 普通平键连接的画法

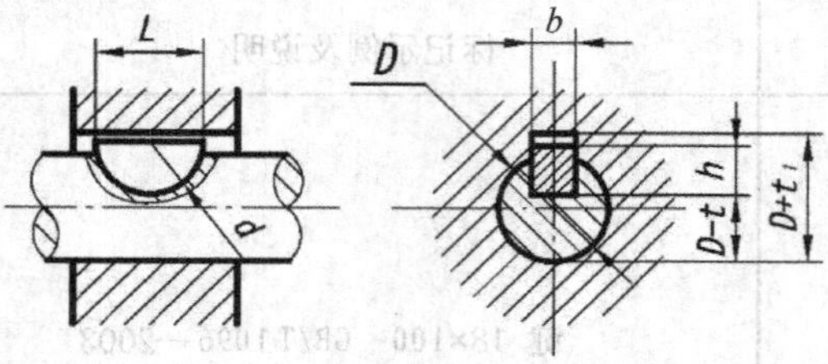

图 7-19 半圆键连接的画法

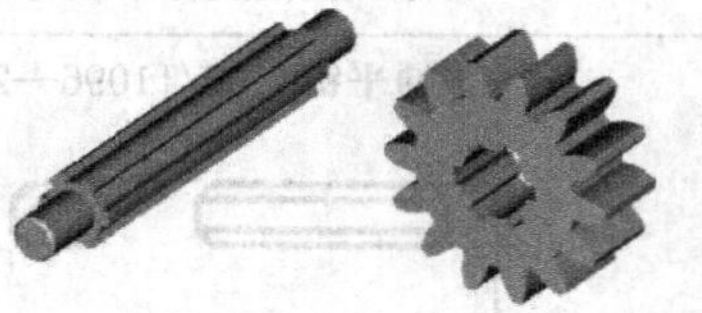

(a) 花键轴 (b) 花键孔

图 7-20 矩形花键

（1）矩形花键的画法。

外花键的画法如图 7-21 所示，在平行于轴线投影面的视图中，大径用粗实线，小径用细实线并画入轴端倒角。花键工作长度的终止线和尾部长度的末端用细实线画出，并且与轴线垂直。尾部用细实线画成与轴线成 30° 的斜线。在垂直于轴线的视图中，大径用粗实线圆表示，小径用细实线圆表示，轴端倒角圆省略不画。外花键的齿形用剖面来表示成部分或全部。

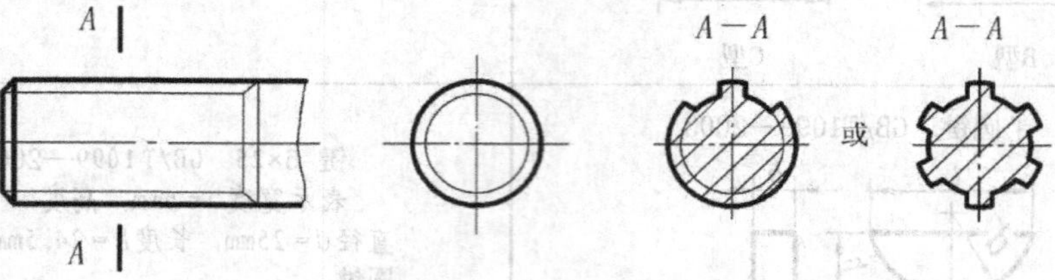

图 7-21 外花键的画法

内花键的画法如图 7-22 所示。在平行于轴线的投影面的剖视图中，大径及小径都用粗实线画出，并用局部视图画出齿形的部分或全部。

（2）花键连接画法。

用剖视表示时，连接部分按外花键画出。在花键连接图中应按有关标准的规定，标注花键代号，如图 7-23 所示。其代号形式为 $Z—D\times d\times b$，式中 Z 为齿数，D 为大径，d 为小径，b 为键宽。

7.3.2 销连接

销常用于零件间的连接、定位。销的种类很多，常用的有圆柱销、圆锥销和开口销等。

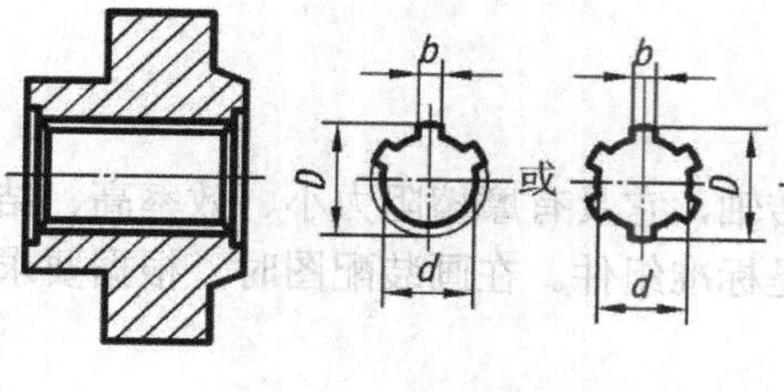

图 7-22 内花键的画法

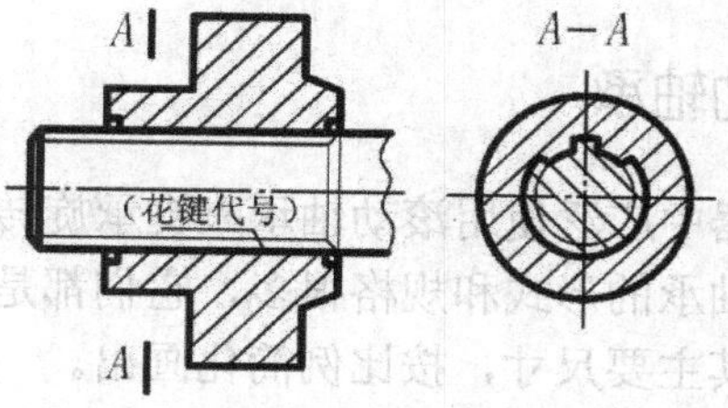

图 7-23 花键连接的画法

1. 销的规定标记

销是标准件，其标记示例如表 7-4 所示，其形式规格可查附表 20～附表 22。

表 7-4 **常用销的规定标记示例**

名称、视图及标准编号	标记示例及说明
圆柱销 GB/T 119.1—2000 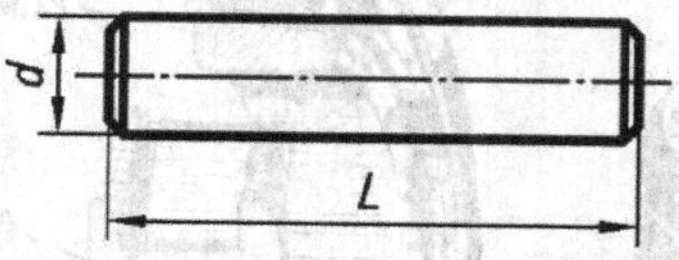	销 GB/T 119.1 A8×28 按国标GB/T 119.1—2000中的A型制造，直径d=8mm，长度L=28mm，直径公差为m6的圆柱销(圆柱销有A、B、C、D等4种型号，直径公差分别为 m6、 h8、h11、u8)
圆锥销 GB/T 117—2000 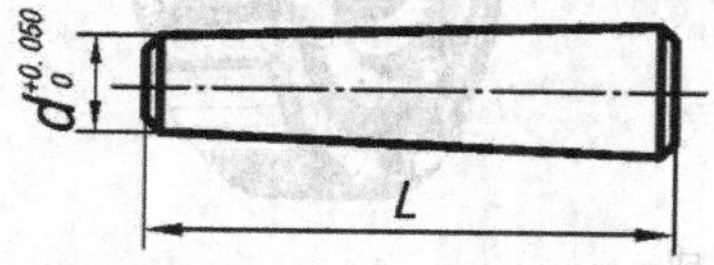	销 GB/T 117 A10×28 按国标GB/T 117—2000中的A型制造，直径d=10mm，指小端直径，长度L=28mm，圆锥销有A、B二种型号
开口销 GB/T 91—2000 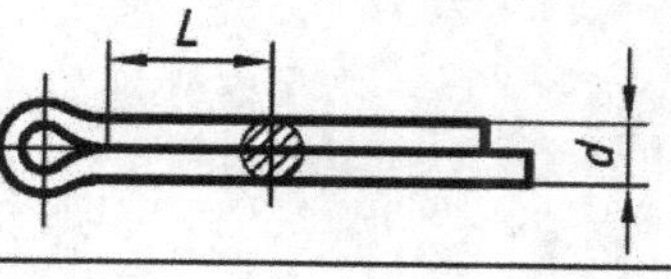	销 GB/T91 5×50 按国标GB/T 91—2000中制造的，直径d=5mm，长度L=50mm的开口销

2. 销连接的装配画法

圆柱销和圆锥销的连接画法如图 7-24（a）所示。当剖切平面通过销的轴线时，销作不剖处理。当剖切平面垂直销的轴线时，销的剖面应画剖面线。

销孔一般是把连接的零件装配在一起后加工的，因此应在相应的零件图上加以说明，如图 7-24（b）所示。

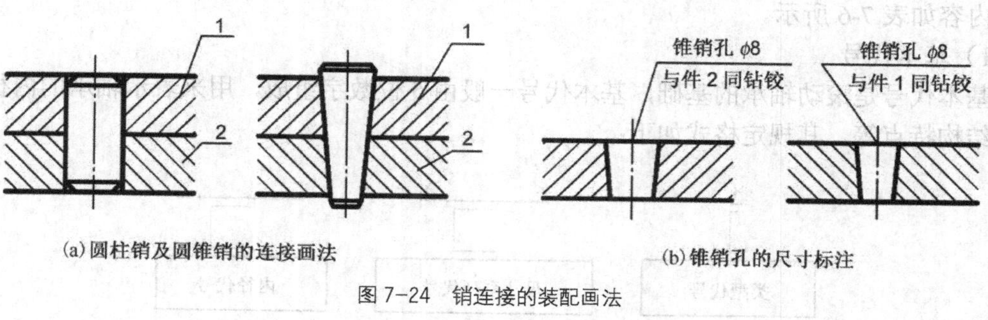

(a)圆柱销及圆锥销的连接画法

(b)锥销孔的尺寸标注

图 7-24 销连接的装配画法

7.4 滚动轴承

在机器中广泛使用滚动轴承来支承旋转轴，它具有摩擦阻力小、效率高、结构紧凑等优点。滚动轴承的形式和规格很多，它们都是标准组件。在画装配图时，根据要求选用其规格形式，用其主要尺寸，按比例简化画出。

7.4.1 滚动轴承的结构

滚动轴承一般由内圈、外圈、滚动体和保持架（也称隔离圈）组成，如图 7-25 所示。内圈的孔与转动的轴配合，随轴旋转；外圈装在机体的孔内，一般不动；滚动体有滚球、滚锥、滚柱、滚针等，排列在内圈与外圈之间；保持架用于保持滚动体在圆周上均匀分布。

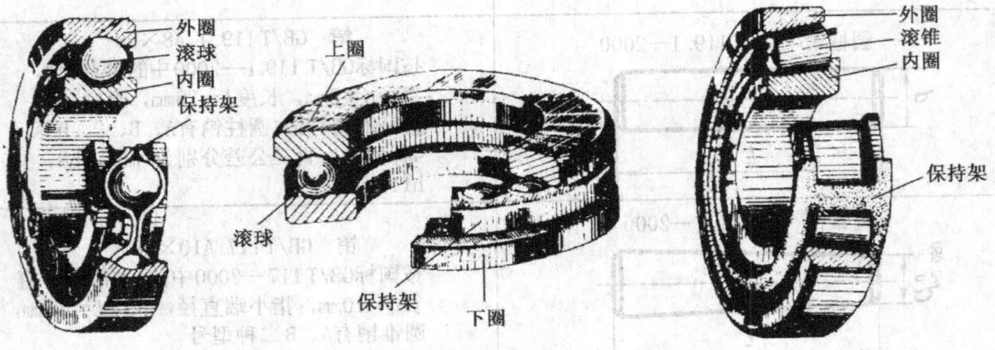

图 7-25 滚动轴承的组成

7.4.2 滚动轴承的种类、代号和标记

1. 滚动轴承的种类

滚动轴承的种类很多，按承受载荷的方向分为：

向心轴承：主要承受径向力（表 7-5）。

推力轴承：主要承受轴向力（表 7-5）。

向心推力轴承：可同时承受径向力和轴向力（表 7-5）。

2. 滚动轴承的代号

根据 GB/T272-1993 规定，滚动轴承的代号由前置代号、基本代号和后置代号构成，其各项内容如表 7-6 所示。

1）基本代号

基本代号是滚动轴承的基础，基本代号一般由 5 位数字组成，用来表示轴承的内径、类型、结构特点等。其规定格式如下：

表 7-5　　滚动轴承的规定画法和特征画法

轴承名称及代号	深沟球轴承（GB/T276-1994）60000型	推力球轴承（GB/T301-1995）51000型	圆锥滚子轴承（GB/T297-1994）30000型
规定画法	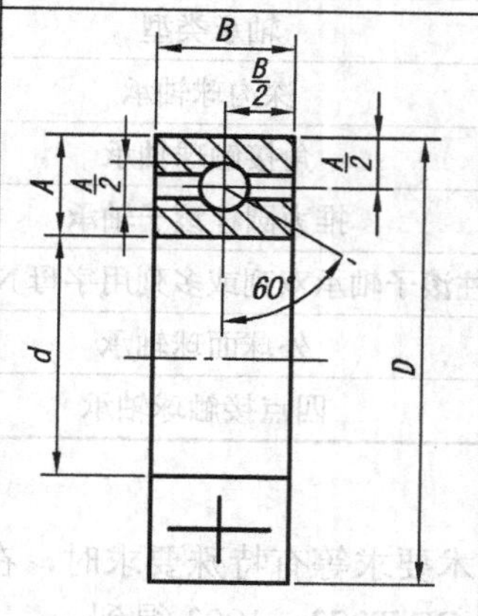	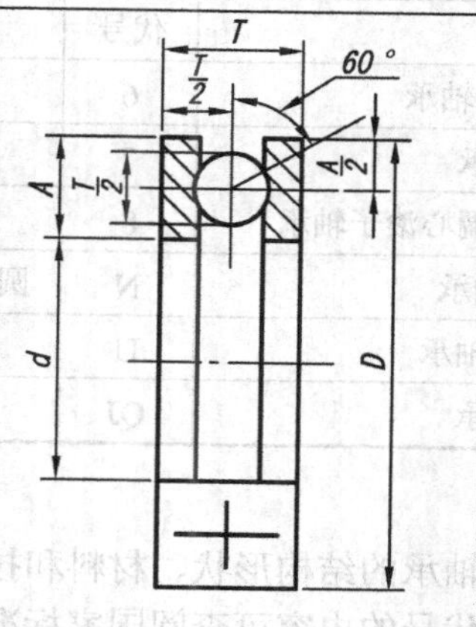	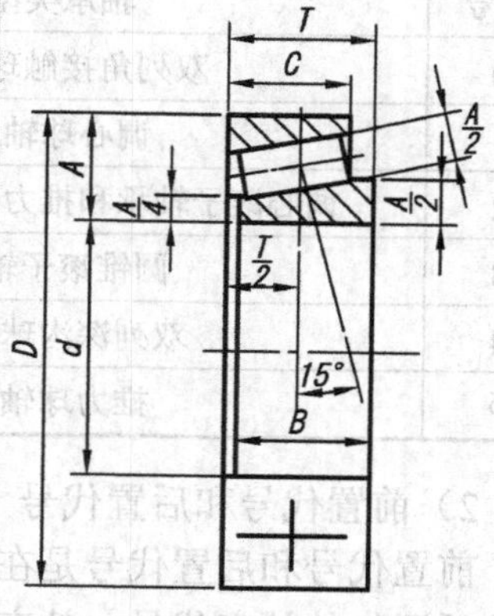
特征画法	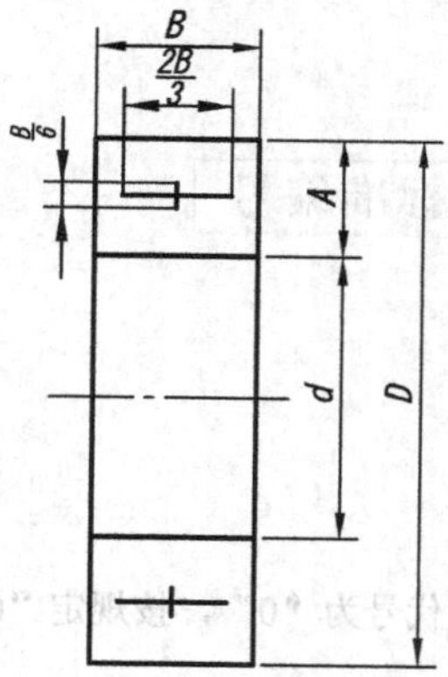	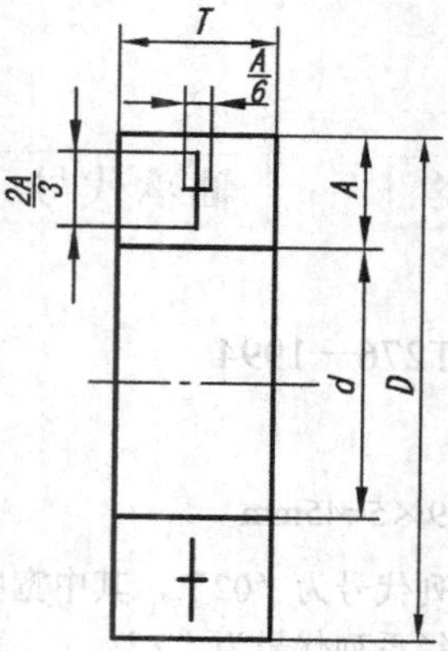	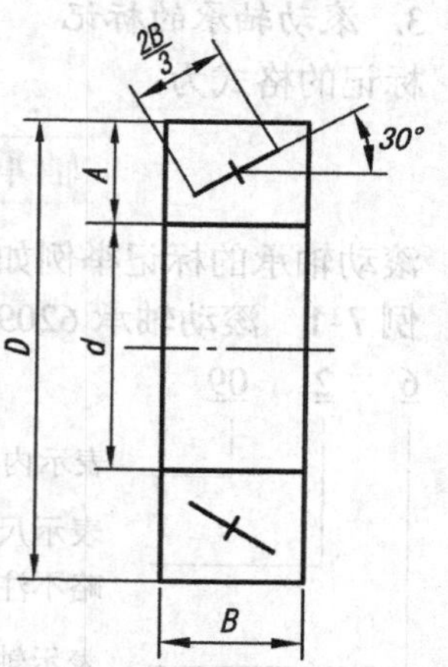

注：表中的D、d、B、H、T、C可在相应的标准中查出。

表 7-6　　滚动轴承代号

前置代号	基本代号					后置代号							
	五	四	三	二	一								
轴承的分部件代号	类型代号	尺寸系列代号：宽度系列代号	尺寸系列代号：直径系列代号	内径代号		内部结构代号	密封与防尘结构代号	保持架及其材料代号	特殊轴承材料代号	公差等级代号	游隙代号	多轴承配置代号	其他代号

它们的含义是：右起第一、二位数字表示轴承内径，当此两位数字<04 时，00、01、02、03 分别表示轴承内径 d 为 10mm、12mm、15mm、17mm，当此两位数字≥04 时，轴承内径 d 为该两位数乘以 5。右起第三、四位数字表示轴承尺寸系列代号，其中第三位数字表示宽度系列（向心轴承）或高度系列（推力轴承）代号，第四位数字表示直径系列，即在内径相同

时，有各种不同的外径和宽度（或高度）。右起第五位数字表示轴承的类型，如表 7-7 所示。规定代号中最左边“0”省略不注。

表 7-7　　轴承的类型代号（GB/T272—1993）

代号	轴承类型	代号	轴承类型
0	双列角接触球轴承	6	深沟球轴承
1	调心球轴承	7	角接触球轴承
2	调心滚子轴承和推力调心滚子轴承	8	推力圆柱滚子轴承
3	圆锥滚子轴承	N	圆柱滚子轴承双列或多列用字母 NN 表示
4	双列深沟球轴承	U	外球面球轴承
5	推力球轴承	QJ	四点接触球轴承

2）前置代号和后置代号

前置代号和后置代号是在轴承的结构形状、材料和技术要求等有特殊要求时，在基本代号前后添加的补充代号。补充代号的内容可查阅国家标准 GB/T272—1993 得到。

3．滚动轴承的标记

标记的格式为：

轴承名称　　轴承代号　　标准编号

滚动轴承的标记举例如下：

例 7-1　滚动轴承 6209GB/T276—1994

6　2　09

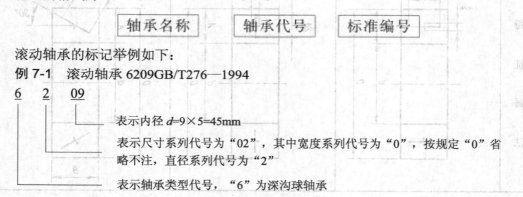

- 09：表示内径 d=9×5=45mm
- 2：表示尺寸系列代号为“02”，其中宽度系列代号为“0”，按规定“0”省略不注，直径系列代号为“2”
- 6：表示轴承类型代号，“6”为深沟球轴承

例 7-2　滚动轴承 32310GB/T297—1994

3　23　10

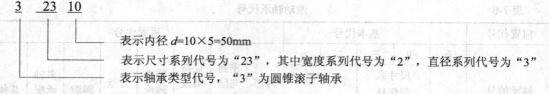

- 10：表示内径 d=10×5=50mm
- 23：表示尺寸系列代号为“23”，其中宽度系列代号为“2”，直径系列代号为“3”
- 3：表示轴承类型代号，“3”为圆锥滚子轴承

7.4.3　滚动轴承的规定画法和特征画法

滚动轴承的规定画法和特征画法如表 7-5 所示。

7.5　齿轮

机器中常用齿轮来传递动力和运动，也可用以改变运动方向和速度。齿轮种类很多，常用的齿轮按传动的两轴相对位置不同可分为三种。

（1）圆柱齿轮。用于两平行轴之间的传动，如图 7-26（a）、（b）所示。

（2）圆锥齿轮。用于两相交轴之间的传动，如图 7-26（c）所示。

（3）蜗轮与蜗杆。用于两垂直交叉轴之间的传动，如图 7-26（d）所示。

根据轮齿的方向，齿轮可分为直齿、斜齿和人字齿等。

齿轮有标准齿轮和非标准齿轮之分，凡是轮齿符合标准规定的齿轮，称为标准齿轮。下面介绍的均为标准齿轮。齿轮是常用件，其参数中的模数和压力角已标准化。

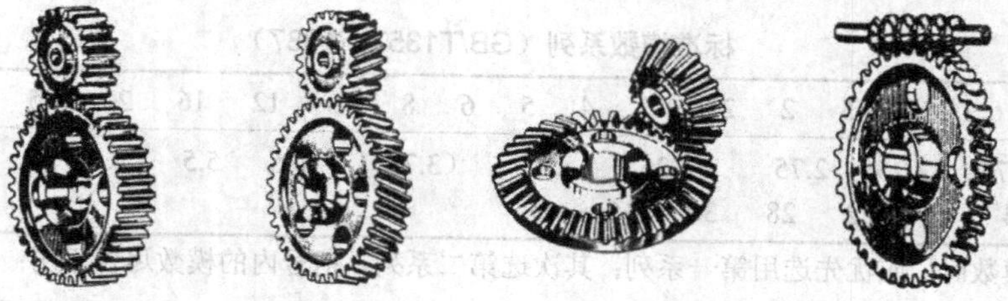

(a) 直齿圆柱齿轮　(b) 斜齿圆柱齿轮　(c) 圆锥齿轮　(d) 蜗杆与蜗轮

图 7-26　常见的齿轮传动

7.5.1　圆柱齿轮

本节主要介绍标准渐开线直齿圆柱齿轮[图 7-26（a）]的参数、尺寸计算及规定画法。

1．直齿圆柱齿轮各部分名称

直齿圆柱齿轮各部分名称，如图 7-27 所示。

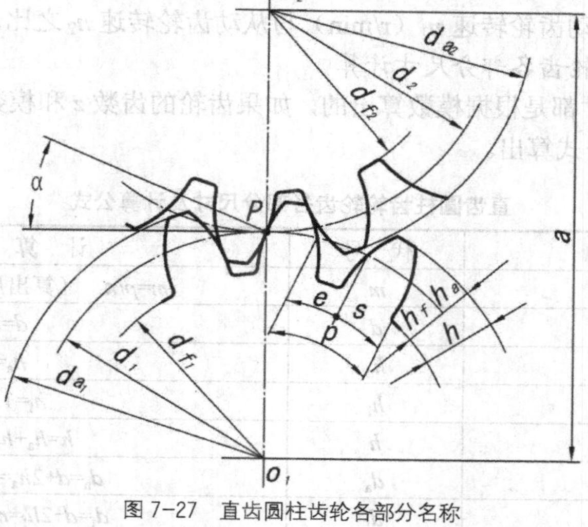

图 7-27　直齿圆柱齿轮各部分名称

（1）齿数。齿轮的齿数，用 z 表示。

（2）齿顶圆。通过轮齿顶部的圆，其直径用 d_a 表示。

（3）齿根圆。通过轮齿齿槽底部的圆，其直径用 d_f 表示。

（4）分度圆。是加工齿轮时均匀分度轮齿的圆，其直径用 d 表示。在连心线 O_1O_2 上相切的圆称为节圆，在标准齿轮中，节圆与分度圆直径相等。

（5）齿厚。分度圆上一个轮齿的弧长为齿厚，用 s 表示。

（6）齿间隙。分度圆上齿槽的弧长为齿间隙，用 e 表示，$e=s$。

（7）齿距。分度圆圆周上相邻两齿对应点之间的弧长，用 p 表示，$p=s+e$。

（8）模数。是设计和制造齿轮的重要参数，用 m 表示。齿距、齿数和分度圆直径间的关系为：$\pi d=zp$，则 $d=pz/\pi$，令 $m=p/\pi$，m 称为齿轮的模数。

从上式可看出，模数大，轮齿就大，能够承受的力也大。为便于设计和制造，模数已标准化，如表 7-8 所示。

表 7-8　　标准模数系列（GB/T1357—1987）　　（单位：mm）

第一系列	1	1.25	1.5	2	2.5	3	4	5	6	8	10	12	16	20	25	32	40	50
第二系列	1.75	2.25	2.75	（3.25）	3.5	（3.75）	4.5	5.5	（6.5）	7	9	（11）	14	18	22	28	30	36	45

注：选用模数时，应优先选用第一系列；其次选第二系列；括号内的模数尽量不用；小于 1 的模数未列入表中。

（9）齿顶高。分度圆与齿顶圆间的径向距离，用 h_a 表示。

（10）齿根高。分度圆与齿根圆间的径向距离，用 h_f 表示。

（11）齿高。齿根圆与齿顶圆间的径向距离，用 h 表示，$h=h_a+h_f$。

（12）压力角。在节点 P（两节圆相切的点）处，两齿廓受力方向（齿廓曲线公法线方向）与运动方向（两节圆的公切线方向）的夹角，用 α 表示。我国规定其标准值为 $\alpha=20°$。

（13）齿宽。齿轮的宽度，用 b 表示。

（14）中心距。两啮合齿轮回转中心之间的距离，用 a 表示。

（15）传动比。主动齿轮转速 n_1（r/min）与从动齿轮转速 n_2 之比。用 i 表示。

2. 直齿圆柱齿轮轮齿各部分尺寸计算

轮齿各部分的尺寸都是根据模数算出的，如果齿轮的齿数 z 和模数 m 已知，其各部分尺寸可由表 7-9 的计算公式算出。

表 7-9　　直齿圆柱齿轮轮齿各部分尺寸及计算公式

名　称	代　号	计　算　公　式
模数	m	$m=p/\pi$ （算出后取标准模数）
分度圆直径	d	$d=mz$
齿顶高	h_a	$h_a=m$
齿根高	h_f	$h_f=1.25m$
齿高	h	$h=h_a+h_f=2.25m$
齿顶圆直径	d_a	$d_a=d+2h_a=m(z+2)$
齿根圆直径	d_f	$d_f=d-2h_f=m(z-2.5)$
两啮合齿轮中心距	a	$a=\dfrac{(d_1+d_2)}{2}=\dfrac{(z_1+z_2)\ m}{2}$
两啮合齿轮传动比	i	$i=n_1/n_2=z_2/z_1$

3. 圆柱齿轮的规定画法（GB/T4459.2—2003）

齿轮轮齿部分采用规定画法，其他部分仍按其真实投影画出。

1）单个齿轮规定画法

齿顶圆和齿顶线用粗实线绘制；齿根圆和齿根线用细实线绘制，也可省略不画，如图 7-28

(a)、(b) 所示；分度圆和分度线用点画线绘制。在剖视图中剖切平面沿轴线剖切时，轮齿规定不剖，齿根线用粗实线绘制，如图 7-28（c）～（e）所示。

斜齿和人字齿轮，可用 3 条与齿线方向一致的细实线表示，如图 7-28（d）、(e) 所示。

齿轮工作图如图 7-29 所示，在图中左上角列表注出其有关参数。

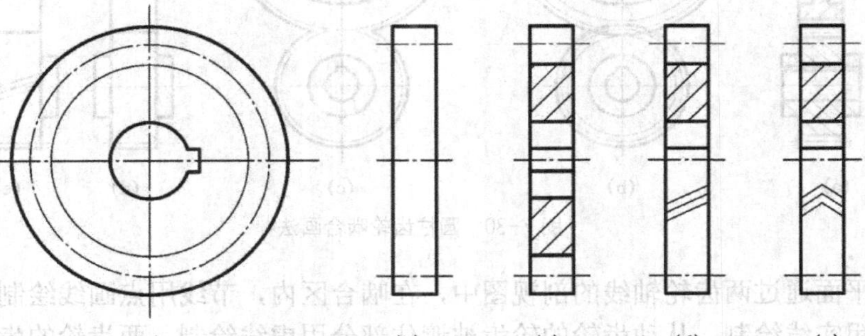

图 7-28　圆柱齿轮规定画法

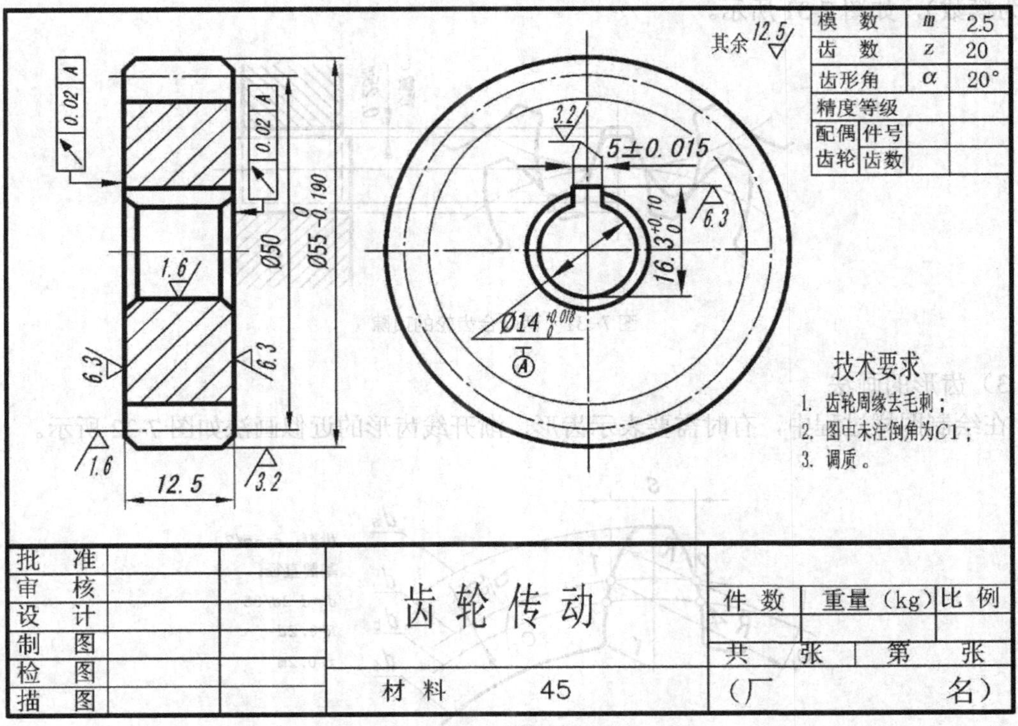

模 数	m	2.5
齿 数	z	20
齿形角	α	20°
精度等级		
配偶齿轮 件号		
配偶齿轮 齿数		

批 准			齿轮传动		
审 核				件 数	重量（kg）	比 例
设 计						
制 图				共 张	第 张	
检 图			材料 45	（厂 名）		
描 图						

图 7-29　圆柱齿轮零件图

2）齿轮啮合的规定画法

圆柱齿轮啮合画法如图 7-30 所示。

在投影为圆的视图中，两节圆相切，用点画线绘制，如图 7-30（b）、(c) 所示；齿顶圆用粗实线绘制，啮合区内的两顶圆也可省略不画，齿根圆一般不画，如图 7-30（c）所示。在投影为非圆的视图中，齿根线省略不画，啮合区的齿顶线不需画出，两节线重合用粗实线绘制，如图 7-30（d）所示。

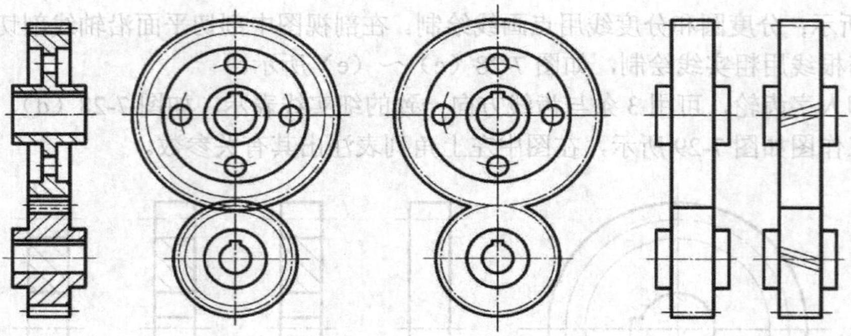

图 7-30 圆柱齿轮啮合画法

在剖切平面通过两齿轮轴线的剖视图中，在啮合区内，节线用点画线绘制，主动齿轮的轮齿部分用粗实线绘制，从动齿轮的轮齿被遮住部分用虚线绘制。两齿轮的齿根线均用粗实线绘制，如图 7-30 所示。必须注意一个齿轮的齿顶和另一齿轮的齿根之间的间隙为 $c=0.25m$（m 为模数），如图 7-31 所示。

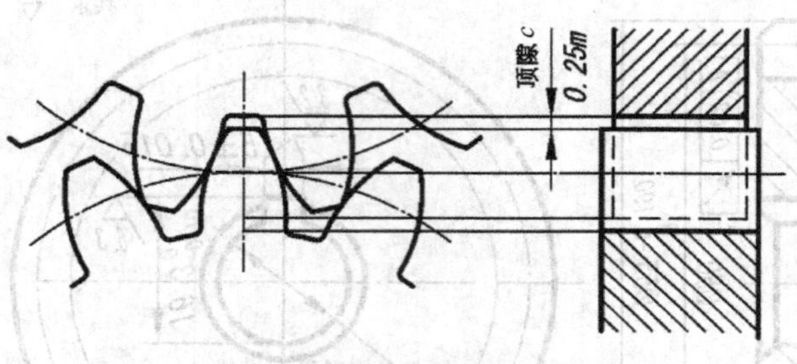

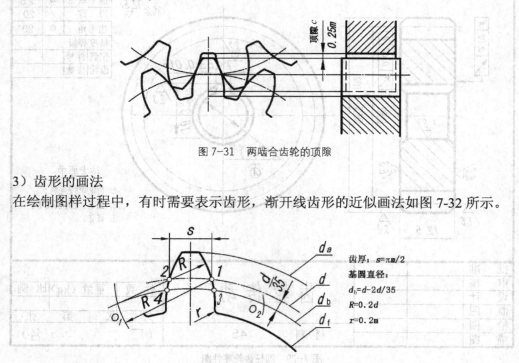

图 7-31 两啮合齿轮的顶隙

3）齿形的画法

在绘制图样过程中，有时需要表示齿形，渐开线齿形的近似画法如图 7-32 所示。

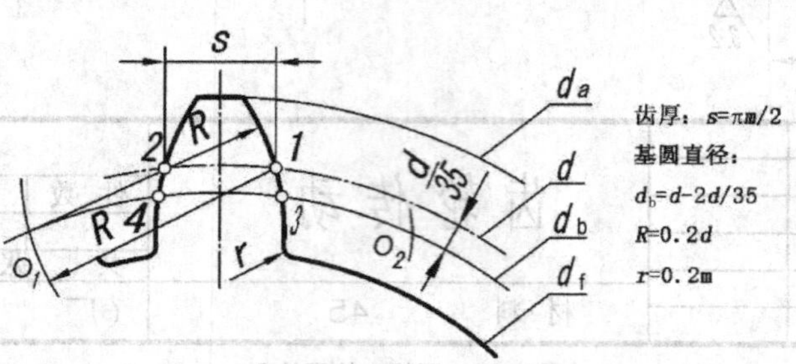

图 7-32 渐开齿形的近似画法

7.5.2 圆锥齿轮

圆锥齿轮通常用于垂直相交的两轴之间的传动。由于轮齿位于圆锥面上，所以圆锥齿轮的轮齿一端大、一端小，齿厚是逐渐变化的，直径和模数也随着齿厚的变化而变化。规定以大端的模数为准，用它决定轮齿的有关尺寸。一对圆锥齿轮啮合，也必须有相同的模数。圆锥齿轮各部分几何要素的名称，如图 7-33 所示。

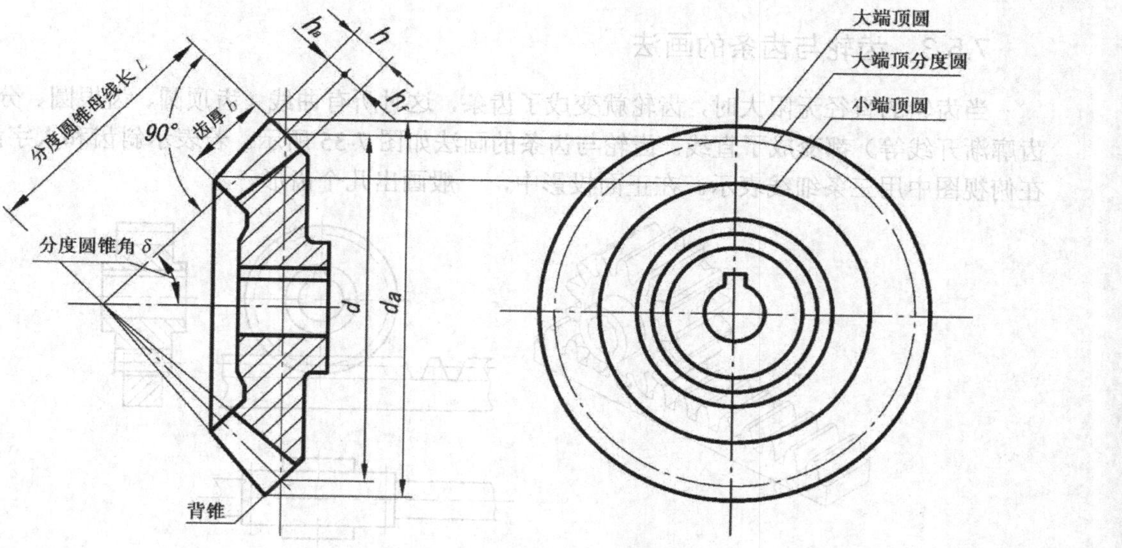

图 7-33　圆锥齿轮各部分几何要素的名称和画法

圆锥齿轮各部分几何要素的尺寸，也都与模数 m、齿数 z 及分度圆锥角 δ 有关。其计算公式：齿顶高 $h_a=m$，齿根高 $h_f=1.2m$，齿高 $h=2.2m$；大端分度圆直径 $d=mz$，大端齿顶圆直径 $d_a=m（z+2\cos\delta）$，齿根圆直径 $d_f=m（z-2.4\cos\delta）$。

圆锥齿轮的规定画法，与圆柱齿轮基本相同。单个圆锥齿轮的画法，如图 7-33 所示。一般用主、左两视图表示。主视图画成剖视图，在投影为圆的左视图中，用粗实线表示齿轮大端和小端的齿顶圆，用点画线表示大端的分度圆，不画齿根圆。

圆锥齿轮的啮合画法，如图 7-34 所示，主视图画成剖视图，由于两齿轮的节圆锥面相切，因此，其节线重合，画成点画线。在啮合区内，应将其中主动齿轮的齿顶线画成粗实线，而将从动齿轮的齿顶线画成虚线或省略不画，左视图画成外形视图。对于标准齿轮来说，节圆锥面和分度圆锥面、节圆和分度圆是一致的。

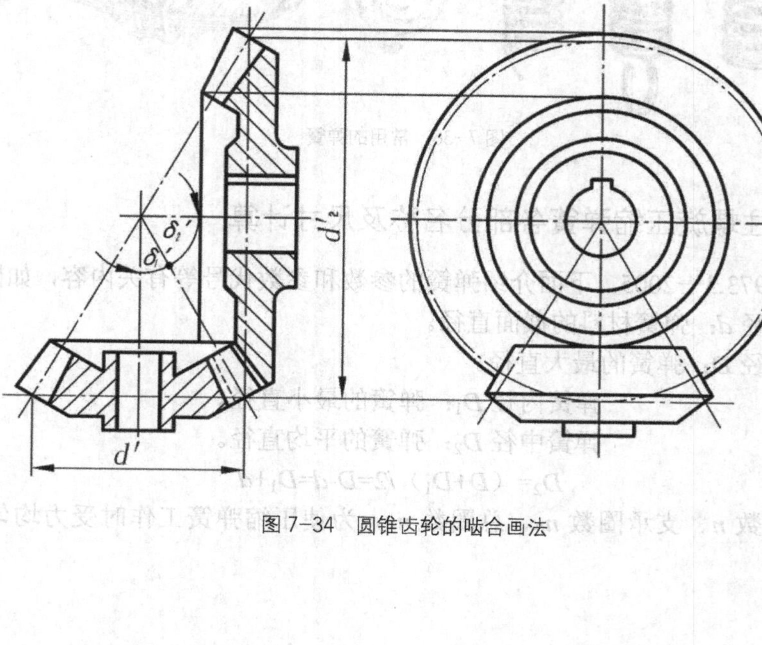

图 7-34　圆锥齿轮的啮合画法

7.5.3 齿轮与齿条的画法

当齿轮的直径无限大时，齿轮就变成了齿条，这时所有曲线（齿顶圆、齿根圆、分度圆、齿廓渐开线等）都变成了直线。齿轮与齿条的画法如图 7-35 所示。若表示斜齿和人字齿，可在俯视图中用三条细线表示。在正面投影中，一般画出几个齿形。

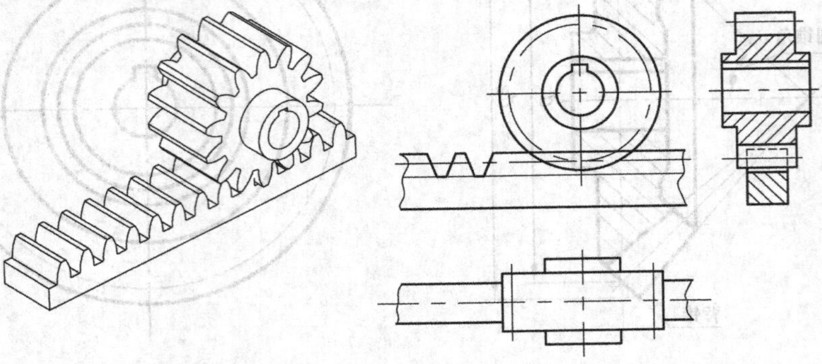

(a) 轴测图 (b) 规定画法

图 7-35 齿轮与齿条的画法

7.6 弹簧

弹簧的用途很广，常用来减震、夹紧、测力、储存能量等。弹簧的种类很多，如图 7-36 所示。常用的有螺旋弹簧（压缩弹簧、拉伸弹簧和扭转弹簧等）、蜗卷弹簧（如钟表内的发条等）、板弹簧（如各种车辆车身下采用的缓冲弹簧）等，本节只介绍应用广泛的圆柱压缩弹簧的有关尺寸和规定画法。

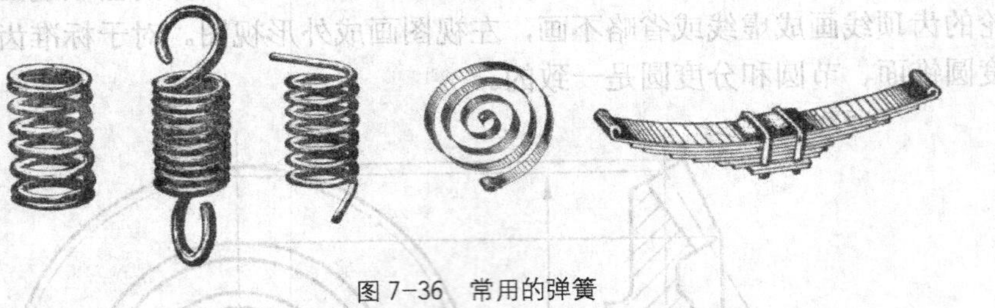

图 7-36 常用的弹簧

7.6.1 圆柱螺旋压缩弹簧各部分名称及尺寸计算

根据 GB/T1973.3—2005，下面介绍弹簧的参数和参数代号等有关内容，如图 7-37 所示。

（1）簧丝直径 d：弹簧材料的截面直径。

（2）弹簧外径 D：弹簧的最大直径。

弹簧内径 D_1：弹簧的最小直径。

弹簧中径 D_2：弹簧的平均直径。

$$D_2=（D+D_1）/2=D-d=D_1+d$$

（3）有效圈数 n、支承圈数 n_0、总圈数 n_1。为使压缩弹簧工作时受力均匀，保证轴线垂直于端面，支承平稳，弹簧的两端常并紧且磨平，仅起支承作用，称为支承圈，支承圈数有 1.5 圈、2 圈、2.5 圈。除支承圈以外其余各圈称为有效圈，有效圈数与支承圈数之和称为总圈数，即 $n_1=n+n_0$。

（4）节距 t。在有效圈部分，相邻两圈对应点间的轴向距离；

（5）自由高度 H_0。弹簧在不受外力作用时的高度，$H_0=nt+(n_0-0.5)d$；

（6）弹簧展开长度 L_0。制造弹簧时所需簧丝的长度，$L \approx n_1\sqrt{(\pi D_2)^2+t^2}$

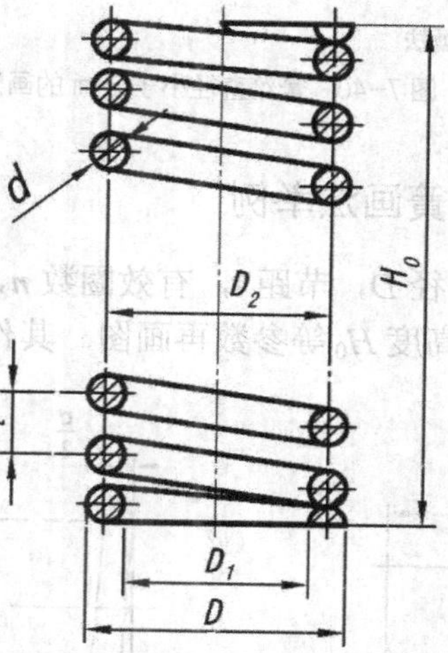

图 7-37　圆柱螺旋压缩弹簧各部分名称

7.6.2　圆柱螺旋压缩弹簧的规定画法（GB/T4459.4—2003）

弹簧按真实投影作图是很复杂的，因此，国家标准对弹簧的画法作出了如下规定：

（1）在平行于螺旋弹簧轴线投影面的视图中，各圈的螺旋线轮廓均用直线代替画出，如图 7-38（a）所示。

（2）螺旋弹簧不论是左旋或右旋均可画成右旋，对于左旋弹簧，必须注出旋向“左”字。

（3）当有效圈数在四圈以上时，螺旋弹簧的中间部分可以省略，并用中心线连接。中间部分省略后，允许适当缩短图形的长度，如图 7-38（a）、（b）所示。

（4）装配图中，被弹簧挡住的结构一般不画（按看不见处理），可见部分应以弹簧的外轮廓线或从弹簧钢丝剖面的中心线画起，如图 7-39 所示。

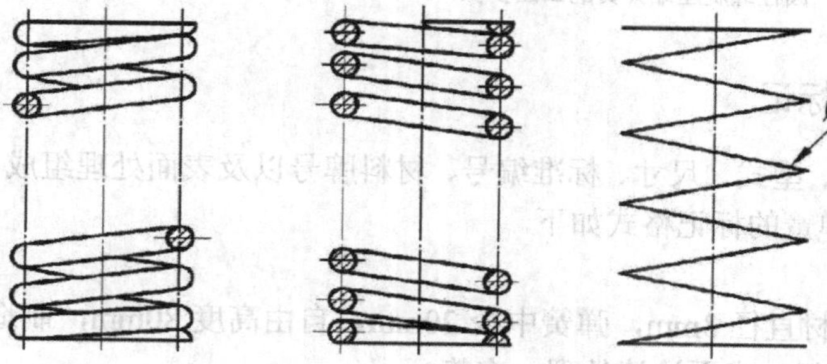

(a) 视图　　(b) 剖视图　　(c) 示意图

图 7-38　圆柱螺旋压缩弹簧的规定画法

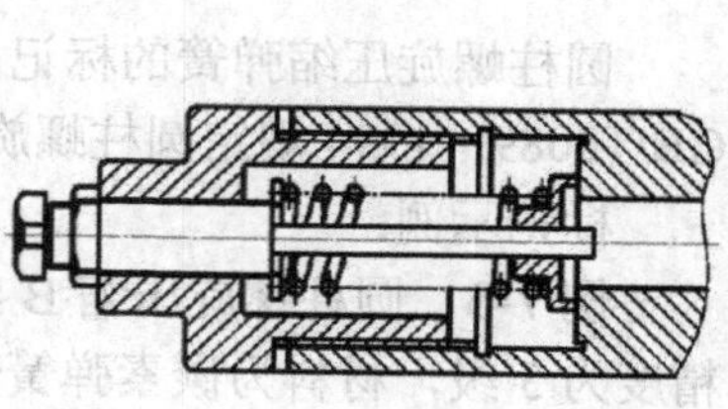

图 7-39　被弹簧挡住的结构的画法

（5）装配图中，当弹簧被剖切时，弹簧钢丝剖面直径在图形上等于或小于 2mm 时，剖面可用涂黑表示，也允许用示意图绘制，如图 7-40（a）、（b）所示。

（a）涂黑画法　　（b）示意画法

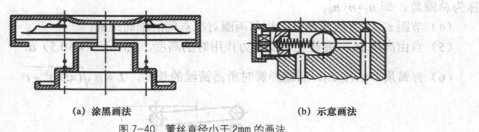

图 7-40　簧丝直径小于 2mm 的画法

7.6.3　圆柱螺旋压缩弹簧画法举例

已知弹簧的簧丝直径 d，外径 D，节距 t，有效圈数 n，支承圈数 n_0，右旋。画弹簧时，应先计算出弹簧中径 D_2，自由高度 H_0 等参数再画图。其作图步骤如图 7-41 所示。

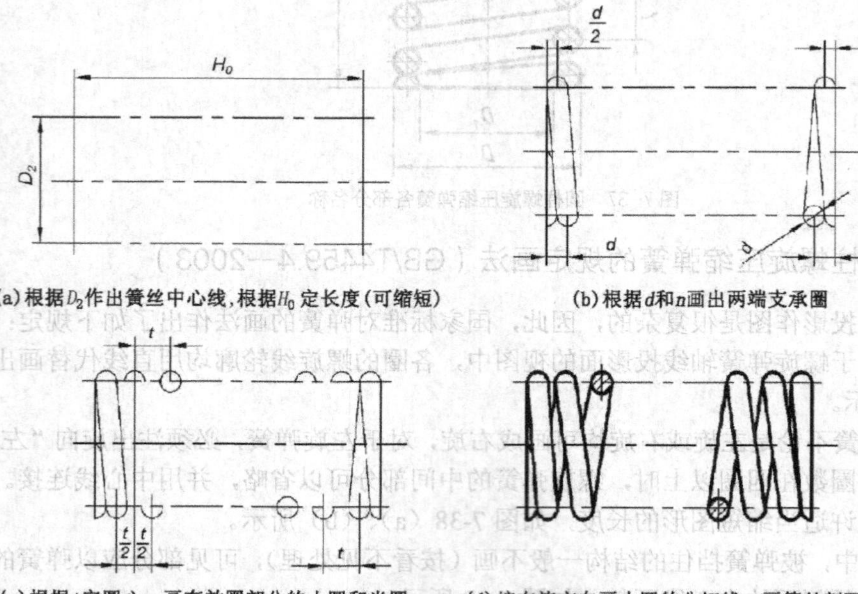

(a) 根据 D_2 作出簧丝中心线，根据 H_0 定长度（可缩短）　(b) 根据 d 和 n 画出两端支承圈

(c) 根据 t 定圆心，画有效圈部分的小圆和半圆　(d) 按右旋方向画小圆的公切线，画簧丝剖面线，校核加深

图 7-41　圆柱螺旋压缩弹簧的画图步骤

7.6.4　圆柱螺旋压缩弹簧的标记

圆柱螺旋压缩弹簧的标记由名称、型式、尺寸、标准编号、材料牌号以及表面处理组成，GB/T2089—1994 规定圆柱螺旋压缩弹簧的标记格式如下。

标记示例：

例 7-3　圆柱螺旋压缩 B 级，型材直径 3mm，弹簧中径 20mm，自由高度 80mm，制造精度为 3 级，材料为碳素弹簧钢丝 B 级，表面涂漆处理，右旋。

标记为：YB3×20×80 GB/T 2089—1994 B 级

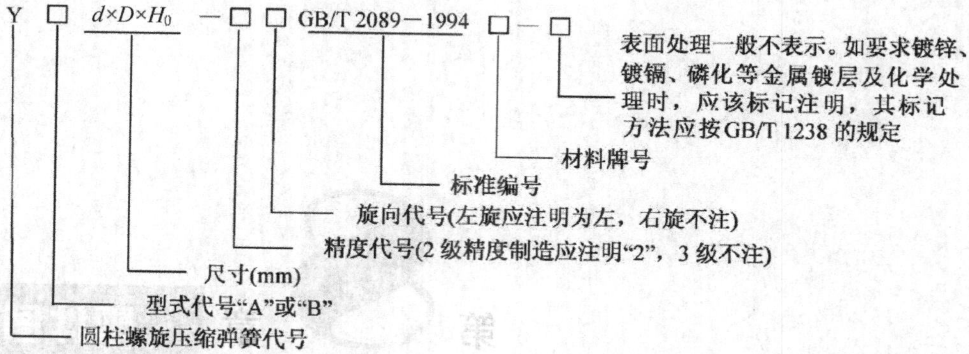

例 7-4 YA 型弹簧，材料直径 1.2mm，弹簧中径 8mm，自由高度 40mm，刚度、外径、自由高度的精度为 2 级，材料为碳素弹簧钢丝 B 级，表面镀锌处理的左旋弹簧。

标记为：YA1.2×8×40—2 左 GB/T 2089—1994 B 级—D—Zn

7.6.5 圆柱螺旋压缩弹簧工作图示例（图 7-42）

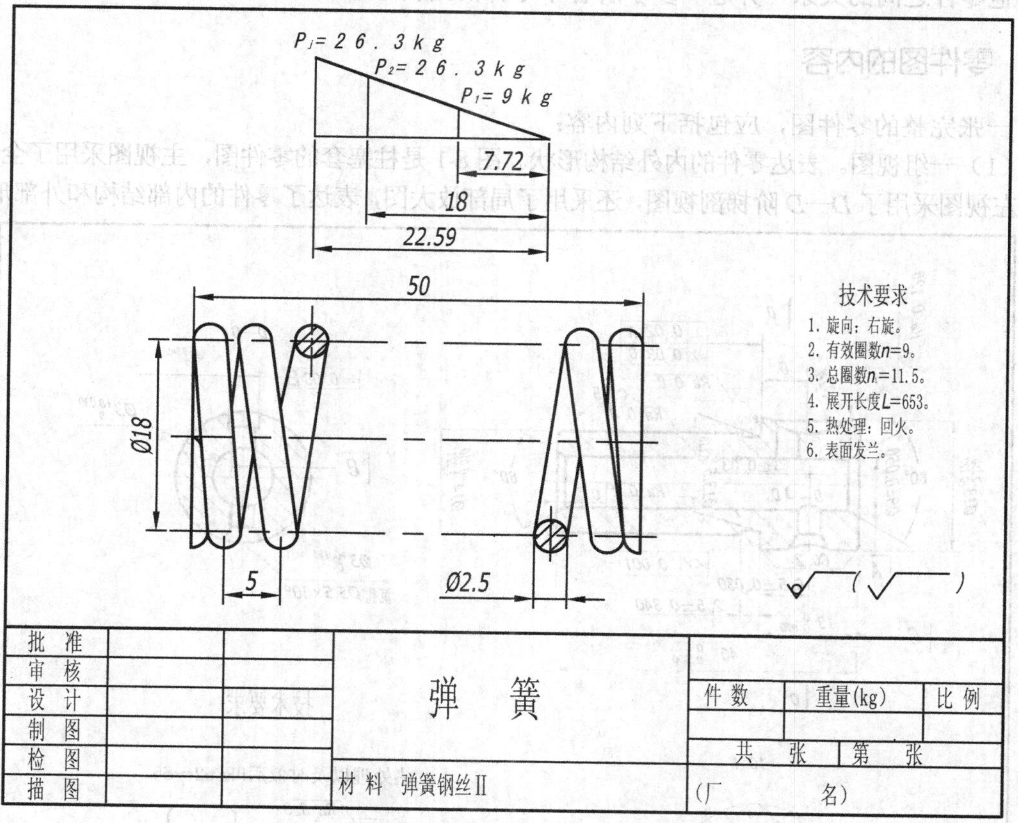

图 7-42 圆柱螺旋压缩弹簧工作图

第 8 章 零件图

机器是由若干零件按一定的装配关系和技术要求装配起来的，零件是组成机器的最小单元，表达零件的图样称为零件图。零件图表示零件的结构形状、尺寸大小和技术要求，是制造和检验零件的重要依据。学习绘制和阅读零件图时，要考虑零件在机器中的位置、作用及与其他零件之间的关系，并进一步了解各个零件的结构形状和加工方法。

8.1 零件图的内容

一张完整的零件图，应包括下列内容：

（1）一组视图。表达零件的内外结构形状。图 8-1 是柱塞套的零件图，主视图采用了全剖视图，左视图采用了 *D*—*D* 阶梯剖视图，还采用了局部放大图，表达了零件的内部结构和外部形状。

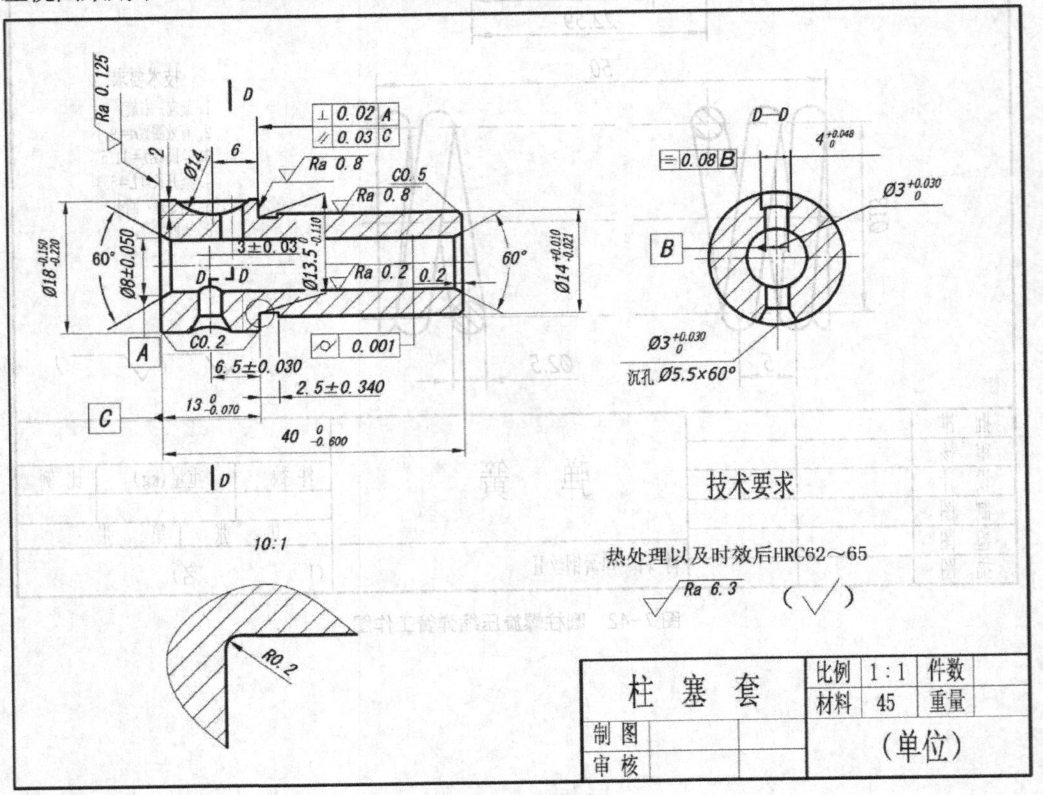

图 8-1 零件图

（2）完整的尺寸。零件图中应注出制造零件所需的全部尺寸。图 8-1 注出了柱塞套的全部尺寸。

（3）技术要求。在零件图上用规定的代号、数字和文字表达零件在制造、检验和使用时应达到的一些技术要求。图 8-1 中正确地注出了柱塞套的表面粗糙度、尺寸公差和形位公差等技术要求。

（4）标题栏。在零件图的右下角，设一标题栏，写明该零件的名称、材料、数量、比例、图号及设计、审核人员的签名。

8.2 零件图的视图选择及尺寸标注

零件图是制造零件的重要依据，因此，对零件必须进行合理的表达并标注尺寸和填写技术要求。

8.2.1 零件图的视图选择

零件的视图应能正确、完整、清晰、简洁地表达出零件各组成部分的内外结构形状，因此应该根据零件的结构特点，选用恰当的表达方案包括选择主视图、表达方法、视图数量等。

零件图的视图选择，主要包括两个方面：

1. 主视图的选择

主视图是表达零件最主要的一个视图，是一组图形的核心，选择主视图时，要确定零件的安放位置和投射方向。一般来说，零件的安放位置应以零件在机器中的工作位置或主要加工位置。结构形状比较复杂的零件如箱壳类、叉架类零件因其加工方法和位置多样，多按工作位置画主视图，这样便于与装配图直接对照，利于指导装配安装。对于以回转体为主的简单零件如轴套类、轮盘类零件因其加工方法比较单一，主要在车床或外圆磨床上加工，一般按加工位置画主视图，即轴线水平放，这样便于工人在车削、磨削时看图方便。

安放位置确定后，再确定主视图的投射方向，在四个投射方向中应该选择最能反映零件各部分结构和形状特征的方向作为主视图的投影方向，有时需要兼顾到主视图所采用的表达方法及零件的内外复杂程度。

2. 其他视图和表达方法的选择

主视图选定后，根据零件的复杂程度和结构特点，全面考虑所需要的其他视图及表达方法。采用国家标准规定的基本视图、剖视图、断面图及其他表达方法等，应优先选用基本视图。在完整、清晰地表达零件内外结构形状的前提下，尽量减少视图数量，便于画图和看图，便于标注尺寸和技术要求等，并合理使用图纸。

8.2.2 零件图的尺寸标注

零件图上标注尺寸，除要求标注得完整、清晰和符合《制图标准》外，还要求标注得合理，就是要求标注的尺寸既要满足设计要求，保证机器和部件的使用性能，又要满足工艺要求，便于加工和测量方便，降低加工成本。合理标注尺寸应做到：

1. 合理选择基准

尺寸基准即标注和测量尺寸的起点，可以是零件上的一些面、线或点。每个零件的长、宽、高三个方向都应有一个主要基准，一般还有辅助基准。从基准出发，标注定形和定位尺寸。常用的基准有零件的安装面、重要的端面、装配结合面、对称面及回转体的轴线、圆的中心线等。

由于用途不同，基准可分为设计基准和工艺基准。设计基准是用来确定零件在机器和部件中的位置的基准，通常用于尺寸标注中的主要基准。而工艺基准是用来加工和测量时的基准，通常用于尺寸标注中的辅助基准。

2. 区别尺寸的重要性

凡直接影响机器的使用性能、精度和互换性的尺寸属重要尺寸，一般应从主要基准直接注出。零件各形体之间的定位尺寸也应直接注出，以保证成品质量。次要尺寸因考虑到加工和测量方便应从辅助基准注出。

3. 符合加工工艺要求

标注尺寸应考虑零件的加工顺序、定位和测量等工艺要求。

4. 同一方向上一般只有一个非加工面与加工面有联系尺寸

同一方向上的若干加工面和非加工面，一般只有一个非加面与加工面有联系尺寸，这样是为了满足所标尺寸的精度要求和加工方便，提高成品质量。

5. 尽量采用标准工艺结构

零件上的常见工艺结构如倒角、倒圆、凸台、沉孔、退刀槽和越程槽等，它们的尺寸已经标准化，标注这些结构要素的尺寸，应查阅有关标准。

要做到尺寸标注得合理，需要较多的机械设计和加工方面的知识，必须通过学习后续课程，并通过生产实践逐步解决。

8.2.3 零件种类与分析

由于零件在机器中所起的作用不同，它们的结构形状和制造工艺也不同，因此，它们在视图表达和尺寸标注上也各有特点。根据零件的结构形状，大致可分为四类：

轴套类零件——轴、杆、衬套等；

轮盘类零件——手轮、皮带轮、齿轮、阀盖、端盖等；

叉架类零件——拨叉、支架、连杆等；

箱壳类零件——箱体、壳体、阀体等。

下面就四类零件的结构特点、视图表达及尺寸标注等方面进行简要分析。

1. 轴套类零件

图 8-2（a）为齿轮减速箱的低速轴。

低速轴功用：支承传动零件和传递动力。

结构特点：如图 8-2（a）所示，形状为同轴回转体，左右各有一个键槽，右端面有两个螺纹孔。

加工方法：以车削、磨削为主，加工位置都以轴线水平放置。

1）视图选择

根据低速轴的结构形状和加工位置，以 D 向作为主视图的投影方向，能明显地反映低速轴各段的结构形状和相对位置。如以 E 向或 F 向画出主视图，只能画些同心圆，不能反映低速轴的结构形状，如图 8-2（b）所示。

低速轴的主视图画出后，轴上的两个键槽可采用移出断面 A—A、B—B 表达，右端面的结构可采用 C 向视图表达，如图 8-3 所示。

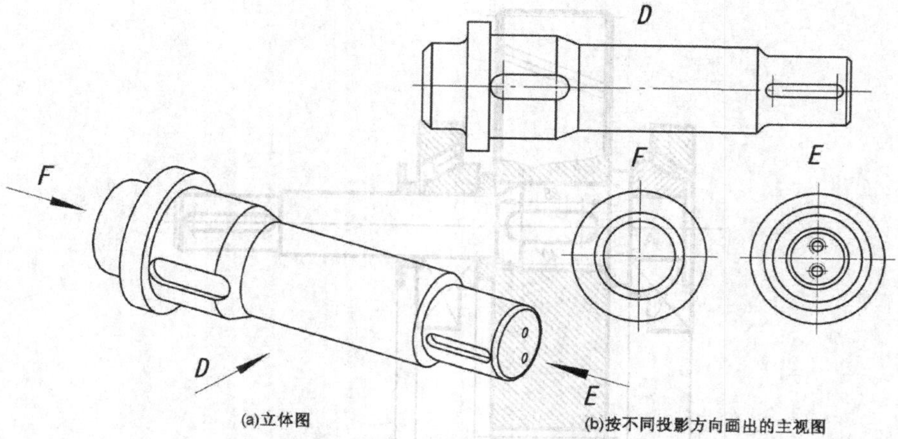

(a)立体图 (b)按不同投影方向画出的主视图

图 8-2 低速轴的主视图选择

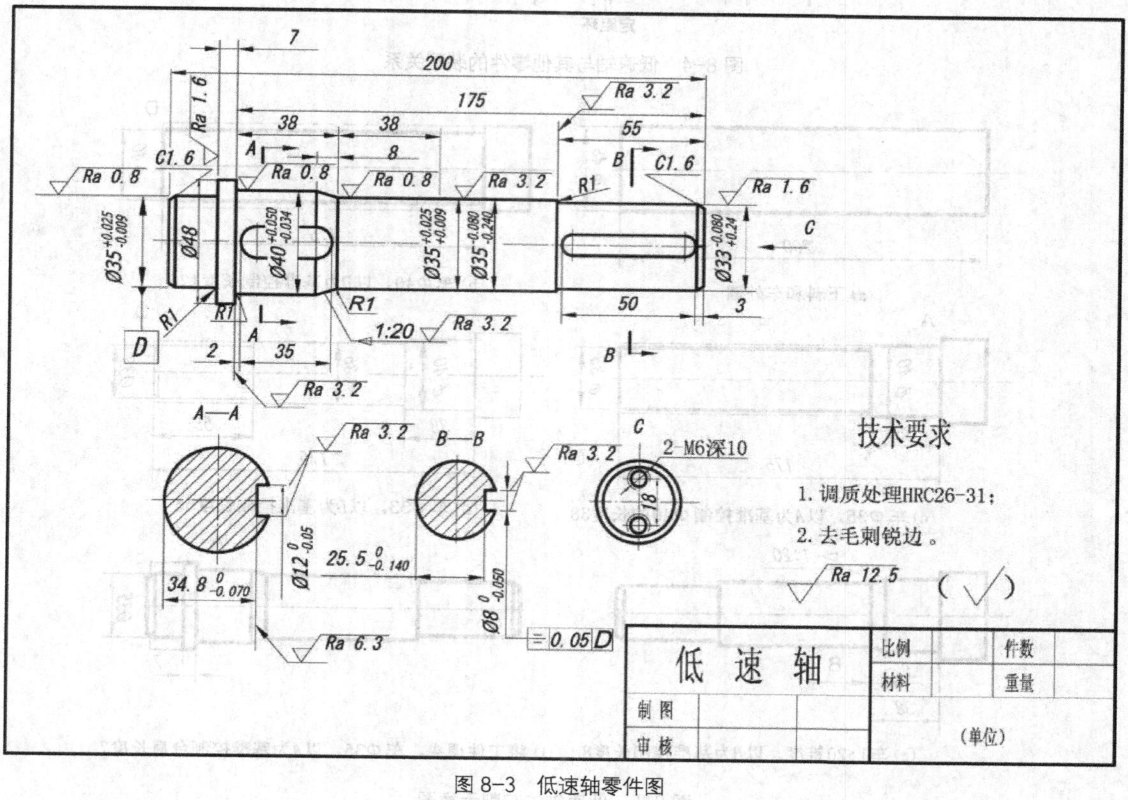

图 8-3 低速轴零件图

2）尺寸标注

由图 8-3、图 8-4 可见，低速轴上齿轮的轴向位置是由轴肩面 *A* 来定位的。在齿轮的右侧，装有定距环和轴承，它们的轴向位置也是由轴肩面 *A* 来定位的。因此，轴肩面 *A* 是轴向主要基准，与齿轮配合的轴的长度尺寸 38 由此面注出。右端面是加工和测量所需的辅助基准，由此注出尺寸 55。低速轴的轴线是各段圆柱体的径向基准，由此注出各段圆柱体的 *Φ*40、*Φ*35、*Φ*33 和 *Φ*35、*Φ*48。

在零件图上标注尺寸时，应与加工的顺序相符。图 8-5 为低速轴的加工示意图。

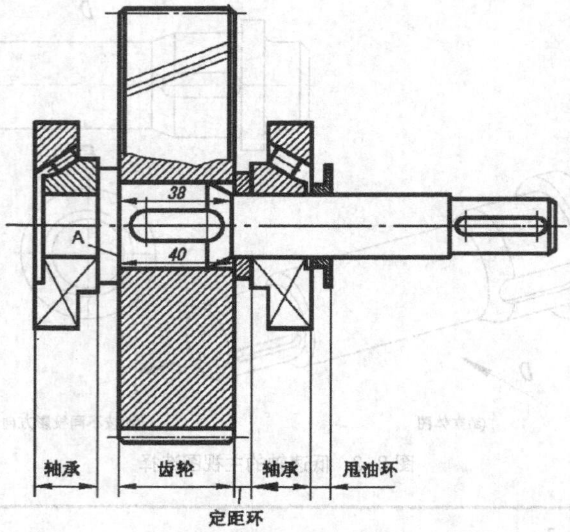

图 8-4　低速轴与其他零件的装配关系

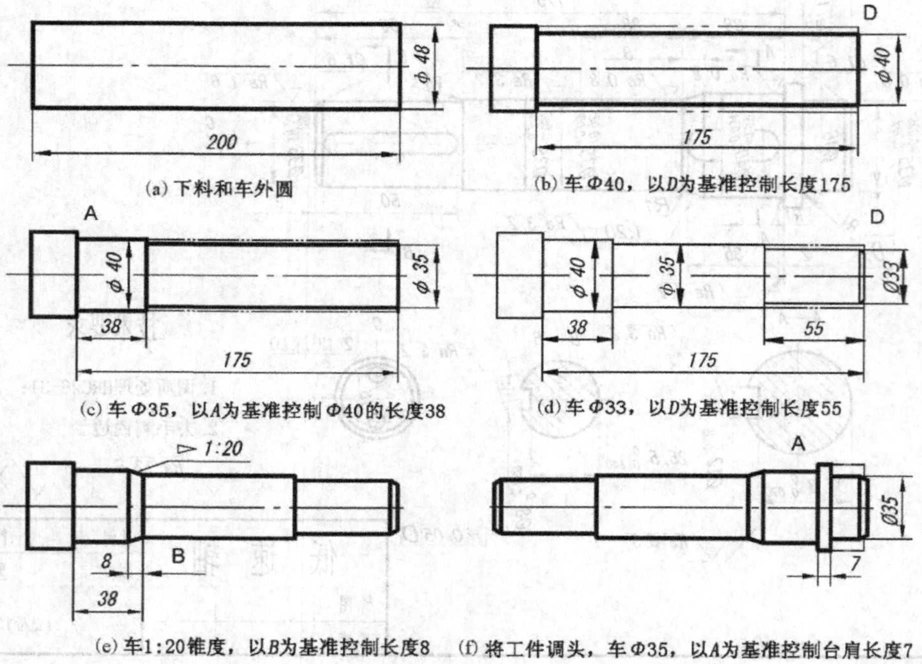

图 8-5　低速轴的车削示意图

零件在加工时，由于机床、刀具、测量工具等原因，加工出的零件，其尺寸一定会产生误差。为了满足零件的使用性能，要求标注尺寸时有主次之分，这就与“尺寸链”有关。

如图 8-6（a）所示，将低速轴在 175 长度范围内，简化为三段不同直径的圆柱。其中 A_1、A_2、A_n 为各段长度，L 为总长，这些尺寸按图上顺序排列成一个封闭的总体，这个总体称为尺寸链，尺寸链中的每个尺寸称为环。在加工过程中，自然形成的环 A_n，称为终结环，$A_n=L-A_1-A_2$。图 8-6（a）上标注终结环的尺寸 A_n，尺寸链属于封闭的，因此终结环又称封闭环。图 8-6（b）上不标注封闭环的尺寸 A_n，属于开口的尺寸链。封闭环尺寸的加工误差等于各环的加工误差之和。零件图上一般不能注成封闭尺寸链，将尺寸链中最不重要的尺寸作为封闭环，不予注出。这样使制造误差集中在封闭环上，从而保证了重要尺寸的精度。

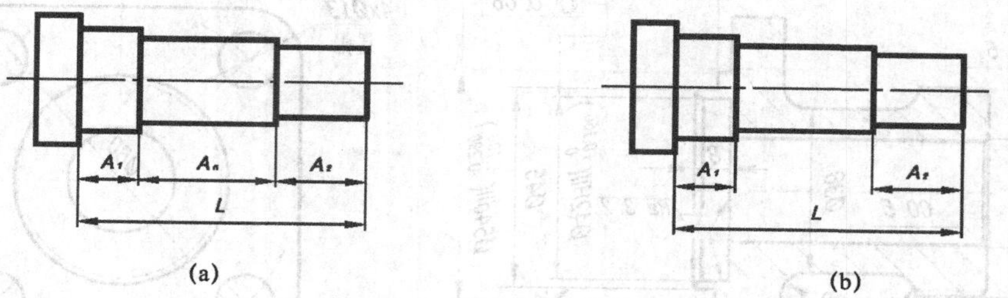

图 8-6 尺寸链

根据尺寸在图上的布置特点，标注尺寸的形式有下列三种：

（1）链状法。将尺寸依次注成链状，如图 8-7（a）所示。链状法常用于标注中心之间的距离，阶梯状零件要求十分精确的各段及用组合刀具加工零件等。

（2）坐标法。坐标法把各个尺寸从同一基准注起，如图 8-7（b）所示。坐标法用于需从一个基准定出一组精确尺寸的零件。

（3）综合法。综合法标注尺寸是链状法和坐标法的综合，如图 8-7（c）所示。零件图上标注尺寸，多用综合法。

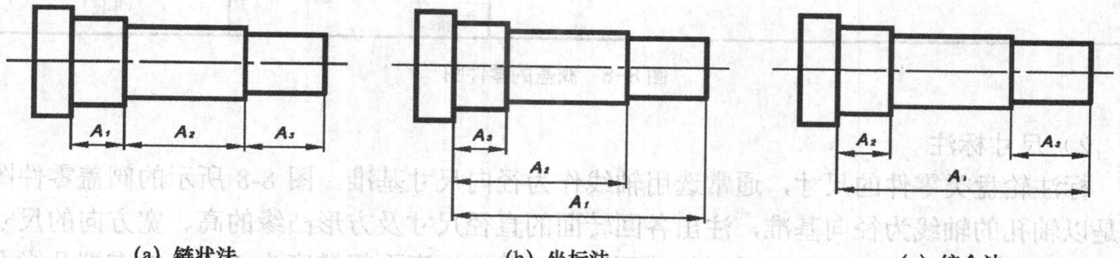

图 8-7 尺寸标注的三种形式

2. 轮盘类零件

图 8-8 所示为轮盘类零件图。

功用：轮主要用于传递动力和扭矩，盘主要用于支承、轴向定位和密封。

结构特点：有回转面和较大的端面，轴间长度较短，并有轮辐和加强肋等结构。图 8-8 所示的阀盖，其左端有外螺纹 M48×2 连接管道。右端有 80×80 的方形凸缘，它与阀体的凸缘相配合，钻有 4×Φ13 的圆柱孔，以便与阀体连接时，安装四个螺柱。

加工方法：坯料一般为铸件，以车削加工为主。

1）视图选择

轮盘类零件一般在车床上加工，应按它们的形状特征和加工位置选择主视图。对有些不以车床加工为主的零件，可按形状特征和工作位置确定主视图。一般采用两个基本视图表达。

图 8-8 所示的阀盖零件图，选择主视图时，取其轴线水平放置。主视图采用了全剖视，以反映阀盖的内外形状及各形体间的相对位置。左视图表达外形，反映了阀盖的方形凸缘及四个均布圆孔。

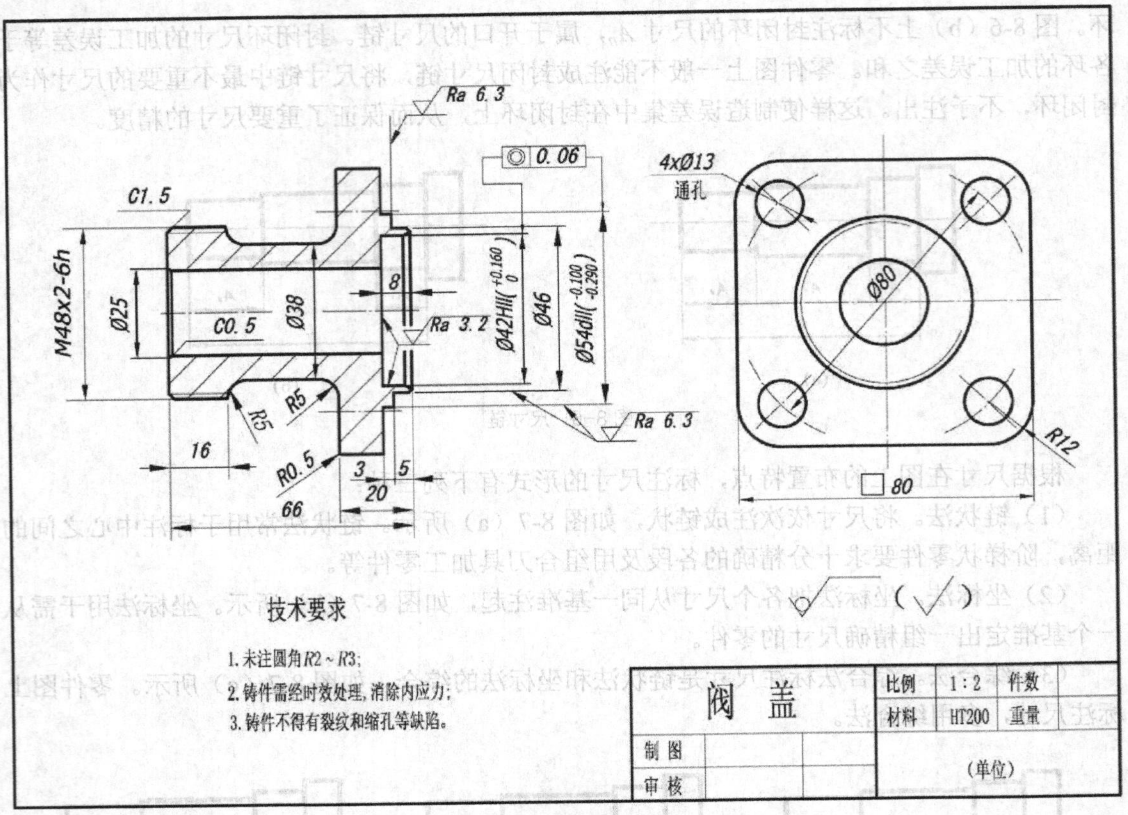

图 8-8 阀盖的零件图

2）尺寸标注

标注轮盘类零件的尺寸，通常选用轴线作为径向尺寸基准。图 8-8 所示的阀盖零件图，就是以轴孔的轴线为径向基准，注出各回转面的直径尺寸及方形凸缘的高、宽方向的尺寸。长度方向的尺寸基准通常选用重要的端面。如阀盖选用表面粗糙度为 *Ra*6.3 的右端凸缘面，作为长度方向的尺寸基准，该端面通过垫片与阀体接触。其右端为辅助基准。

3. 叉架类零件

图 8-9 所示为拨叉的零件图。

功用：叉架类零件主要用于调节、操纵机器、连接和支承零件。

结构特点：叉架类零件由于它们在部件中所起的作用和受空间位置的限制，它们的结构形状变化较大，有时有弯曲，有时有倾斜，并常采用肋板、孔、凸台等结构。

加工方法：坯料为铸件或锻件，以机加工为主。

1）视图选择

由于叉架类零件结构形状复杂，加工位置变化多，选择主视图时，以叉架的工作位置为安放位置，以形状特征确定其投影方向。由于叉架类零件的形状比较复杂，一般需用两个以上的视图表达。对其弯曲、倾斜部分的结构，常采用局部视图、斜视图、断面等表达方法。图 8-9 所示的拨叉零件图，主视图采用局部剖视、表达顶部凹槽的深度和螺孔的结构。俯视图采用局部视图，主要表达凹槽的形状和螺孔的位置。左视图采用 *A—A* 旋转剖视、表达了轴孔、凹槽、肋板及叉口的情况，还采用了 *B* 向视图，表达了左侧凸台的形状。

2）尺寸标注

标注叉架类零件尺寸时，通常选用孔的中心线、轴线、对称面、主要工作面等作为尺寸基准。这类零件的定位尺寸比较多，定形尺寸往往要通过形体分析进行标注。图 8-9 所示以 $\Phi20_{0}^{+0.033}$ 孔的轴线作为拨叉长度方向和高度方向的尺寸基准。由尺寸 $16_{-0.100}^{0}$ 及 0（图中不注）确定拨叉上部半圆端凹槽的位置。拨叉口的位置由尺寸 58°36'、140±0.100 确定。宽度方向的尺寸基准是拨叉口的前后对称面，由此标出叉口的宽度 9.5±0.100 和凹槽的定位尺寸 9。

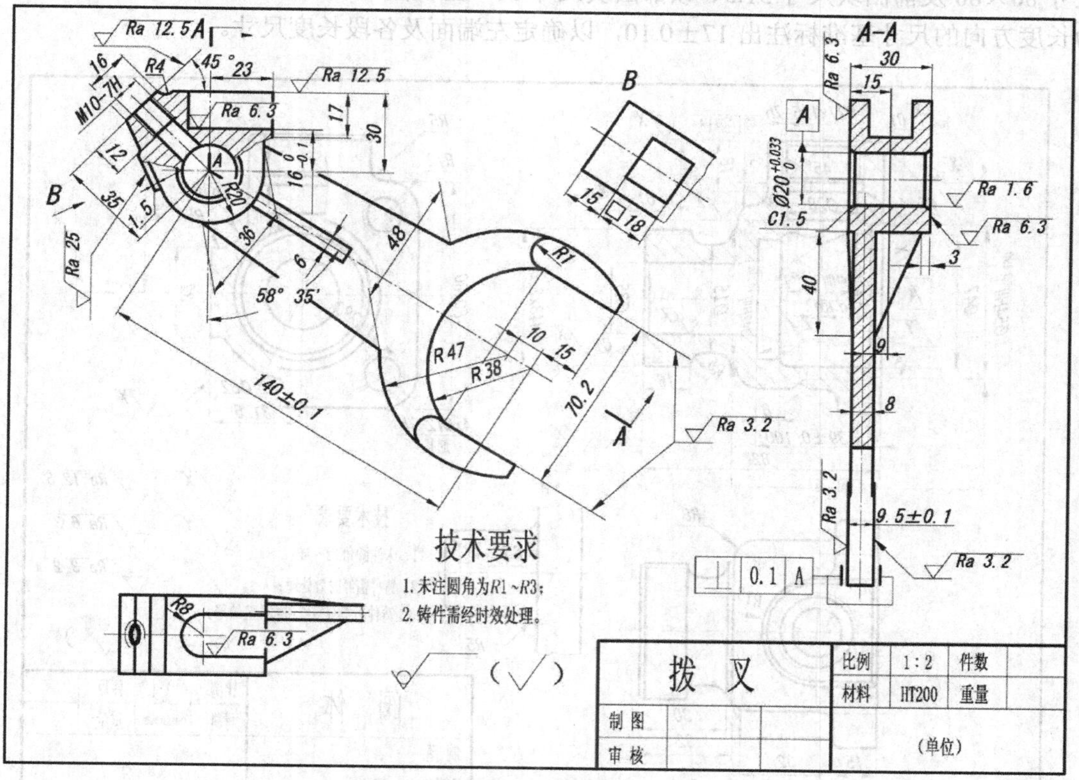

图 8-9 拨叉零件图

4. 箱壳类零件

图 8-10 所示为阀体的零件图。

功用：箱壳类零件主要用于容纳、支承、定位和密封零件等。

结构特点：根据箱壳类零件的作用，常采用大的内腔、轴孔、大的基准面、凸台、凹坑和肋板等结构，其内外结构形状比前面三类零件更加复杂。图 8-10 所示的阀体是球心阀的主要零件，它容纳球心、密封圈、阀杆、螺纹压环等零件。它的形状类似三通管，左端方形凸缘上有 $\Phi54H11(_{0}^{+0.019})$ 的孔与阀体接头配合。右端外螺纹 M48×2-6h 用来连接管道，上部 $\Phi24H11(_{0}^{+0.130})$ 的孔与阀杆配合。

加工方法：坯料多为铸件，以机加工为主，加工位置多变。

1）视图选择

由于箱壳类零件内外结构形状复杂，加工位置多变，主视图的选择主要按其内外形状特征和工作位置考虑。通常采用两个以上的基本视图，还广泛采用其他各种视图、剖视、断面及其他各种表达方法，视图表达灵活。图 8-10 所示的阀体零件图是将阀体按三通管的工作位置和形状特征选择主视图，并作全剖视以显示其内部形状。左视图采用局部剖视，以表达方形凸缘及内部形状。

2）尺寸标注

箱壳类零件通常选用主要轴孔的轴线，重要的安装面、接触面和零件的对称面作为尺寸基准。箱壳类零件的定位尺寸较多，各孔中心线之间的距离一定要直接注出。对需要加工的表面，尽可能按便于加工和检验的要求标注尺寸。图 8-10 所示的阀体工作图选用水平轴线作为径向尺寸基准，注出一系列直径尺寸（主视图）。并以此为基准注出方形凸缘的高度和宽度尺寸 80×80 及前凸块尺寸 31.5、顶部凸块尺寸 56（左视图）。以通过装阀杆孔的垂直轴线作为长度方向的尺寸基准标注出 17±0.10，以确定左端面及各段长度尺寸。

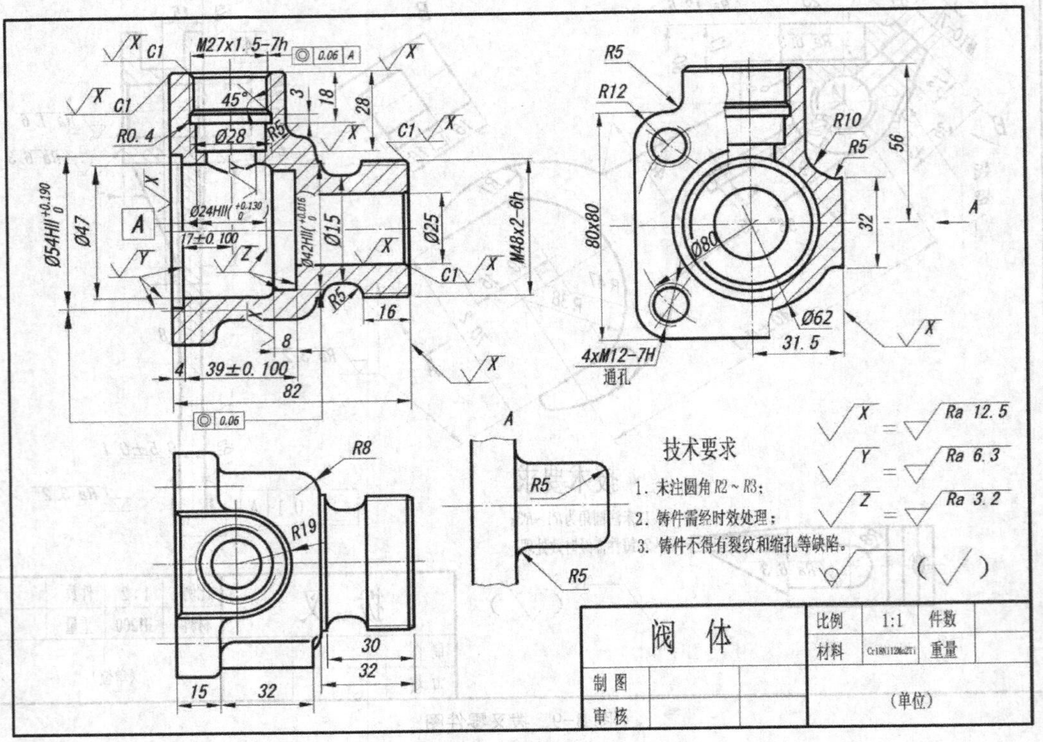

图 8-10 阀体零件图

8.3 零件常见的工艺结构

零件上的工艺结构，主要由零件在部件中所起的作用和制造工艺对零件结构的要求所决定。画零件图时，既要满足使用上的要求，又要考虑制造上的方便。

8.3.1 零件的铸造工艺结构

1. 铸造圆角

为了满足铸造工艺要求，防止砂型落砂、铸件产生裂纹和缩孔，在铸件各表面的相交处做成圆角而不做成尖角，如图 8-11（a）所示，这种圆角通常称为铸造圆角。

铸造圆角的半径尺寸，在视图上一般不标注，而在技术要求中注明，如图 8-11（b）、（c）所示。

铸件表面经切削加工后，铸造圆角被切去，两表面相交处呈尖角，如图 8-11（a）所示。由于铸造表面呈圆角过渡，其交线变得不明显了，这种交线称为过渡线，其画法如图 8-12 所示。

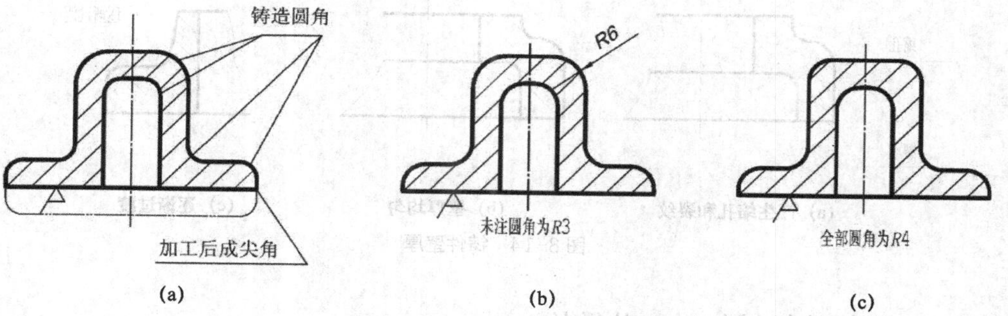

图 8-11 铸造圆角

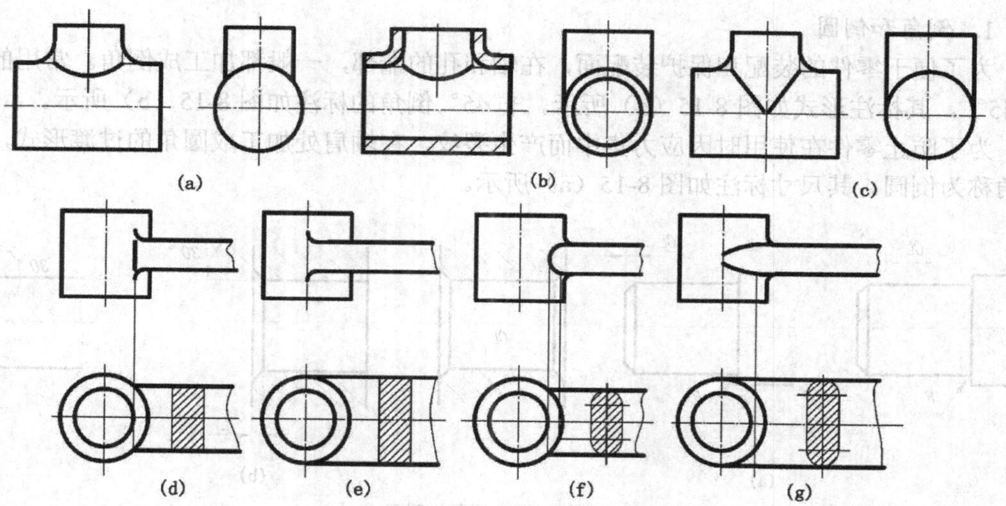

图 8-12 过渡线的画法

2. 拔模斜度

在铸造时，为便于将木模从砂型中取出，一般在铸件的内外壁上，沿拔模方向设计出约 1：20 的斜度，称为拔模斜度，如图 8-13（a）所示。

拔模斜度在视图上可以不画出，也不标注，如图 8-13（b）所示。必要时，可以在技术要求中用文字说明。

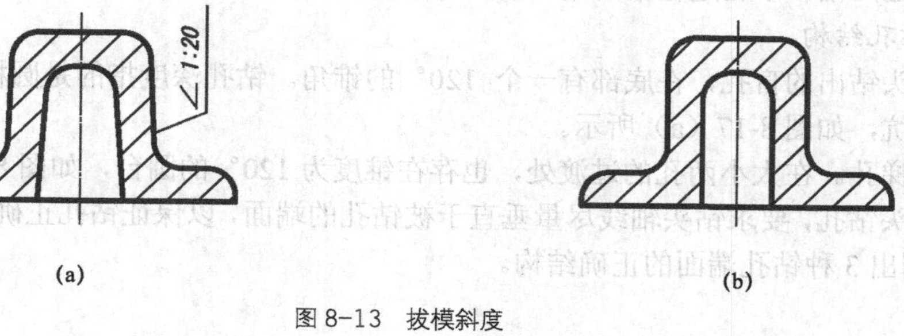

图 8-13 拔模斜度

3. 铸造壁厚

在铸造零件时，为防止各部分因冷却速度不同而产生缩孔和裂纹，铸件的壁厚应保持大体相等或逐渐变化，如图 8-14 所示。

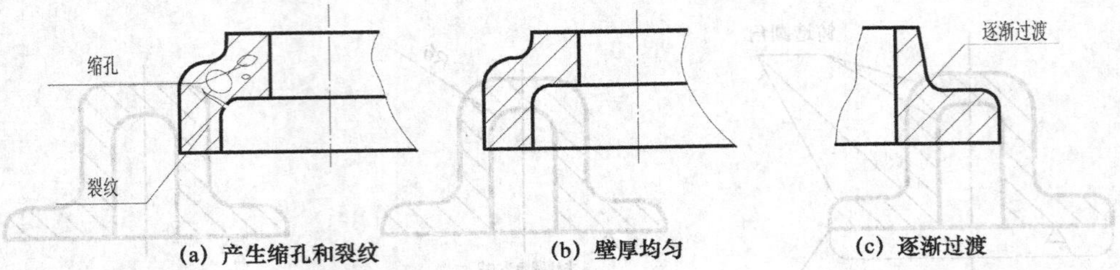

图 8-14 铸件壁厚

8.3.2 零件的机械加工工艺结构

1. 倒角和倒圆

为了便于零件的装配和保护装配面，在轴和孔的端部，一般都加工成倒角。常用的倒角为 45°，其标注形式如图 8-15（a）所示。非 45° 倒角的标注如图 8-15（b）所示。

为了防止零件在使用时因应力集中而产生裂纹，在轴肩处加工成圆角的过渡形式，这种圆角称为倒圆。其尺寸标注如图 8-15（a）所示。

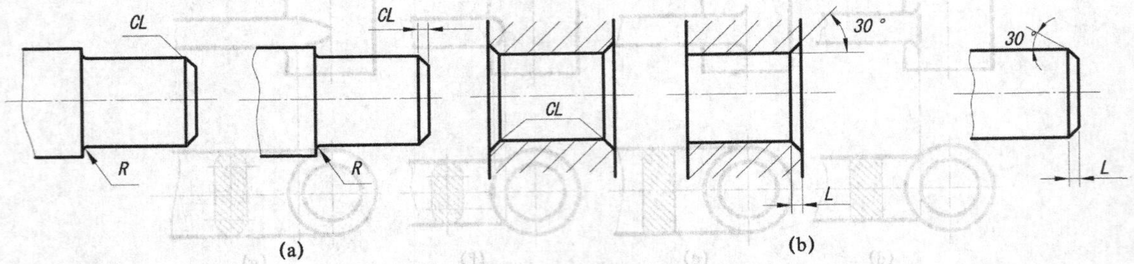

图 8-15 倒角与倒圆

2. 退刀槽和越程槽

在切削加工时，特别是在车削螺纹时，为了切削出完整的螺纹，使刀具容易退出，在未加工螺纹前，先加工退刀槽。

在磨削加工时，为了使砂轮退出被磨表面，避免磨削后零件表面出现圆角，常在加工表面台肩处，先制有砂轮越程槽。

螺纹退刀槽和砂轮越程槽的结构和尺寸标注如图 8-16（a）、（b）所示。

3. 钻孔结构

用钻头钻出的盲孔，在底部有一个 120° 的锥角。钻孔深度指的是圆柱部分的深度，不包括圆锥坑，如图 8-17（a）所示。

钻阶梯孔。在大小两孔的过渡处，也存在锥度为 120° 的圆台，如图 8-17（b）所示。

用钻头钻孔，要求钻头轴线尽量垂直于被钻孔的端面，以保证钻孔正确并避免折断钻头。图 8-18 列出 3 种钻孔端面的正确结构。

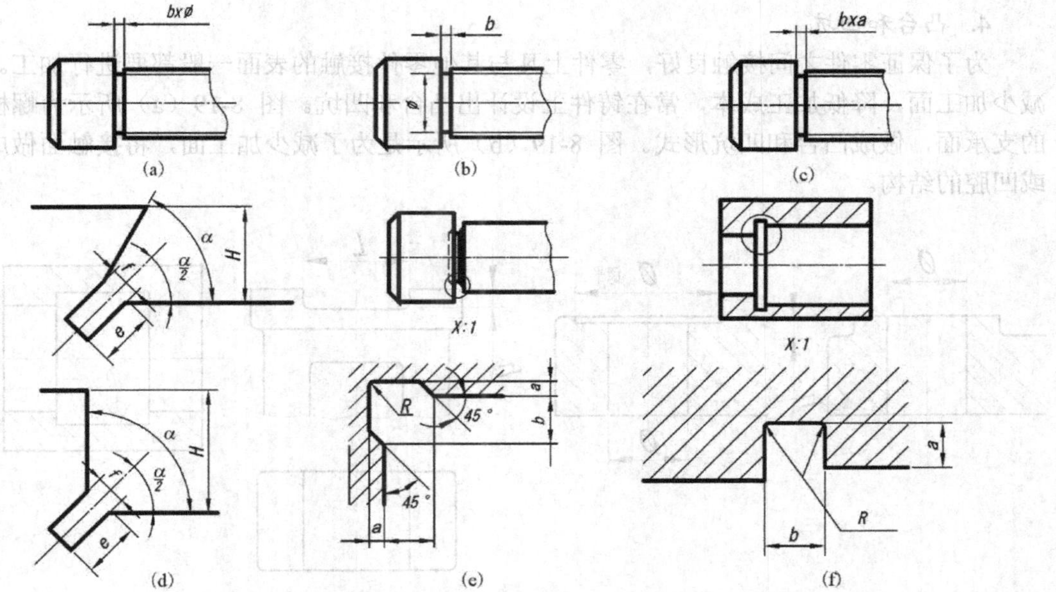

图 8-16 退刀槽和砂轮越程槽

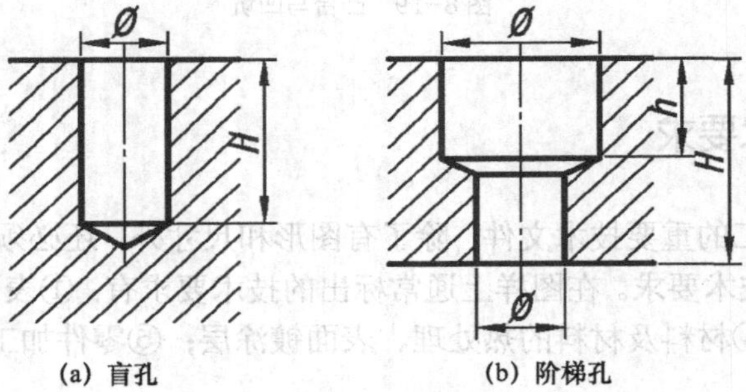

图 8-17 钻孔结构

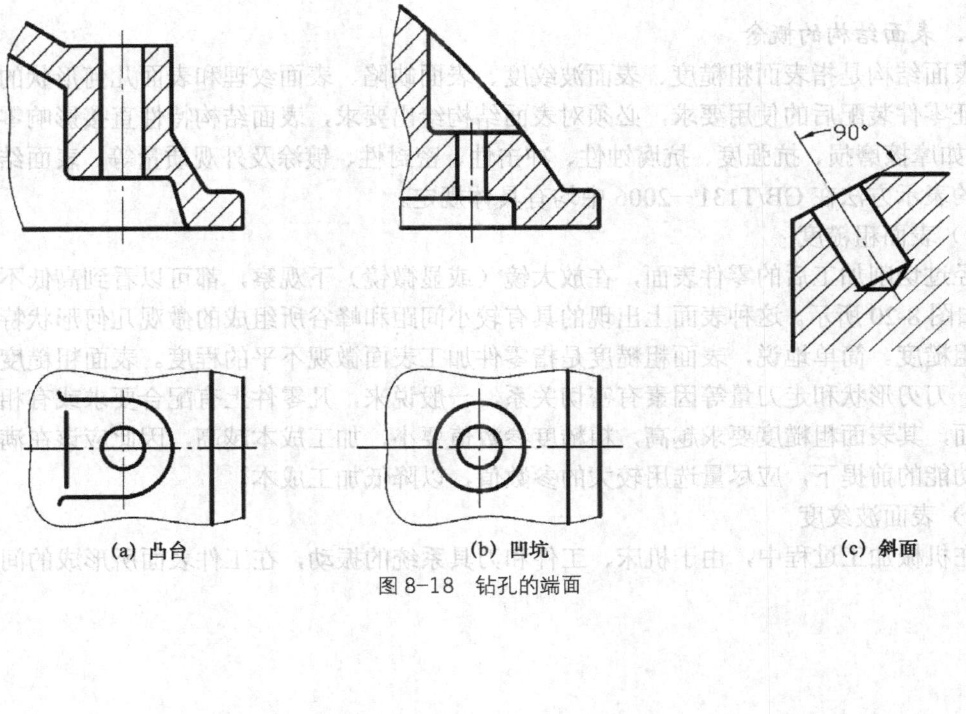

图 8-18 钻孔的端面

4. 凸台和凹坑

为了保证零件之间接触良好，零件上凡与其他零件接触的表面一般都要进行加工。为了减少加工面，降低加工成本，常在铸件上设计出凸台和凹坑。图 8-19（a）所示为螺栓连接的支承面，做成凸台和凹坑形式。图 8-19（b）所示是为了减少加工面，将接触面做成凹槽或凹腔的结构。

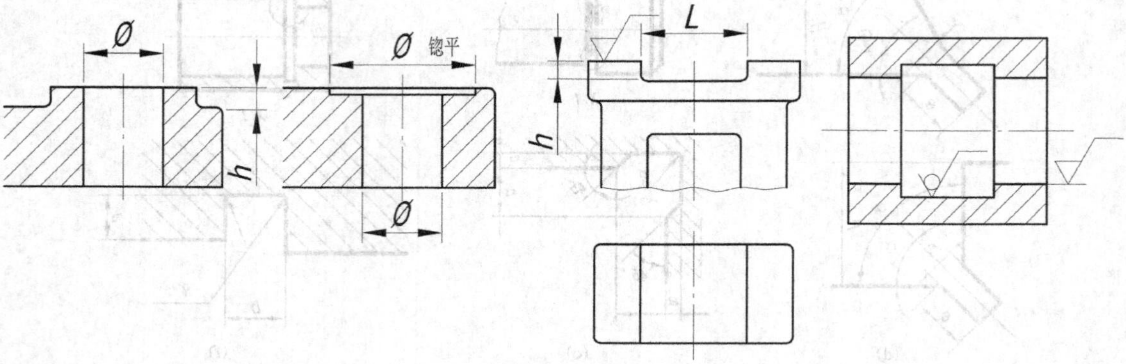

图 8-19 凸台与凹坑

8.4 零件图的技术要求

零件图是零件加工的重要技术文件，除了有图形和尺寸外，还必须具有制造该零件应达到的一些质量要求，即技术要求。在图样上通常标出的技术要求有：①表面结构；②极限与配合；③形状和位置公差；④材料及材料的热处理、表面镀涂层；⑤零件加工、检验的要求等。

8.4.1 表面结构

1. 表面结构的概念

表面结构是指表面粗糙度、表面波纹度、表面缺陷、表面纹理和表面几何形状的总称。为保证零件装配后的使用要求，必须对表面结构给出要求，表面结构特性直接影响零件的功能， 如摩擦磨损、抗强度、抗腐蚀性、冲击性、密封性、镀涂及外观质量等。表面结构在图样上的表示方法在 GB/T131—2006 中均有具体规定。

1）表面粗糙度

经过切削加工后的零件表面，在放大镜（或显微镜）下观察，都可以看到高低不平的情况，如图 8-20 所示。这种表面上出现的具有较小间距和峰谷所组成的微观几何形状特性称为表面粗糙度。简单地说，表面粗糙度是指零件加工表面微观不平的程度。表面粗糙度与加工方法、刀刃形状和走刀量等因素有密切关系。一般说来，凡零件上有配合要求或有相对运动的表面，其表面粗糙度要求越高，粗糙度参数值要小，加工成本越高，因此应该在满足零件表面功能的前提下，应尽量选用较大的参数值，以降低加工成本。

2）表面波纹度

在机械加工过程中，由于机床、工件和刀具系统的振动，在工件表面所形成的间距比粗糙度大的多的表面不平度称为波纹度。零件表面的波纹度是影响零件使用寿命和引起振动的重要因素。

表面粗糙度、表面波纹度及表面几何形状总是同时生成并存在于同一表面上。

2. 表面结构参数

表面结构参数是表示表面微观几何特性的参数，对零件表面结构的状况可由三类参数加以评定，轮廓参数（GB/T3505—2000）、图形参数（GB/T18618—2002）、支承率曲线参数（GB/T18778.2—2003 和 GB/T18778.3—2006）。标注这些表面结构参数时应与完整图形符号一起使用，其中轮廓参数是目前机械图样中最常用的评定参数，轮廓参数有三种：*R* 轮廓参数、*W* 轮廓参数和 *P* 轮廓参数，本书主要介绍 *R* 轮廓参数中最常用的两个高度参数 R_a 和 R_z。

1）轮廓算术平均偏差 R_a

轮廓算术平均偏差 R_a 是指在一个取样长度 l 内，轮廓偏距 *y*（表面轮廓线上的点至基准线的距离）绝对值的算术平均值，如图 8-21 所示。

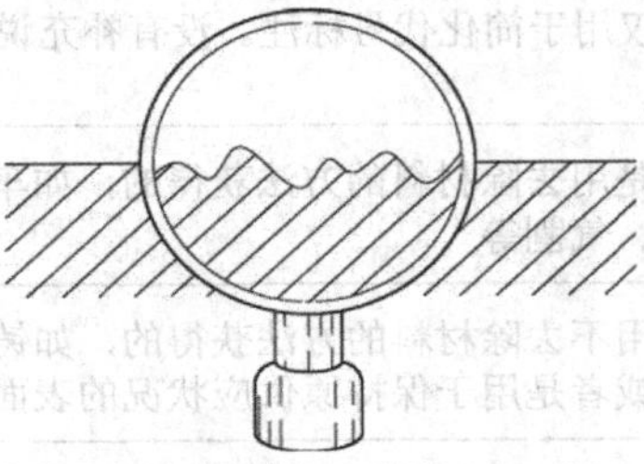

图 8-20 表面粗糙度的实际情况

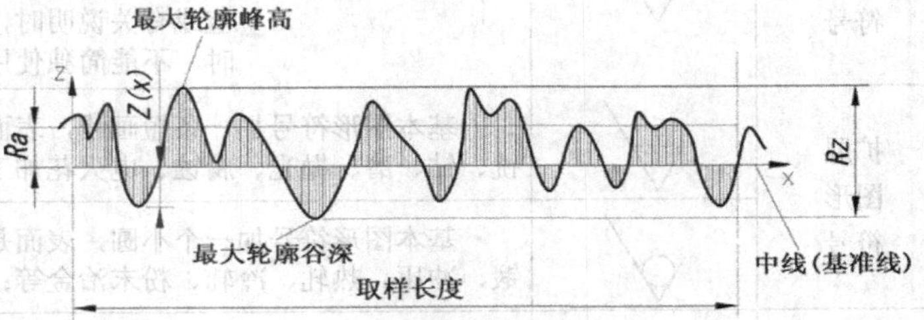

图 8-21 轮廓算术平均偏差 R_a 和轮廓最大高度 R_z

其公式为

$$R_a = \frac{1}{l}\int_0^l \left|y(x)\right| \mathrm{d}x$$

或近似表示为

$$R_a = \frac{1}{n}\sum_{i=1}^{n} \left|yi\right|$$

R_a 值及对应的取样长度 l 和评定长度 l_n 如表 8-1 所示。

表 8-1 R_a 及 l、l_n 选用值

R_a/μm	≥0.008～0.02	>0.02～0.1	>0.1～2.0	>2.0～10.0	>10.0～80
取样长度 l/mm	0.08	0.25	0.8	2.5	8.0
评定长度 l_n/mm	0.4	1.25	4.0	12.5	40
R_a（系列）/μm	0.008，0.010，**0.012**，0.016，0.020，**0.025**，0.032，0.040，**0.050**，0.063，0.080，**0.100**，0.125，0.160，**0.20**，0.25，0.32，**0.40**，0.50，0.63，**0.80**，1.00，1.25，**1.60**，2.0，2.5，**3.2**，（4.0），（5.0），**6.3**，8.0，10.0，**12.5**，16，20，**25**，32，40，**50**，63，80，**100**				

注：1. R_a（系列）中黑体为第一系列，应优先采用第一系列；2. l_n 是评定轮廓所必须的一段长度，一般为五个取样长度。

2）轮廓的最大高度偏差 R_z

轮廓的最大高度偏差 R_z 是指在同一取样长度内，最大轮廓峰高和最大轮廓谷深之和的高

度，如图 8-20 所示。

3. 表面结构的标注

表面结构的标注内容包括表面结构图形符号、表面结构参数及加工方法和其他相关信息等。

1）表面结构图形符号

表面结构图形符号分为基本图形符号、扩展图形符号和完整图形符号。各种图形符号的名称、符号及含义如表 8-2 所示。

表 8-2 表面结构图形符号

符号名称	符　号	含　义
基本图形符号		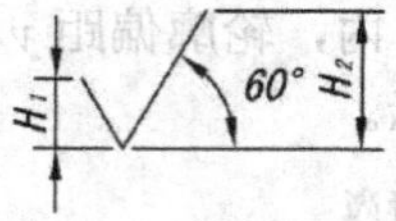 H_1=1.4h　H_2=2.1H_1　d=h/10　h 为字高，d 为线宽基本图形符号，当不加注参数值或有关说明时，仅用于简化代号标注。没有补充说明时，不能简独使用
扩展图形符号	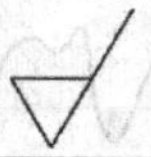	基本图形符号加一条短画线，表面是用去除材料的方法获得的，如车、铣、钻、磨、抛光、腐蚀、电火花加工、气割等
	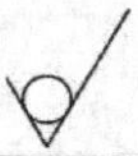	基本图形符号加一个小圆，表面是用不去除材料的方法获得的，如铸、锻、冲压、热轧、冷轧、粉末冶金等；或者是用于保持原供应状况的表面
完整图形符号	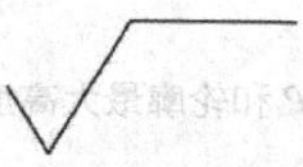	基本图形符号的长边上加一条横线，用于对表面结构有补充要求的标注，允许任何工艺。表面结构的补充要求包括表面结构参数代号、数值、传输带/ 取样长度等。在报告和合同文本中用文字表达图形符号时，用 APA 表示该符号
	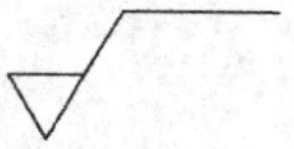	扩展图形符号的长边上加一条横线，用于对表面结构有补充要求的标注，表面是用去除材料的方法获得的。表面结构的补充要求包括表面结构参数代号、数值、传输带/取样长度等。在报告和合同文本中用文字表达图形符号时，用 MRR 表示该符号
	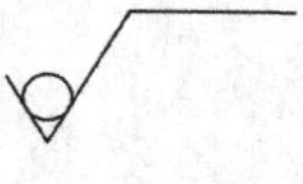	扩展图形符号的长边上加一条横线，用于对表面结构有补充要求的标注，表面是用不去除材料的方法获得的。表面结构的补充要求包括表面结构参数代号、数值、传输事/取样长度等。在报告和合同文本中用文字表达图形符号时，用 NMR 表示该符号

2）表面结构标注内容与格式

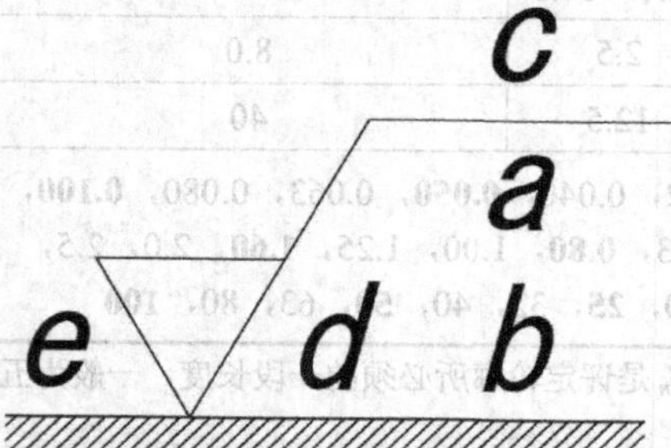

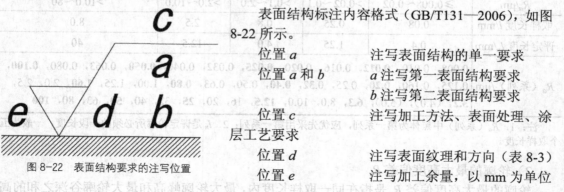

图 8-22　表面结构要求的注写位置

表面结构标注内容格式（GB/T131—2006），如图 8-22 所示。

位置 a　　注写表面结构的单一要求

位置 a 和 b　　a 注写第一表面结构要求

b 注写第二表面结构要求

位置 c　　注写加工方法、表面处理、涂层工艺要求

位置 d　　注写表面纹理和方向（表 8-3）

位置 e　　注写加工余量，以 mm 为单位

表 8-3　　表面纹理和方向

符号	解释和示例	
=	纹理平行于视图所在的投影面	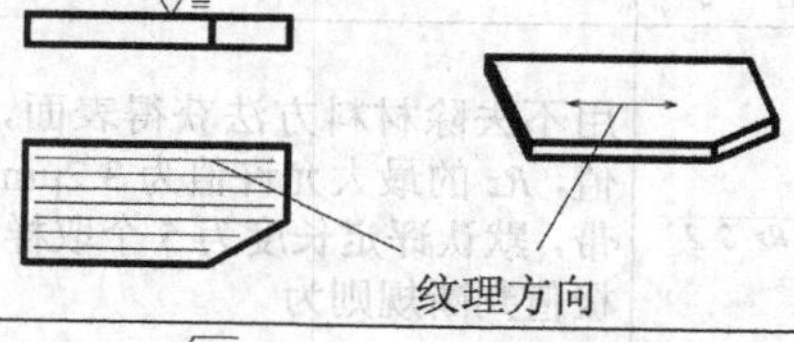
⊥	纹理垂直于视图所在的投影面	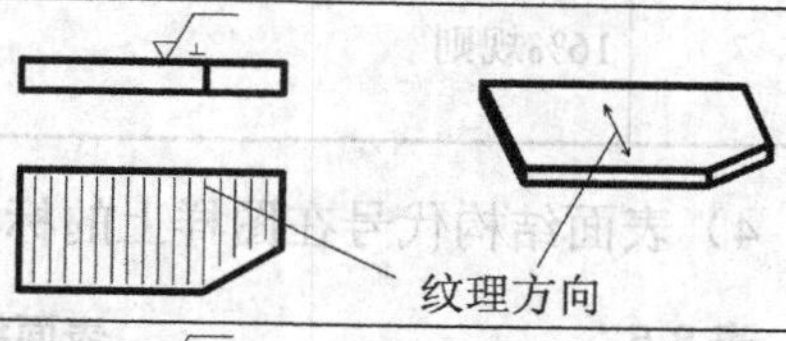
X	纹理呈两斜向交叉且与视图所在的投影面相交	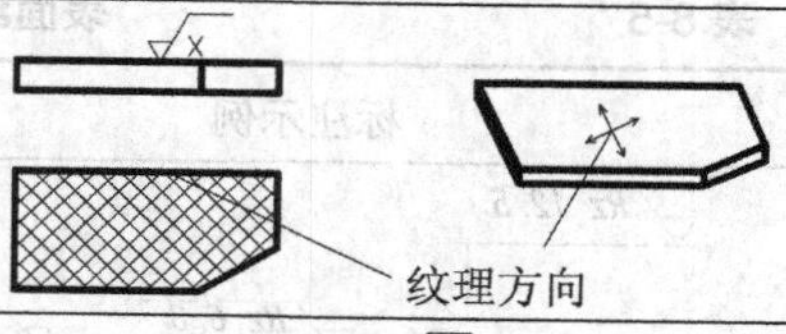
M	纹理呈多方向	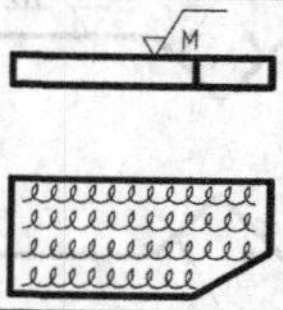
C	纹理呈近似同心圆且与表面中心相关	
R	纹理呈近似放射状且与表面圆心相关	
P	纹理呈微粒、凸起、无方向	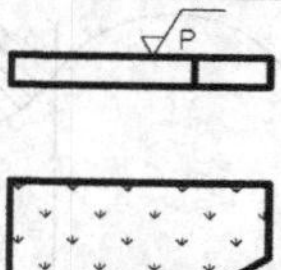

3）表面结构代号示例

表面结构符号中注写了具体参数代号及数值等要求后即称为表面结构代号，表面结构代号的示例及含义如表 8-4 所示。

表 8-4　　表面结构代号示例及含义

符　号	含　义	符　号	含　义
√Ra 0.8	用去除材料方法获得表面，单向上限值，R_a的最大允许值为 0.8μm，默认传输带，默认评定长度为 5 个取样长度，默认极值判断规则为 16%规则	√Ramax 0.4	用去除材料方法获得表面，单向上限值，R_a的最大允许值为 0.4μm，默认传输带，默认评定长度为 5 个取样长度，极值判断规则为最大规则

续表

符　号	含　　义	符　号	含　　义
√Rz 3.2（不去除材料）	用不去除材料方法获得表面，单向上限值，*Rz* 的最大允许值为 3.2μm，默认传输带，默认评定长度为 5 个取样长度，默认极值判断规则为16%规则	√U Ra 3.2 L Ra 0.8	用去除材料方法获得表面，双向极限值，R_a 的最大允许值为 3.2μm，最小允许值为 0.8μm。二者均匀默认传输带，默认评定长度为 5 个取样长度，默认极值判断规则为 16%规则。*U* 和 *L* 分别表示上极限值和下极限值，在不引起歧义时可省略

4）表面结构代号在图样上的标注示例（见表 8-5）

表 8-5　　　　表面结构代号在图样上的标注示例

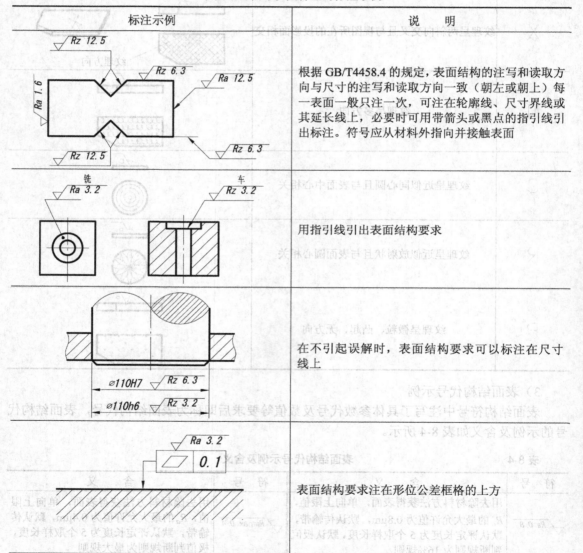

标注示例	说　　明
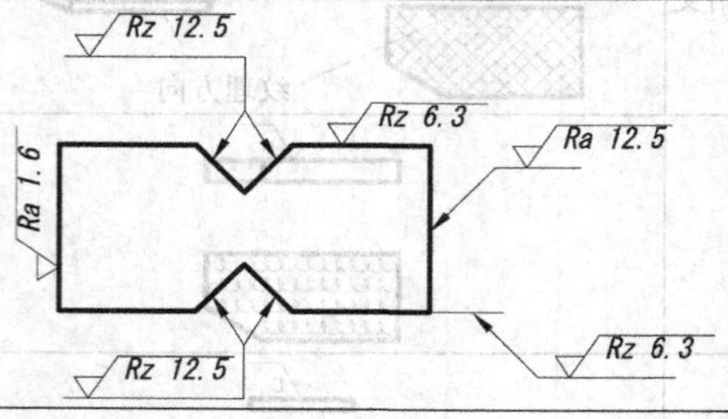	根据 GB/T4458.4 的规定，表面结构的注写和读取方向与尺寸的注写和读取方向一致（朝左或朝上）每一表面一般只注一次，可注在轮廓线、尺寸界线或其延长线上，必要时可用带箭头或黑点的指引线引出标注。符号应从材料外指向并接触表面
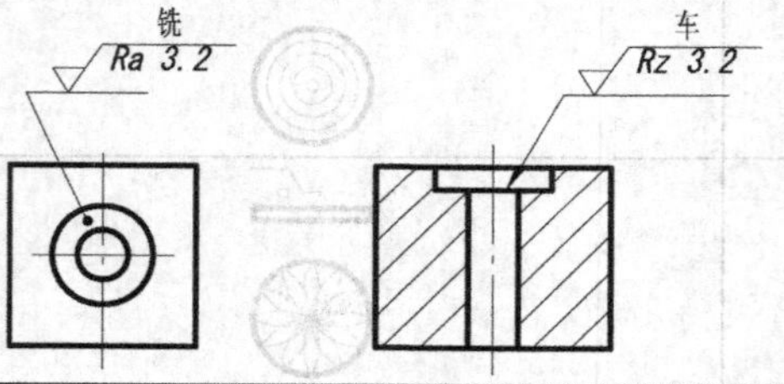	用指引线引出表面结构要求
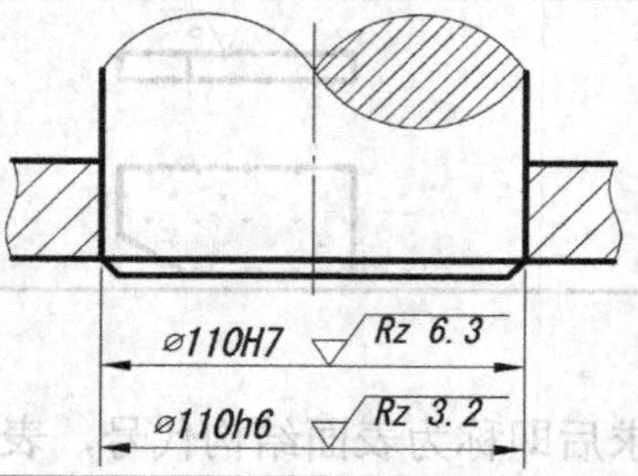	在不引起误解时，表面结构要求可以标注在尺寸线上
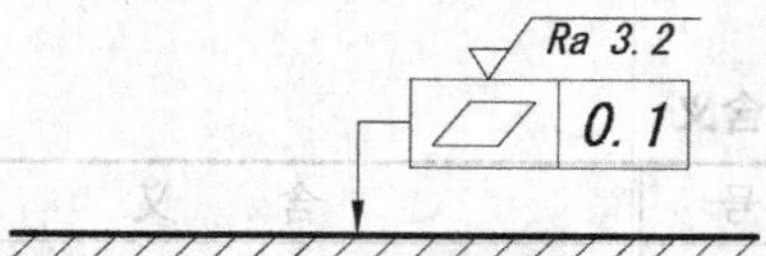	表面结构要求注在形位公差框格的上方

续表

标注示例	说明
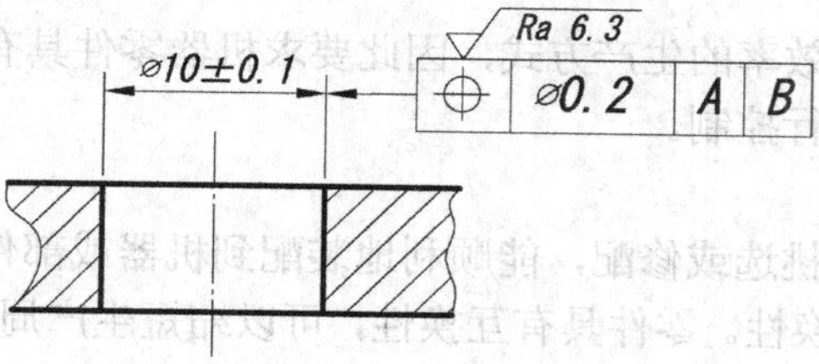	表面结构要求注在形位公差框格的上方
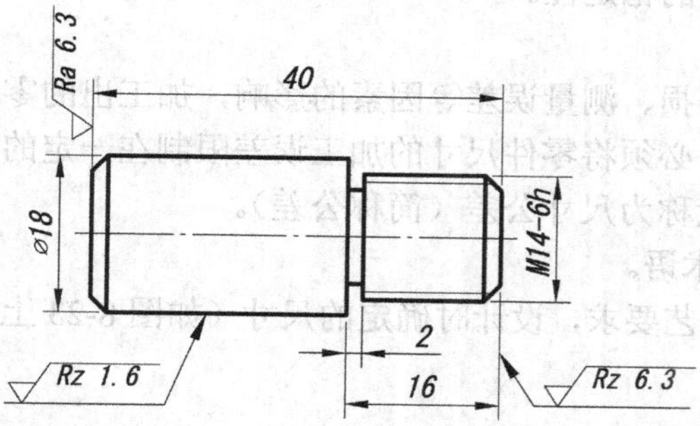	表面结构要求可以标注在轮廓线的延长线上或用带箭头的指引线引出标注
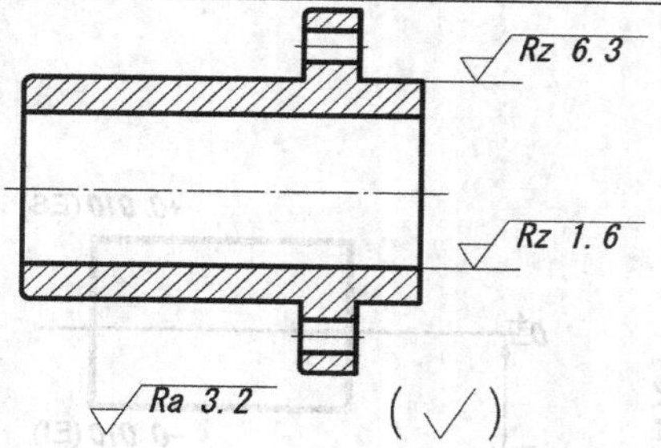(a)	有相同表面结构要求的注法如果在工件的多数（包括全部）表面有相同的表面结构要求，则其表面结构要求可统一标注在标题栏附近，此时表面结构要求的符号后面应有：如图（a）在圆括号内给出无任何其他标注的基本符号
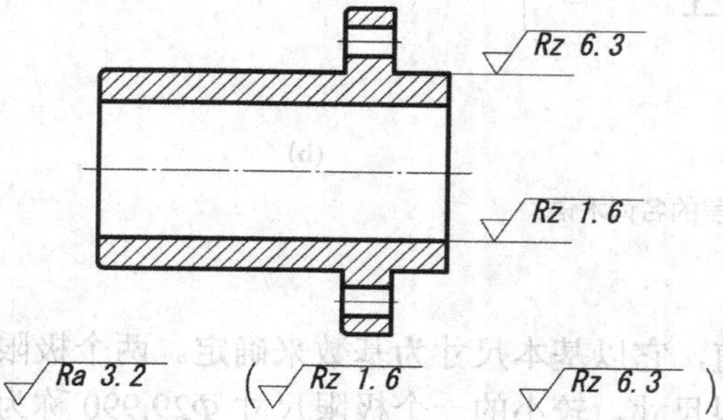(b)	如图（b）在圆括号内给出图中已注出的表面结构要求
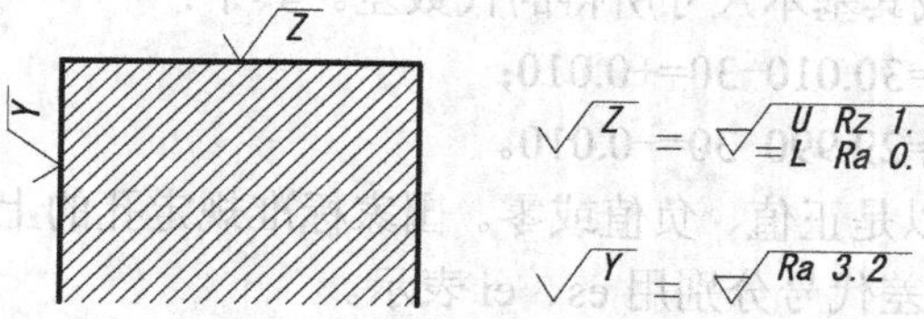	当多个表面有相同的表面结构要求或图纸空间有限时，可以用带字母的完整符号以等式的形式在图形或标题栏附近，对有相同表面结构要求的表面进行简化标注

8.4.2 极限与配合的概念及其标注

1. 极限与配合

现代化生产需各部门的广泛协作，才会有高效率的生产方式，因此要求机器零件具有互换性，在制造零件的过程中必须对尺寸的误差进行控制。

1）零件的互换性

从一批相同的零件中，任取一个零件，不经挑选或修配，能顺利地装配到机器或部件上去，并能达到一定的使用要求，这种性能称为互换性。零件具有互换性，可以缩短生产周期，降低成本，提高劳动生产率，并保证了产品质量的稳定性。

2）尺寸公差

零件在加工过程中，由于机床精度、刀具磨损、测量误差等因素的影响，加工出的零件尺寸不可能绝对准确。为了使零件具有互换性，必须将零件尺寸的加工误差限制在一定的范围，规定出零件尺寸的允许变动量，这个变动量称为尺寸公差（简称公差）。

下面以图 8-23 为例，说明公差的有关名词术语。

（1）基本尺寸。根据零件的强度、结构和工艺要求，设计时确定的尺寸（如图 8-23 上标出的 $\Phi30$）为基本尺寸。

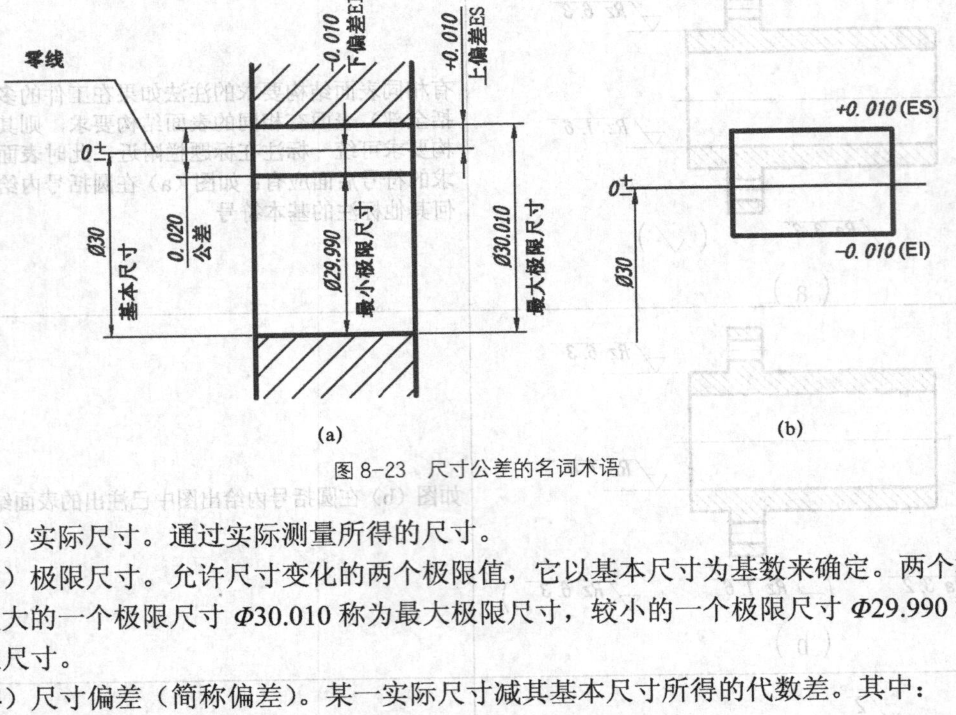

图 8-23 尺寸公差的名词术语

（2）实际尺寸。通过实际测量所得的尺寸。

（3）极限尺寸。允许尺寸变化的两个极限值，它以基本尺寸为基数来确定。两个极限值中，较大的一个极限尺寸 $\Phi30.010$ 称为最大极限尺寸，较小的一个极限尺寸 $\Phi29.990$ 称为最小极限尺寸。

（4）尺寸偏差（简称偏差）。某一实际尺寸减其基本尺寸所得的代数差。其中：

上偏差=最大极限尺寸-基本尺寸，即上偏差=30.010−30=+0.010；

下偏差=最小极限尺寸-基本尺寸，即下偏差=29.990−30=−0.010。

上、下偏差统称为极限偏差。上、下偏差可以是正值、负值或零。国家标准规定孔的上、下偏差代号分别用 ES 和 EI 表示。轴的上、下偏差代号分别用 es、ei 表示。

（5）尺寸公差（简称公差）。允许实际尺寸的变动量。

尺寸公差=最大极限尺寸-最小极限尺寸，或：尺寸公差=上偏差-下偏差。

即尺寸公差=30.010-29.990=0.020，或：尺寸公差=0.010-（-0.010）=0.020。

尺寸公差一定为正值。

（6）零线。在公差带图中，表示基本尺寸的一条直线称为零线。在零线以上的偏差为正值，在零线以下的偏差为负值，如图 8-23（b）所示。

（7）公差带。表示公差大小和相对于零线的一个区域为公差带，图 8-23（b）即为公差带图。

3）标准公差与基本偏差

公差带由标准公差与基本偏差两部分组成。

（1）标准公差。在《公差与配合》标准中所列的任一公差，则确定公差带大小。共分 20 个等级，即 IT01，IT0，IT1，…，IT18。IT 为标准公差代号，阿拉伯数字表示公差等级，精度由 IT01 至 IT18 依次降低。各级标准公差的数值见附表 30。

（2）基本偏差。基本偏差用于确定公差带相对于零线位置的上偏差或下偏差，一般指靠近零线的那个偏差。

当公差带在零线上方时，基本偏差为下偏差；当公差带在零线下方时，基本偏差为上偏差，如图 8-24 所示。

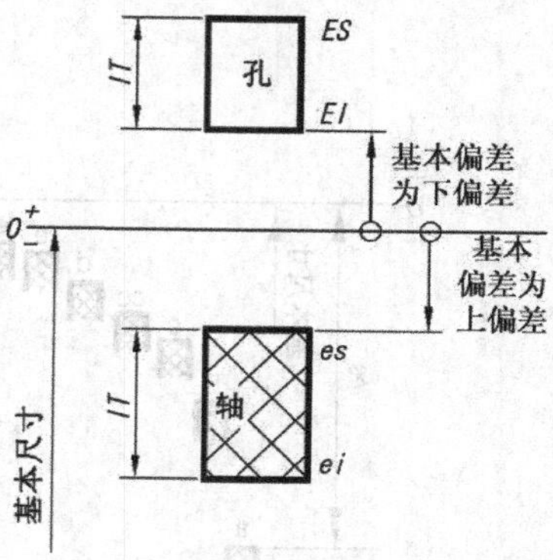

图 8-24 基本偏差示意图

国家标准对孔和轴分别规定了 28 个不同的基本偏差，图 8-25 为基本偏差系列图。代号用拉丁字母表示，大写字母代表孔，小写字母代表轴。

孔的基本偏差从 *A* 到 *H* 为下偏差 *EI*，其绝对值依次逐渐减小；从 *J* 到 *ZC* 为上偏差 *ES*，其绝对值依次逐渐增大。

轴的基本偏差从 *a* 到 *h* 为上偏差 *es*，其绝对值依次逐渐减小；从 *j* 到 *zc* 为下偏差 *ei*，其绝对值依次逐渐增大。

H 和 *h* 的基本偏差为零。

在基本偏差系列图中，只表示公差带的各种位置，不表示公差带的大小。因此系列图中，只画出公差带属于基本偏差的一端，另一端是开口的，由标准公差的大小决定。轴和孔的基本偏差数值可查阅附表 31 和附表 32。

4）配合

基本尺寸相同的、相互结合的孔和轴的公差带之间的关系，称为配合。

根据使用要求的不同，孔和轴之间的配合有松有紧。国家标准将配合分为 3 类，即间隙配合、过盈配合和过渡配合。

（1）间隙配合。孔和轴装配时，两者之间具有间隙的配合（包括最小间隙为零），称间隙配合，孔的公差带完全在轴的公差带之上，如图 8-26（a）所示。

（2）过盈配合。孔和轴装配时，两者之间具有过盈的配合（包括最小过盈为零），称过盈配合，孔的公差带完全在轴的公差带之下，如图 8-26（b）所示。

（3）过渡配合。孔和轴装配时，两者之间可能具有间隙，也可能具有过盈，孔的公差带与轴的公差带相互交叠，称为过渡配合，如图 8-26（c）所示。

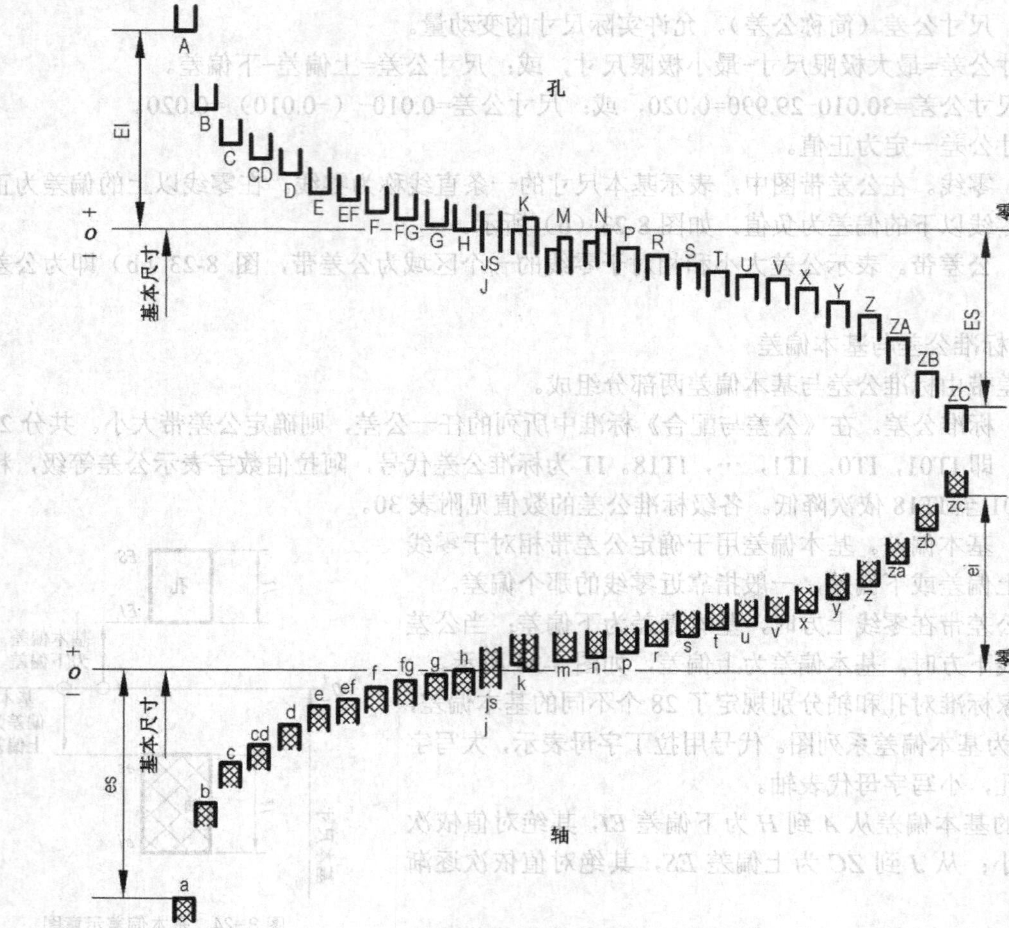

图 8-25 基本偏差系列

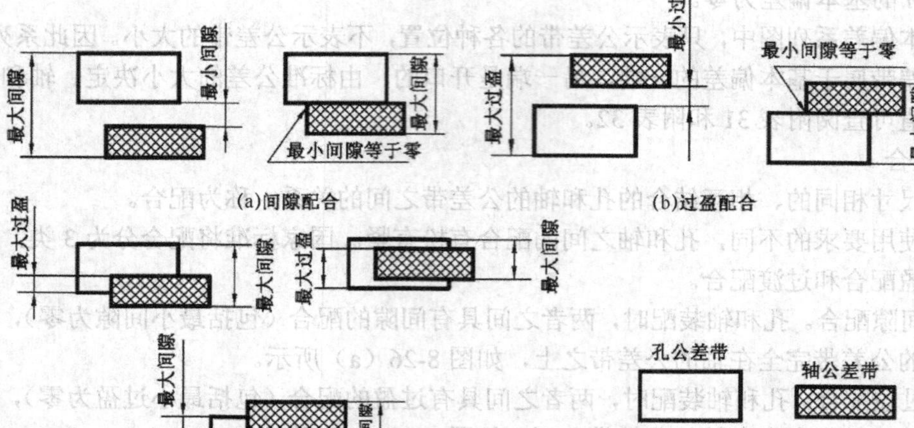

图 8-26 配合种类

5）配合制度

国家标准对配合规定了两种基准制，即基孔制和基轴制。

（1）基孔制。基本偏差为一定的孔的公差带与不同基本偏差的轴的公差带构成各种配合的一种制度，如 8-27（a）所示。基准孔的下偏差为零，并用代号 H 表示。

（2）基轴制。基本偏差为一定的轴的公差带与不同基本偏差的孔的公差带构成各种配合的一种制度，如图 8-27（b）所示。基准轴的上偏差为零，并用代号 h 表示。

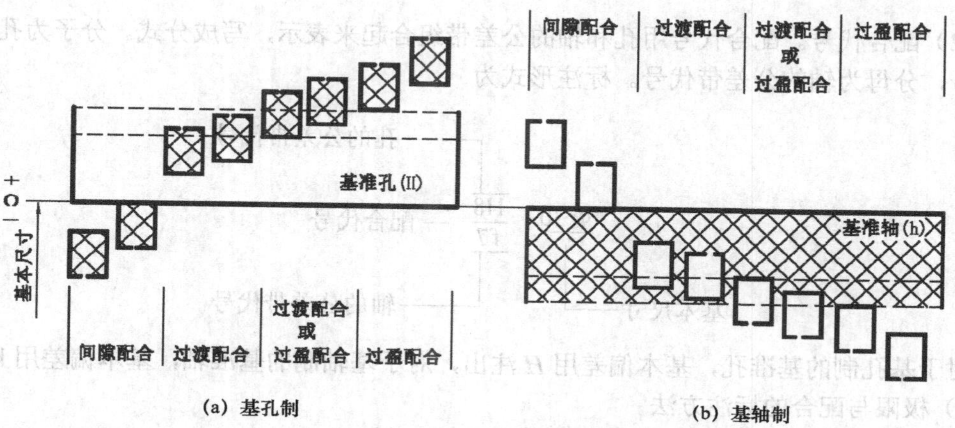

图 8-27 基孔制与基轴制

2. 极限与配合的选用

（1）在满足生产需要的前提下，根据各类产品的不同特点，国家标准制订了优先配合、常用配合和一般配合（见附表 33、附表 34）。应尽量选用优先配合。

（2）一般优先采用基孔制，这样可以限制定值刀具和量具的规格数量。基轴制通常仅用于不适合采用基孔制的场合，如同一直径的轴与几个不同公差带的孔配合。

（3）因孔的加工较轴的加工困难，在满足使用要求的前提下，一般在配合中，选用孔比轴低一级的公差等级，如 H8/f7。

3. 极限与配合的代号、标注和查表

1）极限与配合的代号

（1）公差带代号。孔和轴的公差带代号由基本偏差代号和公差等级代号组成。

孔的公差带代号

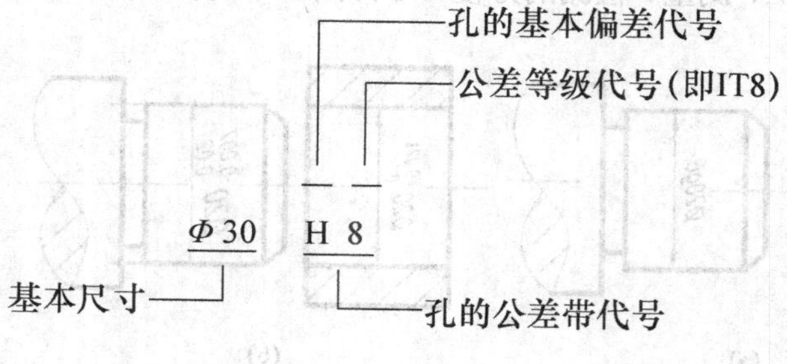

轴的公差带代号：

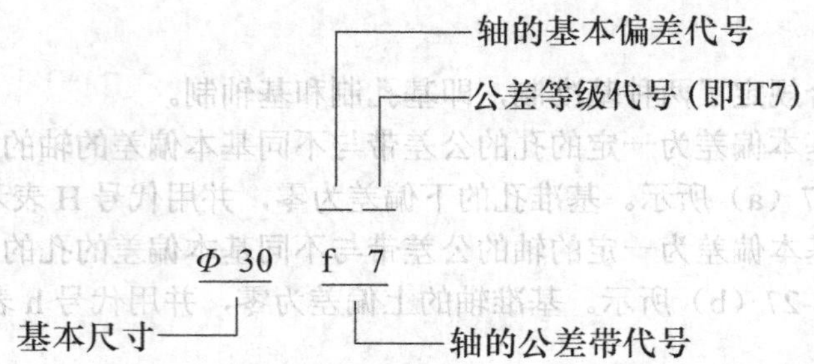

（2）配合代号。配合代号用孔和轴的公差带组合起来表示，写成分式。分子为孔的公差带代号，分母为轴的公差带代号。标注形式为

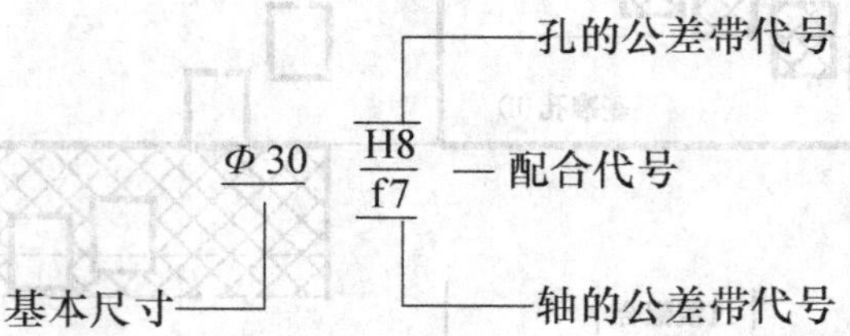

对于基孔制的基准孔，基本偏差用 H 注出，对于基轴制的基准轴，基本偏差用 h 注出。

2）极限与配合的标注方法

（1）在装配图上采用配合代号标注，如图 8-28 所示。

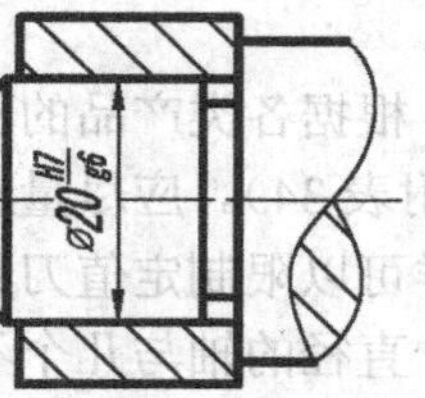

图 8-28　在装配图上标注公差与配合

（2）在零件图上有三种标注方法，如图 8-29（a）～（c）所示。

图 8-29（a），注出公差代号。图 8-29（b），注出上下偏差数值。上偏差注在基本尺寸右上方，下偏差注在基本尺寸右下方。偏差数值为零时，可写为“0”。如上下偏差数值相同时，则在基本偏差后面加注号，写上偏差数值，如 80±0.021。图 8-29（c），注出公差带代号及上、下偏差数值。为了加工、测量、检测的方便，零件图上常的标注方法如图 8-29（b）、（c）所示。

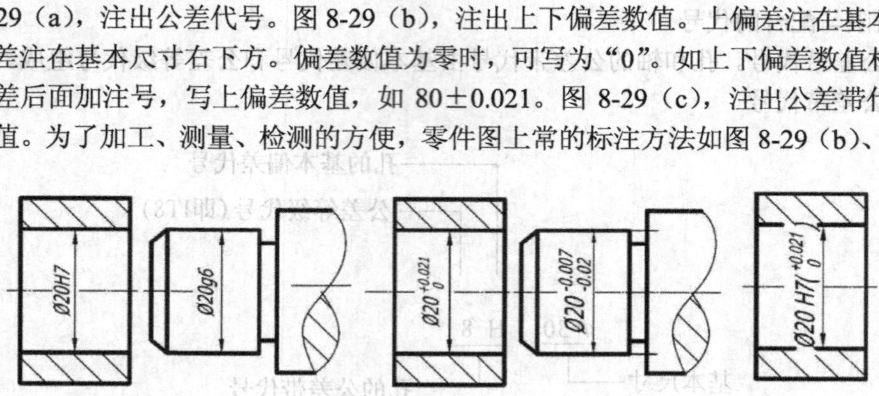

(a)　(b)　(c)

图 8-29　在零件图上标注公差与配合的三种方法

3）极限与配合的查表

当孔和轴的基本尺寸、公差带代号确定之后，其极限偏差值可从附表中查出。

例 8-1　查表写出 $\Phi18\dfrac{H8}{f7}$ 的偏差数值。

$\Phi18\dfrac{H8}{f7}$ 属基孔制配合，H8 是基准孔的公差带代号；f7 是轴的公差带代号。对照附表 34 可知，$\Phi18\dfrac{H8}{f7}$ 属优先间隙配合。

（1）查孔的极限偏差值。从附表 32 中，由基本尺寸 14 至 18 一行对应 H8 一列，查得 $\left({}^{+27}_{\ 0}\mu m\right)$，即 ${}^{+0.027}_{\ 0}$(mm)。+0.027 为孔的上偏差（ES），0 为孔的下偏差（EI），则 Φ18H8 可写成 $\Phi18^{+0.027}_{0}$。

（2）查轴的极限偏差值。从附表 31 中，由基本尺寸 14 至 18 一行对应 f7 一列，查得 $\left({}^{-16}_{-34}\mu m\right)$，即 $\left({}^{-0.016}_{-0.034}\mu m\right)$。-0.016 为轴的上偏差（es），-0.034 为轴的下偏差（ei），则 Φ18f7 可写成 $\Phi18\dfrac{-0.016}{-0.034}$。

其公差带图如图 8-30（a）所示。

例 8-2　查表写出 $\Phi18\dfrac{N7}{h6}$ 的偏差数值。

$\Phi18\dfrac{N7}{h6}$ 属基轴制配合，h6 是基准轴的公差带代号；N7 是孔的公差带代号。对照附表 33 可知，$\Phi18\dfrac{N7}{h6}$ 属优先过渡配合。

（1）查轴的极限偏差值。从附表 31 中，由基本尺寸 14 至 18 一行对应的 h6 一列，查得 $\left({}^{\ \ 0}_{-0.011}\mu m\right)$，则轴的上偏差（es）为零，轴的下偏差（ei）为-0.011。Φ18h6 可写成 $\Phi18\dfrac{0}{-0.011}$。

（2）查孔的极限偏差值。从附表 32 中，由基本尺寸 14 至 18 一行对应 N7 一列，查得 ${}^{-0.005}_{-0.023}$，则孔的上偏差（ES）为-0.005，孔的下偏差（EI）为-0.023，Φ18N7 可写成 $\Phi18\dfrac{-0.005}{-0.023}$。

其公差带图如图 8-30（b）所示。

例 8-3　查表写出 $\Phi18\dfrac{H8}{s7}$ 的偏差值。

$\Phi18\dfrac{H8}{s7}$ 属基孔制配合，H8 是基准孔的公差带代号。s7 是轴的公差带代号。对照附表 34 可知，$\Phi18\dfrac{H8}{s7}$ 属常用过盈配合。

（1）查孔的极限偏差值。从附表 32 中查得 ${}^{+0.027}_{\ 0}$ 则 Φ18H8 可写成 $\Phi18^{+0.027}_{0}$。

（2）查轴的极限偏差值。从附表 32 中查得 ${}^{+0.046}_{+0.028}$，则 Φ18s7 可写成 $\Phi18^{+0.046}_{+0.028}$。

其公差带图如图 8-30（c）所示。

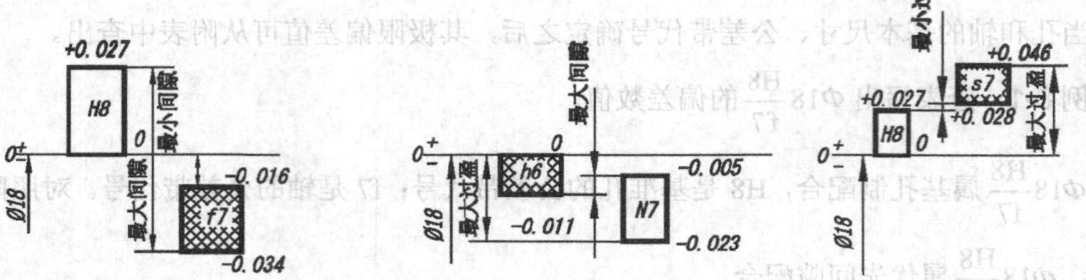

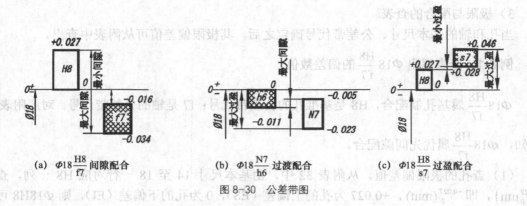

(a) $\Phi 18\frac{H8}{f7}$ 间隙配合　　(b) $\Phi 18\frac{N7}{h6}$ 过渡配合　　(c) $\Phi 18\frac{H8}{s7}$ 过盈配合

图 8-30　公差带图

8.4.3　形状和位置公差概念及其标注

形状和位置公差（简称形位公差）是指零件的实际形状和实际位置对理想形状和理想位置的允许变动量。形位公差直接影响零件的使用性能、寿命和装配质量。对机器中的一些重要零件，不仅要控制其尺寸公差，还要控制其形位公差。

1. 形位公差的代号

国家标准规定用代号来标注形位公差。形位公差代号包括形位公差符号、形位公差框格及指引线、形位公差数值及其他有关符号，以及基准代号等。

（1）形位公差符号如表 8-6 所示。

表 8-6　　形状和位置公差符号

	名　称	符　号		分　类	名　称	符　号
形状公差	直线度	⏤	位置公差	定向	平行度	∥
	平面度	⏥			垂直度	⊥
					倾斜度	∠
	圆　度	○		定位	同轴度	◎
	圆柱度	⌭			对称度	⌯
	线轮廓度	⌒			位置度	⌖
	面轮廓度	⌓		跳动	圆跳动	↗
					全跳动	⌰

（2）形位公差代号如图 8-31 所示。

框格高度为图样中尺寸数字的两倍，框格和基准代号内的字体与尺寸数字等高。

2. 形位公差的标注方法

图样中的形位公差规定用代号注出，图 8-32 所示为气门阀杆形位公差的标注示例。在图中可看到：被测要素为线或表面时，从框格引出的指引线箭头，应指向该要素的轮廓线或其延长线上，如 $\Phi 16f7$ 表面的圆柱度应指向轮廓线；当被测要素是轴线，应将箭头与该要素的尺寸线对齐，如 M8×1-7H 对 Φ16f7 轴线的同轴度应与 M8×1-7H 尺寸线对齐；当基准要素是轴线时，应将基准符号与该尺寸要素对齐，如基准 A。

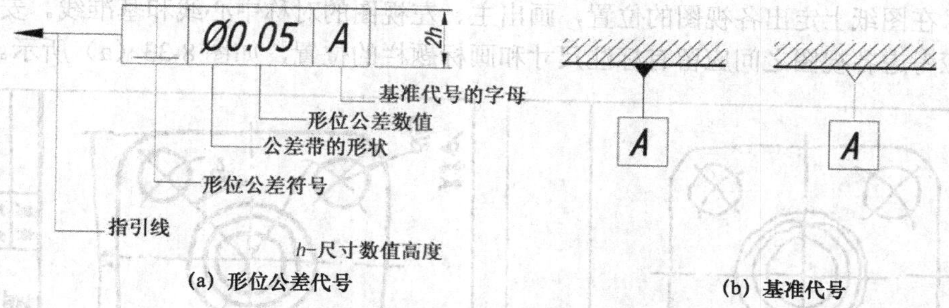

图 8-31　形位公差代号及基准代号

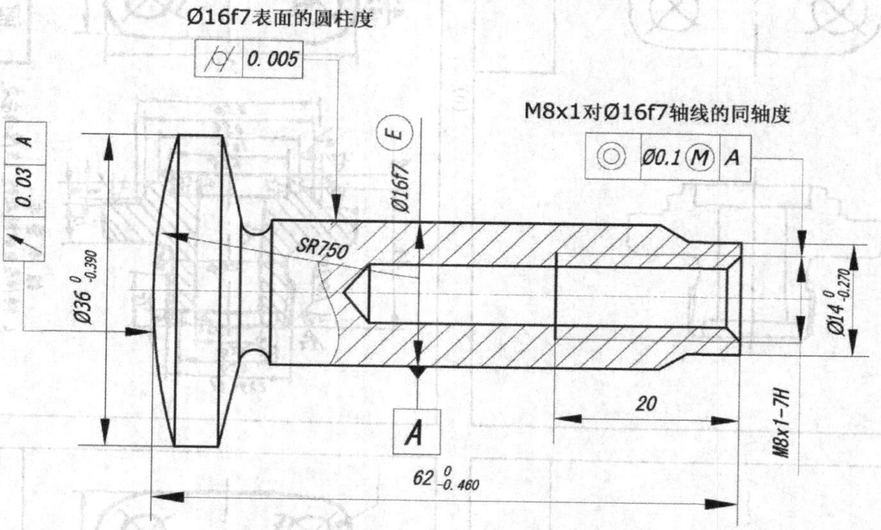

图 8-32　形位公差标注示例

8.5　零件的测绘

零件的测绘是根据零件的实际形状画出零件的图形，测量出尺寸和制订出技术要求。本节只讨论一般零件的测绘方法和一些相关问题。

8.5.1　零件测绘的方法和步骤

1. 分析零件，确定零件的视图表达方案，在画零件图之前，首先要对零件进行详细分析：

（1）了解零件的名称、用途、材料及与其他零件的连接关系；

（2）对零件进行结构分析、弄清每个部分的功用及其结构形状；

（3）对零件进行工艺分析，弄清零件的加工工艺及工艺结构；

（4）根据零件内外结构形状、安放位置，恰当选择主视图的投影方向、视图数量及表达方法。零件的表达要求完整、清晰和简洁。

2. 画零件草图

画零件草图用目测比例，徒手绘制。线型要分清，图面要整洁。零件草图必须具备零件图的全部内容。

下面以阀盖为例，说明画零件草图的具体步骤：

（1）在图纸上定出各视图的位置，画出主、左视图的对称中心线和基准线。安排视图位置时，应考虑各视图之间应留有标注尺寸和画标题栏的位置，如图 8-33（a）所示。

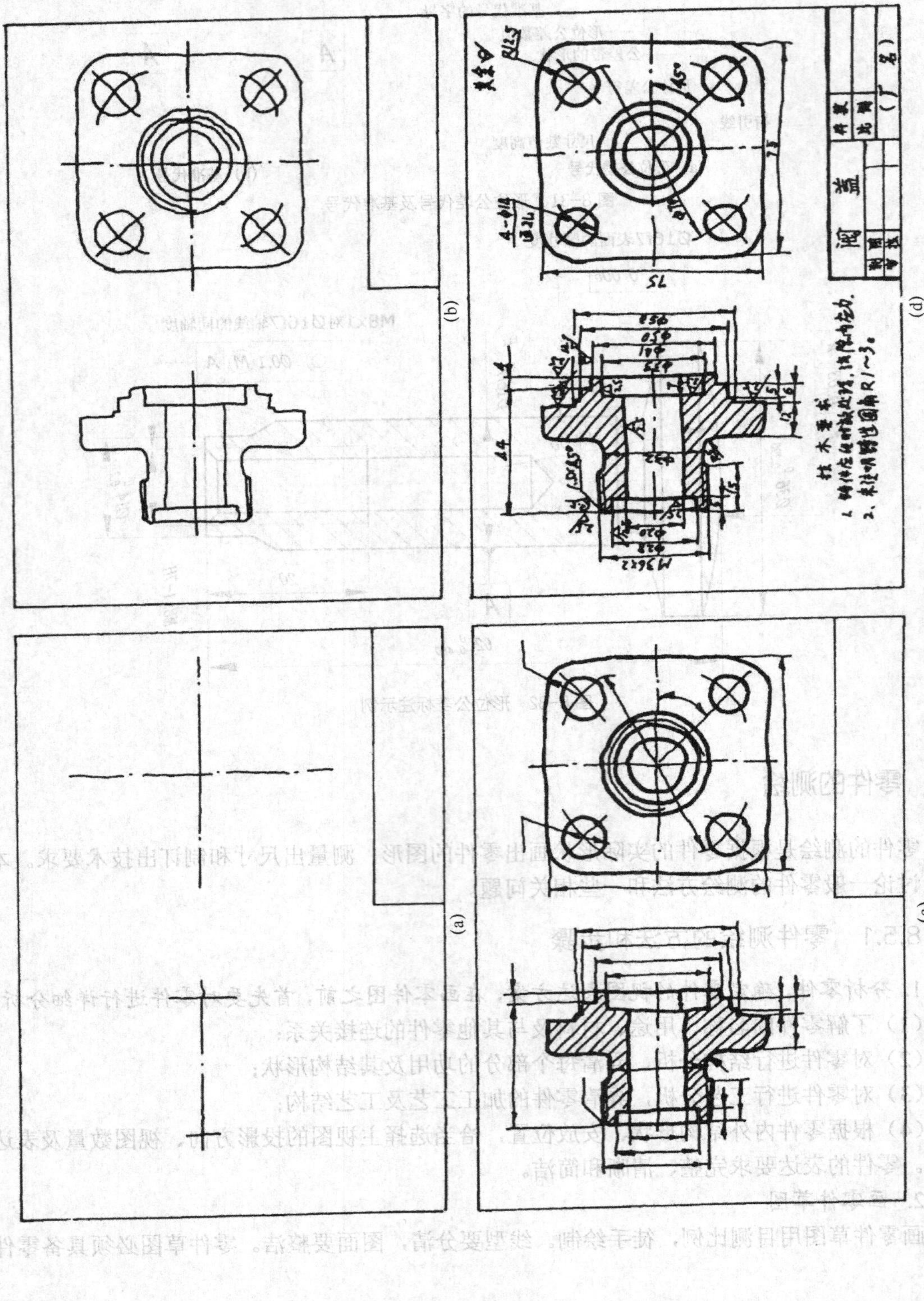

图8-33 阀盖

（2）用目测比例，画出零件的内外结构形状，可先画主要轮廓，再画次要结构，如图 8-33（b）所示。

（3）确定尺寸基准，画出全部尺寸界线、尺寸线及箭头，如图 8-33（c）所示。

（4）测量和标注尺寸，标出表面粗糙度，注写尺寸公差、形位公差及其他技术要求。全面检查草图，填写标题栏，如图 8-33（d）所示。

3. 画零件工作图

在画工作图之前，首先要对零件草图进行全面审查和校对。再根据零件的实际尺寸，选择恰当的比例，确定图幅，按《制图标准》的有关规定，画出零件工作图。

8.5.2 零件测绘的注意事项

（1）零件上的缺陷，如铸造疵病，加工刀痕和使用磨损等，不应画在零件图上。

（2）零件上的工艺结构，如倒角、圆角、退刀槽和砂轮越程槽等，不可忽略，应完整画出。

（3）零件上的尺寸不能遗漏或重复，相关尺寸要协调好，零件上的标准结构，均应采用标准结构尺寸。

8.5.3 零件尺寸的测量方法

1. 测量工具

常用的测量零件尺寸的工具有直尺、外卡钳、内卡钳、游标卡尺、千分尺、螺纹规等。部分工具如图 8-34 所示。

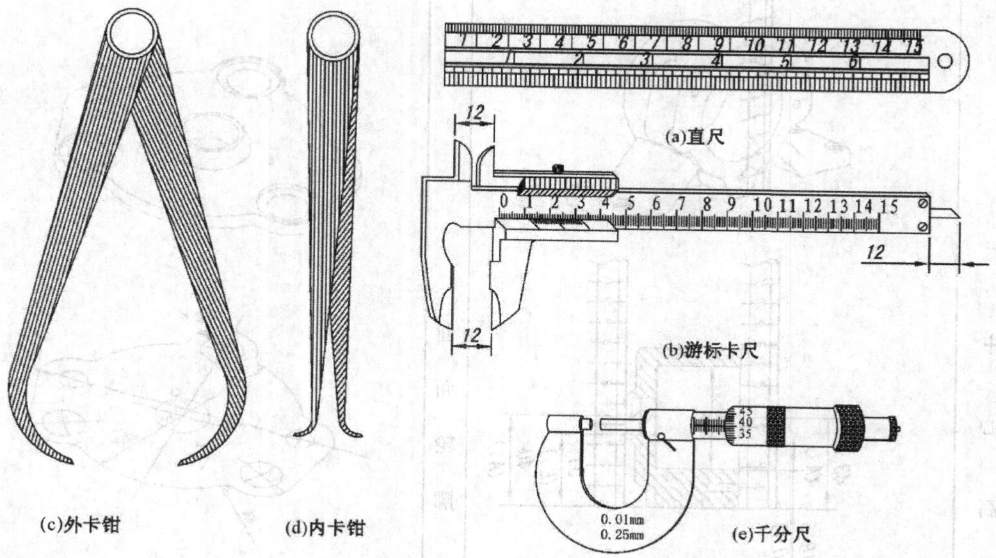

图 8-34 测量工具

2. 常用的测量方法

常用测量方法如表 8-7 所示。

表 8-7　　零件尺寸的测量方法

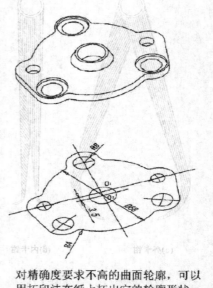

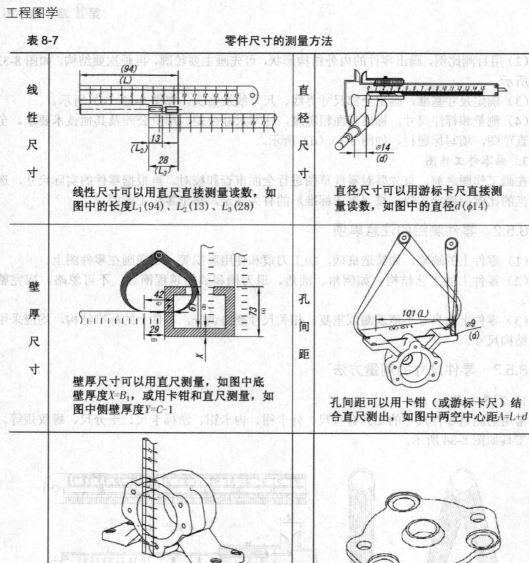

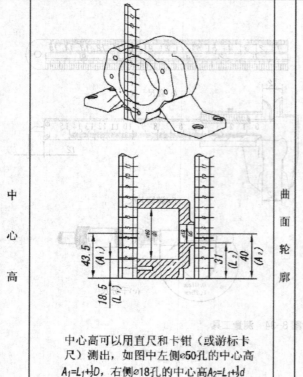

线性尺寸	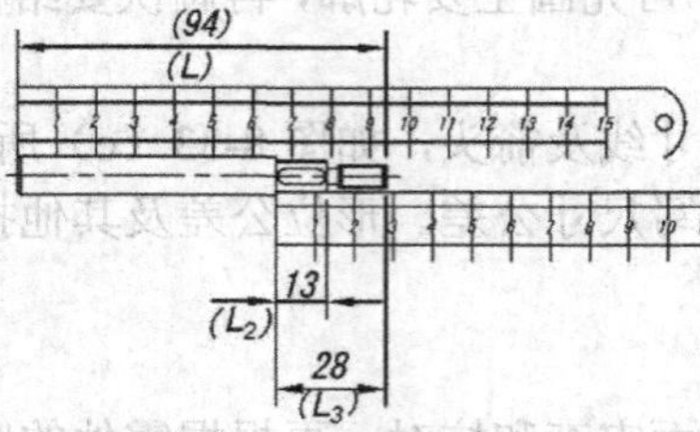 线性尺寸可以用直尺直接测量读数，如图中的长度L_1(94)、L_2(13)、L_3(28)	直径尺寸	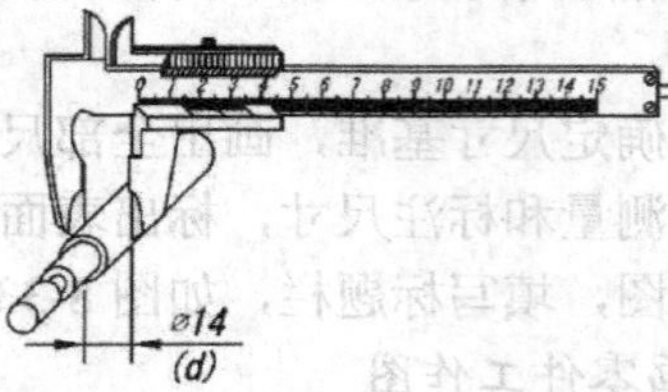 直径尺寸可以用游标卡尺直接测量读数，如图中的直径d(ϕ14)
壁厚尺寸	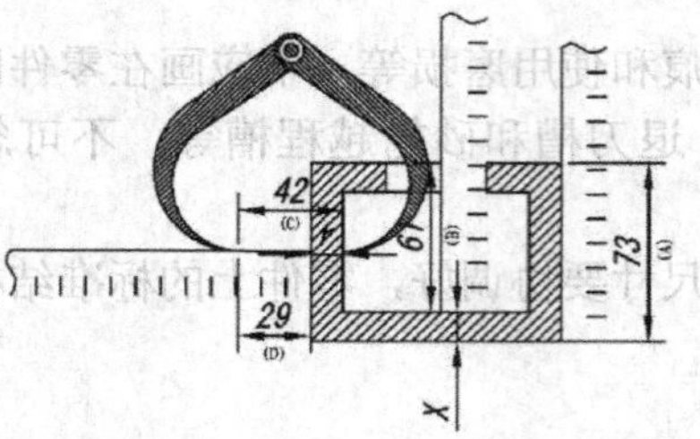 壁厚尺寸可以用直尺测量，如图中底壁厚度$X=B_1$，或用卡钳和直尺测量，如图中侧壁厚度$Y=C-1$	孔间距	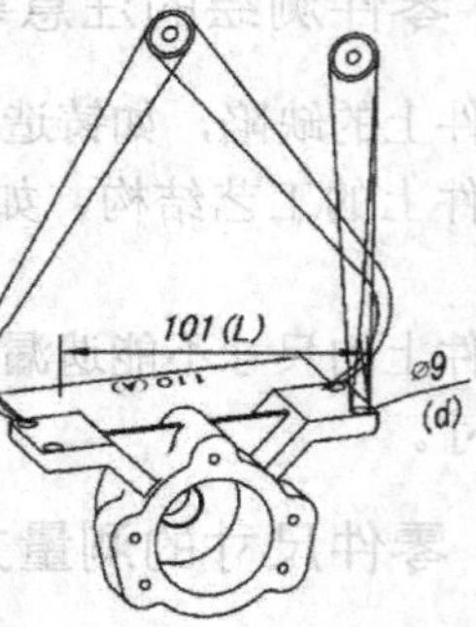 孔间距可以用卡钳（或游标卡尺）结合直尺测出，如图中两空中心距$A=L+d$
中心高	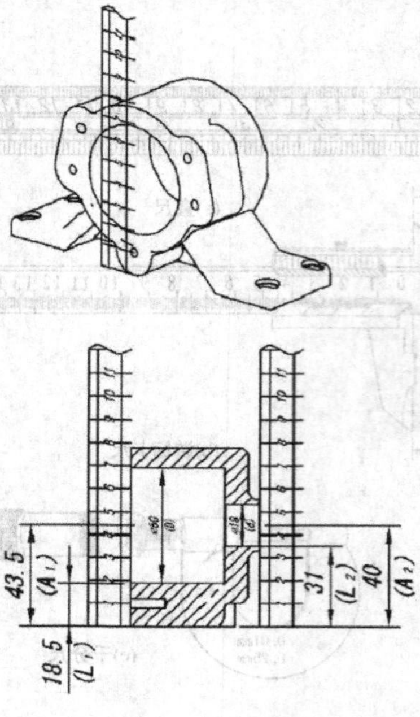 中心高可以用直尺和卡钳（或游标卡尺）测出，如图中左侧⌀50孔的中心高$A_1=L_1+\frac{1}{2}D$，右侧⌀18孔的中心高$A_2=L_1+\frac{1}{2}d$	曲面轮廓	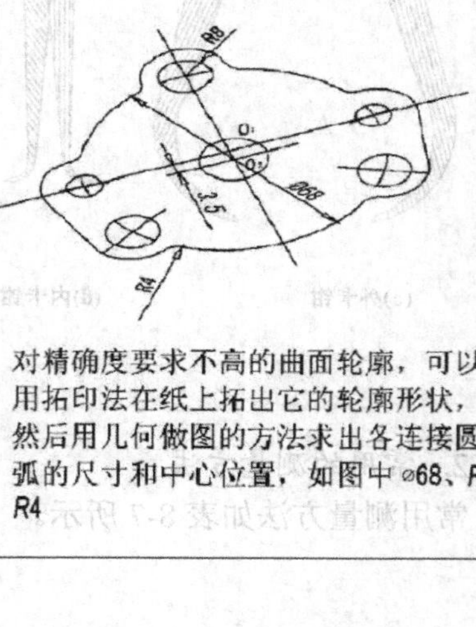 对精确度要求不高的曲面轮廓，可以用拓印法在纸上拓出它的轮廓形状，然后用几何做图的方法求出各连接圆弧的尺寸和中心位置，如图中⌀68、R8、R4

续表

螺纹的螺距	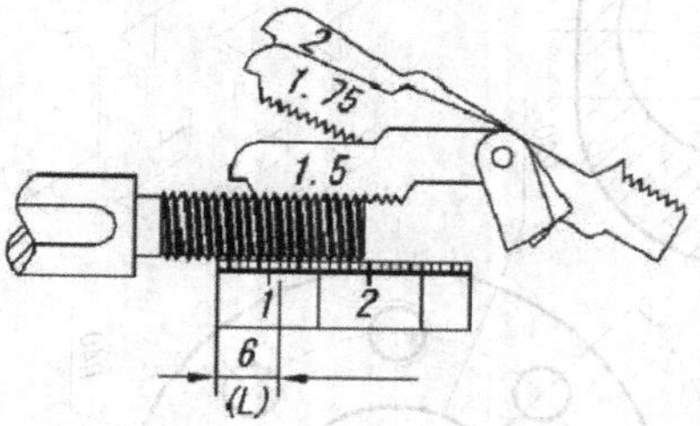 螺纹的螺距可以用螺纹规或直尺测得，如图中螺距$P=1.5$	齿轮的模数	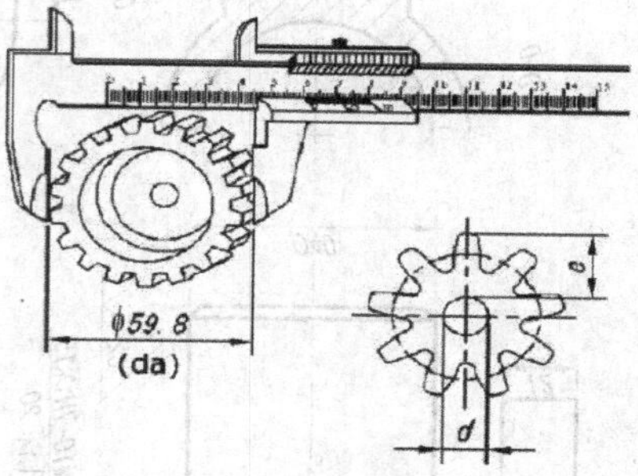 对标准齿轮，其齿轮的模数可以先用游标卡尺测得da，再计算得到模数$m=\frac{da}{Z+2}$，奇数齿的顶圆直径$da=2e+d$，请参阅右下角的附图。

8.6 看零件图

看零件图是指根据零件图，想象出零件的结构形状，了解零件的尺寸和技术要求，以便在制造时，采用相应的加工方法或进一步研究零件结构的合理性。因此，作为一名从事专业工作的技术人员，必须具备看零件图的能力。

8.6.1 看零件图的方法和步骤

1. 看标题栏

从标题栏中，了解零件的名称、材料、重量和画图比例，以便对零件有一个初步的认识。

2. 分析视图，想象零件的结构形状

从主视图着手，看该零件采用了几个视图和哪些表达方法；找出各视图之间的相互关系和投影方向，运用前面学过的看组合体视图的基本方法，分析零件的内外结构形状；结合局部视图、斜视图、剖视和断面等表达方法，详细了解零件的一些结构细节。

3. 分析尺寸

在对零件的内外形状分析清楚的基础上，进一步了解零件的定形尺寸、定位尺寸和总体尺寸以及所采用的尺寸基准和尺寸标注的形式。

4. 分析技术要求

根据零件图上所标的符号、字母、数字以及技术要求中的文字注解，了解零件在制造时应达到的技术指标，如尺寸公差、配合种类、表面粗糙度等。最后进行归纳总结，对零件有一全面的认识。

8.6.2 读图举例

读图举例：看懂图 8-35 所示的壳体零件图。

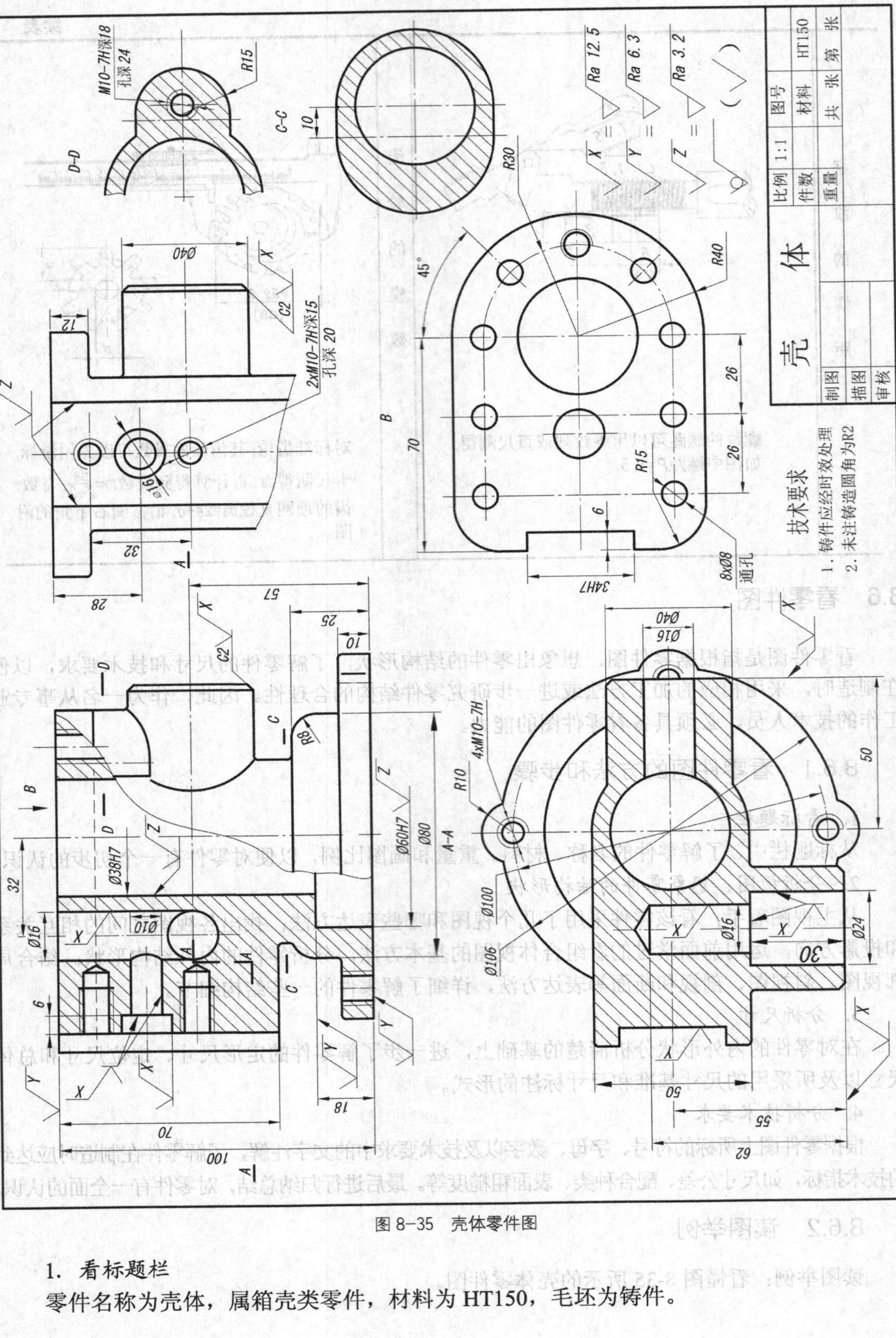

图 8-35　壳体零件图

1. 看标题栏

零件名称为壳体，属箱壳类零件，材料为 HT150，毛坯为铸件。

2. 分析视图，想象零件的结构形状

壳体的内外形状较为复杂，用了六个视图进行表达。主视图采用局部剖视，主要表达壳体的内部结构和局部外形；俯视图采用 *A—A* 全剖视，同时表达壳体的内部结构和底板形状；左视图为局部视图，主要表达壳体左侧凸台的形状及三个孔的相对位置；*B* 向视图表达了壳体顶部连接板的形状及其孔的分布；*D—D*、*C—C* 断面主要表达局部断面的形状。

从投影分析可知，壳体由上、中、下三部分组成。上部为带半圆端及两圆角的连接板，其上有八个通孔（8—Φ8）和一个螺孔；下部为带四个半圆形耳环（有四个螺孔）的阶梯圆柱底板；中间部分为带半圆端的柱体，其右侧半圆端及前面平面分别与两圆柱相贯，左侧挖有长方形通槽；壳体的右侧连接板与水平圆柱之间有一半圆形凸台相连。

该壳体的内部结构比较复杂，从上到下挖有阶梯孔（Φ38H7、Φ60H7），其小孔与右侧的水平圆柱孔（Φ16）相通，左侧通槽处挖有水平阶梯孔（Φ10、Φ16），其小孔与从顶部挖出垂直孔（Φ16）相连，该垂直孔又与前面向后挖出阶梯孔（Φ16、Φ24）相通，左侧通槽处还有两个不通的螺孔（M10—7H）。

3. 分析尺寸

从零件图中可看出：长度方向的基准是通过壳体垂直阶梯孔轴线的侧平面，由此注出左侧垂直孔（Φ16）的定位尺寸 32，水平圆柱右侧面的定位尺寸 50，左侧凸台的定位尺寸 70，顶部连接板上孔的定位尺寸 *R*30、45°、26，还有 *C—C* 断面上的定位尺寸 10 等。并以该轴线作为径向基准注出 Φ38H7、Φ60H7、Φ80、Φ100、Φ106、*R*40 等一系列直径、半径尺寸；宽度方向的基准是通过垂直孔阶梯轴线的正平面，由此注出水平圆柱前面的定位尺寸 55、定形尺寸 34H7、Φ16、Φ40、*R*40 等；高度方向的尺寸基准是安装底面，由此注出水平圆柱轴线的定位尺寸 57 等，定形尺寸 10、25、18，并由此注出壳体的总高尺寸 100，在尺寸标注中，有辅助基准，如顶面作为高度方向的辅助基准，由此注出左侧凸台处水平阶梯孔的定位尺寸 28。

4. 分析技术要求

该零件表面粗糙度要求有：垂直阶梯圆柱孔 Φ38H7、Φ60H7 处为 3.2μm，安装接触面处为 6.3μm，其他加工表面为 12.5μm。孔 Φ38H7、Φ60H7 有尺寸公差要求。由技术要求一栏中，知道该壳体应经时效处理以消除内应力。

第9章 装配图

9.1 装配图的作用和内容

9.1.1 装配图的作用

表达机器的图样，称为装配图。表达一台完整机器的图样，称为总装配图，简称总图。表达机器中某个部件的图样，称为部件装配图。

设计机器时，根据设计要求先画出装配图，表达机器的工作原理，传动路线，装配结构以及零件间的装配关系，然后根据装配图正确地绘制出零件图。

装配机器时，根据装配图把零件和部件装配成机器。

使用机器时，需要通过装配图了解部件和机器的性能、工作原理，继而掌握其使用方法。

测绘机器时，先根据实物测绘画出其零件图，然后根据零件图画出机器的装配图。

如上所述，装配图是用来反映设计思想、进行技术交流的技术资料，在机器的设计、制造、装配、使用和维修等方面起着重要作用。

9.1.2 装配图的内容

图 9-1、图 9-2 为滑动轴承和它的装配图。一张完整的装配图应具有下列几方面内容。

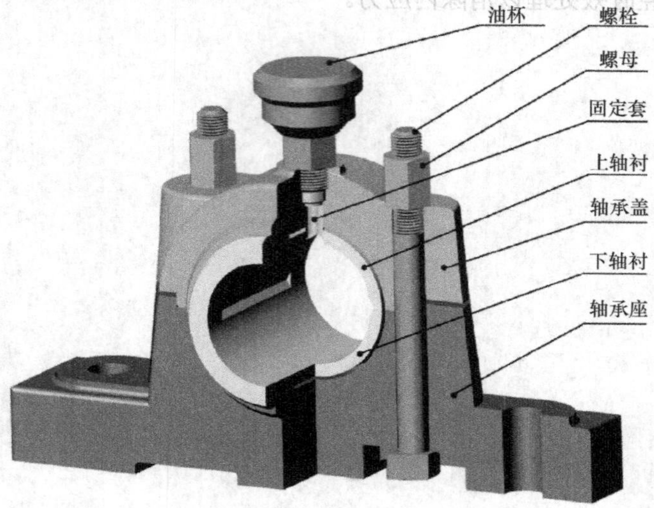

图 9-1　滑动轴承

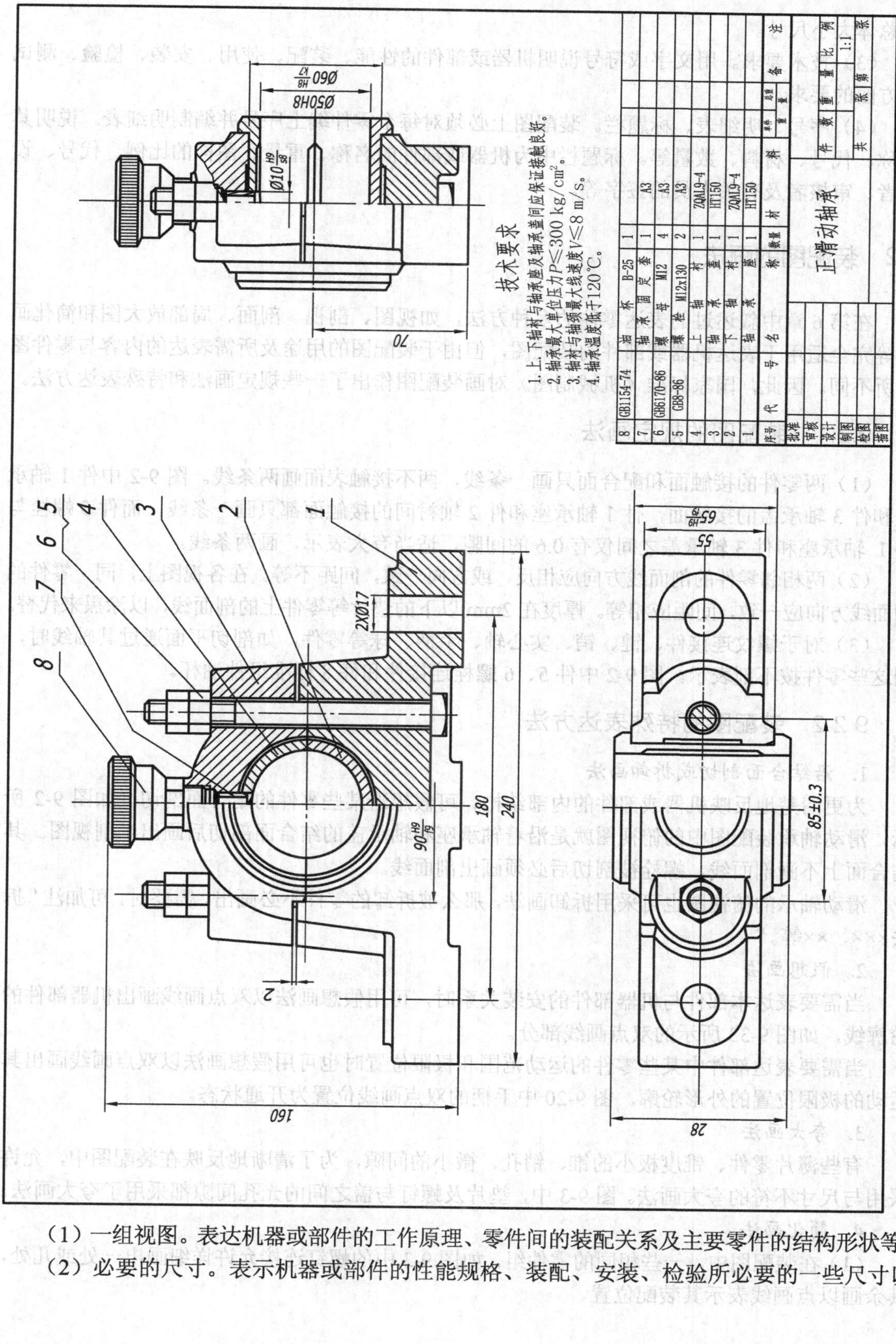

图 9-2 滑动轴承装配图

（1）一组视图。表达机器或部件的工作原理、零件间的装配关系及主要零件的结构形状等。

（2）必要的尺寸。表示机器或部件的性能规格、装配、安装、检验所必要的一些尺寸以及总体大小尺寸。

（3）技术要求。用文字或符号说明机器或部件的性能、装配、使用、安装、检验、测试等方面的要求。

（4）序号、明细表、标题栏。装配图上必须对每个零件编上序号并编制明细表。说明其名称、代号、材料、数量等。标题栏中为机器或部件的名称、重量、图样的比例、代号、设计者、审核者及有关人员的签字等。

9.2 装配图的画法

在第 6 章中叙述过的表达零件的多种方法，如视图、剖视、剖面、局部放大图和简化画法等完全适用于表达机器或部件的装配图，但由于装配图的用途及所需表达的内容与零件图有所不同。因此，国家标准《机械制图》对画装配图作出了一些规定画法和特殊表达方法。

9.2.1 装配图的规定画法

（1）两零件的接触面和配合面只画一条线，两不接触表面画两条线。图 9-2 中件 1 轴承座和件 3 轴承盖的接触面，件 1 轴承座和件 2 轴衬间的接触面都只画一条线，而件 5 螺栓与件 1 轴承座和件 3 轴承盖之间仅有 0.6 的间隙，适当夸大表示，画两条线。

（2）两相邻零件的剖面线方向应相反，或方向一致，间距不等。在各视图上，同一零件的剖面线方向应一致，间距应相等。厚度在 2mm 以下的垫片等零件上的剖面线，以涂黑来代替。

（3）对于螺纹连接件、键、销、实心轴、手柄、球等零件，如剖切平面通过其轴线时，则这些零件按不剖表示。图 9-2 中件 5、6 螺栓连接件和件 8 标准组件油杯。

9.2.2 装配图的特殊表达方法

1. 沿结合面剖切或拆卸画法

为更清楚地反映机器或部件的内部结构、可假想沿某些零件的结合面剖切。如图 9-2 所示，滑动轴承装配图中的俯视图就是沿着轴承座和轴承盖的结合面剖切后画出半剖视图。其结合面上不画剖面线，螺栓被剖切后必须画出剖面线。

滑动轴承的俯视图也可采用拆卸画法，那么被拆卸的零件不必画出，需要时，可加注“拆去×××、××等。”

2. 假想画法

当需要表达本部件与机器部件的安装关系时，可用假想画法以双点画线画出机器部件的轮廓线，如图 9-33 所示的双点画线部分。

当需要表达部件中某些零件的运动范围和极限位置时也可用假想画法以双点画线画出其运动的极限位置的外形轮廓。图 9-20 中手柄的双点画线位置为开通状态。

3. 夸大画法

有些薄片零件、锥度极小的锥、销孔，微小的间隙，为了清晰地反映在装配图中，允许采用与尺寸不符的夸大画法。图 9-3 中，垫片及螺钉与盖之间的光孔间隙都采用了夸大画法。

4. 简化画法

（1）在装配图中，一些相同的零件组，如图 9-3 中的螺钉连接允许详细画出一处或几处，其余画以点画线表示其装配位置。

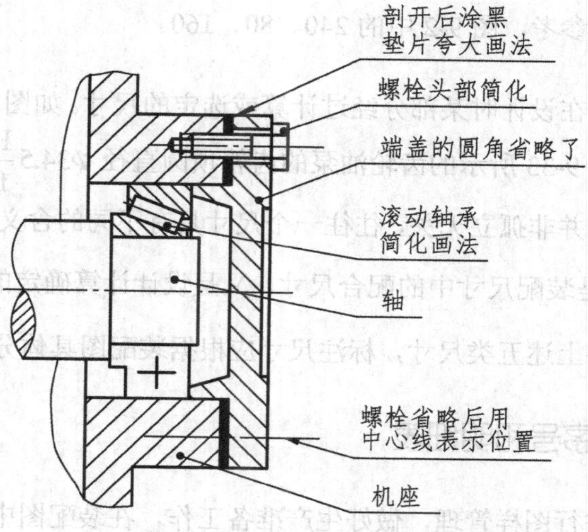

图 9-3 夸大画法与简化画法

（2）在装配图中，当剖切平面通过某些组合件为标准产品（如图 9-2 中的件 8 油杯）时，允许画其外形。

（3）在装配图中，对滚动轴承允许详细画出一侧，另一侧用正立的十字形符号表示。如图 9-3 所示。

（4）在装配图中，零件工艺结构如小圆角、倒角、退刀槽等允许不画。螺栓六角头部和螺母可用简化画法，如图 9-3 所示。

5. 零件的单独画法

在装配图中如需表达零件的形状，可单独画出其形状，并在其图的上方写上“X 号零件 X 向”。

9.3 装配图的尺寸标注

装配图与零件图不同，它不是加工零件的直接依据，不需标注所有零件的全部尺寸，只需标出下列五类必要的尺寸。

1. 规格（性能）尺寸

表明机器或部件的规格或性能的尺寸。这类尺寸由设计时确定，如图 9-2 中轴瓦的孔径 Φ50H8。

2. 装配尺寸

表明机器或部件中的零件间装配关系的尺寸，主要包括有：

（1）配合尺寸。表明零件间配合性质的尺寸。如图 9-2 中的 $\Phi 60\dfrac{H8}{k7}$、$90\dfrac{H9}{f9}$ 等。

（2）相互位置尺寸。表明零件间重要的相对位置尺寸。图 9-2 中两螺栓间的定位尺寸 85±0.3。

3. 安装尺寸

表明机器安装在基础上或部件安装在机器上所需的尺寸。图 9-2 中轴承座底板安装孔的尺寸 180、Φ17。

4. 总体尺寸

表明机器或部件的总长、总宽、总高。总体尺寸反映了机器或部件所占的体积大小，便于包装、运输、安装时参考，图 9-2 中的 240、80、160。

5. 其他重要尺寸

表明机器或部件中在设计时某部分经过计算或选定的尺寸。如图 9-20 所示的球心阀进出口的通径 $\Phi25$，又如图 9-33 所示的齿轮油泵的齿轮顶圆直径 $\Phi34.5\dfrac{H8}{f7}$。

上述五类尺寸之间并非孤立无关，往往一个尺寸具有不同的含义，如图 9-33 所示的齿轮顶圆直径 $\Phi34.5\dfrac{H8}{f7}$，是装配尺寸中的配合尺寸，又是设计计算确定的重要尺寸。另外，一张装配图中并非全部具备上述五类尺寸，标注尺寸应根据装配图具体分析合理选注。

9.4 装配图中零件序号和明细表

为了便于画图和进行图样管理，做好生产准备工作，在装配图中应对所有零件、部件编写序号，并相应列出明细表。

9.4.1 编写序号的规定与方法

（1）装配图中所有零件（部件、组件）都必须编写序号，相同的零件（部件、组件）只编写一个序号。

（2）编写序号的指引线（倾斜的细实线）应从可见轮廓内引出，并画一圆点，如所指部分为很薄的零件或涂黑的剖面不便画圆点时，可用箭头指向零件，如图 9-4 所示。

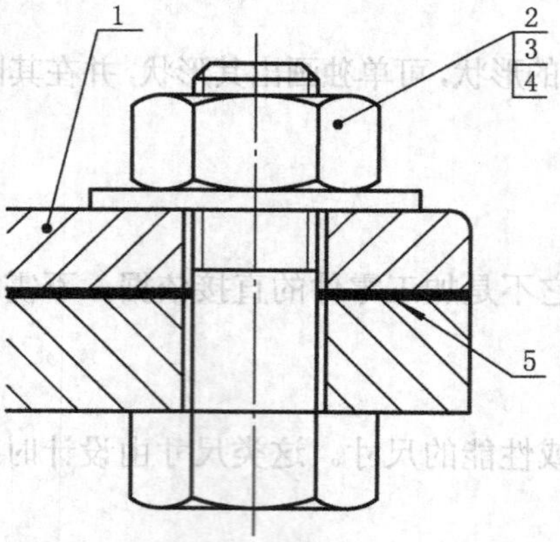

图 9-4 指引线的画法

指引线互相不能相交，当通过剖面线的区域时，不应与剖面线平行。必要时，指引线可以画成折线，但只能曲折一次，如图 9-2 中所示的序号 7 的指引线画法。

（3）在指引线的水平线（细实线）上方或圆圈（细实线）内编写序号，序号字高比图中尺寸数字的高度大一号或二号，如图 9-5 所示。

（4）对一组紧固件（如螺栓、螺母、垫圈）或装配关系清楚的零件，可采用公共指引线，如图 9-6 所示。

（5）零件、部件序号应沿水平或垂直方向，并按顺时针或逆时针方向依次顺序排列整齐。如图 9-2、图 9-21 所示。

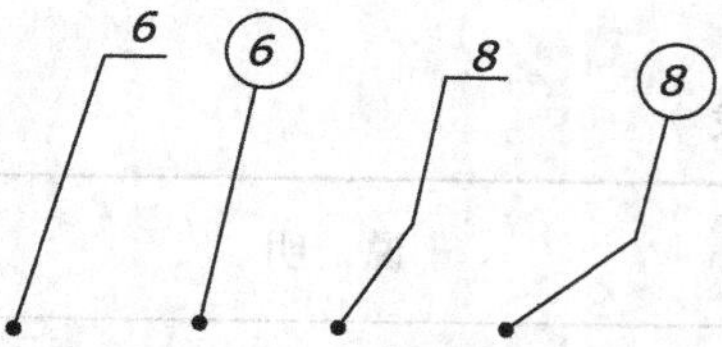

图 9-5 编写序号的形式

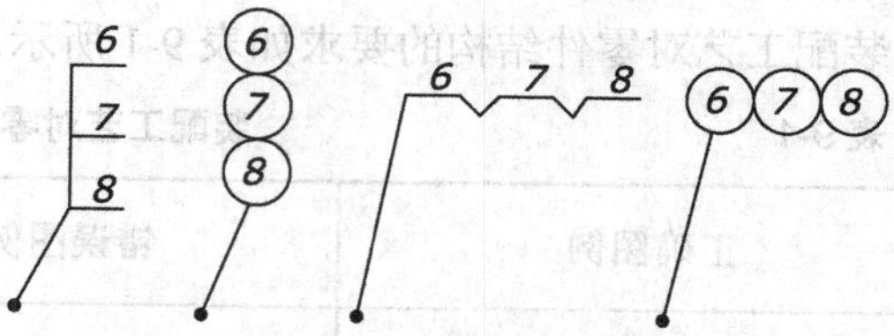

图 9-6 公共指引线的形式

9.4.2 明细表的格式与填写

1. 明细表的格式

零件、部件编写序号后，一定要相应地列出明细表，它是机器或部件中全部零、部件的详细目录。制图作业中，建议采用图 9-7 所示的格式。

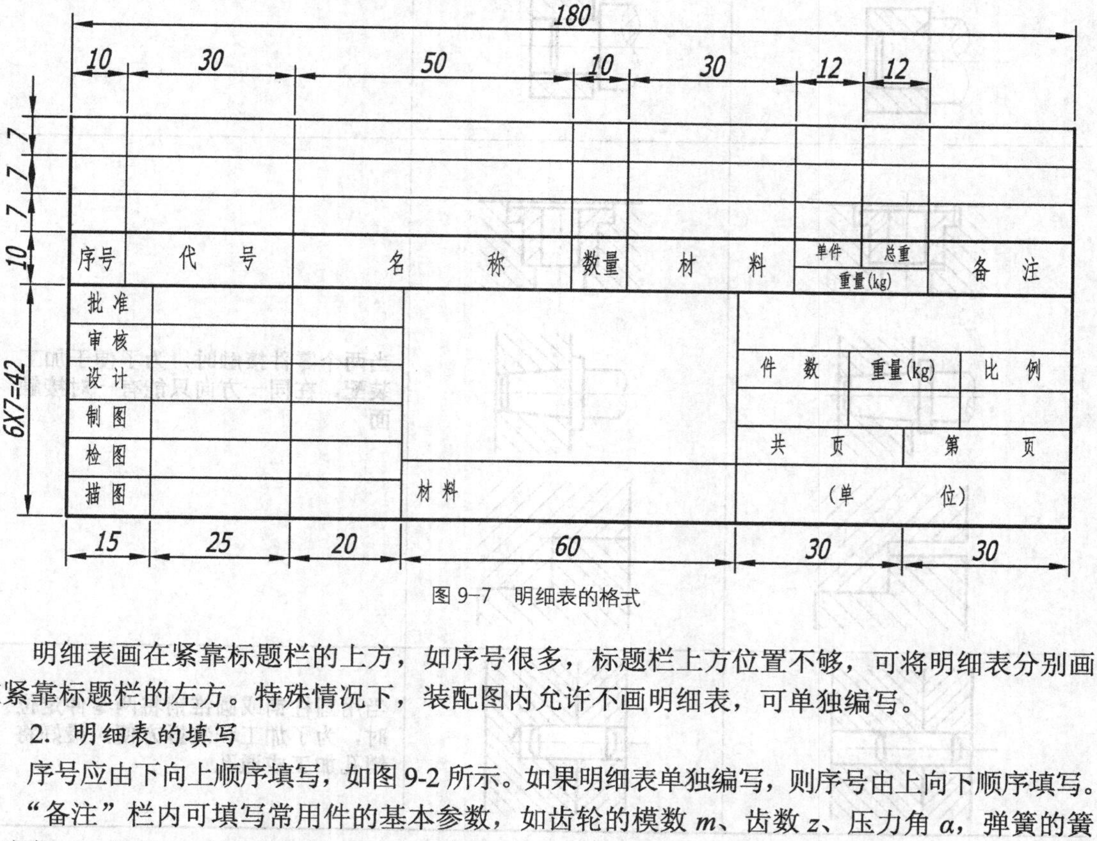

图 9-7 明细表的格式

明细表画在紧靠标题栏的上方，如序号很多，标题栏上方位置不够，可将明细表分别画在紧靠标题栏的左方。特殊情况下，装配图内允许不画明细表，可单独编写。

2. 明细表的填写

序号应由下向上顺序填写，如图 9-2 所示。如果明细表单独编写，则序号由上向下顺序填写。

“备注”栏内可填写常用件的基本参数，如齿轮的模数 m、齿数 z、压力角 α，弹簧的簧丝直径 d、外径 D_2、有效圈数 n、自由高（长）度 H 等。

装配图中的标题栏仍采用图 1-6 所示格式。

9.5 装配结构的合理性

零件的结构除了符合设计要求外，还必须考虑装配的工艺要求满足装配结构的合理性，否则会造成装拆困难，并且难以保证机器或部件的工作性能。

装配工艺对零件结构的要求如表 9-1 所示。

表 9-1 装配工艺对零件结构的要求

正确图例	错误图例	说明
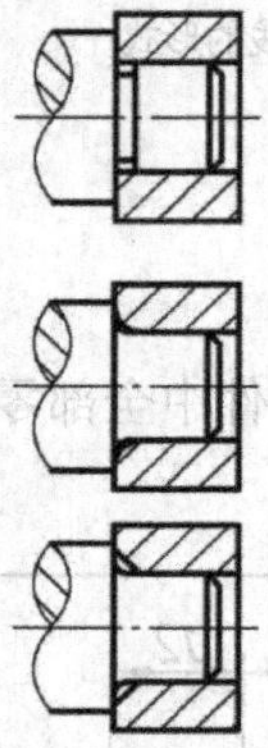	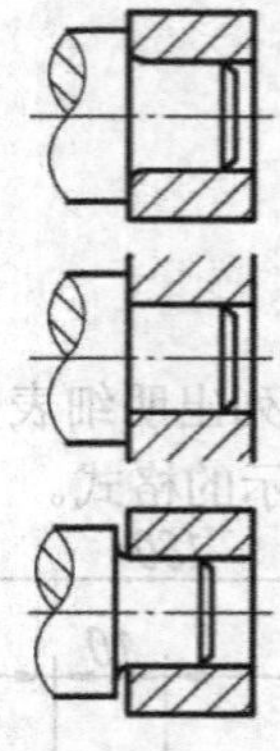	当轴和孔装配时，为使轴肩和孔端面接触良好，应在孔的接触端边加工成倒角，或在轴肩根部切槽
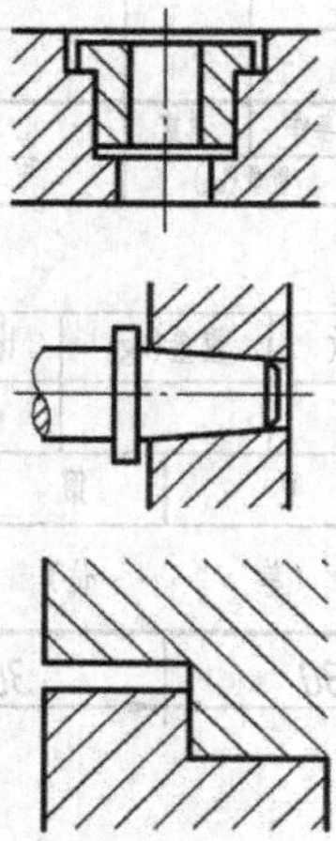	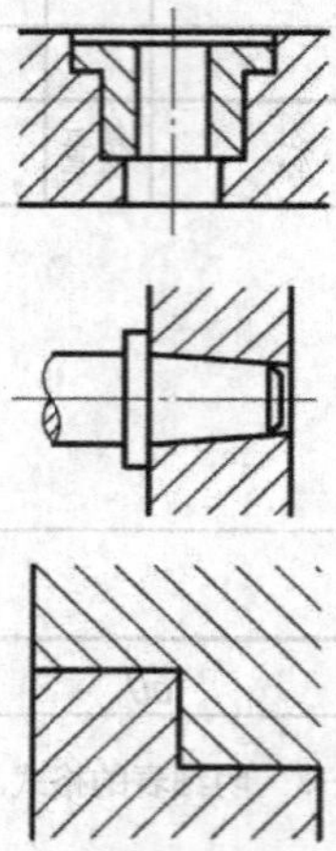	当两个零件接触时，为了便于加工装配，在同一方向只能有一对接触面
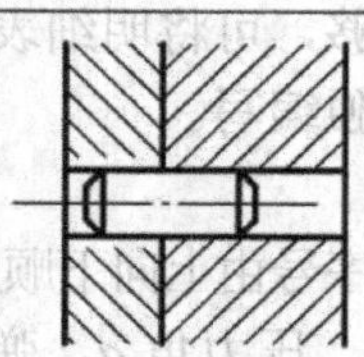	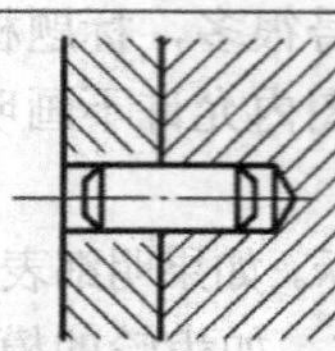	当用圆柱销或圆锥销将两零件定位时，为了加工和装拆方便，最好将销孔加工成通孔

9.6 由零件图画装配图

部件是由若干零件组成的，根据所给零件图就可画出部件装配图。下面以球心阀为例叙述画装配图的方法与步骤。

9.6.1 阅读部件所属的零件图

图 9-8～图 9-17 为球心阀的一套零件图。

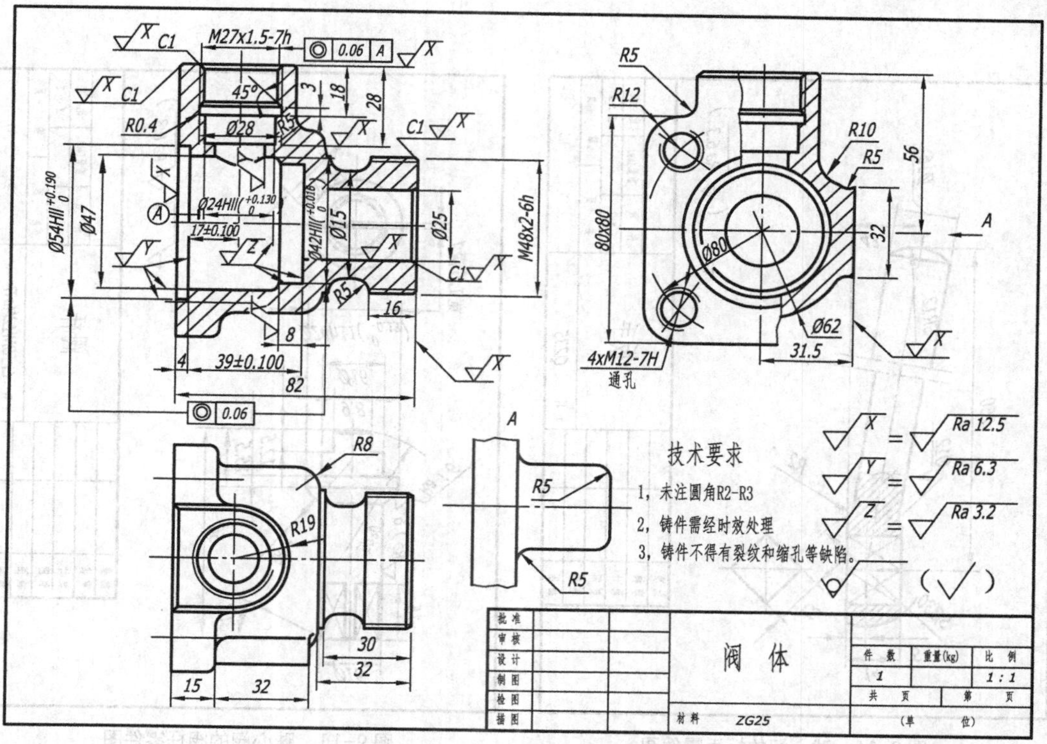

图 9-8 球心阀的阀体零件图

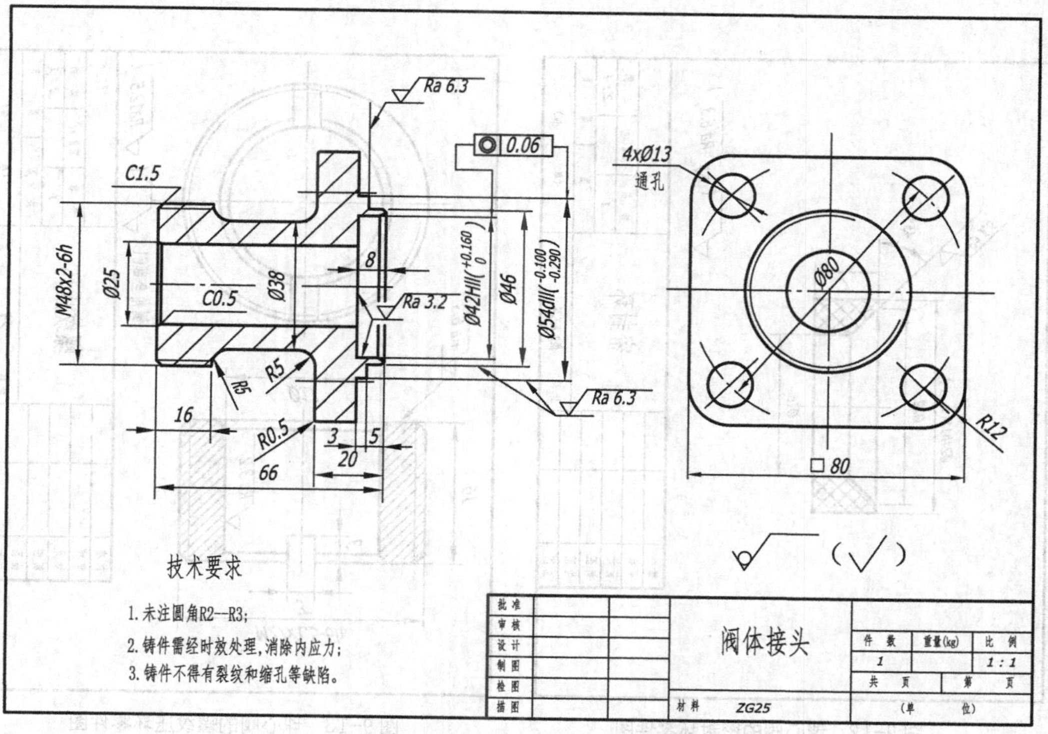

图 9-9 球心阀的阀体接头零件图

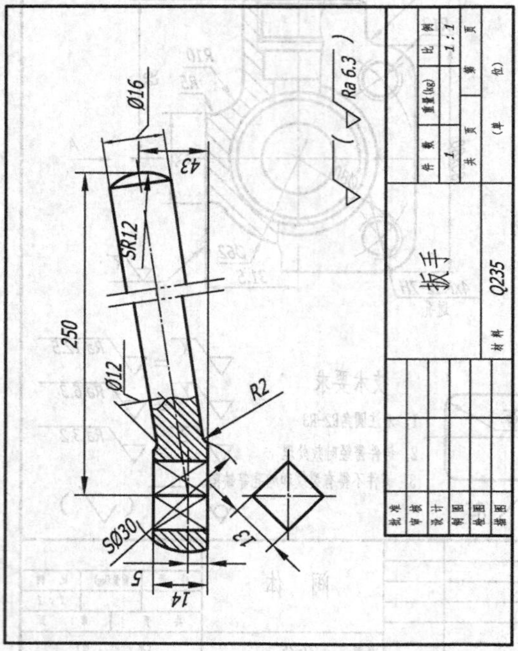

图 9-10　球心阀的扳手零件图

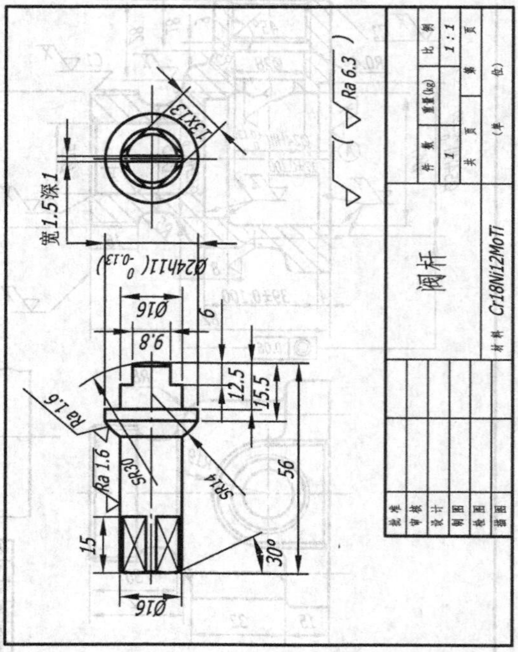

图 9-11　球心阀的阀杆零件图

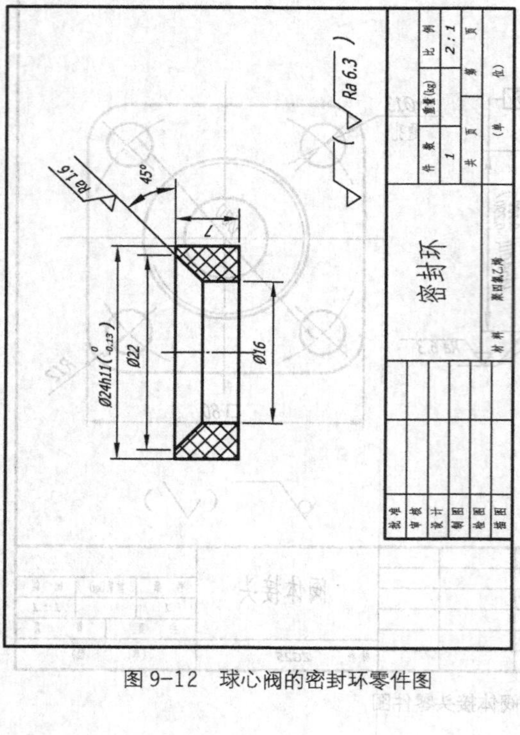

图 9-12　球心阀的密封环零件图

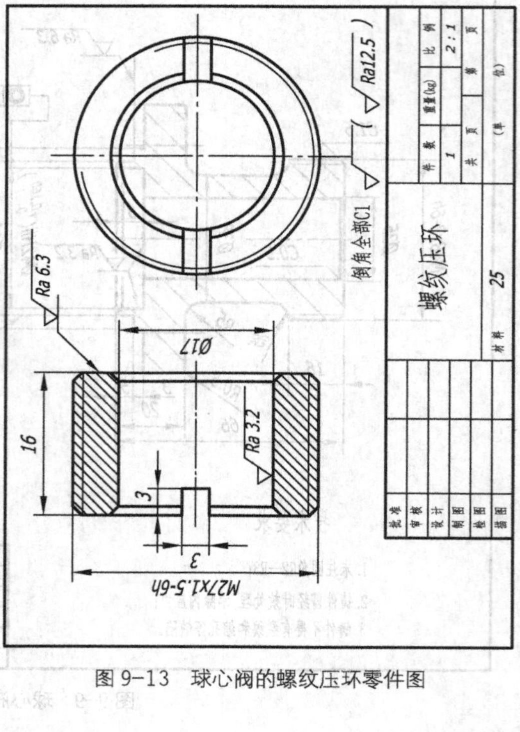

图 9-13　球心阀的螺纹压环零件图

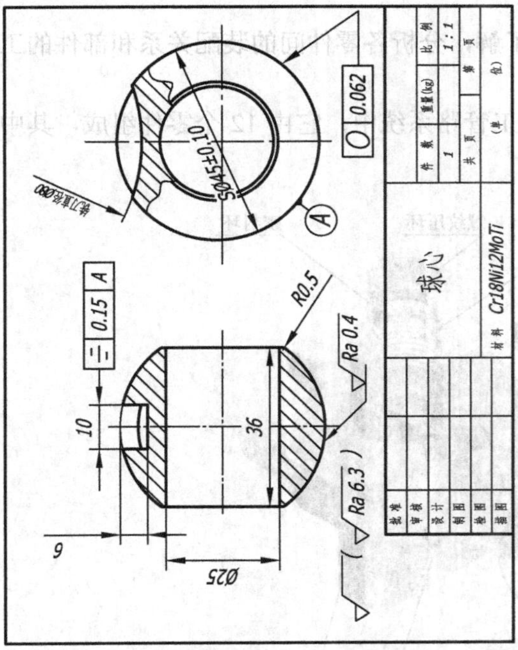

图 9-14 球心阀的球心零件图

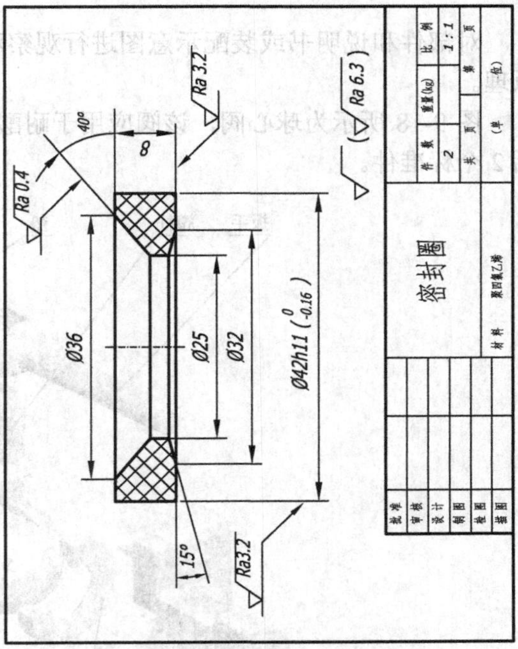

图 9-15 球心阀的密封圈零件图

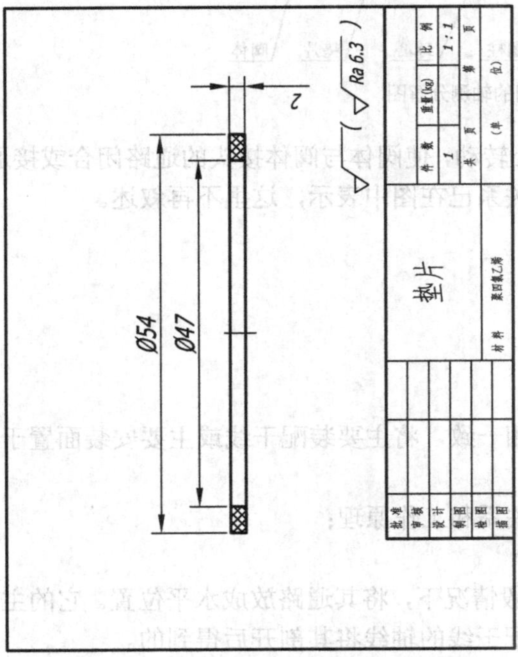

图 9-16 球心阀的垫片零件图

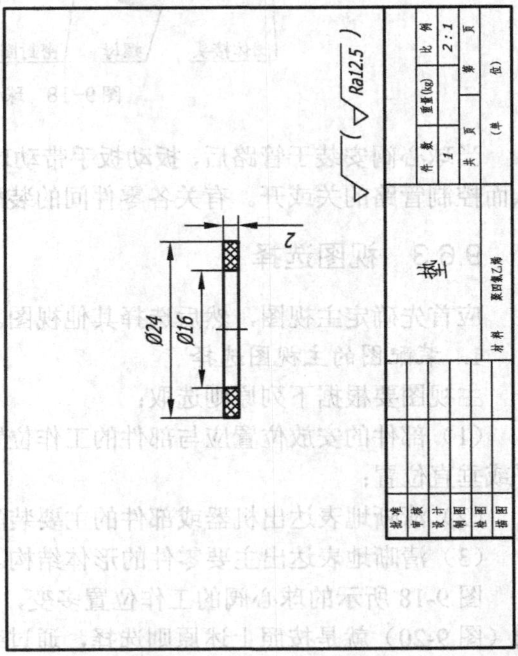

图 9-17 球心阀的垫零件图

9.6.2 了解部件，确定装配图的表达方案

对部件和说明书或装配示意图进行观察和了解，分析各零件间的装配关系和部件的工作原理。

图 9-18 所示为球心阀，该阀应用于耐酸化工管路系统中，它由 12 个零件组成，其中包括 2 个标准件。

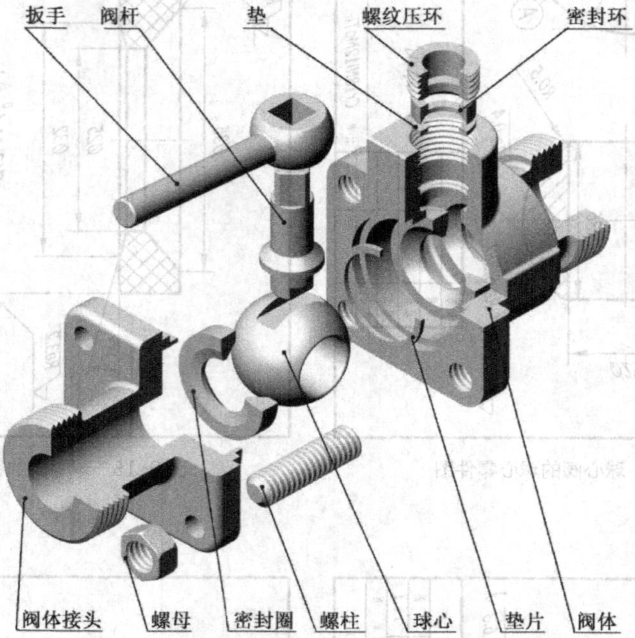

图 9-18 球心阀的轴测分解图

当球心阀安装于管路后，扳动扳手带动球心转动，使阀体与阀体接头的通路闭合或接通，从而控制管路的关或开。有关各零件间的装配关系已在图中表示，这里不再叙述。

9.6.3 视图选择

应首先确定主视图，然后选择其他视图。

1. 装配图的主视图选择

主视图要根据下列原则选取：

（1）部件的安放位置应与部件的工作位置相一致，将主要装配干线或主要安装面置于水平或垂直位置；

（2）清晰地表达出机器或部件的主要装配关系和工作原理；

（3）清晰地表达出主要零件的形体结构。

图 9-18 所示的球心阀的工作位置多变，一般情况下，将其通路放成水平位置。它的主视图（图 9-20）就是按照上述原则选择，通过装配干线的轴线将其剖开后得到的。

2. 其他视图的选择

主视图确定以后，还需分析有哪些工作原理、装配关系和主要零件的结构未能表达清楚，

然后选择其他适当的视图、剖视等表达方法加以补充。另外，其他视图的数目应在表达完整清晰、便于看图的前提下尽量简练适量。如图 9-20 所示，球心阀的主视图虽已清楚地反映了球心阀的工作原理和各零件的装配关系，但是球心阀的外形结构还需选用俯视图和左视图来弥补，俯视图还表达了扳手的活动范围以反映球心阀的通路的闭合和接通。

9.6.4 画装配图的步骤

（1）确定图幅。根据确定的视图表达方案，考虑尺寸标注、编写序号、标题栏、明细表、技术要求等内容选取适当的绘图比例、确定图幅大小。

（2）布置图面。根据图幅大小、划分视图、尺寸、序号、标题栏、明细表、技术要求等所需的位置。画出各视图的基准线——主要轴线、对称中心线及主要零件的基面或端面。

（3）绘制底稿。如图 9-19 所示，画底稿时应由主视图着手，其他视图配合进行，按装配干线一般由里向外从主要零件开始画各个零件，有时也可由外向里画起。

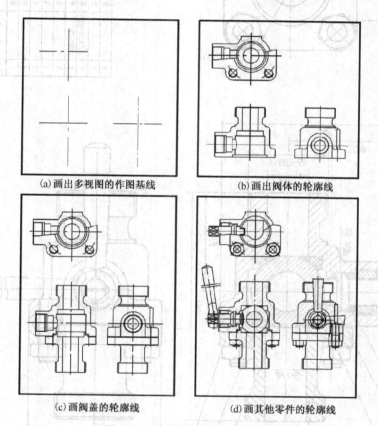

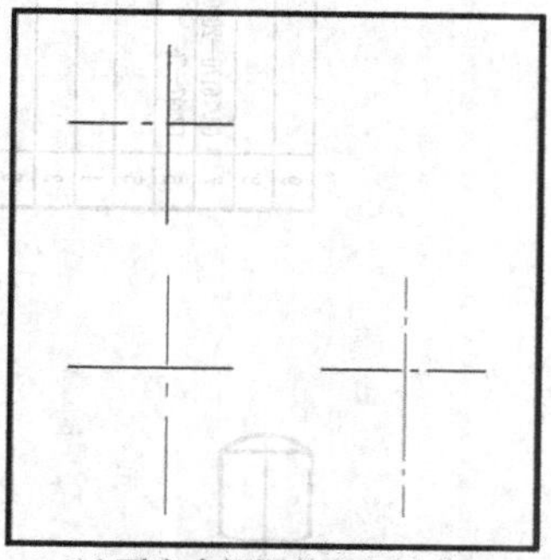

(a) 画出多视图的作图基线

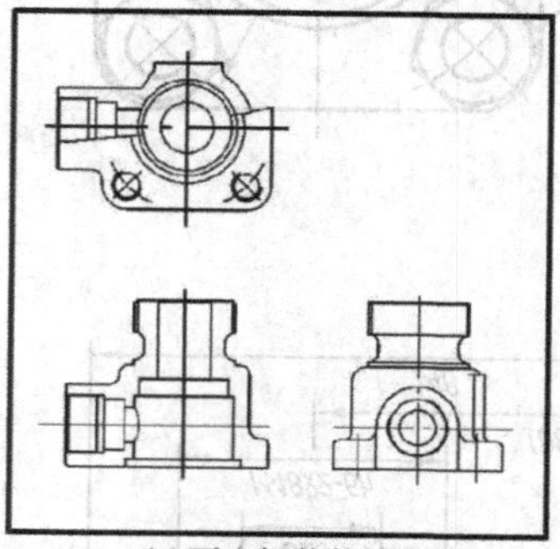

(b) 画出阀体的轮廓线

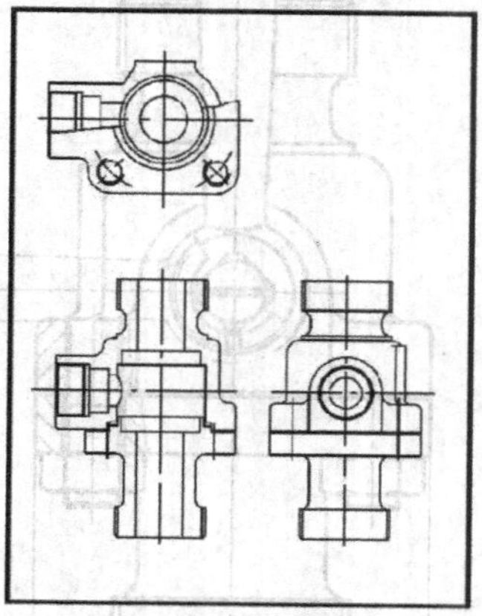

(c) 画阀盖的轮廓线

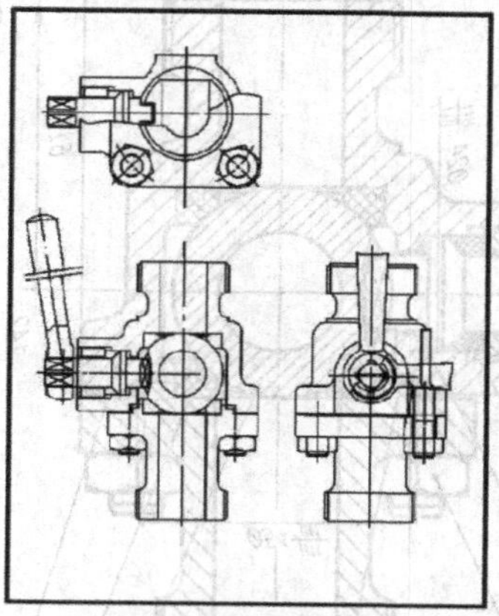

(d) 画其他零件的轮廓线

图 9-19 球心阀装配图的作图步骤

（4）画剖面线、注尺寸、编写序号、画标题栏、明细表等。

（5）检查底稿，加深全图。

（6）填写标题栏、明细表及技术要求等。

完成的球心阀装配图如图 9-20 所示。

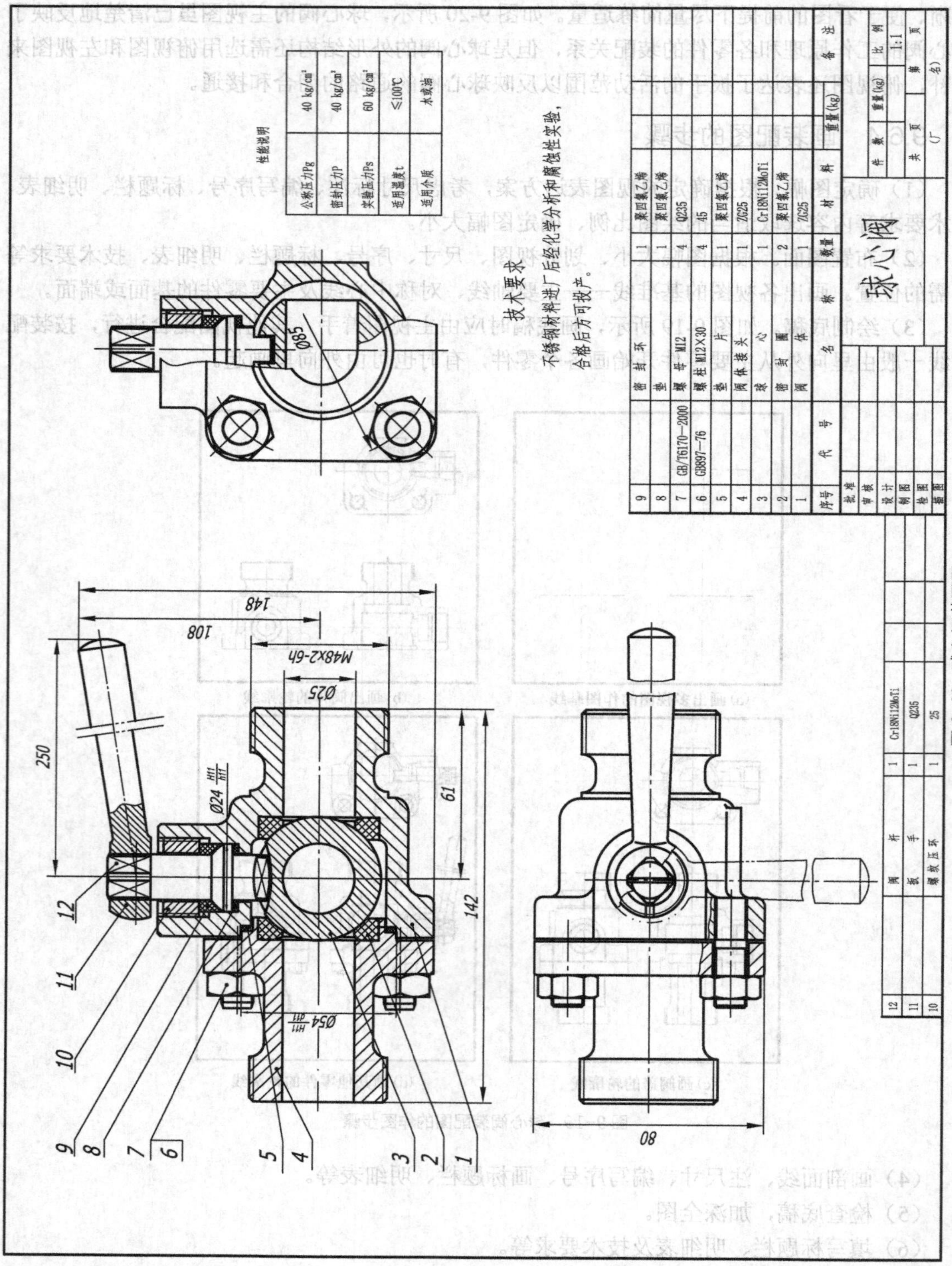
性能说明
公称压力Pg 40 kg/cm²
密封压力P 40 kg/cm²
实验压力Ps 60 kg/cm²
适用温度t ≤100℃
适用介质 水或油
技术要求
不锈钢材料进厂后经化学分析和腐蚀性实验，合格后方可投产。
12 阀杆 1 Cr18Ni12MoTi
11 扳手 1 Q235
10 螺纹压环 1 25
9 密封环 1 聚四氟乙烯
8 垫 1 聚四氟乙烯
7 GB/T6170—2000 螺母M12 4 Q235
6 GB897—76 螺柱M12×30 4 45
5 垫片 1 聚四氟乙烯
4 阀体接头 1 ZG25
3 球心 1 Cr18Ni12MoTi
2 密封圈 2 聚四氟乙烯
1 阀体 1 ZG25
球心阀
比例 1:1
148
108
M48×2-6h
Ø25
250
Ø24 H11/h11
61
142
Ø54 H11/d11
Ø85
80

图 9-20 球心阀装配图

9.7 部件测绘的方法

在生产实践中，对现有的机器或部件进行测量，然后画出其零件图和装配图的全过程称为测绘。测绘工作广泛应用于机器或部件的技术改造、维修和产品设计。

现以图 9-21 所示的齿轮油泵为例说明部件测绘的方法。

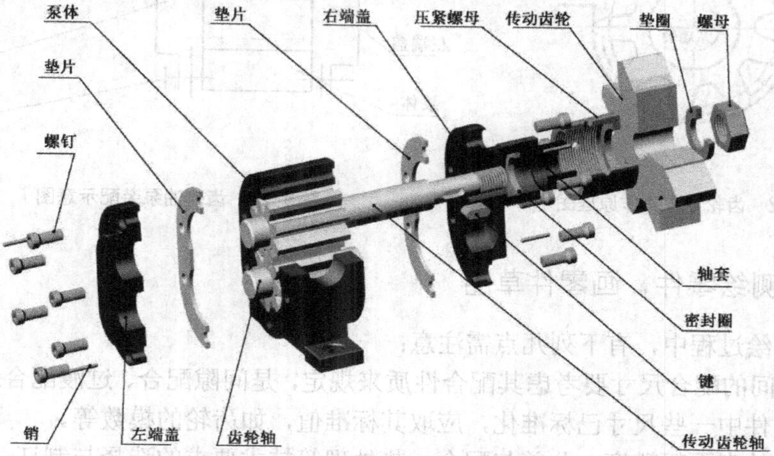

图 9-21 齿轮油泵装配轴测分解图

9.7.1 了解部件

在测绘部件之前，应通过阅读部件的有关技术资料、参阅同类产品的图纸，向有关人员咨询等途径了解测绘对象的用途、性能、工作原理、装配关系及结构特点等。

图 9-21 所示齿轮油泵是安装于机器的供油管路系统中的一个部件。

齿轮油泵的工作原理如图 9-22 所示。当主动轴带动齿轮按逆时针方向旋转时，从动齿轮则按顺时针方向旋转，此时齿轮啮合区右边的吸油口压力降低，产生局部真空，油箱中的油在大气压力的作用下进入油泵的低压区。随着齿轮的旋转，齿槽腔内的油不断沿着箭头指向送到左边的压油口，最后把油压出去，输送到各润滑处。

9.7.2 拆卸零件，画装配示意图

在了解部件的基础上，可以按照一定顺序依次拆卸零件，通过对各零件的作用和结构的分析，进一步了解齿轮油泵中各零件间的装配关系。要特别注意其中的配合关系，对不可拆的零件或过盈配合的零件尽量不拆。拆卸下来的零件为避免丢失和装配复原的困难，应妥善保管，及时编号，对表面粗糙度要求高的零件表面应涂油防锈，对长轴、丝扛等细而长的零件最好要悬挂，以防变形。对标准件应测量尺寸后查阅标准，核对并写出规定标记，不必画其零件图。

在拆卸零件的同时，应画出机器或部件的装配示意图。装配示意图是用示意性的单线条画出的机器或部件的图样，它表达机器或部件的工作原理和结构、各零件的装配关系和装配位置，作为重新装配复原部件或机器以及画装配图时的参考。画装配示意图可采用“机动示意图中的规定符号”（GB 4460—84），参阅附录表。

图 9-23 为齿轮油泵的装配示意图。

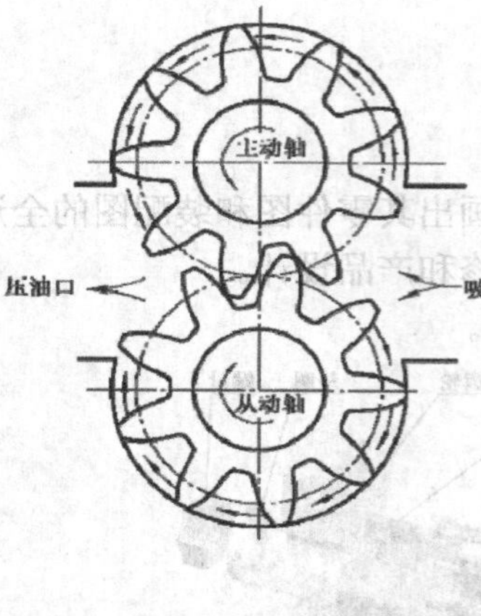

图 9-22　齿轮油泵工作原理图

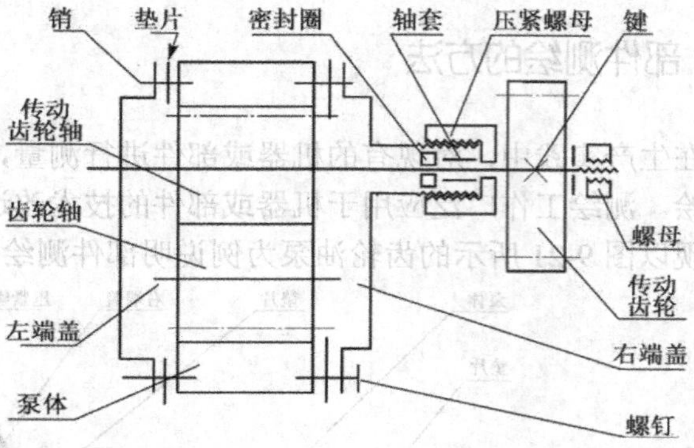

图 9-23　齿轮油泵装配示意图

9.7.3　测绘零件，画零件草图

零件的测绘过程中，有下列几点需注意：

（1）零件间的配合尺寸要考虑其配合性质来规定，是间隙配合、过渡配合还是过盈配合。

（2）常用件中一些尺寸已标准化，应取其标准值，如齿轮的模数等。

（3）零件的表面粗糙度、公差与配合、热处理等技术要求的选择与制订，可根据零件在部件中的作用来确定，也可参阅同类产品的图样和资料，用类比法加以确定。

（4）对标准件只需测量有关尺寸查阅标准写出规定标记，便于外购。

图 9-24～图 9-32 为齿轮油泵的一套零件草图。

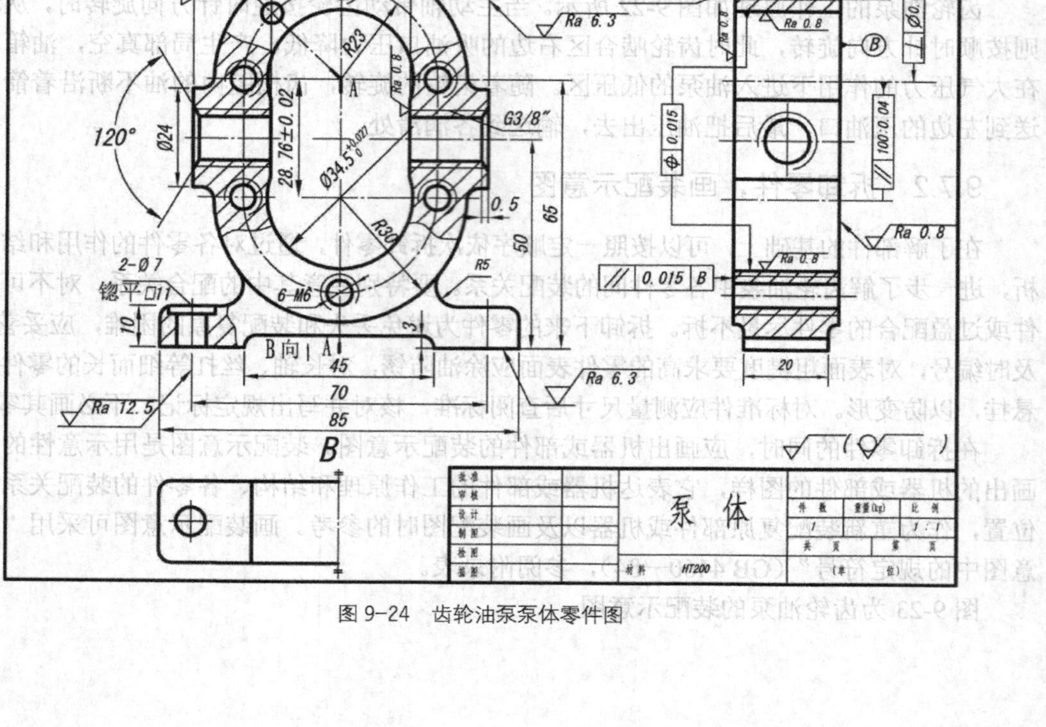

图 9-24　齿轮油泵泵体零件图

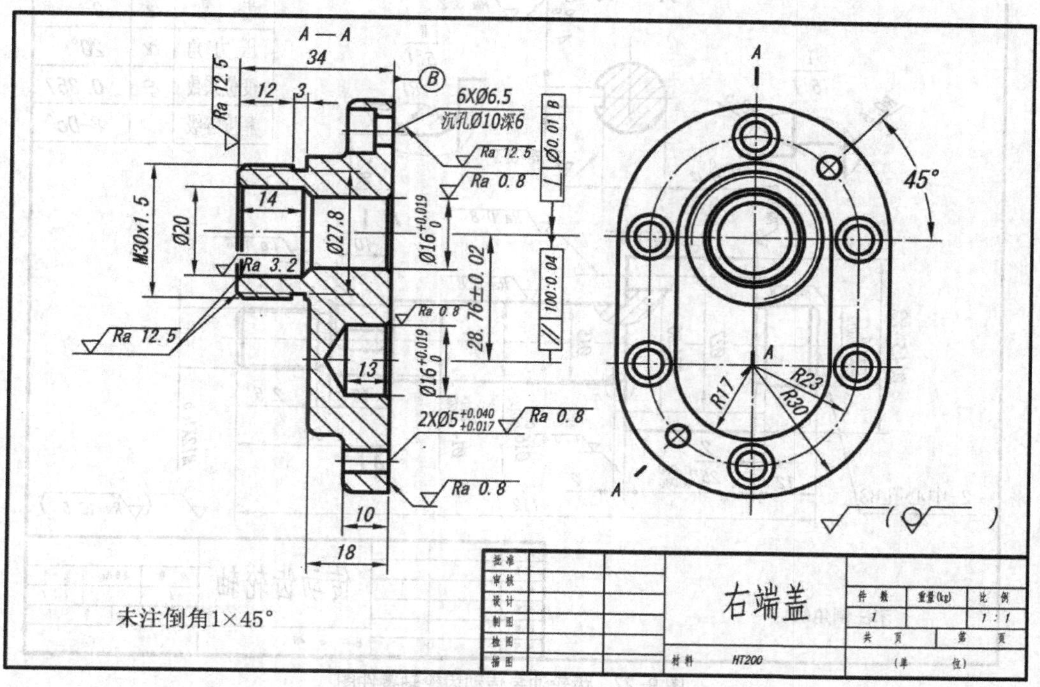

图 9-25 齿轮油泵右端盖零件图

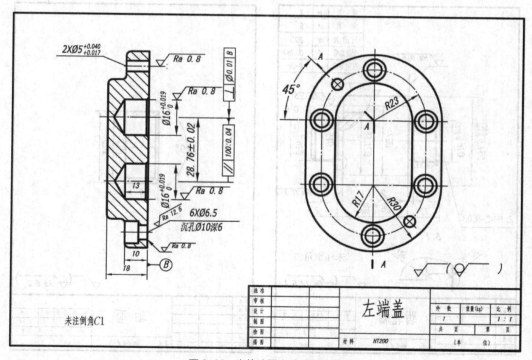

图 9-26 齿轮油泵左端盖零件图

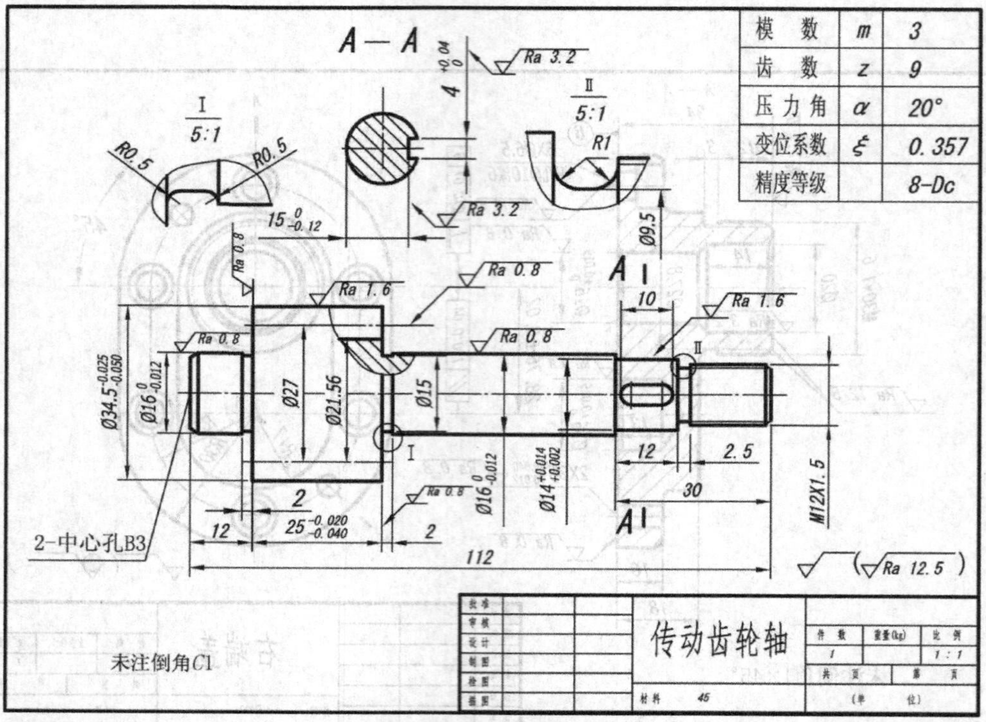

图 9-27 齿轮油泵传动齿轮轴零件图

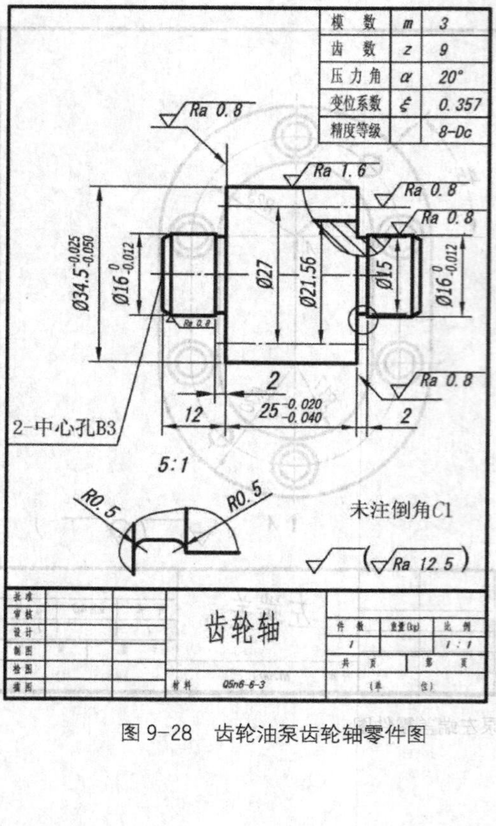

图 9-28 齿轮油泵齿轮轴零件图

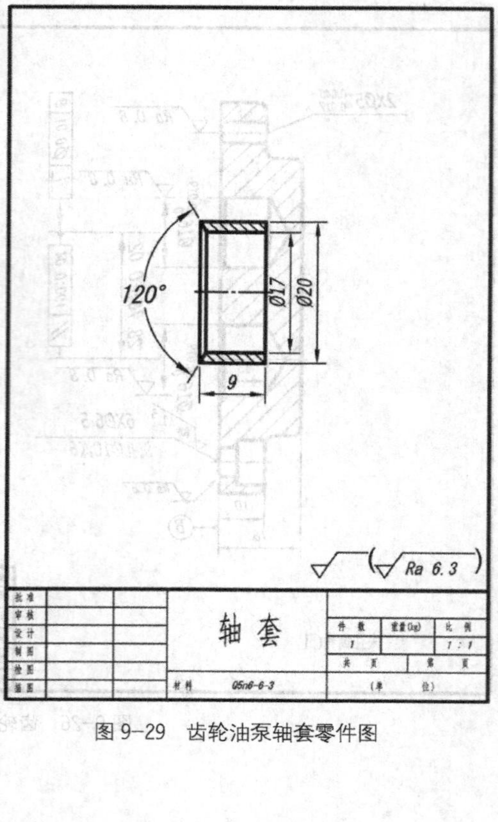

图 9-29 齿轮油泵轴套零件图

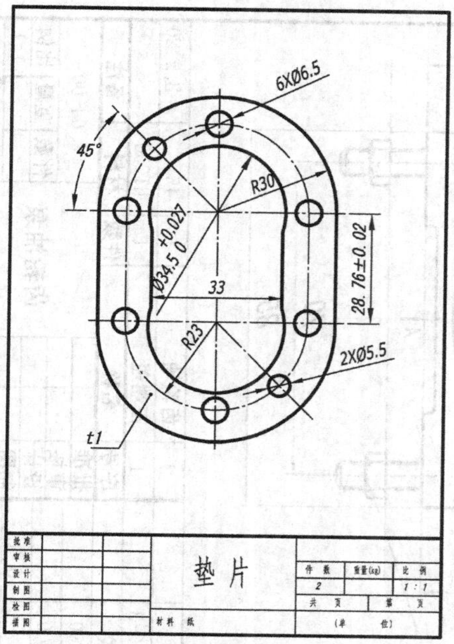

图 9-30 齿轮油泵垫片零件图

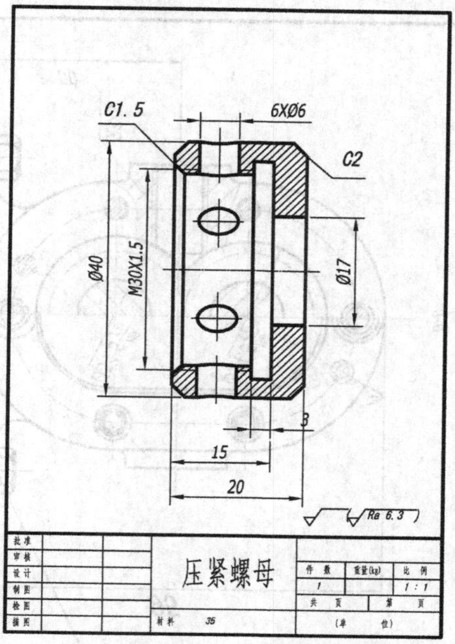

图 9-31 齿轮油泵压紧螺母零件图

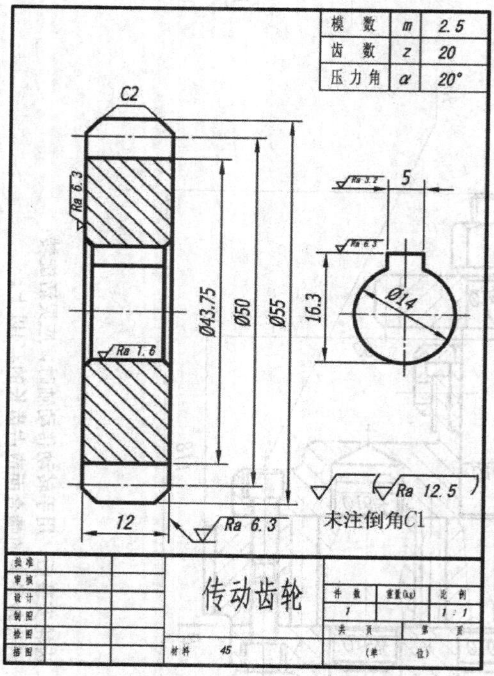

图 9-32 齿轮油泵传动齿轮零件图

9.7.4 画装配图

由零件草图根据装配示意图画出装配图，画法见第 9.6 节。

图 9-33 所示为齿轮油泵装配图。

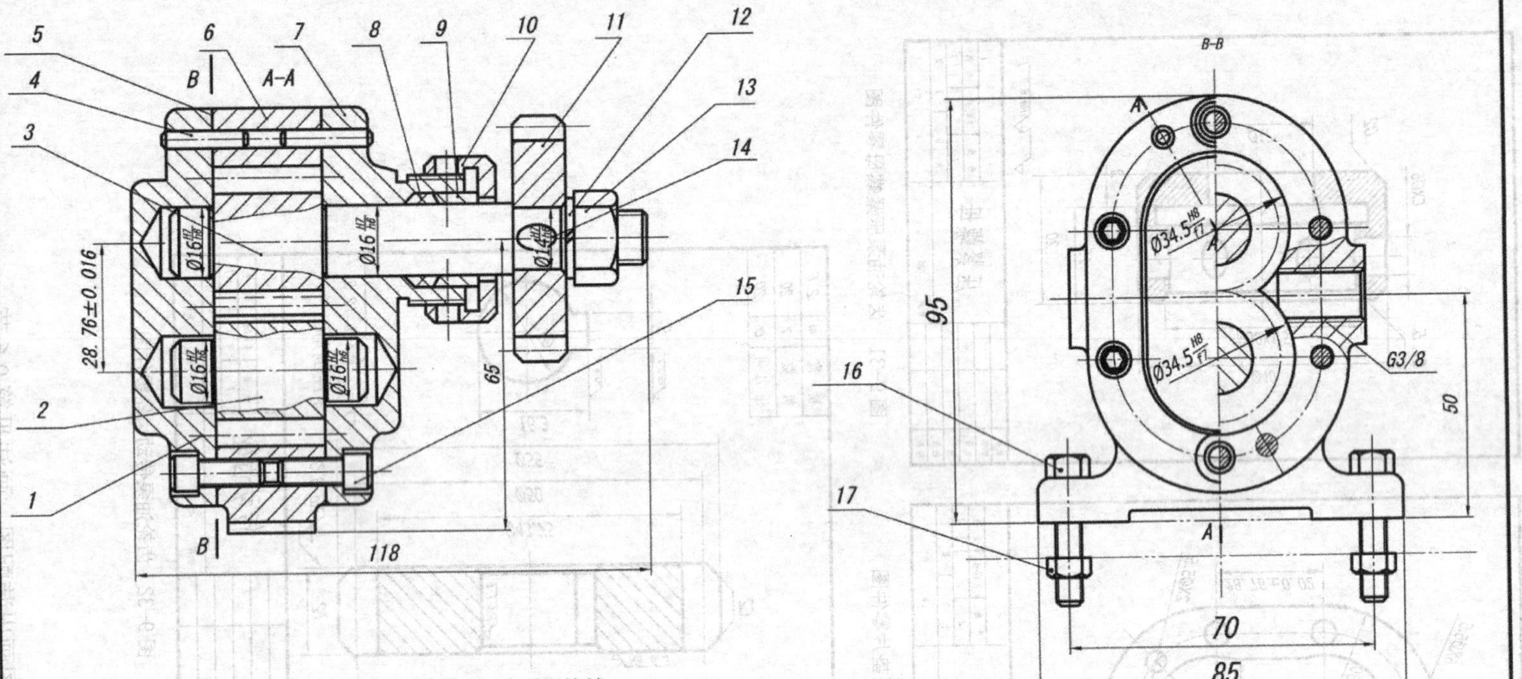

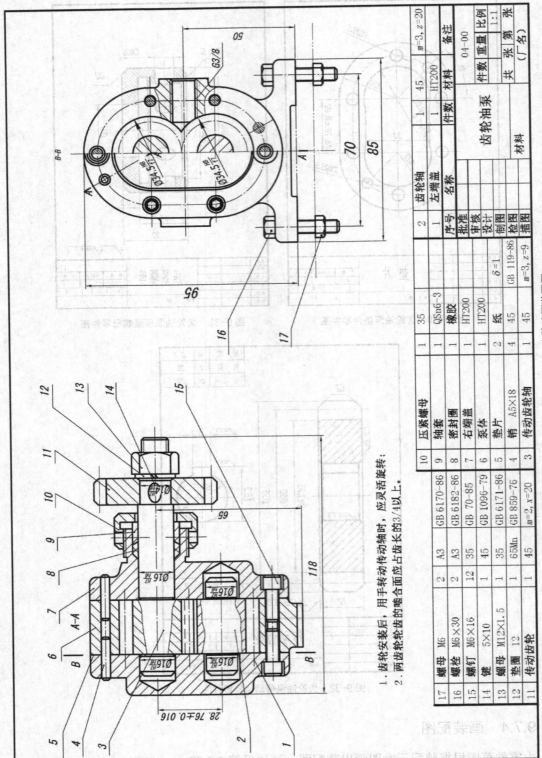

1. 齿轮安装后，用手转动传动轴时，应灵活旋转；
2. 两齿轮轮齿的啮合面应占齿长的3/4以上。

序号	名称	件数	材料	备注
17	螺母 M6	2	A3	GB 6170-86
16	螺栓 M6×30	2	A3	GB 6182-86
15	螺钉 M6×16	12	35	GB 70-85
14	键 5×10	1	45	GB 1096-79
13	螺母 M12×1.5	1	35	GB 6171-86
12	垫圈 12	1	65Mn	GB 859-76
11	传动齿轮	1	45	m=2, x=20
10	压紧螺母	1	35	
9	轴套	1	QSn6-3	
8	密封圈	1	橡胶	
7	右端盖	1	HT200	
6	泵体	1	HT200	
5	垫片	2	纸	δ=1
4	销 A5×18	4	45	GB 119-86
3	传动齿轮轴	1	45	m=3, z=9
2	齿轮轴	1	45	m=3, z=20
1	左端盖	1	HT200	

批准		齿轮油泵	04-00		
审核			件数	重量	比例
设计					1:1
制图			共 张	第 张	
检图		材料	（厂名）		
描图					

图 9-33 齿轮油泵装配图

9.7.5 画零件工作图

由装配图根据零件草图修改整理绘制全部零件工作图。

9.8 看装配图的方法和步骤

在机器或部件的设计、制造、装配、检验使用、维修及技术交流等生产活动中，都会接触到装配图。因此，掌握看装配图的方法和步骤十分重要。看装配图的要求是：了解装配图所表达的机器或部件的名称、用途、性能、工作原理、结构特点，以及各零件间的装配关系和主要零件的结构形状等。

9.8.1 了解装配图的基础知识

1. 概括了解

在看装配图过程中，首先应初步了解整个装配图的内容，具体从以下几方面着手：

（1）从标题栏和有关技术文件中了解机器或部件的名称、用途和性能。

（2）从明细表和零件序号中了解组成机器或部件的零件名称和数量，其中包含哪些标准件。还可了解各零件在部件中的位置。

（3）从视图、剖视、剖面等的配置和标注来摸清各视图的投影方向、剖切位置和投影关系，从而了解各视图的表达目的和重点。

2. 了解装配关系和工作原理

从反映工作原理的视图着手，顺着传动路线，分析零件之间的相对运动关系，从而了解部件的工作原理。从反映装配干线的视图着手，弄清各零件间的相对位置、连接和传动方式、配合要求、润滑和密封等问题。

3. 分析零件的作用和结构形状

分析零件时，一般先从主要零件开始，然后依次看次要零件，当看主要零件遇到障碍时，可以先看懂与其相关的零件，然后再回过来看懂主要零件。在分析零件的结构形状时要注意零件的某些结构在装配图中的简化省略画法。

在装配图中区分不同零件的范围可以从以下几方面考虑：

（1）根据投影关系来区分。

（2）根据零件的编号来区分。

（3）根据各零件的剖面线方向和间距不同来区分。

9.8.2 由装配图拆画零件图

在机器或部件的设计中，往往需要由装配图画出零件图，简称拆图。

在看懂装配图的基础上，将所拆零件按照投影关系从装配图的各个视图中分离出来，补齐所缺的投影，看懂零件的结构形状，再根据零件本身表达的要求，画出零件图。

在拆图中，要注意下列几个问题。

（1）零件结构形状的构思。装配图主要表达部件的工作原理和各零件间的装配关系，对零件的有些结构形状在装配图中未能表达清楚，对于这些结构形状在拆画零件图时可以根据零件的作用和相邻零件的装配关系来设计构思。

另外，在拆画零件图时必须按要求补画装配图上省略的零件工艺结构（如铸造圆角、倒角、退刀槽等）。

（2）零件的视图表达。由于零件图和装配图的表达目的不同，在拆图时，一般不能盲目抄袭装配图上的表达方法，而应根据零件的结构形状，重新选择视图表达的最佳方案。

（3）零件的尺寸标注。装配图上所注的五类尺寸都是很重要的，其中除了总体尺寸外，这些尺寸要正确地标注到零件图上。对于标准化结构，如退刀槽、倒角、键槽、销孔、螺栓通孔的直径、沉孔、螺纹孔深度等尺寸应查阅有关标准后注出。对于常用件，如齿轮和弹簧应根据装配图上给出的有关参数计算后注出。而对于装配图上没有标出的一般尺寸，可以按装配图的比例量取并圆整注出。对于两零件间有装配关系的部分应注意其尺寸的一致性。

（4）零件技术要求的确定。在画零件图时，零件的表面粗糙度可根据其各表面的作用和要求确定。配合表面应根据配合代号，确定公差代号查表求极限偏差。零件图上的其他要求和热处理等可参考同类产品的资料来确定。

9.8.3 看装配图举例

1. 看机用虎钳装配图、并拆画钳身零件图

（1）概括了解。机用虎钳是机床上用来夹紧被加工件的一种附件（图 9-34、图 9-35）。

机用虎钳共由八个零件组成。其中件 6 销和件 8 螺钉为标准件。

机用虎钳的装配图选用了主、俯、左三个视图。主视图采用全剖视图，表达了该部件的主要装配干线和工作原理，俯视图主要表达该部件的外形。另外，采用局部剖视表达件 2 钳口处的装配关系。左视图采用半剖视图表达件 7 滑动片和件 3 动掌之间的装配关系及与其他零件的相对位置，也表达了主要零件的一些结构形状。

机用虎钳的外廓总体尺寸为：长度为 278、宽度为 116、高度为 67，所以它是一个体积不大的部件。

（2）了解装配关系和工作原理。从反映工作原理和主要装配干线的主视图可以看出，丝杠 4 的光杆端插入钳身 1 的水平孔内，它们之间采用间隙配合 $\Phi 14\frac{H8}{f8}$，丝杠的轴向用圆锥销 6、挡环 5 固定。丝杠的螺纹端旋入动掌 3 的螺孔中。从俯视图看出，钳口 2 用螺钉 8 分别固定在动掌 3 和钳身 1 上。从左视图看出，滑动片 7 也是用螺钉 8 固定在动掌 3 的下面，动掌和钳身采用间隙配合 $9\frac{H8}{f8}$。

当转动丝杠时，依靠梯形螺纹的旋转带着动掌沿丝杠轴向移动，则开、闭钳口来达到放松或夹紧工件。滑动片是为防止动掌向上翘起。钳身可绕孔 Φ30H8 的轴线相对带刻度的底盘（图中未表示）转动，适应加工零件的不同部位。

（3）分析零件的作用和结构形状。以主要零件钳身为例来分析它的结构形状。首先从序号 1 找出钳身在装配图中的位置，然后根据投影关系及剖面线方向与间距将钳身从装配图中分离出来，也可看作与钳身装配在一起的其他零件从钳身中拆卸出来，如图 9-36 所示。再根据钳身与其他零件的装配关系，按形体、结构分析想象出被其他零件所遮盖部分的结构，用轮廓线给以补齐。最后再考虑有没有被简化或省略的工艺结构，确定钳身的完整结构形状，如图 9-37 所示。

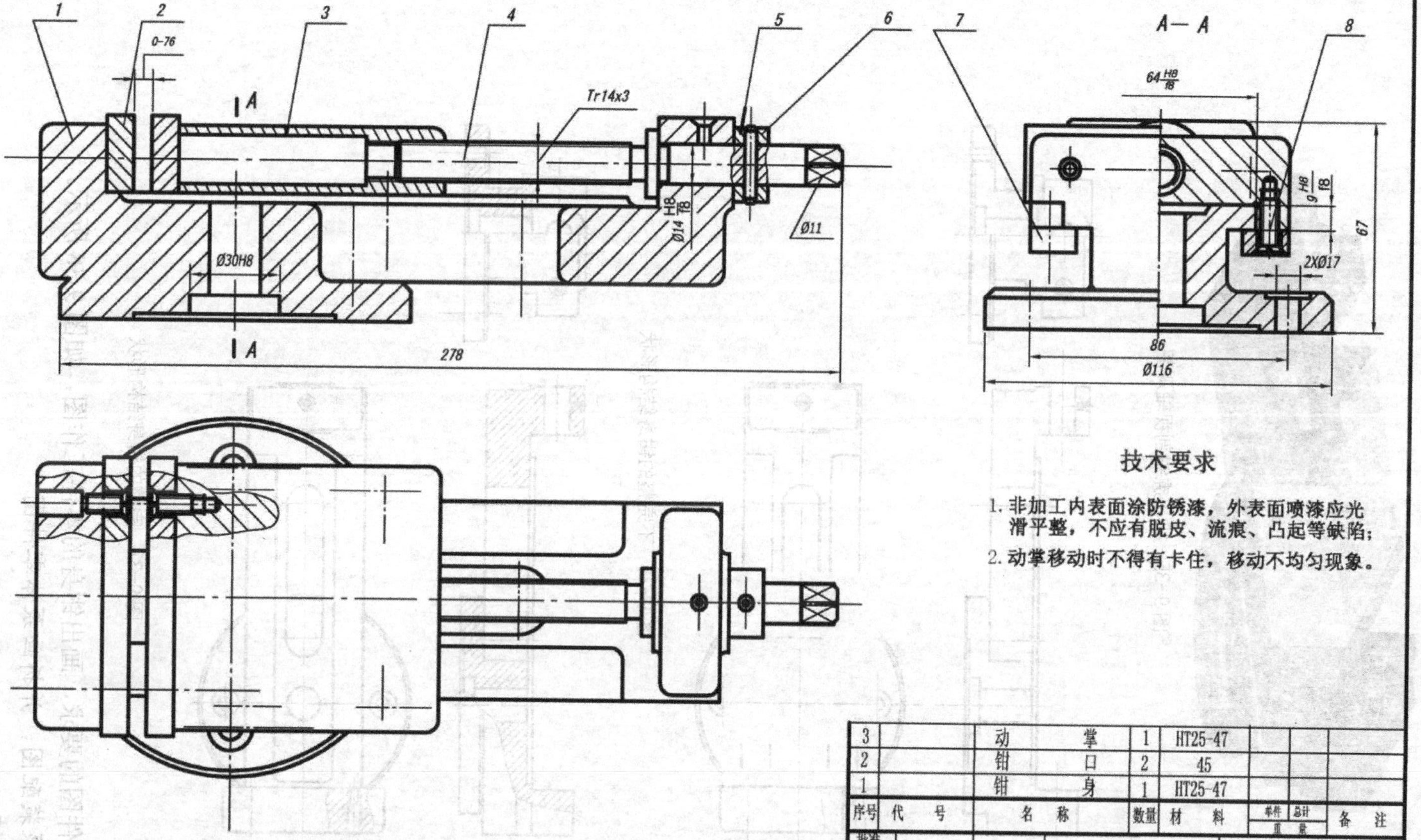

技术要求

1. 非加工内表面涂防锈漆，外表面喷漆应光滑平整，不应有脱皮、流痕、凸起等缺陷；
2. 动掌移动时不得有卡住，移动不均匀现象。

序号	代号	名称	数量	材料	单件重量	总计重量	备注
8	GB68-76	螺钉 M6x18	8	35			
7		滑动片	2	45			
6	GB117-76	销 4x25	1	35			
5		挡环	1	A3			
4		丝杠	1	45			
3		动掌	1	HT25-47			
2		钳口	2	45			
1		钳身	1	HT25-47			

批准		机用虎钳	件数 重量 比例 1:1
审核			共 张 第 张
设计			（厂 名）
制图			
检图			
描图			

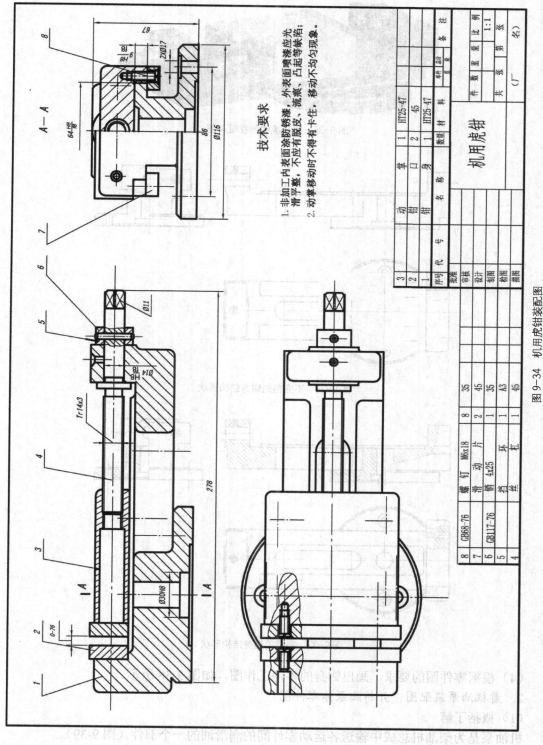

图 9-34 机用虎钳装配图

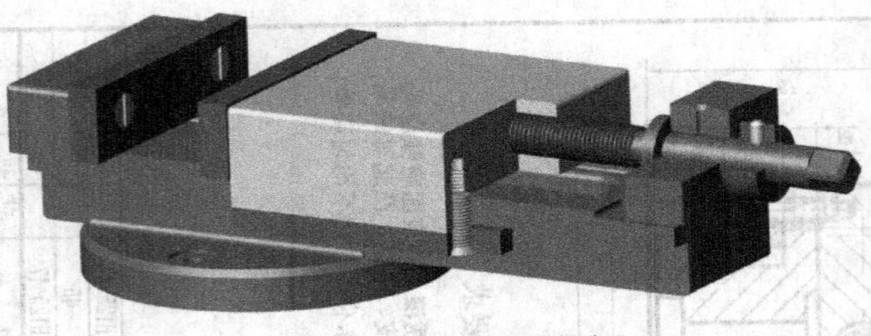

图 9-35 机用虎钳剖视轴测图

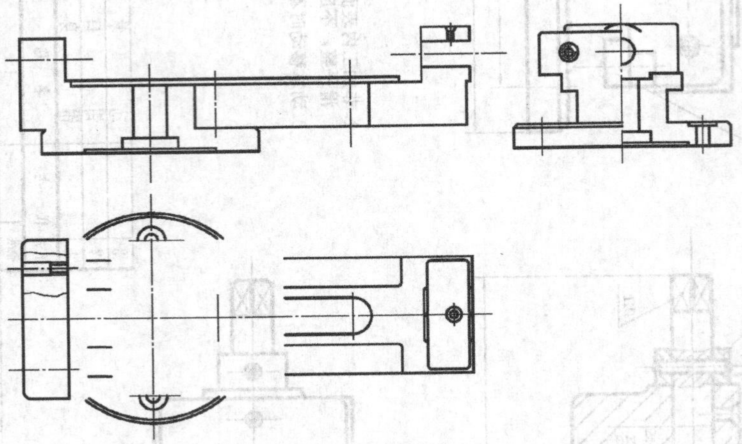

图 9-36 不完整的钳身结构形状

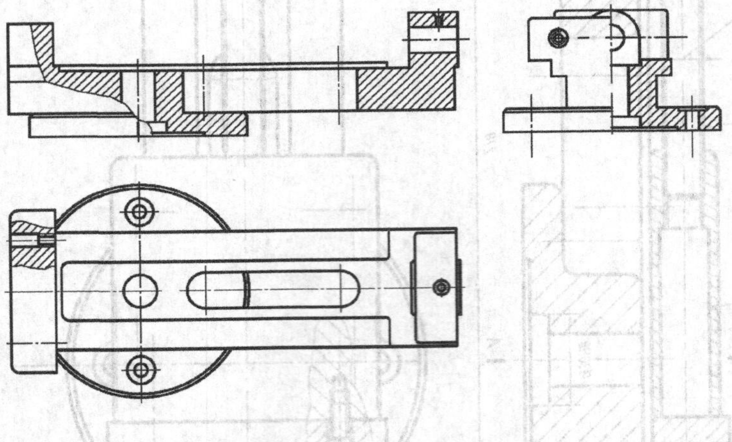

图 9-37 完整的钳身结构形状

（4）根据零件图的要求，画出钳身的零件工作图，如图 9-38 所示。

2. 看机油泵装配图，并拆画泵体零件图

（1）概括了解

机油泵是为柴油机总成中输送各运动零件间的润滑油的一个部件（图 9-39）。

机油泵共有 24 个零件，其中 8 件为标准件。

机油泵的装配图表达中，基本视图有三个：主视图、俯视图和左视图，其他四个为辅助视图。主视图采用 *A—A* 旋转剖视，表示了主动轴、从动轴两条装配干线及圆柱销定位的装配关系。俯视图主要表达其外形，局部剖视部分反映机油泵的安全装置及工作原理。左视图采用沿前泵盖与泵体结合面剖切的局部剖视，反映了机油泵的工作原理。其余四个辅助视图分别表达了零件的某一方向的结构形状。

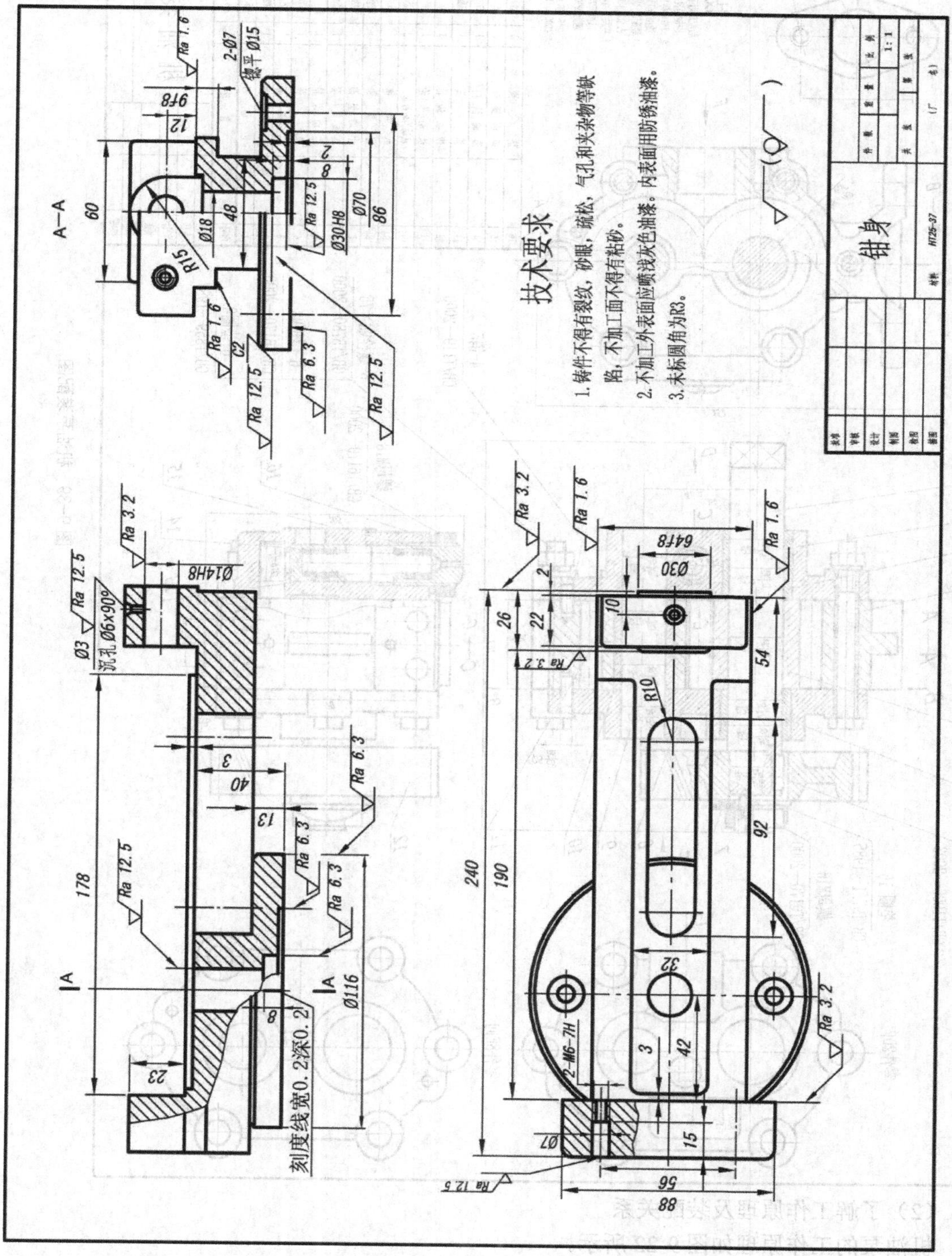

图 9-38 钳身零件图

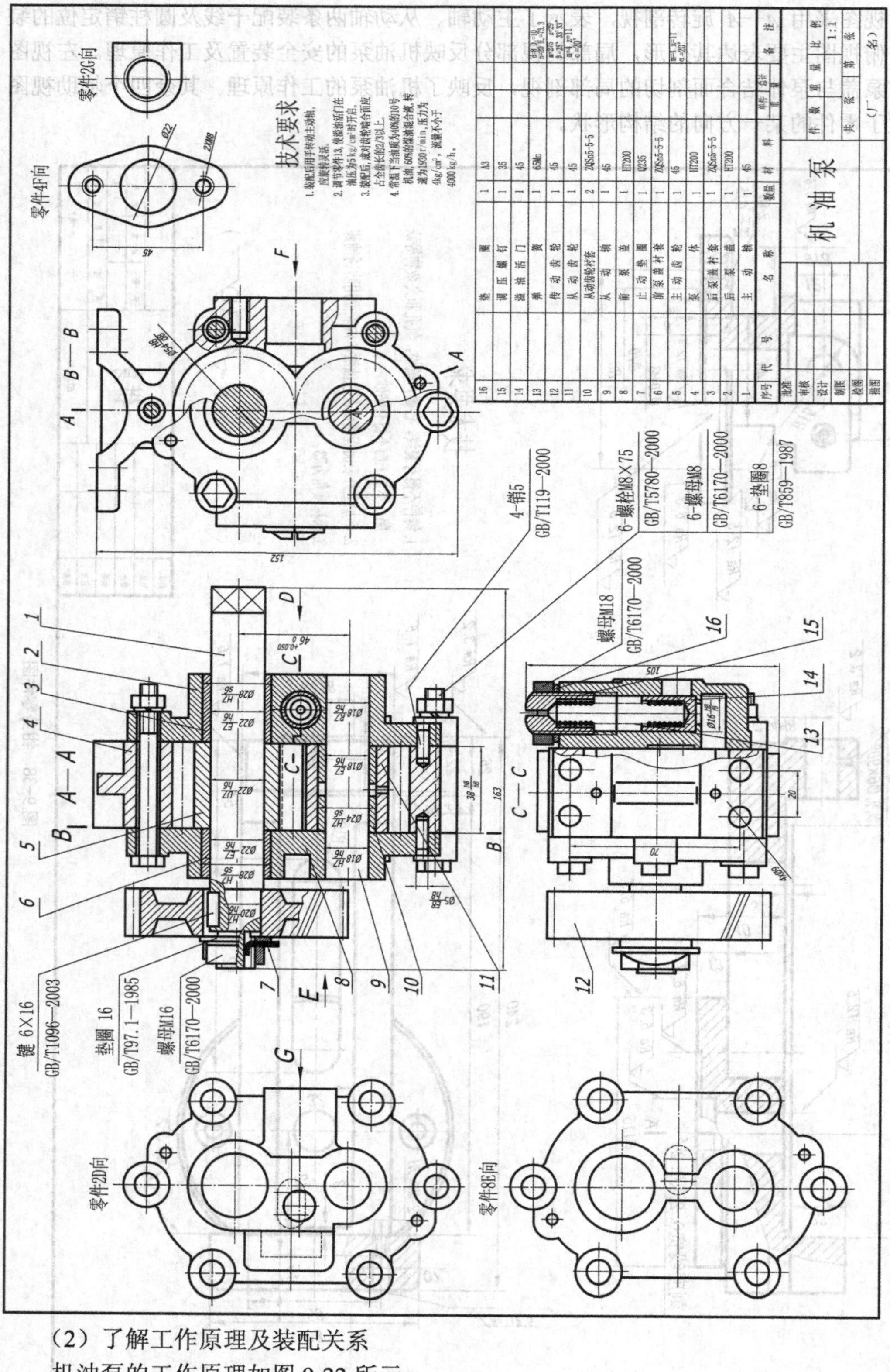

图 9-39 机油泵装配图

（2）了解工作原理及装配关系

机油泵的工作原理如图 9-22 所示。

机油泵的装配关系（图 9-39）：主动齿轮 5 与从动齿轮相啮合装在泵体 4 的齿轮腔内。主动轴 1 与从动轴 9 由前泵盖 8 和后泵盖 2 的轴孔支撑。主动轴的前、后泵盖轴孔中装有衬套 6、3，从动齿轮轴孔中装有衬套 10，都是为了便于磨损零件的更换。传动齿轮 12 经平键连接装在主动轴的轴端，并用止动垫圈 7 防止螺纹松动。前后泵盖用圆柱销定位，并用螺栓连接。

机油泵的调压装置由溢油活门 14、弹簧 13、调压螺钉 15 及垫圈 16、螺母组成。溢油活门在弹簧的弹力作用下，堵住了机油泵高压区到后泵盖小孔的通道。当高压区的油压高于所需压力时，油压克服弹力顶开溢油活门，使高压区多余的油经后泵盖上的小孔返回油箱，从而使油压逐渐降低，当降到所需压力时，溢油活门被弹簧顶回堵住油路。机油泵的油压由调压螺钉来调节，螺母是用来锁紧调压螺钉的。

机油泵各零件间的配合关系：主动齿轮与主动轴采用过盈配合$\left(\frac{U7}{h6}\right)$。从动齿轮与衬套采用过盈配合$\left(\frac{H7}{s6}\right)$。主动轴与前、后泵盖衬套采用间隙配合$\left(\frac{E7}{h6}\right)$。前、后泵盖衬套与前、后泵盖孔采用过盈配合$\left(\frac{H7}{s6}\right)$。主动轴与传动齿轮采用间隙配合$\left(\frac{H7}{s6}\right)$。从动轴与从动齿轮衬套采用间隙配合$\left(\frac{E7}{h6}\right)$，与前泵盖也采用间隙配合$\left(\frac{E7}{h6}\right)$，与后泵盖采用过盈配合$\left(\frac{R7}{h6}\right)$。主、从动齿轮的齿顶圆与泵体的齿轮腔都采用间隙配合$\left(\frac{H8}{d8}\right)$。溢油活门与后泵盖上活门孔采用了间隙配合$\left(\frac{H8}{f8}\right)$。

（3）分析并看懂零件的结构形状

机油泵各零件的结构形状由自己分析，并根据零件图的要求画泵体、前泵盖、后泵盖的零件工作图。

第10章 计算机绘图

10.1 计算机绘图概述

计算机绘图是指利用计算机的硬、软件和图形功能，用键盘、鼠标、数化仪等输入图形信息，经计算机处理后，在显示器、绘图仪或打印机等设备上输出图形的一项技术；是目前科学研究、工程设计中普遍采用的计算机应用技术。目前计算机绘图多数是借助绘图软件实现的。这些软件可分为代替仪器绘图的软件和三维实体造型的软件。

10.1.1 国外的 CAD 软件

（1）AutoCAD 是美国 Autodesk 公司的主导产品，是当今最流行的二维绘图软件，同时有部分三维功能。

（2）UG（Unigraphics）是 UnigraphicsSolutions 公司的拳头产品，最早应用于美国麦道飞机公司。

（3）Pro/E（Pro/Engineer）Pro/E 是美国参数技术公司（Parametric Technology Corporation，PTC）的产品。

（4）I-DEAS 是美国 SDRC 公司开发的 CAD/CAM 软件。

（5）SolidWorks 是生信国际有限公司推出的基于 Windows 的机械设计软件。

（6）MDT 是美国 Autodesk 公司在 PC 平台上开发的三维机械 CAD 系统。

10.1.2 国内的 CAD 软件

（1）CAXA 电子图板和 CAXA-ME 制造工程师是由北京北航海尔软件有限公司（原北京航空航天大学华正软件研究所）开发的。

（2）高华 CAD 是由北京高华计算机有限公司推出的 CAD 产品。

（3）GS-CAD98 是浙江大天电子信息工程有限公司开发的基于特征的参数化造型系统。

（4）金银花（Lonicera）系统是由广州红地技术有限公司开发的基于 STEP 标准的 CAD/CAM 系统。

（5）开目 CAD 是华中理工大学机械学院开发的具有自主版权的基于微机平台的 CAD 和图纸管理软件。

AutoCAD 是美国 Autodesk 公司推出的通用计算机绘图和设计软件。自从 1982 年 11 月在美国 COMDEX 交易会上首次展出 1.0 版本以来，发展速猛。历经 DOS 操作系统（有 1.0 版～13.0 版）和 Windows 操作系统（12.0 版～2011 版还有 LT 各版），不断升级到如今的 AutoCAD2016。

AutoCAD 广泛应用于机械、建筑、电气、化工、土木工程、航空、航天、造船、仪表等工程设计领域，是目前世界上最为流行的 CAD 绘图软件。据 Dataquest 公司统计，它在众多的 CAD 软件中，其装机量超过三分之一。

本章介绍 AutoCAD2016 的功能与命令。借助这此功能与命令，可以完全代替手工仪器的绘图，并提供手工仪器难以实现的三维实体造型。

10.2 AutoCAD2016 的工作界面

10.2.1 AutoCAD2016 的工作主界面

进入 AutoCAD2016 后，用户所见的 AutoCAD2016 的工作主界面如图 10-1 所示。用户所做的大部分工及 AutoCAD2016 的主要功能都要通过这个用户界面反映出来。

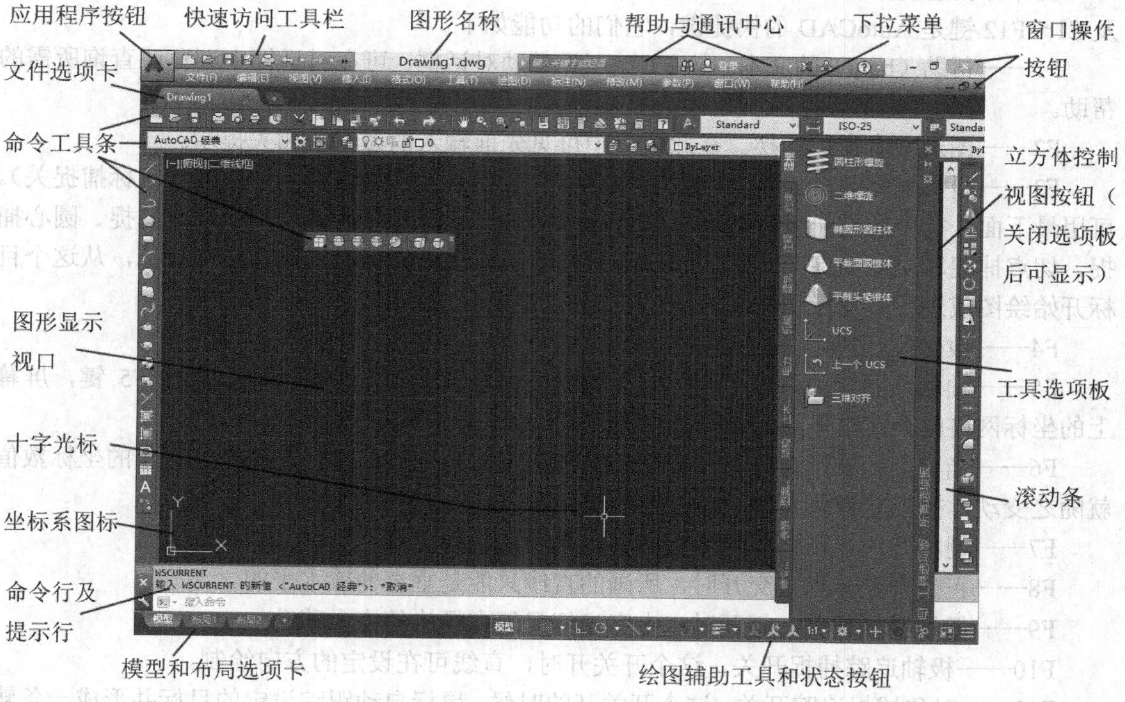

图 10-1 AutoCAD2016 的工作界面

AutoCAD2016 工作的主界面主要包括：

（1）标题栏。显示当前应用程序的名称，图形最大化后还显示图形的名称。

（2）下拉菜单栏。可执行 AutoCAD2016 的大部分命令。其中带小三角的还有子菜单，带省略号的会弹出对话框。

（3）工具栏。由一些图标组成的一类命令的工具集合。熟练使用工具栏比使用菜单更直观和快捷。AutoCAD2016 提供了 30 个工具栏，默认方式显示图 10-1 所示 4 个工具栏。用户可用 Toolbars 命令或用鼠标在工具栏上右击来添加和删除工具栏。

（4）绘图窗口。用来显示、编辑对象的区域，它包括十字光标、坐标系图标及 Model 和 Layout 标签、滚动条。十字光标用于定位点、选择和绘制对象，由定点设备控制。坐标系图标显示当前坐标系情况。Model 和 Layout 标签用于模型空间和图纸空间的快速切换。滚动条在绘图区的右下方及右边，拖动它们可以使图纸左右或上下移动。

（5）命令提示行。是输入命令及显示命令提示和选项的区域。当用户通过菜单和工具栏执行命令时，命令提示行将提示命令的执行情况。

（6）按钮状态栏。状态栏的左边显示十字光标的坐标值。右边包含一组辅助绘图工具的按钮：捕捉（SNAP）、栅格（GRID）、正交（ORTHO）、极轴（POLAR）、对象捕捉（OSNAP）、对象追踪（OTRACK）、DYN（动态输入）、线宽（LWT）和模型（MODEL），最右边二个图标是通信中心和工具栏锁定。

10.2.2 AutoCAD2016 快捷键内容及用法

在计算机的键盘上设有一些功能键和快捷键，它们能迅速提供一些常用的功能。Esc 键及 F1～F12 键是 AutoCAD 的快捷键，它们的功能如下。

F1——帮助（help）的文本。按 F1 键可见帮助对话框，可在对话框中浏览或查询所需的帮助。

F2——图形文本窗口转换。在此窗口中可见先前输入的命令及相关提示。

F3——目标捕捉开关。按 F3 键在“命令：”之后看见（目标捕捉开）或（目标捕捉关）。可用最下面一行中的按钮目标捕捉设置目标捕捉。目标捕捉有许多种，如端点捕捉、圆心捕捉、切点捕捉和交点捕捉等。它们的作用是在绘图或选择目标时，选定某一目标，从这个目标开始绘图或进行其他操作。

F4——数化仪开关。

F5——轴测平面开关。这个开关要在轴测坐标系设立后才起作用，重复按 F5 键，屏幕上的坐标网格就会在水平面、正面和侧面之间切换。

F6——当前坐标显示开关。在坐标开的情况下，光标移动时，在屏幕左下角的坐标数值就随之变动，指示着当前光标所在位置的坐标。

F7——栅格开关。栅格即是坐标网格，是绘图辅助工具。

F8——正交开关。当正交开时，所画的直线只能是垂直的或水平的。

F9——栅格捕捉开关。打开时，十字光标只能在栅格的点上移动。

F10——极轴追踪捕捉开关。这个开关开时，直线可在设定的方向绘制。

F11——对象捕捉追踪开关。这个开关开的时候，鼠标自动跟踪设定的目标并形成一条轨迹线，鼠标锁定在轨迹线下。例如锁定在这个目标的延长线，方位线，过中点、交点、圆心的轨迹线或过两条线段的延长线的交点追踪等。

F12——动态输入开关。在光标附近提供了一个命令界面，以帮助用户专注于绘图区域。

Esc——中断命令。按计算机键盘左上角的 Esc 键，可以中断正在执行的任何命令或取消目标选择。

部分快捷键都对应屏幕下方按钮状态栏中的按钮。

10.3 AutoCAD 的通用绘图方法

10.3.1 设置绘图环境

设置一个方便的绘图环境，不仅可以快速、高效地绘图，而且对后续的图形处理也十分重要。在 AutoCAD 中绘图时通常要设置绘图单位和界限、绘图辅助工具及图形对象的有关特性等。

1. 设置绘图界限

下拉菜单：[格式]▸[图形界限] 命令行：LIMITS

绘图界限是用户开始绘图前限定的一个区域，即用户要进行绘图的图纸大小，当然这个绘图区域是可以改变的。发出 LIMITS 命令后，AutoCAD 提示：

命令：LIMITS

重新设置模型空间界限：

指定左下角点或[开（ON）/关（OFF）]<0.0000，0.0000>：指定左下角或回车接受当前值（0，0）。

指定右上角点<420.0000，297.0000>：指定右上角或回车接受当前值（420，297）。

其中 ON 和 OFF 选项决定绘图是否受绘图界限限制，ON 表示受限制即不能在绘图界限外画图，OFF 表示不受限制，图形可以画在绘图界限之外。

提示：左下角一般设为（0，0），右上角根据图纸大小来定，如 A3 图纸可设为（420，297），当然也可设置的稍大一点。

注意：只有在绘图界限内，栅格才显示。

2. 设置绘图单位及精度

下拉菜单：[格式]▸[图形界限] 命令行：UNITS（或 DDUNITS）

激活 UNITS 命令后，AutoCAD 将显示如图 10-2 所示的对话框。

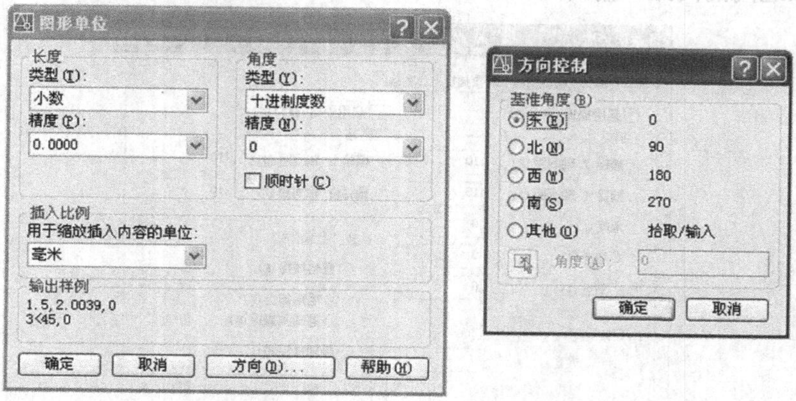

图 10-2 “图形单位”及“方向控制”对话框

（1）类型（Type）：确定长度或角度的显示单位制，有以下几种进制：

十进制（Decimal），如 15.0000

工程进制（Engineering），如 1′ -3.5000″

建筑进制（Architectural），如 1′ -3 1/2″

分数进制（Fractional），如 15 1/2

科学进制（Scientific），如 1.5500E+01

默认为十进制。

（2）精度（Precision）：确定长度或角度的显示精度，小数点后可精确到 8 位，默认为 4 位。

（3）顺时针（Clockwise）：确定角度的旋转方向是否顺时针，默认为逆时针。

（4）方向（Direction）：确定角度的起始位置，可弹出对话框进行设置，默认为 EAST（东方）即时钟上 3 点的位置。

绘图单位实际上涉及两个比例关系，即图形输入的比例和图形输出的比例。如 100m 长的大桥，在计算机上画了 1m，而在打印机输出时输出为 20mm。这样在绘图时采用了 1∶100 的比例尺，而在打印时采用了 1∶50 的比例尺。

通常这两个比例要设一个为 1∶1，前者为方便绘图，后者为方便打印输出。

3. 设置绘图辅助工具

AutoCAD 绘图的特点之一就是精确，它提供了多种绘图辅助工具，恰当地设置它们，不仅可以保证绘图的精确性，而且可以提高绘图的效率。

下拉菜单：［工具］▸［草图设置］
命令行：DSETTINGS（或 OSNAP、DDRMODES）

激活草图设置（Drafting Settings）对话框，用户可方便地对有关绘图工具进行设置，如图 10-3 所示。该对话框共有四个选项卡。

1）“捕捉和栅格”（Snap and Grid）选项卡

主要用于设置捕捉和栅格的各项参数和状态以及捕捉的样式和类型。捕捉模式用于控制十字光标，使其按照用户定义的间距移动。当捕捉模式打开时，光标似乎附着或捕捉了一个不可见的栅格。捕捉模式有助于使用键盘或定点设备来精确地定位点。栅格是由点构成的图案，显示在图形界限内。使用栅格就像在图形下放置一张坐标纸。利用栅格可以对齐对象并直观显示对象之间的间距。输出图纸时不能打印栅格。“捕捉和栅格”选项卡如图 10-3 所示。

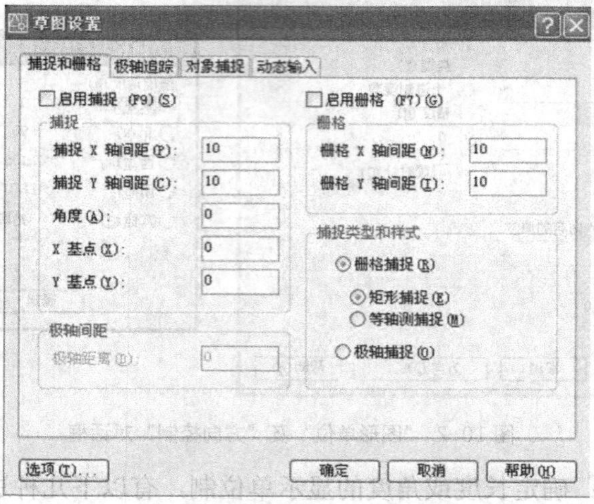

图 10-3 “捕捉和栅格”选项卡

（1）控制开关：启用捕捉（Snap on）开关（F9 为功能键），启用栅格（Grid on）开关（F7 为功能键），控制开关可以在其他命令执行期间打开或关闭。

（2）距离设置：设置捕捉和栅格的 *X* 轴、*Y* 轴上的间距设置。捕捉和栅格的距离可以相同，也可以不同。例如，可设置较宽的栅格间距用作参考，同时使用较小的捕捉间距以保证定位点时的精确性。

（3）角度：用特定的角度绘图时，可以设置捕捉的角度。修改捕捉角度，十字光标和栅格将随之进行调整。

（4）基点：*X* 基点为 *X* 轴上的基点，*Y* 基点为 *Y* 轴上的基点。

（5）捕捉类型和样式：设置栅格捕捉的方式是矩形捕捉或等轴测捕捉，或者设置为极轴捕捉。

2）“极轴追踪”（Polar Tracking）选项卡

主要用于设置角度追踪和对象捕捉追踪（OTRACK）的相应参数。极轴追踪是从 Auto-CAD2000 开始新增的自动追踪（AutoTrack）功能之一。它可以用指定的角度绘制对象。当自动追踪打开时，AutoCAD 会出现临时的辅助线即临时对齐路径，它有助于以精确的位置和角度创建对象。使用极轴追踪进行追踪时，临时对齐路径是由相对于命令起点和端点的极轴角定义的。如果打开了 45° 极轴角增量，当光标划过 45° 的倍数时，AutoCAD 将显示对齐路径和工具栏提示。当光标从该角度移开时，对齐路径和工具栏提示消失。“极轴追踪”选项卡如图 10-4 所示。

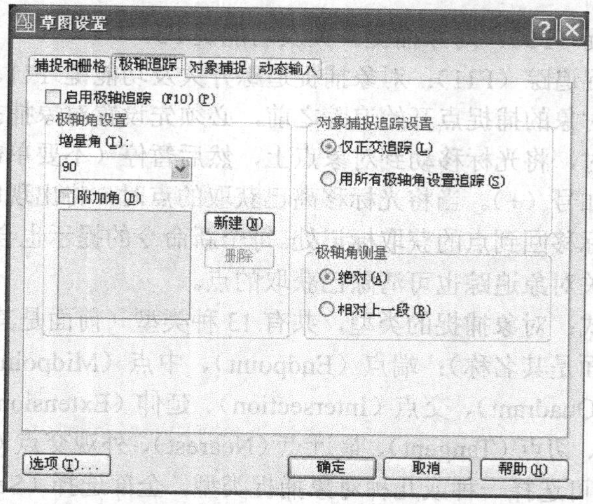

图 10-4 “极轴追踪”选项卡

（1）启用极轴追踪（F10）：启用极轴追踪开关和功能键 F10。

（2）增量角：可设置 90°、60°、45°、30°、22.5°、18°、15°、10° 和 5° 的极轴角增量进行追踪，缺省为 90°。

（3）附加角：指定其他角度增量进行追踪。

（4）对象捕捉追踪设置：设置对象捕捉追踪的角度。只追踪正交方式；追踪所有设定极轴角度。

（5）极轴角测量：选择极轴角度的测量方式。绝对方式相对于当前坐标系测量极轴追踪角度。相对方式相对于上一个绘制的对象测量极轴追踪角度。

3）“对象捕捉”（Object Snap）选项卡

主要用于设置对象捕捉的相应状态和捕捉对象的类型。对象捕捉通常可应用于屏幕上可见的对象上的几何点，如端点、中点、圆心和交点等，包括锁定图层的对象，浮动视口边界、实体和多义线线段。不能捕捉已关闭或冻结的图层对象。“对象捕捉”选项卡如图10-5所示。

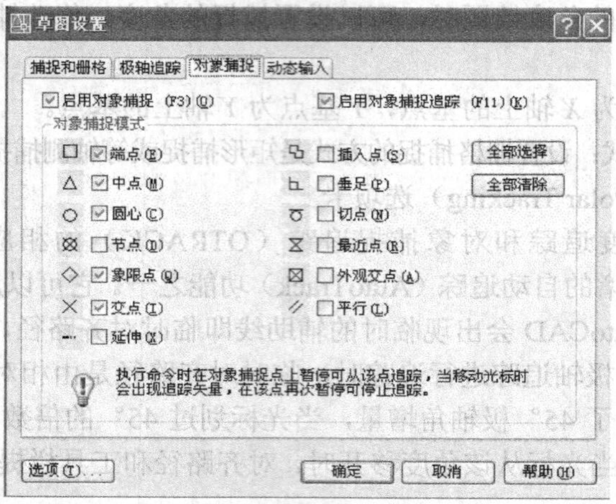

图 10-5 “对象捕捉”选项卡

（1）启用对象捕捉（F3）：对象捕捉开关及功能键 F3。

（2）启用对象捕捉追踪（F11）：对象捕捉追踪开关及功能键 F11。对象捕捉追踪应与对象捕捉配合使用。从对象的捕捉点开始追踪之前，必须先设置对象捕捉。获取点的步骤是当命令提示指定一个点时，将光标移动到对象点上，然后暂停（不要单击它）。AutoCAD 获取点之后将显示一个小加号（+）。当将光标移离已获取的点时，将出现临时对齐路径。清除已获取点的步骤是将光标移回到点的获取标记处。每个新命令的提示也会自动清除已获取的点。另外，在状态栏上开关对象追踪也可清除已获取的点。

（3）对象捕捉模式：对象捕捉的类型，共有 13 种类型（前面是其在捕捉时的显示符号，中间是复选按钮，后面是其名称）：端点（Endpoint）、中点（Midpoint）、圆心（Center）、节点（Node）、象限点（Quadrant）、交点（Intersection）、延伸（Extension）、插入点（Insertion）、垂足（Perpen-dicular）、切点（Tangent）、最近点（Nearest）、外观交点（Apparent intersection）、平行（Parallel）。用户可选择一种或几种对象捕捉类型，全部选择（Select All）按钮一次选取所有类型，全部清（Clear All）按钮可以清除所有类型。

（4）获得对象捕捉点之后，移动光标显示对齐路径，然后在命令提示下输入距离，使得该点与获得的对象捕捉点之间沿对齐路径有一个精确距离。

4）“动态输入”选项卡

动态输入在光标附近提供了一个命令界面，以帮助用户专注于绘图区域。启用动态输入时，工具栏提示将在光标附近显示信息，该信息会随着光标移动而动态更新。当某条命令为活动时，工具栏提示将为用户提供输入的位置，如图 10-6 所示。

单击状态栏上的“Dyn”来打开和关闭“动态输入”。按住 F12 键可以临时将其关闭。动态输入有三个组件：指针输入、标注输入和动态提示。在“Dyn”上单击鼠标右键，然后单击“设置”命令，以控制启用动态输入时每个组件所显示的内容。注意透视图不支持动态输入。

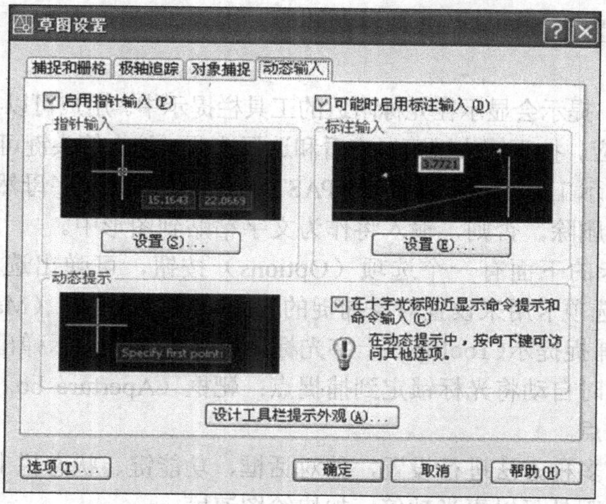

图 10-6 动态输入

（1）指针输入。

当启用指针输入且有命令在执行时，十字光标的位置将在光标附近的工具栏提示中显示为坐标。可以在工具栏提示中输入坐标值，而不用在命令行中输入。

第二个点和后续点的默认设置为相对极坐标（对于 RECTANG 命令，为相对笛卡儿坐标）。不需要输入@符号。如果需要使用绝对坐标，请使用井号（#）前缀。例如，要将对象移到原点，请在提示输入第二个点时，输入#0，0。

使用指针输入设置可修改坐标的默认格式，以及控制指针输入工具栏提示何时显示。

（2）标注输入。

启用标注输入时，当命令提示输入第二点时，工具栏提示将显示距离和角度值。在工具栏提示中的值将随着光标移动而改变。按 Tab 键可以移动到要更改的值。标注输入可用于 ARC、CIRCLE、ELLIPSE、LINE 和 PLINE。

注意对于标注输入，在输入字段中输入值并按 Tab 键后，该字段将显示一个锁定图标，并且光标会受输入值的约束。

使用夹点编辑对象时，标注输入工具栏提示可能会显示以下信息：旧的长度、移动夹点时更新的长度、长度的改变、角度、移动夹点时角度的变化、圆弧的半径，如图 10-7 所示。

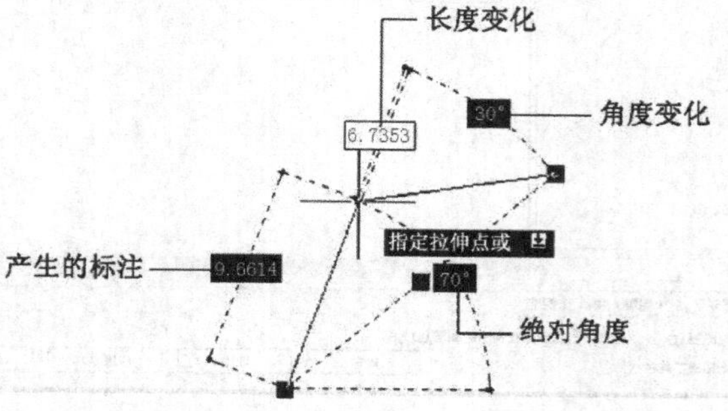

图 10-7 夹点编辑对象时动态输入显示的内容

使用标注输入设置可以只显示希望看到的信息。

（3）动态提示。

启用动态提示时，提示会显示在光标附近的工具栏提示中。用户可以在工具栏提示（而不是在命令行）中输入响应。按下箭头键可以查看和选择选项。按上箭头键可以显示最近的输入。

注意要在动态提示工具栏提示中使用 PASTECLIP，可键入字母然后在粘贴输入之前用 BACKSPACE 键将其删除。否则，输入将作为文字粘贴到图形中。

在这四个选项卡的下面有一个选项（Options）按钮，可弹出选项对话框的草图设置（Drafting Settings）选项卡用来设置对象捕捉的工具，如捕捉标记（Marker），十字光标接近捕捉点显示的符号；捕捉提示（Tooltip），十字光标接近捕捉点时显示弹出提示；磁吸（Magnet），十字光标接近捕捉点时自动将光标锁定到捕捉点；靶框（Aperture box），十字光标中心处的方框，用于定位捕捉点。

以上这些工具有多种方法进行设置，如对话框、功能键、状态栏上的功能按钮、组合键等，有效地利用这些工具可以事半功倍，加快绘图速度。

4. 设置图层、颜色、线型、线宽

为了满足特定的绘图效果，为了适应不同的行业规范，更好地区分和选择对象，快捷地绘制和编辑对象，可以将对象赋予不同的特性，如图层、颜色、线型、线宽等。所有这些可以通过图层特性管理器来设置。

1）图层的设置

图层就像是没有厚度的透明的图纸，各层之间完全对齐。组织图层和图层上的对象使得处理图形中的信息更加容易。对象可以直接使用其所在图层定义的特性，也可以专门给各个对象指定特性。颜色有助于区分图形中相似的元素，线型则可以轻易地区分不同的绘图元素（如中心线或隐藏线）。线宽用宽度表现对象的大小或类，提高了图形的表达能力和可读性。

下拉菜单：［格式］▶［图层］
工具栏：［图层］
命令行：LAYER（或 DDLMODES）

激活图层命令后弹出如图 10-8 所示的对话框，用户可以通过该对话框对图层进行控制和操作。

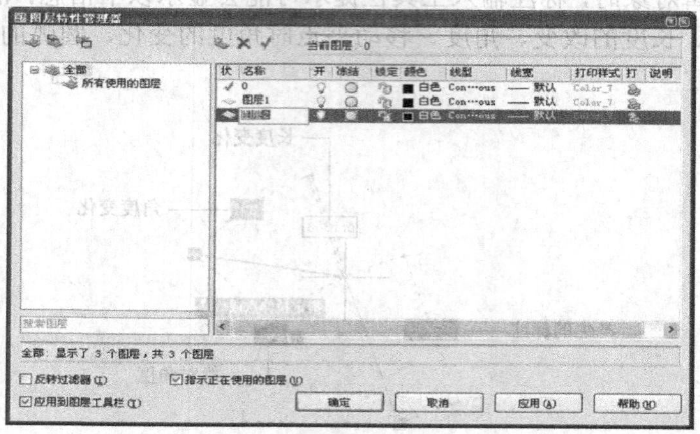

图 10-8 “图层特性管理器”对话框

该对话框左边为显示图层特性过滤器，可按名称快速过滤图层的显示，也可按图层特性过滤图层的显示，还可搜索特定的图层、反转过滤器等。过滤图层的目的是更快捷地选择对象进行绘图和编辑操作。对话框右边为所显示图层以及它们的有关特性，上边三个按钮为新建、删除、置为当前。

（1）新建图层。每个新图层都按次序编号，图层 1、图层 2 等。可以在创建图层之后重命名。指定给新图层的缺省颜色是编号为 7 的颜色（白色或黑色，由背景色决定），缺省线型是 CONTINUOUS 线型，缺省线宽是“Default”（0.01in 或 0.25mm），缺省的打印样式是“普通”打印样式。可以接受缺省设置，也可以指定其他颜色、线型、线宽和打印样式。

注意：图层名字中不能含有通配符（*和!）、空格，也不能重名。如果在创建新图层时选中了一个现有的图层，新建的图层将继承选定图层的特性。可以根据需要修改新图层的特性。

（2）删除图层。在绘图期间随时都能删除图层。但不能删除当前图层、图层 0、依赖外部参照的图层或包含对象的图层。

（3）当前图层。选择一个图层，然后点击该按钮或双击一个图层名也可以将其设置为当前图层。绘图操作总是在当前图层上进行的，并使用它的颜色、线型、线宽和打印样式（此时所有对象特性保留“Bylayer”（随层）缺省值）。不能将被冻结的图层或依赖外部参照的图层设置为当前图层。

注意：被块定义参照的图层和名为 DEFPOINTS 的特殊图层也不能被删除，即使它们不包含可见对象。

在图层列表中，可以对图层进行如下操作：

（1）图层状态。列出保存在图形中的命名图层状态，打勾的是当前层，如果下面指示正在使用的图层按钮打开，则使用的图层状态是亮显，没用到的则暗淡显示。

（2）打开或关闭。用于控制图层上对象的可见性。关闭的图层与图形一起重生成，但 AutoCAD 不显示也不打印绘制在不可见图层上的对象。单击某层的“灯泡”图标将其打开或关闭。

（3）冻结或解冻。用于控制图层上对象的可见性和重生成。冻结图层可以加速缩放、平移和动态观察命令的执行，减少复杂图形的重生成时间。AutoCAD 不能在被冻结的图层上显示、打印或重生成对象。可以将长期不需要显示的图层冻结。解冻已冻结的图层时，AutoCAD 将重生成图并显示该图层上的对象。

（4）锁定和解锁。如果要编辑与特殊图层相关联的对象，同时又想查看但不编辑其他图层对象，那么可以锁定图层。锁定图层上的对象不能被编辑或选择，然而，如果该图层处于打开状态并被解冻，上面的对象仍是可见的，用作参考。可以使被锁定的图层成为当前图层并在其中创建新对象。也可以在锁定图层上使用查询命令（如列表）并为对象应用对象捕捉。可以冻结和关闭被锁定的图层并改变它们的相关特性。

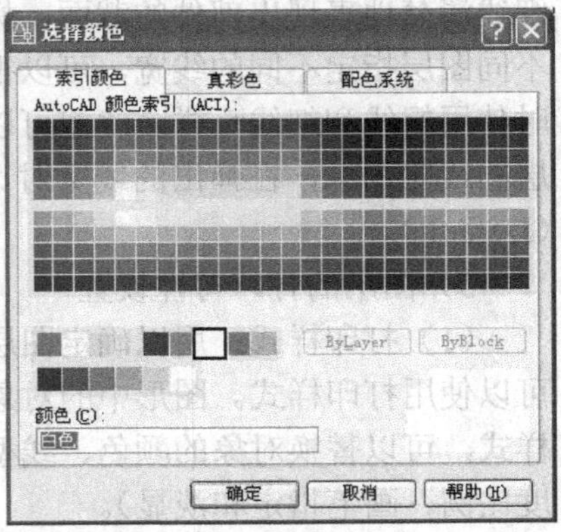

图 10–9 “选择颜色”对话框

2）颜色的设置

颜色。用以指定图层的颜色。双击某层的颜色，则弹出“选择颜色”（Select color）对话框，如图 10-9

所示，用鼠标单击某一颜色即可选定。各种颜色通过名称或AutoCAD颜色索引（ACI）号（1～255的整数）标识。任何数目的对象和图层都可以有相同的颜色编号。新建图层默认的颜色为白色（或黑色）。颜色的也可通过真彩色和配色系统来指定，如图10-10所示。

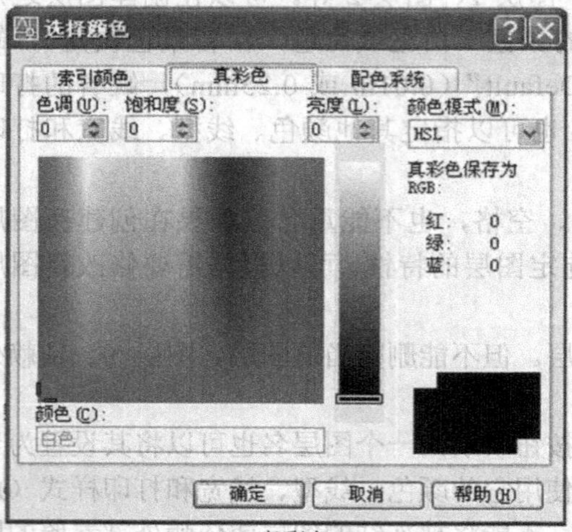

(a) 真彩色

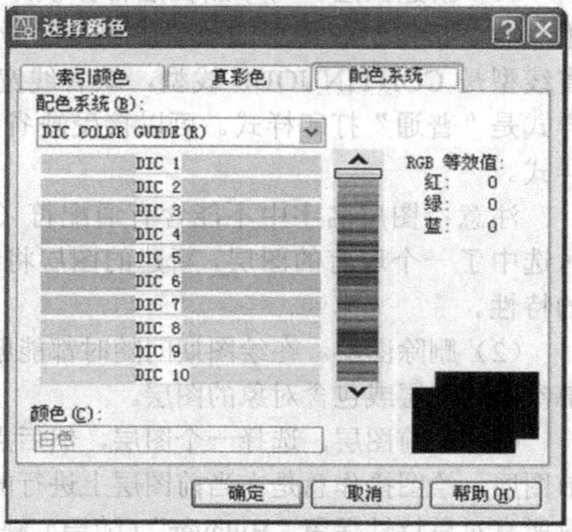

(b) 配色系统

图 10-10 "真彩色"和"配色系统"选项卡

3）线型的设置

线型（Linetype）：用以指定图层的线型。线型可以有效地传达视觉信息。线型是直线，或者是横线、点和空格组合的图案，可达到区分各个直线的目的。新建图层默认的线型是连续线（实线）。单击与该图层相关联的线型，弹出"选择线型"对话框，如图10-11所示，从列表中选择一个线型。AutoCAD仅列出已加载的线型，如在当前图形中加载另外的线型，可单击加载按钮弹出"加载或重载线型"对话框，如图10-11所示。文件（F）用来选择线型文件，默认文件是acadiso.lin，可用线型列表列出线型名称和线型的有关描述。选择所要加载的线型并按"确定"即可将其加载到当前图层中。

4）线宽的设置

线宽（Lineweight）：线宽可增加屏幕上和图纸上的对象宽度。使用线宽，可以用粗线和细线清楚地表现出部件的截面、标高的深度、尺寸线和标记，以及不同的对象厚度。通过为不同图层指定不同的线宽，可以很方便地区分新建的、现有的和被破坏的结构。像手工绘图时使用粗线和细线一样，线宽可以用来直观地表示不同的对象和信息。如改变线宽可单击图层的线宽图标，在弹出的线宽对话框（图10-12）中选择所需的线宽即可，缺省线宽是默认（Default）。

5）图层的打印特性设置

（1）打印样式：用以确定图层的打印样式。如果需要以不同的方法打印同一个图形，则可以使用打印样式。图形中的对象与缺省的打印样式设置随层相关联。通过修改对象的打印样式，可以替换对象的颜色、线型和线宽。也可以指定端点、连接及输出效果（如抖动、灰度比例、画笔指定和淡显）。

（2）打印：用以确定图层是否打印。默认情况下，新建图层都是可以打印的。

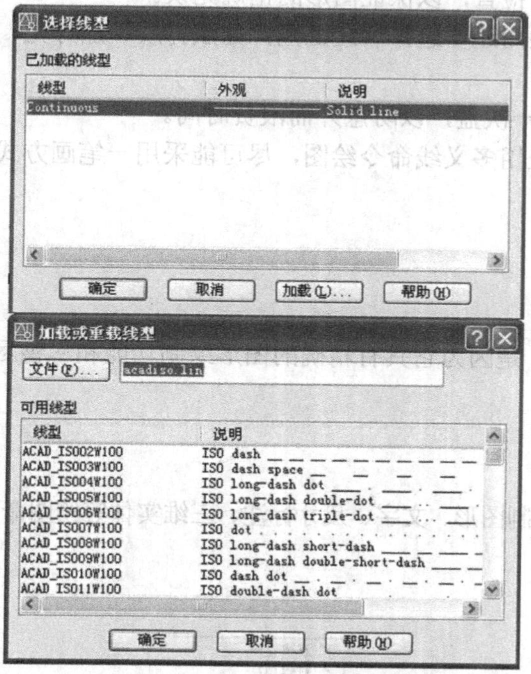

图 10-11 “选择线型”和“加载线型”对话框

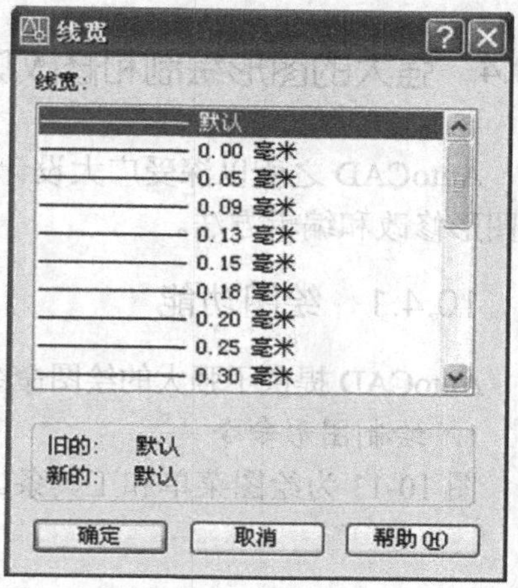

图 10-12 “线宽”对话框

10.3.2 通用绘图步骤

计算机绘图与手工绘图过程基本相同，都要经过从数到图的转换，计算机只不过是一个更为先进的工具，数与图的转换更为方便快捷，并有记忆功能。用户要想充分发挥计算机的性能，快速地进行绘图，就必须掌握一种科学的绘图方法和步骤。

（1）分析图形对象的组成：用户应对所绘制的图形进行较为详细地分析，比如它由几部分组成、各部分大小关系、图形是否对称、有无规律、哪些结构的尺寸是已知的、哪些结构的尺寸是要通过计算和作图才能得到的等。这对图层的设置、绘制的方法、绘图的次序等的确定大有帮助，对所绘图形的分析十分重要，初学者往往忽略这一步。

（2）设置必要的绘图环境和打开所需的辅助工具：通过上述分析，用户可以进行必要的绘图环境设置，如图层的设置，对一幢大楼，用户可将其各个组成部分分别设定图层如墙层、门层、窗层等。如要保证精确绘图，还需打开辅助工具如正交、捕捉、追踪等。

（3）选择恰当的比例：用户可以采用两种方法确定比例进行绘图。一种方法是根据所输出的图纸的大小选择比例尺来进行绘图，其优点是一些细部的结构如显示不出则可省略，图形输出时 1∶1 输出即可，缺点是要进行比例换算；另一种方法是先不考虑图形的输出，直接按实际尺寸绘制，这样减少了比例换算，但在图形输出时需要调整比例，有时一些细部结构在出图时就会变得漆黑一团。用户可根据实际情况选择其一。

（4）画参照图形对象：对于平面图形来说，先画基准线，如对称线、比较长的线等作为参照对象，然后以其为基准来画其他图形对象；对于三维模型来说，先画大的形体结构，然后以其为基准确定小的结构，如房屋先画墙壁再画门、窗等。

（5）画细部结构：以参照图形对象为基准画各个局部的细部结构，以完成总图。

（6）全图检查：对完成的图形进行仔细的检查，以保证图形的正确无误。

这样就完成了图形的绘制工作，对于效果图还要进行后续处理，如赋材质、加灯光、场景、渲染、贴图等后处理。

注意：在绘图过程中每间隔 5～10min 存一次盘，以防意外而浪费时间。

不同的对象应建立不同的图层，尽可能采用多义线命令绘图，尽可能采用一笔画方式绘图，这样便于后续过程的处理。

10.4 强大的图形绘制和修改功能

AutoCAD 之所以深受广大设计者的喜爱，是因为它具有精确的图形绘制功能和尽善尽美的图形修改和编辑方法。

10.4.1 绘图功能

AutoCAD 提供了强大的绘图命令，包括绘制图形、文字、尺寸标注、三维实体等绘图命令。

1. 绘制图形命令

图 10-13 为绘图菜单和工具条。

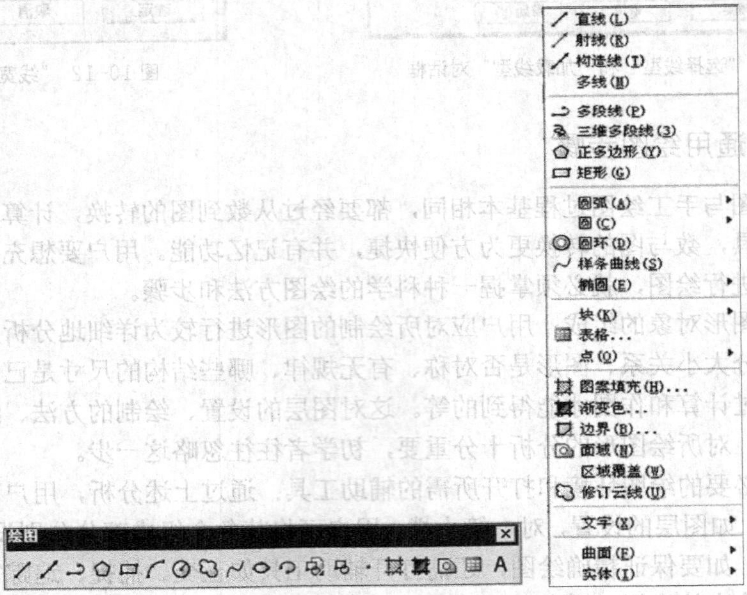

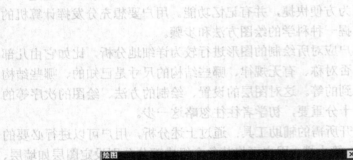

图 10-13 绘图工具条与绘图菜单

1）直线

在一个由多条线段连接而成的简单图形中，每条线段都是一个单独的直线对象。使用直线命令，可以创建一系列连续的线段。要指定精确定义每条直线端点的位置，用户可以：

（1）使用绝对坐标或相对坐标输入端点的坐标值。

（2）指定相对于现有对象的对象捕捉。例如，可以将圆心指定为直线的端点。

（3）打开栅格捕捉并捕捉到一个位置。

（4）其他方法也可以精确创建直线。最快捷的方法是从现有的直线进行偏移，然后修剪或延伸到所需的长度。

例 10-1 画如图 10-14 所示的 A4 图框。

所需直线命令如下：

命令：_line 指定第一点：0，0（从点 0，0 开始画直线，发出命令，输入 0，0 回车）

指定下一点或[放弃（U）]：210，0（画下边的线到点 210，0，输入 210，0 回车）

指定下一点或[放弃（U）]：210，297（再向上画到点 210，297，输入 210，297 回车）

指定下一点或[闭合（C）/放弃（U）]：0，297（再向左画到点 0，297，输入 0，297 回车）

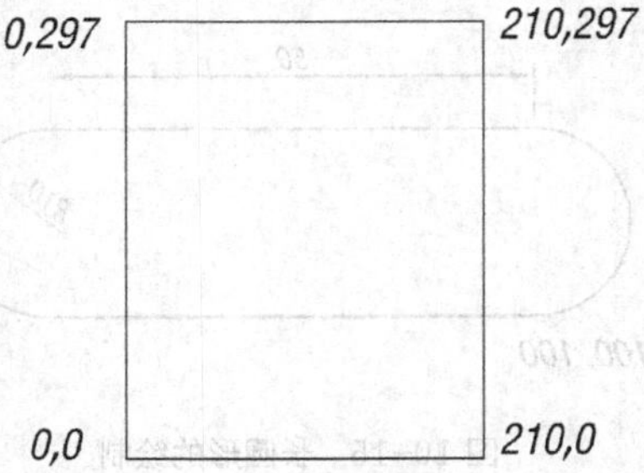

图 10-14 直线命令画图框

指定下一点或[闭合（C）/放弃（U）]：c（c 表示闭合到起点 0，0，输入 c 回车）

（注：括号内为解释内容）

在中间如果画错可按 U 删除最近绘制的线段，然后再重新画线。

2）点的输入方法

当 AutoCAD 提示输入点时，可以采用多种方法输入点，包括绝对直角坐标、相对直角坐标、相对极坐标、球坐标和柱坐标。

绝对直角坐标：参照坐标原点来确定输入点的直角坐标的方法。

相对直角坐标：参照上一位置或点的直角坐标来确定输入点的直角坐标的方法。

相对极坐标：用与前一点的距离和角度来确定输入点的位置的方法。

柱坐标：用与前一点的距离和该点与前一点的连线在 *XY* 平面上的投影与 *X* 轴的夹角及该点与前一点的 *Z* 坐标差来表示。

球坐标：用与前一点的距离和该点与前一点的连线在 *XY* 平面上的投影与 *X* 轴的夹角及该点与前一点的连线与 *XY* 平面的夹角来表示。

一般来说前三种坐标输入方法常用于 2D 绘图，如用户能熟练运用 UCS 使用 Plan 命令将 3D 模型变为平面视图，那么这三种坐标输入方法则使 3D 绘图得心应手。

柱坐标和球坐标常用于空间相对夹角或距离已知的情况，多用于相对坐标情况，如柱坐标：@距离<与 *X* 轴的夹角角度，*Z* 坐标差；球坐标：@距离<与 *X* 轴的夹角<与 *XY* 平面的夹角。

对于上一例题：

用相对直角坐标输入则为：直线>+0，0>+@210，0>+@0，297>+@-210，0>+c

（注：">+"表示回车后再输入选项或坐标，"+"表示可用十字光标定点，以后类同，不再说明）用相对极坐标输入则为：直线>+0，0>+@210<0>+@297<90>+@210<180>+c

3）多段线

如果希望线段作为单个对象连接，请使用多段线对象而不要使用直线对象。多段线是作为单个对象创建的相互连接的序列线段。可以创建直线段、弧线段或两者的组合线段。多段线提供单个直线所不具备的编辑功能。例如，可以调整多段线的宽度和曲率。创建多段线之后，可以使用 PEDIT 命令对其进行编辑，或者使用 EXPLODE 命令将其转换成单独的直线段和弧线段。

对于上一例题：

用相对直角坐标输入则为：多段线>+0，0>+@210，0>+@0，297>+@-210，0>+c

用相对极坐标输入则为：多段线>+0，0>+@210<0>+@297<90>+@210<180>+c

可以看出除发出的命令不同外，其他所有输入都相同，只不过画出的图形是一个图形对象，而用直线画的是四个图形对象。

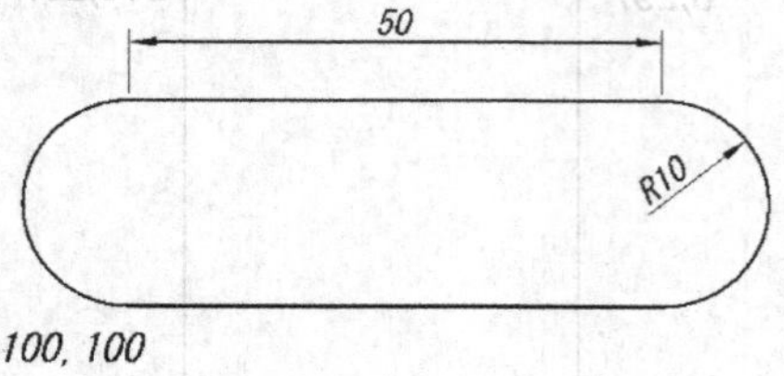

图 10-15 长圆形的绘制

例 10-2 画出图 10-15 所示的长圆形。

命令：plPLINE（用 pl 快捷键发出 pline 多段线命令）指定起点：100，100（输入起点坐标 100，100）

当前线宽为 0.0000（系统告诉我们当前线宽为 0）

指定下一个点或[圆弧（A）/半宽（H）/长度（L）/放弃（U）/宽度（W）]：w（输入 W 改线条宽度）

指定起点宽度<0.0000>：0.6（改线条起点宽度为 0.6）

指定端点宽度<0.6000>：（改线条端点宽度为 0.6，采用尖括号内的默认值，直接回车）

指定下一个点或[圆弧（A）/半宽（H）/长度（L）/放弃（U）/宽度（W）]：@50，0（用相对直角坐标输入坐标）指定下一点或[圆弧（A）/闭合（C）/半宽（H）/长度（L）/放弃（U）/宽度（W）]：a（输入 a 画右边圆弧）

指定圆弧的端点或[角度（A）/圆心（CE）/闭合（CL）/方向（D）/半宽（H）/直线（L）/半径（R）/第二个点

（S）/放弃（U）/宽度（W）]：a（输入 a 指定圆弧的圆心角）

指定包含角：180（圆弧的圆心角为 180 度）

指定圆弧的端点或[圆心（CE）/半径（R）]：r（输入 r 指定圆弧的半径）指定圆弧的半径：10（圆弧的半径为 10）

指定圆弧的弦方向<0>：90（圆弧的弦方向为 90 度）

指定圆弧的端点或[角度（A）/圆心（CE）/闭合（CL）/方向（D）/半宽（H）/直线（L）/半径（R）/第二个点

（S）/放弃（U）/宽度（W）]：l（输入 l，圆弧画好后再画直线）

指定下一点或[圆弧（A）/闭合（C）/半宽（H）/长度（L）/放弃（U）/宽度（W）]：@50<180（输下一点极坐标）

指定下一点或[圆弧（A）/闭合（C）/半宽（H）/长度（L）/放弃（U）/宽度（W）]：a（再左边的画圆弧）

指定圆弧的端点或[角度（A）/圆心（CE）/闭合（CL）/方向（D）/半宽（H）/直线（L）/半径（R）/第二个点

（S）/放弃（U）/宽度（W）]：cl（输入 cl 闭合到起点画圆弧，并结束多段线命令）

4）矩形和多边形

RECTANG 和 POLYGON 这两条命令提供了创建矩形和规则多边形（例如等边三角形、正方形、五边形、六边形等）的有效方法。可以快速创建矩形和规则多边形。创建多边形是绘制等边三角形、正方形、五边形、六边形等的简单方法。

（1）绘制矩形。使用 RECTANG 可创建矩形形状的闭合多段线。可以指定长度、宽度、面积和旋转参数。还可以控制矩形上角点的类型（圆角、倒角或直角）。

绘制矩形的步骤：

依次单击“绘图”菜单“矩形”；指定矩形第一个角点的位置；指定矩形其他角点的位置。

（2）绘制规则多边形。使用 POLYGON 可创建具有 3～1024 条等边长的闭合多段线。有三种方法创建多边形。绘制外切正多边形的步骤，如图 10-16 所示。

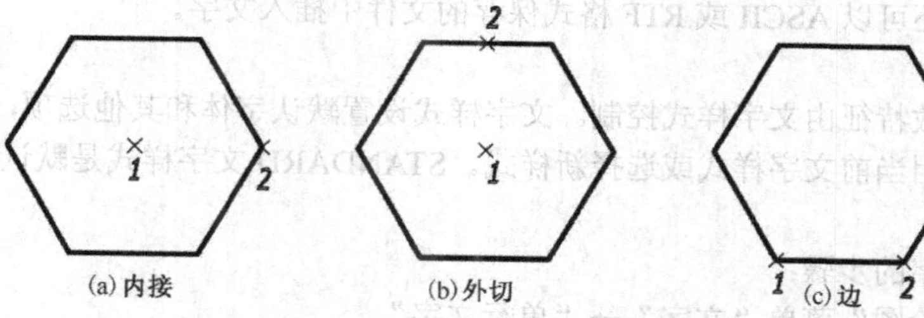

图 10-16　绘制规则多边形

① 依次单击“绘图”菜单“多边形”。

② 在命令行上输入边数。

③ 指定正多边形的中心点（Ⅰ）。

④ 输入 c 以指定与圆外切的正多边形。

⑤ 输入半径长度（Ⅱ）。

5）圆

可以使用多种方法创建圆。默认方法是指定圆心和半径。图 10-17 还给出了绘制圆的其他三种方法。

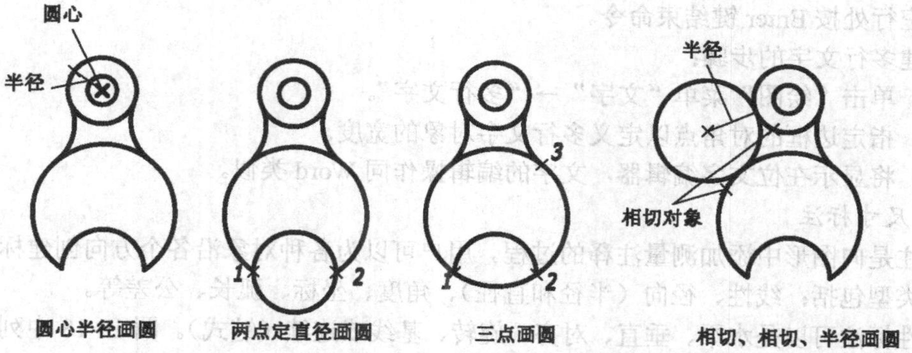

图 10-17　圆的创建方法

（1）通过指定圆心和半径或直径绘制圆的步骤：

依次单击“绘图”菜单“圆”→“圆心、半径”（或“圆心、直径”）。

指定圆心。

指定半径或直径。

（2）创建与两个对象相切的圆的步骤：

依次单击“绘图”菜单“圆”→“相切、相切、半径”；

注意此命令将启动“切点”对象捕捉模式；选择与要绘制的圆相切的第一个对象；选择与要绘制的圆相切的第二个对象；指定圆的半径。

2. 文字

1）文字书写方式

AutoCAD 提供了两种文字书写方式，一是使用单行文字（TEXT）创建单行或多行文字，按 Enter 键结束每行。每行文字都是独立的对象，可以重新定位、调整格式或进行其他修改。二是可以在在位文字编辑器（或其他文字编辑器）中或使用命令行上的提示创建一个或多个多行文字段落。还可以 ASCII 或 RTF 格式保存的文件中插入文字。

2）文字样式

文字的大多数特征由文字样式控制。文字样式设置默认字体和其他选项，如行距、对正和颜色。可以使用当前文字样式或选择新样式。STANDARD 文字样式是默认设置。

3）书写步骤

创建单行文字的步骤：

（1）单击“绘图”菜单“文字”→“单行文字”。

（2）指定第一个字符的插入点。如果按 Enter 键，程序将紧接最后创建的文字对象（如果有）定位新的文字。

（3）指定文字高度。此提示只有文字高度在当前文字样式中设置为 0 时才显示。一条拖引线从文字插入点附着到光标上。单击以将文字的高度设置为拖引线的长度。

（4）指定文字旋转角度。

可以输入角度值或使用定点设备。

（5）输入文字。在每行的结尾按 Enter 键。按照需要输入更多文字。

（6）如果在此命令中指定了另一个点，光标将移到该点上，可以继续键入。每次按 Enter 键或指定点时，都创建了新的文字对象。

在空行处按 Enter 键结束命令。

创建多行文字的步骤：

（1）单击“绘图”菜单“文字”→“多行文字”。

（2）指定边框的对角点以定义多行文字对象的宽度。

（3）将显示在位文字编辑器，文字的编辑操作同 Word 类似。

3. 尺寸标注

标注是向图形中添加测量注释的过程。用户可以为各种对象沿各个方向创建标注。基本的标注类型包括：线性、径向（半径和直径）、角度、坐标、弧长、公差等。

线性标注可以是水平、垂直、对齐、旋转、基线或连续（链式）。图 10-18 中列出了几种示例。

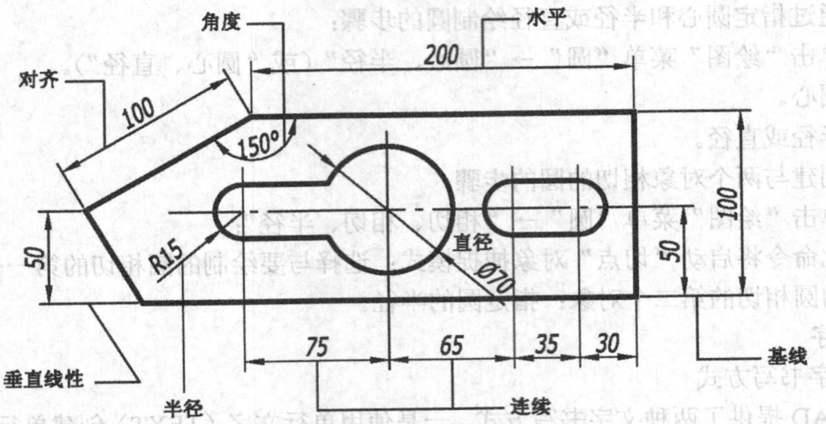

图 10-18 尺寸标注示例

AutoCAD 提供了丰富的尺寸标注系统变量，用户可以任意设置尺寸标注的形式以达到所需标注效果，图 10-19 显示了尺寸标注的工具条和菜单，从图标上可以看出它的名称及相应功能。

4. 创建三维实体

实体对象表示整个对象的体积。在各类三维建模中，实体的信息最完整，歧义最少。复杂实体形比线框和网格更容易构造和编辑。

可以根据基本实体形（长方体、圆锥体、圆柱体、球体、圆环体和楔体）来创建实体，也可以通过沿路径拉伸二维对象或者绕轴旋转二维对象来创建实体。

以上述方式创建实体之后，可以组合这些实体来创建更复杂的形。可以合并这些实体，或获得它们的差集或交集（重叠）部分。

通过圆角、倒角操作或修改边的颜色，可以对实体进行进一步修改。因为无需绘制新的几何图形，也无需对实体执行布尔运算，所以操作实体上的面较为容易。该程序还具有将实体剖切为两部分的命令，或者获得实体二维截面的命令，图 10-20 为创建三维实体的工具栏和菜单。

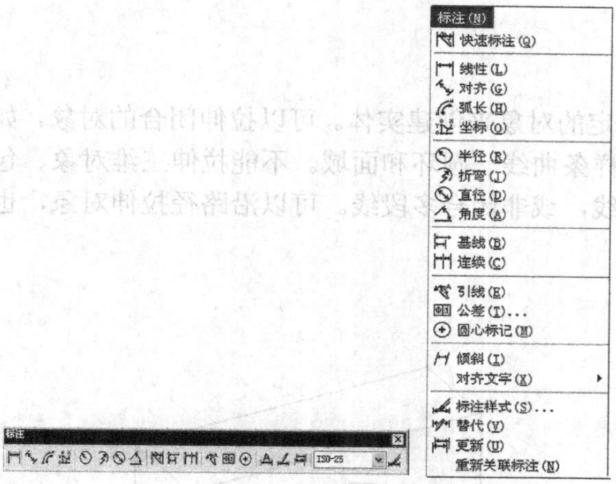

图 10-19 尺寸标注工具条和菜单

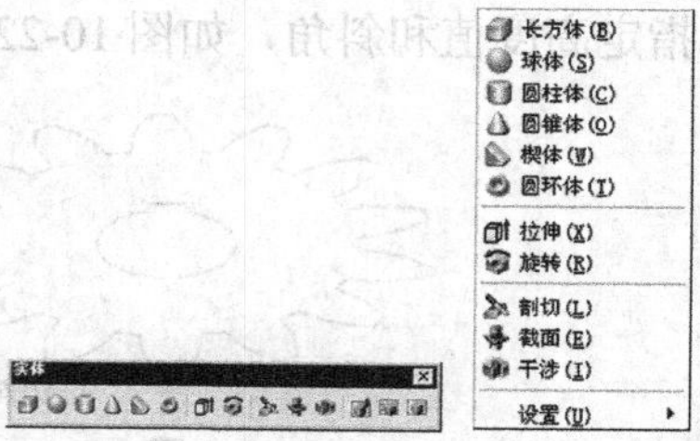

图 10-20 三维实体工具栏和菜单

图 10-21 为用实体命令创建的基本实体。

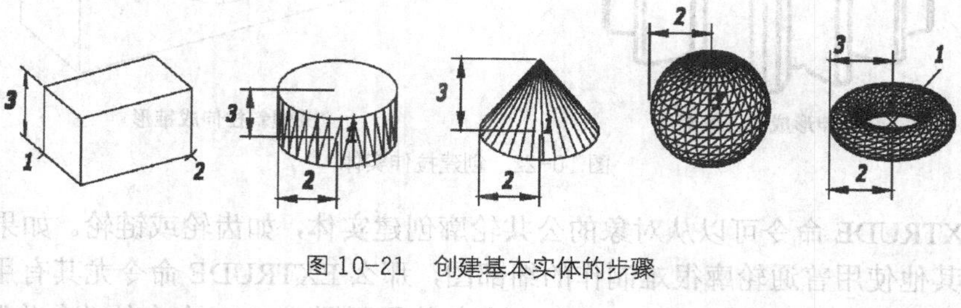

图 10-21 创建基本实体的步骤

1）创建长方体的步骤

（1）依次单击“绘图”菜单→“实体”→“长方体”；

（2）指定底面第一个角点的位置；

（3）指定底面对角点的位置；

（4）指定高度；

2）以圆为底面创建圆柱体的步骤

（1）依次单击“绘图”菜单→“实体”→“圆柱体”；

（2）指定底面中心点；

（3）指定底面半径或直径；

（4）指定高度。

3）以圆作底面创建圆锥体的步骤

（1）依次单击“绘图”菜单→“实体”→“圆锥体”；

（2）指定底面中心点；

（3）指定底面半径或直径；

（4）指定高度。

4）创建球体的步骤

（1）依次单击“绘图”菜单→“实体”→“球体”；

（2）指定球体的球心；

（3）指定球体的半径或直径。

5）创建拉伸实体

使用 EXTRUDE 命令可以通过拉伸选定的对象来创建实体。可以拉伸闭合的对象，如多段线、多边形、矩形、圆、椭圆、闭合的样条曲线、圆环和面域。不能拉伸三维对象、包含在块中的对象、有交叉或横断部分的多段线，或非闭合多段线。可以沿路径拉伸对象，也可以指定高度值和斜角，如图 10-22 所示。

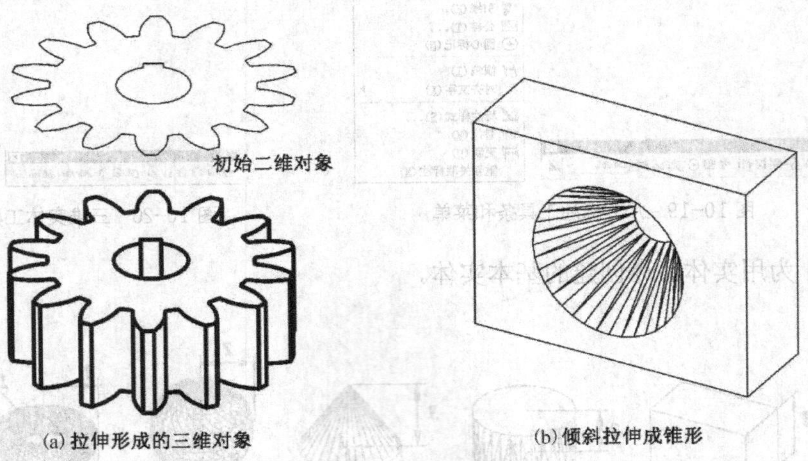

图 10-22　创建拉伸实体

使用 EXTRUDE 命令可以从对象的公共轮廓创建实体，如齿轮或链轮。如果对象包含圆角、倒角和其他使用普通轮廓很难制作的细部图，那么 EXTRUDE 命令尤其有用。如果用直线或圆弧来创建轮廓，在使用 EXTRUDE 命令之前需要用 PEDIT 命令的“合并”选项把它们转换成单一的多段线对象或使它们成为一个面域。

对于侧面成一定角度的零件，倾斜拉伸特别有用，例如铸造车间用来制造金属产品的铸模。避免使用太大的倾斜角度。如果角度过大，轮廓可能在达到所指定高度以前就倾斜为一个点。

6）创建旋转实体

使用 REVOLVE 命令，可以通过将一个闭合对象围绕当前 UCS 的 X 轴或 Y 轴旋转一定角度来创建实体。也可以围绕直线、多段线或两个指定的点旋转对象。与 EXTRUDE 类似，如果对象包含圆角或其他使用普通轮廓很难制作的细部图，那么可以使用 REVOLVE 命令。如果用与多段线相交的直线或圆弧创建轮廓，可用 PEDIT 的“合并”选项将它们转换为单个多段线对象，然后使用 REVOLVE 命令，图 10-23 为用 REVOLVE 命令创建实体的步骤。

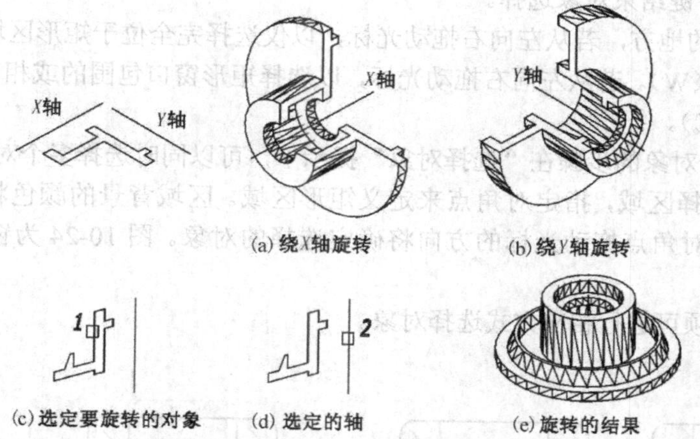

图 10-23 用 REVOLVE 命令创建实体的步骤

可以对闭合对象（如多段线、多边形、矩形、圆、椭圆和面域）使用 REVOLVE 命令。不能对以下对象使用 REVOLVE 命令：三维对象、包含在块中的对象、有交叉或横断部分的多段线，或非闭合多段线。

10.4.2 修改功能

对于已经画好的图形、文字、尺寸、实体，AutoCAD 把它们看成“对象”（Object），可以选择对象，查看和编辑对象特性，以及执行一般的和针对特定对象的编辑操作。

选择对象：选择对象进行编辑时，用户可以进行多种选择。

更正错误：可以使用以下几种方法恢复最近的操作。

删除对象：可以使用多种方法从图形中删除对象。

使用 Windows 剪切、复制和粘贴：当用户要从另一个应用程序的图形文件中使用对象时，可以先将这些对象剪切或复制到剪贴板，然后将它们从剪贴板粘贴到其他的应用程序中。

修改对象：可以轻易修改对象的大小、形状和位置。

修改复杂对象：对于块、标注、图案填充和多段线这些复杂对象，还可以使用其他编辑操作。

修改三维实体：创建三维实体模型后，可以使用 ShapeManager 建模来修改模型的形状和外观。

1. 选择对象

选择对象进行编辑时，用户可以进行多种选择，AutoCAD 提供了多种选择方式。在选择对象提示下可直接输入选择方式字母，如输错，则其命令提示为：

选择对象：q

无效选择

需要点或窗口（W）/上一个（L）/窗交（C）/框（BOX）/全部（ALL）/栏选（F）/圈围（WP）/圈交（CP）/编组（G）

默认状态为逐个地选择对象。在“选择对象”提示下，出现一小方框，用户可以选择一个对象也可以逐个选择多个对象。

1）选择单个对象的步骤

（1）在任何命令的“选择对象”提示下，移动矩形拾取框光标以亮显要选择的对象。

（2）单击对象。选定的对象将亮显。

（3）按 Enter 键结束对象选择。

如果选在空的地方，若从左向右拖动光标，以仅选择完全位于矩形区域中的对象，为窗口选择，即窗口（W）。若从左向右拖动光标，以选择矩形窗口包围的或相交的对象，为交叉选择，即窗交（C）。

2）选择多个对象的步骤在“选择对象”提示下，可以同时选择多个对象。

指定矩形选择区域，指定对角点来定义矩形区域。区域背景的颜色将更改，变成透明的。从第一点向对角点拖动光标的方向将确定选择的对象。图 10-24 为窗口选择和交叉选择对象。

输入其他选项可进行相应方式选择对象。

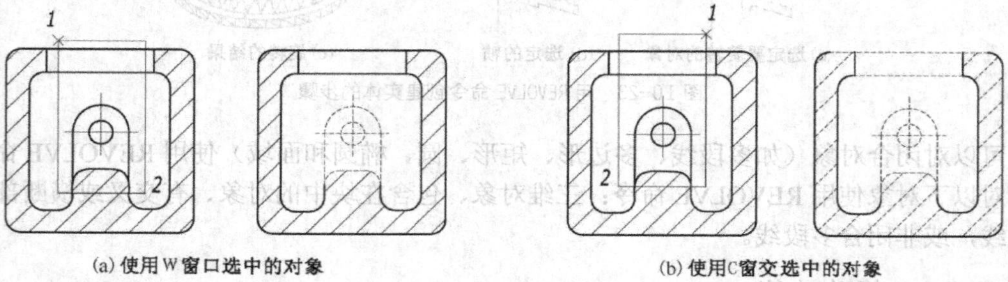

(a) 使用W窗口选中的对象　　(b) 使用C窗交选中的对象

图 10-24　选择多个对象

2. 删除对象

根据需要用户可以使用多种方法从图形中删除对象。

1）完全删除对象

（1）使用 ERASE 命令删除对象。

（2）选择对象，然后使用 Ctrl+X 组合键将它们剪切到剪贴板。

（3）选择对象，然后按 Delete 键。

2）部分删除对象

（1）打断对象，用 BREAK 命令在对象上创建一个间隙，这样将产生两个对象，对象之间具有间隙。BREAK 命令通常用于为块或文字创建空间，如图 10-25 所示。

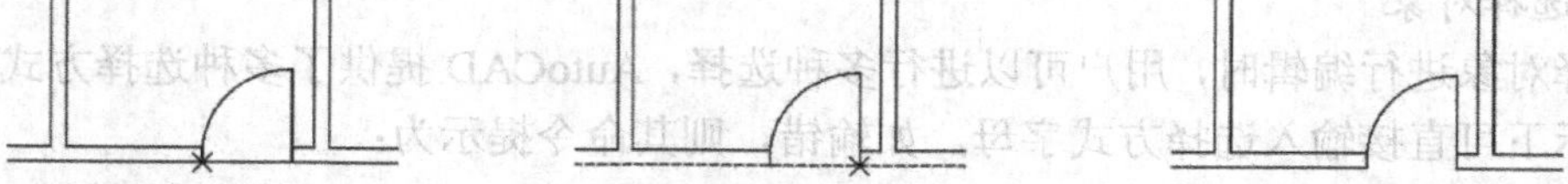

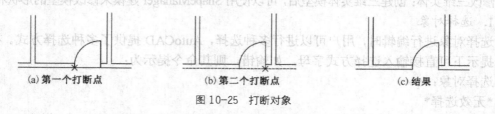

(a) 第一个打断点　　(b) 第二个打断点　　(c) 结果

图 10-25　打断对象

（2）修剪对象，可以修剪对象，使它们精确地终止于由其他对象定义的边界。例如，通过修剪可以平滑地清理两墙壁相交的地方，如图 10-26 所示。

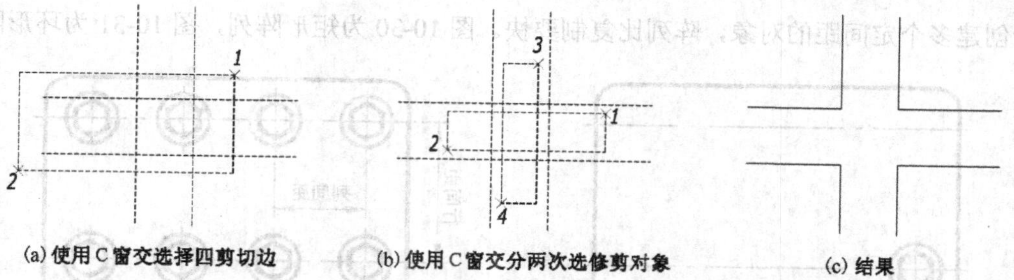

图 10-26 修剪对象

（3）倒角和圆角时修剪对象

可以使用“修剪”选项在倒角和圆角时指定修剪选定对象的长度，并将两对象倒角，如图 10-27 所示；将两对象圆角，如图 10-28 所示。

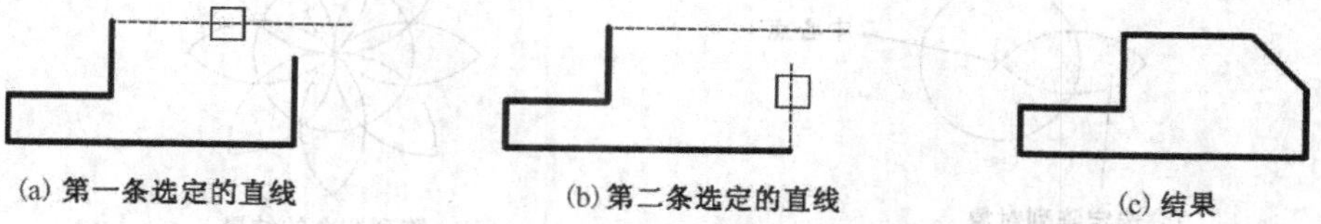

图 10-27 倒角修剪对象

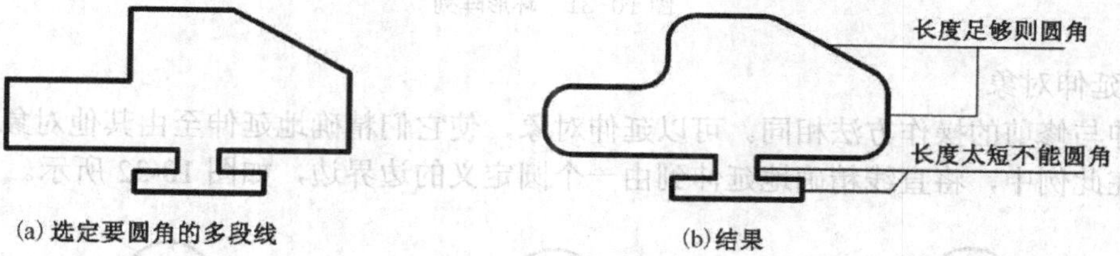

图 10-28 圆角修剪对象

3. 复制和延长对象

可以将已有的对象以指定方式创建对象的副本或将对象延长。

1）复制对象

为方便起见，将重复使用 COPY 命令。要退出命令按 Enter 键，如图 10-29 所示。

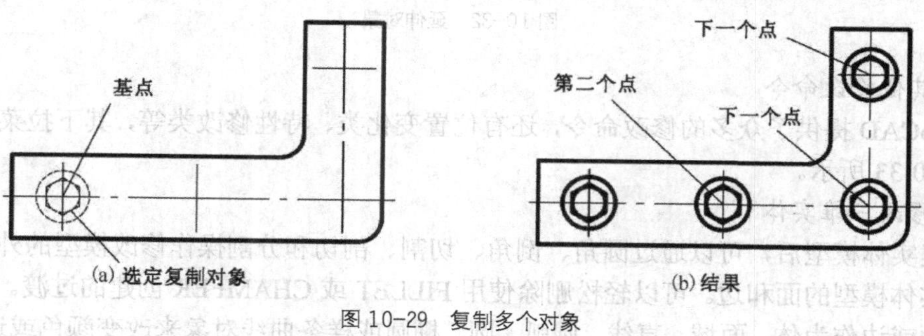

图 10-29 复制多个对象

2）阵列对象

可以在矩形或环形（圆形）阵列中创建对象的副本。对于矩形阵列，可以控制行和列的数目以及它们之间的距离；对于环形阵列，可以控制对象副本的数目并决定是否旋转副本；

对于创建多个定间距的对象，阵列比复制要快。图 10-30 为矩形阵列，图 10-31 为环形阵列。

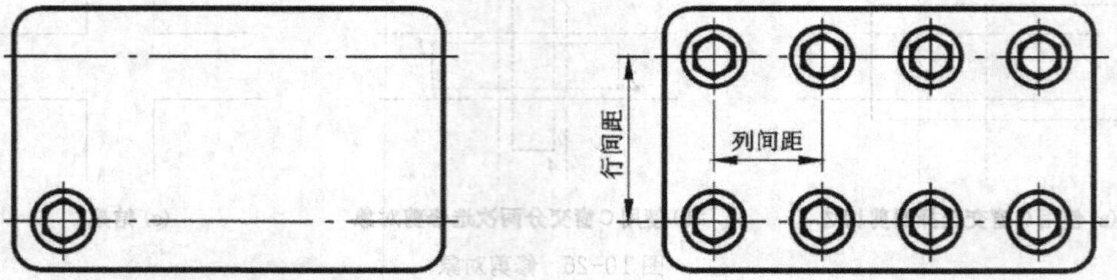

图 10-30 矩形阵列

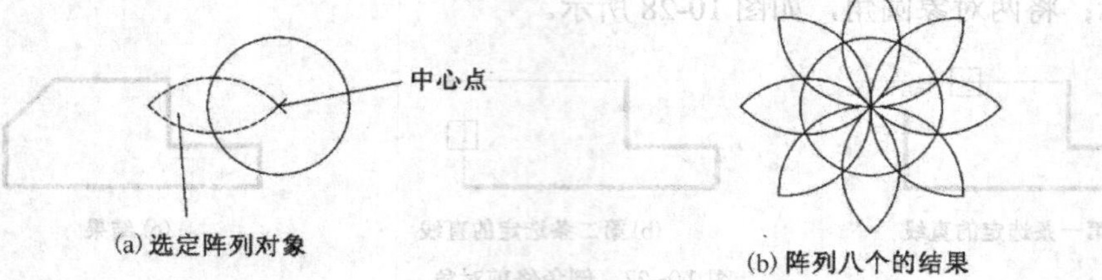

图 10-31 环形阵列

3）延伸对象

延伸与修剪的操作方法相同。可以延伸对象，使它们精确地延伸至由其他对象定义的边界边。在此例中，将直线精确地延伸到由一个圆定义的边界边，如图 10-32 所示。

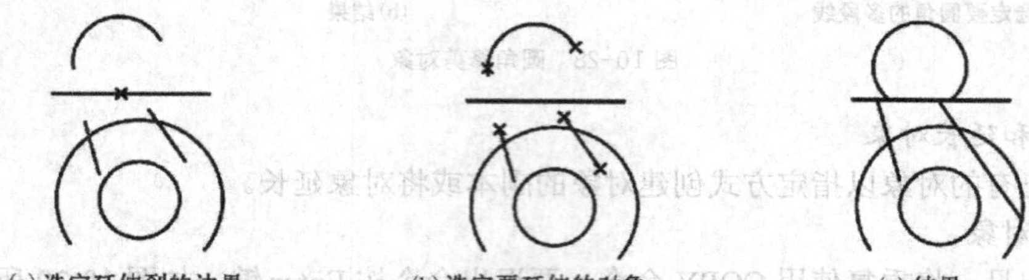

图 10-32 延伸对象

4. 其他修改命令

AutoCAD 提供了众多的修改命令，还有位置变化类、特性修改类等，其下拉菜单和工具条如图 10-33 所示。

5. 修改三维实体

创建实体模型后，可以通过圆角、倒角、切割、剖切和分割操作修改模型的外观。也可以编辑实体模型的面和边。可以轻松删除使用 FILLET 或 CHAMFER 创建的过渡。也可以将实体的面或边作为体、面域、直线、圆弧、圆、椭圆或样条曲线对象来改变颜色或进行复制。压印现有实体上的几何图形可以创建新的面或合并多余的面。偏移可以相对实体的其他面修改某些面。例如，将孔的直径修改得更大或更小。分割已分解的组合实体可以创建三维实体对象。抽壳创建指定厚度的薄壁。“实体编辑”工具条和菜单如图 10-34 所示。

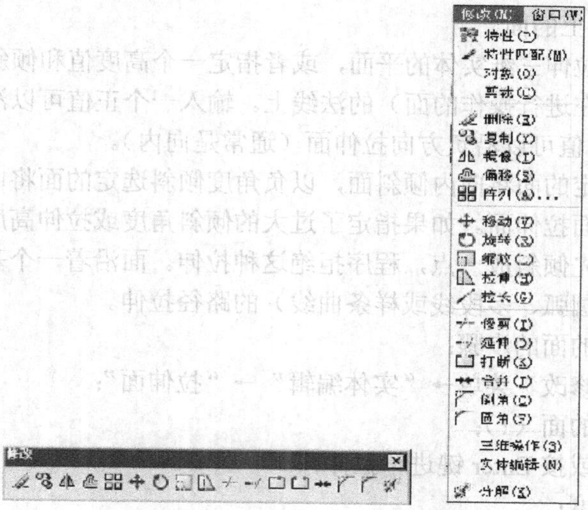

图 10-33 “修改”工具条和菜单

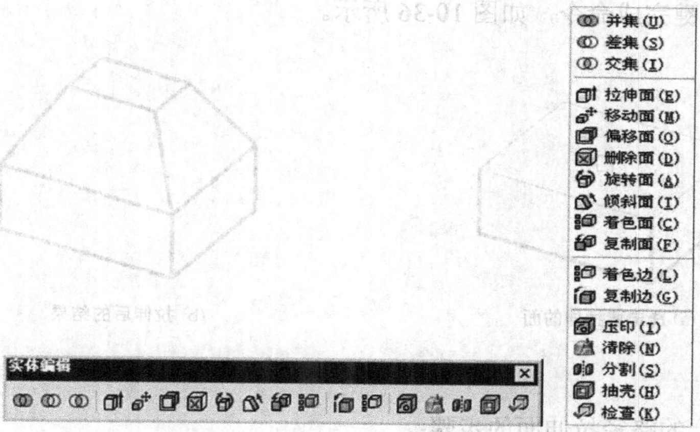

图 10-34 “实体编辑”工具条和菜单

1）为实体对象圆角的步骤

（1）依次单击“修改”菜单“圆角”；

（2）选择要进行圆角的实体的边（I）；

（3）指定圆角半径；

（4）选择其他边或按 Enter 键进行圆角，如图 10-35 所示。

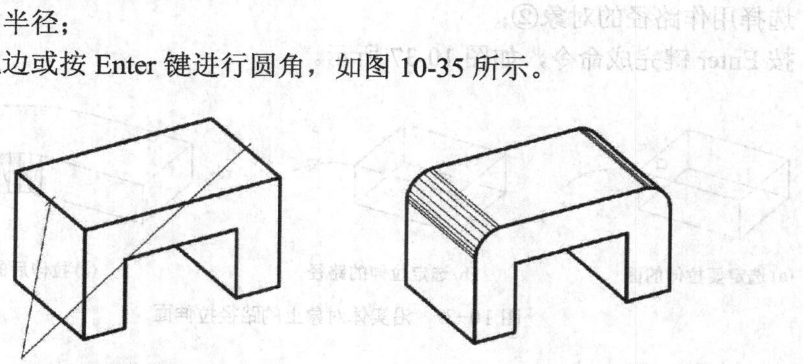

(a) 选定倒圆角的边　　(b) 结果

图 10-35 实体对象圆角的步骤

2）拉伸三维实体上的面

可以沿一条路径拉伸三维实体的平面，或者指定一个高度值和倾斜角。每个面都有一个正边，该边在面（正在进行操作的面）的法线上。输入一个正值可以沿正方向拉伸面（通常是向外）；输入一个负值可以沿负方向拉伸面（通常是向内）。

以正角度倾斜选定的面将向内倾斜面，以负角度倾斜选定的面将向外倾斜面。默认角度为 0，可以垂直于平面拉伸面。如果指定了过大的倾斜角度或拉伸高度，可能会使面在到达指定的拉伸高度之前先倾斜成一点，程序拒绝这种拉伸。面沿着一个基于路径曲线（直线、圆、圆弧、椭圆、椭圆弧、多段线或样条曲线）的路径拉伸。

拉伸实体对象上的面的步骤：

（1）依次单击“修改”菜单→“实体编辑”→“拉伸面”；

（2）选择要拉伸的面（1）；

（3）选择其他面或按 Enter 键进行拉伸；

（4）指定拉伸高度；

（5）指定倾斜角度；

（6）按 Enter 键完成命令，如图 10-36 所示。

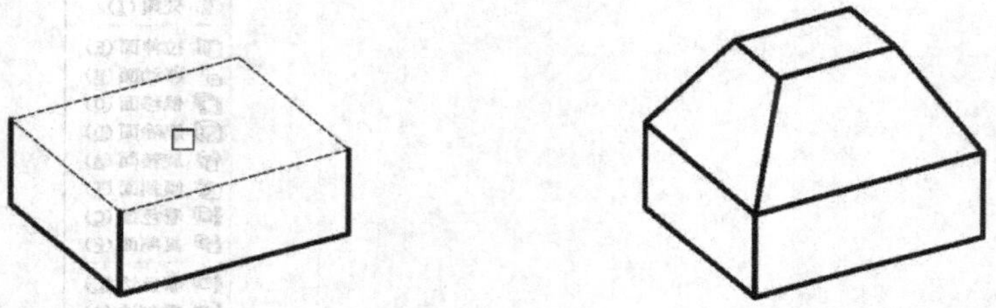

(a) 选定要拉伸的面　　(b) 拉伸后的结果

图 10-36　拉伸实体对象上的面

沿实体对象上的路径拉伸面的步骤：

（1）依次单击“修改”菜单→“实体编辑”→“拉伸面”；

（2）选择要拉伸的面①；

（3）选择其他面或按 Enter 键进行拉伸；

（4）输入 p（路径）；

（5）选择用作路径的对象②；

（6）按 Enter 键完成命令，如图 10-37 所示。

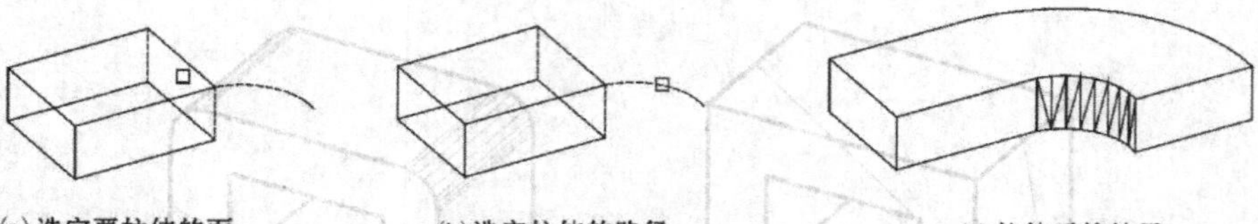

(a) 选定要拉伸的面　　(b) 选定拉伸的路径　　(c) 拉伸后的结果

图 10-37　沿实体对象上的路径拉伸面

3）创建组合实体

可以使用现有实体的并集、差集和交集创建组合实体。

（1）使用 UNION 命令，可以合并两个或多个实体（或面域），构成一个组合对象，如图 10-38 所示。

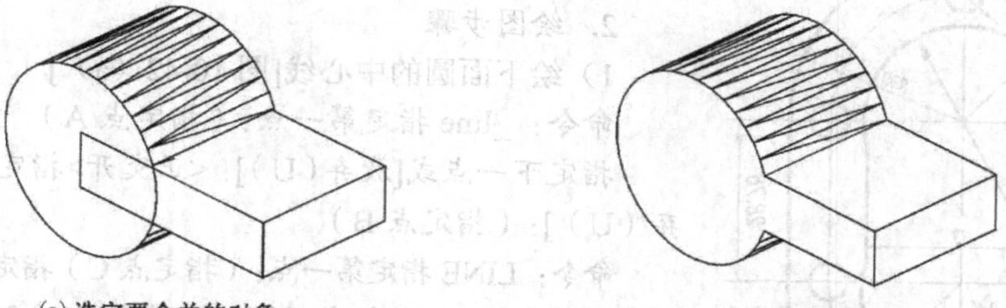

(a) 选定要合并的对象　　(b) 合并后的结果

图 10-38　合并两个实体

（2）使用 SUBTRACT 命令，可以删除两个实体间的公共部分。例如，可以使用 SUBTRACT 命令在对象上减去圆柱，从而在机械零件上实现挖槽或挖孔等，如图 10-39 所示。

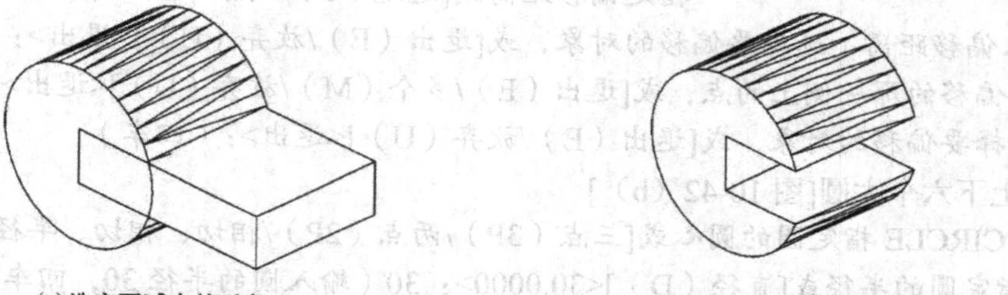

(a) 选定要减去的对象　　(b) 减去后的结果

图 10-39　删除两个实体间的公共部分

（3）使用 INTERSECT 命令，可以用两个或多个重叠实体的公共部分创建组合实体。INTERSECT 用于删除非重叠部分，用公共部分创建组合实体，如图 10-40 所示。

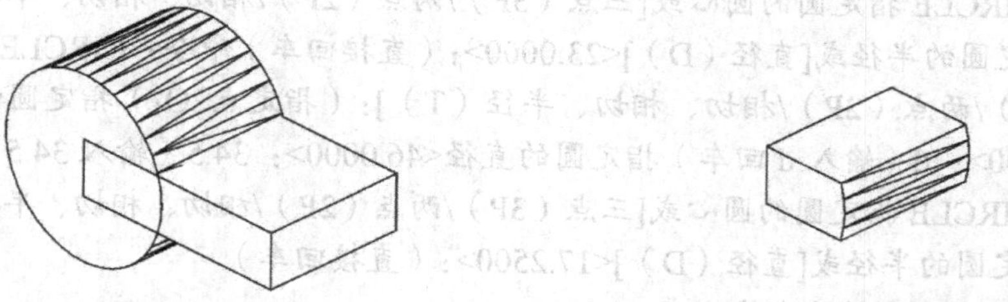

(a) 选定要相交的对象　　(b) 相交后的结果

图 10-40　用公共部分创建组合实体

10.5 计算机绘图实例

10.5.1 绘制平面图形

利用 AutoCAD-2016 绘制图 10-41 所示平面图形。

1. 绘图前的分析

由图 10-41 可以看出，除了 2×Φ5.5 的两个小圆外，该图形基本上是上下左右对称，因此在

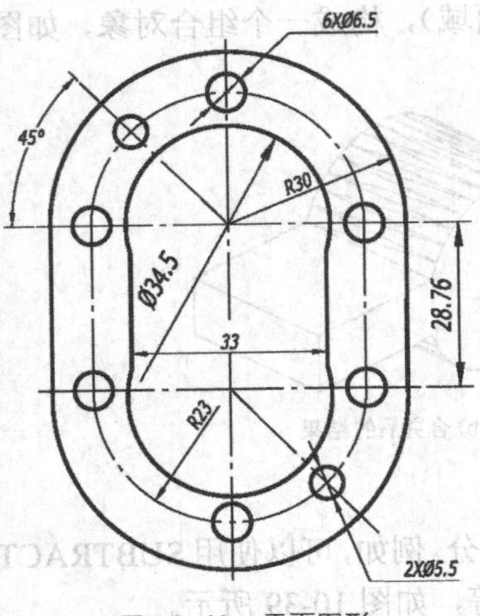

图 10-41 平面图形

画图时要先画其对称线，再画上下大圆弧和六个小圆，最后画 2×Φ5.5 的两个小圆。

2. 绘图步骤

1）绘下面圆的中心线[图 10-42（a）]

命令：_line 指定第一点：（指定点 A）

指定下一点或[放弃（U）]: <正交开>指定下一点或[放弃（U）]:（指定点 B）

命令：LINE 指定第一点：（指定点 C）指定下一点或[放弃（U）]:（指定点 D）指定下一点或[放弃（U）]:（回车）命

2）绘上面圆的中心线）[图 10-42（a）]

命令：_offset（偏移复制）

当前设置：删除源=否图层=源 OFFSETGAPTYPE=0

指定偏移距离或[通过（T）/删除（E）/图层（L）]<通过>: 28.76（输入偏移距离）选择要偏移的对象，或[退出（E）/放弃（U）]<退出>:（选线 CD）

指定要偏移的那一侧上的点，或[退出（E）/多个（M）/放弃（U）]<退出>:（在点 B 附近点击）选择要偏移的对象，或[退出（E）/放弃（U）]<退出>:（回车）

3）画上下六个大圆[图 10-42（b）]

命令：CIRCLE 指定圆的圆心或[三点（3P）/两点（2P）/相切、相切、半径（T）]:（指定点 O_1）指定圆的半径或[直径（D）]<30.0000>: 30（输入圆的半径 30，回车）

命令：CIRCLE 指定圆的圆心或[三点（3P）/两点（2P）/相切、相切、半径（T）]:（指定点 O_2）指定圆的半径或[直径（D）]<30.0000>:（直接回车）

命令：CIRCLE 指定圆的圆心或[三点（3P）/两点（2P）/相切、相切、半径（T）]:（指定点 O_1）指定圆的半径或[直径（D）]<30.0000>: 23（输入圆的半径 23，回车）

命令：CIRCLE 指定圆的圆心或[三点（3P）/两点（2P）/相切、相切、半径（T）]:（指定点 O_2）指定圆的半径或[直径（D）]<23.0000>:（直接回车）命令：CIRCLE 指定圆的圆心或[三点（3P）/两点（2P）/相切、相切、半径（T）]:（指定点 O_1）指定圆的半径或[直径（D）]<23.0000>: d（输入 d 回车）指定圆的直径<46.0000>: 34.5（输入 34.5 回车）

命令：CIRCLE 指定圆的圆心或[三点（3P）/两点（2P）/相切、相切、半径（T）]:（指定点 O_2）指定圆的半径或[直径（D）]<17.2500>:（直接回车）

4）修剪六个大圆并连直线

命令：tr TRIM（输入 tr，回车）

当前设置：投影=UCS，边=延伸选择剪切边...

选择对象或<全部选择>: 找到 1 个（选线 CD）选择对象：（回车）

选择要修剪的对象，或按住 Shift 键选择要延伸的对象，或[栏选（F）/窗交（C）/投影（P）/边（E）/删除

（R）/放弃（U）]:（分别选取下面三个圆的上半部，选一个即剪切一个）

选择要修剪的对象，或按住 Shift 键选择要延伸的对象，或

[栏选（F）/窗交（C）/投影（P）/边（E）/删除（R）/放弃（U）]:（回车）

同理，再选取直线 *EF* 剪切掉上面三个圆的下半部分。

用直线命令画线将外层半圆连接起来，如图 10-42（c）所示。

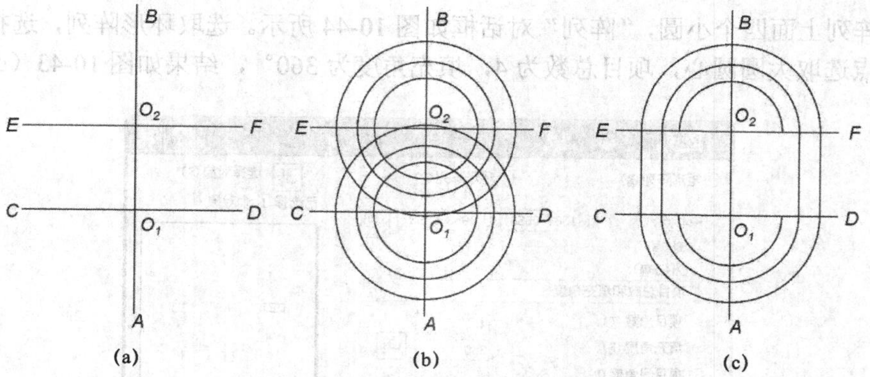

图 10-42 绘图步骤一

5）绘制内层的圆弧与直线连接，如图 10-43（a）所示

（1）将直线 AB 左右偏移两条，距离 16.5。

（2）将中间的圆弧延长到偏移的直线上。

命令：_extend

当前设置：投影=UCS，边=延伸选择边界的边...

选择对象或<全部选择>：找到 1 个（选左边的直线）选择对象：找到 1 个，总计 2 个（选右边的直线）选择对象：（回车）

选择要延伸的对象，或按住 Shift 键选择要修剪的对象，或

[栏选（F）/窗交（C）/投影（P）/边（E）/放弃（U）]：（选上边圆弧的左边点击一下）选择要延伸的对象，或按住 Shift 键选择要修剪的对象，或

[栏选（F）/窗交（C）/投影（P）/边（E）/放弃（U）]：（选上边圆弧的右边点击一下）

选择要延伸的对象，或按住 Shift 键选择要修剪的对象，或

[栏选（F）/窗交（C）/投影（P）/边（E）/放弃（U）]：（选下边圆弧的左边点击一下）

选择要延伸的对象，或按住 Shift 键选择要修剪的对象，或

[栏选（F）/窗交（C）/投影（P）/边（E）/放弃（U）]：（选下边圆弧的右边点击一下）

选择要延伸的对象，或按住 Shift 键选择要修剪的对象，或

[栏选（F）/窗交（C）/投影（P）/边（E）/放弃（U）]：（回车）

6）绘六个小圆

（1）以 *EF* 与中间圆的左侧交点为圆心，以 6.5 为直径画小圆，如图 10-43（b）所示。

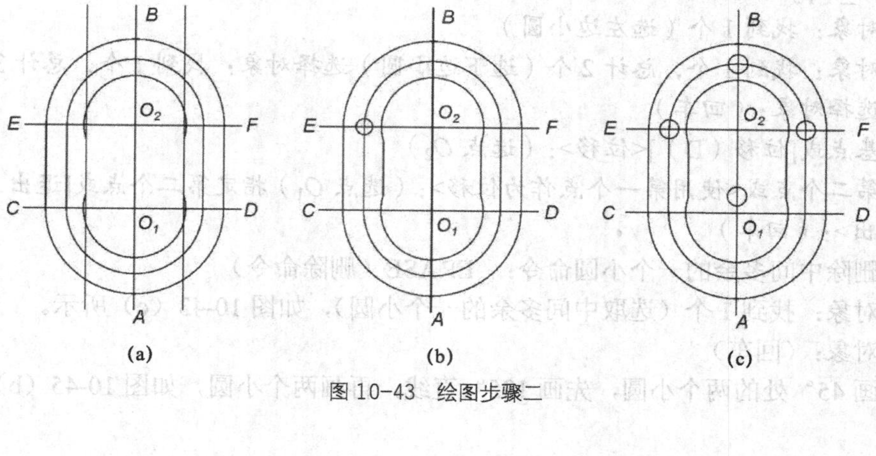

图 10-43 绘图步骤二

（2）阵列上面四个小圆，“阵列”对话框如图 10-44 所示。选取环形阵列，选择对象为小圆，中心点选取大圆圆心，项目总数为 4，填充角度为 360°，结果如图 10-43（c）所示。

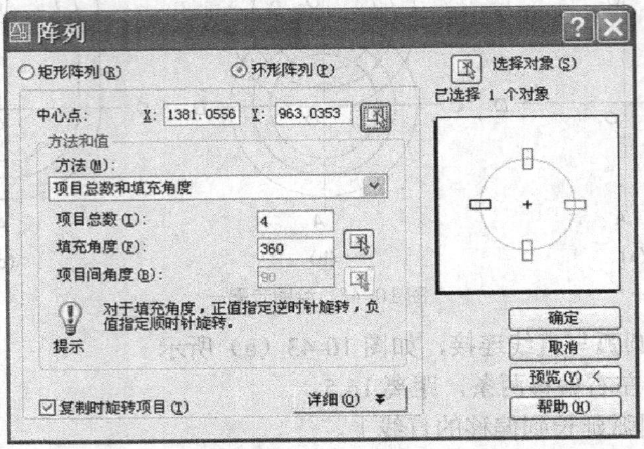

图 10-44 “阵列”对话框

7）复制下面三个小圆，并画 45° 处的两个小圆

（1）复制下面三个小圆，如图 10-45（a）所示。

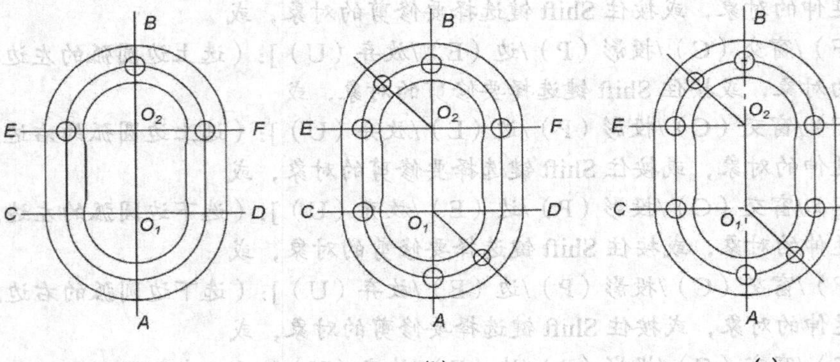

(a) (b) (c)

图 10-45 绘图步骤三

命令：_copy（复制命令）

选择对象：找到 1 个（选左边小圆）

选择对象：找到 1 个，总计 2 个（选下边小圆）选择对象：找到 1 个，总计 3 个（选右边小圆）选择对象：（回车）

指定基点或[位移（D）]<位移>：（选点 O_2）

指定第二个点或<使用第一个点作为位移>：（选点 O_1）指定第二个点或[退出（E）/放弃（U）]<退出>：（回车）

（2）删除中间多余的一个小圆命令：_ERASE（删除命令）

选择对象：找到 1 个（选取中间多余的一个小圆），如图 10-43（c）所示。

选择对象：（回车）

（3）画 45° 处的两个小圆，先画 135° 直线，再画两个小圆，如图 10-45（b）所示。

命令：lLINE 指定第一点：（选 O_2 点）指定下一点或[放弃（U）]：@35<135（直线伸出大圆 5mm）

指定下一点或[放弃（U）]：（回车）命令：_circle

指定圆的圆心或[三点（3P）/两点（2P）/相切、相切、半径（T）]（圆心为直线和中间圆弧的交点）

指定圆的半径或[直径（D）]<3.2500>：d 指定圆的直径<6.5000>：5.5（选直径画圆，直径为 5.5）

8）给对象指定图层将各图线放置到各自的图层，保证其线型、线宽及颜色，最后完成全图，如图 10-45（c）所示选取所有粗实线，点击粗实线图层；选取所有点画线，点击点画图层。

10.5.2 绘制三维图形

例 10-3 将上例的平面图做成厚度为 25 的三维实体。

1. 将封闭的线框做成面域或封闭的多段线

1）将外圈做成面域

命令：REGION

选择对象：找到 1 个

选择对象：找到 1 个，总计 2 个选择对象：找到 1 个，总计 3 个

选择对象：找到 1 个，总计 4 个（以上选择外圈四个对象）选择对象：（回车）已提取 1 个环。已创建 1 个面域。

2）将内圈做成封闭的多段线

命令：pePEDIT 选择多段线或[多条（M）]：（选择内圈的一个对象）

选定的对象不是多段线

是否将其转换为多段线?<Y>（回车）

输入选项

[闭合（C）/合并（J）/宽度（W）/编辑顶点（E）/拟合（F）/样条曲线（S）/非曲线化（D）/线型生成（L）

/放弃（U）]：j（将其他对象合并到本对象）

选择对象：找到 1 个选择对象：找到 1 个，总计 2 个

选择对象：找到 1 个，总计 3 个（以上选择内圈的另三个对象）选择对象：（回车）

3 条线段已添加到多段线

输入选项[打开（O）/合并（J）/宽度（W）/编辑顶点（E）/拟合（F）/样条曲线（S）/非曲线化（D）/线型生成（L）

/放弃（U）]：（回车）

注意：生成面域或多段线后在图形上并没有特殊显示，只有在着色和选择对象时会显示为一整体。

2. 拉伸形成实体

命令：_extrude

当前线框密度：ISOLINES=4

选择对象：找到 1 个选择对象：找到 1 个，总计 2 个选择对象：找到 1 个，总计 3 个选

择对象：找到 1 个，总计 4 个选择对象：找到 1 个，总计 5 个选择对象：找到 1 个，总计 6 个选择对象：找到 1 个，总计 7 个选择对象：找到 1 个，总计 8 个选择对象：找到 1 个，总计 9 个选择对象：找到 1 个，总计 10 个

选择对象：找到 1 个（1 个重复），总计 10 个（以上选择内、外圈及八个小圆对象）选择对象：（回车）

指定拉伸高度或[路径（P）]：25 指定拉伸的倾斜角度<0>：（回车）

3. 三维图形的显示

在三维空间工作时，经常需要显示几种不同的视图，以便方便地查看图形的三维效果，可以放大图形中的细节以便仔细查看，或者将视图移动到图形的其他部分。最常用的视点是等轴测视图，使用它可以减少视觉上重叠的对象的数目。通过选定的视点，可以创建新的对象，编辑现有对象，生成隐藏线或着色视图。

可以使用一些命令在三维空间中进行观察。用户可以：通过选择标准的三维预置视图、输入观察位置的坐标或动态指定三维视图来查看模型的平行投影，具体命令详见视图菜单，如图 10-46 所示。

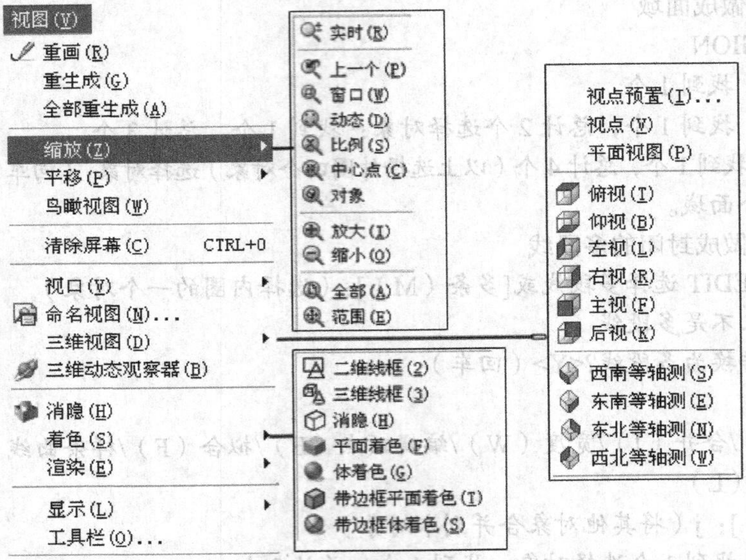

图 10-46 视图相关菜单

4. 布尔运算差集从外圈大实体中减去内部七个小实体

将前面拉伸的实体显示为西南等轴测视图，如图 10-47（a）所示。

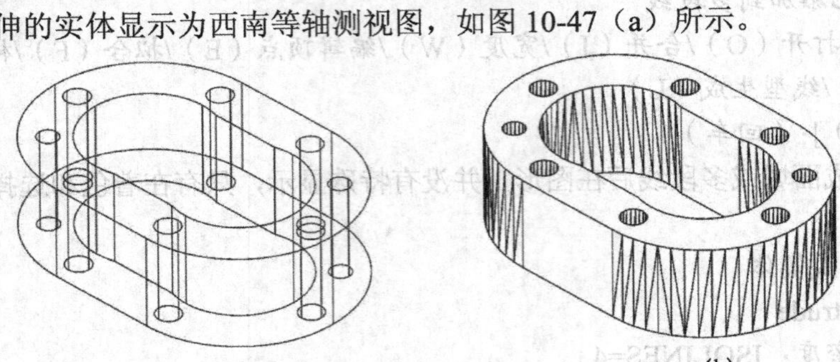

(a) (b)

图 10-47 实体的西南等轴测图

命令：_subtract 选择要从中减去的实体或面域...

选择对象：找到 1 个（选择外圈大实体）选择对象：（回车）

选择要减去的实体或面域..

选择对象：找到 1 个

选择对象：找到 1 个，总计 2 个

选择对象：找到 1 个，总计 3 个选择对象：找到 1 个，总计 4 个选择对象：找到 1 个，总计 5 个选择对象：找到 1 个，总计 6 个选择对象：找到 1 个，总计 7 个选择对象：找到 1 个，总计 8 个

选择对象：找到 1 个，总计 9 个（以上选择内圈实体及八个小圆柱对象）选择对象：（回车）差集的结果，消隐后如图 10-47（b）所示。

例 10-4 画图 10-48 所示底板实体。

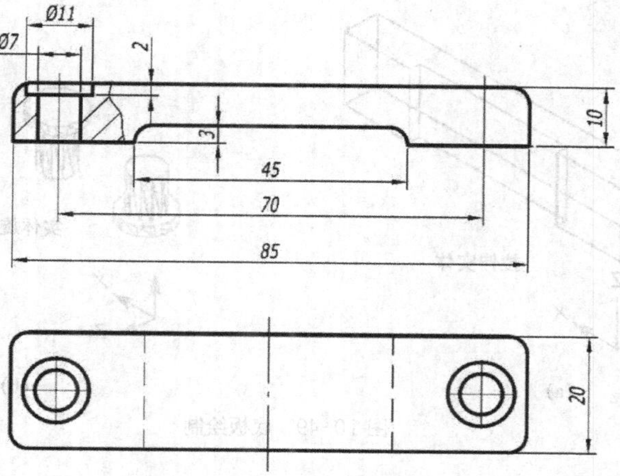

图 10-48 底板实体

1. 分析

该底板可看成在一个长方体上减去两个阶梯圆柱而成。长方体可以画出外形，拉伸产生，两个阶梯圆孔可先建阶梯圆柱，再从长方体中减去两个阶梯圆柱。

2. 绘图步骤

1）绘长方体

（1）在俯视图中画长方形轮廓。

命令：_pline

指定起点：

当前线宽为 0.0000 指定下一个点或[圆弧（A）/半宽（H）/长度（L）/放弃（U）/宽度（W）]：<正交开>3 指定下一点或[圆弧（A）/闭合（C）/半宽（H）/长度（L）/放弃（U）/宽度（W）]：45 指定下一点或[圆弧（A）/闭合（C）/半宽（H）/长度（L）/放弃（U）/宽度（W）]：3 指定下一点或[圆弧（A）/闭合（C）/半宽（H）/长度（L）/放弃（U）/宽度（W）]：20 指定下一点或[圆弧（A）/闭合（C）/半宽（H）/长度（L）/放弃（U）/宽度（W）]：10 指定下一点或[圆弧（A）/闭合（C）/半宽（H）/长度（L）/放弃（U）/宽度（W）]：85 指定下一点或[圆弧（A）/闭合（C）/半宽（H）/长度（L）/放弃（U）/宽度（W）]：10 指定下一

点或[圆弧（A）/闭合（C）/半宽（H）/长度（L）/放弃（U）/宽度（W）]：c

（2）拉伸形成实体，如图 10-49（a）所示。

命令：_extrude

当前线框密度：ISOLINES=4

选择对象：找到 1 个

选择对象：

指定拉伸高度或[路径（P）]：20 指定拉伸的倾斜角度<0>:。

2）绘制阶梯圆柱

绘制两圆柱；

移动大圆柱到小圆柱上；

将它们绕 X 轴旋转−90°，如图 10-49（b）所示。

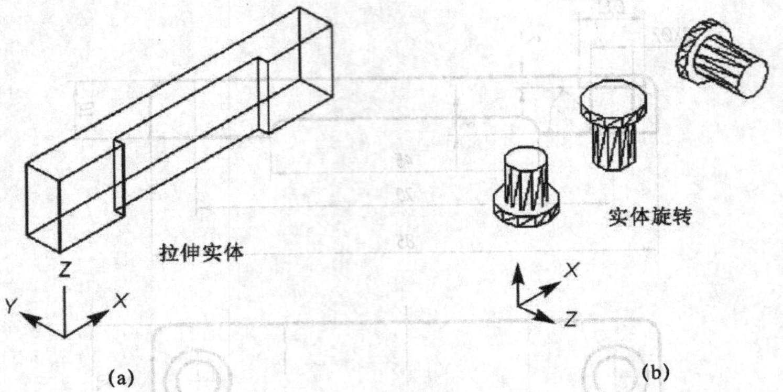

图 10−49 底板绘制

3）挖阶梯圆孔

移动、复制阶梯柱到长方体相应位置进行差集，注意目标捕捉和视图的转换利用。结果如图 10-50 所示。

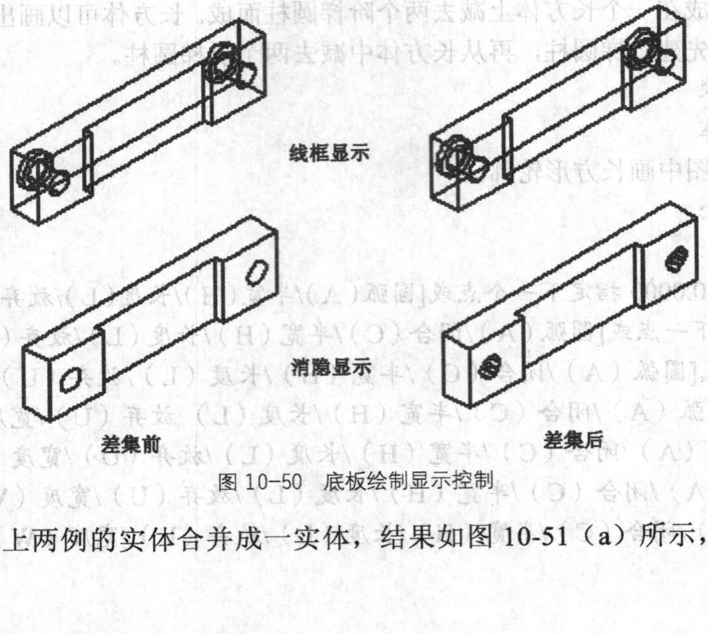

图 10−50 底板绘制显示控制

例 10-5 将上两例的实体合并成一实体，结果如图 10-51（a）所示，已知如图 10-51

（b）所示。

实体合并的关键是找到对应参照点移动到位，注意捕捉一些特征点。

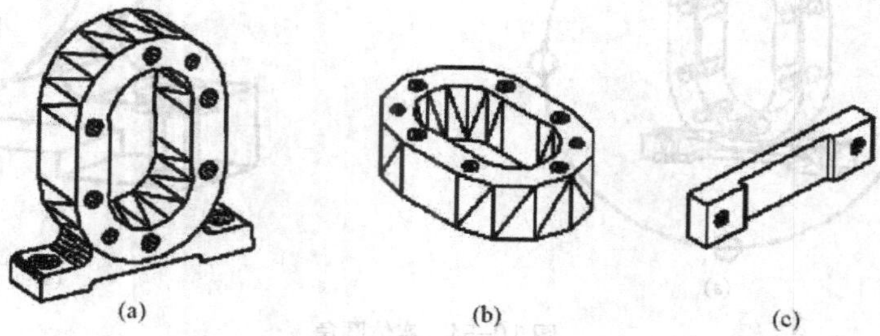

图 10-51 合并实体

1. 移动实体

（1）首先将底板移到实体 1 的下端，把底板长边中点移动实体 1 的象限点，如图 10-52（a）所示。

（2）转到左视图，将底板下移 2.5，如图 10-52（b）所示。

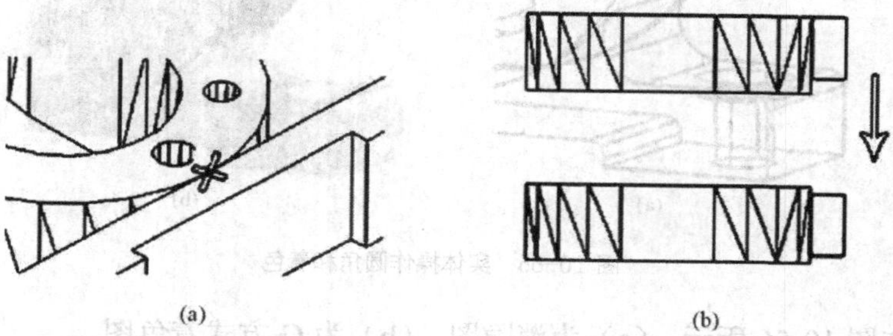

图 10-52 移动实体一

（3）转到俯视图，将底板上移 3，如图 10-53（a）、（b）所示。

2. 合并、编辑实体

（1）合并实体，用并集命令将两实体合并在一起，如图 10-53（c）所示。

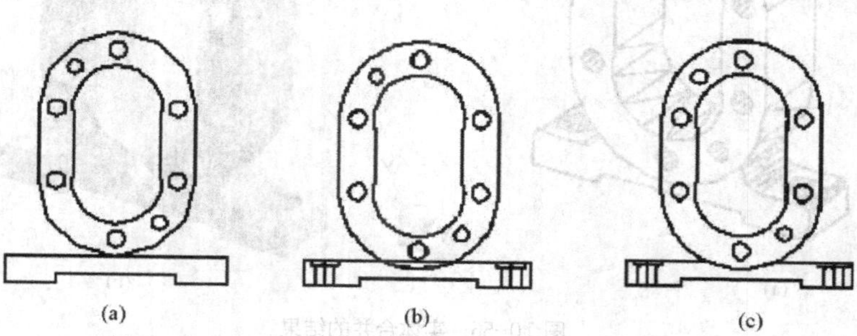

图 10-53 移动、合并实体

（2）利用三维动态旋转，将实体旋转到图 10-54（a）所示位置。

（3）利用圆角命令对实体圆角，半径为 R_5，结果如图 10-54（b）所示。

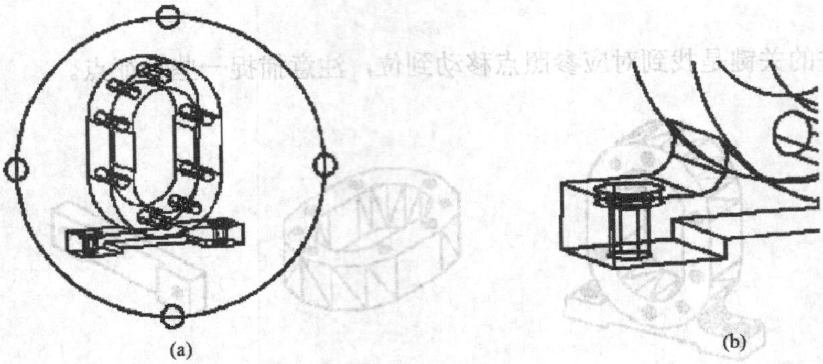

图 10-54　实体圆角

（4）利用同样的方法绘制另外两处，半径为 R_2，结果如图 10-55（a）所示。

（5）着色处理后显示，如图 10-55（b）所示。

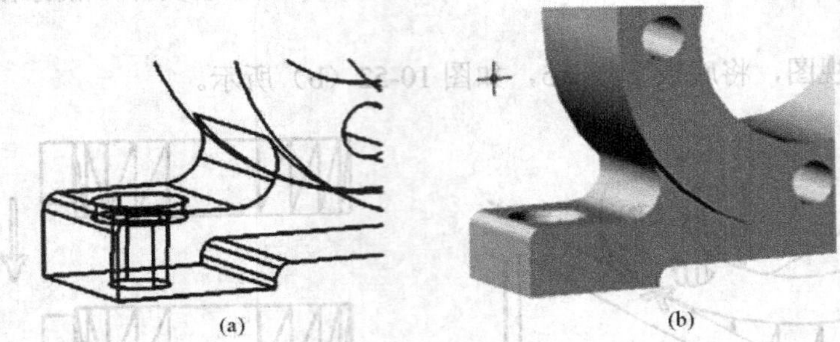

图 10-55　实体操作圆角和着色

最后结果如图 10-56 所示，（a）为消隐图，（b）为 G 方式着色图。

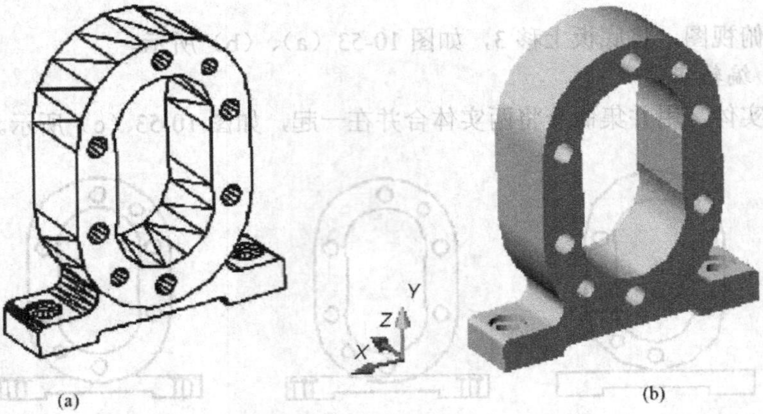

图 10-56　实体合并的结果

计算机绘图是一先进的绘图手段，离不开制图基础。只要学好制图基本原理，再加以认真上机练习，计算机绘图是不难掌握的。

第 11 章 展开图

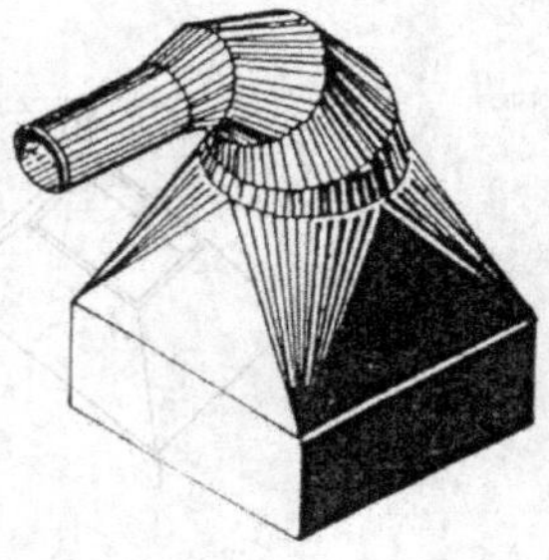

图 11-1 吸尘管

在化工、机械、造船、建筑等行业的产品和设备中，经常可以见到用金属薄板制成的各种零件，制造这类零件时，一般是先在金属板料上画出各部分的表面展开图，然后切割下料，弯卷成形，再焊接或铆接而成。图 11-1 为吸尘管中一部分，它是由一些圆管、方管和变形接头组成。

将立体表面按其实际形状大小，依次摊平在一个平面上，称为立体表面展开。展开后所得的图形，称为展开图。

11.1 平面立体的表面展开

平面立体的表面都是多边形平面，立体的各表面可分别求出其实形，并依次画在一个平面上，即可得到平面立体的表面展开图。

11.1.1 斜截四棱柱管的展开

图 11-2 为一斜截四棱柱管，其前后表面为梯形，左右表面为矩形，图 11-2（b）所示为其两视图。只要求出这四个面的实形，即可画出它的表面展开图。而各边实长，可以在两投影图中直接量得。

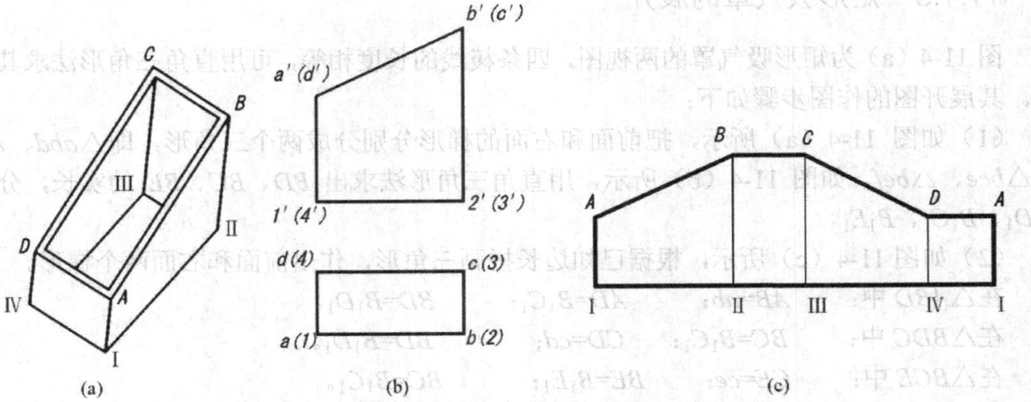

图 11-2 斜截四棱柱管的展开

具体作图步骤如下[图 11-2（c）]：

（1）按各底边展后的实长画一条水平线，标出Ⅰ、Ⅱ、Ⅲ、Ⅳ、Ⅴ各点；

（2）过标出 ·的这些点作水平线Ⅰ—Ⅰ的垂线，在垂线上量取各棱线的实长，即ⅠA=1′a′、ⅡB=2′b′、ⅢC=3′c′、ⅣD=4′d′；

（3）依次连接 AB、BC、CD、DA、AⅠ、ⅠⅣ、Ⅳ Ⅲ、Ⅲ Ⅱ、Ⅱ Ⅰ，即画出其展开图。

11.1.2 四棱台管的展开

图 11-3（a）是一四棱台管，其表面为四个等腰梯形，图 11-3（b）为其两个视图。要依次画出这四个梯形的实形，可先按四棱锥管求出棱线的实长，再截出四个梯形。

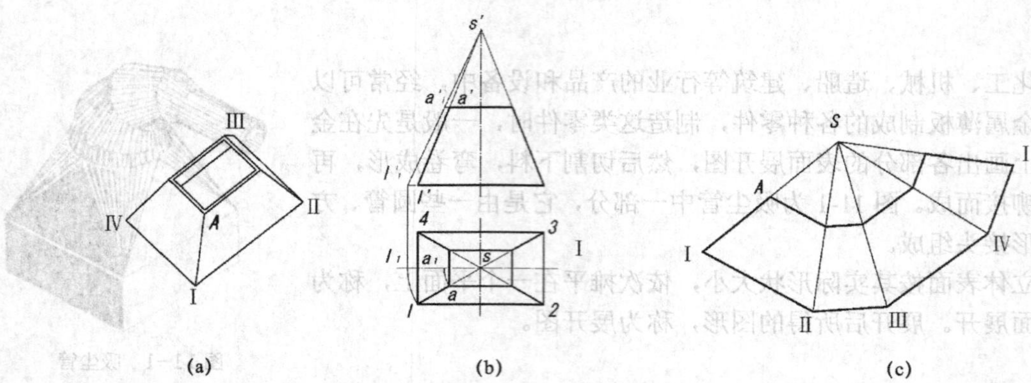

图 11-3 四棱台管的展开

作展开图步骤如下[图 11-3（b）、（c）]：

（1）在图 11-3（b）上延长四棱台棱线相交于一点 S（s，s'），用旋转法求出棱线 SⅠ、SA 的实长为 $s'1'_1$，$s'a'_1$；

（2）在图 11-3（c）上以 S 为圆心，分别以 SⅠ=$s'1'_1$ 和 SA=$s'a'_1$ 为半径画圆弧；

（3）在圆弧上截取弦长ⅠⅡ=12、ⅡⅢ=23、ⅢⅣ=34、ⅣⅠ=41，得Ⅰ、Ⅱ、Ⅲ、Ⅳ交点，再由各点与 S 连线；过点 A 依次作ⅠⅡ、ⅡⅢ、Ⅲ Ⅳ、ⅣⅠ的平行线，即画出了四棱台管的表面展开图。

11.1.3 矩形吸气罩的展开

图 11-4（a）为矩形吸气罩的两视图，四条棱线的长度相等，可用直角三角形法求其展开图。其展开图的作图步骤如下：

（1）如图 11-4（a）所示，把前面和右面的梯形分别分成两个三角形，即△abd、△bcd 和△bce、△bef。如图 11-4（b）所示，用直角三角形法求出 BD、BC、BE 的实长，分别为 B_1D_1、B_1C_1、B_1E_1。

（2）如图 11-4（c）所示，根据已知边长拼画三角形，作出前面和右面两个梯形。

在△ABD 中： $AB=ab$； $AD=B_1C_1$； $BD=B_1D_1$。

在△BDC 中： $BC=B_1C_1$； $CD=cd$； $BD=B_1D_1$。

在△BCE 中： $CE=ce$； $BE=B_1E_1$； $BC=B_1C_1$。

在△BEF 中： $BF=bf$； $EF=B_1C_1$； $BE=B_1E_1$。

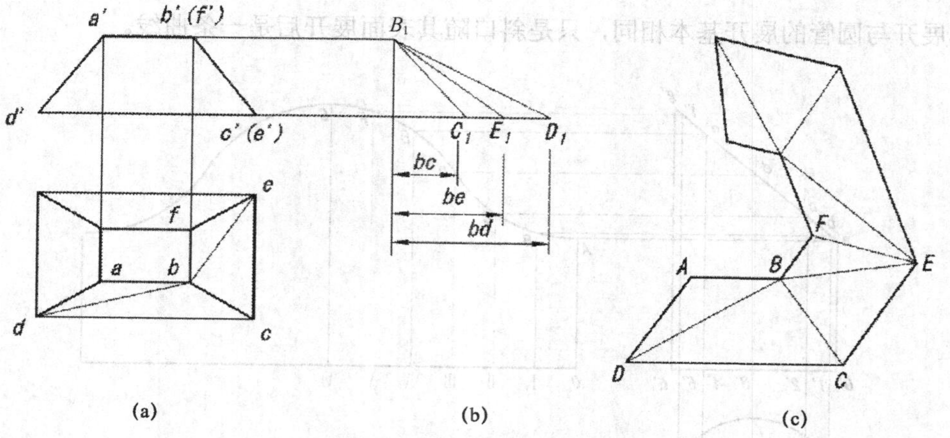

图 11-4 矩形吸气罩的展开

由于后面与前面、左面与右面分别是对应全等图形，也可同样地作出，即画出了该矩形吸气罩的展开图。

11.2 可展曲面的展开

以直线为母线构成的曲面，且曲面上两相邻素线是互相平行或相交，此曲面为可展曲面。常见的可展曲面是圆柱面、圆锥面等。

11.2.1 圆管的表面展开

1. 圆管

图 11-5（a）为一正圆柱的两视图，其展开图为一矩形，展开图的长为圆管底圆周长度 πD（D 为圆柱直径），另一边的长为圆柱管高度 H，如图 11-5（b）、（c）所示。

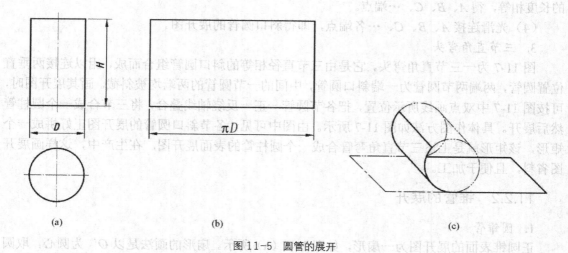

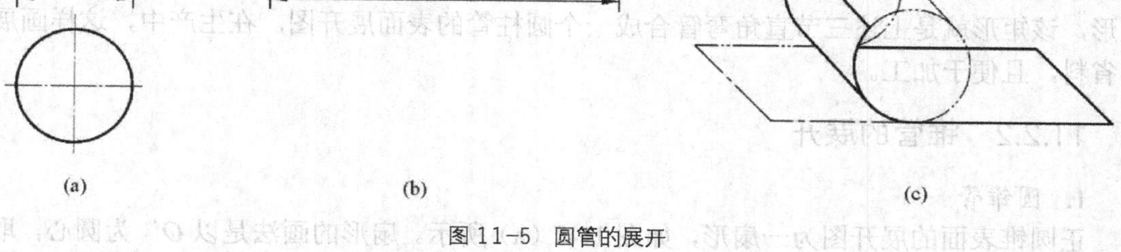

图 11-5 圆管的展开

2. 斜口圆管

图 11-6 为一斜口圆管的两视图及作展开图的过程。由于斜口圆管为正圆柱斜切去一部

分，其展开与圆管的展开基本相同，只是斜口随其表面展开后是一条曲线。

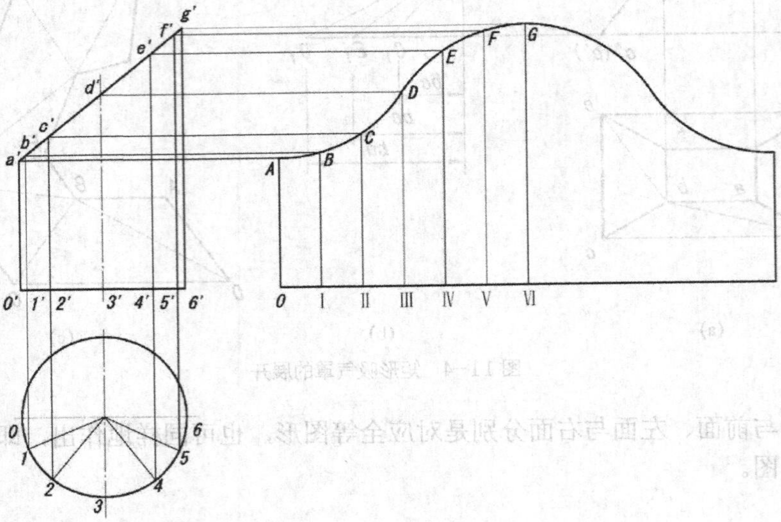

图 11-6　斜口圆管的展开

具体作图步骤如下：

(1) 在俯视图上将圆周等分为 12 份，作出过各分点在主视图上素线的相应投影，如 $0'a'$、$1'b'$、$2'c'$、…。

(2) 将圆管底圆展开成一直线，在该直线上取 0Ⅰ近似地等于 $\overset{\frown}{01}$，ⅠⅡ近似地等于 $\overset{\frown}{12}$ …；得到各等分点 0、Ⅰ、Ⅱ、…。

(3) 过 0、Ⅰ、Ⅱ、…各点作垂线，取其各自长度分别与相应素线的投影 $0'a'$、$1'b'$、$2'c'$、…的长度相等，得 A、B、C、…端点。

(4) 光滑连接 A、B、C、…各端点，即得斜口圆管的展开图。

3. 三节直角弯头

图 11-7 为一三节直角弯头，它是由三节直径相等的斜口圆管组合而成，用以连接两垂直位置圆管，两端两节圆管为一端斜口圆管，中间的一节圆管的两端均被斜截。画其展开图时，可按图 11-7 中双点画线所示位置，把各节圆管一正一反绕轴线叠合，将三节合成一个圆柱管然后展开。具体作图方法如图 11-7 所示。由图中可见，各节斜口圆管的展开图正好拼成一个矩形，该矩形就是上述三节直角弯管合成一个圆柱管的表面展开图。在生产中，这样画展开图省料，且便于加工。

11.2.2　锥管的展开

1. 圆锥管

正圆锥表面的展开图为一扇形，如图 11-8 (a) 所示。扇形的画法是以 O' 为圆心，取圆锥素线的长度等于 R 为半径画弧，并取弧长等于 πd，扇形的圆心角为 $\alpha=\dfrac{d}{R}\times180°$。

用近似法作图时，通常在圆锥表面上作一系列素线，即将圆锥面划分成若干三角形，以此来近似地代替圆锥面，再依次将这些三角形摊平画在一起，便画出了它的展开图[图 11-8（b）]。

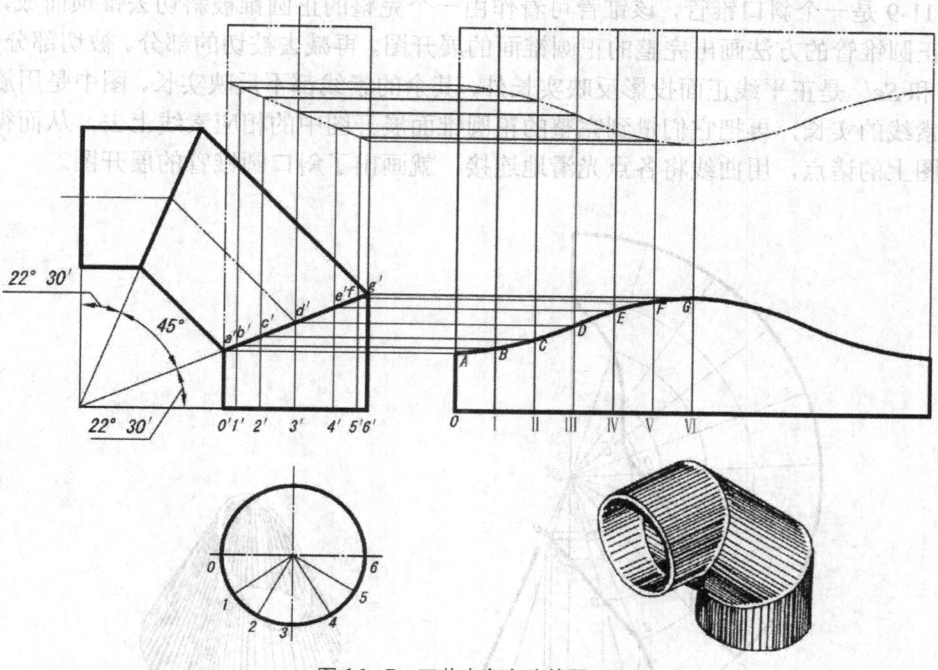

图 11-7 三节直角弯头的展开

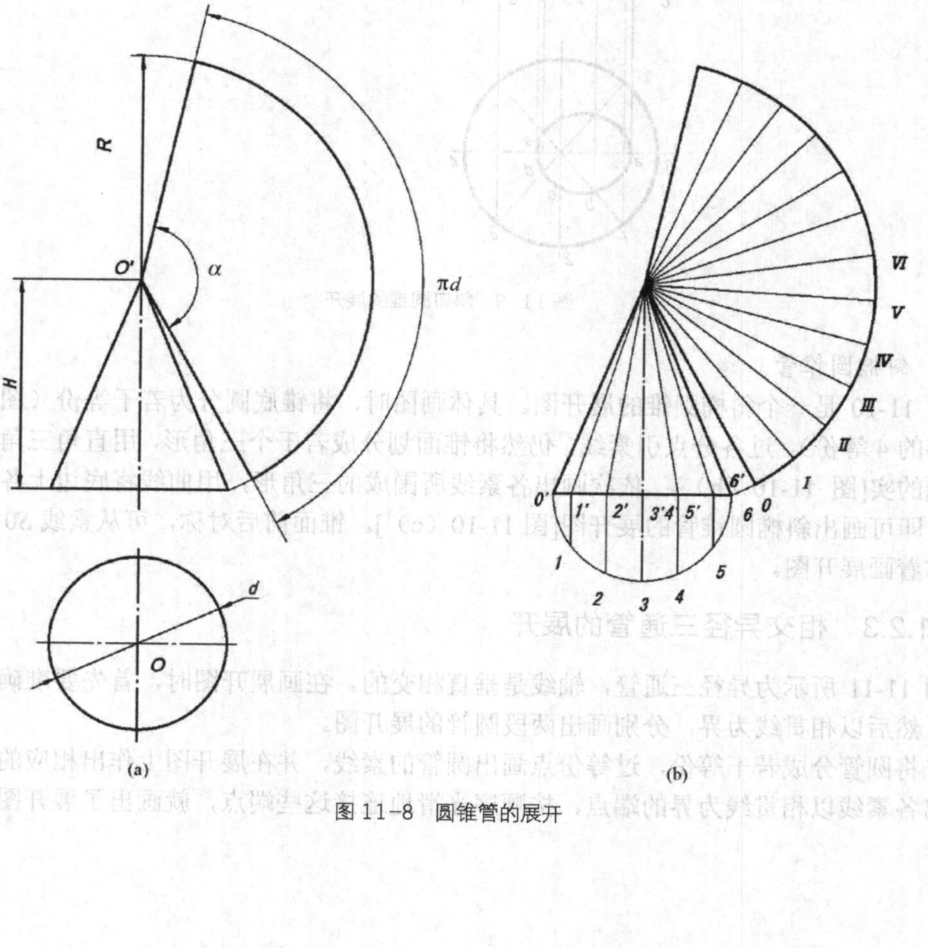

图 11-8 圆锥管的展开

2. 斜口圆锥管

图 11-9 是一个斜口锥管，该锥管可看作由一个完整的正圆锥被斜切去锥顶而成，故作图时先按正圆锥管的方法画出完整的正圆锥面的展开图，再减去被切的部分。被切部分的素线，除 Sa' 和 Se' 是正平线正面投影反映实长外，其余的素线都不反映实长，图中是用旋转法求出这些素线的实长，再把它们量到完整的正圆锥面展开图中的相应素线上去，从而得出斜切口展开图上的诸点，用曲线将各点光滑地连接，就画出了斜口圆锥管的展开图。

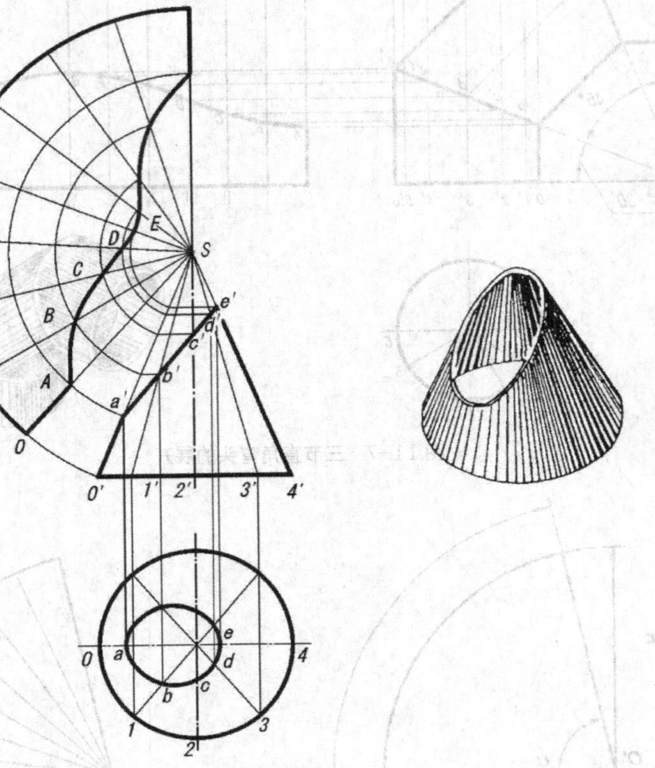

图 11-9 斜口圆锥的展开

3. 斜椭圆锥管

图 11-10 是一个斜椭圆锥的展开图。具体画图时，将锥底圆分为若干等份（图中标出了前左部的 4 等份），过各分点引素线，仍然将锥面划分成若干个三角形，用直角三角形法求出各素线的实[图 11-10（b）]；依次画出各素线所围成的三角形，用曲线将底边上各点光滑地连接，即可画出斜椭圆锥管的展开图[图 11-10（c）]。锥面前后对称，可从素线 S0 开始，前后对称着画展开图。

11.2.3 相交异径三通管的展开

图 11-11 所示为异径三通管，轴线是垂直相交的。在画展开图时，首先要准确地求出相贯线，然后以相贯线为界，分别画出两段圆管的展开图。

先将圆管分成若干等份，过等份点画出圆管的素线，并在展开图上作出相应的素线，然后画出各素线以相贯线为界的端点，按顺序光滑地连接这些端点，就画出了展开图。

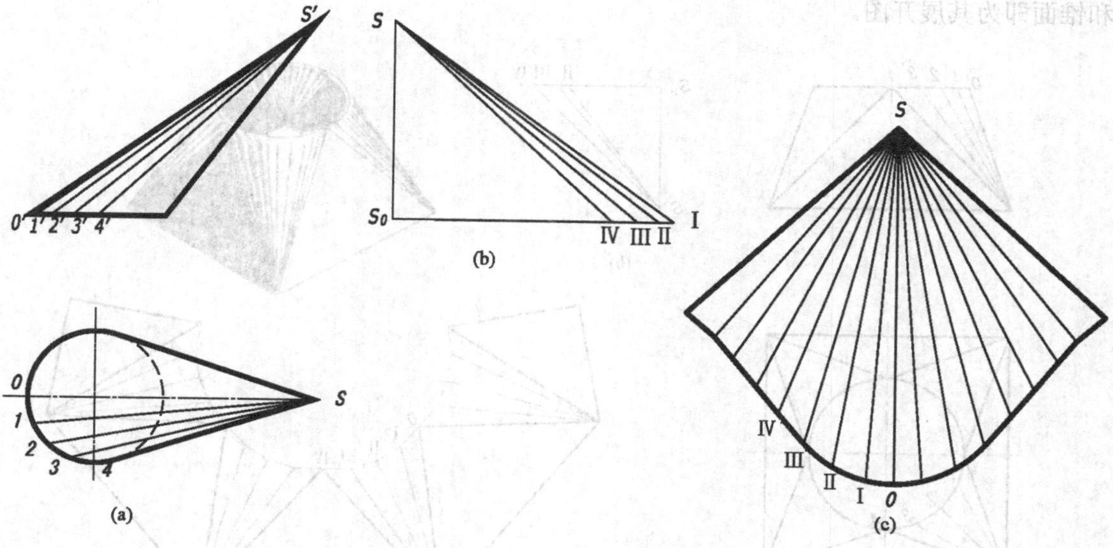

图 11-10 斜椭圆锥的展开

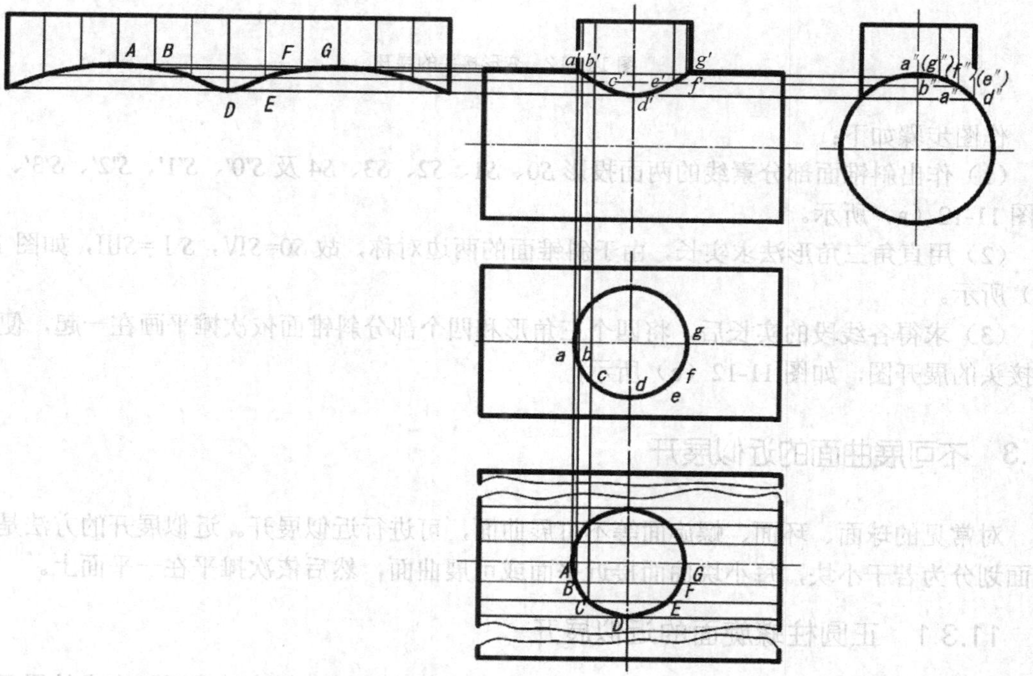

图 11-11 异径三通管的展开

11.2.4 变形接头的展开

图 11-12 是一个上圆下方的变形接头，其上端是圆形，用来连接圆管，下端是方形，用来连接方形管道。变形接头表面是复合面，可分析为由四个相同的等腰三角形和四个相同的部分斜椭圆锥面所组成。只要求出斜圆锥面各素线和等腰三角形各边的实长，依次展开平面

和锥面即为其展开图。

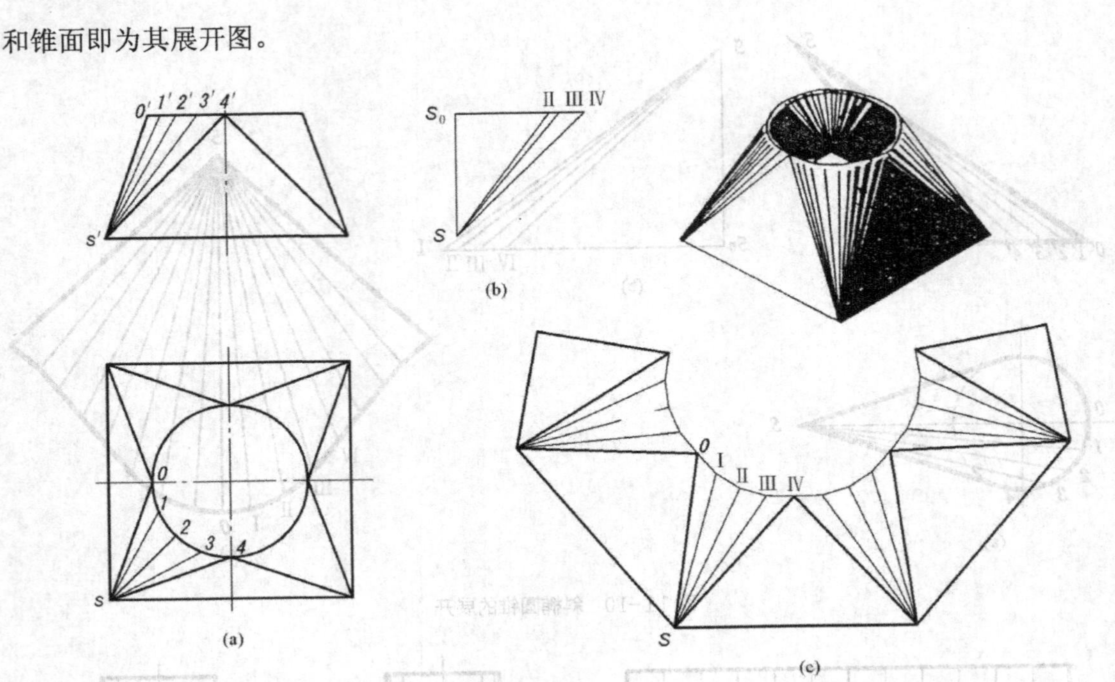

图 11-12 变形接头的展开

作图步骤如下：

（1）作出斜锥面部分素线的两面投影 $S0$、$S1$、$S2$、$S3$、$S4$ 及 $S'0'$、$S'1'$、$S'2'$、$S'3'$、$S'4'$，如图 11-12（a）所示。

（2）用直角三角形法求实长，由于斜锥面的两边对称，故 $S0=S$Ⅳ，SⅠ$=S$Ⅲ，如图 11-12（b）所示。

（3）求得各线段的实长后，将四个三角形和四个部分斜锥面依次摊平画在一起，便是变形接头的展开图，如图 11-12（c）所示。

11.3 不可展曲面的近似展开

对常见的球面、环面、螺旋面等不可展曲面，可进行近似展开。近似展开的方法是，将曲面划分为若干小块，每小块曲面接近平面或可展曲面，然后依次摊平在一平面上。

11.3.1 正圆柱螺旋面的近似展开

在实际生产中的螺旋输送器，它的回转叶片是螺旋面，在制造时需要画出它的展开图。在叙述螺旋面的展开图之前，先了解一下圆柱螺旋线及螺旋面的概念及画法。

1. 圆柱螺旋线及其展开

1）圆柱螺旋线的形成及其要素

如图 11-13（a）所示，当一动点 A_0 在正圆柱面上沿轴线方向作等速移动，同时又绕轴线作等速旋转时，点 A_0 运动的轨迹，称为圆柱螺旋线。

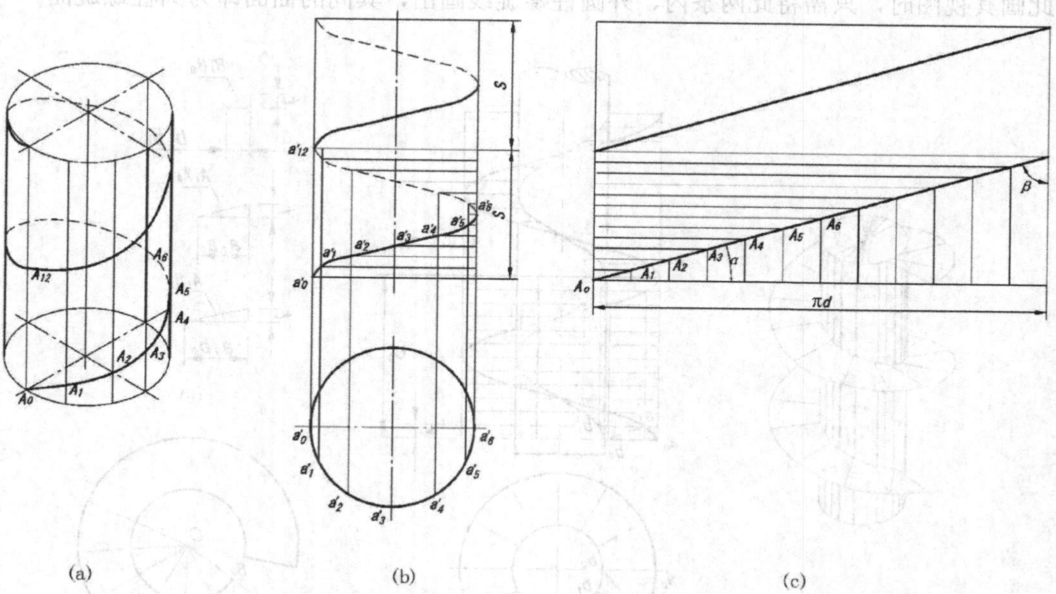

图 11-13 圆柱螺旋线及其展开

圆柱螺旋线有三个基本要素：

直径 d，形成螺旋线所在圆柱面的直径；

导程 S，动点绕轴线旋转一圈时，沿轴线方向所移动的距离；

旋向，螺旋线的旋转方向，当圆柱轴线是铅垂线时，螺旋线可见部分自左下方向右上方旋升的，为右螺旋线，反之则为左螺旋线，常用的是右旋。

2）圆柱螺旋线的投影画法

如图 11-13（b）所示，先以 d 为直径画出圆柱的水平投影，以导程 S 为高画出圆柱的正面投影，这里要画二匝螺旋线，画出圆柱的高度为 2S；将圆柱的水平投影圆和正面投影高度 S 分为相同的等份（图上为 12 等份）。动点 Ao（$a_o{}'$，a_o）转动 1/12 圆周时，沿轴向移动 1/12S，即到达 A_1（$a_1{}'$，a_1）的位置。同理可求得 A_2（$a_2{}'$，a_2）、A_3（$a_3{}'$，a_3）……诸点，将 $a_0{}'$、$a_1{}'$、$a_2{}'$……依次光滑地连接起来，并标明可见性，即得一个导程的螺旋线的正面投影，螺旋线在俯视图上的投影与其圆柱面的水平投影重合。

3）圆柱螺旋线的展开

如图 11-13（c）所示，先把圆柱的底圆展成一直线，找到相应的等分点，并过各等分点作垂直线，再把动点沿轴线方向升高的距离量在相应的垂线上，依次连接各点即画出其展开图。因为动点同时作等速旋转和等速直线运动，故正螺旋线的展开图应是一直角三角形的斜边，其长度为 $\sqrt{(\pi d)^2+S^2}$，斜边与底边夹角 α，称为螺旋升角，$\tan\alpha=\dfrac{S}{\pi d}$。

2. 正圆柱螺旋面及其近似展开

1）正圆柱螺旋面的形成和投影画法

如图 11-14（a）所示，当一直母线 AB 的一端 B 沿着圆柱上的螺旋线运动，并使直母线的延长线始终与此圆柱螺旋线的轴线垂直相交，所形成的曲面，称为正圆柱螺旋面。母线外端点 A 的轨迹也为圆柱螺旋线，它的直径为内圆柱直径加 2AB。两条圆柱螺旋线的导程相同，因此画其视图时，只需将此两条内、外圆柱螺旋线画出，其间的曲面即为圆柱螺旋面。

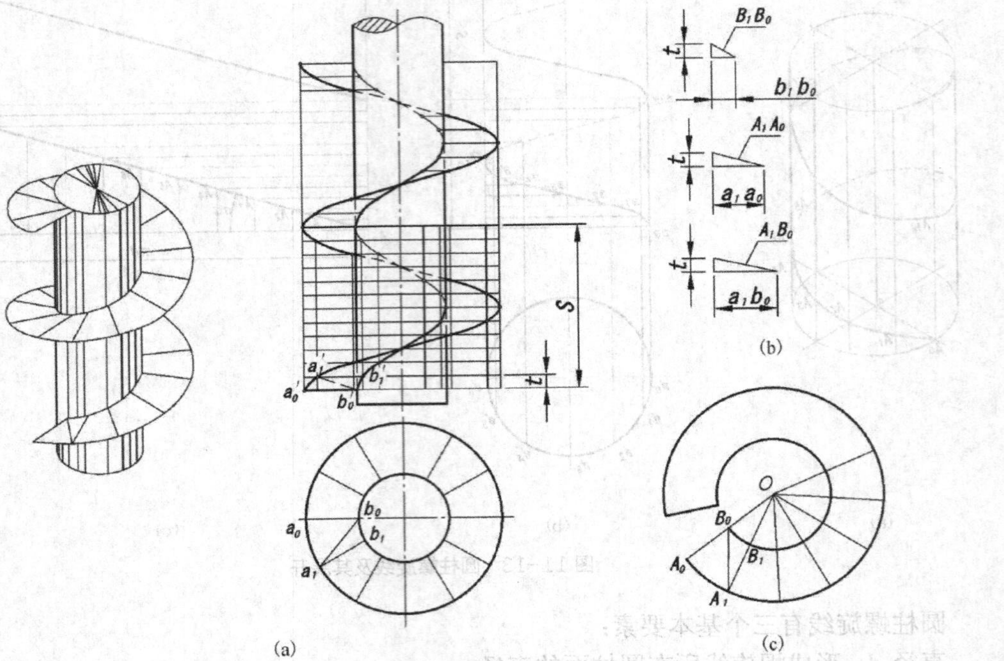

图 11-14　正圆柱螺旋面及其展开

2）正圆柱螺旋面的展开

（1）近似三角形法。

作图时将螺旋面近似地分成若干等份，再将每一份分成 2 个三角形，然后求出 2 个三角形的实形构成一等份，再将其余部分依次排列起来，即可画出它的近似展开图。具体作图步骤如下：

① 将所给一个导程内的螺旋面分成若干等份（图中分为 12 等份），然后将各等份再对角地一分为二，例如将 $A_0A_1B_1B_0$。分成 $A_0A_1B_0$ 和 $A_1B_1B_0$，可以近似地看成为两个三角形平面。

② 分别求出各边边长，便可作出各三角形的实形。其中 $A_0B_0=A_1B_1$ 均为水平线，在俯视图 a_0b_0、a_1b_1 反映其实长；A_0A_1 是倾斜线，可用直角三角形法求其实长，即以 a_0a_1 的长作为直角边，以 A_0A_1 两点的高度差（$S/12$）作为另一直角边，则斜边的长度即为 A_0A_1 的实长；同法可求出 A_1B_0 和 B_0B_1 的实长，如图 11-14（b）所示。

求得三角形的各边实长后，就可画其展开图部分 $\Delta A_0A_1B_0$ 及 $\Delta A_1B_1B_0$，如图 11-14（c）所示。由两个三角形合起来得到的四边形 $A_0A_1B_1B_0$，即为一圈正圆柱螺旋面近似展开图的 1/12。

③ 其余部分的作图，可将 A_1B_1 及 A_0B_0 延长交于 O，以 O 为圆心，OA_1 及 OB_1 为半径分别作大小两圆弧，在大圆弧上截取与 A_0A_1 等长的 11 份，即画出整个一圈正圆柱螺旋面的近似展开图。

（2）常用的简便展开画法。

在实际工作中，为了简化作图，经常不必画其视图而根据正圆柱螺旋面的基本参数，直接进行展开。

如图 11-15 所示，已知正圆柱螺旋面的外径 D、内径 d、导程 S，其近似展开图作法如下：

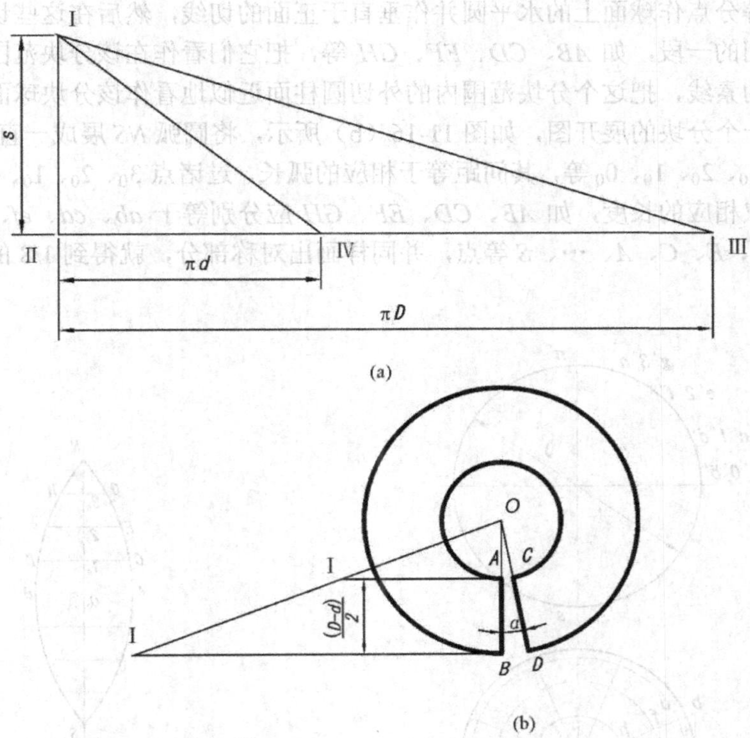

图 11-15 正圆柱螺旋面展开图的简化画法

① 以 s 及 πd 为两直角边，作直角三角形Ⅰ ⅡⅣ，斜边Ⅰ Ⅳ即为螺旋面的内螺旋线一圈的实长。

② 以 s 及 πD 为两直角边，作直角三角形Ⅰ ⅡⅢ，斜边Ⅰ Ⅲ即为螺旋面的外螺旋线一圈的实长。

③ 以Ⅰ Ⅳ、Ⅰ Ⅲ为上、下底，$(D\text{-}d)/2$ 为高作等腰梯形（图中只画一半，即ⅠA=Ⅰ Ⅳ/2，ⅠB=Ⅰ Ⅲ/2），延长Ⅰ Ⅰ及 AB 相交于 O，分别以 OA、OB 为半径画圆，在外圆上量取一段弧长等于Ⅰ Ⅲ（或在内圆上量取一段弧长等于Ⅰ Ⅳ），得点 D（或点 C），再与点 O 相连得点 C，所得环形 $ABCD$ 即为一圈正圆柱螺旋面的近似展开图，如图 11-15（b）所示。

在实际制造时，也可不剪出 α 角，沿直径方向剪开后，直接加工成螺旋面，这样既节约材料，便于放样制造，又可使各节焊缝不在同一面上，而沿圆周均匀分布。

11.3.2 球面的近似展开

球面是不可展曲面，采用近似展开。常用柱面法，即用小块圆柱面近似地代替小块球面来展开，如图 11-16 所示。

具体作图步骤如下：

（1）把球面的水平投影划分成若干等分（图中为 8 等分），如图 11-16（a）所示。

（2）将球面正面投影的转向轮廓线的左半部分分成 8 等分（图中只在左上方），得等分点，如图 11-16（a）中 $1'$、$2'$、$3'$、n' 等。

（3）作出各点的水平投影，如由 $0'$、$1'$、$2'$、$3'$ 作出相应的水平投影 0、1、2、3。

分别通过这些等分点作球面上的水平圆并作垂直于正面的切线，然后在这些切线上取相应分块的两截面之间的一段，如 *AB*、*CD*、*EF*、*GH* 等，把它们看作在该分块范围内近似地代替球面的圆柱面的素线，把这个分块范围内的外切圆柱面近似地看作该分块球面。

（4）作出一个分块的展开图，如图 11-16（b）所示，将圆弧 *NS* 展成一直线 *NS*，并在其上找到等分点 3_0、2_0、1_0、0_0 等，其间距等于相应的弧长。过诸点 3_0、2_0、1_0、0_0 等作水平线，向两侧分别量取相应的长度，如 *AB*、*CD*、*EF*、*GH* 应分别等于 *ab*、*cd*、*ef*、*gh*。用曲线光滑地连接 *N*、*G*、*E*、*C*、*A*、…、*S* 等点，并同样画出对称部分，就得到 1/8 的球面的近似展开图。

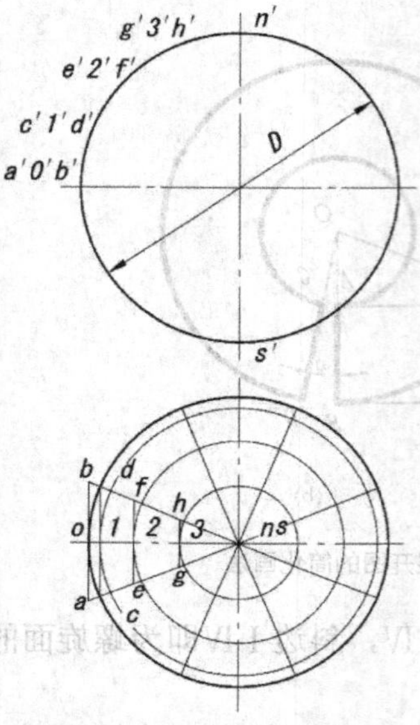

(a) 两面投影及展开原理

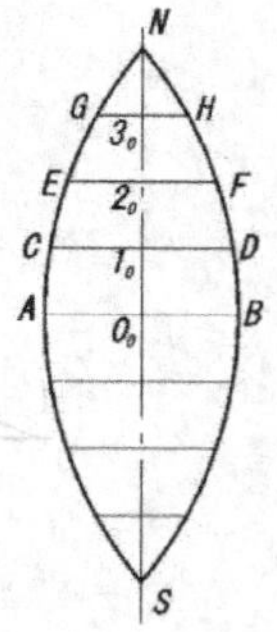

(b) 一个分块的展开图

图 11-16 球面的近似展开

（5）以所得一个分块的表面展开图为样板，照样画出另外七块，就得出整个球面的近似展开图。

在实际工作中，对于能符合生产要求的展开图，还必须考虑材料的性质、厚度、接口的形式等加工工艺和其他方面的问题。

第12章 焊接图

焊接图是表达焊接件所用的图样。焊接主要是将需要连接的金属零件，在被连接处进行局部加热，同时填充熔化金属或用加压等方法，使其熔合而连接在一起。焊接是一种不可拆连接，具有工艺简单、连接可靠、节省材料、劳动强度低等优点，所以应用日益广泛，大多数的板材制品都采用焊接方法，并逐步形成了以焊代铆，以焊代铸的趋势。

12.1 焊缝的规定画法及标注

12.1.1 焊接方法和接头形式

焊接方法根据金属接头在焊接过程中所处的状态可分为熔化焊、压焊、钎焊三大类，其中熔化焊中的手工电弧焊和气焊用得较多。

零件在焊接时，常见的焊接接头有：对接接头、搭接接头、T 型接头和角接接头四种。零件焊接处称为焊缝，焊缝型式主要有对接焊缝、点焊缝和角焊缝等，如图 12-1 所示。

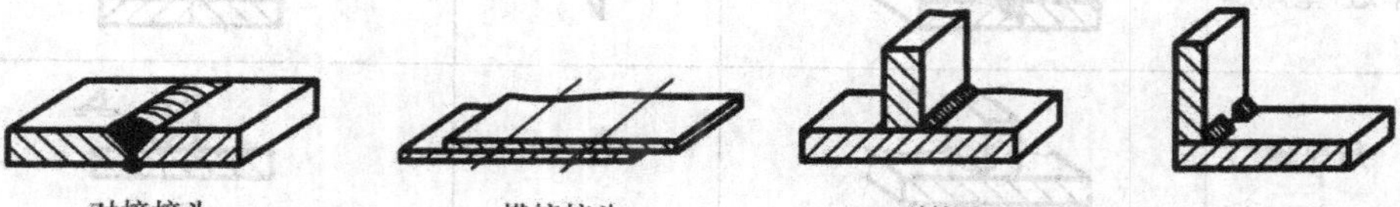

对接接头　　搭接接头　　T 型接头　　角接接头

(a) 对接焊缝　　(b) 点焊缝　　(c) 角焊缝

图 12-1　常见的焊接接头和焊缝形式

12.1.2 焊缝的规定画法

国家标准 GB/T324—1988 和 GB/T12212—1990 对焊缝的画法作了如下规定。

（1）在视图中，可见焊缝通常用与轮廓线相垂直的细实线段（不可见焊缝用虚线段）表示，如图 12-2 所示。

（2）在剖视图或剖面图中，焊缝的剖面形状可用涂黑表示，如图 12-2 所示。

（3）当标注焊缝符号不能充分表达设计要求，并需保证某些尺寸时，可将该焊缝部位局部放大表示并进行标注，如图 12-3 所示。

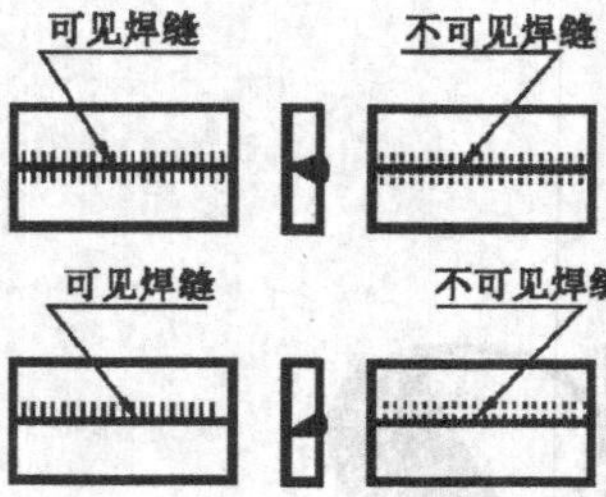

图 12-2 视图中焊缝的画法

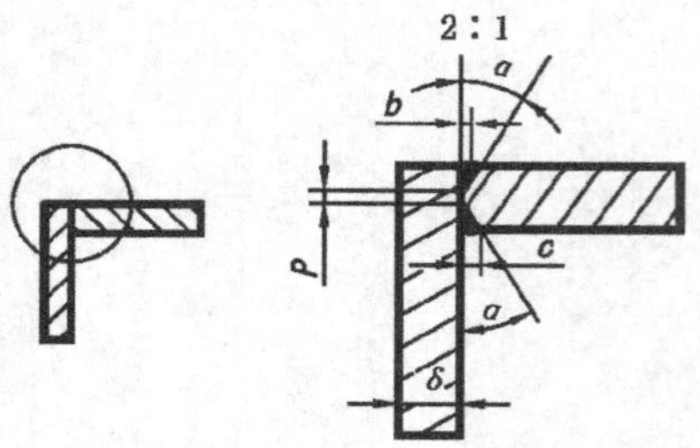

图 12-3 局部放大画法

12.1.3 焊缝符号

在图样上，焊缝的型式及尺寸可用焊缝符号来表示。焊缝符号一般由基本符号与指引线组成。必要时还可加上辅助符号、补充符号和焊缝尺寸等。

1. 基本符号

基本符号是表示焊缝横截面形状的符号。它采用近似于焊缝横剖面形状的符号来表示。常用焊缝的基本符号及标注示例如表 12-1 所示。

表 12-1 常见焊缝的基本符号及标注

名称	焊缝形式	基本符号	标注示例
T型焊缝			
V型焊缝			
单边V型焊缝			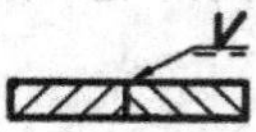
角焊缝	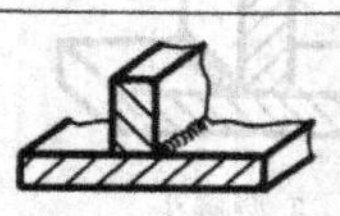		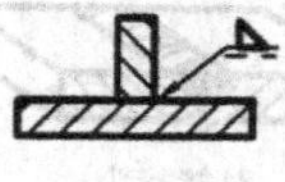
带钝边U型焊缝			
封底焊缝			
点焊缝			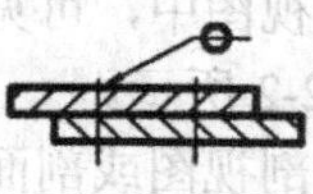
塞焊缝			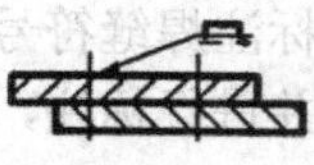

2. 辅助符号

辅助符号是表示焊缝表面形状特征的符号，它随基本符号标注在相应的位置。若不需确切地说明焊缝的表面形状时，可以不用辅助符号。辅助符号及标注示例，如表 12-2 所示。

表 12-2　　辅助符号及标注

名　称	符　号	形式及标注示例	说　明
平面符号	—	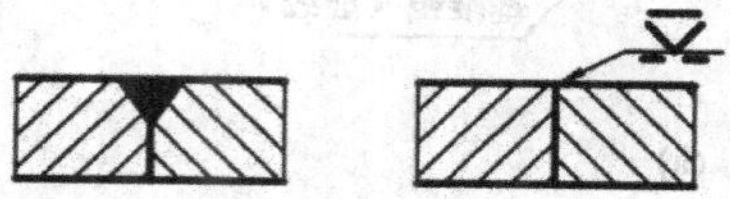	表示V形对接焊缝表面平齐
凹面符号	⌣	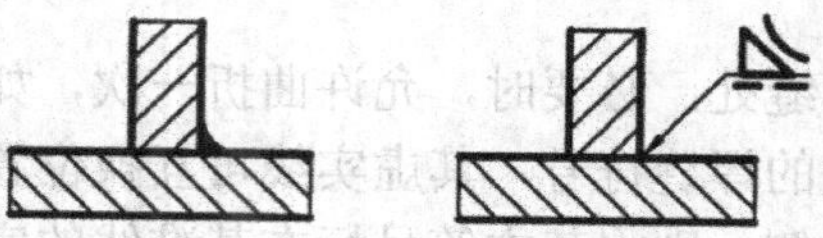	表示角焊缝表面凹陷
凸面符号	⌒	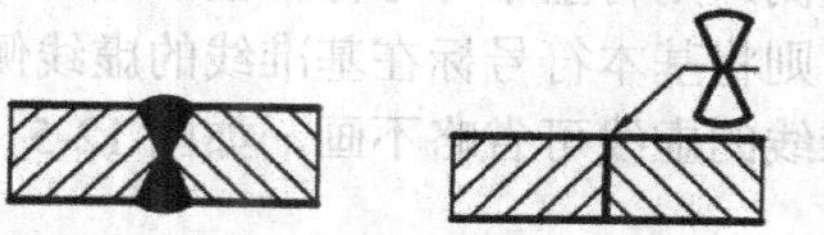	表示X形对接焊缝表面凸起

3. 补充符号

补充符号是为了补充说明焊缝的某些特征而采用的符号。如果需要可随基本符号标注在相应的位置上。补充符号及标注示例，如表 12-3 所示。

表 12-3　　补充符号及标注

名　称	符　号	形式及标注示例	说　明
带垫板符号	▭		表示V形焊缝的背面底部有垫板
三面焊缝符号	⊏	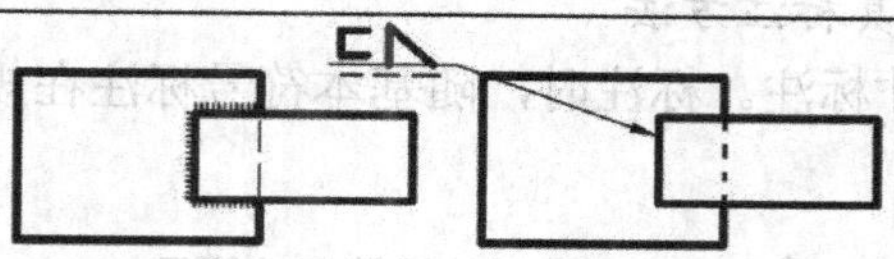	表示工件三面施焊，开口方向与实际方向一致
周围焊缝符号	○	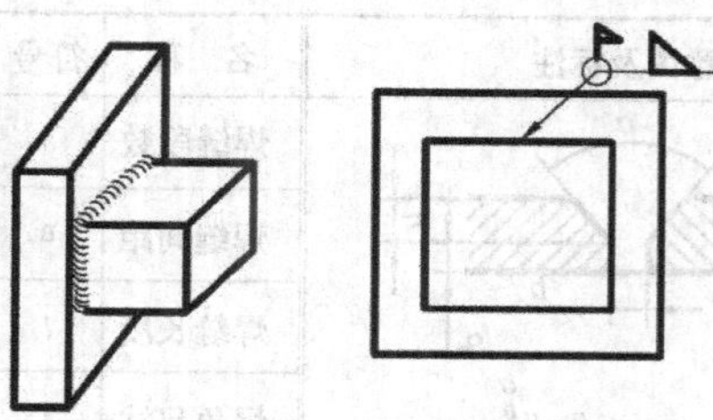	表示现场沿工件周围施焊
现场符号			
尾部符号	<	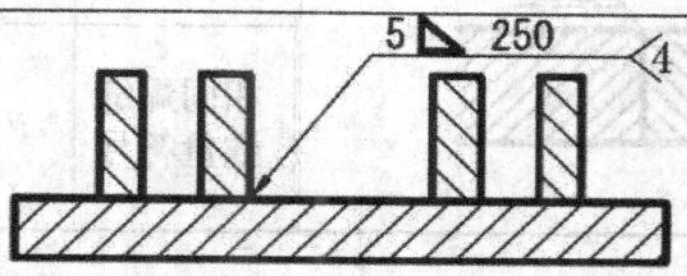	表示有4条相同的角焊缝

4. 指引线及焊缝符号在基准线上的位置

指引线由带箭头的箭头线和两条基准线（一条为细实线，一条为虚线）两部分组成，如图 12-4 所示。

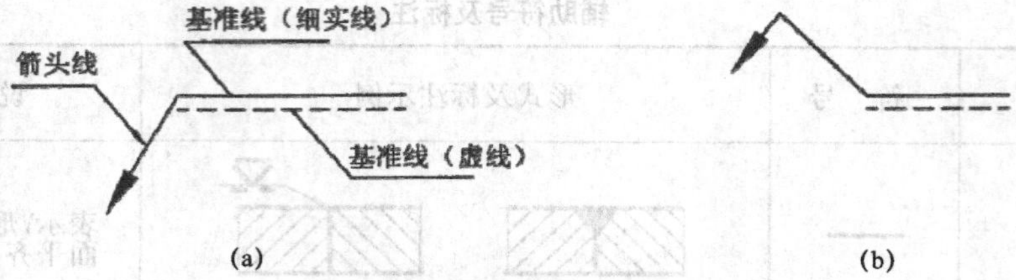

图 12-4 指引线

箭头线应指到有关焊缝处，必要时，允许曲折一次，如图 12-4（b）所示。

基准线用来标注有关的焊缝符号，其虚实线可互换位置，一般应与图样底边平行。标注时如果焊缝在接头的箭头侧，则将基本符号标在基准线的实线侧，如图 12-5（a）所示;如果焊缝在接头的非箭头侧，则将基本符号标在基准线的虚线侧，如图 12-5（b）所示;标注对称焊缝及双面焊缝时，基准线的虚线可省略不画，如图 12-5（c）所示。

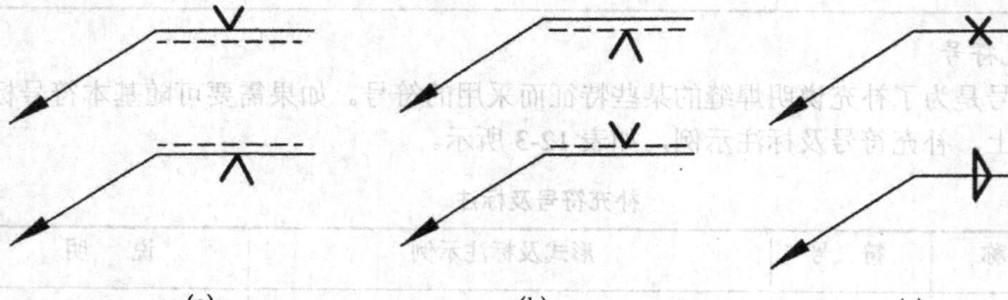

图 12-5 基准符号相对基准线的位置

5. 焊缝尺寸符号及其标注方法

焊缝尺寸在需要时才标注。标注时，随基本符号标注在规定的位置上。常用的焊缝尺寸符号如表 12-4 所示。

表 12-4 常用的焊缝尺寸符号

名称	符号	示意图及标注	名称	符号	示意图及标注
工件厚度	δ	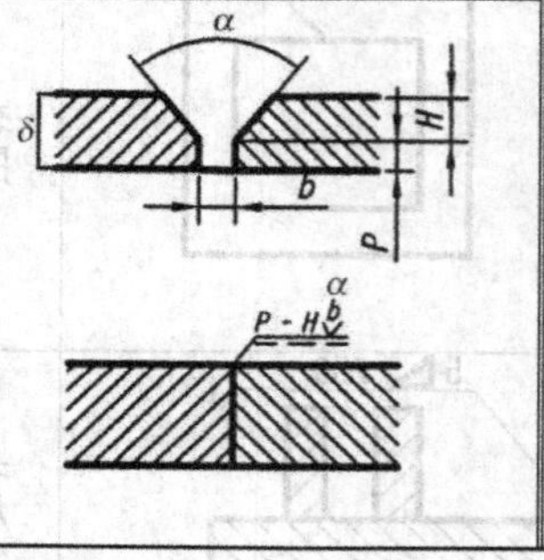	焊缝段数	n	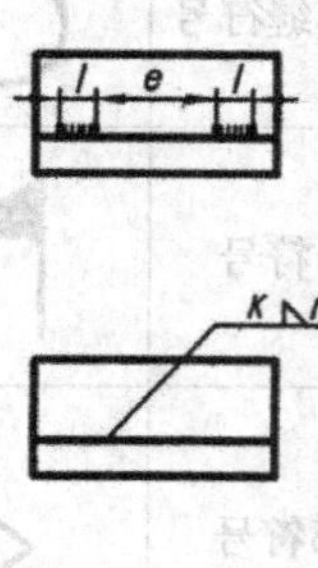
坡口角度	α		焊缝间距	e	
根部间隙	b		焊缝长度	l	
钝边高度	P		焊角尺寸	K	
坡口直径	H		相同焊缝数量符号	N	
熔核直径	d				

焊缝尺寸标注位置规定如图 12-6 所示。

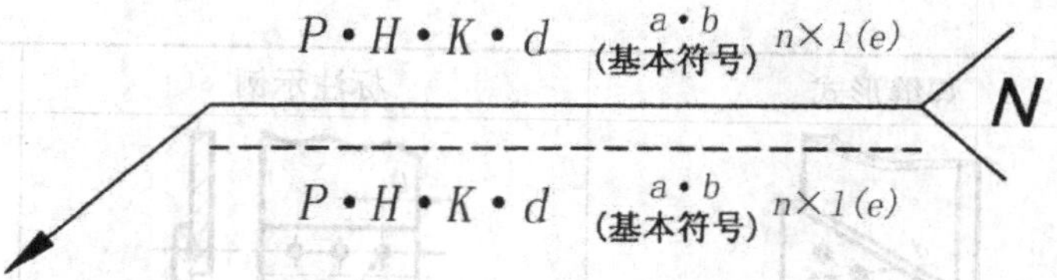

图 12-6　焊缝尺寸的标注位置

12.1.4　常见焊缝的标注

常见焊缝的标注示例如表 12-5 所示。

表 12-5　　　　**常见焊缝标注方法**

接头形式	焊缝形式	标注示例	说明
对接接头	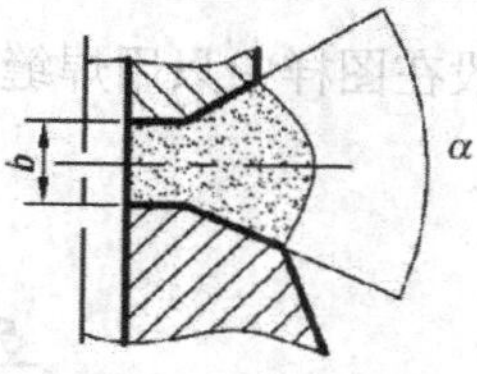	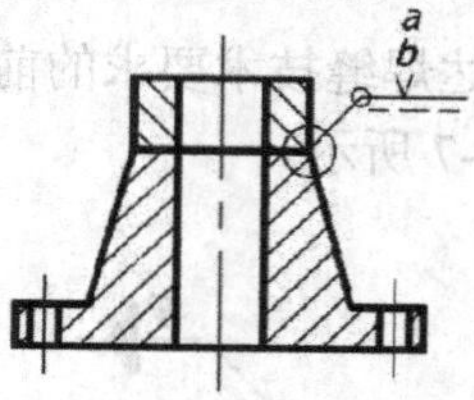	V形焊缝；坡口角度为a；根部间隙为b；○ 表示环绕工件周围施焊
T形接头	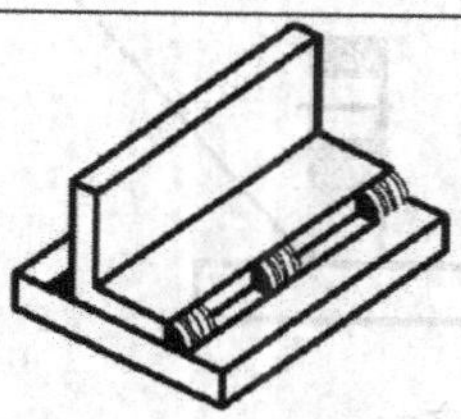	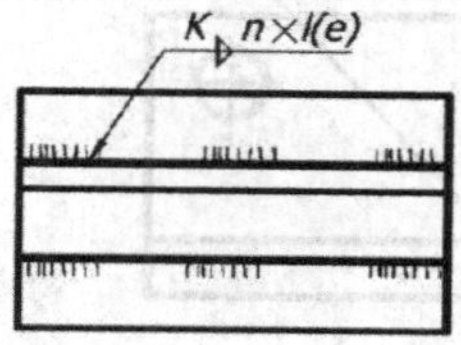	K◁▷ 表示双面角焊缝；n表示有n段焊缝；l 表示焊缝长度；e为焊缝间距
	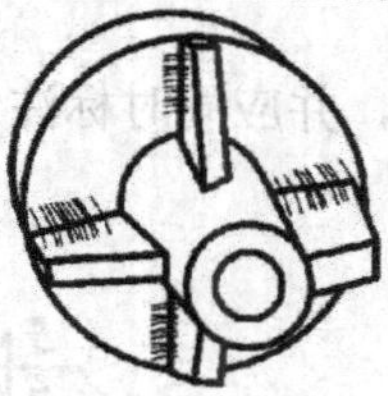	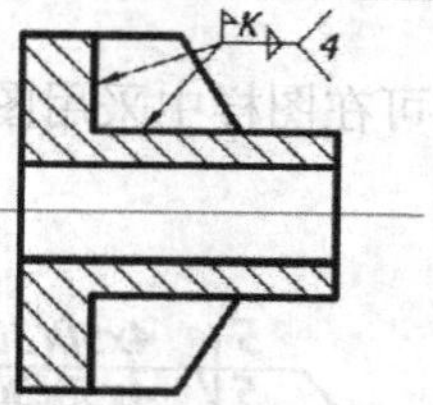	⚑ 表示在现场装配时进行焊接；K为焊角尺寸；—◁▷— 表示双面角焊缝；4表示有4条相同的焊缝
角接接头	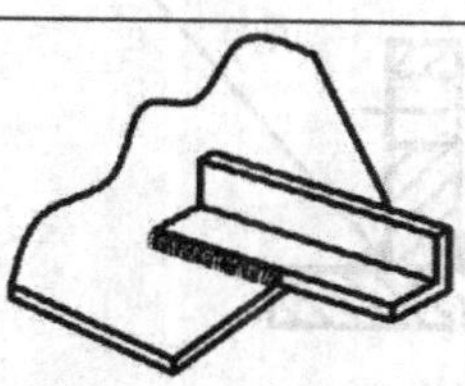	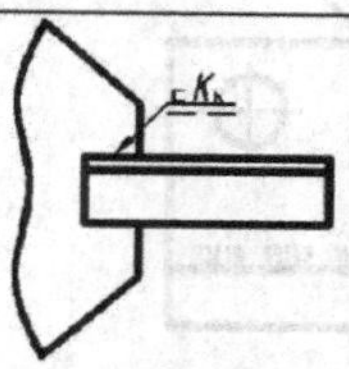	⊏ 表示按开口方向三面焊缝；⊿ 表示单面角焊缝；K为焊角尺寸
		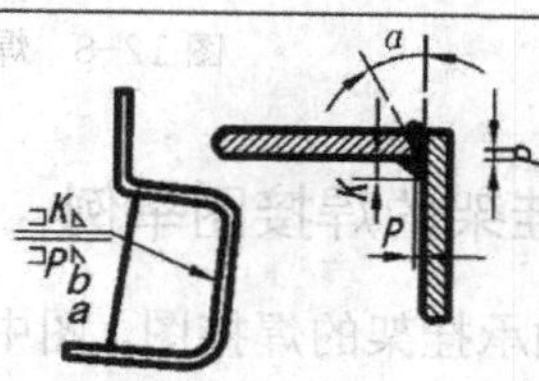	⊐ 为三面焊缝；⊿ 表示箭头侧为角焊缝；⊬ 为箭头另一侧为单边V形焊缝

续表

接头形式	焊缝形式	标注示例	说明
搭接接头	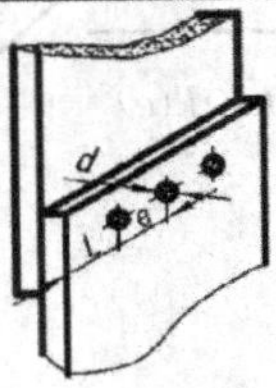	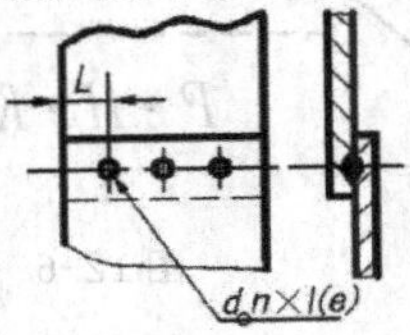	d为熔核直径；⊖ 表示点焊缝；e为焊缝间距；n 表示有n个焊点；L表示焊点与板边的距离

12.2 焊接图举例

12.2.1 图样中焊缝的表达方法

（1）在能清楚地表达焊缝技术要求的前提下，一般在图样中只用焊缝符号直接标注在视图的轮廓线上，如图 12-7 所示。

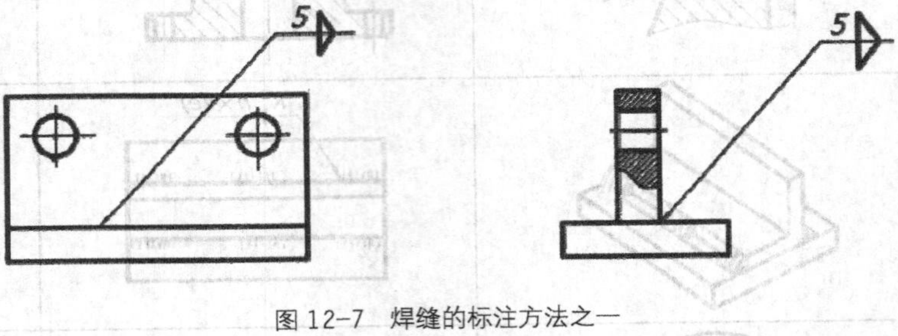

图 12-7 焊缝的标注方法之一

（2）如果需要，也可在图样中采用图示法画出焊缝，并应同时标注焊缝符号，如图 12-8 所示。

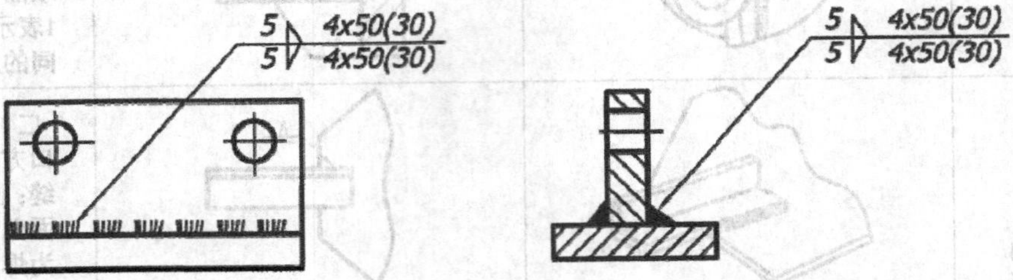

图 12-8 焊缝的标注方法之二

12.2.2 轴承挂架的焊接图举例

图 12-9 所示为轴承挂架的焊接图，图中除具有完整的零件图内容，还必须把焊接的有关内容表示清楚。从左视图可以看出，件 4 为支承轴的主体，件 1 为固定支架，件 2、件 3 是为了提高强度和承载能力而增加的加强肋。

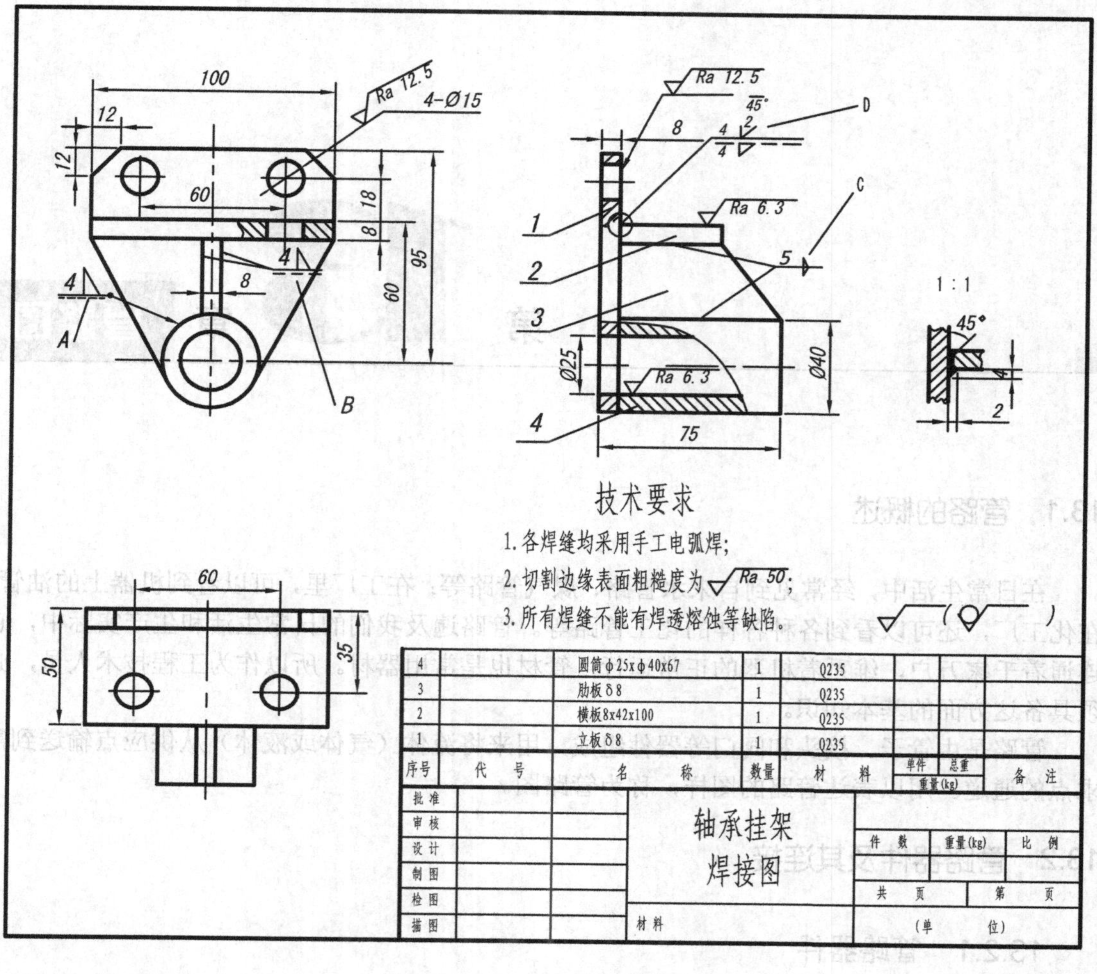

图 12-9　轴承挂架焊接图

主视图上，*A* 处焊缝符号表示立板 1 与圆筒 4 之间环绕圆筒周围进行焊接。⊿表示角焊缝，其焊角高度为 4mm。*B* 处焊缝符号的两条箭头线表示所指处的两条焊缝的焊接要求相同。

左视图上，*C* 处焊缝符号表示横板 2 与肋板 3 之间、肋板 3 与圆筒 4 之间均为双面连续角焊缝，焊角高度为 5mm。*D* 处焊缝代号表示横板 2 上表面与立板 1 的焊缝是单边 *V* 形焊缝，表面铲平，坡口角度为 45°，间隙为 2mm，坡口深度为 4mm。在局部放大图中清楚地表达了焊缝的剖面形状及尺寸。横板 2 下表面与立板 1 的焊缝为焊角高度 4mm 的角焊缝。

在技术要求中提出了焊接方法等有关焊接性能要求。构件明细表格式与装配图的明细表基本相同。

图 12-9 所示的结构较简单，所以各零件的规格大小可在图中表达清楚。如结构复杂，还需另外绘制各零件的零件图或展开图。

第13章 管路图

13.1 管路的概述

在日常生活中，经常见到自来水管路、煤气管路等；在工厂里，可以看到机器上的油管；在化工厂，还可以看到各种各样的化工管路等。管路遍及我们的日常生活和生产实际中，它连通着千家万户，维系着机器的正常运行；管材也是常用器材。所以作为工程技术人员，必须具备这方面的基本知识。

管路是由管子、接头和阀门等器件组成，用来将流体（气体或液体）从供应点输送到需求点的通道。用以表达管路的图样，称为管路图。

13.2 管路器件及其连接

13.2.1 管路器件

常见的管路器件主要有管子、管接头和阀门。

1. 管子

管子是管路的主要器件，是流体的主要通道。其分类如下：

（1）按材料料分
- 金属管
  - 黑色金属管（铸铁管、钢管等）
  - 有色金属管（铜管、铝管、铅管等）
- 非金属管（塑料管、橡胶管、玻璃管、陶瓷管等）

（2）按承受压力分为高压管、中压管和低压管。

（3）按强度分为硬管和软管。

管子的主要参数有两个，公称通径（DN）和公称压力（Pa），如表13-1所示。公称通径也就是管子的口径，它可以大于、等于或小于实际管路的内径。公称压力就是管壁所能承受的压力，它必须大于或等于实际工作中的最大压力。在选择管子时，还必须考虑输送流体的性质和工作环境。

为了减少管路中管子、管件及阀门的品种规格，便于设计、制造、安装和检修，国家标准规定了它们的详细规格。钢管可查国标GB/T 3091—2008。

2. 管接头

管路是由一段一段的管子连接而成的，其连接部件称为管接头。管接头是管路中不可缺少的部件，给安装维修带来很大的方便，它可使管路改变方向、变化口径、旁路、分流，以及调节、变换、观察管路中的流体等。

管接头的种类繁多，如弯头、三通、异径管、短接管和堵头等，它们可以由管子本身制成或单独加工而成。

（1）弯头。弯头主要用来改变管路的走向。常见的弯头如图 13-1 所示。

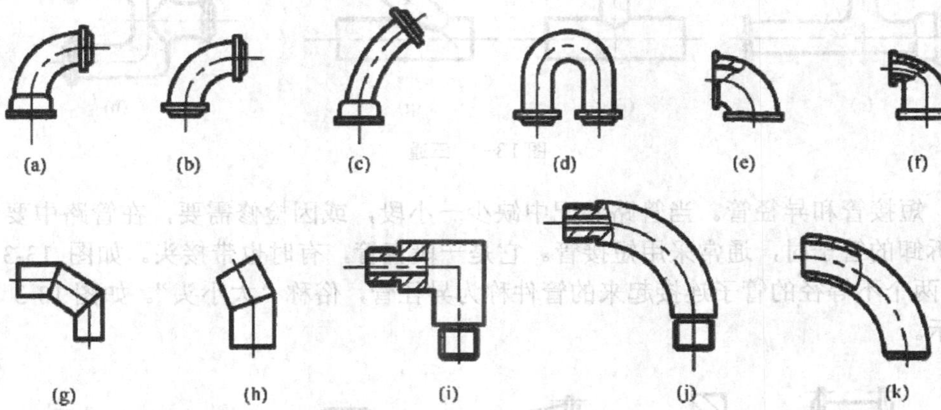

图 13-1　弯头

表 13-1　　钢管公称通径、外径、壁厚、连接螺纹和推荐流量表

公称通径 DN		外径/	管接头连接螺纹/ mm	公称压力 P_n/MPa					推荐管路通过流量	
				≤2.5	≤8	≤16	≤25	≤31.5		
mm	in	mm		管子壁厚/mm					cm³/s	L/min
3		6	M10×1	1	1	1	1	1.4	10.5	0.63
4		8	M14×1.5	1	1	1	1.4	1.4	41.7	2.5
5，6		10	M18×1.5	1	1	1	1.6	1.6	105	6.3
8	1/8	14	M22×1.5	1	1	1.6	2	2	417	25
10，12	1/4	18	M27×2	1	1.6	1.6	2	2.5	668	40
15	3/8	22	M33×2	1.6	1.6	2	2.5	3	1050	63
20	1/2	28	M42×2	1.6	2	2.5	3.5	4	1670	100
25	3/4	34	M48×2	2	2	3	4.5	5	2670	160
32	1	42	M60×2	2	2.5	4	5	6	4170	250
40	1	50		2.5	3	4.5	5.5	7	6680	400
50	1	63		3	3.5	5	6.5	8.5	10500	630
65	2	75		3.5	4	6	8	10	16700	1000
80	2	90		4	5	7	10	12	20880	1250
100	3	120		5	6	8.5			41700	2500
	4									

注：压力管道推荐用 15 号、20 号冷拔无缝钢管，在 P_n=8～31.5MPa 时，选用 15 号钢；对卡套式管接头用管，采用高级精度冷拔钢管；焊接式管接头用管，采用普通级精度的钢管。

（2）三通。用来连接三个接口的管接头，称为三通。三通有正、斜、等径、异径之分，它主要用来旁路分流。常见的三通如图 13-2 所示。

另外，根据实际需要，还有多接口的管件，如四通，五通等。它们通常是拼焊而成，也有模压组焊、铸造和锻造而成的。

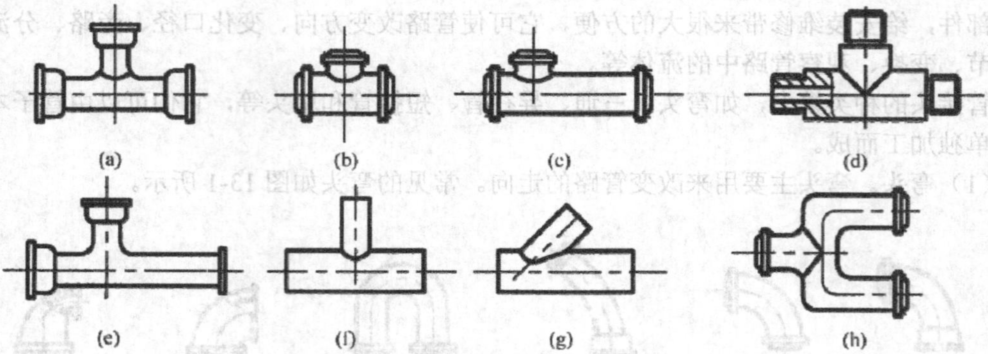

图 13-2　三通

（3）短接管和异径管。当管路装配中缺少一小段，或因检修需要，在管路中要设置一小段可拆卸的管子时，通常采用短接管。它是一段直管，有时也带接头。如图 13-3（a）、（b）。将两个不等径的管子连接起来的管件称为异径管，俗称“大小头”。如图 13-3（c）～（e）所示。

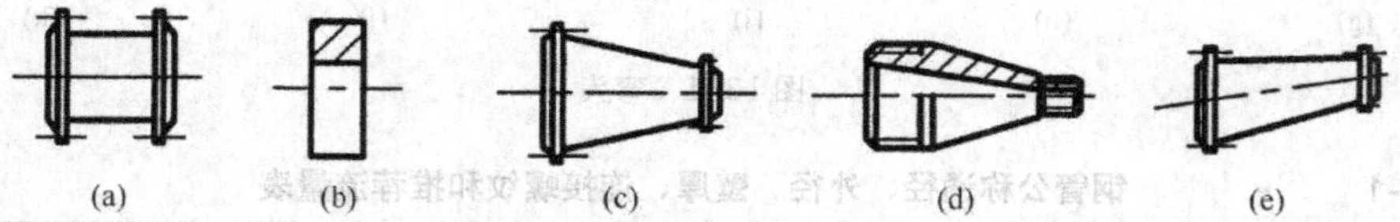

图 13-3　短接管和异径管

（4）堵头和盲板。为了清理和检修需要，常在管路上设置堵头和盲板。堵头用以封闭管子的末端或管接头通道的器件。盲板用来暂时封闭管路的某一接口，或将某一段管路中断与系统的联系。常见的形式如图 13-4 所示。

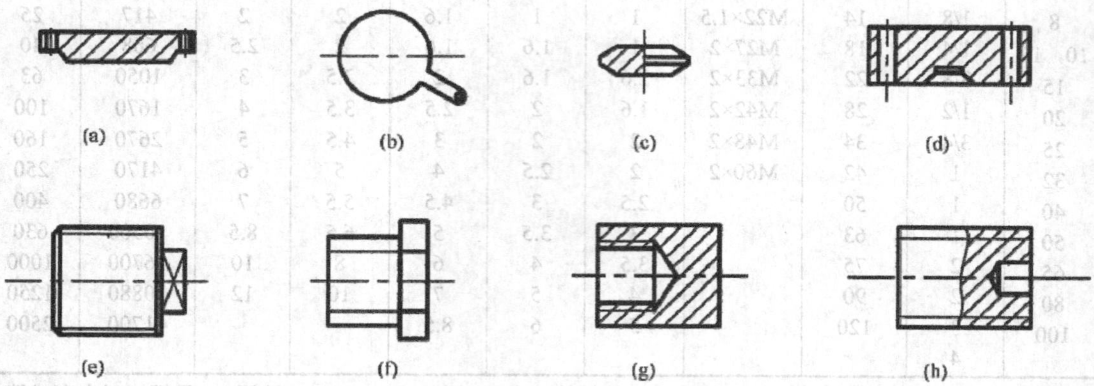

图 13-4　盲板与堵头

3. 阀门

管路中用来调节流量，切断或切换管路以及对管路起安全控制作用的一种管件，通常称为阀门。根据作用阀门可分为截止阀、节流阀、安全阀、止回阀等；根据结构可分为旋塞、闸阀、球阀、蝶阀、隔膜阀等。常见的几种阀门如图 13-5 所示。

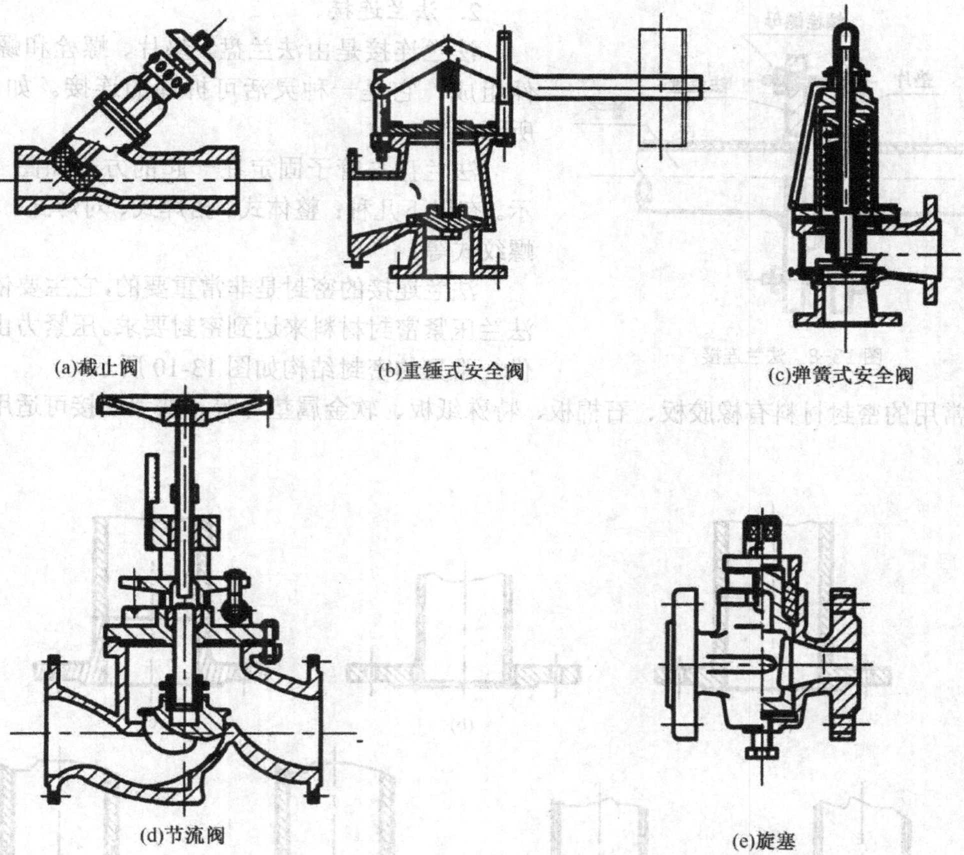

图 13-5 阀门

13.2.2 管路的连接

管路的连接包括管子与管子、管子与阀门、接头及设备的连接。目前普遍采用的连接形式有：螺纹连接、法兰连接、焊接及其他连接等。

1. 螺纹连接

螺纹连接就是利用内外螺纹的旋合把两个管件连接在一起。通常用管螺纹连接，也有用细牙螺纹连接的。连接结构主要由管箍和带螺纹的管件组成，如图 13-6 所示。这种连接可以拆卸，但不方便。为了方便拆卸，要采用图 13-7 所示的活络管接头，一般用于压力和温度不太高的地方。

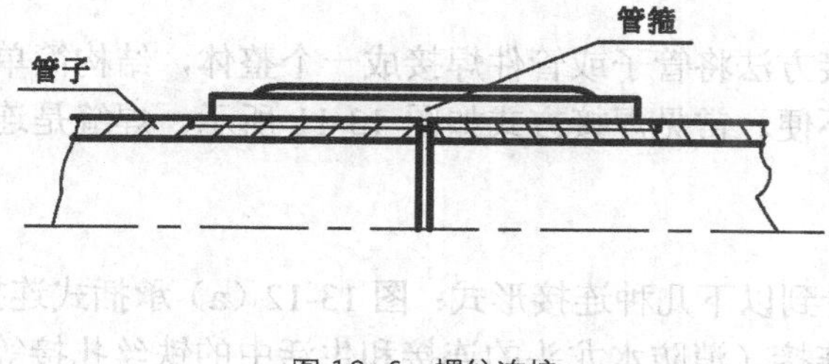

图 13-6 螺纹连接

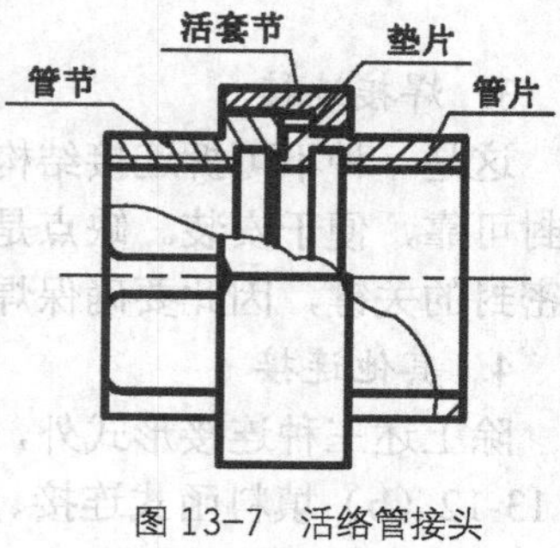

图 13-7 活络管接头

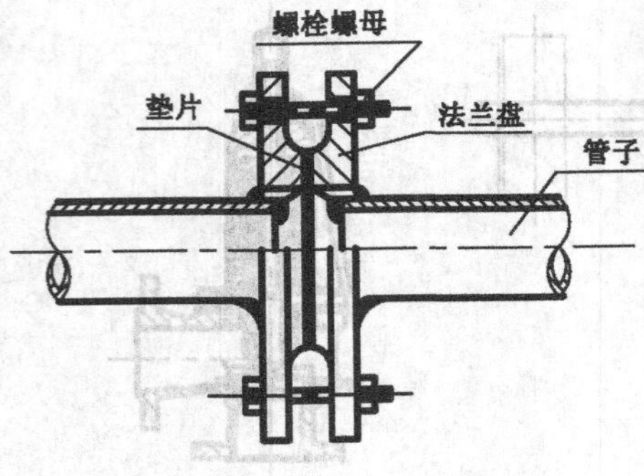

图 13-8　法兰连接

2. 法兰连接

法兰连接是由法兰盘、垫片、螺栓和螺母等零件组成，它是一种灵活可拆卸的连接。如图 13-8 所示。

法兰盘与管子固定在一起的方式如图 13-9 所示。有以下几种：整体式、搭焊式、对焊式、松套式、螺纹式等。

法兰连接的密封是非常重要的，它主要依靠两个法兰压紧密封材料来达到密封要求。压紧力由螺栓提供。常见的密封结构如图 13-10 所示。

常用的密封材料有橡胶板、石棉板、特殊纸板、软金属垫片等。法兰连接可适用于高压管路。

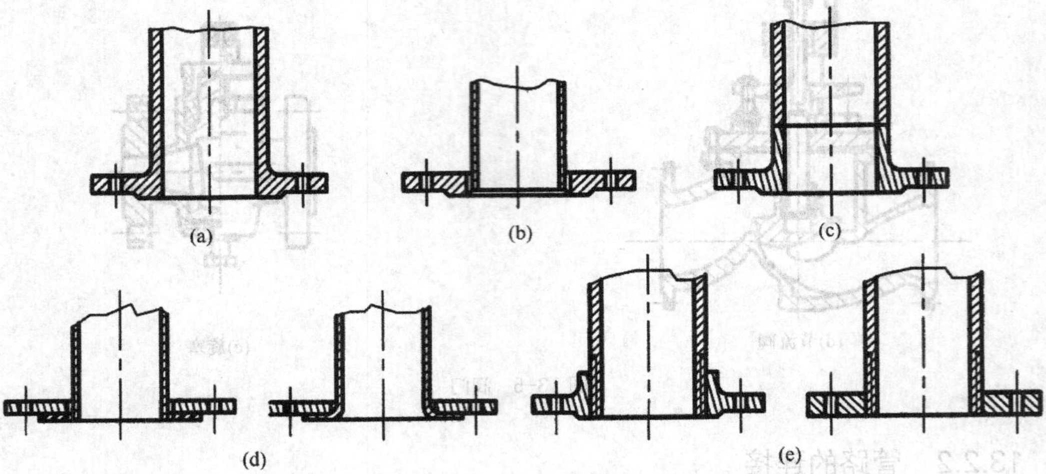

图 13-9　法兰与管子的固定方式

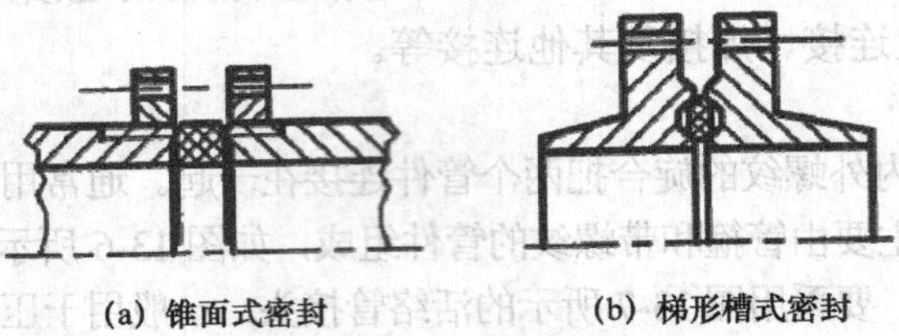

图 13-10　法兰密封结构

3. 焊接连接

这是一种不可拆连接结构。它是用焊接方法将管子或管件焊接成一个整体，结构简单，密封可靠，便于安装。缺点是清理和检修不便。常见焊接方式如图 13-11 所示。焊缝是连接和密封的关键，因此要确保焊缝的质量。

4. 其他连接

除上述三种连接形式外，管路中还可看到以下几种连接形式：图 13-12（a）承插式连接、图 13-12（b）填料函式连接、简便快接式连接（消防水龙头的连接和生活中的铁丝扎接等）。

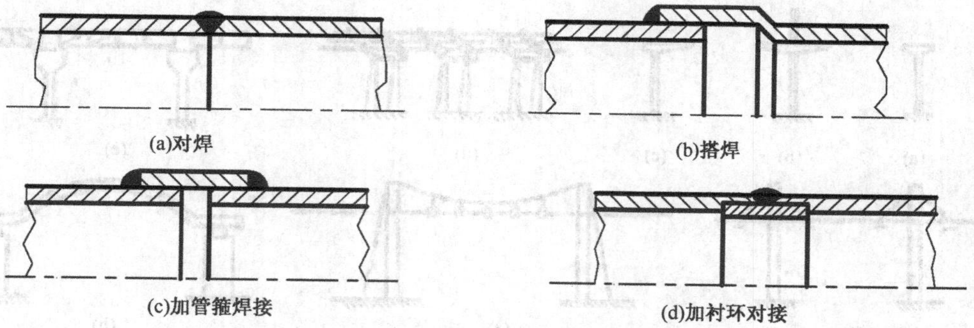

图 13-11 焊接连接

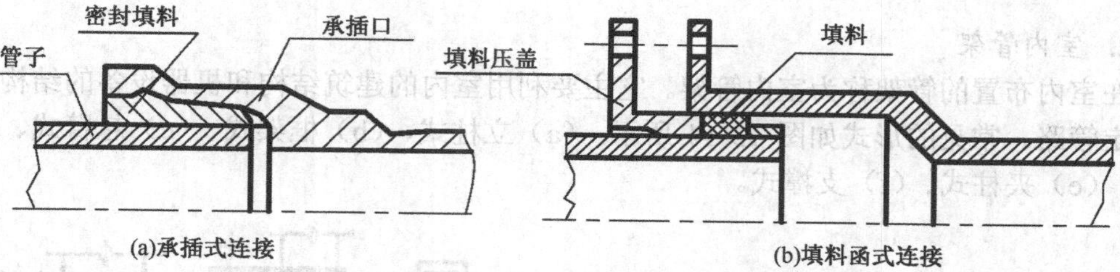

图 13-12 其他连接

13.3 管路安装的结构

在管路设计时，还必须考虑安装问题，根据要求将管路配置到所需的位置。管路安装具有特定的结构，一般来说，室外管路较长，有的要穿越马路和厂房，就需要架空或敷设地沟，而室内的管路则要利用墙壁、柱子、楼板以及机器设备本身构件来支撑、吊挂及固定。如果需要将管路弯曲，还必须考虑其最小曲率半径，表 13-2 为推荐钢管弯管的最小曲率半径和支架间的最大距离。

表 13-2　　推荐钢管弯管的最小曲率半径和支架间的最大距离

管子外径 D_0	10	14	18	22	28	34	42	50	63
最小曲率半径	50	70	75	75	90	100	130	150	190
支架最大距离	400	450	500	600	700	800	850	900	1000

注：管子应从套管的一端大于 1/2 管子外径的距离处开始弯；$D_0 \leqslant 14$mm 时，可用手动工具弯管，较粗的钢管宜用手动式或动力式弯管机进行弯管。

13.3.1 管架

管架是用来支撑和固定管路用的。有钢结构管架和混凝土结构管架。分为室外管架和室内管架，它们又有支架和吊架之别。

1. 室外管架

在室外构造的管架为室外管架，它的结构形式很多，常见的形式如图 13-13 所示：（a）独立式、（b）十字架式、（c）悬臂式、（d）梁架式、（e）桁架式、（f）悬杆式、（g）悬索式、（h）拱桥式。

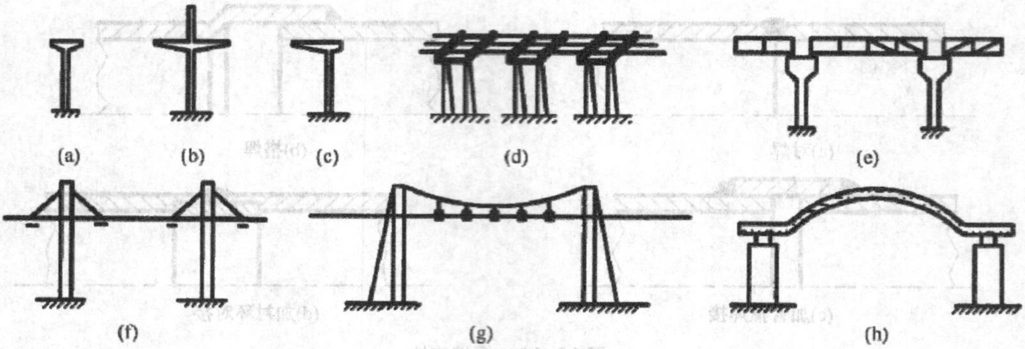

图 13-13 室外管架

2. 室内管架

在室内布置的管架称为室内管架。它主要利用室内的建筑结构和机器设备的结构来定位和固定管路。常见的形式如图 13-14 所示：（a）立柱式、（b）框架式、（c）悬臂式、（d）吊架式、（e）夹柱式、（f）支撑式。

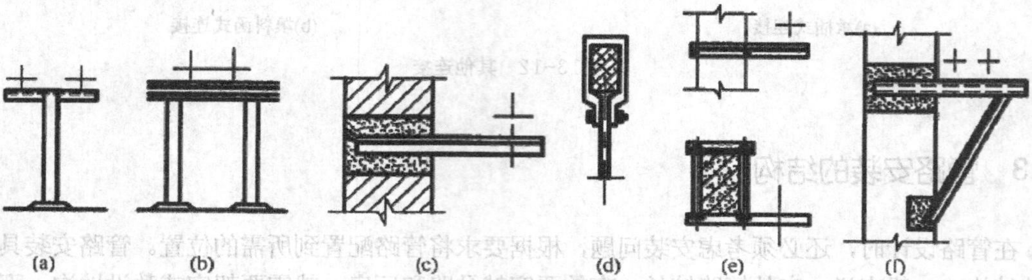

图 13-14 室内管架

3. 管吊

管吊是管架的一种形式，它应用较灵活，可用于室内、室外及管子之间和机器上。常见的形式如图 13-15 所示，有焊接型（平管、弯管、立管）管吊（a）、（c），卡箍型管吊（b），管子之间型管吊（d）、（e）等。

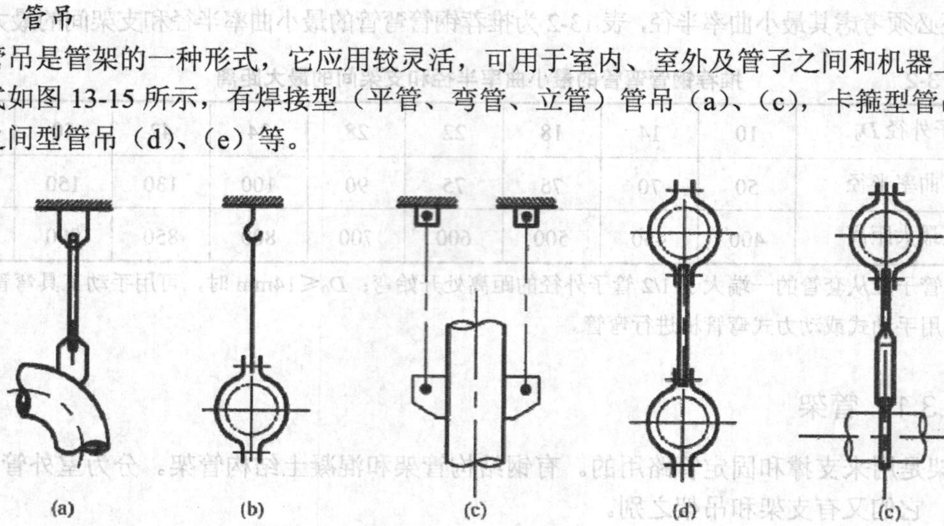

图 13-15 管吊

4. 其他型式管架

根据管路的需要还可有各种型式的管架，如图 13-16 所示。对有振动的管路可用夹持式

（a）和弹簧式（b）来缓冲振动；对有热伸长的管路可采用滚动式（c）和滑动式（d）支架，来减少管路热胀和冷缩产生的张力，防止管路变形。

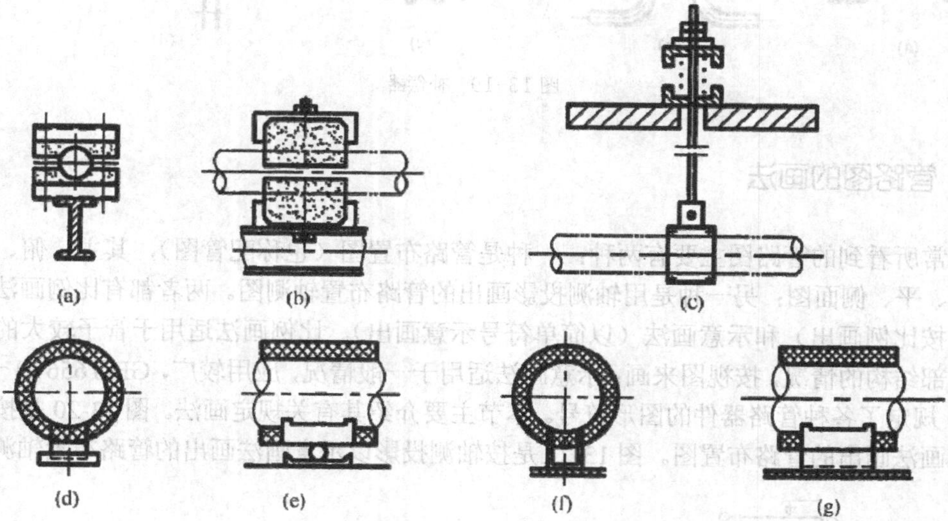

图 13-16　其他型式管架

13.3.2　管托和管卡

管托和管卡是把管路固定在管架上的器件，它起到固定、支撑、保护和导向等方面的作用。常见的管托如图 13-17 所示，管卡如图 13-18 所示。

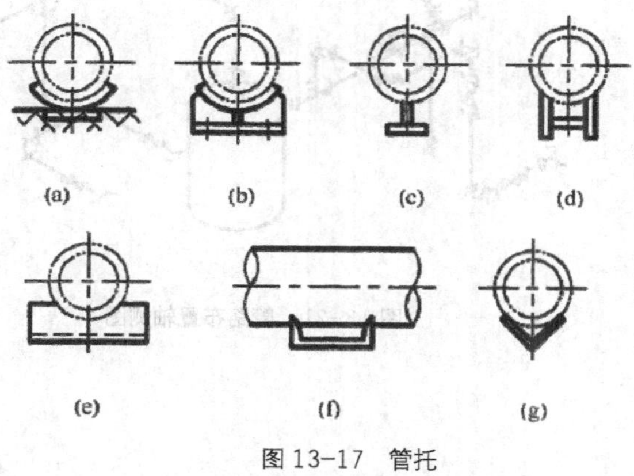

图 13-17　管托

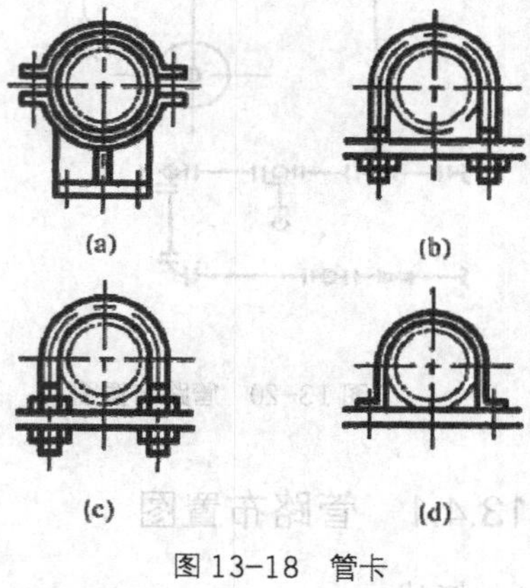

图 13-18　管卡

13.3.3　管路的补偿器

当管路中的流体过热或过冷时，管路就会热胀冷缩，就必须考虑管路的补偿问题。通常采用补偿器（也叫伸缩器）来补偿。常见的补偿器如图 13-19 所示，有“π”型（a），“Ω”型（b），“波”型（c）和填料型（d）几种。其中“π”型和“Ω”型制造比较方便，普遍应用在蒸汽管路中，“波”型用在较大的管路中，而填料型大多应用在铸铁等脆性材料的管路中。

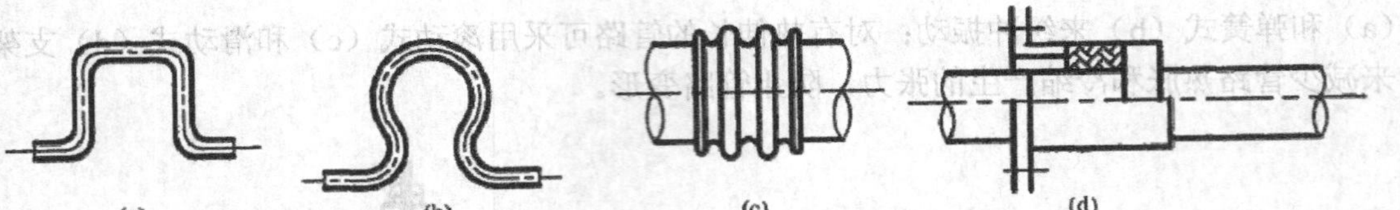

图 13-19 补偿器

13.4 管路图的画法

通常所看到的管路图主要有两种：一种是管路布置图（也称配管图），其主、俯、左视图也称立、平、侧面图；另一种是用轴测投影画出的管路布置轴测图。两者都有比例画法（以真实大小按比例画出）和示意画法（以简单符号示意画出）。比例画法适用于管子较大的情况和表达局部结构的情况，按视图来画；示意画法适用于一般情况，应用较广，GB/T6567.1～6567.5—2008 规定了各种管路器件的图形符号。本节主要介绍其有关规定画法。图 13-20 是按正投影以示意画法画出的管路布置图。图 13-21 是按轴测投影以示意画法画出的管路布置轴测图。

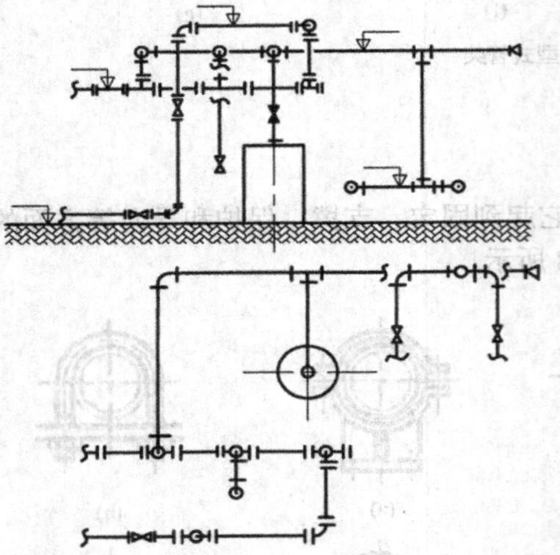

图 13-20 管路布置图

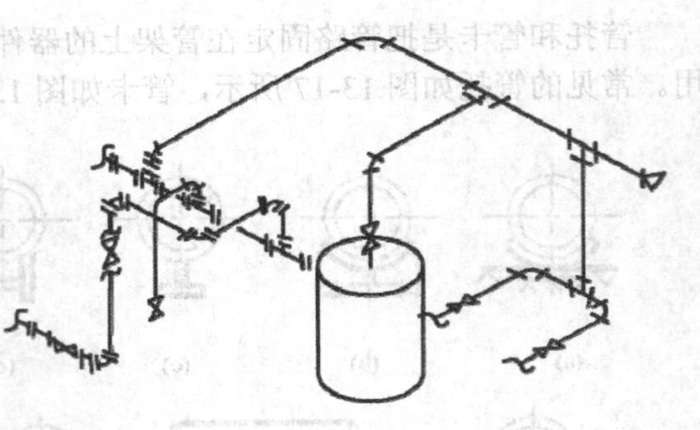

图 13-21 管路布置轴测图

13.4.1 管路布置图

1. 概述

管路布置图也称管路安装图或配管图，实际上它是在设备上布置和添加管路及其配件而形成的，主要表达以下几个问题：

（1）管路与设备的连接；

（2）管路之间的相对位置；

（3）管路的走向；

（4）重要器件；

（5）与管架的相互关系；

（6）安装尺寸。

2. 画法规定

（1）在管路图中，以管路为主，与管路有关的其他设备，建筑物等，仅表示出大概形状，以能表示出它的管口位置和安装部位等相互关系为准。

（2）管道和管件的常用表示方法，如表 13-3 所示。

（3）管道的区别方法如表 13-3 所示，常用代号标注、管路直径及流体参数等来区别。

（4）交叉和重叠管道的表示方法如表 13-3 所示。

（5）转折和分流的表示方法如表 13-3 所示。

表 13-3　　管路的图形符号（GB/T6567—2008）

名称			符号
管路	方法一	可见管路 不可见管路 假象管路	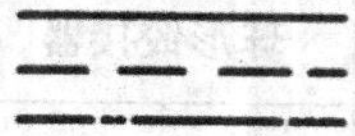
管路	方法二	表示介质的状态、类别和性质	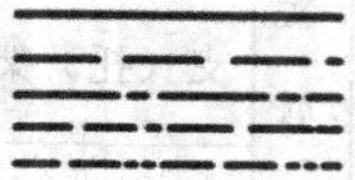
管路		挠性管、软管	
管路		保护管	
管路		保温管	
管路		夹套管	
管路		蒸汽伴热管	
管路		电伴热管	
管路		交叉管	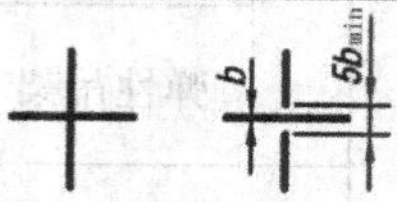
管路		相关管	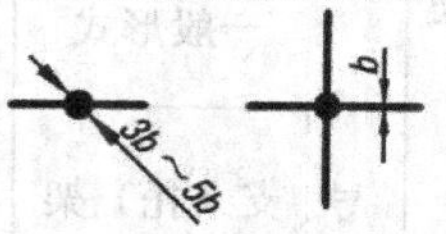
管路		弯折管	
管路		介质流向	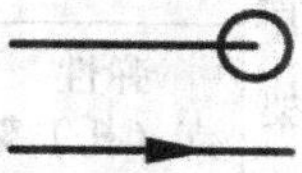
管路		管路坡度	

名称			符号
管路的一般连接形式		螺纹连接	
管路的一般连接形式		法兰连接	
管路的一般连接形式		承插连接	
管路的一般连接形式		焊接连接	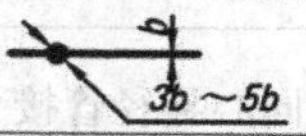
常用介质	类别代号	空气	代号A
常用介质	类别代号	蒸汽	代号S
常用介质	类别代号	油	代号O
常用介质	类别代号	水	代号W
管路的标注	管径	对无缝钢管或者有色金属管路，应采用“外径×壁厚”标注。如图中的 $\phi108\times4$，其中 ϕ 允许省略	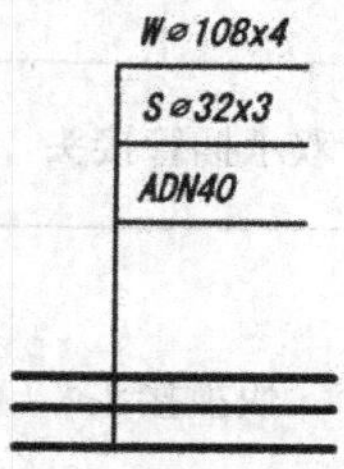
管路的标注	管径	对水煤气输送钢管、铸铁管、塑料管等其他管路应采用公称通径“DN”标注，如图所示	
管路的标注	标高符号	一般采用的形式	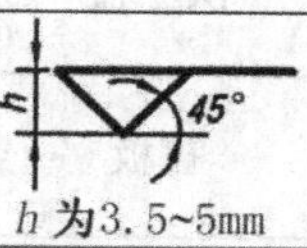 h 为3.5~5mm
管路的标注	标高符号	也可采用的形式	

（6）管件的表示方法如表 13-4 所示。

表 13-4　　管件的图形符号（GB/T6567—2008）

名称			符号
管接头	弯头（管）		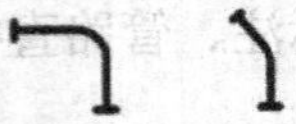
管接头	三通		
管接头	四通		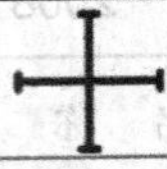
管接头	活接头		
管接头	外接头		
管接头	内外螺纹接头		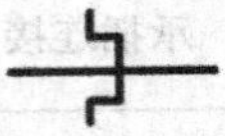
管接头	同心异径管接头		
管接头	偏心异径管接头	同底	
管接头	偏心异径管接头	同顶	
管接头	双承插管接头		
管接头	快换接头		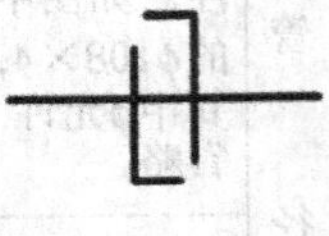
管帽及其他	螺纹管帽		
管帽及其他	堵头		
管帽及其他	法兰盘		
管帽及其他	盲板		
管帽及其他	管间盲板		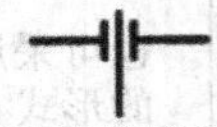

名称			符号
伸缩器	波形伸缩器		
伸缩器	套筒伸缩器		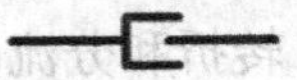
伸缩器	矩形伸缩器		
伸缩器	弧形伸缩器		
伸缩器	球形铰接器		
管架	固定管架	一般形式	
管架	固定管架	支（托）架	
管架	固定管架	吊架	
管架	活动管架	一般形式	
管架	活动管架	支（托）架	
管架	活动管架	吊架	
管架	活动管架	弹性支（托）架	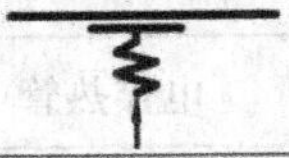
管架	活动管架	弹性吊架	
管架	导向管架	一般形式	
管架	导向管架	支（托）架	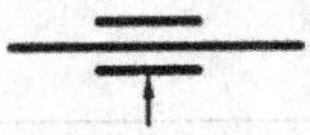
管架	导向管架	吊架	
管架	导向管架	弹性支（托）架	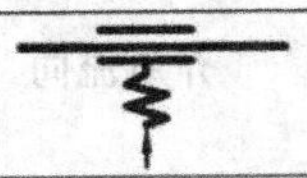
管架	导向管架	弹性吊架	

（7）尺寸标注。在所有图上只标注定位尺寸，如图 13-22 所示：（a）正投影图、（b）展开图、（c）轴测图。

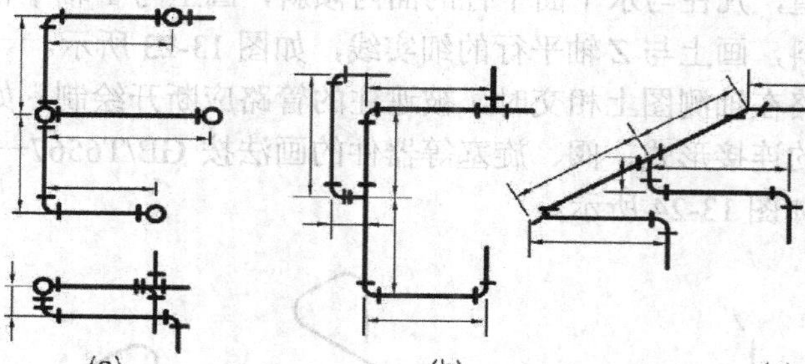

图 13-22 尺寸标注

13.4.2 管路布置轴测图

1. 概述

管路布置轴测图是对管路布置图的补充，具有立体感强、容易识读等优点，但不适宜表达复杂的管路。对复杂的管路要分段表示，才能将整个管路系统的具体走向和尺寸标注清晰地表达出来。它对现场施工安装及检修有实用价值，所以近年来，配以模型设计，将有取代管路布置图的趋势（图 13-23）。

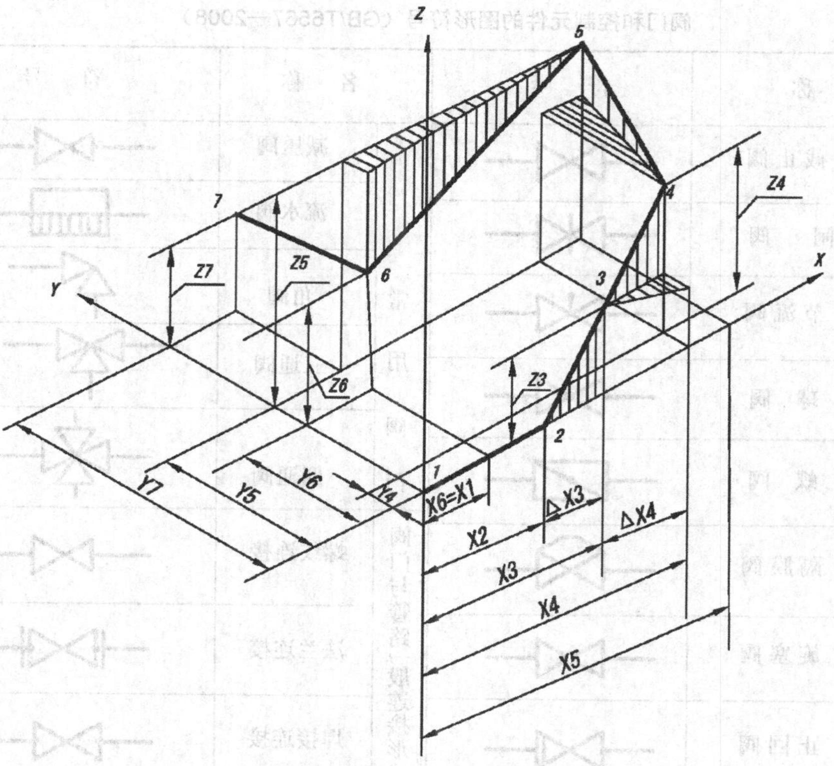

图 13-23 管路布置轴测图

2. 画法规定

（1）各种管路一律用粗实线绘制。

（2）曲折的空间管道，凡在与水平面平行的面内倾斜，画上与 Y 轴平行的细实线；凡在与水平面垂直的面内倾斜，画上与 Z 轴平行的细实线，如图 13-23 所示。

（3）交叉的空间管路在轴测图上相交时，被遮住的管路应断开绘制，如图 13-24 所示。

（4）管路图中管道的连接形式、阀、旋塞等器件的画法按 GB/T6567—2008 中所规定的符号（表 13-5）绘制，如图 13-24 所示。

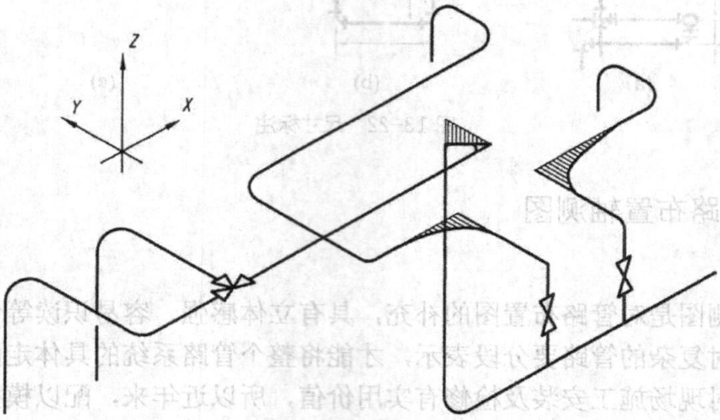

图 13-24　轴测示意图

表 13-5　　阀门和控制元件的图形符号（GB/T6567—2008）

	名　称	符　号		名　称	符　号
常用阀门	截止阀		常用阀门	减压阀	
	闸　阀			流水阀	
	节流阀			角阀	
	球　阀			三通阀	
	蝶　阀			四通阀	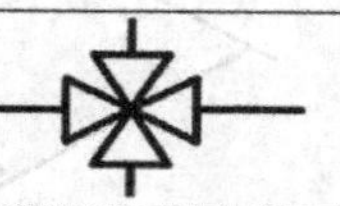
	隔膜阀		阀门与管路一般连接形式	螺纹连接	
	旋塞阀			法兰连接	
	止回阀	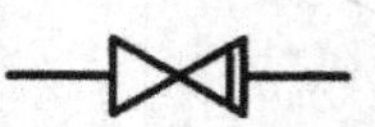		焊接连接	

续表

名称			符号
常用阀门	安全阀	弹簧式	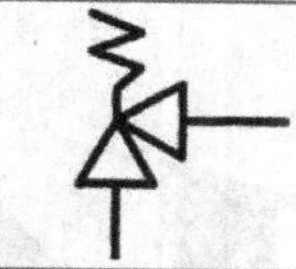
		重锤式	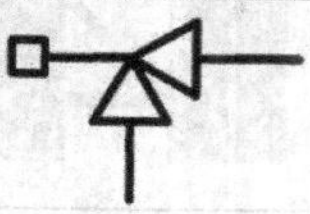
控制元件		带弹簧薄膜元件	
		不带弹簧薄膜元件	
		活塞元件	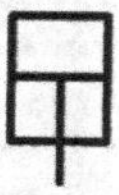
		电磁元件	
		电动元件	
		弹簧元件	
		浮球元件	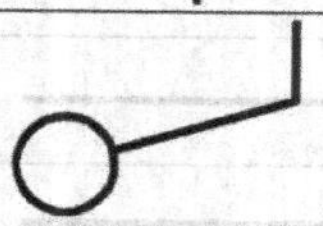
		重锤元件	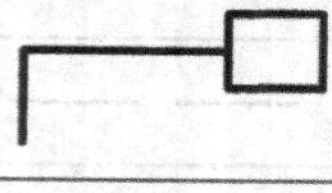
		遥控	 至……
组合示例		人工控制阀	
		电动阀	

名称		符号
控制元件	手动（包括脚边）元件	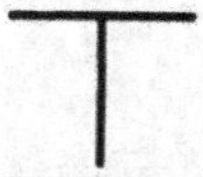
	自动元件	
传感元件	温度传感元件	
	压力传感元件	
	流量传感元件	
	湿度传感元件	
	水准传感元件	
指示表（计）和记录仪	指示表（计）	
	记录仪	
传感元件和指示表（计）、记录仪的图形符号组合示例	温度指示表（计）	
传感元件和指示表（计）、记录仪的图形符号组合示例	温度记录仪	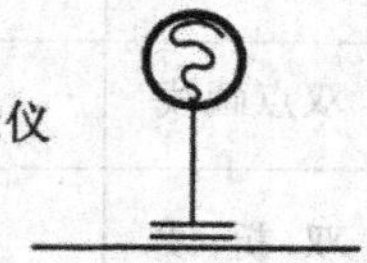

第 14 章 家具制图

家具制图是家具设计人员必须具备的基本知识和技能。家具设计从构思方案就需要绘制各种图样，设计的新家具除了对样品或模型进行考察分析，更多的是根据图样进行研究讨论，最后根据图样组织生产。家具图样的绘制不仅涉及制图标准和绘制方法，还和家具结构和制造工艺有密切关系，家具图样是设计与制造过程中不可少的信息语言。

14.1 家具制图标准

《家具制图》国家标准（GB/T1338—1991）是我国目前绘制家具图样应统一遵循的标准。绘制家具图样，必须学习有关的制图标准，遵守标准中的各项规定。

14.1.1 图线

《家具制图》标准中规定的图线有 9 种，如表 14-1 所示。

表 14-1　图线的种类

图线名称	图线形式	图线宽度
实线		b(0.25~1mm)
粗实线		1.5~2b
虚线		b/3或更细
粗虚线		1.5~2b
细实线		b/3或更细
点画线		b/3或更细
双点画线		b/3或更细
双折线		b/3或更细
波浪线		b/3或更细（徒手绘制）

图线的用法如图 14-1 所示。

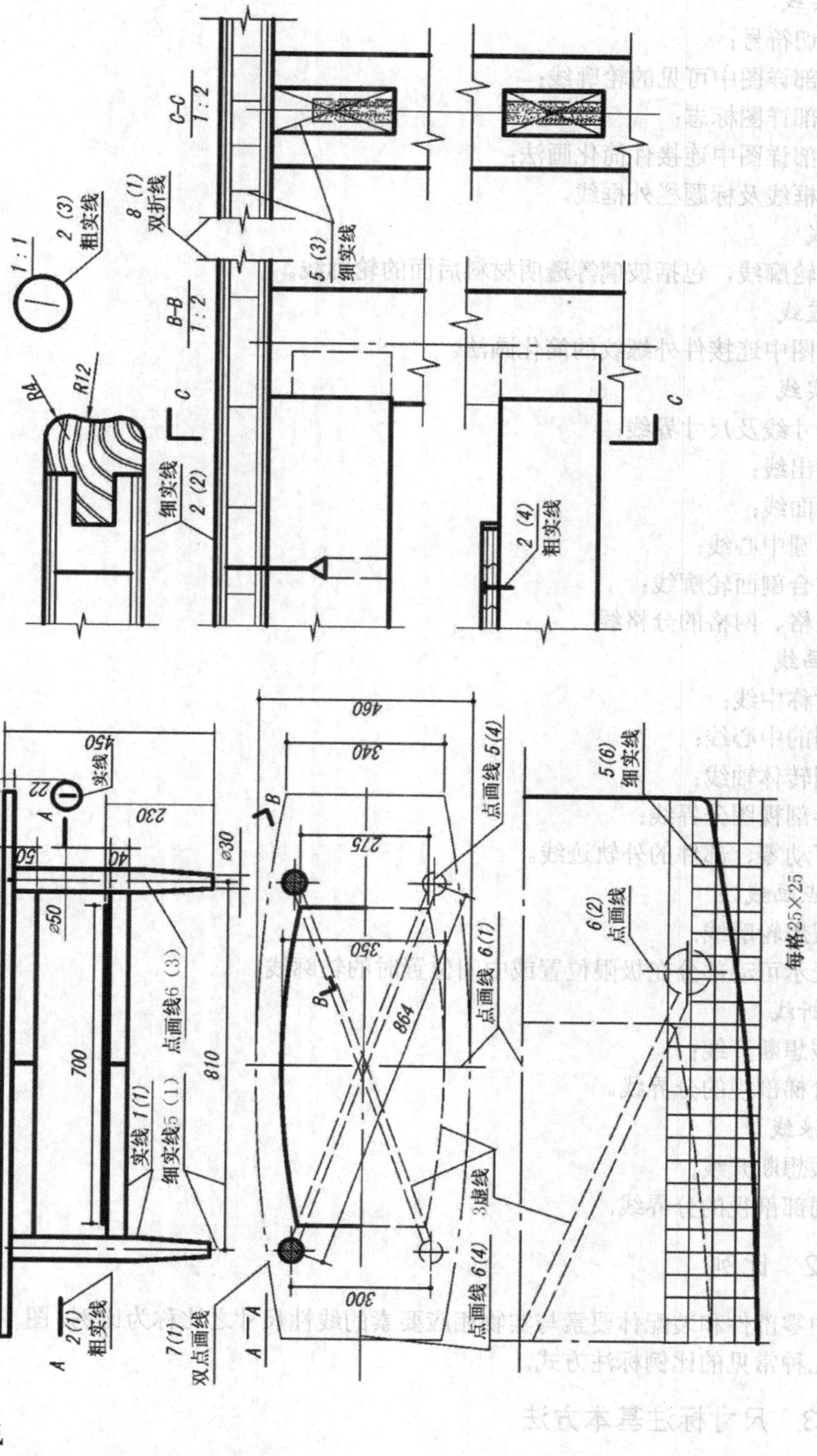

图 14-1 图线用法

1. 实线

(1) 基本视图中可见的轮廓线；

（2）局部详图索引标志。

2. 粗实线

（1）剖切符号；

（2）局部详图中可见的轮廓线；

（3）局部详图标志；

（4）局部详图中连接件简化画法；

（5）图框线及标题栏外框线。

3. 虚线

不可见轮廓线，包括玻璃等透明材料后面的轮廓线。

4. 粗虚线

局部详图中连接件外螺纹的简化画法。

5. 细实线

（1）尺寸线及尺寸界线；

（2）引出线；

（3）剖面线；

（4）小圆中心线；

（5）重合剖面轮廓线；

（6）表格、网格的分格线。

6. 点画线

（1）对称中线；

（2）圆的中心线；

（3）回转体轴线；

（4）半剖视图分界线；

（5）可动零、部件的外轨迹线。

7. 双点画线

（1）假想轮廓线；

（2）表示可动部分在极限位置或中间位置时的轮廓线。

8. 双折线

（1）假想断开线；

（2）阶梯剖视的分界线。

9. 波浪线

（1）假想断开线；

（2）局部剖视的分界线。

14.1.2 比例

图样中零部件和装配体要素与实物相应要素的线性尺寸之比称为比例。图 14-2 所示为家具制图中几种常见的比例标注方式。

14.1.3 尺寸标注基本方法

家具制图中标注尺寸，尺寸线上的起止符号一般采用与尺寸线倾斜 45° 左右的短线表示，短线长 2～3mm，也可采用小圆点（图 14-3）。但在同一张图样上，除角度、直径和半径用箭头表示外，应采用同一种起止符号。

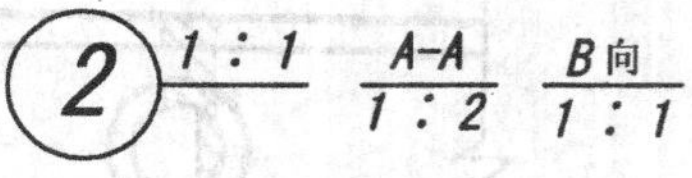

图 14-2 图样中比例的注写

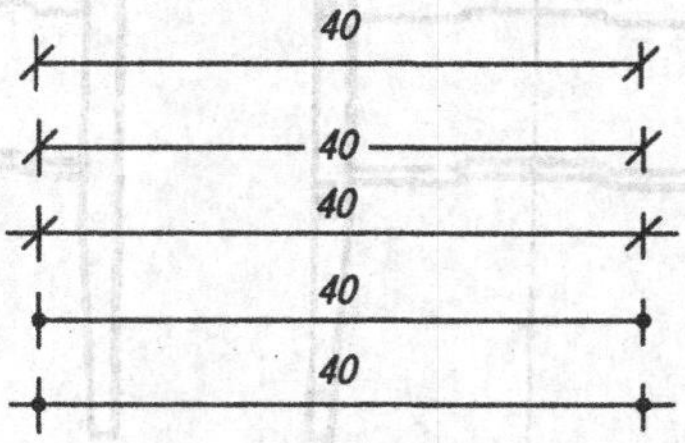

图 14-3 直线尺寸的标注

14.2 透视图

家具设计人员要表达自己的设计构思，包括造型、结构、功能等都需要用图反映出来。表达结构和功能时重在具体内容和尺度，所以需用正投影图表达。而要反映家具外观造型的形象，图就必须画得逼真、生动，这就要求用中心投影法来画图，即透视图。它具有人眼观察家具的近大远小等图像特征。掌握透视图画法是家具设计人员必须具备的一项基本技能。

家具制图中常见的透视图有两种：平行透视（亦称一点透视）和成角透视（亦称二点透视），如图 14-4（a）、（b）所示。具体画法可参阅《家具制图》等有关教科书。

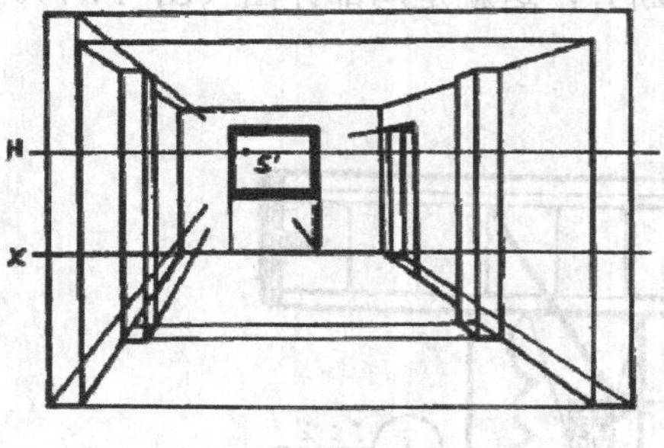

(a) 一点透视

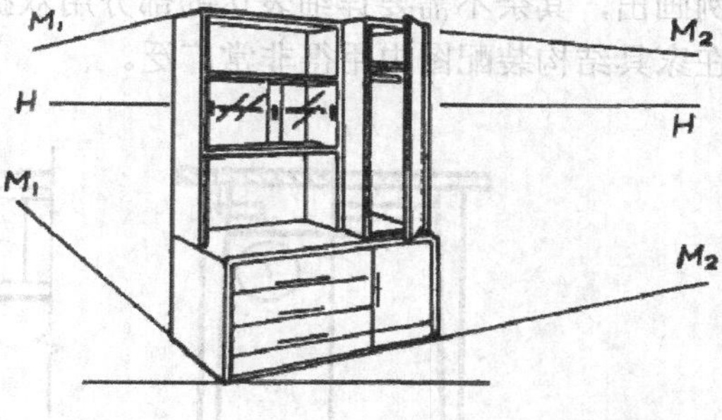

(b) 二点透视

图 14-4 透视图

14.3 家具制图的各种表达方法

《家具制图》标准规定了一系列的表达方法，用来表达家具的外形和内部结构，其中包括视图、剖视、剖面以及常用连接件的规定画法等，其用途和画法与《机械制图》标准相同或相近，如图 14-5、图 14-6 所示。

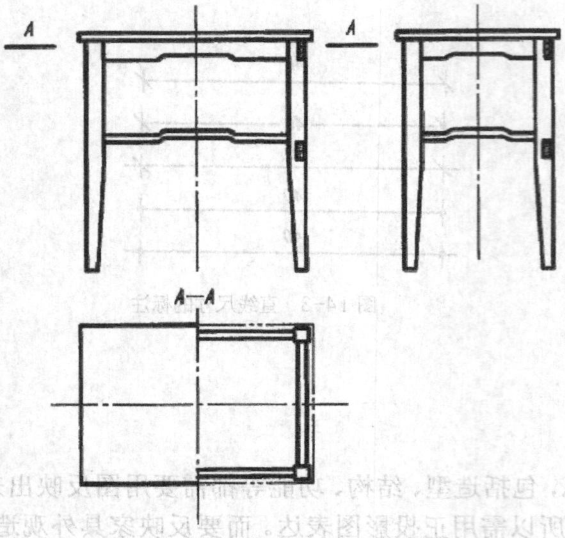

图 14-5　方凳

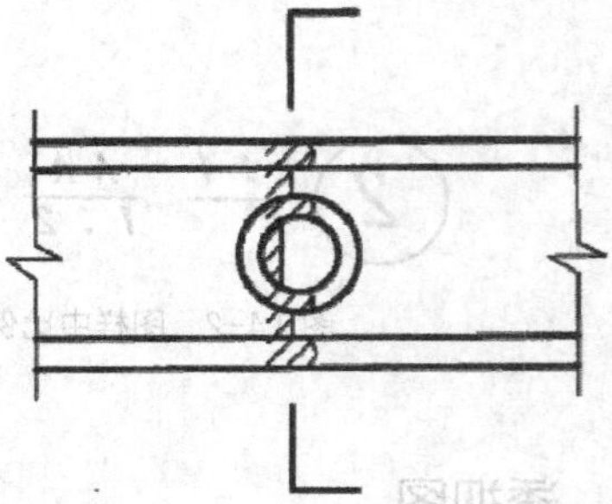

图 14-6　重合剖面在表面雕刻中的应用

这里专门介绍一下局部详图的作用和画法。

由于家具尺寸相对于图纸来说一般都要大很多，这样，表现家具整体结构的基本视图必然要缩小比例。但是对于家具的结合部分及一些显示装配关系的部分，如榫结合、螺钉连接等，却因缩小的比例在基本视图上无法画清楚。为解决这一矛盾，采用画局部详图的方法表达，即把基本视图中要详细表达的某些局部，用比基本视图大的比例，如采用 1∶2 或 1∶1 的比例画出，其余不需要详细表达的部分用双折线断开，这就是局部详图（图 14-7)。局部详图在家具结构装配图中用得非常广泛。

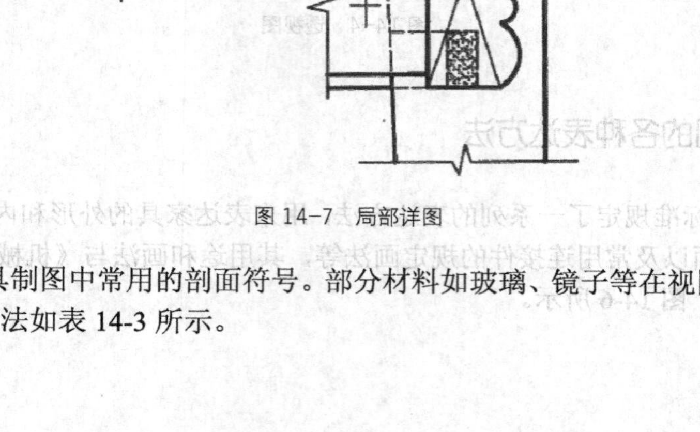

图 14-7　局部详图

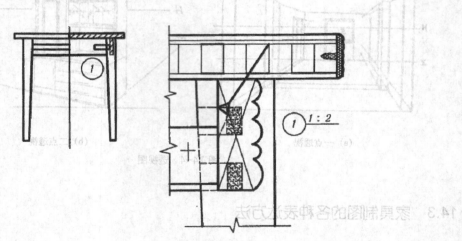

表 14-2 是家具制图中常用的剖面符号。部分材料如玻璃、镜子等在视图中也可画出图例以表示其材料，画法如表 14-3 所示。

表 14-2 剖面符号

名称			剖面符号	名称	剖面符号
木材	横剖（断面）	方材		纤维板	
		板材	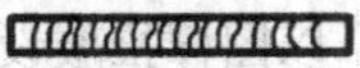	薄木（薄皮）	
	纵剖			金属	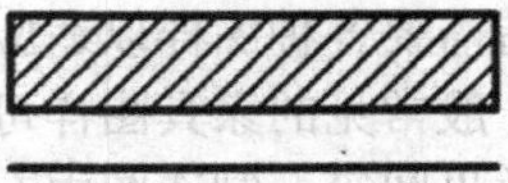
胶合板（不分层数）				塑料有机玻璃橡胶	
覆面刨花板				软质填充料	
细木工板	纵剖		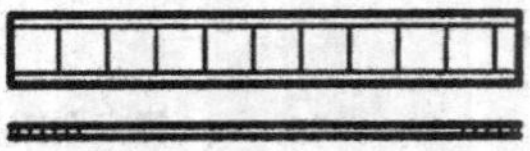	砖石料	
	横剖		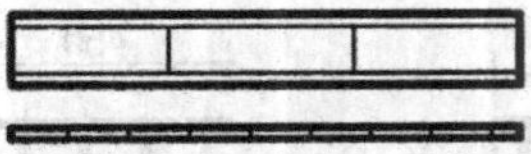		

表 14-3 图例及剖面符号

名称	图例	剖面符号	名称	图例	剖面符号
玻璃	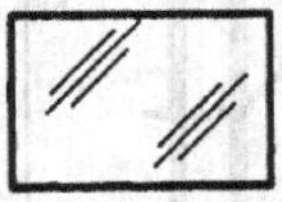		镜子	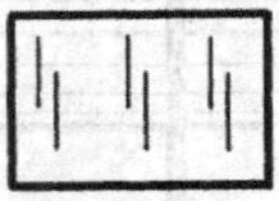	
编竹	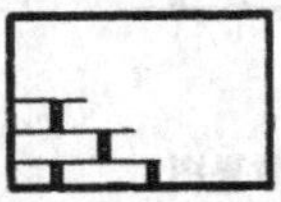		藤织	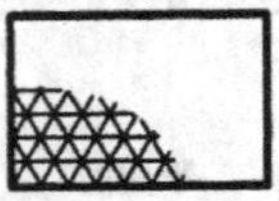	
网纱	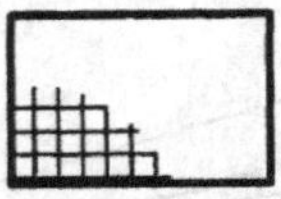	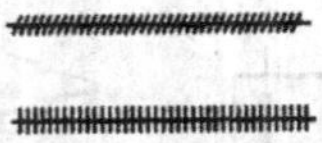	弹簧	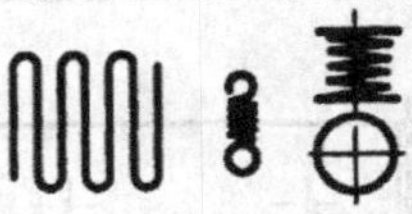	
空芯板	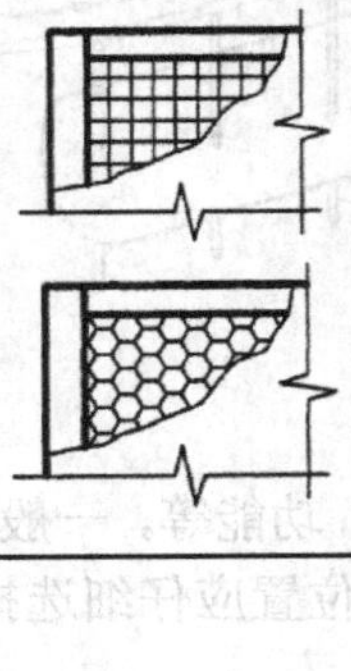	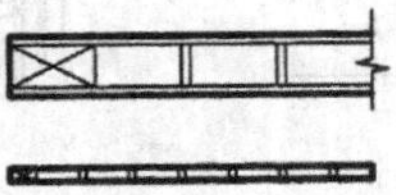			

14.4 家具图样

家具从设计人员构思到制造及产品验收，其中各个环节都要由图样来传递信息。通过图样，使设计人员的形象思维活动转化为具体的图形，以图样推敲设计的优缺点，比较并加以修改；再通过图样，制作出样品或模型，从布局、尺寸、色彩、功能、工艺等方面综合考虑后再作修改，修改定型的结果再反映到图样上，然后依据图样投入生产。由此可见，家具设计制造需要各种图样以适应不同要求。

一般常见的家具图样可分为两大类，即设计图和制造图。设计图中有设计草图、设计图，包括效果图等；制造图中有结构装配图、装配图、部件图和零件图，包括大样图等。

这里仅简要介绍家具设计图和结构装配图两种。

14.4.1 家具设计图

家具设计图是反映设计人员构思的家具图样。最初，根据用户要求、使用功能、环境、艺术造型等综合已有的资料，构思家具草图，再根据修改后的草图用仪器工具按一定比例和尺寸画出设计图（图 14-8）。

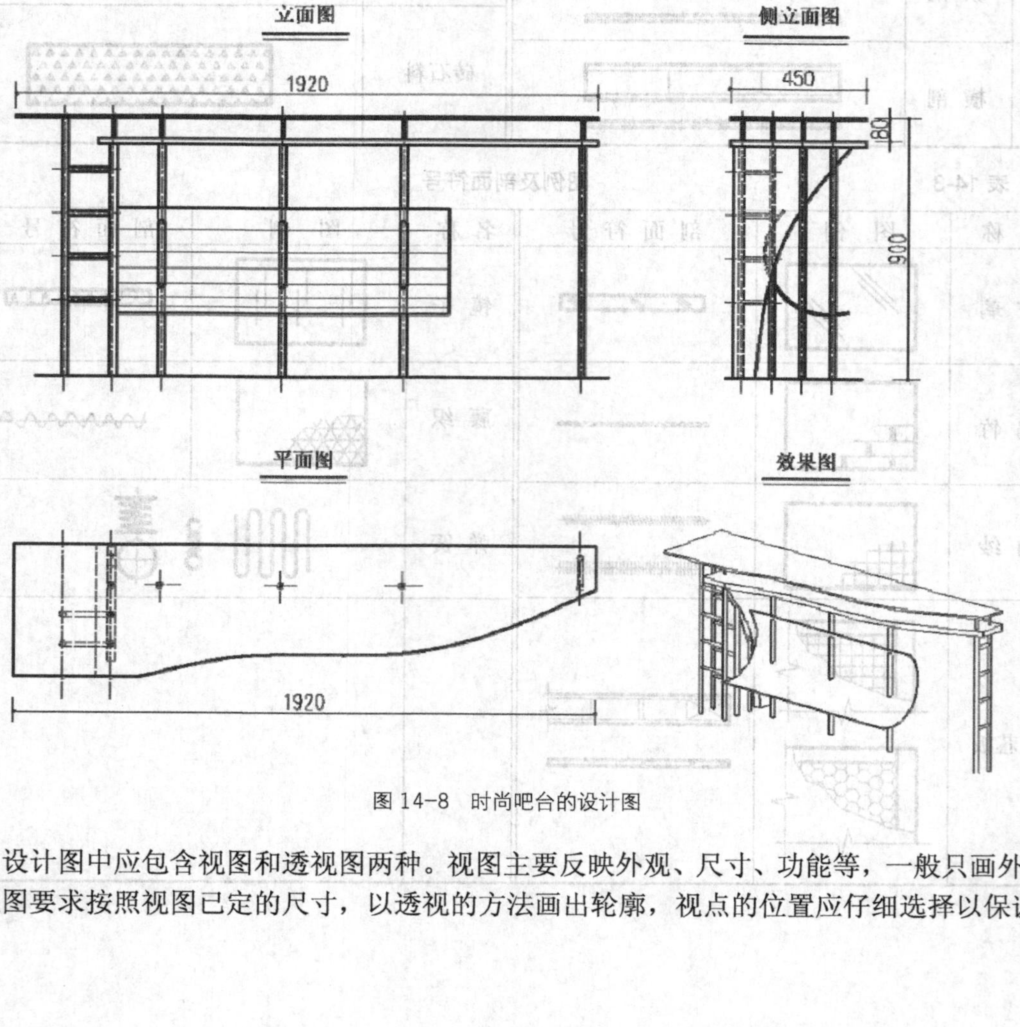

图 14-8 时尚吧台的设计图

设计图中应包含视图和透视图两种。视图主要反映外观、尺寸、功能等，一般只画外形。透视图要求按照视图已定的尺寸，以透视的方法画出轮廓，视点的位置应仔细选择以保证透视图形的完美。在此基础上再作润饰，尽可能使画面生动逼真，必要时应上色。设计图上应标注两类尺寸：总体尺寸和功能尺寸。功能尺寸的内容可参照有关国家标准《家具功能尺寸的标注》（QB/T3915—2011）等。

14.4.2 家具结构装配图

仅有反映家具造型和功能的设计图是满足不了生产要求的，应进一步画出家具的内外详细结构，包括各构件的形状，它们之间的连接方法等，这种图样称为结构装配图。由于结构装配图是指导生产全过程的依据，所以凡生产上需要的内容基本都要具备。结构装配图一般包含 4 个内容：视图、尺寸、零部件明细表和技术要求。

视图部分一般采用基本视图，如果需要可加局部详图和局部视图的表达方法。图 14-9 是图 14-8 时尚吧台的结构装配图。从 3 个基本视图就可看出整体全貌。

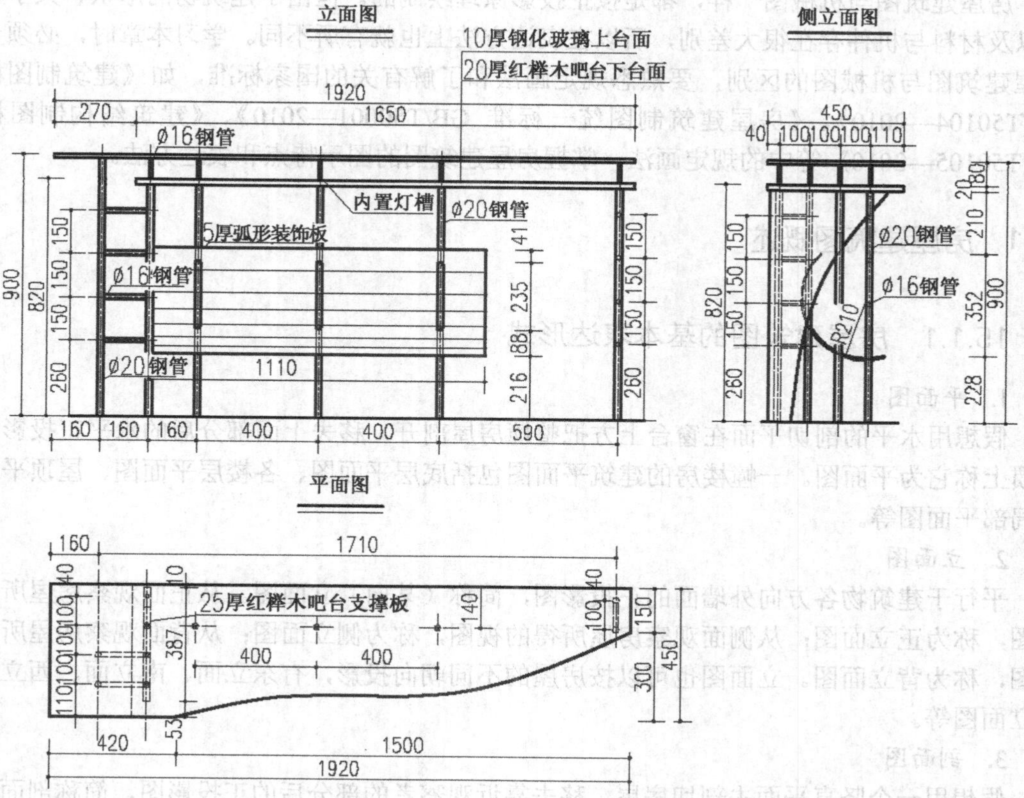

图 14-9 时尚吧台结构装配图

结构装配图上，除了用图形表示形状结构外，还要详尽地标注尺寸，凡制造该家具所需要的尺寸一般都应在图上找到。尺寸标注主要包括以下几类：总体轮廓尺寸、部件尺寸、零件尺寸和零部件定位尺寸。

第15章 房屋建筑图

房屋建筑图与机械图一样，都是按正投影原理绘制的。但由于建筑物的形状、大小、结构以及材料与机件存在很大差别，所以在表达方法上也就有所不同。学习本章时，必须弄清房屋建筑图与机械图的区别，要熟悉规定画法和了解有关的国家标准，如《建筑制图标准GB/T50104—2010》、《房屋建筑制图统一标准 GB/T50001—2010》、《建筑结构制图标准GB/T50105—2010》等中的规定画法，掌握房屋建筑图的图示特点和表达方法。

15.1 房屋建筑图概述

15.1.1 房屋建筑图的基本表达形式

1. 平面图

假想用水平的剖切平面在窗台上方把整幢房屋剖开，移去上面部分后的水平正投影图，习惯上称它为平面图。一幢楼房的建筑平面图包括底层平面图、各楼层平面图、屋顶平面图和局部平面图等。

2. 立面图

平行于建筑物各方向外墙面的正投影图，简称（某向）立面图。从正面观察房屋所得的视图，称为正立面图；从侧面观察房屋所得的视图，称为侧立面图；从背面观察房屋所得的视图，称为背立面图。立面图也可以按房屋的不同朝向投影，有东立面、南立面、西立面、北立面图等。

3. 剖面图

假想用一个竖直平面去剖切房屋，移去靠近观察者的部分后的正投影图，简称剖面图。建筑上的剖面图相当于机械图中的剖视图。

现以图 15-1 为例说明房屋建筑图的基本表达形式，这是一间传达室。

平面图表达了房间大小和平面布置，墙的分隔以及门窗的位置。还有其他结构，如台阶的形状和大小等。正立面图表达了房间外貌，房屋、雨蓬、台阶的高度，门窗的形式、大小和位置等。剖面图表达了房间内部的结构形式，如窗和墙，屋顶板和墙以及雨蓬等的组合形式。

15.1.2 房屋施工图的分类

房屋施工图是建造房屋的技术依据，简称施工图。

（1）建筑施工图（简称“建施”）是建筑物的整体布局、外部造型、内部布置、细部构造、内外装饰以及一些固定设施和施工要求的图样。一般包括施工总说明、总平面图、门窗表、建筑平面图、建筑立面图、建筑剖面图和建筑详图等。

（2）结构施工图（简称“结施”）是建筑物各承重构件（如基础、承重墙、柱、梁、板、屋架等）的布置、形状、大小、材料、构造及其相互关系的图样。一般包括基础图、上部结构的布置图和结构详图。

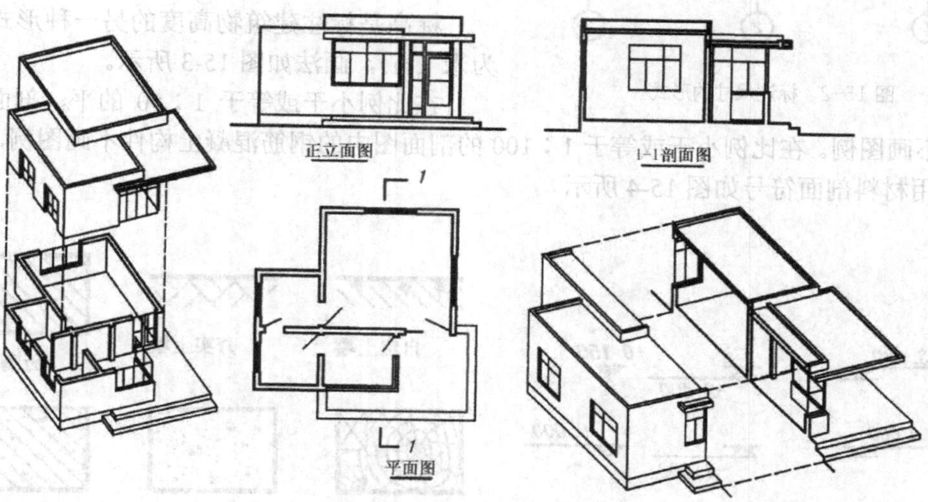

图 15-1 房屋建筑图的基本表达形式

（3）设备施工图（简称“设施嚣）是卫生器具、管道及其附件的类型、大小，在房屋中的位置和安装方式的图样。一般包括管道总平面图、管道平面图、管道系统图、安装详图、图例和施工说明等。

15.1.3 房屋建筑图的有关规定

房屋建筑图应严格按照国家标准《建筑工程制图》的要求进行绘制。

1. 比例

建筑物是庞大和复杂的形体，必须采用各种不同的比例来绘制。对于整幢建筑物常用较小的比例，如 1∶50、1∶100、1∶200 等。对于细部结构要选用较大的比例画出，如 1∶5、1∶10、1∶20 等。

2. 图线

房屋建筑图中，线型按粗细可分为加粗线（1.4b）、粗线（b）、中线（0.5b）、细线（0.35b）。b=0.35～2mm，大比例图选用的 b 大些，小比例复杂的图选用的 b 小些。

3. 定位轴线及编号

定位轴线是施工定位放线的重要依据，凡是承重墙、柱等主要承重构件都应画上轴线来确定其位置。定位轴线采用细点画线表示。轴线的端部画细实线圆圈，并予以编号，横向编号采用阿拉伯数字，从左向右顺序编写；竖向编号采用大写拉丁字母，自下而上顺序编写。

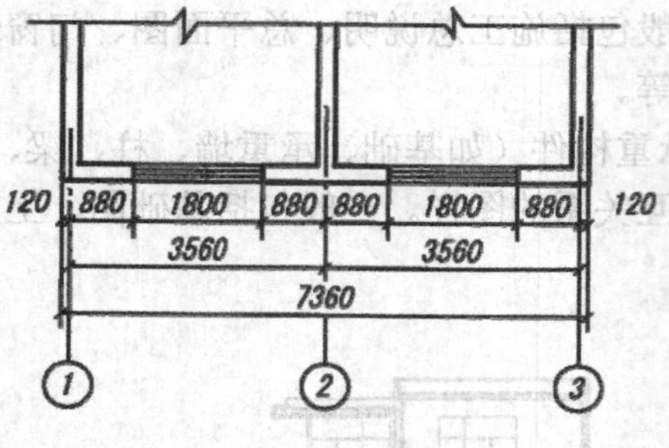

图 15-2 标注尺寸的形式

4. 尺寸和标高

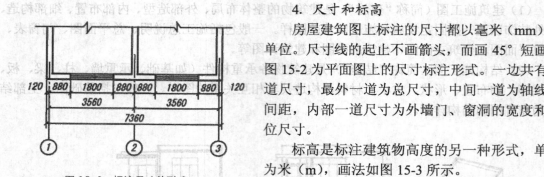

房屋建筑图上标注的尺寸都以毫米（mm）为单位。尺寸线的起止不画箭头，而画 45° 短画。图 15-2 为平面图上的尺寸标注形式。一边共有三道尺寸，最外一道为总尺寸，中间一道为轴线的间距，内部一道尺寸为外墙门、窗洞的宽度和定位尺寸。

标高是标注建筑物高度的另一种形式，单位为米（m），画法如图 15-3 所示。

在比例小于或等于 1∶50 的平、剖面图中的砖墙，不画图例。在比例小于或等于 1∶100 的剖面图中的钢筋混凝土构件不画图例，涂黑表示。常用材料剖面符号如图 15-4 所示。

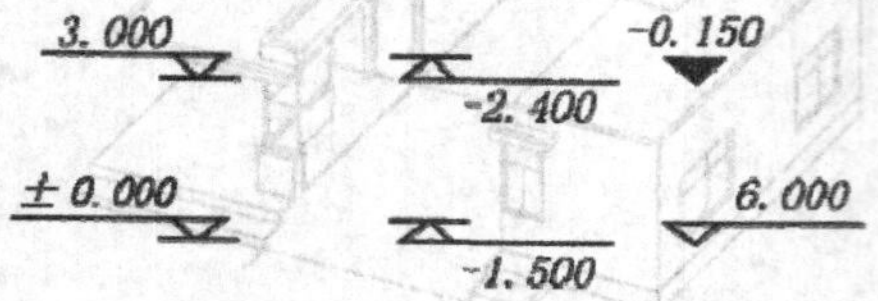

图 15-3 标高的标注

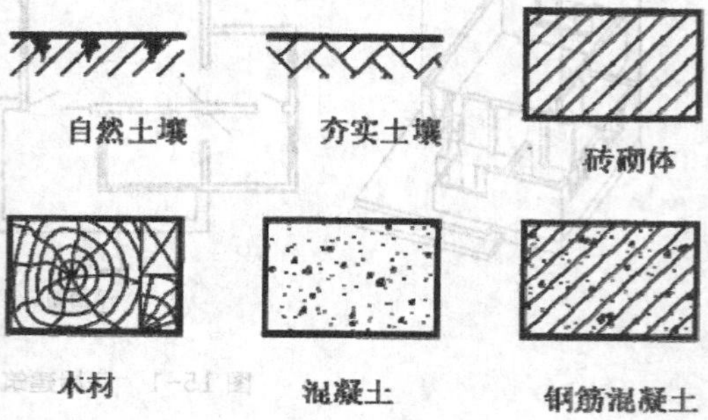

图 15-4 常用材料剖面符号

5. 房屋建筑图图例

房屋建筑图一般是采用小比例来绘制的，因此某些结构或构件不可能按照实际投影去画，所以常采用一些规定的图例来表示各种结构和构件，起到简化图面的作用，如表 15-1 所示。

表 15-1 常用的建筑配件图例

名 称	图 例	说 明	名 称	图 例	说 明
单扇门		门的名称代号用M表示	高窗		
双扇门			墙上预留洞或槽		
对开折叠门			烟道	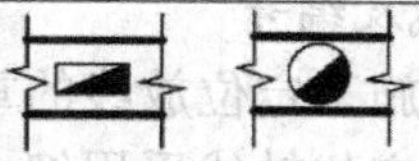	左图表示矩形。右图表示圆形
双扇双面弹簧门	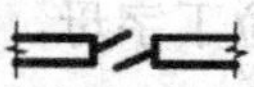		通风道	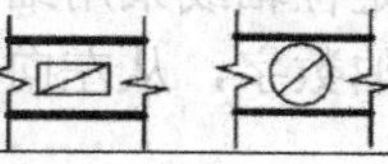	

续表

名称	图例	说明	名称	图例	说明
单层固定窗	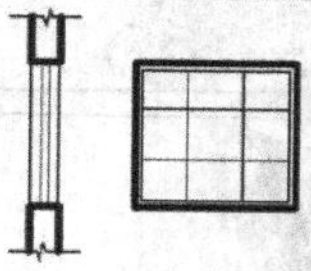	窗的名称代号用C表示。 立面图中的斜线，表示窗扇的开关方式。实线表示向外开，虚线表示向内开。 平、剖面中的虚线，仅说明开关方式，在设计图中可不必表示	底层楼梯	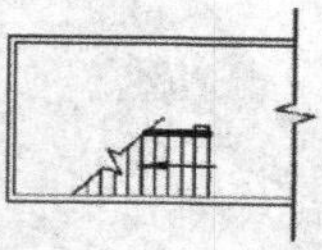	楼梯的形状及踏步数应按设计的实际情况绘制
单层中悬窗	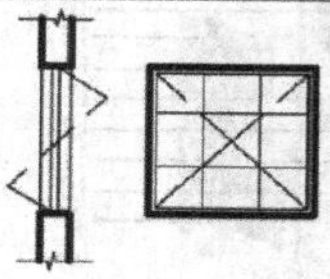		中间层楼梯	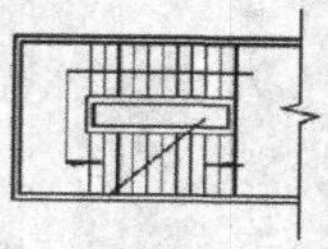	
单层外开平开窗	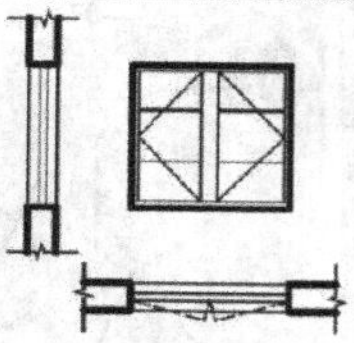		顶层楼梯	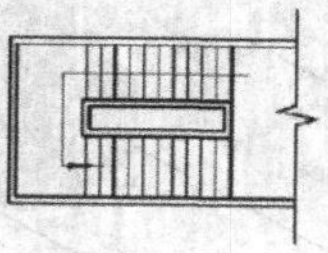	

15.2 房屋施工图

建筑按功能可分为民用建筑和工业建筑两种，民用建筑多指居住性建筑，下面以某一小型别墅为例介绍现代民用房屋的基本组成，如图 15-5 所示，现代民用建筑要体现其丰富的外观特征、完备的居住功能、合理的人性化设计，在结构的布局，材料的使用，设备的安放等方面均应体现以人为本的理念，为人们提供良好的居住环境。

在工业建筑中，由于生产的需要，工业厂房的跨度较大，层高较高，还需设置起重运输设备。按层数分，分为单层厂房和多层厂房。本节以某厂金工车间为例，介绍单层厂房建筑图的主要内容。

金工车间主要进行机械零件的加工和装配工作，厂房内设有各种车辆、吊车等，如图 15-6 所示。因此厂房常需修建为多跨敞通的空间，采用骨架结构承重。

单层厂房大多采用装配式钢筋混凝土结构，其主要构件有下列几部分。

1. *承重构件*

（1）基础：主要承受由柱及基础梁传来的荷载，并将这些荷载传到地基上去。

（2）柱：是单层厂房中的主要承重构件。

（3）基础梁：主要承受部分外墙自重，并将这些荷载传给基础。

（4）连系梁或圈梁：主要增强外墙的稳定，把同一列柱相互连系起来，以加强纵向刚度。

（5）吊车梁：其上装有吊车轨道，吊车沿着吊车轨道行驶;承受吊车重量，并将荷载传给柱。

（6）屋架或屋面大梁：承受屋面上的荷载，并将荷载传给柱。

2. *围护构件*

（1）屋面：用装配式大型屋面板作基层。

（2）外墙：外墙仅起围护作用，不承受荷载。

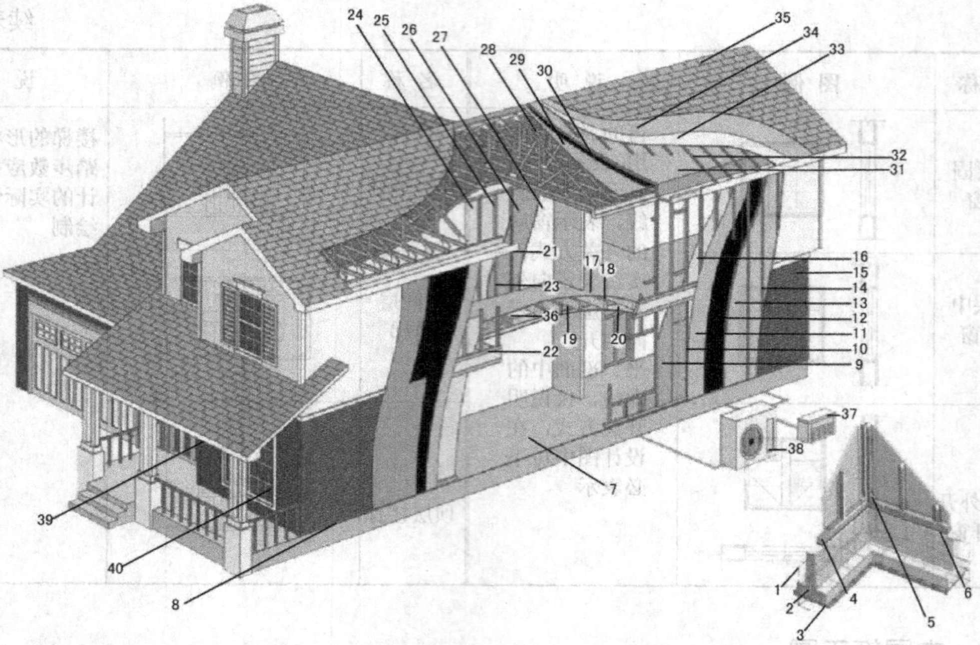

图 15-5 现代民用房屋的基本组成

1-钢筋	2-条形基础	3-垫层	4-抗剪螺栓	5-抗拔螺栓
6-密封垫	7-水泥地面	8-外墙空气对流孔	9-隔音棉	10-薄板钢骨
11-结构板材	12-单向防潮纸	13-保温、隔热层	14-通风间层	15-外墙装饰材料
16-纸面石膏板	17-结构板材	18-楼盖钢骨	19-隔声材料	20-吊顶
21-顶梁	22-底梁	23-立柱	24-纸面石膏板	25-轻钢龙骨
26-隔声材料	27-纸面石膏板	28-三角形屋架	29-结构板材	30-单向防潮纸
31-保温、隔热层	32-通风间层	33-基底板材	34-防水层	35-屋面装饰瓦
36-通风换气系统	37-集中除尘系统	38-中央空调系统	39-可视对讲系统	40-防盗系统

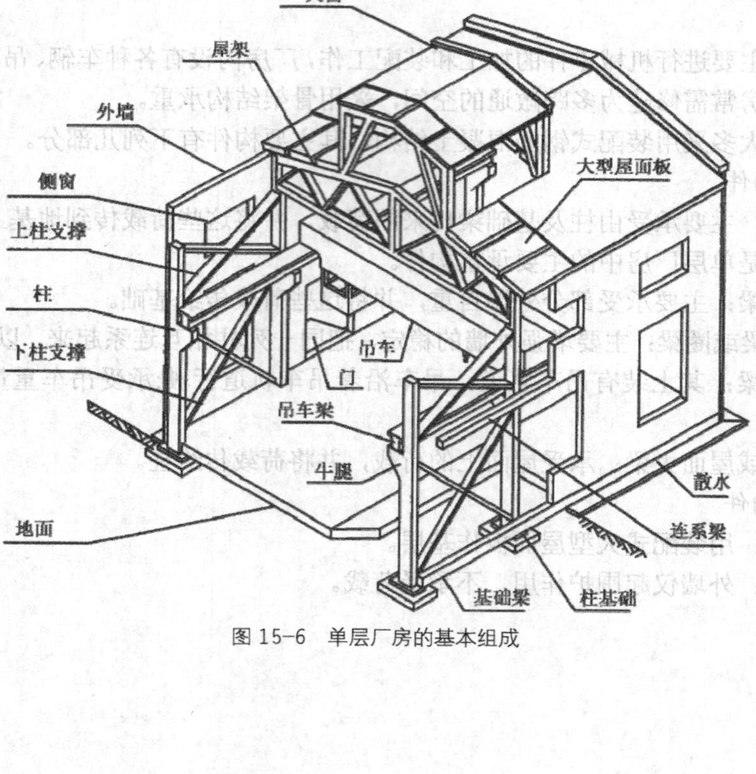

图 15-6 单层厂房的基本组成

15.2.1 建筑施工图

1. 建筑平面图

（1）图 15-7 是某厂金工车间的平面图。从图中左下角的指北针可以知道该厂房为南北朝向，矩形平面。采用钢筋混凝土矩形断面的柱，有横向定位轴线 10 条，从①轴~⑩轴，纵向定位轴线 4 条，从⑥轴~⑤轴。

（2）从图 15-7 中知该金工车间共有 7 个开间，除两端的开间为 5500mm 外，其余都是 6000mm，由于生产的需要，车间内设有一台桥式吊车，是用虚线画出带有对角线的长方形表示的。所注 Q=5t，表示吊车重量为 5t。Lk=16.5m，表示吊车轨距为 16.5m 柱内侧的粗点画线表示吊车梁的位置。上、下吊车用的梯子设在⑧~⑨开间的 A 轴线内侧，其构造详图可从 J410 图集中选用。

（3）从图 15-7 中标注的门、窗号可知该车间有上、下两排侧窗，代号分别为 $C1$ 和 $C2$，⑤～⑥的开间处有一樘宽为 3600mm 的大门，此外，在外墙四周有 800mm 宽的散水坡。

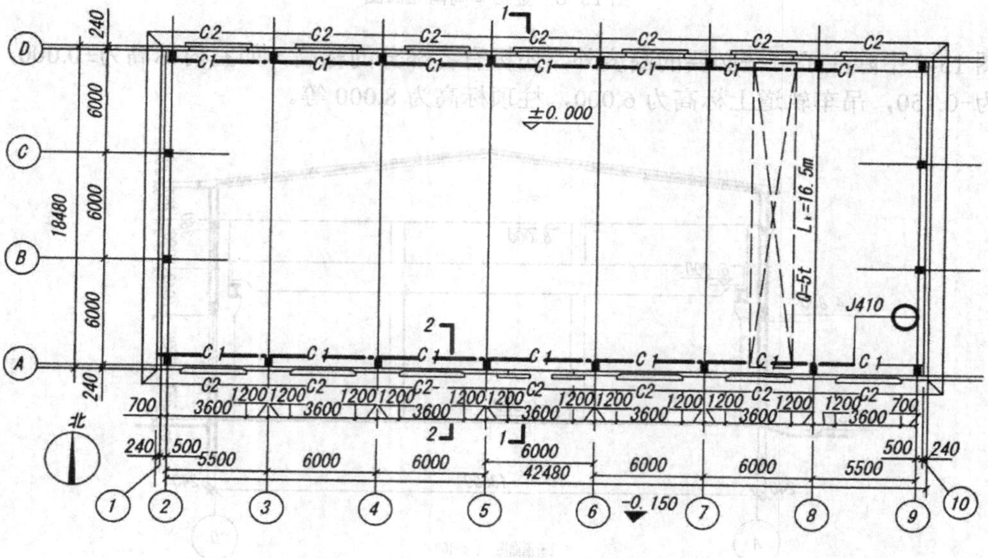

图 15-7 金工车间平面图

（4）从图 15-7 中所注的尺寸，可知该车间的总长、总宽以及各部分的大小。室外涂黑的标高表示室外地坪平整的高度。室内、外地面高差为 0.150m。在④~⑤及⑤~⑥轴线间注有剖切符号，分别有剖面图。

2. 建筑立面图

图 15-8 为金工车间的南立面图。图 15-8 中表示了门、窗的位置及形式；雨水管的位置以及必要的尺寸。标注了窗洞上、下边及屋檐的标高。

3. 建筑剖面图

图 15-9 是金工车间的 1-1 剖面。从图中可以看到带牛腿的柱的侧面。在牛腿上有 T 形截面的吊车梁（涂黑），在两边吊车梁之间安装了一部桥式吊车（图中所示为吊车的立面图）。

在吊车上部可以看到18000mm跨的屋面大梁上铺设有12块大型屋面板，大梁由钢筋混凝土柱支承着屋面板，大梁和柱的外边位于同一轴线上，而外墙则贴在柱的外侧。外墙的顶端是钢筋混凝土天沟板。墙上有上、下两层窗，高度分别为1200mm和3600mm。从图中还可以看到山墙内侧两根矩形抗风柱。

图15-8 金工车间南立面图

图15-9中除注了一些必要的高度外，还标有各部分的标高，如室内标高为±0.000，室外标高为-0.150，吊车轨道上标高为6.000，柱顶标高为8.000等。

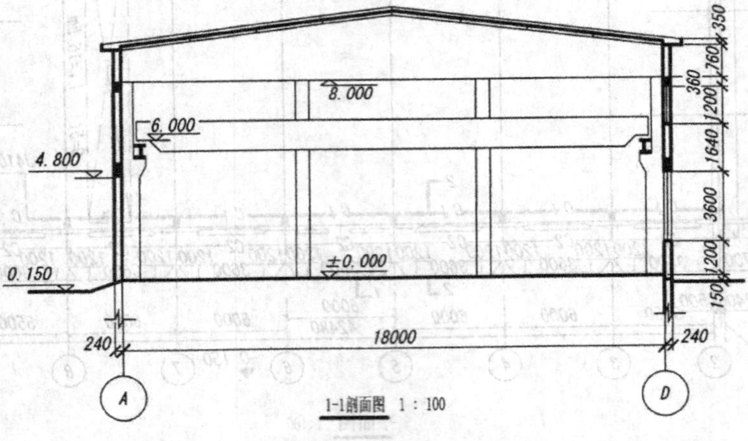

图15-9 金工车间剖面图

15.2.2 结构施工图

单层厂房的结构施工图与民用的混合结构建筑的结构施工图的表示方法基本相同，但它们在结构上是有很大区别的。下面仍以金工车间为例，讲述一般预制装配式排架结构单层厂房结构施工图的识图方法及要求。

房屋建筑的构件有板、梁、柱、屋架、基础等。这些构件在结构图上通常用代号来表示构件的名称。构件代号以该构件名称的汉语拼音第一个字母大写来表示。常用构件代号如表15-2所示。

表 15-2 常用的构件代号

名称	代号	名称	代号
板屋面	B	屋架柱基	WJ
板空心	WB KB	础设备基	ZJ
板墙板	QB	础柱间支	SJ
梁吊车	L	撑梯	ZC
圈梁	DL	雨篷预埋	T
基础梁	QL	件	YP

1. 基础图

基础的类型很多，常用的有独立基础和条形基础。当建筑物采用砖墙承重时，下面的基础设置通常是连续的条形基础。砖混结构的建筑通常采用砖砌条形的基础，这种基础一般由基础墙、大放脚和垫层 3 个部分组成。建筑物柱子的基础一般为独立基础。单层厂房的上部结构是柱承重，基础就做成矩形的独立基础。为了便于安装柱子，基础的上部做成杯形，又称杯形基础，如图 15-10 所示。

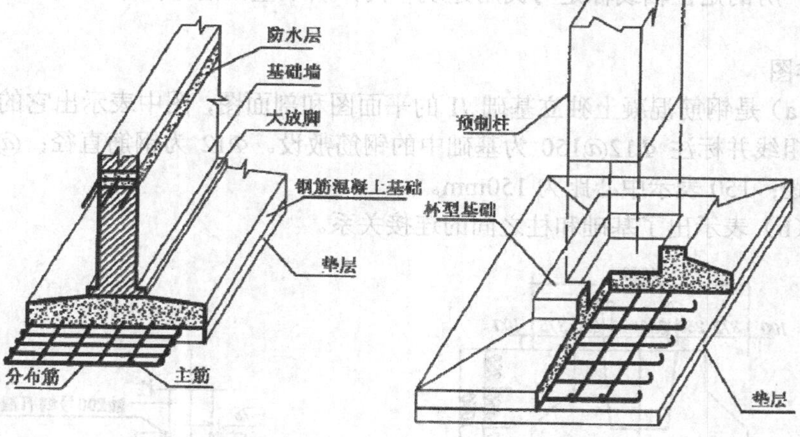

(a) 条形基础 (b) 独立基础

图 15-10 基础的形式

1）基础平面图

基础平面图是假想用一个水平剖切平面沿房屋室内地面把整幢房屋剖切后，移去上面部分并散开周围泥土所作的基础水平投影，叫基础平面图，如图 15-11 所示。

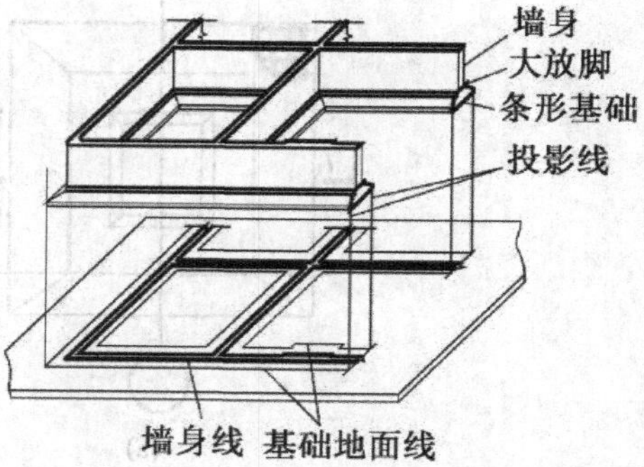

图 15-11 条形基础一角的投影

图 15-12 表示了基础及定位轴线的平面布置，相互关系以及定位轴线间的尺寸。图中涂黑部分是钢筋混凝土柱的截面，代号及编号分别是 YZ_1、YZ_{1A}、YZ_{1B}、Z_1 等。基础也沿定位轴线布置，代号及编号分别为 J_1、J_{1A}、J_2 等。

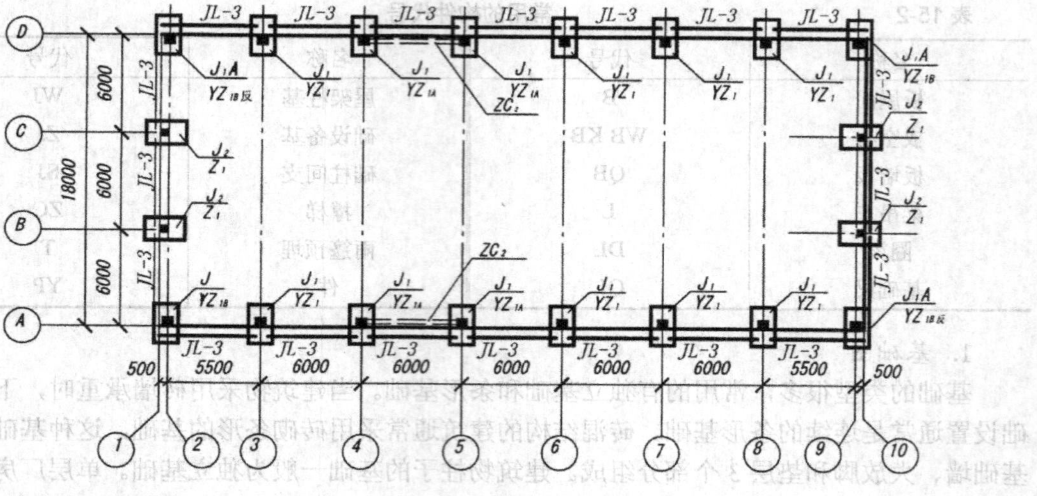

图 15-12　基础平面图

图中沿柱的外侧所画的实线框是基础梁，代号及编号为 *JL*-3，轴线④⑤之间的虚线表示柱间支撑，其代号及编号为 ZC_2。

由于单层厂房的定位轴线标定与民用建筑不同，所以基础的平面中心线不一定要与定位轴线相重合。

2）基础详图

图 15-13（a）是钢筋混凝土独立基础 *J*1 的平面图和剖面图，图中表示出它的全部尺寸和做法。图中的粗线并标注 *Φ*12@150 为基础中的钢筋敷设。*Φ*12 为钢筋直径；@表示相邻钢筋之间等中心距；150 表示中心距为 150mm。

图 15-13（b）表示出了基础和柱之间的连接关系。

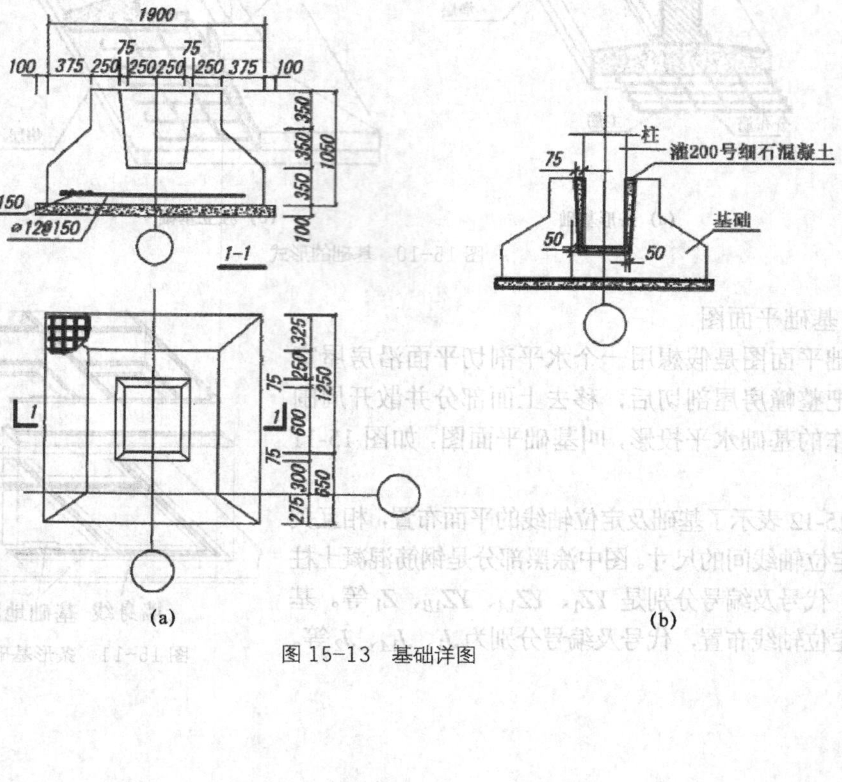

(a)　　(b)

图 15-13　基础详图

2. 结构布置平面图

结构布置平面图是表示建筑物室外地面以上各层平面承重构件布置的图样。

单层厂房的结构布置图主要表示柱、吊车、梁、屋架、柱间支撑、屋面板、天沟板等构件的平面位置，如图 15-14 所示。由于该金工车间左、右及中间各开间内构件的平面布置基本相同，所以在图中右边的 3 个开间表示了屋面结构平面图，左边的 4 个开间表示了结构布置平面图。从图中所标构件代号可知：

（1）该厂房是两坡屋面，每开间排列了 12 块预应力屋面板即 YWB_2 和两块天沟板，即 TGB_1。

（2）两边山墙上各有两根抗风柱即 Z_1，其余均是带牛腿的预应力钢筋混凝土柱，即 YZ_{1A}、YZ_{1B}、YZ_1。柱间的粗实线表示吊车梁，左、右两开间的吊车梁代号及编号为 DL-2B 共有 4 根，其余各开间的为 DL-2Z 共有 10 根。

（3）图中的粗点画线表示预应力钢筋混凝土屋架即 YWL18-2 共有 6 榀。柱 YZ_{1A} 之间的虚线表示柱间上、下支撑，其代号及编号为 ZC_1、ZC_2 各为两个。

（4）图中各个柱外边的实线框表示砖墙位置，在厂房中起围护作用。

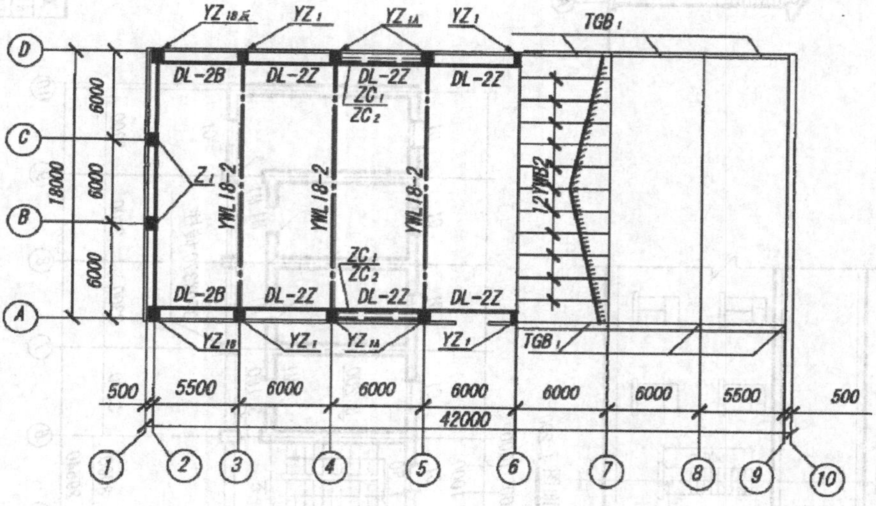

图 15-14　结构布置平面图、屋面结构平面图

15.2.3　读房屋建筑施工图

图 15-15 和图 15-16 为某单身宿舍平、立、剖面图。

平、立、剖面图之间既有明显的区别，又紧密联系。它们从整体到局部的尺寸都相互关联。

在图 15-15、图 15-16 中，平、立面图上的房屋长度一样，为 29.64m;平、剖面图上的房屋宽度一样，为 6.68m；立、剖面图上房屋的总高度一样，为 6.2m。另外，平、立、剖面图三者是相互补充的。例如立面图只反映房屋的长度和高度、外貌等情况，联系平、剖面图，就能知道房屋的宽度、内部构造等情况，从而了解房屋的整体情况，以满足施工的需要。运用平、立、剖面图的相互关系，一般按平面图→立面图→剖面图的顺序来看图。由平面图上各个外墙面上的门窗位置以及尺寸，再在立面图上找出相应门、窗和屋顶等的高度尺寸。剖面图宽度方向各尺寸是根据平面图中相应位置来确定的；而剖面图外墙高度方向各尺寸则是根据立面图中相应外墙面的高度尺寸来确定。对于较简单的房屋，如图 15-15 和图 15-16 所示的两层楼房的单身宿舍，它的平、立、剖面图可以画在同一张图纸上。一般的建筑施工图，平、立、剖面图是独立的图纸，同样也可以运用它们之间投影关系、结构、尺寸关系来综合读图。

总之，掌握平、立、剖面图三者之间的相互关系，对读图、制图及检查图纸的正、误都十分有用。

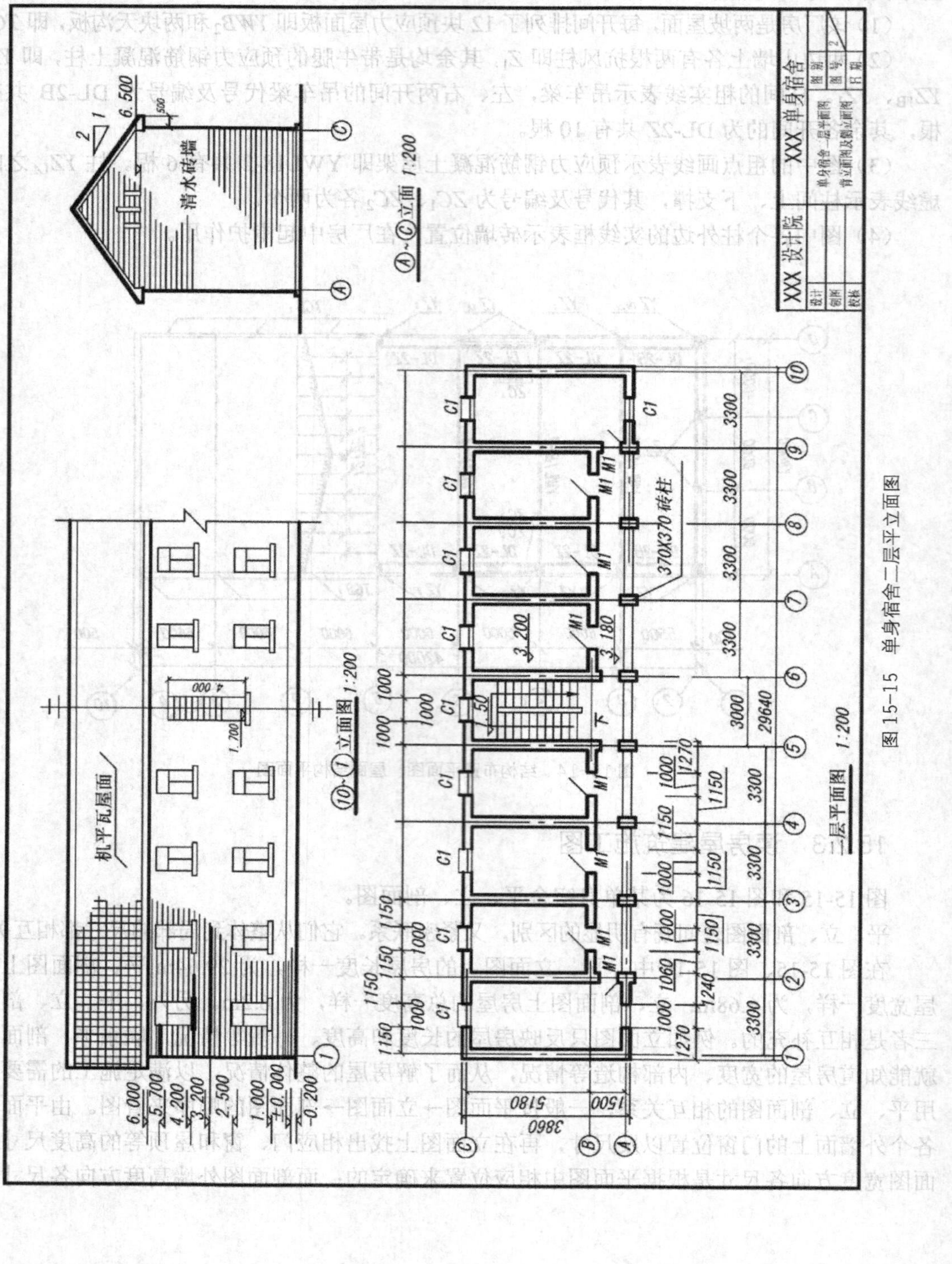

图 15-15 单身宿舍二层平立面图

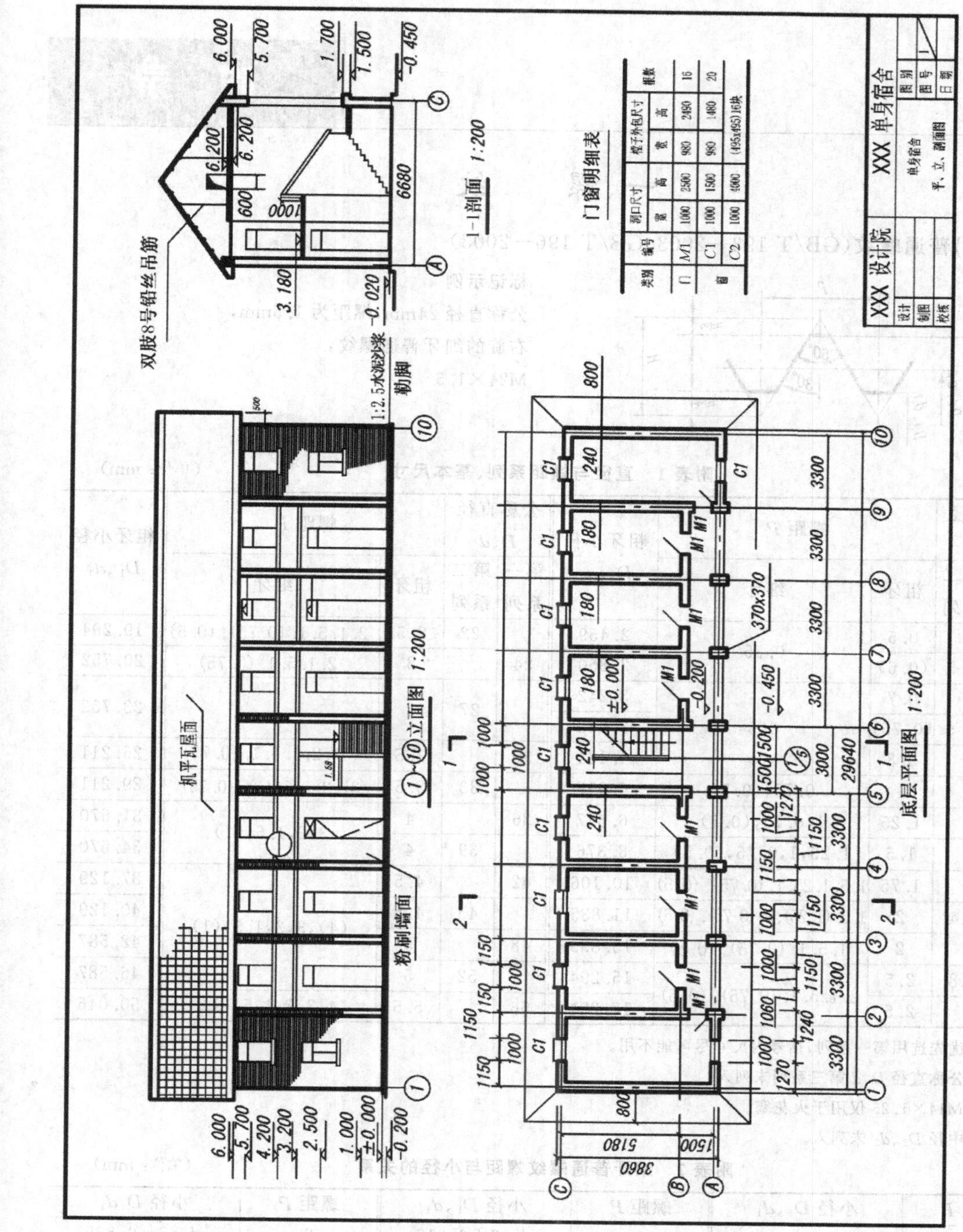

图15-16 单身宿舍平、立、剖面图

附　录

一、螺　　纹

(一)普通螺纹(GB/T 193—2003、GB/T 196—2003)

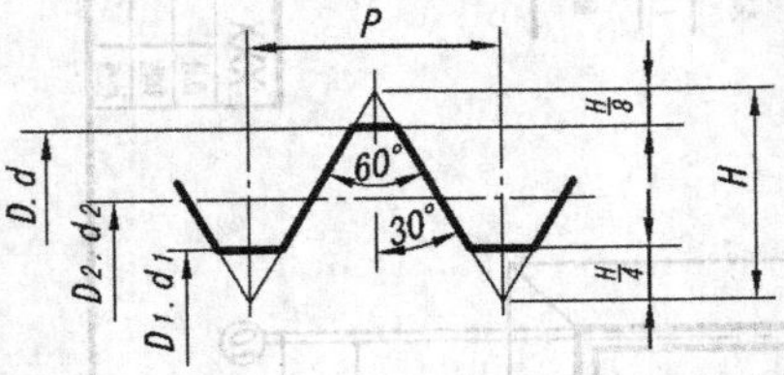

标记示例

公称直径 24mm，螺距为 1.5mm，右旋的细牙普通螺纹：

M24×1.5

附表 1　直径与螺距系列、基本尺寸　　(单位：mm)

公称直径 D、d 第一系列	公称直径 D、d 第二系列	螺距 P 粗牙	螺距 P 细牙	粗牙小径 D_1、d_1	公称直径 D、d 第一系列	公称直径 D、d 第二系列	螺距 P 粗牙	螺距 P 细牙	粗牙小径 D_1、d_1
3		0.5	0.35	2.459		22	2.5	2, 1.5, 1, (0.75), (0.5)	19.294
	3.5	(0.6)		2.850	24		3	2, 1.5, 1, (0.75)	20.752
4		0.7	0.5	3.242		27	3		23.752
	4.5	(0.75)		3.688					
5		0.8		4.134	30		3.5	(3), 2, 1.5, 1, (0.75)	26.211
6		1	0.75, (0.5)	4.917		33	3.5	(3), 2, 1.5, (1), (0.75)	29.211
8		1.25	1, 0.75, (0.5)	6.647	36		4	3, 2, 1.5, (1)	31.670
10		1.5	1.25, 1, 0.75, (0.5)	8.376		39	4		34.670
12		1.75	1.5, 1.25, 1, (0.75), (0.5)	10.106	42		4.5	(4), 3, 2, 1.5, (1)	37.129
	14	2	1.5, (1.25), 1, (0.75), (0.5)	11.835		45	4.5		40.129
16		2	1.5, 1, (0.75), (0.5)	13.835	48		5		42.587
	18	2.5	2, 1.5, 1, (0.75), (0.5)	15.294		52	5		46.587
20		2.5		17.294	56		5.5	4, 3, 2, 1.5, (1)	50.046

注：1. 优先选用第一系列，括号内尺寸尽可能不用。

2. 公称直径 D、d 第三系列未列入。

3. M14×1.25 仅用于火花塞。

4. 中径 D_2、d_2 未列入。

附表 2　细牙普通螺纹螺距与小径的关系　　(单位：mm)

螺距 P	小径 D_1、d_1	螺距 P	小径 D_1、d_1	螺距 P	小径 $D_1 d_1$
0.35	$d-1+0.621$	1	$d-2+0.918$	2	$d-3+0.835$
0.5	$d-1+0.459$	1.25	$d-2+0.647$	3	$d-4+0.752$
0.75	$d-1+0.188$	1.5	$d-2+0.376$	4	$d-5+0.670$

注：表中的小径按 $D_1=d_1=d-2\times\frac{5}{8}H$、$H=\frac{\sqrt{3}}{2}P$ 计算得出。

(二)梯形螺纹(GB/T 5796.1～5796.3—2005)

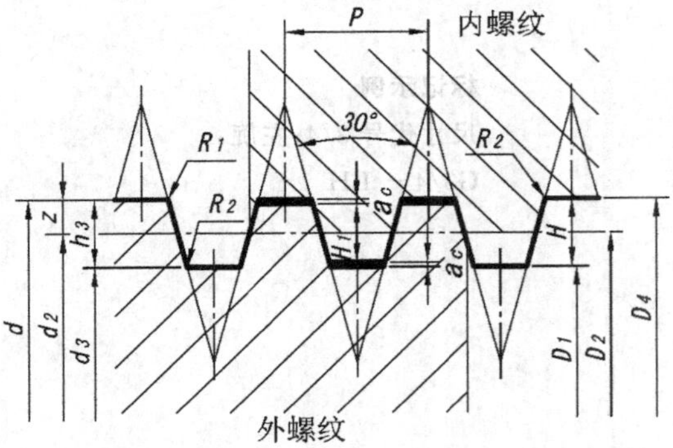

标记示例

公称直径 40mm,导程 14mm,螺距为 7mm 的双线左旋梯形螺纹:

Tr40×14(P7)LH

附表 3　直径与螺距系列、基本尺寸

(单位: mm)

公称直径 d 第一系列	公称直径 d 第二系列	螺距 P	中径 $d_2=D_2$	大径 D_4	小径 d_3	小径 D_1
8		1.5	7.25	8.30	6.20	6.50
	9	1.5	8.25	9.30	7.20	7.50
		2	8.00	9.50	6.50	7.00
10		1.5	9.25	10.30	8.20	8.50
		2	9.00	10.50	7.50	8.00
	11	2	10.00	11.50	8.50	9.00
		3	9.50	11.50	7.50	8.00
12		2	11.00	12.50	9.50	10.00
		3	10.50	12.50	8.50	9.00
	14	2	13.00	14.50	11.50	12.00
		3	12.50	14.50	10.50	11.00
16		2	15.00	16.50	13.50	14.00
		4	14.00	16.50	11.50	12.00
	18	2	17.00	18.50	15.50	16.00
		4	16.00	18.50	13.50	14.00
20		2	19.00	20.50	17.50	18.00
		4	18.00	20.50	15.50	16.00
	22	3	20.50	22.50	18.50	19.00
		5	19.50	22.50	16.50	17.00
		8	18.00	23.00	13.00	14.00
24		3	22.50	24.50	20.50	21.00
		5	21.50	24.50	18.50	19.00
		8	20.00	25.00	15.00	16.00

公称直径 d 第一系列	公称直径 d 第二系列	螺距 P	中径 $d_2=D_2$	大径 D_4	小径 d_3	小径 D_1
	26	3	24.50	26.50	22.50	23.00
		5	23.50	26.50	20.50	21.00
		8	22.00	27.00	17.00	18.00
28		3	26.50	28.50	24.50	25.00
		5	25.50	28.50	22.50	23.00
		8	24.00	29.00	19.00	20.00
	30	3	28.50	30.50	26.50	29.00
		6	27.00	31.00	23.00	24.00
		10	25.00	31.00	19.00	20.00
32		3	30.50	32.50	28.50	29.00
		6	29.00	33.00	25.00	26.00
		10	27.00	33.00	21.00	22.00
	34	3	32.50	34.50	30.50	31.00
		6	31.00	35.00	27.00	28.00
		10	29.00	35.00	23.00	24.00
36		3	34.50	36.50	32.50	33.00
		6	33.00	37.00	29.00	30.00
		10	31.00	37.00	25.00	26.00
	38	3	36.50	38.50	34.50	35.00
		7	34.50	39.00	30.00	31.00
		10	33.00	39.00	27.00	28.00
40		3	38.50	40.50	36.50	37.00
		7	36.50	41.00	32.00	33.00
		10	35.00	41.00	29.00	30.00

(三)非螺纹密封的管螺纹(GB/T 7307—2001、**螺纹密封的管螺纹** GB/T 7306—1987)

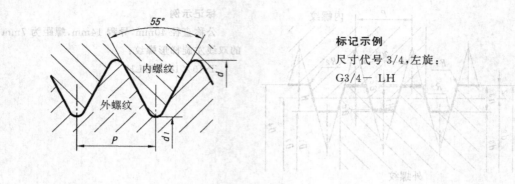

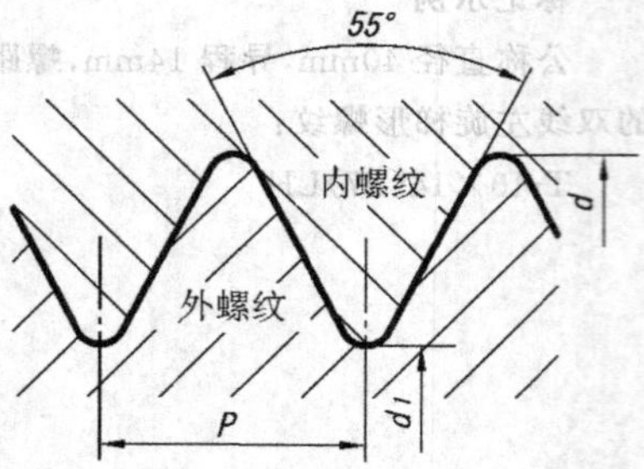

标记示例

尺寸代号 3/4,左旋:

G3/4－ LH

附表 4

(单位:mm)

尺寸代号	每 25.4mm 内的牙数 n	螺　距 p	螺　纹　直　径	
			大径 d	小径 d_1
(1/8)	28	0.907	9.728	8.566
1/4	19	1.337	13.157	11.445
3/8	19	1.337	16.662	14.950
1/2	14	1.814	20.955	18.631
(5/8)	14	1.814	22.911	20.587
3/4	14	1.814	26.441	24.117
(7/8)	14	1.814	30.201	27.877
1	11	2.309	33.249	30.291
(1⅛)	11	2.309	37.897	34.939
1¼	11	2.309	41.910	38.952
1½	11	2.309	47.803	44.845
(1¾)	11	2.309	53.746	50.788
2	11	2.309	59.614	56.656
(2¼)	11	2.309	65.710	62.752
2½	11	2.309	75.184	72.226
(2¾)	11	2.309	81.534	78.576
3	11	2.309	87.884	84.926

注:1. 尺寸代号为 1/8 尽可能不采用。

2. 括号内所示的螺纹只用于标准规定可用该种螺纹的产品。

二、常用标准件

(一)螺钉

1. 开槽圆柱头螺钉(GB/T 65—2000)、开槽盘头螺钉(GB/T 67—2000)、开槽沉头螺钉(GB/T 68—2000)

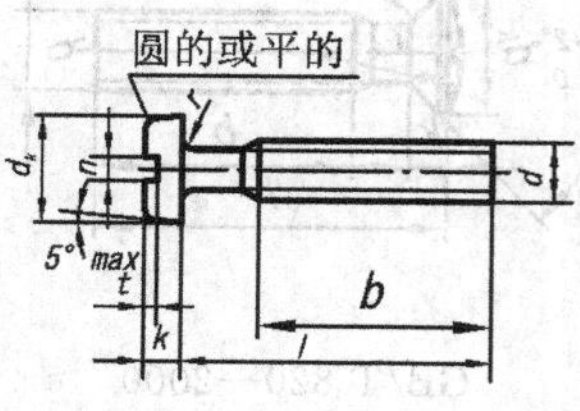

GB/T65—2000

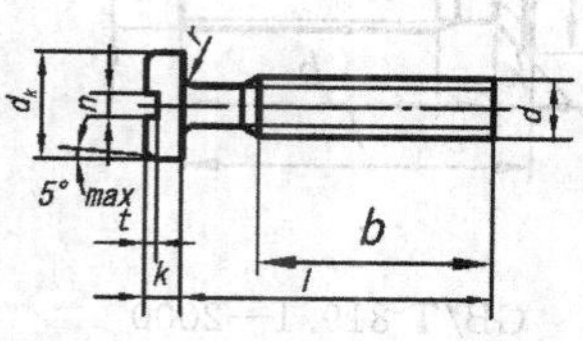

GB/T67—2000

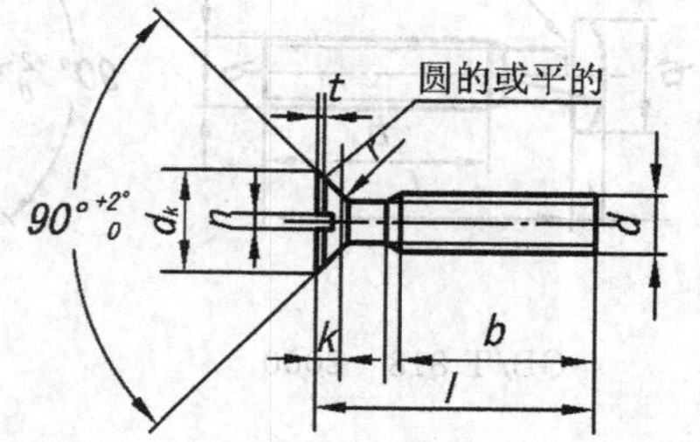

GB/T68—2000

标记示例

螺纹规格 d=M5,公称长度 l=20mm、性能等级为 4.8 级、不经表面处理的开槽圆柱头螺钉:

螺钉 GB/T65 M5×20

附表 5 (单位: mm)

螺纹规格 d			M1.6	M2	M2.5	M3	M4	M5	M6	M8	M10
GB/T65—2000		d_k					7	8.5	10	13	16
		k					2.6	3.3	3.9	5	6
		t					1.1	1.3	1.6	2	2.4
		r					0.2		0.25	0.4	
		l 范围					5~40	6~50	8~60	10~80	12~80
	全螺纹时最大长度						40	40	40	40	40
GB/T67—2000		d_k	3.2	4	5	5.6	8	9.5	12	16	20
		k	1	1.3	1.5	1.8	2.4	3	3.6	4.8	6
		t	0.35	0.5	0.6	0.7	1	1.2	1.4	1.9	2.4
		r	0.1				0.2		0.25	0.4	
		l	2~16	2.5~20	3~25	4~30	5~40	6~50	8~60	10~80	12~80
	全螺纹时最大长度		30	30	30	30	40	40	40	40	40
GB/T68—2000		d_k	3	3.8	4.7	5.5	8.4	9.3	11.3	15.8	18.3
		k	1	1.2	1.5	1.65	2.7		3.3	4.65	5
		t	0.32	0.4	0.5	0.6	1	1.1	1.2	1.8	2
		r	0.4	0.5	0.6	0.8	1	1.3	1.5	2	2.5
		l	2.5~16	3~20	4~25	5~30	6~40	8~50	8~60	10~80	12~80
	全螺纹时最大长度		30	30	30	30	45	45		45	45
	n		0.4	0.5	0.6	0.8	1.2		1.6	2	2.5
	b		25				28				
l 系列	2,2.5,3,4,5,6,8,10,12,(14),16,20,25,30,35,40,45,50,(55),60,(65),70,(75),80										

技术条件	材料	钢	不锈钢	
	机械性能等级	4.8,5.8	A2—70、A2—50	螺纹公差:6g
	表面处理	①不经处理;②镀锌钝化	不经处理	

注:1. b 不包括螺尾。

2. 本表所列规格均为商品规格,产品等级为 A 级。

2. 十字槽盘头螺钉(GB/T 818—2000)、十字槽沉头螺钉(GB/ 819.1—2000)、十字槽半沉头螺钉(GB/T 820—2000)

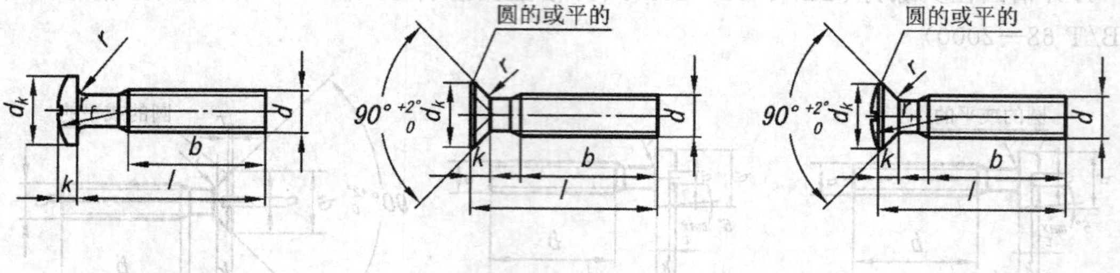

GB/T 818—2000　　GB/T 819.1—2000　　GB/T 820—2000

标记示例

螺纹规格 d=M5、公称长度 l=20 mm、性能等级为 4.8 级、不经表面处理的 H 型十字槽半沉头螺钉：

螺钉　GB/T 818 M5×20

附表 6　　(单位: mm)

螺纹规格 d	b	GB/T 818—2000						GB/T 819—2000　GB/T 820—2000					
		d_k	k	r	r_f≈	全螺纹时最大长度	l 范围	d_k	k	r	r_f≈	全螺纹时最大长度	l 范围
1.6	25	3.2	1.3	0.1	2.5	25	3～16	3	1	0.4	3	30	3～16
2		4	1.6		3.2		3～20	3.8	1.2	0.5	4		3～20
2.5		5	2.1		4		3～25	4.7	1.5	0.6	5		3～25
3		5.6	2.4		5		4～30	5.5	1.7	0.8	6		4～30
4	38	8	3.1	0.2	6.5	40	5～40	8.4	2.7	1	9.5	45	5～40
5		9.5	3.7	0.25	8		6～45	9.3		1.3			6～50
6		12	4.6		10		8～60	11.3	3.3	1.5	12		8～60
8		16	6	0.4	13		10～60	15.8	4.7	2	16.5		10～60
10		20	7.5		16		12～60	18.8	5	2.5	19.5		12～60
l 系列	3,4,5,6,8,10,12,(14),16,20,25,30,35,40,45,50,(55),60												
技术条件	材　料		钢				不锈钢		螺纹公差：6g		GB/T819—2000 没有不锈钢材料		
	机械性能等级		4.8				A2—70；A2—50						
	表面处理		①不经处理；②镀锌钝化				不经处理						

注：1. b 不包括螺尾。

2. 本表螺纹规格全部为商品规格。

3. 十字槽有 H 型和 Z 型。

3. 内六角圆柱头螺钉(GB/T 70.1—2000)

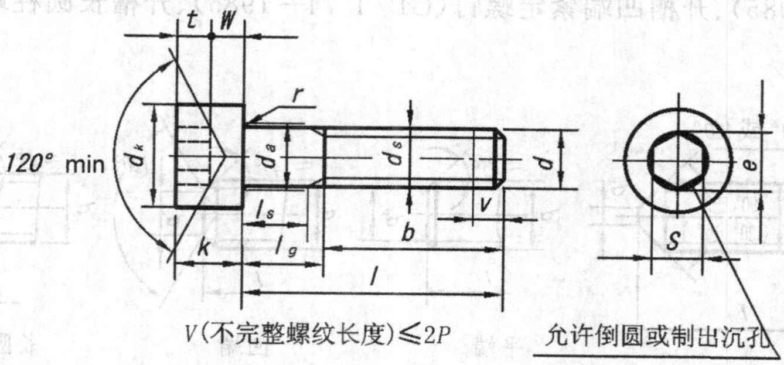

标记示例

螺纹规格 d=M5、公称长度 l=20mm、性能等级为 12.9 级、表面氧化的内六角圆柱头螺钉:

螺钉　GB/T 70.1 M5×20—12.9

附表 7

(单位: mm)

螺纹规格 d		M3	M4	M5	M6	M8	M10	M12	M16	M20	M24
P		0.5	0.7	0.8	1	1.25	1.5	1.75	2	2.5	3
b	参考	18	20	22	24	28	32	36	44	52	60
d_k	max	5.5	7	8.5	10	13	16	18	24	30	36
	min	5.32	6.78	8.28	9.78	12.73	15.73	17.73	23.67	29.67	35.61
d_a	max	3.6	4.7	5.7	6.8	9.2	11.2	13.7	17.7	22.4	26.4
d_s	max	3	4	5	6	8	10	12	16	20	24
	min	2.86	3.82	4.82	5.82	7.78	9.78	11.73	15.73	19.67	23.67
e	min	2.87	3.44	4.58	5.72	6.86	9.15	11.43	16.00	19.44	21.73
f	max	0.51	0.60	0.60	0.68	1.02	1.02	1.87	1.87	2.04	2.04
k	max	3	4	5	6	8	10	12	16	20	24
	min	2.86	3.82	4.82	5.70	7.64	9.64	11.57	15.57	19.48	23.48
r	min	0.1	0.2	0.2	0.25	0.4	0.4	0.6	0.6	0.8	0.8
s	公称	2.5	3	4	5	6	8	10	14	17	19
	min	2.52	3.02	4.02	5.02	6.02	8.025	10.025	14.032	17.05	19.065
	max	2.56	3.08	4.095	5.095	6.095	8.115	10.115	14.142	17.23	19.275
t	min	1.3	2	2.5	3	4	5	6	8	10	12
v	max	0.3	0.4	0.5	0.6	0.8	1	1.2	1.6	2	2.4
d_w	min	5.07	6.53	8.03	9.38	12.33	15.33	17.23	23.17	28.87	34.81
W	min	1.15	1.4	1.9	2.3	3.3	4	4.8	6.8	8.6	10.4
l(商品规格范围公称长度)		5～30	6～40	8～50	10～60	12～80	16～100	20～120	25～160	30～200	40～200
l≤表中数值时,制出全螺纹		20	25	25	30	35	40	45	55	65	80
l(系列)		5,6,8,10,12,(14),16,20,25,30,35,40,45,50,(55),60,(65),70,80,90,100,110,120,130,140,150,160,180,200									

注:1. P 为螺距。

2. l_{gmax}(夹紧长度)$=l_{公称}-b_{参考}$;l_{smin}(无螺纹杆部长)$=l_{gmax}-5p$。

3. 尽可能不采用括号内的规格。GB/T 70.1—2000 包括 d=M1.6～M36,本表摘录其中一部分。

4. 开槽锥端紧定螺钉(GB/T 71—1985)、锥端定位螺钉(GB/T 72—1985)、开槽平端紧定螺钉(GB/T 73—1985)、开槽凹端紧定螺钉(GB/T 74—1985)、开槽长圆柱端紧定螺钉(GB/T 75—1985)

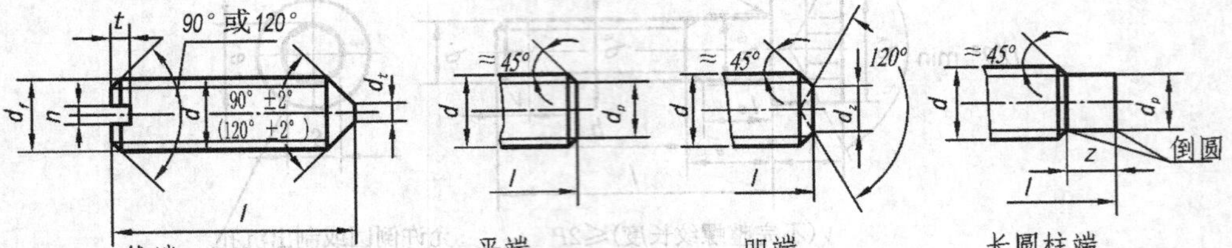

锥端 (GB/T 71—1985)　平端 (GB/T 73—1985)　凹端 (GB/T 74—1985)　长圆柱端 (GB/T 75—1985)

标记示例

螺纹规格 d=M5、公称长度 l=12 mm、性能等级为 14H 级、表面氧化的开槽锥端紧定螺钉：

螺钉　GB/T 71 M5×12

附表 8　　(单位：mm)

螺纹规格 d		M1.2	M1.6	M2	M2.5	M3	M4	M5	M6	M8	M10	M12
n		0.2	0.25		0.4		0.6	0.8	1	1.2	1.6	2
t		0.5	0.7	0.8	1	1.1	1.4	1.6	2	2.5	3	3.6
d_2		—	—	—	—	1.7	2.1	2.5	3.4	4.7	6	7.3
d_3(推荐)		—	—	—	—	1.8	2.2	2.6	3.5	5	6.5	8
d_z			0.8	1	1.2	1.4	2	2.5	3	5	6	8
d_t		0.1	0.2		0.3		0.4	0.5	1.5	2	2.5	3
d_1						2	2.5	3	4	5.5	7	8.5
d_p		0.6	0.8	1	1.5	2	2.5	3.5	4	5.5	7	8.5
z			1.1	1.3	1.5	1.8	2.3	2.8	3.3	4.3	5.3	6.3
公称长度 l (L)范围	GB/T 71	2~6	2~8	3~10	3~12	4~16	6~20	8~25	8~30	10~40	12~50	14~60
	GB/T 72	—	—	—	—	4~16	4~18	5~22	6~28	8~35	10~45	12~50
	GB/T 73	2~6	2~8	2~10	2.5~12	3~16	4~20	5~25	6~30	8~40	10~50	12~60
	GB/T 74	—	2~8	2.5~10	3~12	3~16	4~20	5~25	6~30	8~40	10~50	12~60
	GB/T 75	—	2.5~8	3~10	4~12	5~16	6~20	8~25	8~30	10~40	12~50	14~60
公称长度 l≤表内值时，GB/T 71—1985 两端制成 120°，其他为开槽端制成 120°；公称长度 l>表内值时，GB/T 71—1985 两端制成 90°，其他为开槽端制成 90°	GB/T 71	2	2.5		3		4	5	6	8	10	12
	GB/T 73	—	2	2.5	3		4	5	6		8	10
	GB/T 74		2	2.5	3	4	5		6	8	10	12
	GB/T 75		2.5	3	4	5	6	8	10	14	16	20
l 系列		2,2.5,3,4,5,6,8,10,12,(14),16,20,25,30,35,40,45,50,(55),60										
技术条件 (不包括 GB/T72—1985)	材　料	钢			不锈钢			螺纹公差：6g				
	机械性能等级	14H、22H			A1—50							
	表面处理	①氧化；②镀锌钝化			不经处理							

注：1. 本表所列规格均为商品规格。

2. d_f 等于螺纹小径。

(二)螺栓

六角头螺栓:六角头螺栓—C级(GB/T 5780—2000)、六角螺栓—全螺纹—B级(GB/T 5782—2000)(mm)

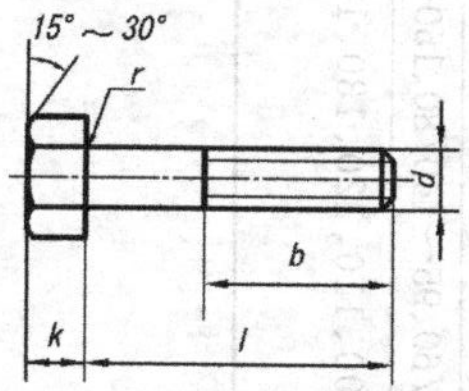

GB/T5780—2000

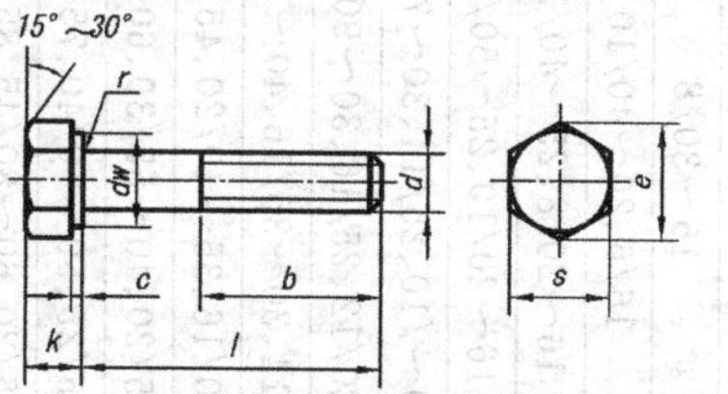

GB/T5782—2000

标记示例

螺纹规格 d=M12、公称 l=80 mm、性能等级为4.8级,不经表面处理、C级的六角头螺栓:

螺栓 GB/T 5780 M12×80

附表 9

(单位: mm)

螺纹规格 d		M5	M6	M8	M10	M12	M(14)	M16	M(18)	M20	M(22)	M24	M(27)	M30	M36	M42	M48	M56	M64
s		8	10	13	16	18	21	24	27	30	34	36	47	46	55	65	75	85	95
k		3.5	4	5.3	6.4	7.5	8.8	10	11.5	12.5	14	15	17	18.7	22.5	26	30	35	40
r		0.2	0.25	0.4		0.6				0.8	1	0.8	1			1.2	1.6	2	
e		8.6	10.9	14.2	17.6	19.9	22.8	26.2	29.6	33	37.3	39.6	45.2	50.9	60.8	72	82.6	93.6	104.9
dw(B级)min		6.7	8.7	11.4	14.4	16.4	19.2	22	24.9	27.7	31.4	33.2	38	42.7	51.1	59.9	69.4	78.7	88.2
c max		0.5	0.5	0.6	0.6	0.6	0.6	0.8	0.8	0.8	0.8	0.8	0.8	0.8	0.8	1	1	1	1
b参考	l≤125	16	18	22	26	30	34	38	42	46	50	54	60	66	78				
	125<l≤200	—	—	28	32	36	40	44	48	52	56	60	66	72	84	96	108	124	140
	l>200	—	—	—	—	—	53	57	61	65	69	73	79	85	97	109	121	137	153
l范围		25～50	30～60	35～80	40～100	45～120	60～140	55～160	80～180	65～200	90～220	80～240	100～260	90～300	110～300	160～420	180～480	220～500	260～500
l范围(全螺纹)		10～40	12～50	16～65	20～80	25～100	30～140	35～100	35～180	40～100	45～220	50～100	55～280	60～100	70～100	80～420	100～480	110～500	120～500
100mm长的重量(kg)≈					0.072	0.103	0.141	0.185	0.242	0.304	0.369	0.459	0.609	0.765	1.166	1.680	1.857	2.646	3.561
l系列		10,12,16,20,25,30,35,40,45,50,(55),60,(65),70,80,90,100,110,120,130,140,150,160,180,200,220,240,260,280,300,320,340,360,380,400,420,440,460,480,500																	
技术条件	GB/T 5780—2000	螺纹公差:8g			材料钢			机械性能等级:d≤39时为4.6、4.8,d>39时按协议							表面处理:①不经处理;②镀锌钝化				
	GB/T 5782—2000	螺纹公差:6g																	

注:1. b不包括螺尾。
2. M5～36M为商品规格,为销售贮备的产品最通用的规格;M42～64为通用规格,较商品规格低一档,有时买不到要现制造。
3. 带括号的规格表示尽量不采用的规格,尽量不采用的规格还有M33、M39、M45、M52和M60。

(三)双头螺柱($L_1=d$)(GB/T 897—1988)、($L_1=1.25d$)(GB/T 898—1988)、($L_1=1.5d$)(GB/T 899—1988)、($L_1=2d$)(GB/T 900—1988)

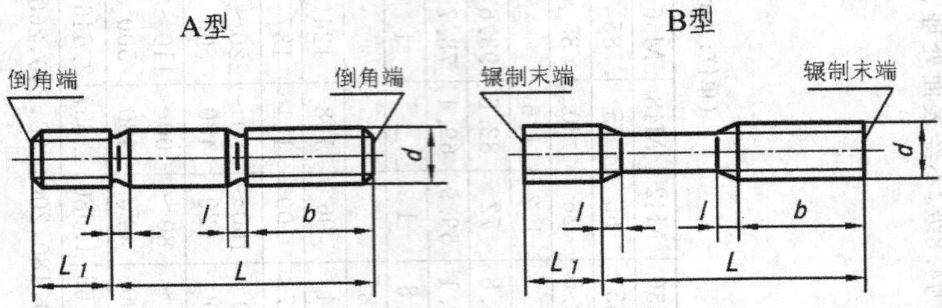

标记示例

粗牙普通螺纹 $L_1=d-10$mm,$L=50$mm 按 B 型制造的双头螺柱:

螺柱 GB/T 897 M10×50

旋入机体一端为粗牙普通螺纹、旋螺母一端为螺距 1mm 的细牙普通螺纹、$L_1=d=10$mm、$L=50$mm、按 A 型制造的双头螺柱:

螺柱 GB/T 897 AM10—M10×1×50

旋入机体一端为过渡配合螺纹的第一种配合、旋螺母一端为粗牙普通螺纹、$L_1=d=10$mm、$L=50$mm、按 B 型制造的双头螺柱:

螺柱 GB/T897 AM10—M10×1×50

附表 10 (单位:mm)

d	L_1				L/L_0
	GB/T 897—1988	GB/T 898—1988	GB/T 899—1988	GB/T 900—1998	
2			3	4	12～25/6
2.5			3.5	5	16～30/8
3			4.5	6	16/6、20～40/10
1			6	8	16～20/8、25～40/12
5	5	6	8	10	16～20/10、25～50/14
6	6	8	10	12	20～/10、25/14、30～75/16
8	8	10	12	16	20/12、25/16、30～90/20
10	10	12	15	20	25/14、30～35/16、40～130/25
12	12	15	18	24	25～30/16、35～40/20、45～180/30
16	16	20	24	32	30～35/20、40～55/30、60～200/40
20	20	25	30	40	35～45/25、50～70/40、75～200/50
24	24	30	36	48	45～55/30、60～80/45、85～200/60
30	30	38	45	60	60～65/40、70～90/50、95～250/70
36	36	45	54	72	65～75/45、80～110/60、120～300/80
42	42	50	63	84	70～80/50、85～120/70、130～300/90
48	48	60	72	96	80～90/60、95～140/80、150～300/100
L(系列)	12、16、20、25、30、35、40、45、50、55、60、65、70、75、80、85、90、95、100、110、120、130、140、150、160、170、180、190、200、210、220、230、240、250、260、280、300				

注:$l<1.5p$,p 是粗牙螺纹的螺距;$d_2<d$;材料 A_3、15、35。

(四)螺母

1.1 型六角螺母—C 级(GB/T 41—2000):1 型六角螺母—A级和 B 级(GB/T6170—2000)、六角薄螺母—A 和 B 级—倒角(GB/T 6172—2000)、六角薄螺母—B 级—无倒角(GB/T 6174—2000)

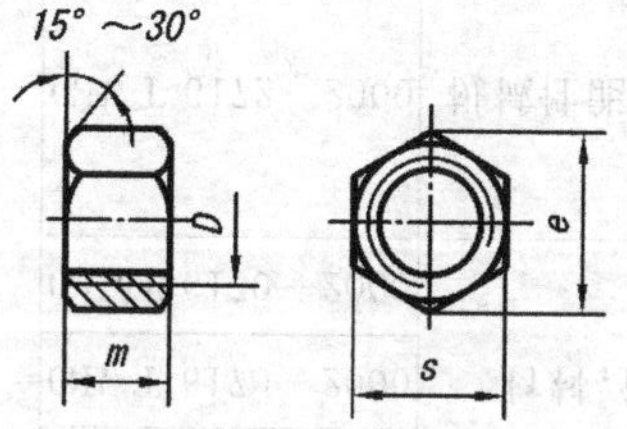

GB/T 41—2000

标记示例

螺纹规格 D=M12、性能等级为 5 级、不经表面处理、C 级的 1 型六角螺母:

螺母　GB/T 41 M12

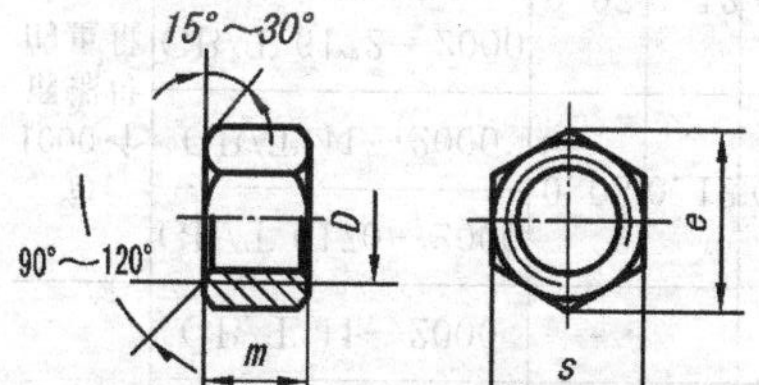

GB/T 6170—2000;GB/T 6172—2000

标记示例:

螺纹规格 D=M12、性能等级为 10 级、不经表面处理、A 级的 1 型六角螺母:

螺母　GB/T 3170 M12

螺纹规格 D=M12、性能等级为 04 级、不经表面处理、A 级的六角薄螺母:

螺母　GB/6172 M12

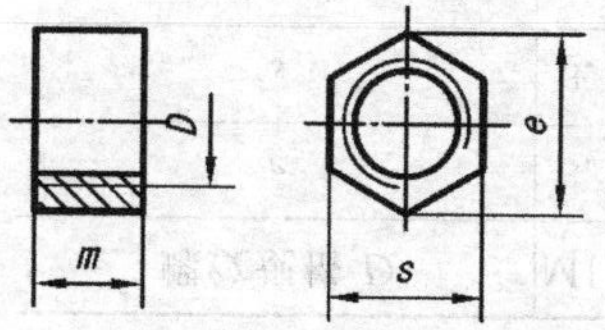

GB/T 6174—2000

标记示例:

螺纹规格 D=M6、机械性能为 HV110、不经表面处理、B 级的六角薄螺母:

螺母　GB/T 6174 M6

附表 11

螺纹规格 D		M1.6	M2	M2.5	M3	M4	M5	M6	M8	M10	M12	(M14)	M16	(M18)	M20	(M22)	M24	(M27)	M30	M36	M42	M48	M56	M64
e		3.4	4.3	5.6	6	7.7	8.8	11	14.4	17.8	20	23.4	26.8	29.6	33	37.3	39.6	45.2	50.9	60.8	72	82.6	93.6	104.9
s		3.2	4	5	5.5	7	8	10	13	16	18	21	24	27	30	34	36	41	46	55	65	75	85	95
m	GB/T 6170—2000	1.3	1.6	2	2.4	3.2	4.7	5.2	6.8	8.4	10.8	12.8	14.8	15.8	18	19.4	21.5	23.8	25.6	31	34	38	45	51
	GB/T 6172—2000 GB/T 6174—2000	1	1.2	1.6	1.8	2.2	2.7	3.2	4	5	6	7	8	9	10	11	12	13.5	15	18	21	24	28	32
	GB/T 41—2000	—	—	—	—	—	5.6	6.1	7.9	9.5	12.2	13.9	15.9	14.9	18.7	20.2	22.3	24.7	26.4	31.5	34.9	38.9	45.9	52.4
每1000个钢螺母的重量(kg)≈	GB/T 6170—2000 GB/T 41—2000	0.08	0.12	0.22	0.39	0.84	1.24	2.32	5.67	10.99	16.32	25.28	34.12	44.19	61.91	25.94	111.9	168	234.2	370.9	598.6	957.3	1420	1912
	GB/T 6172—2000 GB/T 6174—2000	0.07	0.12	0.22	0.33	0.65	0.91	1.83	4.67	8.18	11.21	17.23	19.31	27.95	34.15	41.41	54.74	85.74	109.4	181.7	294.4	445.6		

技术条件					
GB/T 41—2000	材料:钢	机械性能 等级	D≤39 时为 4,5;D>39 时按协议	螺纹公差:7H	表面处理:①不经处理 ②镀锌钝化
GB/T 6170—2000	材料:钢	机械性能 等级	D<3 时为 6;D≥3~39 时为 6,8,10;D>39 时按协议	螺纹公差:6H	
GB/T 6170—2000	材料:钢	机械性能	$HV110_{min}$	螺纹公差:6H	
GB/T 6172—2000	机械性能等级	钢:D≤39 时为 0.4,0.5;D>39 时按协议	不锈钢:D≤39 时为 A_2-70;D>39 时按协议	螺纹公差:6H	

注:1. A 级用于 D≤16 的螺母;B 级用于 D>16 的螺母。

2. D≤36 的为商品规格,D>36 的为通用规格;GB/T 6172—2000 的商品规格为 M3~36,其余为通用规格;尽量不采用的规格还有 M33、M39、M45、M52 和 M60。

3. 表中数据 e 为圆整近似值。

2. 2 型六角螺母—A级和 B 级(GB/T 6175—2000)

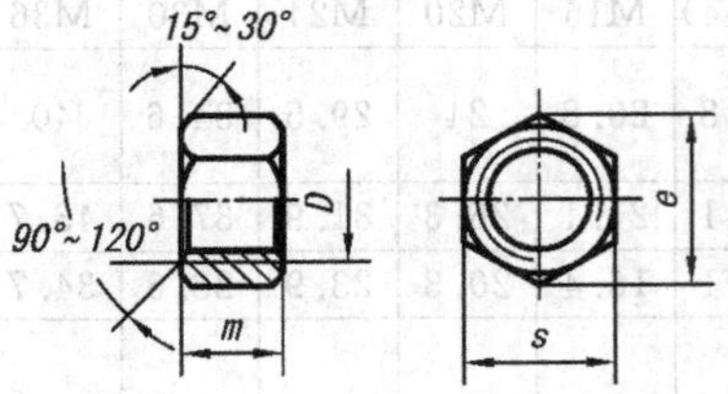

标记示例

螺纹规格 D=M16、性能等级为 9 级、不经表面处理、A 级的 2 型六角螺母：

螺母 GB/T 6175 M16

附表 12 (单位：mm)

螺纹规格 D	M5	M6	M8	M10	M12	(M14)	M16	M20	M24	M30	M36
e	8.8	11.1	14.4	17.8	20.1	23.4	26.8	33	39.6	50.9	60.8
s	8	10	13	16	18	21	24	30	36	46	55
m	5.1	5.7	7.5	9.3	12	14.1	16.4	20.3	23.9	28.6	34.7
每个 1000 钢螺母的重量(kg)≈	2.36	4.38	8.53	15.16	22.91	34.93	44.62	84.99	146.2	297.2	502
技术条件	材料：钢	机械性能等级：9～12		螺纹公差 6H			表面处理：①不经处理；②镀锌钝化				

注：A 级用于 $D \leqslant 16$ 的螺母；B 级用于 $D>16$ 的螺母。

3. 1 型六角开槽螺母—A级和 B 级(GB/T 6178—2000)、1 型六角开槽螺母—C 级(GB/T6179—2000)。

4. 2 型六角开槽螺母—A级和 B 级(GB/T 6180—2000)、六角开槽薄螺母—A 和 B 级(GB/T 6181—2000)。

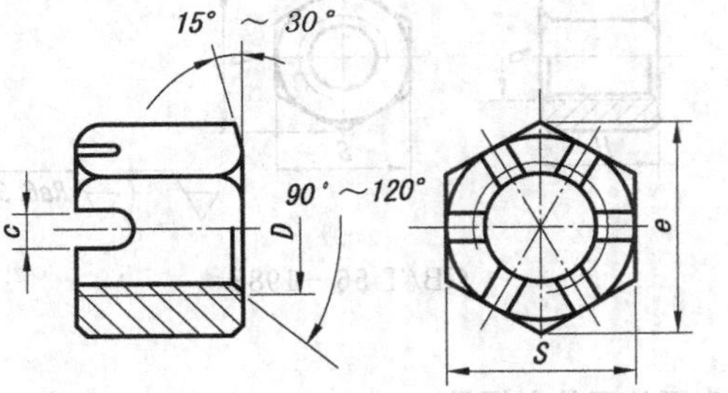

GB/T 6178—2000　　GB/T 6180—2000

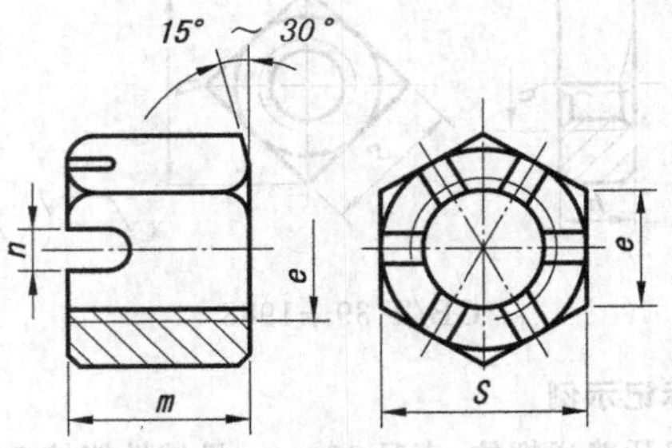

GB/T 6179—2000　　GB/T 6181—2000

标记示例

螺纹规格 D=M5、性能等级为 8 级、不经表面处理、A 级的 1 型六角开槽螺母：

螺母 GB/T 6178 M5

标记示例

螺纹规格 D=M5、性能等级为 5 级、不经表面处理、C 级的 1 型六角开槽螺母：

螺母 GB/T 6179 M5

螺纹规格 D=M12、性能等级为 04 级、不经表面处理、A 级的六角开槽薄螺母：

螺母 GB/T 6181 M12

附表 13 (单位：mm)

螺纹规格 D	M4	M5	M6	M8	M10	M12	(M14)	M16	M20	M24	M30	M36
n	1.8	2	2.6	3.1	3.4	4.3	4.3	5.7	5.7	6.7	8.5	8.5
e	7.7	8.8	11	14	17.8	20	23	26.8	33	39.6	50.9	60.8
s	7	8	10	13	16	18	21	24	30	36	46	55

续表

<table>
<tr><td colspan="2">螺纹规格 D</td><td>M4</td><td>M5</td><td>M6</td><td>M8</td><td>M10</td><td>M12</td><td>(M14)</td><td>M16</td><td>M20</td><td>M24</td><td>M30</td><td>M36</td></tr>
<tr><td rowspan="4">m</td><td>GB/T 6178</td><td>6</td><td rowspan="2">6.7</td><td rowspan="2">7.7</td><td rowspan="2">9.8</td><td rowspan="2">12.4</td><td rowspan="2">15.8</td><td rowspan="2">17.8</td><td rowspan="2">20.8</td><td rowspan="2">24</td><td rowspan="2">29.5</td><td rowspan="2">34.6</td><td rowspan="2">40</td></tr>
<tr><td>GB/T 6179</td><td>—</td></tr>
<tr><td>GB/T 6180</td><td>—</td><td>6.9</td><td>8.3</td><td>10</td><td>12.3</td><td>16</td><td>19.1</td><td>21.1</td><td>26.3</td><td>31.9</td><td>37.6</td><td>43.7</td></tr>
<tr><td>GB/T 6181</td><td>—</td><td>5.1</td><td>5.7</td><td>7.5</td><td>9.3</td><td>12</td><td>14.1</td><td>16.4</td><td>20.3</td><td>23.9</td><td>28.6</td><td>34.7</td></tr>
<tr><td rowspan="4">每 1000 个钢螺母的重量 (kg)≈</td><td>GB/T 6178</td><td>0.88</td><td rowspan="3">1.48</td><td rowspan="3">3.74</td><td rowspan="3">7.22</td><td rowspan="3">13.1</td><td rowspan="3">20.52</td><td rowspan="3">30.55</td><td rowspan="3">38.39</td><td rowspan="3">78</td><td rowspan="3">137.1</td><td rowspan="3">264.7</td><td rowspan="3">482.4</td></tr>
<tr><td>GB/T 6179</td><td>—</td></tr>
<tr><td>GB/T 6180</td><td>—</td></tr>
<tr><td>GB/T 6181</td><td>—</td><td>—</td><td>1.87</td><td>4.65</td><td>9.92</td><td>13.52</td><td>21.16</td><td>27.05</td><td>45.98</td><td>72.68</td><td>150.6</td><td>267.2</td></tr>
<tr><td colspan="2">开口销</td><td>1×10</td><td>1.2×12</td><td>1.6×14</td><td>2×16</td><td>2.5×20</td><td>3.2×22</td><td>3.2×25</td><td>4×28</td><td>4×36</td><td>5×40</td><td>6.3×50</td><td>6.3×63</td></tr>
<tr><td rowspan="5">技术条件</td><td>GB/T 6179</td><td rowspan="3">材料：钢</td><td rowspan="3">机械性能等级</td><td colspan="2">4、5</td><td colspan="2">螺纹公差：7H</td><td colspan="6" rowspan="3">表面处理：①不经处理；②镀锌钝化</td></tr>
<tr><td>GB/T 6178</td><td colspan="2">6、8、10</td><td colspan="2"></td></tr>
<tr><td>GB/T 6180</td><td colspan="2">9、12</td><td colspan="2" rowspan="3">螺纹公差：6H</td></tr>
<tr><td rowspan="2">GB/T 6181</td><td colspan="2">材料</td><td>钢</td><td>不锈钢</td><td rowspan="2">表面处理</td><td colspan="4">钢</td><td>不锈钢</td></tr>
<tr><td colspan="2">机械性能等级</td><td>04、05</td><td>A2—50</td><td colspan="4">①不经处理；②镀锌钝化</td><td>不经处理</td></tr>
</table>

注：1. GB/T 6178—2000，D 为 M4～36；其余标准 D 为 M5～36。

2. A 级用于 $D \leqslant 16$ 的螺母；B 级用于 $D>16$ 的螺母。

5. 方螺母(粗制)(GB/T 39—1998)、六角特厚螺母(GB/T 56—1988)

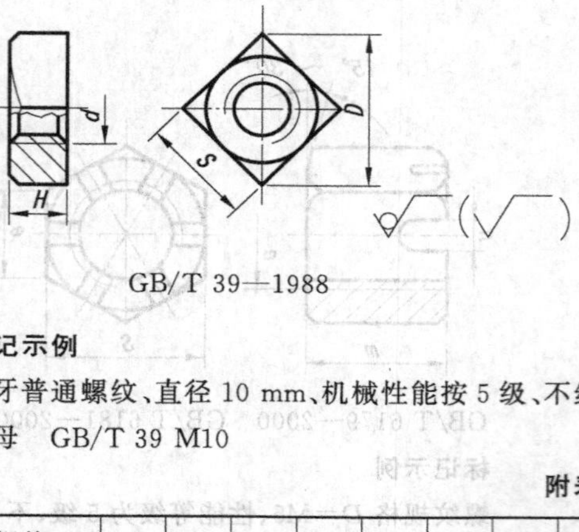

GB/T 39—1988

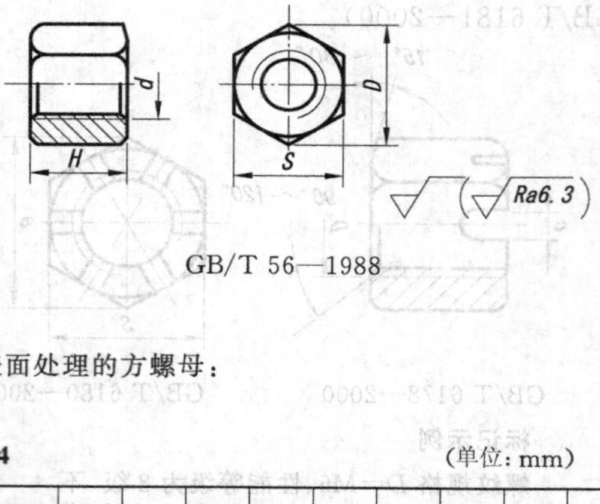

GB/T 56—1988

标记示例

粗牙普通螺纹、直径 10 mm、机械性能按 5 级、不经表面处理的方螺母：

螺母 GB/T 39 M10

附表 14

(单位：mm)

螺纹规格 d		3	4	5	6	8	10	12	(14)	16	(18)	20	(22)	24	(27)	30	36	42	48
S		5.5	7	8	10	14	17	19	22	24	27	30	32	36	41	46	55	65	75
D	GB/T 39	7.7	9.9	11.3	14.1	19.8	24	26.9	31.1	33.9	38.2	42.4	45.2	50.9	57.9	65	77.8	91.9	106
	GB/T 56	—	—	—	—	—	—	—	—	27.7	31.2	34.6	36.9	41.6	47.3	53.1	63.5	75	86.5
H	GB/T 39	2.4	3.2	4	5	6	8	10	11	13	14	16	18	19	22	24	28	32	38
	GB/T 56	—	—	—	—	—	—	—	—	25	28	32	35	38	42	48	55	65	75
每 1000 个钢螺母的重量 (kg)≈	GB/T 39	0.56	0.86	1.27	2.75	6.68	13.05	19.4	28.8	39.4	53.5	75.1	90.96	126.6	191.7	277.2	441.5	713.4	1140
	GB/T 56	—	—	—	—	—	—	—	—	62	89.12	124.5	148.4	213.5	307.8	450.3	731.6	1224	1899

6. 小圆螺母(GB/T 810—1988)、圆螺母(GB/T 812—1988)

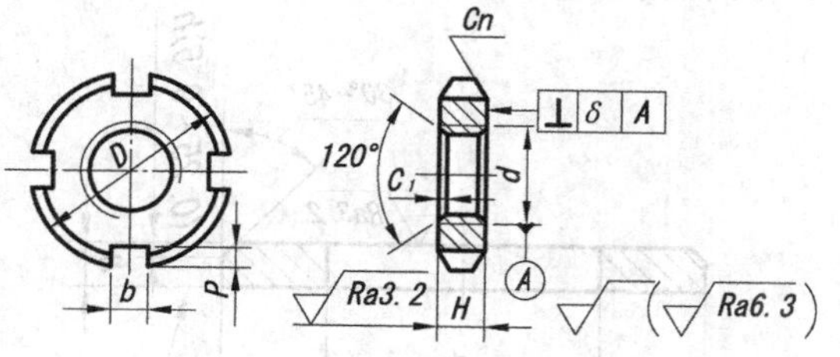

GB/T 810－1988

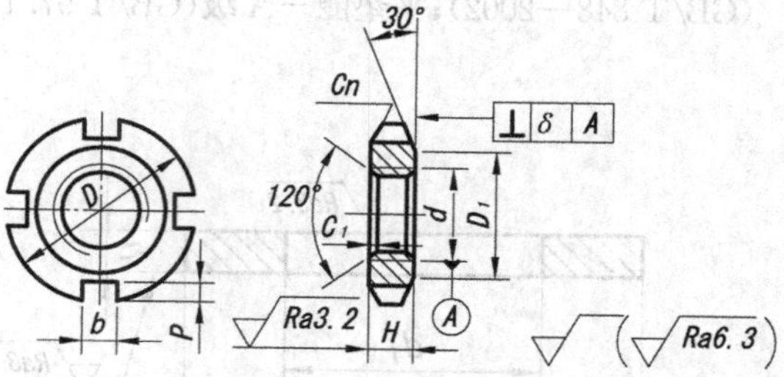

GB/T 812－1988

标记示例

细牙普通螺纹、直径 16mm、螺距 1.5mm、材料为 45 钢、槽或全部热处理硬度 HRC35～45、表面氧化的小圆螺母和圆螺母:

螺母　GB/T 810 M16×1.5；　　螺母　GB/T 812 M16×1.5

附表 15　　　　(单位: mm)

螺纹规格 d	GB/T 810—1988							GB/T 812—1988							
	D	H	b	p	C	C_1	每1000个钢螺母重量/kg	D	D_1	H	b	p	C	C_1	每1000个钢螺母重量/kg
M10×1	20	6	4	2	0.5	0.5	12.6	22	16	8	4	2	0.5	0.5	15.6
M12×1.25	22	6	4	2	0.5	0.5	15.3	25	19	8	4	2	0.5	0.5	20.6
M14×1.5	25	6	4	2	0.5	0.5	17.6	28	20	8	4	2	0.5	0.5	25.6
M16×1.5	28	6	4	2	0.5	0.5	19.6	30	22	8	5	2.5	0.5	0.5	27
M18×1.5	30	6	5	2.5	0.5	0.5	21.2	32	24	8	5	2.5	0.5	0.5	29.9
M20×1.5	32	6	5	2.5	0.5	0.5	27.5	35	27	8	5	2.5	0.5	0.5	35.6
M22×1.5	35	8	5	2.5	0.5	0.5	33.8	38	30	10	5	2.5	0.5	0.5	53.7
M24×1.5	38	8	5	2.5	0.5	0.5	36.1	42	34	10	5	2.5	1	0.5	67
M25×1.5*		8	5	2.5	1	0.5		42	34	10	5	2.5	1	0.5	6
M27×1.5	42	8	5	2.5	1	0.5	51.1	45	37	10	5	2.5	1	0.5	73.7
M30×1.5	45	8	5	2.5	1	0.5	55.0	48	40	10	5	2.5	1	0.5	80.4
M33×1.5	48	8	5	2.5	1	0.5	57.5	52	43	10	6	3	1	0.5	85.9
M35×1.5*		8	6	3	1	0.5		52	43	10	6	3	1	0.5	77.5
M36×1.5	52	8	6	3	1	0.5	70.6	55	46	10	6	3	1	0.5	96.3

注：* 仅用于滚动轴承锁紧装置。

（五）垫圈

1. 平垫圈—C级（GB/T 95—2002）、大垫圈—A和C级（GB/T 96.1—2002）、小垫圈—A级（GB/T 848—2002）；平垫圈—A级（GB/T 97.1—2002）、平垫圈—倒角型—A级（GB/T 97.2—2002）

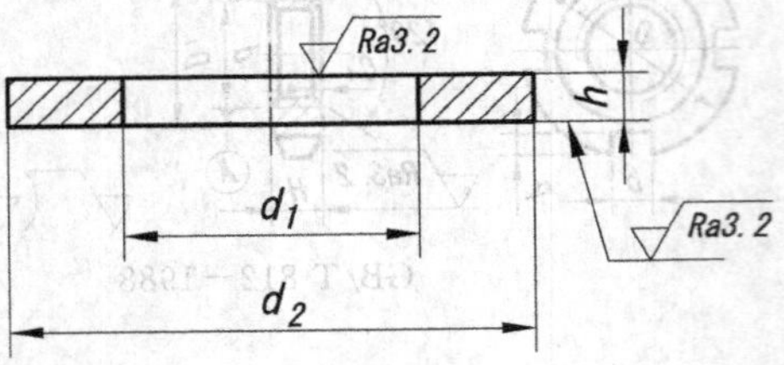

标记示例

标准系列、公称直径 d=8mm、性能等级为100HV级、不经表面处理的平垫圈：

垫圈　GB/T 95 8—100HV

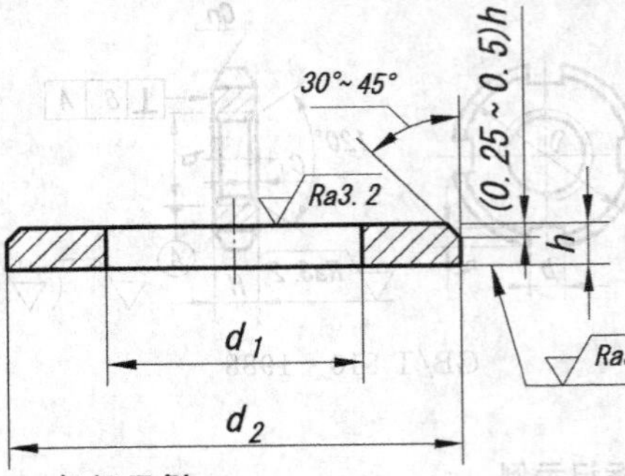

标记示例

标准系列、公称直径 d=8mm、性能等级为140HV级、倒角型、不经表面处理的平垫圈：

垫圈　GB/T 97.2 8—140HV

附表 16

（单位：mm）

公称直径（螺纹直径 d）	d_2	h	GB/T 95—2000（标准系列）		GB/T 97.1—2002 GB/T 97.2—2002（标准系列）		GB/T 96.1—2002（大系列）				GB/T 848—2002（小系列）			
			d_1		d_1		d_1	d_2	h		d_1	d_2	h	
1.6	4	0.3			1.7	0.03					1.7	3.5	0.3	0.02
2	5				2.2	0.04					2.2	4.5		0.03
2.5	6	0.5			2.7	0.11					2.7	5	0.5	0.07
3	7				3.2	0.12	3.2	9	0.8		3.2	6		0.08
4	9	0.8			4.3	0.31	4.3	12	1	0.61	4.3	8		0.22
5	10	1	5.5		5.3	0.35	5.3	15	1.2	0.82	5.3	9	1	0.26
6	12	1.6	6.6		6.4	1.07	6.4	18	1.6	2.59	6.4	11		0.84
8	16		9		8.4	2.02	8.4	24	2	3.73	8.4	15	1.6	1.57
10	20	2	11		10.5	4.08	10.5	30	2.5	8.17	10.5	18		2.64
12	24	2.5	13.5	4.69	13	5.02	13	37	3	12.69	13	20	2	3.35
14	28		15.5	6.51	15	6.89	15	44		14.65	15	24	2.5	4.33
16	30	3	17.5	10.65	17	11.3	17	50		31.46	17	28		9.16
20	37		22	16.39	21	17.16	22	60	4	47	21	34	3	11.22
24	44	4	26	31.08	25	32.33	26	72	5	87.52	25	39	4	22.1
30	56		33	50.48	31	53.64	33	92	6	131	31	50		37.95
36	66	5	39	87.4	37	92.07	39	110	8		37	60	5	68.77

技术条件													
材料		钢	奥氏体不锈钢	表面处理	钢	奥氏体不锈钢	材料		钢	奥氏体不锈钢	表面处理	钢	奥氏体不锈钢
机械性能等级	GB/T 95	100HV			不经处理		机械性能等级	GB/T 848	140HV、	A140、		①不经处理	不经处理
	GB/T 96	A：级 140HV C：级 100HV	A140		①不经处理 ②镀锌钝化	不经处理		GB/T 97.1	200HV、	A200、		②镀钝钝化	
								GB/T 97.2	300HV	A350			

注：1. d 为对应标准号；5～36时，GB/T 95、GB/T 97.2；3～36时，对应GB/T 96；1.6～36时，对应1.6～36GB/T848、GB/T 97.1。

2. C级垫圈没有3.2去毛刺。

3. GB/T 848—2002主要用于带圆柱头的螺钉，其他用于标准六角的螺栓、螺钉和螺母。

4. 精装配系列适用于A级垫圈；中等装配系列适用于C级垫圈。

2. 轻型弹簧垫圈(GB/T 859—1987)

3. 弹簧垫圈(GB/T 93—1987)

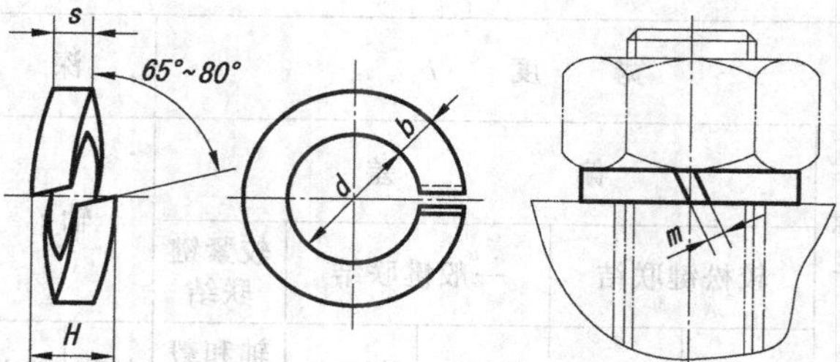

标记示例

公称直径 10mm 的弹簧垫圈：

垫圈　GB/T 93 10

附表 17

(单位: mm)

公称直径(螺纹直径)		2	25	3	4	5	6	8	10	12	16	20	24	30	36	42	48
d/min		2.1	2.6	3.1	4.1	5.1	6.2	8.2	10.2	12.3	16.3	20.5	24.5	30.5	36.6	42.6	49
H	GB/T 93	1.2	1.6	2	2.4	3.2	4	5	6	7	8	10	12	13	14	16	18
	GB/T 859	1	1.2	1.6		2	2.4	3.2	4	5	6.4	8	9.6	12	—	—	—
S(b)	GB/T 93	0.6	0.8	1	1.2	1.6	2	2.5	3	3.5	4	5	6	6.5	7	8	9
S	GB/T 859	0.5	0.6	0.8		1	1.2	1.6	2	2.5	3.2	4	4.8	6	—	—	—
$m\leqslant$	GB/T 93	0.4		0.5	0.6	0.8	1	1.2	1.5	1.7	2	2.5	3	3.2	3.5	4	4.5
	GB/T 859	0.3		0.4		0.5	0.6	0.8	1	1.2	1.6	2	2.4	3	—	—	—
b	GB/T 859	0.8		1	1.2		1.6	2	2.5	3.5	4.5	5.5	6.5	8	—	—	—

注：材料 65Mn。

(六)键

1. 平键:键和键槽的剖面尺寸(GB/T 1095—2003)

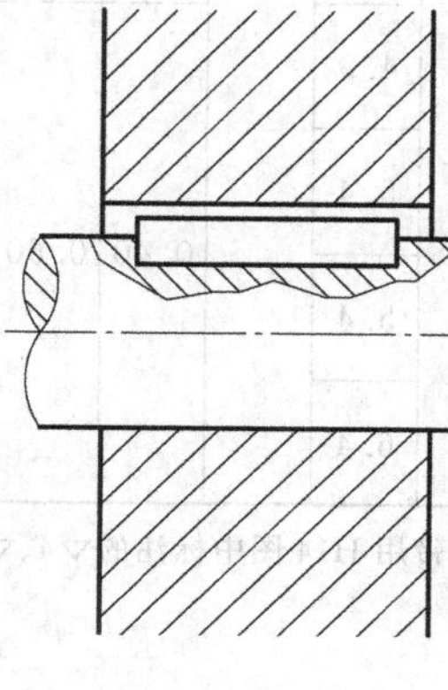

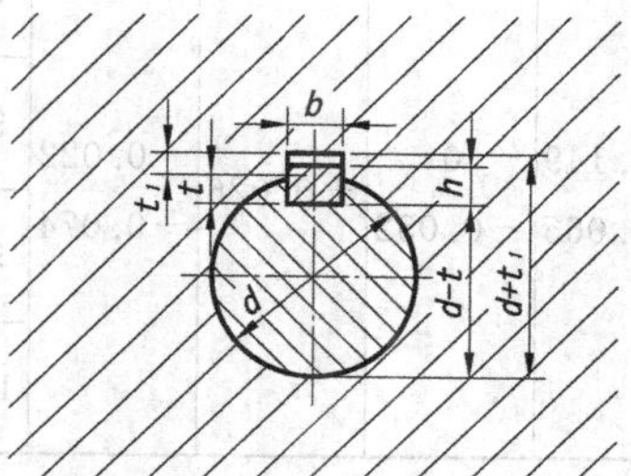

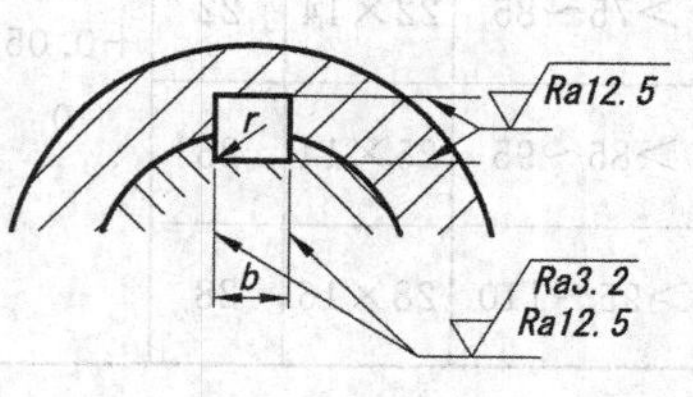

附表 18 (单位：mm)

轴	键	键槽											
		宽度 b						深度				半径	
			偏差										
公称直径 d	公称尺寸 $b\times h$	公称尺寸 b	较松键联结		一般键联结		较紧键联结	轴 t		毂 t_1			
			轴 H9	毂 D10	轴 N9	毂 Js9	轴和毂 P9	公称	偏差	公称	偏差	最小	最大
自 6～8	2×2	2	+0.025 0	+0.060 +0.020	−0.004 −0.029	+0.0125	−0.006 −0.031	1.2		1			
>8～10	3×3	3						1.8		1.4		0.08	0.16
>10～12	4×4	4						2.5	+0.1 0	1.8	+0.1 0		
>12～17	5×5	5	+0.030 0	+0.078 +0.030	0 −0.030	±0.015	−0.012 −0.042	3.0		2.3			
>17～22	6×6	6						3.5		2.8		0.16	0.25
>22～30	8×7	8	+0.036 0	+0.098 +0.040	0 −0.036	±0.018	−0.015 −0.051	4.0		3.3			
>30～38	10×8	10						5.0		3.3			
>38～44	12×8	12						5.0		3.3			
>44～50	14×9	14	+0.043 0	+0.120 +0.050	0 −0.043	±0.0215	−0.018 −0.061	5.5		3.8		0.25	0.40
>50～58	16×10	16						6.0	+0.2 0	4.3	+0.2 0		
>58～65	18×11	18						7.0		4.4			
>65～75	20×12	20						7.5		4.9			
>75～85	22×14	22	+0.052 0	+0.149 +0.065	0 −0.052	±0.026	−0.022 −0.074	9.0		5.4			
>85～95	25×14	25						9.0		5.4		0.40	0.60
>95～110	28×16	28						10.0		6.4			

注：在工作中轴槽深用 t 或 $(d-t)$ 标注、轮毂槽深用 $(d+t_1)$ 标注。平键轴槽的长度公差带用 H14 图中标注的▽4、▽6 等表面光洁度的代号和等级，可按标准折合成表面粗糙度 R_a 值的标注。

2. 普通平键的型式尺寸(GB/T 1096—2003)

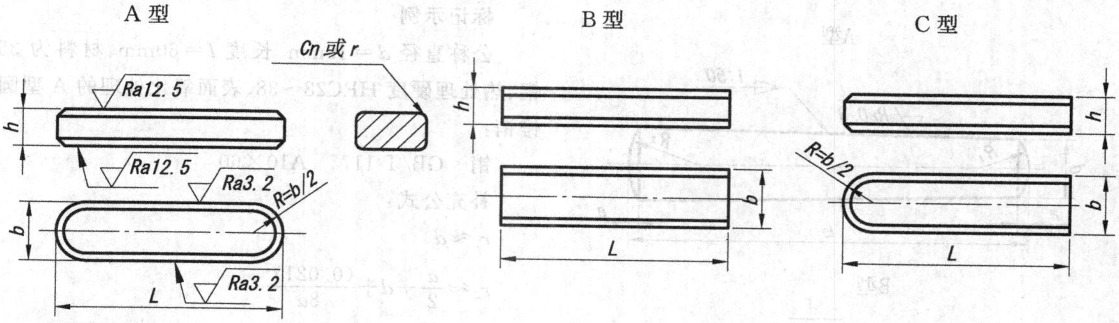

标记示例

圆头普通平键(A 型)、b=18mm、h=11mm、L=100mm： 键 18×100GB/T 1096—2003

方头普通平键(B 型)、b=18mm、h=11mm、L=100mm： 键 B18×100GB/T 1096—2003

单圆头普通平键(C 型)、b=18mm、h=11mm、L=100mm： 键 C18×100GB/T 1096—2003

附表 19

(单位：mm)

b	2	3	4	5	6	8	10	12	14	16	18	20	22	25
h	2	3	4	5	6	7	8	8	9	10	11	12	14	14
c 或 r	0.16～0.25			0.25～0.40			0.40～0.60					0.60～0.80		
L	6～20	6～36	8～45	10～56	14～70	18～90	22～110	28～140	36～160	45～180	50～200	56～220	63～250	70～280
L 系列	6、8、10、12、14、16、18、20、22、25、28、32、36、40、45、50、56、63、70、80、90、100、110、125、140、160、180、200、220、250、280													

注：材料常用 45 钢。图中的表面光洁度的代号和等级，可按标准折合成表成粗糙度 R_a 值标注。

(七)销

1. 圆柱销(GB/T 119.1—2000)

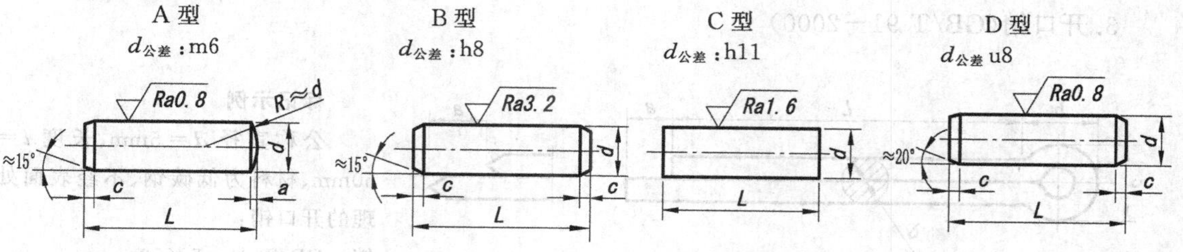

标记示例

公称直径 d=8mm、长度 l=30mm、材料为 35 钢、热处理硬度 HRC28～38、表面氧化处理的 A 型圆柱销：销 GB/T 119.1 A8×30

附表 20

(单位：mm)

d(公称)	0.6	0.8	1	1.2	1.5	2	2.5	3	4	5
a≈	0.08	0.10	0.12	0.16	0.20	0.25	0.30	0.40	0.50	0.63
c≈	0.12	0.16	0.20	0.25	0.30	0.35	0.40	0.50	0.63	0.80
l(商品规格范围公称长度)	2～6	2～8	4～10	4～12	4～16	6～20	6～24	8～30	8～40	10～50
d(公称)	6	8	10	12	16	20	25	30	40	50
a≈	0.80	1.0	1.2	1.6	2.0	2.5	3.0	4.0	5.0	6.3
c≈	1.2	1.6	2.0	2.5	3.0	3.5	4.0	5.0	6.3	8.0
l(商品规格范围公称长度)	12～60	14～80	18～95	22～140	26～180	35～200	50～200	60～200	80～200	95～200
l(系列)	2,3,4,5,6,8,10,12,14,16,18,20,22,24,26,28,30,32,35,40,45,50,55,60,65,70,75,80,85,90,95,100,120,140,160,180,200									

2. 圆锥销(GB/T 117—2000)

A型

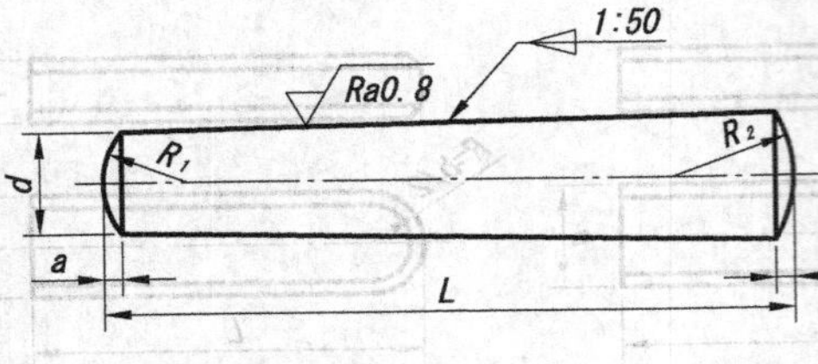

B型

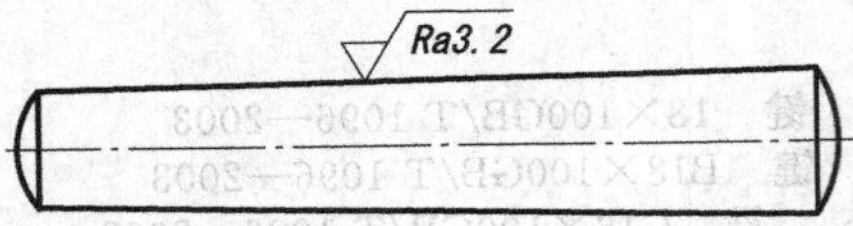

标记示例

公称直径 $d=10$mm、长度 $l=60$mm、材料为 35 钢、热处理硬度 HRC28～38、表面氧化处理的 A 型圆锥销：

销　GB/T 117　A10×60

补充公式：

$r_1 \approx d$

$$r_2 \approx \frac{a}{2}+d+\frac{(0.021)^2}{8a}$$

附表 21　　(单位：mm)

d(公称)	0.6	0.8	1	1.2	1.5	2	2.5	3	4	5
a≈	0.08	0.1	0.12	0.16	0.2	0.25	0.3	0.4	0.5	0.63
l(商品规格范围公称长度)	4～8	5～12	6～16	6～20	8～24	10～35	10～35	12～45	14～55	18～60
d(公称)	6	8	10	12	16	20	25	30	40	50
a≈	0.8	1	1.2	1.6	2	2.5	3	4	5	6.3
l(商品规格范围公称长度)	22～90	22～120	26～160	32～180	40～200	45～200	50～200	55～200	60～200	65～200
l(系列)	2,3,4,5,6,8,10,12,14,16,18,20,22,24,26,28,30,32,35,40,45,50,55,60,65,70,75,80,85,90,95,100,120,140,160,180,200									

3. 开口销(GB/T 91—2000)

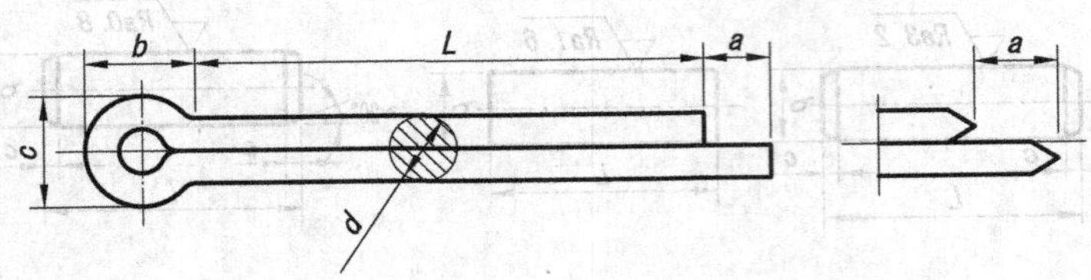

标记示例

公称直径 $d=5$mm、长度 $l=50$mm、材料为低碳钢、不经表面处理的开口销：

销　GB/T 91　5×50

附表 22　　(单位：mm)

d(公称)	0.6	0.8	1	1.2	1.6	2	2.5	3.2	4	5	6.3	8	10	12
C max	1	1.4	1.8	2	2.8	3.6	4.6	5.8	7.4	9.2	11.8	15	19	24.8
C min	0.9	1.2	1.6	1.7	2.4	3.2	4	5.1	6.5	8	10.3	13.1	16.6	21.7
b≈	2	2.4	3	3	3.2	4	5	6.4	8	10	12.6	16	20	26
a_{max}	1.6	1.6	1.6	2.5	2.5	2.5	2.5	3.2	4	4	4	4	6.3	6.3
l(商品规格范围公称长度)	4～12	5～16	6～20	8～26	8～32	10～40	12～50	14～65	18～80	22～100	30～120	40～160	45～200	70～200
l(系列)	4,5,6,8,10,12,14,16,18,20,22,24,26,28,30,32,36,40,45,50,55,60,65,70,75,80,85,90,95,100,120,140,160,180,200													

注：1. 销孔的公称直径等于 d(公称)；d_{max}、d_{min} 可查阅 GB/T 91—2000，都小于 d(公称)。

2. 根据使用需要，由供需双方协议，可采用 d(公称)为 3,6mm 的规格。

(八)滚动轴承

1. 深沟球轴承(GB/T 276—1994)

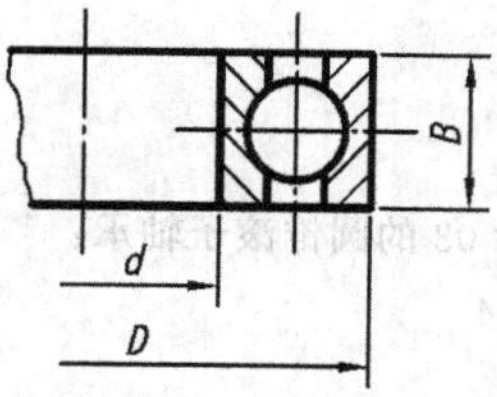

标记示例

类型代号　6　　内圈孔径 d=60mm、尺寸系列代号为(0)2 的深沟球轴承：

滚动轴承　6212　GB/T 276—1994

附表 23

(单位：mm)

轴承代号	尺寸			轴承代号	尺寸		
	d	D	B		d	D	B
尺寸系列代号(0)1				尺寸系列代号(0)3			
606	6	17	6	633	3	13	5
607	7	19	6	634	4	16	5
608	8	22	7	635	5	19	6
609	9	24	7	6300	10	35	11
6000	10	26	8	6301	12	37	12
6001	12	28	8	6302	15	42	13
6002	15	32	9	6303	17	47	14
6003	17	35	10	6304	20	52	15
6004	20	42	12	63/22	22	56	16
60/22	22	44	12	6305	25	62	17
6005	25	47	12	63/28	28	68	18
60/28	28	52	12	6306	30	72	19
6006	30	55	13	63/32	32	75	20
60/32	32	58	13	6307	35	80	21
6007	35	62	14	6308	40	90	23
6008	40	68	15	6309	45	100	25
6009	45	75	16	6310	50	110	27
6010	50	80	16	6311	55	120	29
6011	55	90	18	6312	60	130	31
6012	60	95	18				
尺寸系列代号(0)2				尺寸系列代号(0)4			
623	3	10	4	6403	17	62	17
624	4	13	5	6404	20	72	19
625	5	16	5	6405	25	80	21
626	6	19	6	6406	30	90	23
627	7	22	7	6407	35	100	25
628	8	24	8	6408	40	110	27
629	9	26	8	6409	45	120	29
6200	10	30	9	6410	50	130	31
6201	12	32	10	6411	55	140	33
6202	15	35	11	6412	60	150	35
6203	17	40	12	6413	65	160	37
6204	20	47	14	6414	70	180	42
62/22	22	50	14	6415	75	190	45
6205	25	52	15	6416	80	200	48
62/28	28	58	16	6417	85	210	52
6206	30	62	16	6418	90	225	54
62/32	32	65	17	6419	95	240	55
6207	35	72	17	6420	100	250	58
6208	40	80	18	6422	110	280	65
6209	45	85	19				
6210	50	90	20				
6211	55	100	21				
6212	60	110	22				

注：表中括号“(　)”，表示该数字在轴承代号中省略。

2.圆锥滚子轴承(GB/T 297—1994)

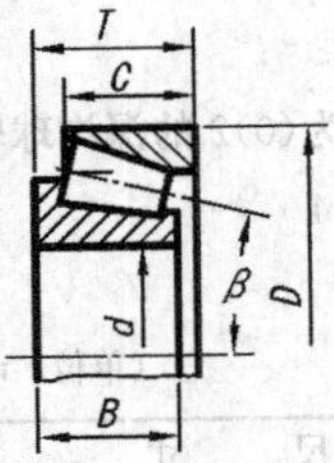

类型代号 3

标记示例

内圈孔径 d=35mm、尺寸系列代号为03的圆锥滚子轴承：

滚动轴承 30307 GB/T 297—1994

附表 24

(单位：mm)

轴承代号	尺寸 d	D	T	B	C
尺寸系列代号 02					
30202	15	35	11.75	11	10
30203	17	40	13.25	12	11
30204	20	47	15.25	14	12
30205	25	52	16.25	15	13
30206	30	62	17.25	16	14
302/32	32	65	18.25	17	15
30207	35	72	18.25	17	15
30208	40	80	19.75	18	16
30209	45	85	20.75	19	16
30210	50	90	21.75	20	17
30211	55	100	22.75	21	18
30212	60	110	23.75	22	19
30213	65	120	24.75	23	20
30214	70	125	26.75	24	21
30215	75	130	27.75	25	22
30216	80	140	28.75	26	22
30217	85	150	30.5	28	24
30218	90	160	32.5	30	26
30219	95	170	34.5	32	27
30220	100	180	37	34	29
尺寸系列代号 03					
30302	15	42	14.25	13	11
30303	17	47	15.25	14	12
30304	20	52	16.25	15	13
30305	25	62	18.25	17	15
30306	30	72	20.75	19	16
30307	35	80	22.75	21	18
30308	40	90	25.25	23	20
30309	45	100	27.25	25	22
30310	50	110	29.25	27	23
30311	55	120	31.5	29	25
30312	60	130	33.5	31	26
30313	65	140	36	33	28
30314	70	150	38	35	30
30315	75	160	40	37	31
30316	80	170	42.5	39	33
30317	85	180	44.5	41	34
30318	90	190	46.5	43	36
30319	95	200	49.5	45	38
30320	100	215	51.5	47	39

轴承代号	尺寸 d	D	T	B	C
尺寸系列代号 23					
32303	17	47	20.25	19	16
32304	20	52	22.25	21	18
32305	25	62	25.25	24	20
32306	30	72	28.75	27	23
32307	35	80	32.75	31	25
32308	40	90	35.25	33	27
32309	45	100	38.25	36	30
32310	50	110	42.25	40	33
32311	55	120	45.5	43	35
32312	60	130	48.5	46	37
32313	65	140	51	48	39
32314	70	150	54	51	42
32315	75	160	58	55	45
32316	80	170	61.5	58	48
尺寸系列代号 30					
33005	25	47	17	17	14
33006	30	55	20	20	16
33007	35	62	21	21	17
33008	40	68	22	22	18
33009	45	75	24	24	19
33010	50	80	24	24	19
33011	55	90	27	27	21
33012	60	95	27	27	21
33013	65	100	27	27	21
33014	70	110	31	31	25.5
33015	75	115	31	31	25.5
33016	80	125	36	36	29.5
尺寸系列代号 31					
33108	40	75	26	26	20.5
33109	45	80	26	26	20.5
33110	50	85	26	26	20
33111	55	95	30	30	23
33112	60	100	30	30	23
33113	65	110	34	34	26.5
33114	70	120	37	37	29
33115	75	125	37	37	29
33116	80	130	37	37	29

3. 平底推力球轴承(GB/T 301—1995)

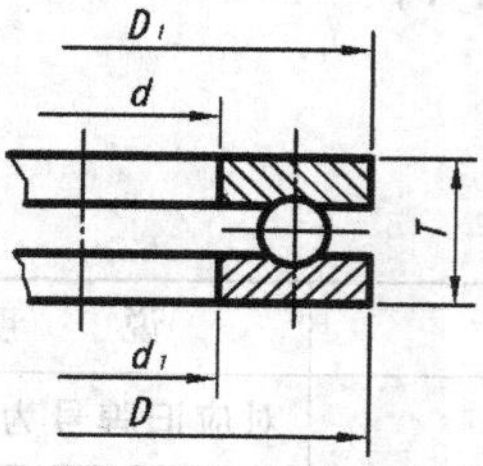

标记示例

类型代号　5　　内圈孔径 d=30mm、尺寸系列代号为 13 的推力球轴承：

滚动轴承　51306　GB/T 301—1995

附表 25

(单位：mm)

轴承代号	尺寸 d	D	T	d_1	D_1	轴承代号	尺寸 d	D	T	d_1	D_1
尺寸系列代号 11						尺寸系列代号 13					
51104	20	35	10	21	35	51304	20	47	18	22	47
51105	25	42	11	26	42	51305	25	52	18	27	52
51106	30	47	11	32	47	51306	30	60	21	32	60
51107	35	52	12	37	52	51307	35	68	24	37	68
51108	40	60	13	42	60	51308	40	78	26	42	78
51109	45	65	14	47	65	51309	45	85	28	47	85
51110	50	70	14	52	70	51310	50	95	31	52	95
51111	55	78	16	57	78	51311	55	105	35	57	105
51112	60	85	17	62	85	51312	60	110	35	62	110
51113	65	90	18	67	90	51313	65	115	36	67	115
51114	70	95	18	72	95	51314	70	125	40	72	125
51115	75	100	19	77	100	51315	75	135	44	77	135
51116	80	105	19	82	105	51316	80	140	44	82	140
51117	85	110	19	87	110	51317	85	150	49	88	150
51118	90	120	22	92	120	51318	90	155	50	93	155
51120	100	135	25	102	135	51320	100	170	55	103	170
尺寸系列代号 12						尺寸系列代号 14					
51204	20	40	14	22	40	51405	25	60	24	27	60
51205	25	47	15	27	47	51406	30	70	28	32	70
51206	30	52	16	32	52	51407	35	80	32	37	80
51207	35	62	18	37	62	51408	40	90	36	42	90
51208	40	68	19	42	68	51409	45	100	39	47	100
51209	45	73	20	47	73	51410	50	110	43	52	110
51210	50	78	22	52	78	51411	55	120	48	57	120
51211	55	90	25	57	90	51412	60	130	51	62	130
51212	60	95	26	62	95	51413	65	140	56	68	140
51213	65	100	27	67	100	51414	70	150	60	73	150
51214	70	105	27	72	105	51415	75	160	65	78	160
51215	75	110	27	77	110	51416	80	170	68	83	170
51216	80	115	28	82	115	51417	85	180	72	88	177
51217	85	125	31	88	125	51418	90	190	77	93	187
51218	90	135	35	93	135	51420	100	210	85	103	205
51220	100	150	38	103	150	51422	110	230	95	113	225

注：推力球轴承有 51000 型和 52000 型，类型代号都是 5，尺寸系列代号分别为 11、12、13、14 和 21、22、23、24。52000 型推力球轴承的形式、尺寸可查阅 GB/T 301—1955。

三、常用金属材料与非金属材料

(一)黑色金属材料

附表 26

名称	牌号	用途举例	说明
碳素结构钢	Q215A	金属结构构件、拉杆、螺栓、垫圈等	对应旧牌号为 A_2
	Q235A	金属结构构件,心部强度要求不高的渗碳或氰化零件	对应旧牌号为 A_3
优质碳素钢	10	用于拉杆、卡头、钢管垫片、铆钉	钢号数字相当于含碳量万分数,抗拉强度、硬度依次增加
	15	用于螺栓、螺钉、拉条、法兰盘及化工储器、蒸汽锅炉	
	35	用于制作曲轴、转轴、杠杆、连杆、垫圈、螺钉等	
	45	用于制作汽轮机的叶轮、压缩机、泵的零件	
	60	用于制造轴、轧辊、弹簧圈、弹簧、凸轮等	
	15Mn	用于制造中心部分的机械性能要求较高且须渗碳的零件	含锰量较高的优质碳素结构钢
	65Mn	适用于作大尺寸的各种扁、圆弹簧	
合金结构钢	20Mn2	可作渗碳小齿轮、小轴、钢套、活塞销等	钢中加了一定量的合金元素,提高了钢的机械性能和耐磨性
	15Cr	用作活塞销、活塞环、联轴节、凸轮等	
	35SiMn	用作轴、齿轮及 400℃以下的重要紧固件	
	20CrTi	用于汽车、拖拉机上的重要齿轮和一般强度韧性均高的减速器齿轮	
不锈钢	1Cr18Ni9Ti	用于化工设备的各种锻件,航空发动机排气系统的喷管及集合器等零件	耐酸
灰铸铁	HT150	用于制造一般机床底座、床身,一般阀体、阀盖等	HT 为灰铸铁的代号后面数字表示抗拉强度最低值
	HT200	用于制造汽缸、齿轮、底架、飞轮、齿条等	
球墨铸铁	QT400-17	1.6～6.4Mpa 阀门的阀体、阀盖支架等	QT 是球墨铸铁的代号后面的数字表示抗拉强度和延伸率的大小
可锻铸铁	KTH300-06	用于制作管道、弯头、接头、三通等	KTH、KTB、KTZ 分别是黑心、白心,球光体可锻铸铁的代号,后面数字分别表示抗拉强度和延伸率
	KTB350-04	用于要求较高强度和耐磨性的重要零件,如曲轴、连杆	
	KTZ500-04	用于制作齿轮、凸轮轴等	

(二)有色金属材料

附表 27

名称	牌号	应用举例	说明
普通黄铜	ZH62	散热器、垫圈、弹簧、各种网、螺钉及其他零件	“Z”表示铸、“H”表示黄铜,后面数字表示含铜量,如 62 表示含铜 60.5%～63.5%
锰黄铜	ZHMn58-2-2	用于制造轴瓦、轴套及其他耐磨零件	ZHMn58-2-2 表示含铜 57%～60%、锰 1.5%～2.5%、铅 2%～4%
锡青铜	ZQSn6-6-3	用于受中等冲击负荷和在液体或半液体润滑及耐蚀条件下工作的零件,如轴承、轴瓦、蜗轮、螺母,以及 10 大气压以下的蒸汽和水配件	“Q”表示青铜,ZQSn6-6-3 表示含锡 5%～7%、锌 5%～7%、铅 2%～4%
铝青铜	ZQAl9-4	强度高、减磨性、耐蚀性、受压、铸造性均良好,用于在蒸汽和海水条件下工作的零件及受摩擦和腐蚀的零件,如蜗轮衬套等	ZQAL9-4 表示含铝 8%～10%、铁 2%～4%
铸造铝合金	ZL102 ZL202	耐磨性中上等,用于制造负荷不大的薄壁零件	ZL102 表示含硅 10%～13%、余量为铝的铝硅合金;ZL202 表示含铜 9%～11%、余量为铝的铝铜合金
硬铝	LY12	适于制作中等强度的零件,焊接性能好	LY12 表示含铜 3.8%～4.9%、镁 1.2%～1.8%、锰 0.3%～0.9%、余量为铝的硬铝
工业钝铝	L2	适于制作贮槽、塔、热交换器、防止污染及深冷设备	L2 表示含杂质≤0.4%的工业钝铝

(三)非金属材料

附表 28

材料名称	牌号	用途	材料名称	牌号	用途
耐酸碱橡胶板	2030 2040	用作冲制密封性能较好的垫圈	耐油橡胶石棉板		耐油密封衬垫材料
耐油橡胶板	3001 3002	适用冲制各种形状的垫圈	油浸石棉盘根	YS450	用于回转轴、往复运动或阀杆上的密封材料
耐热橡胶板	4001 4002	用作冲制各种垫圈和隔热垫板	橡胶石棉盘根	XS450	用于回转轴、往复运动或阀杆上的密封材料
酚醛层压板	3302-1 3302-2	用作结构材料及用以制造各种机械零件	毛毡		用作密封、防漏油、防震、缓冲衬垫
布质酚醛层压板	3305-1 3305-2	用作轧钢机轴瓦	软钢板纸		用作密封连接处垫片
尼龙 66 尼龙 1010		用于制作机械零件	聚四氟乙烯	SFL-4-13	用于腐蚀介质中的垫片
			有机玻璃板		用于耐腐蚀和需要透明的零件

四、常用热处理和表面处理名词解释

附表 29

热处理方法	解　释	应　用
退火(HTh)	退火是将钢件(或钢坯)加热到临界温度以上(30～50℃)保温一段时间,然后再缓慢地冷下来(一般用炉冷)	用来消除铸锻件的内应力和组织不均匀及晶粒粗大等现象,消除冷轧坯件的冷硬现象和内应力,降低硬底,以便切削
正火(Z)	正火也是将钢件加热到临界温度以上,保温一段时间,然后用空气冷却,冷却速度比退火为快	用来处理低碳和中碳结构钢件及渗碳机件,使其组织细化,增加强度与韧性,减少内应力,改善切削性能
淬火(C)	淬火是将钢件加热到临界点以上温度,保温一段时间,然后在水、盐水或油中(个别材料在空气中)急冷下来,使其得到高硬度	用来提高钢的硬度和强度极限。但淬火时会引起内应力使钢变脆,所以淬火后必须回火
回火	回火是将淬硬的钢件加热到临界点以下的温度,保温一段时间,然后在空气中或油中冷却下来	用来消淬火后的脆性和内应力,提高钢的塑性和冲击韧性
调质(T)	淬火后高温回火,称为调质	用来使钢获得高的韧性和足够的强度。很多重要零件是经过调质处理的
表面淬火(H) 渗碳淬火(S) 氮化(D)	基本上都是使零件表层有高的硬度和耐磨性,而心部保持原有的强度和韧性的热处理方法	表面淬火用来处理齿轮等;渗碳用于低碳非淬火钢;氮化用于某些含铬钼或铝特种钢
镀铬	用电解的方法,在钢零件的表面上镀一层铬	提高表面硬度、耐磨性和耐腐蚀能力,也用在修复零件上磨损了的表面
镀镍	用电解的方法,在钢零件的表面上镀一层镍	防止大气的腐蚀和获得美观的外表
发蓝	将零件置于氧化剂内,在 135～145℃下进行氧化,表面呈蓝黑色	防止机件的腐蚀
涂油、喷漆	在零件表面上刷一层油或喷一层漆	美观、防锈

五、公差与配合

附表 30　标准公差数值(摘自 GB/T 1800.3—1998)

基本尺寸/mm		公差等级																			
		IT01	IT0	IT1	IT2	IT3	IT4	IT5	IT6	IT7	IT8	IT9	IT10	IT11	IT12	IT13	IT14	IT15	IT16	IT17	IT18
大于	至	μm													mm						
—	3	0.3	0.5	0.8	1.2	2	3	4	6	10	14	25	40	60	0.10	0.14	0.25	0.40	0.60	1.0	1.4
3	6	0.4	0.6	1	1.5	2.5	4	5	8	12	18	30	48	75	0.12	0.18	0.30	0.48	0.75	1.2	1.8
6	10	0.4	0.6	1	1.5	2.5	4	6	9	15	22	36	58	90	0.15	0.22	0.36	0.58	0.90	1.5	2.2
10	18	0.5	0.8	1.2	2	3	5	8	11	18	27	43	70	110	0.18	0.27	0.43	0.70	1.10	1.8	2.7
18	30	0.6	1	1.5	2.5	4	6	9	13	21	33	52	84	130	0.21	0.33	0.52	0.84	1.30	2.1	3.3
30	50	0.6	1	1.5	2.5	4	7	11	16	25	39	62	100	160	0.25	0.39	0.62	1.00	1.60	2.5	3.9
50	80	0.8	1.2	2	3	5	8	13	19	30	46	74	120	190	0.30	0.46	0.74	1.20	1.90	3.0	4.6
80	120	1	1.5	2.5	4	6	10	15	22	35	54	87	140	220	0.35	0.54	0.87	1.40	2.20	3.5	5.4
120	180	1.2	2	3.5	5	8	12	18	25	40	63	100	160	250	0.40	0.63	1.00	1.60	2.50	4.0	6.3
180	250	2	3	4.5	7	10	14	20	29	46	72	115	185	290	0.46	0.72	1.15	1.85	2.90	4.6	7.2
250	315	2.5	4	6	8	12	16	23	32	52	81	130	210	320	0.52	0.81	1.30	2.10	3.20	5.2	8.1
315	400	3	5	7	9	13	18	25	36	57	89	140	230	360	0.57	0.89	1.40	2.30	3.60	5.7	8.9

注：基本尺寸小于 1mm 时，无 IT14～IT18。

附表 31 轴的极限偏差

基本尺寸/mm		常用公差带												
		a*	b*		c			d				e		
大于	至	11	11	12	9	10	11	8	9	10	11	7	8	9
—	3	−270 −330	−140 −200	−140 −240	−60 −85	−60 −100	−60 −120	−20 −34	−20 −45	−20 −60	−20 −80	−14 −24	−14 −28	−14 −39
3	6	−270 −345	−140 −215	−140 −260	−70 −100	−70 −118	−70 −145	−30 −48	−30 −60	−30 −78	−30 −105	−20 −32	−20 −38	−20 −50
6	10	−280 −370	−150 −240	−150 −300	−80 −116	−80 −138	−80 −170	−40 −62	−40 −76	−40 −98	−40 −130	−25 −40	−25 −47	−25 −61
10	14	−290 −400	−150 −260	−150 −330	−95 −138	−95 −165	−95 −205	−50 −77	−50 −93	−50 −120	−50 −160	−32 −50	−32 −59	−32 −75
14	18													
18	24	−300 −430	−160 −290	−160 −370	−110 −162	−110 −194	−110 −240	−65 −98	−65 −117	−65 −149	−65 −195	−40 −61	−40 −73	−40 −92
24	30													
30	40	−310 −470	−170 −330	−170 −420	−120 −182	−120 −220	−120 −280	−80 −119	−80 −142	−80 −180	−80 −240	−50 −75	−50 −89	−50 −112
40	50	−320 −480	−180 −340	−180 −430	−130 −192	−130 −230	−130 −290							
50	65	−340 −530	−190 −380	−190 −490	−140 −214	−140 −260	−140 −330	−100 −146	−100 −174	−100 −220	−100 −290	−60 −90	−60 −106	−60 −134
65	80	−360 −550	−200 −390	−200 −500	−150 −224	−150 −270	−150 −340							
80	100	−380 −600	−220 −440	−220 −570	−170 −257	−170 −310	−170 −390	−120 −174	−120 −207	−120 −260	−120 −340	−72 −107	−72 −126	−72 −159
100	120	−410 −630	−240 −460	−240 −590	−180 −267	−180 −320	−180 −400							
120	140	−460 −710	−260 −510	−260 −660	−200 −300	−200 −360	−200 −450	−145 −208	−145 −245	−145 −305	−145 −395	−85 −125	−85 −148	−85 −185
140	160	−520 −770	−280 −530	−280 −680	−210 −310	−210 −370	−210 −460							
160	180	−580 −830	−310 −560	−310 −710	−230 −330	−230 −390	−230 −480							
180	200	−660 −950	−340 −630	−340 −800	−240 −355	−240 −425	−240 −530	−170 −242	−170 −285	−170 −355	−170 −460	−100 −146	−100 −172	−100 −215
200	225	−740 −1030	−380 −670	−380 −840	−260 −375	−260 −445	−260 −550							
225	250	−820 −1110	−420 −710	−420 −880	−280 −395	−280 −465	−280 −570							
250	280	−920 −1240	−480 −800	−480 −1000	−300 −430	−300 −510	−300 −620	−190 −271	−190 −320	−190 −400	−190 −510	−110 −162	−110 −191	−110 −240
280	315	−1050 −1370	−540 −860	−540 −1060	−330 −460	−330 −540	−330 −650							
315	355	−1200 −1560	−600 −960	−600 −1170	−360 −500	−360 −590	−360 −720	−210 −299	−210 −350	−210 −440	−210 −570	−125 −182	−125 −214	−125 −265
355	400	−1350 −1710	−680 −1040	−680 −1250	−400 −540	−400 −630	−400 −760							

（摘自 GB/T 1801—1999）

（单位: μm）续表

常用公差带															
f					g			h							
5	6	7	8	9	5	6	7	5	6	7	8	9	10	11	12
−6 −10	−6 −12	−6 −16	−6 −20	−6 −31	−2 −6	−2 −8	−2 −12	0 −4	0 −6	0 −10	0 −14	0 −25	0 −40	0 −60	0 −100
−10 −15	−10 −18	−10 −22	−10 −28	−10 −40	−4 −9	−4 −12	−4 −16	0 −5	0 −8	0 −12	0 −18	0 −30	0 −48	0 −75	0 −120
−13 −19	−13 −22	−13 −28	−13 −35	−13 −49	−5 −11	−5 −14	−5 −20	0 −6	0 −9	0 −15	0 −22	0 −36	0 −58	0 −90	0 −150
−16 −24	−16 −27	−16 −34	−16 −43	−16 −59	−6 −14	−6 −17	−6 −24	0 −8	0 −11	0 −18	0 −27	0 −43	0 −70	0 −110	0 −180
−20 −29	−20 −33	−20 −41	−20 −53	−20 −72	−7 −16	−7 −20	−7 −28	0 −9	0 −13	0 −21	0 −33	0 −52	0 −84	0 −130	0 −210
−25 −36	−25 −41	−25 −50	−25 −64	−25 −87	−9 −20	−9 −25	−9 −34	0 −11	0 −16	0 −25	0 −39	0 −62	0 −100	0 −160	0 −250
−30 −43	−30 −49	−30 −60	−30 −76	−30 −104	−10 −23	−10 −29	−10 −40	0 −13	0 −19	0 −30	0 −46	0 −74	0 −120	0 −190	0 −300
−36 −51	−36 −58	−36 −71	−36 −90	−36 −123	−12 −27	−12 −34	−12 −47	0 −15	0 −22	0 −35	0 −54	0 −87	0 −140	0 −220	0 −350
−43 −61	−43 −68	−43 −83	−43 −106	−43 −143	−14 −32	−14 −39	−14 −54	0 −18	0 −25	0 −40	0 −63	0 −100	0 −160	0 −250	0 −400
−50 −70	−50 −79	−50 −96	−50 −122	−50 −165	−15 −35	−15 −44	−15 −61	0 −20	0 −29	0 −46	0 −72	0 −115	0 −185	0 −290	0 −460
−56 −79	−56 −88	−56 −108	−56 −137	−56 −186	−17 −40	−17 −49	−17 −69	0 −23	0 −32	0 −52	0 −81	0 −130	0 −210	0 −320	0 −520
−62 −87	−62 −98	−62 −119	−62 −151	−62 −202	−18 −43	−18 −54	−18 −75	0 −25	0 −36	0 −57	0 −89	0 −140	0 −230	0 −360	0 −570

续表

基本尺寸/mm		常用公差带														
		js			k			m			n			p		
大于	至	5	6	7	5	6	7	5	6	7	5	6	7	5	6	7
—	3	±2	±3	±5	+4 0	+6 0	+10 0	+6 +2	+8 +2	+12 +2	+8 +4	+10 +4	+14 +4	+10 +6	+12 +6	+16 +6
3	6	±2.5	±4	±6	+6 +1	+9 +1	+13 +1	+9 +4	+12 +4	+16 +4	+13 +8	+16 +8	+20 +8	+17 +12	+20 +12	+24 +12
6	10	±3	±4.5	±7	+7 +1	+10 +1	+16 +1	+12 +6	+15 +6	+21 +6	+16 +10	+19 +10	+25 +10	+21 +15	+24 +15	+30 +15
10 14	14 18	±4	±5.5	±9	+9 +1	+12 +1	+19 +1	+15 +7	+18 +7	+25 +7	+20 +12	+23 +12	+30 +12	+26 +18	+29 +18	+36 +18
18 24	24 30	±4.5	±6.5	±10	+11 +2	+15 +2	+23 +2	+17 +8	+21 +8	+29 +8	+24 +15	+28 +15	+36 +15	+31 +22	+35 +22	+43 +22
30 40	40 50	±5.5	±8	±12	+13 +2	+18 +2	+27 +2	+20 +9	+25 +9	+34 +9	+28 +17	+33 +17	+42 +17	+37 +26	+42 +26	+51 +26
50 65	65 80	±6.5	±9.5	±15	+15 +2	+21 +2	+32 +2	+24 +11	+30 +11	+41 +11	+33 +20	+39 +20	+50 +20	+45 +32	+51 +32	+62 +32
80 100	100 120	±7.5	±11	±17	+18 +3	+25 +3	+38 +3	+28 +13	+35 +13	+48 +13	+38 +23	+45 +23	+58 +23	+52 +37	+59 +37	+72 +37
120 140 160	140 160 180	±9	±12.5	±20	+21 +3	+28 +3	+43 +3	+33 +15	+40 +15	+55 +15	+45 +27	+52 +27	+67 +27	+61 +43	+68 +43	+83 +43
180 200 225	200 225 250	±10	±14.5	±23	+24 +4	+33 +4	+50 +4	+37 +17	+46 +17	+63 +17	+51 +31	+60 +31	+77 +31	+70 +50	+79 +50	+96 +50
250 280	280 315	±11.5	±16	±26	+27 +4	+36 +4	+56 +4	+43 +20	+52 +20	+72 +20	+57 +34	+66 +34	+86 +34	+79 +56	+88 +56	+108 +56
315 355	355 400	±12.5	±18	±28	+29 +4	+40 +4	+61 +4	+46 +21	+57 +21	+78 +21	+62 +37	+73 +37	+94 +37	+87 +62	+98 +62	+119 +62

注：标“*”的为基本尺寸<1mm时，各级的a和b均不采用。

续表

常用公差带														
r			s			t			u		v	x	y	z
5	6	7	5	6	7	5	6	7	6	7	6	6	6	6
+14 +10	+16 +10	+20 +10	+18 +14	+20 +14	+24 +14	—	—	—	+24 +18	+28 +18	—	+26 +20	—	+32 +26
+20 +15	+23 +15	+27 +15	+24 +19	+27 +19	+31 +19	—	—	—	+31 +23	+35 +23	—	+36 +28	—	+43 +35
+25 +19	+28 +19	+34 +19	+29 +23	+32 +23	+38 +23	—	—	—	+37 +28	+43 +28	—	+43 +34	—	+51 +42
+31	+34	+41	+36	+39	+46	—	—	—	+44	+51	—	+51 +40	—	+61 +50
+23	+23	+23	+23	+28	+28	—	—	—	+33	+33	+50 +39	+56 +45	—	+71 +60
+37	+41	+49	+44	+48	+56	—	—	—	+54 +41	+62 +41	+60 +47	+67 +54	+76 +63	+86 +73
28	+28	+28	+35	35	+35	+50 +41	+54 +41	+62 +41	+61 +48	+69 +48	+68 +55	+77 +64	+88 +75	+101 +88
+45	+50	+59	+54	+59	+86	+59 +48	+64 +48	+73 +48	+76 +60	+85 +60	+84 +68	+96 +80	+110 +94	+128 +112
+34	+34	+34	+43	+43	+43	+65 +54	+70 +54	+79 +54	+86 +70	+95 +70	+97 +81	+113 +97	+130 +114	+152 +136
+54 +41	+60 +41	+71 +41	+66 +53	+72 +53	+83 +53	+79 +66	+85 +66	+96 +66	+106 +87	+117 +87	+121 +102	+141 +122	+163 +144	+191 +172
+56 +43	+62 +43	+73 +43	+72 +59	+78 +59	+89 +59	+88 +75	+94 +75	+105 +75	+121 +102	+132 +102	+139 +120	+165 +146	+193 +174	+229 +210
+66 +51	+73 +51	+86 +51	+86 +71	+93 +71	+106 +71	106 +91	+113 +91	+126 +91	+146 +124	+159 +124	+168 +146	+200 +178	+236 +214	+280 +258
+69 +54	+76 +54	+89 +54	+94 +79	+101 +79	+114 +79	+110 +104	+126 +104	+139 +104	+166 +144	+179 +144	+194 +172	+232 +210	+276 +254	+332 +310
+81 +63	+88 +63	+103 +63	+110 +92	+117 +92	+132 +92	+140 +122	+147 +122	+162 +122	+195 +170	+210 +170	+227 +202	+273 +248	+325 +300	+390 +365
+83 +65	+90 +65	+105 +65	+118 +100	+125 +100	+140 +100	+152 +134	+159 +134	+174 +134	+215 +190	+230 +190	+253 +228	+305 +280	+365 +340	+440 +415
+86 +68	+93 +68	+108 +68	+126 +108	+133 +108	+148 +108	+164 +146	+171 +146	+186 +146	+235 +210	+250 +210	+277 +252	+335 +310	+405 +380	+490 +465
+97 +77	+106 +77	+123 +77	+142 +122	+151 +122	168 +122	+186 +166	+195 +166	+212 +166	+265 +236	+282 +236	+313 +284	+379 +350	+454 +425	+549 +520
+100 +80	+109 +80	+126 +80	+150 +130	+159 +130	+176 +130	+200 +180	+209 +180	+226 +180	+287 +258	+304 +258	+339 +310	+414 +385	+499 +470	+604 +575
+104 +84	+113 +84	+130 +84	+160 +140	+169 +140	+186 +140	+216 +196	+225 +196	+242 +196	+313 +284	+330 +284	+369 +340	+454 +425	+549 +520	+669 +640
+117 +94	+126 +94	+146 +94	+181 +158	+290 +158	+210 +158	+241 +218	+250 +218	+270 +218	+347 +315	+367 +315	+417 +385	+507 +475	+612 +580	+742 +710
+121 +98	+130 +98	+150 +98	+193 +170	+202 +170	+222 +170	+263 +240	+272 +240	+292 +240	+382 +350	+402 +350	+457 +425	+557 +525	+682 +650	+822 +790
+133 +108	+144 +108	+165 +108	+215 +190	+226 +190	+247 +190	+293 +268	+304 +268	+325 +268	+426 +390	+447 +390	+511 +475	+626 +590	+766 +730	+936 +900
+139 +114	+150 +114	+171 +114	+233 +208	+244 +208	+265 +208	+319 +294	+330 +294	+351 +294	+471 +435	+492 +435	+566 +530	+696 +660	+856 +820	+1036 +1000

附表 32 孔的极限偏差

基本尺寸/mm		常用公差带													
		A*	B*		C	D				E		F			
大于	至	11	11	12	11	8	9	10	11	8	9	6	7	8	9
—	3	+330 +270	+200 +140	+240 +140	+120 +60	+34 +20	+45 +20	+60 +20	+80 +20	+28 +14	+39 +14	+12 +6	+16 +6	+20 +6	+31 +6
3	6	+345 +270	+215 +140	+260 +140	+145 +70	+48 +30	+60 +30	+78 +30	+105 +30	+38 +20	+50 +20	+18 +10	+22 +10	+28 +10	+40 +10
6	10	+370 +280	+240 +150	+300 +150	+170 +80	+62 +40	+76 +40	+98 +40	+130 +40	+47 +25	+61 +25	+22 +13	+28 +13	+35 +13	+49 +13
10	14	+400	+260	+330	+205	+77	+93	+120	+160	+59	+75	+27	+34	+43	+59
14	18	+290	+150	+150	+95	+50	+50	+50	+50	+32	+32	+16	+16	+16	+16
18	24	+430	+290	+370	+240	+98	+117	+149	+195	+73	+92	+33	+41	+53	+72
24	30	+300	+160	+160	+110	+65	+65	+65	+65	+40	+40	+20	+20	+20	+20
30	40	+470 +310	+330 +170	+420 +170	+280 +120	+119	+142	+180	+240	+89	+112	+41	+50	+64	+87
40	50	+480 +320	+340 +180	+430 +180	+290 +130	+80	+80	+80	+80	+50	+50	+25	+25	+25	+25
50	65	+530 +340	+380 +190	+490 +190	+330 +140	+146	+170	+220	+290	+106	+134	+49	+60	+76	+104
65	80	+550 +360	+390 +200	+500 +200	+340 +150	+100	+100	+100	+100	+60	+60	+30	+30	+30	+30
80	100	+600 +380	+440 +220	+570 +220	+390 +170	+174	+207	+260	+340	+126	+159	+58	+71	+90	+123
100	120	+630 +410	+460 +240	+590 +240	+400 +180	+120	+120	+120	+120	+72	+72	+36	+36	+36	+36
120	140	+710 +460	+510 +260	+660 +260	+450 +200										
140	160	+770 +520	+530 +280	+680 +280	+460 +210	+208 +145	+245 +145	+305 +145	+395 +145	+148 +85	+185 +85	+68 +43	+83 +43	+106 +43	+143 +43
160	180	+830 +580	+560 +310	+710 +310	+480 +230										
180	200	+950 +660	+630 +340	+800 +340	+530 +240										
200	225	+1030 +740	+670 +380	+840 +380	+550 +260	+242 +170	+285 +170	+355 +170	+460 +170	+172 +100	+215 +100	+79 +50	+96 +50	+122 +50	+165 +50
225	250	+1110 +820	+710 +420	+880 +420	+570 +280										
250	280	+1240 +920	+800 +480	+1000 +480	+620 +300	+271	+320	+400	+510	+191	+240	+88	+108	+137	+186
280	315	+1370 +1050	+860 +540	+1060 +540	+650 +330	+190	+190	+190	+190	+110	+110	+56	+56	+56	+56
315	355	+1560 +1200	+960 +600	+1170 +600	+720 360	+299	+350	+440	+570	+214	+265	+98	+119	+151	+202
355	400	+1710 +1350	+1040 +680	+1250 +680	+760 +400	+210	+210	+210	+210	+125	+125	+62	+62	+62	+62

（摘自 GB/T 1801—1999）　　　　　　　　　　　　　　　　（单位: μm）续表

常用公差带																	
G		H							Js			K			M		
6	7	6	7	8	9	10	11	12	6	7	8	6	7	8	6	7	8
+8 +2	+12 +2	+6 0	+10 0	+14 +0	+25 0	+40 0	+60 +0	+100 0	±3	±5	±7	0 −6	0 −10	0 −14	−2 −8	−2 −12	−2 −16
+12 +4	−16 −4	+8 0	+12 0	+18 0	+30 0	+48 0	+75 0	+120 0	±4	±6	±9	+2 −6	+3 −9	+5 −13	−1 −9	0 −12	+2 −16
+14 +5	+20 +5	+9 0	+15 0	+22 0	+36 0	+58 0	+90 0	+150 0	±4.5	±7	±11	+2 −7	+5 −10	+6 −16	−3 −12	0 −15	+1 −21
+17 +6	+24 +6	+11 0	+18 0	+27 0	+43 0	+70 0	+110 0	+180 0	±5.5	±9	±13	+2 −9	+6 −12	+8 −19	−4 −15	0 −18	+2 −25
+20 +7	+28 +7	+13 0	+21 0	+33 0	+52 0	+84 0	+130 0	+210 0	±6.5	±10	±16	+2 −11	+6 −15	+10 −23	−4 −17	0 −21	+4 −29
+25 +9	+34 +9	+16 0	+25 0	+39 0	+62 0	+100 0	+160 0	+250 0	±8	±12	±19	+3 −13	+7 −18	+12 −27	−4 −20	0 −25	+5 −34
+29 +10	+40 +10	+19 0	+30 0	+46 0	+74 0	+120 0	+190 0	+300 0	±9.5	±15	±23	+4 −15	+9 −21	+14 −32	−5 −24	0 −30	+5 −41
+34 +12	+47 +12	+22 0	+35 0	+54 0	+87 0	+140 0	220 0	+350 0	±11	±17	±27	+4 −18	+10 −25	+16 −38	−6 −28	0 −35	+6 −48
+39 +14	+54 +14	+25 0	+40 0	+63 0	+100 0	+160 0	+250 0	+400 0	±12.5	±20	±31	+4 −21	+12 −28	+20 −43	−8 −33	0 −40	+8 −55
+44 +15	+61 +15	+29 0	+46 0	+72 0	+115 0	+185 0	+290 0	+460 0	±14.5	±23	±36	+5 −24	+13 −33	+22 −50	−8 −37	0 −46	+9 −63
+49 +17	+69 +17	+32 0	+52 0	+81 0	+130 0	+210 0	+320 0	+520 0	±16	±26	±40	+5 −27	+16 −36	+25 −56	−9 −41	0 −52	+9 −72
+54 +18	+75 +18	+35 0	+57 0	+89 0	+140 0	+230 0	+360 0	+570 0	±18	±28	±44	+7 −29	+17 −40	+28 −61	−10 −46	0 −57	+11 −78

续表

基本尺寸/mm		常用公差带											
		N			P		R		S		T		U
大于	至	6	7	8	6	7	6	7	6	7	6	7	7
—	3	−4 −10	−4 −14	−4 −18	−6 −12	−6 −16	−10 −16	−10 −20	−14 −20	−14 −24			−18 −28
3	6	−5 −13	−4 −16	−2 −20	−9 −17	−8 −20	−12 −20	−11 −23	−16 −24	−15 −27			−19 −31
6	10	−7 −16	−4 −19	−3 −25	−12 −21	−9 −24	−16 −25	−13 −28	−20 −29	−17 −32			−22 −37
10	14	−9	−5	−3	−15	−11	−20	−16	−25	−21			−26
14	18	−20	−23	−30	−26	−29	−31	−34	−36	−39			−44
18	24	−11	−7	−3	−18	−14	−24	−20	−31	−27	—	—	−33 −54
24	30	−24	−28	−36	−31	−35	−37	−41	−44	−48	−37 −50	−33 −54	−40 −61
30	40	−12	−8	−3	−21	−17	−29	−25	−38	−34	−43 −59	−39 −64	−51 −76
40	50	−28	−33	−42	−37	−42	−45	−50	−54	−59	−49 −65	−45 −70	−61 −86
50	65	−14	−9	−4	−26	−21	−35 −54	−30 −60	−47 −66	−42 −72	−60 −79	−55 −85	−76 −106
65	80	−33	−39	−50	−45	−51	−37 −56	−32 −62	−53 −72	−48 −78	−69 −88	−64 −94	−91 −121
80	100	−16	−10	−4	−30	−24	−44 −66	−38 −73	−64 −86	−58 −93	−84 −106	−78 −113	−111 −146
100	120	−38	−45	−58	−52	−59	−47 −69	−41 −76	−72 −94	−66 −101	−97 −119	−91 −126	−131 166
120	140						−56 −81	−48 −88	−85 −110	−77 −117	−115 −140	−107 −147	−155 −195
140	160	−20 −45	−12 −52	−4 −67	−36 −61	−28 −68	−58 −83	−50 −90	−93 −118	−85 −125	−127 −152	−119 −159	−175 −215
160	180						−61 −86	−53 −93	−101 −126	−93 −133	−139 −164	−131 −171	−195 −235
180	200						−68 −97	−60 −106	−113 −142	−105 −151	−157 −186	−149 −195	−219 −265
200	225	−22 −51	−14 −60	−5 −77	−41 −70	−33 −79	−71 −100	−63 −109	−121 −150	−113 −159	−171 −200	−163 −209	−241 −287
225	250						−75 −104	−67 −113	−131 −160	−123 −169	−187 −216	−179 −225	−267 −313
250	280	−25	−14	−5	−47	−36	−85 −117	−74 −126	−149 −181	−138 −190	−209 −241	−198 −250	−295 −347
280	315	−57	−66	−86	−79	−88	−89 −121	−78 −130	−161 −193	−150 −202	−231 −263	−220 −272	−330 −382
315	355	−26	−16	−5	−51	−41	−97 −133	−87 −144	−179 −215	−169 −226	−257 −293	−247 −304	−369 −426
355	400	−62	−73	−94	−87	−98	−103 −139	−93 −150	−197 −233	−187 −244	−283 −319	−273 −330	−414 −471

注：标“*”的为基本尺寸<1mm时，各级的A和B均不采用。

附表 33 基轴制优先、常用配合(摘自 GB/T 1801—1999)

基准轴	孔																				
	A	B	C	D	E	F	G	H	Js	K	M	N	P	R	S	T	U	V	X	Y	Z
	间隙配合								过渡配合			过盈配合									
h5						$\frac{F6}{h5}$	$\frac{G6}{h5}$	$\frac{H6}{h5}$	$\frac{Js6}{h5}$	$\frac{K6}{h5}$	$\frac{M6}{h5}$	$\frac{N6}{h5}$	$\frac{P6}{h5}$	$\frac{R6}{h5}$	$\frac{S6}{h5}$	$\frac{T6}{h5}$					
h6						$\frac{F7}{h6}$	$\frac{G7^*}{h6}$	$\frac{H7^*}{h6}$	$\frac{Js7}{h6}$	$\frac{K7^*}{h6}$	$\frac{M7}{h6}$	$\frac{N7^*}{h6}$	$\frac{P7^*}{h6}$	$\frac{R7}{h6}$	$\frac{S7^*}{h6}$	$\frac{T7}{h6}$	$\frac{U7^*}{h6}$				
h7					$\frac{E8}{h7}$	$\frac{F8^*}{h7}$		$\frac{H8^*}{h7}$	$\frac{Js8}{h7}$	$\frac{K8}{h7}$	$\frac{M8}{h7}$	$\frac{N8}{h7}$									
h8				$\frac{D8}{h8}$	$\frac{E8}{h8}$	$\frac{F8}{h8}$		$\frac{H8}{h8}$													
h9				$\frac{D9^*}{h9}$	$\frac{E9}{h9}$	$\frac{F9}{h9}$		$\frac{H9^*}{h9}$													
h10				$\frac{D10}{h10}$				$\frac{H10}{h10}$													
h11	$\frac{A11}{h11}$	$\frac{B11}{h11}$	$\frac{C11^*}{h11}$	$\frac{D11}{h11}$				$\frac{H11^*}{h11}$													
h12		$\frac{B12}{h12}$						$\frac{H12}{h12}$													

注:标“*”的为优先配合。

附表 34 基孔制优先、常用配合(摘自(GB/T 1801－1999)

基准孔	轴																				
	a	b	c	d	e	f	g	h	js	k	m	n	p	r	s	t	u	v	x	y	z
	间隙配合								过渡配合			过盈配合									
H6						$\frac{H6}{f5}$	$\frac{H6}{g5}$	$\frac{H6}{h5}$	$\frac{H6}{js5}$	$\frac{H6}{k5}$	$\frac{H6}{m5}$	$\frac{H6}{n5}$	$\frac{H6}{p5}$	$\frac{H6}{r5}$	$\frac{H6}{s5}$	$\frac{H6}{t5}$					
H7						$\frac{H7}{f6}$	$\frac{H7^*}{g6}$	$\frac{H7^*}{h6}$	$\frac{H7}{js6}$	$\frac{H7^*}{k6}$	$\frac{H7}{m6}$	$\frac{H7^*}{n6}$	$\frac{H7^*}{p6}$	$\frac{H7}{r6}$	$\frac{H7^*}{s6}$	$\frac{H7}{t6}$	$\frac{H7^*}{u6}$	$\frac{H7}{v6}$	$\frac{H7}{x6}$	$\frac{H7}{y6}$	$\frac{H6}{z6}$
H8					$\frac{H8}{e7}$	$\frac{H8^*}{f7}$	$\frac{H8}{g7}$	$\frac{H8^*}{h7}$	$\frac{H8}{js7}$	$\frac{H8}{k7}$	$\frac{H8}{m7}$	$\frac{H8}{n7}$	$\frac{H8}{p7}$	$\frac{H8}{r7}$	$\frac{H8}{s7}$	$\frac{H8}{t7}$	$\frac{H8}{u7}$				
				$\frac{H8}{d8}$	$\frac{H8}{e8}$	$\frac{H8}{f8}$		$\frac{H8}{h8}$													
H9			$\frac{H9}{c9}$	$\frac{H9^*}{d9}$	$\frac{H9}{e9}$	$\frac{H9}{f9}$		$\frac{H9^*}{h9}$													
H10			$\frac{H10}{c10}$	$\frac{H10}{d10}$				$\frac{H10}{h10}$													
H11	$\frac{H11}{a11}$	$\frac{H11}{b11}$	$\frac{H11^*}{c11}$	$\frac{H11}{d11}$				$\frac{H11^*}{h11}$													
H12		$\frac{H12}{b12}$						$\frac{H12}{h12}$													

注：1. $\frac{H6}{n5}$、$\frac{H7}{p6}$在基本尺寸小于或等于 3mm 和$\frac{H8}{r7}$在小于或等于 100mm 时，为过渡配合。

2. 标注“＊”的为优先配合。

六、常用一般标准和零件结构要素

附表 35　标准尺寸(GB/T 2822—1981)　　(单位：mm)

R20	R20	R40	R20	R40	R20	R40	R20	R40
2.00*	9.00		22.4	22.4		17.5	100*	100
2.24	10.0*			23.6	50.0*	50.0		105
2.50*	11.2		25.0*	25.0		53.0	112	112
2.80	12.5*	12.5		26.5	56.0	56.0		118
3.15*		13.2	28.0	28.0		60.0	125*	125
3.55	14.0	14.0		30.0	63.0*	63.0		132
4.00*		15.0	31.5*	31.5		67.0	140	140
4.50	16.0*	16.0		33.5	71.0	71.0		150
5.00*		17.0	35.5	35.5		75.0	160*	160
5.60	18.0	18.0		37.5	80.0*	80.0		170
6.3*		19.0	40.0*	40.0		85.0	180	180
7.10	20.0*	20.0		42.5	90.0	90.0		190
8.00*		21.2	45.0	45.0		95.0	200*	200

注：1. 本标准规定 0.01～20000mm 机械制造业中常用的标准尺寸(直径、长度、高度等)系列，适用于有互换性或系列化要求的主要尺寸(如安装、连接尺寸、有公差要求的配合尺寸、决定产品系列的公称尺寸等，其他结构尺寸也应尽量采用。

2. 标准有 R5、R10、R20、R40 等 4 个系列，分别为公比 $\sqrt[5]{10}$、$\sqrt[10]{10}$、$\sqrt[20]{10}$和$\sqrt[40]{10}$的四个级数(加以必要圆整)，其中有“*”的为 R10 系列。

3. 选择系列及单个尺寸时，应按照 R10、R20、R40 的顺序，优先选用公比较大的基本系列及单位。

附表 36　砂轮越程槽(GB/T 6403.5—1986)　　(单位：mm)

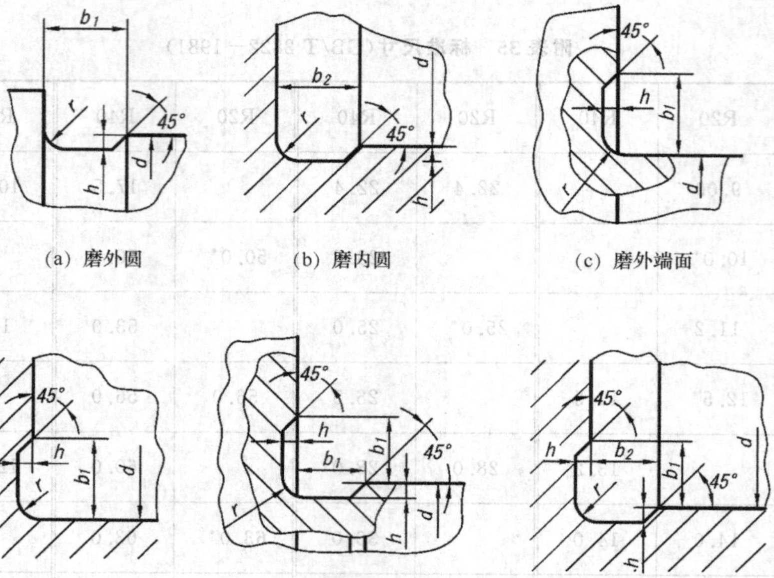

(a) 磨外圆　(b) 磨内圆　(c) 磨外端面

(d) 磨内端面　(e) 磨外圆及端面　(f) 磨内圆及端面

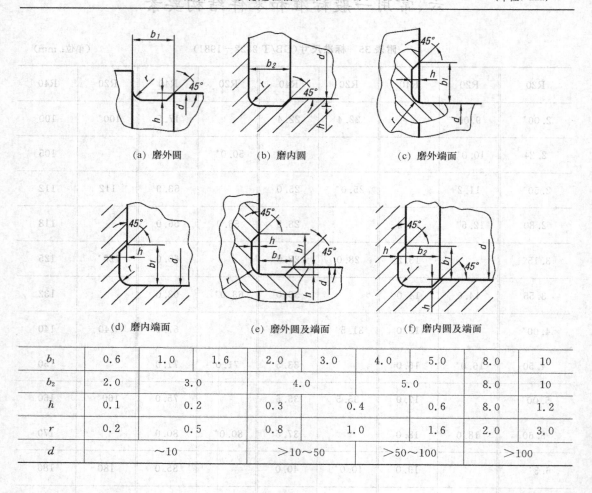

b_1	0.6	1.0	1.6	2.0	3.0	4.0	5.0	8.0	10
b_2	2.0	3.0		4.0		5.0		8.0	10
h	0.1	0.2		0.3		0.4	0.6	8.0	1.2
r	0.2	0.5		0.8		1.0	1.6	2.0	3.0
d	~10			>10~50		>50~100		>100	

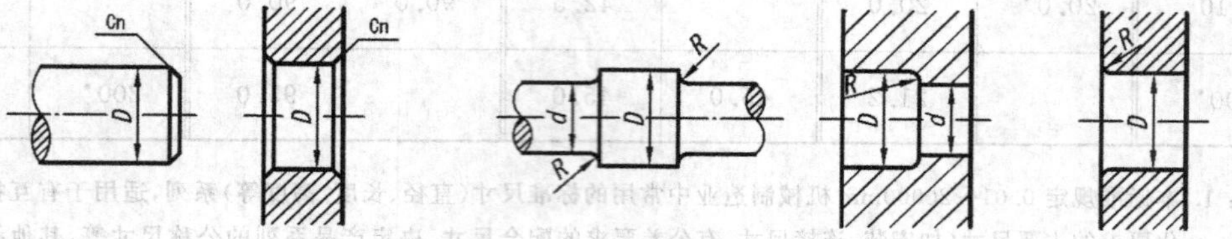

附表 37　零件的倒角及倒圆(GB/T 6403.4—1986)

D	~3	>3~6	>6~10	>10~18	>18~30	>30~50	>50~80
C或r	0.2	0.4	0.6	0.8	1.0	1.6	2.0
D	>80~120	>120~180	>180~250	>250~320	>320~400	>400~500	
C或r	2.5	3.0	4.0	5.0	6.0	8.0	

附表 38 螺纹收尾、肩距、退刀槽、倒角(GB/T 3—1997) (单位: mm)

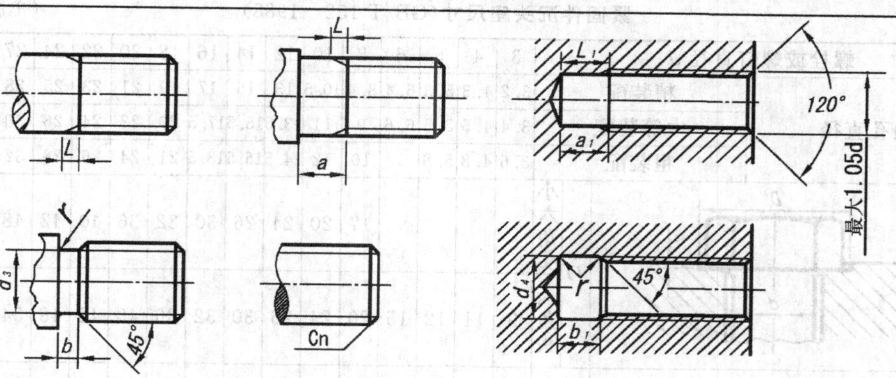

	螺距 P	外螺纹 粗牙螺纹大径 D、d	螺纹收尾 l(不大于) 一般	短的	肩距 a(不大于) 一般	长的	短的	退刀槽 b 一般	$\gamma\approx$	d_3	倒角 C	内螺纹 螺纹收尾 l(不大于) 一般	长的	肩距 a_1(不大于) 一般	长的	退刀槽 b_1 一般	$\gamma_1\approx$	d_4
普通螺纹	0.2	—	0.5	0.25	0.6	0.8	0.4		0.5P		0.2	0.4	0.6	1.2	1.5		0.5P	
	0.25	1,1.2	0.6	0.3	0.75	1	0.5	0.75				0.5	0.8	1.5	2			
	0.3	1.4	0.75	0.4	0.9	1.2	0.6	0.9			0.3	0.6	0.9	1.8	2.4			
	0.35	1.6,1.8	0.9	0.45	1.05	1.4	0.7	1.05		$d-0.6$		0.7	1.1	2.2	2.8			
	0.4	2	1	0.5	1.2	1.6	0.8	1.2		$d-0.7$	0.4	0.8	1.2	2.5	3.2			
	0.45	2.2,2.5	1.1	0.6	1.35	1.8	0.9	1.35		$d-0.7$		0.9	1.4	2.8	3.6			
	0.5	3	1.25	0.7	1.5	2	1	1.5		$d-0.8$	0.5	1	1.5	3	4	2		$d+0.3$
	0.6	3.5	1.5	0.75	1.8	2.4	1.2	1.8		$d-1$		1.2	1.8	3.2	4.8			
	0.7	4	1.75	0.9	2.1	2.8	1.4	2.1		$d-1.1$	0.6	1.4	2.1	3.5	5.6	3		
	0.75	4.5	1.9	1	2.25	3	1.5	2.25		$d-1.2$		1.5	2.3	3.8	6			
	0.8	5	2	1	2.4	3.2	1.6	2.4		$d-1.3$	0.8	1.6	2.4	4	6.4			
	1	6,7	2.5	1.25	3	4	2	3		$d-1.6$	1	2	3	5	8	4		$d+0.5$
	1.25	8	3.2	1.6	4	5	2.5	3.75		$d-2$	1.2	2.5	3.8	6	10	5		
	1.5	10	3.8	1.9	4.5	6	3	4.5		$d-2.3$	1.5	3	4.5	7	12	6		
	1.75	12	4.3	2.2	5.3	7	3.5	5.25		$d-2.5$	2	3.5	5.2	9	14	7		
	2	14,16	5	2.5	6	8	4	6		$d-3$		4	6	10	16	8		
	2.5	18,20,22	6.3	3.2	7.5	10	5	7.5		$d-3.6$	2.5	5	7.5	12	18	10		
	3	24,27	7.5	3.8	9	12	6	9		$d-4.4$		6	9	14	22	12		
	3.5	30,33	9	4.5	10.5	14	7	10.5		$d-5$	3	7	10.5	16	24	14		
	4	36,39	10	5	12	16	8	12		$d-5.7$		8	12	18	26	16		
	4.5	42,45	11	5.5	13.5	18	9	13.5		$d-6.4$	4	9	13.5	21	29	18		
	5	48,52	12.5	6.3	15	20	10	15		$d-7$		10	15	23	32	20		
	5.5	56,60	14	7	16.5	22	11	17.5		$d-7.7$	5	11	16.5	25	35	22		
	6	64,68	15	7.5	18	24	12	18		$d-8.3$		12	18	28	38	24		

注：国家标准局又发布了国家标准《紧固件—外螺纹零件的末端》(GB/T 2—1997)，可查阅其中的有关规定。

附表 39　紧固件　螺栓和螺钉通孔(GB/T 5277—1980)

紧固件沉头座尺寸(GB/T 152—1988)　　(单位: mm)

螺栓或螺钉直径 d			3	4	5	6	8	10	12	14	16	18	20	22	24	27	30	36	42
通孔直径		精装配	3.2	4.3	5.3	6.4	8.4	10.5	13	15	17	19	21	23	25	28	31	37	43
		中等装配	3.4	4.5	5.5	6.6	9	11	13.5	15.5	17.5	20	22	24	26	30	33	39	45
		粗装配	3.6	4.8	5.8	7	10	12	14.5	16.5	18.5	21	24	26	28	32	35	42	48
用于六角螺栓	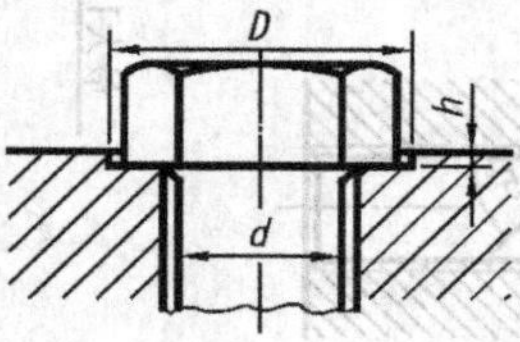	D 小六角头					17	20	24	26	30	32	36	40	42	48	54	65	72
		D 六角头	9	11	12	15	20	24	26	30	32	36	40	42	48	54	60	72	84
用于带垫圈的六角螺母	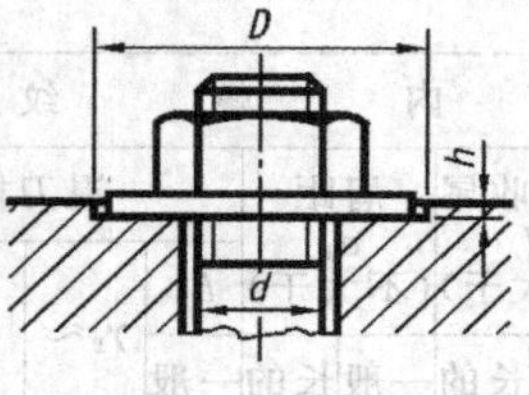	D	8	11	12	15	20	24	28	32	34	38	42	44	50	55	62	72	84
用于沉头螺钉	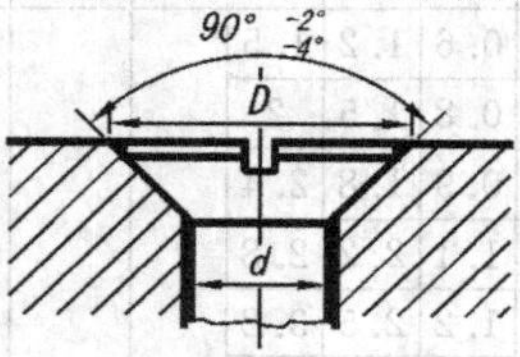	D	7	9	11	13	17	21	25	28	32	36	40						
用于圆柱头螺钉	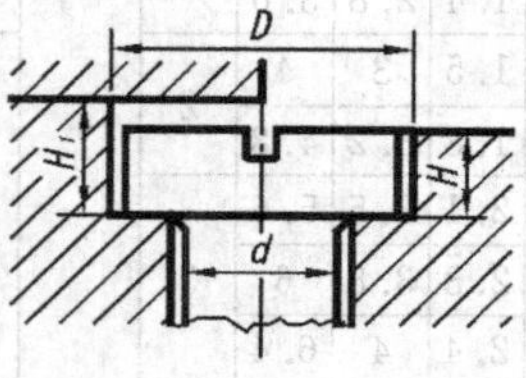	D	6	8.5	10	12	15	18	22	25	28	32	35						
		H	1.9	2.5	3	3.5	5	6	7	8	9	10	11						
		H_1	2.4	3	3.5	4.5	6	7	8	9	10	11	12						
用于圆柱头内六角螺钉	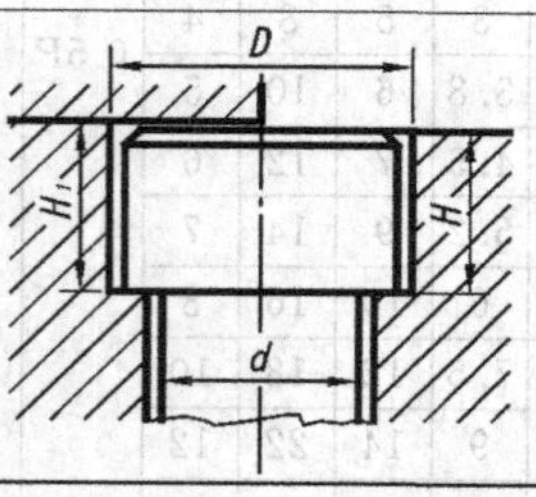	D		8.5	10	12	15	18	22	25	28	32	35	38	42	46	48	58	66
		H		4	5	6	8	10	12	14	16	18	20	22	24	27	30	36	42
		H_1		5	6	7	9	11	13	15	17	19	21	23	25	28	31	37	43

注:1. 表中的螺栓或螺钉直径 d,即螺纹规格 Md 的公称直径 d。

2. 通孔直径摘自 GB/T 5277—1985。

3. 沉头座尺寸摘自《紧固件通孔及沉头座尺寸》(GB/T 152—1988),紧固件的名称和尺寸是 1976 年国标中的名称和尺寸,现都有 2000年、2003 年的新国标,名称和尺寸都有所修改,因此,表中沉头座的尺寸数值对于新国标规定的紧固件就不一定能完全适用了。表中的尺寸 h 以锪平为止。在图上不注尺寸。

4. 在作业中对于沉孔建议可这样处理:六角头螺栓(GB/T 5782～5786—2000)可用表中六角螺栓的六角头栏内的尺寸 D_1 带垫圈的六角螺母。当垫圈属于平垫圈(GB/T 95—2000 以及 GB/T 97.1～2—2002)时可用表中的尺寸 D_1;开槽圆柱头螺钉(GB/T 68—2000)可用表中沉头螺钉的沉孔尺寸 D_1 开槽圆柱头螺钉(GB/T 65—2000),D 和 H_1 可取表中圆柱头螺钉的尺寸,H 则取该螺钉在 GB/T 65—2000 中规定的 K_{max};内六角圆柱头螺钉(GB/T 70—2000),D、H、H_1 都可取表中圆柱头内六角螺钉的尺寸。

七、机构运动简图符号(GB/T 4460—1984)

附表 40

名　称	基本符号
轴承 (1) 普通向心轴承	(1) 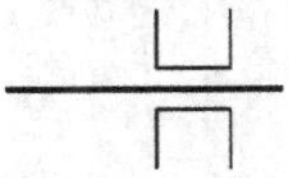
(2) 向心滚动轴承	(2) 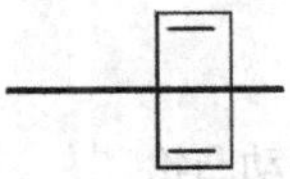
	* 
(3) 单向推力普通轴承	(3) 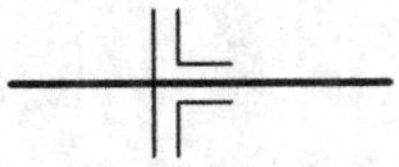
(4) 推力滚动轴承	(4) 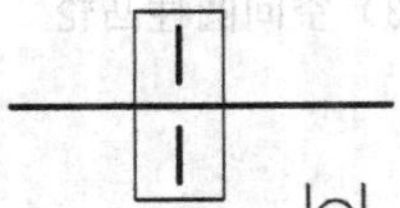
	* 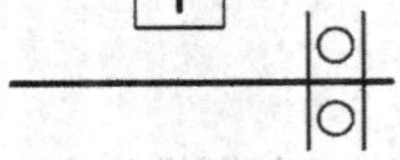
(5) 单向向心推力	(5) 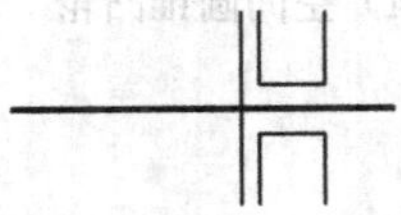
(6) 向心推力滚动轴承	(6) 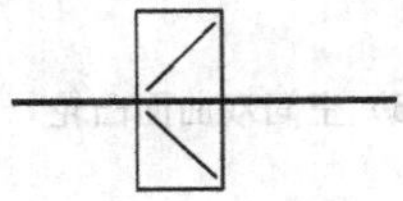
	* 
螺杆传动 (1) 整体螺母	(1) 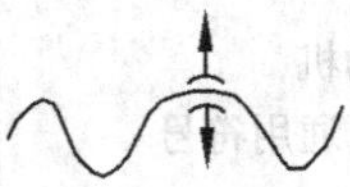
	* 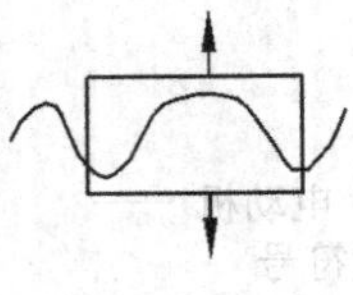
(2) 开合螺母	(2) 
	* 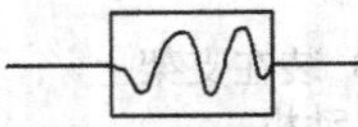

名　称	基本符号
带传动：一般符号	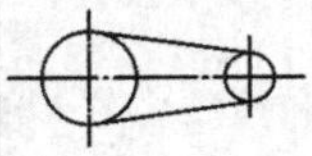 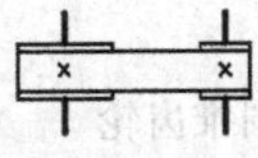
链传动：一般符号	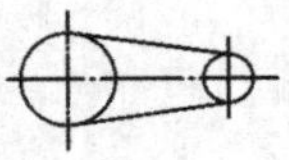 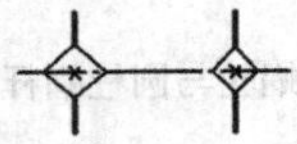
联轴器 (1) 一般符号	(1) 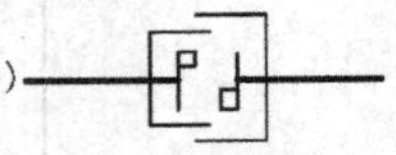
(2) 固定联轴器	(2) 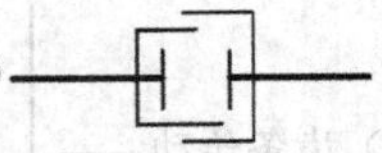
(3) 可移动联轴器	(3) 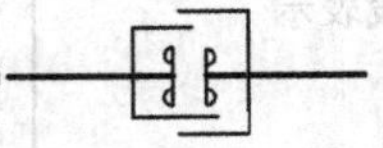
(4) 弹性联轴器	(4) 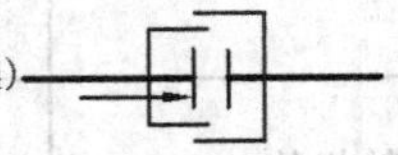
离合器 (1) 可控离合器	(1) 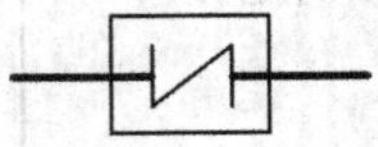
(2) 单向啮合式离合器	(2) 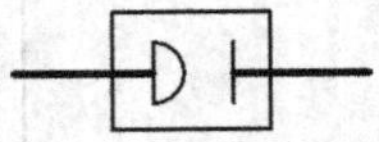
(3) 单向摩擦离合器	(3) 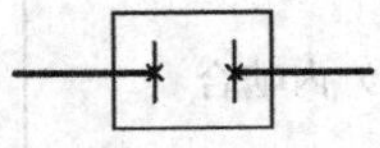
(4) 液压离合器	(4) 
制动器：一般符号	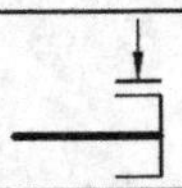

注：标 * 的为可用符号。

续表

名　称	基本符号	名　称	基本符号
齿轮传动		凸轮结构	
(1) 圆柱齿轮	(1) 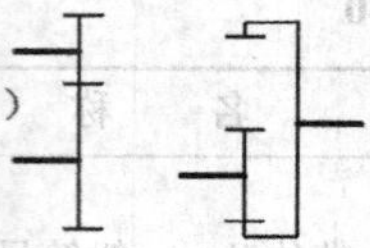	(1) 盘形凸轮	(1) 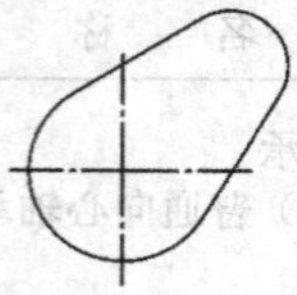
(2) 圆锥齿轮	(2) 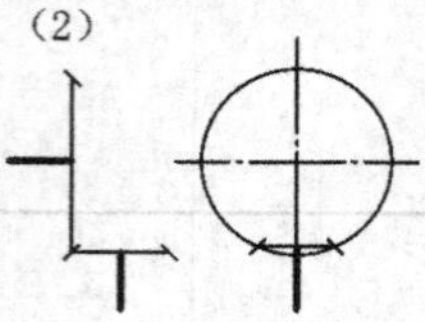	(2) 移动凸轮	(2) 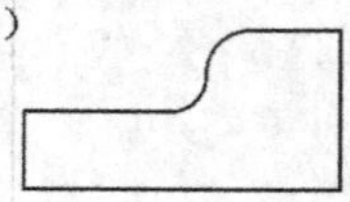
(3) 蜗轮与圆柱蜗杆	(3) 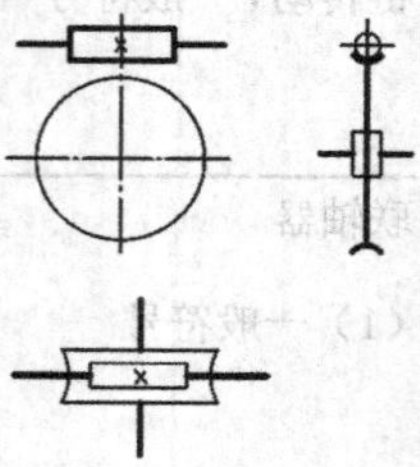	(3) 空间圆柱凸轮	(3) 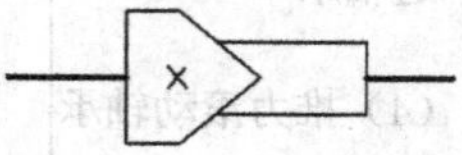
		(4) 空间圆锥凸轮	(4) 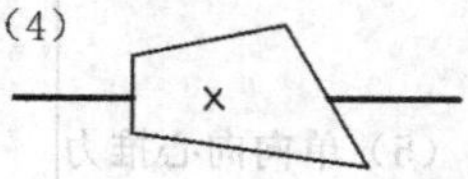
(4) 齿条传动——一般表示	(4) 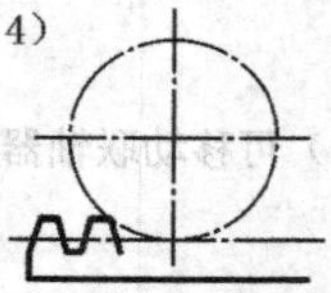	(5) 空间双曲面凸轮	(5) 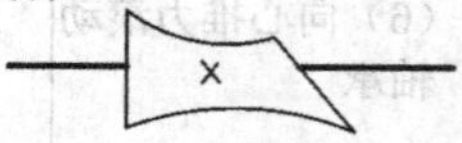
棘轮机构		原动机	
(1) 外啮合	(1) 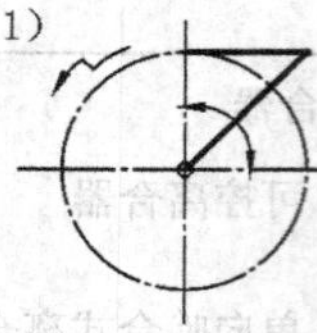	(1) 通用符号	(1) 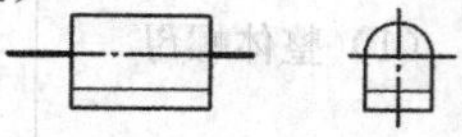
(2) 内啮合	(2) 	(2) 电动机——一般符号	(2) 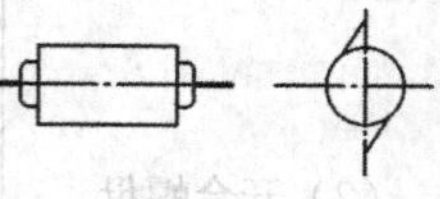
(3) 棘齿条啮合	(3) 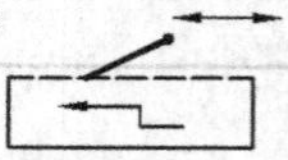	(3) 装在支架上的电动机	(3) 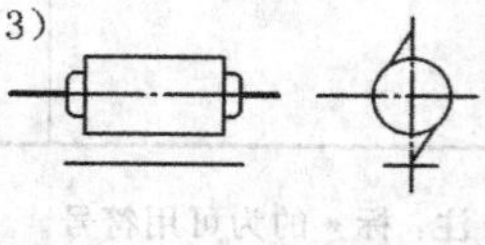

参考文献

[1] 大连理工大学工程画教研室. 1992. 画法几何学. 5 版. 北京：高等教育出版社

[2] 大连理工大学工程画教研室. 1993. 机械制图. 4 版. 北京：高等教育出版社

[3] 大连理工大学工程图学教研室 . 2007. 机械制图 . 6 版 . 北京：高等教育出版社

[4] 丁红宇. 2003. 制图标准手册. 北京：中国标准出版社

[5] 何铭新，钱可强. 1997. 机械制图. 4 版. 北京：高等教育出版社

[6] 黄大足. 2004. AutoCAD 2004 中文版实用教程. 北京：电子工业出版社

[7] 焦永和，林宏. 2003. 画法几何及工程制图. 北京：北京理工大学出版社

[8] 李爱军，陈国平 . 2007. 画法几何及机械制图(含习题集). 北京：中国矿业大学出版社

[9] 梁德本，叶玉驹. 2001. 机械制图手册. 2 版. 北京：机械工业出版社

[10] 罗康贤，左宗义，冯开平. 2003. 土木建筑工程制图. 广州：华南理工大学出版社

[11] 钱志峰 . 2009. 工程图学基础教程 . 北京：科学技术出版社 .

[12] 清华大学工程图学及计算机辅助设计教研室编. 1990. 机械制图. 3 版. 北京：高等教育出版社

[13] 全国紧固件标准化技术委员会编. 2001. 中国机械工业标准汇编. 2 版. 北京：中国标准出版社

[14] 阮五洲 . 2009. 工程图学 . 合肥：合肥工业大学出版社

[15] 史法训. 1983. 化工管路. 北京：化学工业出版社

[16] 王兰美，中国机械工业教育协会 . 2008. 工程制图习题集(非机械类). 北京：机械工业出版社

[17] 王兰美，中国机械工业教育协会 . 2009. 工程制图(非机械类). 北京：机械工业出版社

[18] 吴贤平，秦松涛，万荷英. 1997. 工程制图. 北京：中国林业出版社

[19] 周克绳，陈德新. 1989. AutoCAD 计算机绘图软件(2.6～9.0 版). 北京：国防工业出版社

[20] 周雅南. 2000. 家具制图. 北京：中国轻工业出版社

[21] 左宗义，冯开平. 2003. 画法几何与机械制图. 广州：华南理工大学出版社

[22] Autodesk, Inc. 2005. AutoCAD 2006 Service Pack 1. Autodesk, Inc., 111 McInnis Parkway, San Rafael, California 94903, USA